本书由国家免费提供

义务教育课程标准实验教科书

经全国中小学教材审定委员会2003年审查通过

（供三年级起始用）

课堂活动用书　第八册

主　编：陈琳　Printha Ellis（英）　副主编：鲁子问

编　者：Printha Ellis（英）　Naomi Simmons（英）

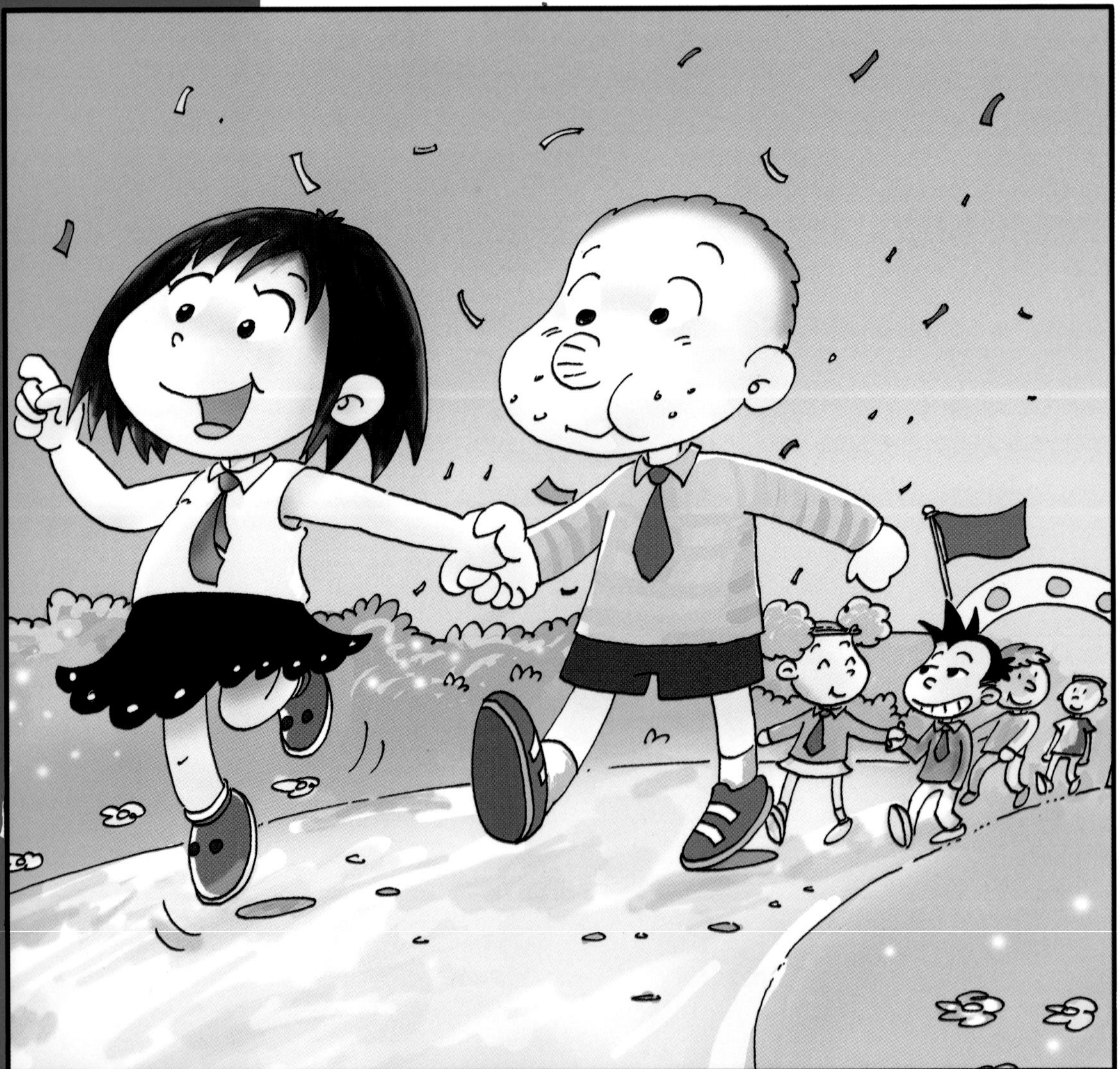

外语教学与研究出版社

FOREIGN LANGUAGE TEACHING AND RESEARCH PRESS

本书由国家免费提供

义务教育课程标准实验教科书

经全国中小学教材审定委员会2003年审查通过

英语

（供三年级起始用）

课堂活动用书　第八册

主　编：陈琳　Printha Ellis（英）　副主编：鲁子问
编　者：Printha Ellis（英）　Naomi Simmons（英）

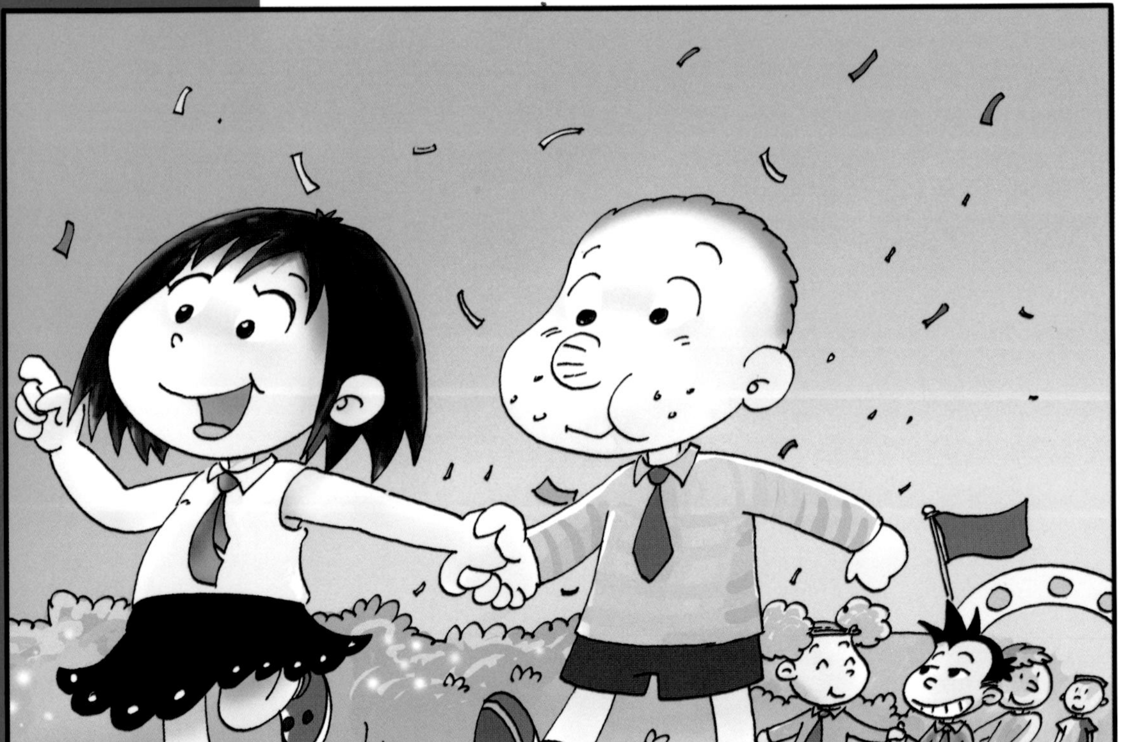

外语教学与研究出版社
FOREIGN LANGUAGE TEACHING AND RESEARCH PRESS

岩土锚固技术与工程应用新发展

徐国民　李伟中　李文平　李鸿芳　主编

人民交通出版社

内 容 提 要

本书为中国岩土锚固工程协会第二十一次全国岩土锚固工程学术研讨会论文集，共编入论文84篇。内容包括岩土锚固技术专题综述、理论研究与工程测试、工程设计与施工技术、边坡加固与滑坡治理、深基坑支护与基础工程、隧道与地下工程、施工机具与工程材料等。

本书内容丰富，实用性强，可供铁路、公路、水利、水电、市政、城建、地矿和军工等部门从事岩土锚固工程设计、施工、科研、教学的技术人员参考。

图书在版编目(CIP)数据

岩土锚固技术与工程应用新发展/徐国民等主编
.——北京：人民交通出版社，2012.9
ISBN 978-7-114-10058-1

Ⅰ.①岩… Ⅱ.①徐… Ⅲ.①岩土工程—锚固—学术会议—文集 Ⅳ.①TU753.8-53

中国版本图书馆CIP数据核字(2012)第205483号

书　　名：岩土锚固技术与工程应用新发展
著 作 者：徐国民　李伟中　李文平　李鸿芳
责任编辑：吴有铭　李　农　田克运
出版发行：人民交通出版社
地　　址：(100011)北京市朝阳区安定门外外馆斜街3号
网　　址：http://www.ccpress.com.cn
销售电话：(010)59757969，59757973
总 经 销：人民交通出版社发行部
经　　销：各地新华书店
印　　刷：北京市密东印刷有限公司
开　　本：787×1092　1/16
印　　张：29.5
字　　数：748千
版　　次：2012年9月　第1版
印　　次：2012年9月　第1次印刷
书　　号：ISBN 978-7-114-10058-1
定　　价：108.00元
(有印刷、装订质量问题的图书由本社负责调换)

《岩土锚固技术与工程应用新发展》
编 审 委 员 会

序　　言

昆明，一座美丽且富有魅力的城市。十年前，也是在这座四季如春的城市，也是在这花香飘逸的金秋时节，第十一次全国岩土锚固学术研讨会在此召开。在全国各地经历了九次对学术问题的研讨切磋之后，今天，岩土工程界的朋友们又欢聚在滇池湖畔，共庆第二十一次全国岩土锚固学术研讨会的顺利召开。

本次研讨会共收到应征论文 93 篇，经编审委员会的审阅，共有 84 篇论文被选入本论文集。在论文征集过程中，很多会员和科技人员在百忙之中挤出时间撰写论文、积极投稿；特别是其中有不少单位的负责人和协会理事带头，组织专人或项目组人员搜集资料并最后撰写成文。本次应征稿最多的会员单位一次投稿 15 篇！广大会员和理事这种热情、认真的精神和对每次学术研讨会的真心支持，都令我们内心深深感动！

第十一次年会的研讨主题是《岩土锚固技术与西部开发》，该次研讨会上宣读和发表的不少论文，乃至在会上争论的学术问题大多围绕着在我国西部开发建设中的工程技术问题，特别是针对当时西部正在紧张施工的小湾水电站高边坡、大朝山水电站地下洞室、金川矿高应力区巷道岩体破坏等等问题进行了热烈讨论。这些讨论对当时在建工程的安全质量和加快施工速度起到了积极的作用。随着岩土工程整体技术的进步，在其后的每年研讨会上发表的论文和讨论的问题，都会在技术深度和创新方面有所反映。例如，在成孔难度大的大卵砾石地层和含水砂卵石地层中的长钻孔施工技术、在以粉细砂为主的混合地层中的注浆止水技术、地震动载地带高边坡安全防护技术、在难度极大的城市立交环境体系中穿越工程的合理施工工法和技术，等等。以上技术的发展和进步，在本次会议发表的论文中均有较好的体现。据此，将第二十一次年会的主题定为《岩土锚固技术与工程应用新发展》。我们期望，每年的研讨会都能读到反映工程应用技术新发展的好文章。

在拜读了论文集中的 84 篇令人耳目一新的学术论文之后，首先应该真情感谢积极撰写文章的每一位作者，同时要特别感谢为本论文集出版给予鼎力支持的会议协办单位——西南有色昆明勘测设计(院)股份有限公司。

最后，祝愿第二十一次全国岩土锚固学术研讨会圆满成功！

中国岩土锚固工程协会　理事长

徐祯祥

2012 年 10 月

目录

一、专题综述

二、理论研究与工程测试

三、工程设计与施工技术

四、边坡加固与滑坡治理

五、深基坑支护与基础工程

六、隧道与地下工程

七、施工机具与工程材料

一、专题综述

预锚技术的新发展

王泰恒

（中国水电顾问集团北京勘测设计研究院）

摘　要　结合预应力锚固工程实践，介绍了预应力锚固技术在工程应用、理论研究、锚索结构施工能力、长期性能等方面的最新进展与研究成果。

关键词　预应力锚固　新进展　新成果

1　前言

预应力锚固技术在解决重大岩土稳定问题时，表现出的快速、高效和经济的鲜明特点，得到工程界广泛重视和认可，其应用领域不断扩大，成为岩土加固技术中发展速度最快、最有前途的实用工程技术。

将一群可承受拉力的专用结构系统（锚索、锚杆），按照计划，有规律地布置于岩土体或建筑结构中，并立即向被加固物施加主动压应力，最终达到限制被加固物发生有害变形和位移的目的，这种技术被称为预应力锚固技术（简称预锚技术）。

预锚技术在加固过程中，能将稳定岩土体与被加固物紧密结合在一起，形成一种新的、稳定的结构复合体，它能有效调用岩土体自身的强度和自稳能力，来解决复杂岩土工程的稳定与加固问题。

近年来，随着国内基础工程大规模地展开，预锚技术在岩土工程诸多领域都获得迅速发展并日趋成熟。

2　预锚技术的最新进展

最近十几年，随着我国“开发西部”、“西电东送”等发展战略的实施，预锚技术也迎来了自身发展的黄金时机。在这一时期，预锚技术多次攻克重大工程中的具有世界级难度的岩土体稳定问题，获得显著效果，在理论研究、技术创新、工程应用等方面取得许多丰硕成果。

(1)应用领域与规模扩张迅速，单项工程锚索用量已超万根。

预锚技术从水电行业起步，已普及到铁路、矿山、冶金、煤炭、交通、城建、国防、核电、文物保护等多个行业或部门，而且还在不断地扩大其应用范围。就水电行业来说，预锚技术已推广应用到边坡、闸墩、船闸、地下厂房、洞室、输水管道、溢洪道抗浮、大坝的坝体、坝基、坝肩加固、坝体抗倾、混凝土裂缝加固、水轮机钢筋混凝土涡壳加固等 10 余个细分的行业中，极大地改善了这些工程的可靠性、安全性与经济性。

近年来，预应力锚索在工程中的应用数量也在猛增。云南澜沧江小湾水电站仅在工程前期两岸边坡开挖支护中锚索的应用量已经达到 6 800 余根，而整个工程预应力锚索的设计应用量将高达 10 609 根，是国内首个锚索设计应用量超过万根的工程项目。

(2)成为整治复杂高陡边坡的关键技术，加固边坡高度已达700m。

近年来，我国利用预锚技术等综合加固措施，成功治理了一系列具有世界级难度的高陡复杂边坡。例如，2003年采用包括预锚技术在内的综合措施，成功治理了龙滩水电站蠕变岩体边坡和反倾向层状结构岩质边坡，倾倒蠕变岩体边坡高度达到500余米，铅直发育深度最深达到76m，总工程量1 000万m^3，技术难度空前。2005年加固治理的小湾水电站边坡的高度，左岸达到700m、右岸达到600m、堆积体的厚度最大达到70余米，工程边坡加固规模巨大，加固难度世界水电工程鲜见。边坡加固措施主要为：采用较陡的开挖边坡，坡面采用系统锚杆、喷射混凝土和预应力锚索加固，地下排水洞超前施工等综合加固措施。预应力锚索施工时，在强风化、强卸荷岩体和崩塌堆积体中，采用组合螺旋钻具跟管造孔工艺，钻孔固壁反复注浆、土工布包裹锚索自由段止漏技术，解决了锚索造孔难、穿索难、漏浆量大等技术难题。加固后的边坡变形平缓，锚索测力计显示锚索荷载平稳，绝大部分锚索荷载较锁定时有所降低。小湾700m高边坡至今已经过5个雨季考验，证明综合治理措施是非常成功的。

小湾700m高陡边坡的成功整治，表明我国边坡加固设计、施工技术达到世界领先水平。

目前正在用预应力锚索加固的锦屏一级水电站，岸坡岩体风化卸荷强烈，强卸荷岩体下限水平深度一般可达50～90m，弱卸荷岩体下限水平深度一般为100～160m，强卸荷岩体下限最大水平深度将达到300～330m，将会创造出世界上应用锚索加固岩体的新奇迹。

(3)造孔能力显著提高，造孔深度已达120m，孔斜率可达0.8%。

20世纪90年代初，漫湾水电站在已滑动、破碎的边坡上，成功地钻出了深度达到40m的锚索孔，创下当时边坡锚索造孔纪录。到2005年，锦屏水电站在加固强卸荷、深裂隙带岩体时，3MN级、165mm孔径的锚索孔钻孔深度达到120m，创下国内锚索造孔最新纪录。在短短15年间，我国在复杂地层中，锚索造孔深度就增加了2倍，见图1。

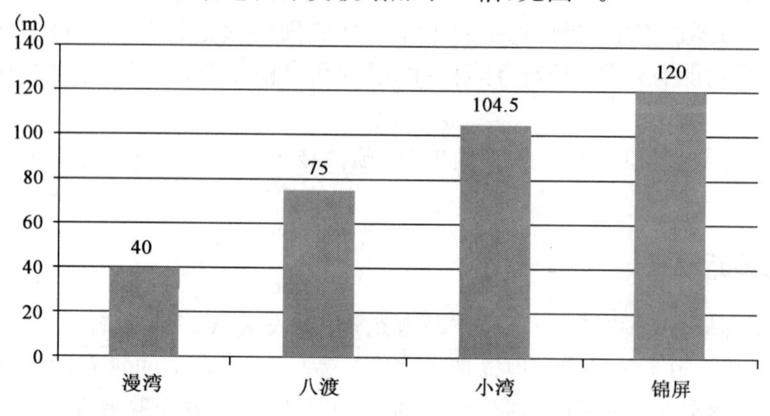

图1 锚索造孔深度发展统计

长江三峡永久船闸锚固治理中，采用专用水平钻机，利用大直径钻杆附加扶正器的钻具和恰当工艺，钻出高精度水平孔，经检测，80%的对穿锚索孔可通视，最小孔斜率为0.1%，平均孔斜率为1.5%，达到极高造孔水准。近期，在龙滩水电站地下厂房锚固施工中，650余束对穿孔的孔斜率实测达到0.8%，极大地提高了我国锚索造孔技术水平。

(4)大吨位锚固技术稳步提高，锚索单孔荷载已达10MN级。

预应力锚固属高效预应力技术，提高单孔荷载，可提高预应力锚索的利用率，降低工程造价。在20世纪80年代以前我国锚索施加的荷载大多为1～3MN级，到20世纪80年代后期荷载提高到了6MN级(丰满水电站)，20世纪90年代中期达到8MN级(石泉水电站)，到

20世纪末，单孔荷载已达到10MN级(李家峡水电站)。我国预应力锚索单孔荷载从3MN提高到10MN级，大约经历了35年，见图2。

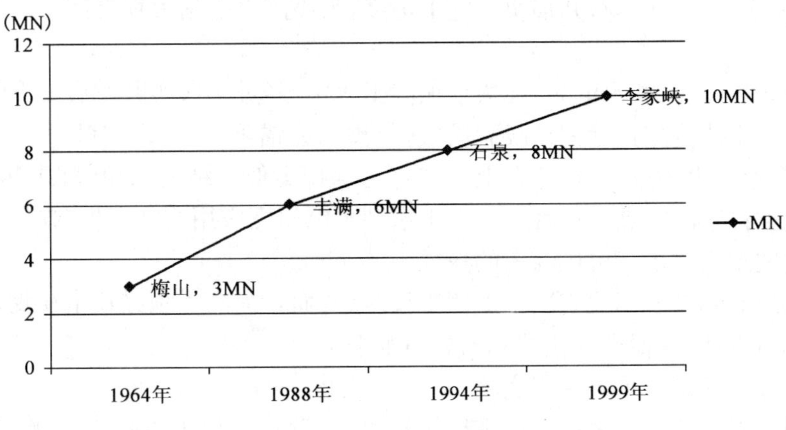

图2 锚索单孔荷载的发展示意图

(5)在软弱地层中，锚固力可达1.5MN级。

最近几年，采用新型复合锚固结构，利用各种扩孔技术(机械扩孔、高压旋喷注浆、二次高压注浆等)，极大地提高了锚索在第四系软弱地层中的承载能力。例如，在青岛奥帆广场基坑支护工程中，使用JL(钜联)扩大头锚索，钻孔直径为127mm，锚固段长10m，高压喷射注浆扩孔长度为5m，扩大头直径达到800mm，是钻孔直径的6.3倍，锚杆承载力达到1.5MN，工作荷载达到950kN。

(6)锚索结构在实践中不断创新，走上多样化、良性发展之路。

对锚索结构的创新，长期以来一直是大家关注的热点和焦点，也成为推动预锚技术深入发展的原动力。在近50年的工程实践中，开发出拉力型、压力型、拉压复合型、单孔复合锚固型等锚索，能够满足各类工程的基本需要。特别是近期开发的各种分散型锚索，打破了锚固力只从孔内局部调用的传统观念，推动了锚索结构的多样化，促进了锚固技术的进步。

目前，锚索结构在工程实践中，仍在继续不断地创新发展，新型锚索不断涌现。主要表现在如下几个方面：

①采用新材料，提高锚索性能。例如：煤炭行业的单束锚索，将钢绞线规格由7丝ϕ15.24mm和ϕ17.8mm提高为19丝ϕ28.6mm，从而使锚索承载力分别提高12%和38%，工程应用获得显著效果。

李家峡水电站，在泄洪雨雾区塌滑体、堆积体边坡综合治理中，采用环氧涂层预应力钢绞线，制作无粘结锚索，提高了锚索长期防腐性能。

②对锚索抗动载能力的拓展开发。国防系统新近研究开发的大吨位屈服锚索，具有以柔克刚的特点，可显著提高洞室结构抗动载能力和安全度，在国防、采矿等洞室支护工程中，在边坡、抗震工程中均有广泛的应用前景。

③组合式锚索结构的创新与应用。在三峡永久船闸锚固中，开发应用了两端均带8m长粘结段的新型无粘结锚索，在外锚头处，由8m长水泥粘结段和锚具共同保持预应力，改变了无粘结锚索仅靠钢质锚具长期运行的局面，提高了锚索的耐久性。

小湾水电站6MN级锚索采用内、外锚固段均设置分散粘结段的新型结构形式，使得每根预应力筋在长期运行中自由段长度均能相等，可探索、解决分散型锚索预应力筋受力不均的问题。

同样是小湾水电站，采用在无粘结锚索自由段外，再设置大直径止漏袋的结构，有效地解决了堆积体锚索永久防腐问题，并加快了施工进度，为小湾水电站大坝提前一年浇筑混凝土奠定了基础。

④不张拉锚索。李家峡水电站，在边坡加固工程中，经过多次实践发展了不张拉锚索。这类锚索的特点是：索体由高强度钢绞线制成，这与预应力锚索相同，但安装后，不施加预应力，而靠岩体后期变形产生锚拉力，在这点上又与普通锚杆类似。结构简单，施工速度快，可及时加固岩体，是这类锚索的特点。该种锚索在李家峡水电站已应用200余根，收到实效。此类锚索的应用，为边坡加固提供了可供参考的途径。

上述新型锚索的应用，不仅解决了加固工程难题，而且提高了预锚技术在复杂环境中的适用性、耐久性和可靠性，并促进预锚技术向更高水平发展。

(7)理论研究紧密结合重大工程实践，有了新成果。

近年来，国家对三峡工程单独立项进行科技攻关，解决工程重大技术难题，涉及岩土锚固的课题为“三峡工程高陡边坡开挖、加固技术研究”。程良奎教授等研究了锚索作用于三峡永久船闸中微风化岩质开挖边坡损伤区后，对岩体应力状态及完整性的影响，得出如下结论：3MN级锚索能在作用点周围形成一个半径2.0m，深约8m的压应力区。对岩体波速测试结果表明，锚索安装后，离坡面4.0m范围内，岩体波速一般提高10%以上，最大提高约为48.34%，振幅也有明显增高。这些均表明，采用高承载力锚索，对边坡开挖损伤区岩体的完整性和稳定性有明显改善作用。

徐祯祥研究员等在理论研究基础上，结合工程实践，提出了群锚剪切阻尼效应理论，从不同角度反映了地层中剪应力作用的特点和破坏机理等。

上述研究成果对进一步深入研究锚固机理和工程设计方法均有指导意义，值得关注。

(8)涌现出一批新材料、新机具和新产品。

近年来，在锚固工程中涌现出一批新材料、新机具和新产品。

①水泥基锚固浆体继续沿着早强、高强、微膨胀、对预应力筋无害方向发展。有的工程，为提高浆体早期强度，已将水灰比降低到0.32～0.28，加快了锚索施工进度；而为提高浆体防裂性能，也有向其内掺入聚丙烯腈纤维(PAN)的实例，效果均较好。水泥基锚固浆体的性能在实践中稳步提高。

②预应力钢绞线品种的多样化。目前预应力钢绞线已形成直径13mm、15mm、18mm、21.8mm、28.6mm等多种规格、多种系列产品，其强度可达2 000MPa，最大可达2 100MPa。与钢绞线配套的锚夹具、张拉设备均已齐备，锚夹具可夹持的钢绞线根数，一般为1～55根，最多可达109根，为设计、施工提供了较大的发挥空间。国内OVM锚具已达到世界先进水平。

无粘结预应力筋、环氧涂层钢绞线及其复合形成的预应力筋已能按系列标准化生产，提高了在腐蚀环境中预应力钢绞线的耐久性。

③最新研制的缓粘结预应力筋，在施工时具有无粘结筋的特点，方便施工，张拉固化后，又与全长粘结预应力筋一样，可提高结构极限强度，有良好的发展前途。

④工厂化成品锚索已经研制成功并试验应用。成品锚索具有防腐能力强、可靠性高的优点，由于是在工厂内批量生产，产品质量可以得到保证。

⑤国内厂家生产的YG、MD、MGY等系列锚固钻机已基本适应了各类工作环境、各种角度、各种不良地层状况的造孔需求。偏心、中心扩孔成套跟管钻具已在各类复杂、不良地质环

境中应用,并发挥着重要作用。

⑥测试仪器有较大发展。国内已可生产钢弦式、应变计式、液压枕式等多种类型锚索测力计。在李家峡水电站应用的测力计量程已达10MN级。一些自动化程度高、可远程监控的测力计也在工程中逐步推广使用,效果良好。

(9)预锚技术标准化、规范化在逐步完善。

为使我国的预应力锚固设计符合经济合理、技术先进、安全可靠的原则,1986年我国颁布了国家标准《锚杆喷射混凝土支护技术规范》(2001年进行了修订,目前对2001版也在修订中),其中专门开辟章节对预应力锚杆(索)的设计、施工、试验及防腐等重大问题作了相关规定。1999年国家标准《岩土工程预应力锚索设计与施工技术规范》(GBJ 3635—1999)颁布实施,这是首部国家级专门针对锚索设计与施工的规范。2005年中国工程建设标准化协会颁布《岩土锚杆(索)技术规程》(CECS 22:2005),这是对20世纪90年代标准进行修订的成果。2002年国家标准《建筑边坡工程技术规范》(GB 50330—2002)颁布实施,其中有专门章节对锚杆(索)设计、施工作了详细规定。

在同一时期,各行业及有关协会也根据应用预锚技术的实际状况,分别制定或修订本行业的规范、规程、导则等,这些基础工作的逐步完善,对我国预锚技术的健康发展起到重大作用。

(10)对预应力锚索耐久性及长期运行安全性的深入探讨。

被用作永久支护的全长粘结预应力锚索的使用寿命究竟有多长,会否成为工程中的"定时炸弹",使工程毁于一旦等等,类似的问题近来越来越多地受到业内人士的关注。国内学者采用现场调研、检查、检验锚固工程,收集、分析工程失效案例及理论研究等方法,对上述问题展开探究,并有初步成果。中国水利水电科学研究院任爱武等,对漫湾水电站已经服役20年的锚索,采用现场开挖检查与试验等方法,对全长粘结预应力锚索的长期性能与安全性进行了探讨,有如下初步结论:

①全长粘结工艺可以提高预应力锚索的长期运行安全性能。

②水泥砂浆可以起到很好的防锈效果。

③全长粘结工艺联合孔壁围岩共同作用,从而(可以)达到较好的岩土锚固效果。

对锚索长期性能与安全性的深入讨论,必将使预锚技术发生质的飞跃。

3 结语

预应力锚固是一项实践性非常强的工程技术,它伴随着工程实践,结出累累硕果。

预应力锚固是一项充满活力的工程技术,发展潜力巨大,有待广大工程技术人员,在实践中不断挖掘与创新。

参考文献

[1] 王泰恒,等.预应力锚固技术基本理论与实践.北京:中国水利水电出版社,2007.

[2] 马万祺.小湾水电站建设中的几个技术难题.水力发电,2009(9).

[3] 闫莫明,等.岩土锚固技术手册.北京:人民交通出版社,2008.

[4] 程良奎,等.岩土锚固·土钉·喷射混凝土.北京:中国建筑工业出版社,2008.

[5] 邹丽春,等.复杂高边坡整治理论与工程实践.北京:中国水利水电出版社,2006.

隧道塌方防治

郜　强　蒋中庸

（中铁隆工程有限公司）

摘　要　本文对发生塌方的地质条件、施工因素、设计原因进行了分析，阐述了预防塌方的技术措施和不同规模塌方的处理方法。

关键词　塌方原因　塌方预防　塌方处理原则

塌方是隧道开挖中一种不正常现象，是隧道施工中的灾害。其后果是影响施工进度，增大工程成本，可能造成人员伤亡和影响工程质量。某长隧道在开挖施工的 43 个月中共发生大小塌方 20 余次，推迟工期 3.8 个月，处理塌方的费用近千万元。过去我国铁路隧道施工时的塌方相当频繁，据某两条新线铁路 91 座隧道塌方的统计，在一年时间内共发生 144 次塌方，平均每座隧道每年发生塌方 1.6 次。近年来由于施工技术水平的提高，塌方的频率虽有所减少，但仍不断发生，因此在隧道施工中如何防治塌方，是施工的组织领导和技术人员须认真对待的问题。

1　塌方原因

1.1　发生塌方的地质条件

按围岩级别分，Ⅲ、Ⅳ、Ⅴ、Ⅵ级围岩地段开挖均可能发生塌方。

现将可能发生塌方的地质条件按围岩结构形状、破碎程度和结构面充填情况等工程地质特征综述如下。

(1)散体结构

围岩被破碎成散体介质，是土、砂、碎石角砾状，开挖后的稳定性极差，常见于挤压强烈的断层破碎带、极破碎的接触破碎带、完全风化带和一般的第四系地层。

(2)碎石状压碎结构

围岩经 3 组以上、小间距(多小于 0.2m)节理切割成碎石状，节理间多有充填物，开挖后稳定性很差，常见于一般的断层和接触破碎带和强风化带。

(3)块、碎镶嵌结构

围岩经 3 组以上、间距多小于 0.4m 的节理切割，节理发育，呈块石和碎石镶嵌状，节理大部分有充填物。常见于褶曲构造的轴部和断层影响带内。当围岩 R_b(抗压强度)为 3～30MPa 时，或 R_b ＞ 30MPa 时有层状软弱夹层或硬软岩夹层，或层状落岩(厚度小于 0.1m)，或中层(层厚 0.1～0.5m)，层间结合差，多有分离现象，开挖有时可能失稳。

(4)大块状砌体结构

围岩经 2～3 节理切割，节理较发育，节理间距多大于 0.4m，岩体成大块状，节理多数为密封，少充填物。开挖的稳定性好，开挖后不易失稳。常见于断层影响带外和褶皱的邻近地段。

另外，其他特殊岩土和不良地质构造，如熔岩地层、岩溶、膨胀岩、高地应力均有可能造成塌方。

地下水的影响在软弱围岩中可增加围岩失稳。

1.2　施工因素

不按设计要求施工，不选定合理的施工顺序，施工方法不当，不按施工规范施工，超前管棚；初期支护的钢架连接和结合质量不能满足设计和规范要求，是造成塌方的施工原因。

根据笔者亲身遇到的38次隧道塌方，纯属施工失误的塌方有24次，其原因如下。

(1)初期支护不及时

隧道上半断面开挖后，拱脚超挖50cm，用虚土回填，由于钢架加工不及时，未及时施工初期支护，开挖后9h发生塌方。

(2)采用下半段先挖中槽

采用上下断面施工，下断面采用先挖中槽，造成拱脚下围岩松动，而且挖中槽的距离长，因拱脚失稳而造成塌方。

(3)超挖采用片石、木料回填

由于超挖数量大，在钢架外采用片石、木料回填，共发生塌方3次。

(4)上半断面开挖进尺大，未留核心

在双线跃路隧道Ⅲ级开挖上断面，爆破进尺2.5m，没有留核心，3.3m的超前棚不起作用，放炮后拱顶和工作面前方发生塌方共5次。

(5)边墙基础开挖距离过长

开挖边墙基础一次长达10m，造成墙角初期支护悬空而塌方。

(6)未及时处理初期支护变形

下半断面放炮后发现相邻的边墙初期支护有开裂，未及时加固造成塌方。

(7)围岩变化未及时改变施工方法

在Ⅲ、Ⅳ级围岩中围岩发生变化未及时改变施工方法和爆破进尺造成塌方共有5次。

上述实例仅是塌方施工原因的一部分，此外还有，例如开挖中台阶或下台阶时，一次开挖距离过长引起的塌方；Ⅴ级围岩开挖14m宽的隧道采用上下台阶开挖，强调用台架钻眼、机械装渣，上台阶的高度达6m，又无环形开挖引起的多次塌方；采用双侧壁导坑法施工，采用全断面衬砌，一次拆除侧壁导坑内壁的施工支护过长而引起的塌方。

1.3　设计原因

由于设计对隧道的工程地质和水文地质条件了解不清楚和设计人员的经验不足，选定的设计方案、施工方法、支护参数、开挖辅助施工措施不当，设计对施工的指导不力均增加了塌方的可能性。

笔者参与施工的隧道中，在放炮后即发生的17次塌方中，其中有15次是没有超前支护而导致的；完成初期支护后的4次塌方中有3次初期支护未设钢架。以上没有超前支护和钢架的塌方可能有施工原因，但不排除该超前支护和钢架也是造成塌方的因素之一。

某两座隧道是在完成设计的初期支护后发生塌方的，初期支护的强度不够也是造成塌方的因素之一。

又如，某隧道在挑离段的纵坡1∶1，钢架间距为50cm，这时超前小导管的上仰角达45°以上，结果开挖时也发生了塌方。

2 防塌方的技术措施

(1)超前地质预报

超前地质预报是施工阶段的地质工作,是在设计阶段地质资料的基础上根据开挖面地质情况并结合量测资料预报掌子面前方短距离的工程地质条件,以判断围岩级别。预报的重点是在好的地层中可能出现的较差的地质条件,并及时调整支护参数和施工方法,其预报程序见图1。

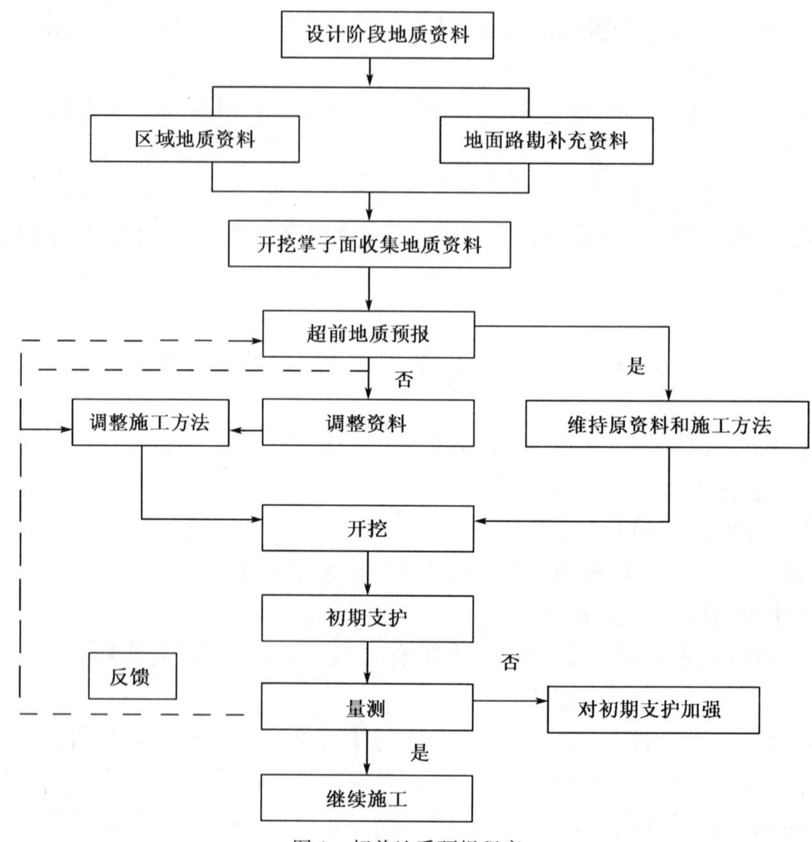

图1 超前地质预报程序

开挖面前方超前预报的方法有TSP预报法、地质雷达预报法、声波测试预报法、超前风钻浅孔或地质钻深孔预报法、远红外探水法。以上这些预报方法有的需要专业设备,有的仅在特殊条件下才采用,而且大多是定性的预报,还得结合开挖面的地质素描和施工经验进行预报。

地质素描是每次放炮后用图形写实的方法记录下开挖面的地质条件,包括开挖面的岩性特点,节理倾角、走向、组数、节理充填,影响围岩稳定的贯穿性大节理和倾角走向,地下水出露等,根据前后地质条件的变化,用作图法和地质规律结合其他预报方法取得的资料进行预报。

经验预报是根据爆破后的浮石多少、开挖断面的成型、钻眼时开挖面的掉块、钻时卡钻、爆破后的岩石、喷混凝土时岩壁的掉块、开挖面上岩石破碎等情况,并且前后进行对比,以判断前方地质条件是否会变化。当然,这需要有一定的经验。

(2)根据地质条件选用恰当的开挖方法

根据开挖宽度和地质条件选用开挖方法。为预防塌方,凡有塌方可能的地段不应采用全断面开挖。采用台阶开挖时上台阶不宜过高,以防开挖面正面失稳而造成塌方。Ⅴ级围岩上台阶宜采用留核心土的环形开挖法。必要时下台阶也采用留核心土的方法开挖，禁止采用先挖中槽的开挖方法。

(3)采用超前防护和钢架

超前小导管是控制爆破后塌方的有效手段，前面塌方的设计原因中放炮后发生的塌方大部分在没有超前防护，多为Ⅵ级围岩的地段。按公路设计规范，在Ⅴ级围岩中才设计超前小导管。为防止塌方，建议在开挖宽度大(例如大于10m)时应设计超前小导管。

初期支护中的钢架也是防塌的重要手段，有多个无钢架段塌方的实例，塌方扩大至有钢架段就停止了。超前小导管的一端支点是钢架(有超前小导管就应设钢架)。铁路隧道设计规范中，双线铁路隧道的Ⅵ级围岩钢架可设可不设，公路隧道设计规范中的双车道公路隧道，其开挖宽度近于铁路的双线隧道，在Ⅵ级围岩拱墙设有钢架，当然，钢架的间距可适当加大(≤1.5m)。

(4)短进尺、弱爆破

在初期支护设钢架地段，爆破进尺为一榀钢架的间距，钢架间距一般为0.75～1.5m。近年有设计钢架间距为0.5m的。钢架间距太小，布置的超前小导管仰角太大，对控制超欠挖不利(一般说超前小导管下三角地带的岩石是要掉下来的)。爆破设计也困难，施工单位往往采取爆破一次架两榀钢架的办法，这样，增加了初期支护的施工时间，对围岩稳定不利。非爆破开挖钢架间距可用0.5m，爆破开挖时钢架设计间距最好为0.75m以上。

没有钢架的Ⅵ级围岩，根据开挖宽度的大小，开挖进尺宜小于1.5m。Ⅲ、Ⅱ级围岩当有两组以上节理切割、有地下水、节理间有充填物时，爆破进尺宜控制在2.5～3.5m。如果爆破进尺大，装药量多，在不利节理组合下，同样可能因三角形掉块引发塌方，也有在Ⅳ、Ⅴ级围岩地段塌方的实例(也可能是围岩级别不准，或出现个别的软弱夹层)。

采用弱爆破，尽量减少对围岩的扰动。一般采用光面爆破设计，尽量做到爆破的周边有部分炮眼痕迹，爆破成形周边圆顺。

(5)保证初期支护施工质量

初期支护参数应符合设计要求，同时应保证施工质量。

①超前小导管注浆

小导管内和管外孔壁的空隙应用砂浆填满，最好用双液浆。当开挖的正面有可能坍塌时，则应增加小导管的长度或减少小导管下的开挖高度，使超前小导管能真正起到超前防护的作用。

②钢架

控制拱、墙角开挖高程，严禁用浮土、浮渣回填。上齐、拧紧钢架连接板处的螺栓，做到等强连接。前后钢架间的连接筋必须按规定进行绑焊。

③喷混凝土

开挖后应进行初喷，喷混凝土必须和开挖面密贴，上下接头处的浮土必须清理干净。注意保证工字钢的保护层厚度，靠岩壁一侧喷混凝土必须饱满。严禁对超挖部分采用片石或木料回填。

④锚杆

普通全粘结型水泥卷锚杆必须按规定操作，控制浸水时间(2～3min)，在插入锚杆时进行搅拌，防止药包外皮未被捣碎而在孔壁上起隔离作用。使用水泥砂浆锚杆时，配合比为水泥∶砂＝1∶1，水灰比0.38～0.45，用牛角泵和注浆管注入水泥砂浆，插入锚杆要做到砂浆饱满。

采用中空注浆锚杆时，在孔口要留排气孔。

(6)用监控量测指导施工

施工中，量测数据有可能出现以下情况。

①收敛值≥15mm/d，且3d仍在10mm/d以上；

②量测数据达到规范允许值或预留沉降量的2/3时仍无稳定趋势；

③时间—位移曲线出现反弯点，日量测数据日益增大，无收敛趋势；

④初期支护开裂。

凡出现上述情况，首先检查是否因施工原因所致，施工方法是否正确，施工质量是否符合要求。如果不是施工原因所致，则应考虑设计问题，调整围岩级别，如果围岩级别不变，仍应加强初期支护设计参数，如增设钢架增厚喷层厚度或加密格栅间距。

对已施工需加固地段要提前采取加强措施，不要等到变形超限和出现险情时才加固。根据情况采取以下加固措施。

①全断面开挖后，未施工仰拱初期支护的要及时施补；设计无仰拱的建议增设仰拱。

②增设张拉锚杆，加强开挖轮廓线外的围岩，形成承载环。如果初期支护的内净空有富余可考虑加网补喷混凝土。

③变形速率增加很快或严重变形地段，可考虑先进行临时支撑，如对口焊、扇形支撑或工字钢架支撑，然后再加固。

④提前施做二次初衬，并对二次初砌采取加强措施，如提高混凝土强度等级，或增加钢筋。每段初衬长度和拆除临时支撑长度应根据测量结果而定。有的施工单位在初期支护侵入二次初衬的净空时才采取加固措施，或者在加固钢架后再喷混凝土，这样增加了处理欠挖的麻烦。

3 塌方的处理

3.1 塌方的界定和分级

根据铁路隧道施工规范界定塌方，见图2。

$$G/(LS) \geqslant 0.7$$

式中：G——塌方数量，m^3；

L——每一循环开挖长度，m；

S——开挖断面面积，m^2。

如果令 $G=ql$

则有 $$qL/(Ls)=q/s$$

式中：q——平均每循环开挖长度的塌方数量。

即 $q/s \geqslant 0.7$ 为塌方，实际上这种界定方法不一定合理。

如图2所示，开挖断面为直径10m的半圆，塌方的底宽为6m，形状为三角形。如果 $q/s \geqslant 0.7$ 为塌方，$(bH/2)/(3.14s^2/2) \geqslant 0.7$，则当 $H \geqslant 9.15$m 方可算塌方，这显然是个问题。

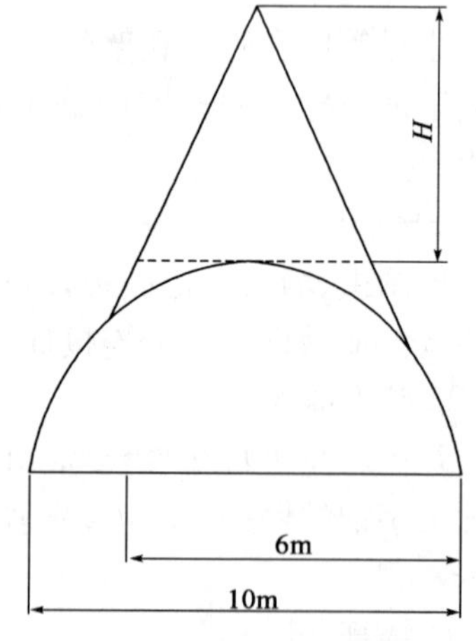

图2 塌方界定计算示意图

根据经验，塌方高度在1.5m以内，塌方后基本稳定(如三角形掉块)，用喷混凝土可以在塌体范围外逐步向前处理，处理时间短(如不超过2d)。这种情况下，施工单位投入也不大，可以不算塌方，可以叫做掉块，反之可以叫塌方。

铁路施工的塌方大小分级按塌体数量划分，并依此考虑处理大小不同塌方的方法和原则，其分级标准见表 1。

塌方大小分级 表 1

塌方数量 $Q(m^3)$	≤300	300～1 000	1 000～5 000	＞5 000
分级	Ⅰ	Ⅱ	Ⅲ	Ⅳ
塌方规模	小型	中型	大型	特大型

实际上这种分级方法，由于没有和开挖断面进尺、塌方高度挂钩，也有一定不合理处。如果塌方封闭了开挖面还在继续塌，估算塌方数量就成为问题。如果开挖宽为 5m 的断面范围内塌下 $800m^3$，塌方平均横断面为 6m×8m，其塌方高度＝800m/48＝16.7m，这么高的塌方还算中型，显然是不合理的。

为了以后叙述方便，本文的塌方分类标准如下。

小塌方：塌方高度在拱部以上小于 3m，清理塌渣后不影响塌方区的围岩稳定。

中塌方：塌方高度在拱顶以上小于开挖高度，大于 3m，塌渣在起拱线以上。

大塌方：塌渣将开挖面全部封闭。

透顶塌方：塌孔和地面贯通。

3.2 塌方处理原则

(1)防止次生灾害发生

处理塌方前均应先加固，防止塌方的扩大，例如先加固后方和尽量不出渣。

(2)保证人身安全

处理塌方时必须做到步步为营，人在安全处向前处理，处理一段安全一段，保证人身安全，切忌冒险进入塌孔内处理。

(3)保证结构安全

处理塌方必须做到根治，保证结构安全、运营安全。由于塌方后的受力条件与原来地质条件和围岩类别下的受力条件不同，因此必须对支护设计进行加强。

3.3 加固后方

加固后方一方面是防止塌方向后扩大，同时不应该影响向前处理塌方。加固长度一般为 5m 至一倍开挖洞径。常用的加固方法如下。

(1)扇形支撑加固

扇形支撑见图 3，架设顺序由外逐步向塌方方向架设，间距一般为 1m。

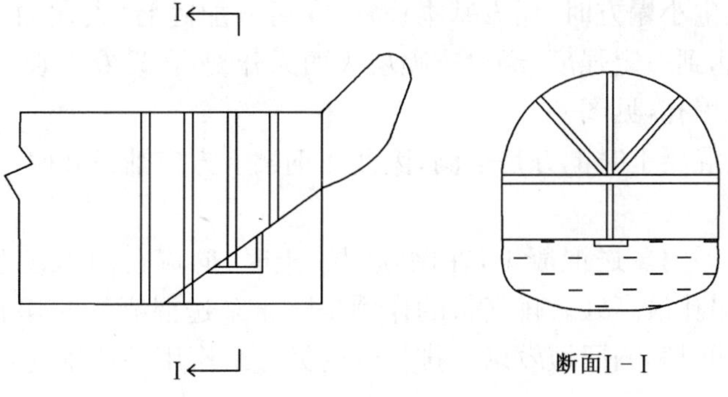

图 3 扇形支撑加固塌体后方示意图

横撑用ϕ219 钢管或组合型钢立柱，扇形支撑用圆木或方木。扇形支撑和横撑的一端用木楔和喷层表面楔紧。为防止支撑系统下沉、楔子松动而影响加固效果，应随时检查并楔紧。

在安排扇形支撑间设剪刀撑或连接撑。

设在渣堆上的立柱，如果架设立柱位置处的渣堆厚度不大，可将渣堆局部清理后支在隧底；如果渣堆厚度大，大量清理可能影响渣堆的稳定，可逐层开挖柱基并喷混凝土以保持稳定，柱基挖成后柱下注浆加固松渣，然后在柱下设扩大基础。

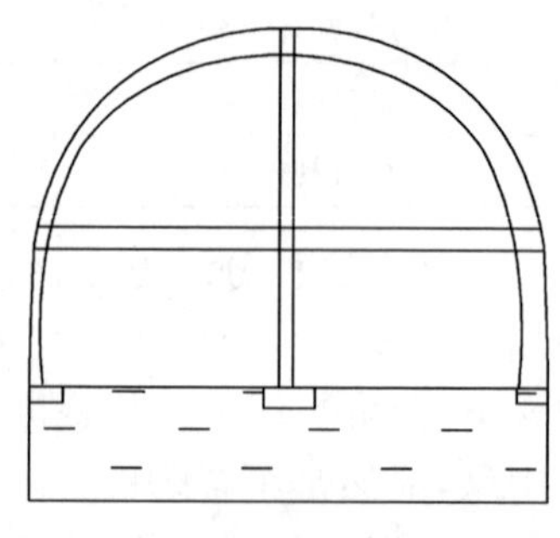

图 4　套拱加固塌体后方示意图

(2)套拱加固

用型钢轨钢架代替扇形支撑，必要时加设横撑和立柱。拱部钢架和喷层之间用 1m 间距的木楔楔紧。钢架基础的处理同扇形支撑(见图 4)。

(3)中壁加固(见图 5)

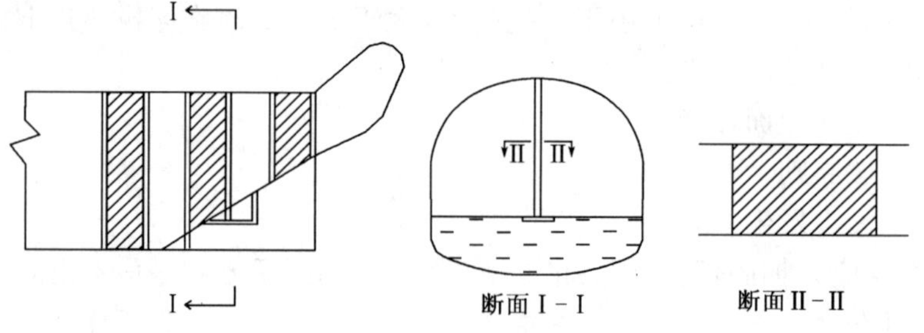

图 5　中壁加固塌体后方示意图

一般用 I 22～24 的型钢，每两段用连接筋和喷混凝土形成整体，中壁基础处理同扇形支撑。

(4)锚杆加固

采用以上方法加固后进行监控量测，如仍不能控制变形或者喷层表面裂缝增加，则应进行锚杆加固。锚杆最好用带垫板、能施加预应力的张拉锚杆。

3.4　小塌方处理

如前所述，小塌方塌方范围不大，塌方高度不高，塌方后顶部基本稳定，出渣后不会扩大塌方。但常规方法进入塌体内喷混凝土和施工锚杆仍很危险。

(1)常规处理方法

在上半段开挖发生小塌方时，塌方基本稳定，在后方加固后，人在加固的后方用喷混凝土将塌孔的顶部封闭，达到一定强度，经检查喷层表面无开裂，在设专人观察防护下进行出渣、架钢架、喷混凝土、回填塌孔，见图 6。

由于架钢架后喷混凝土时上方是空洞，因此在钢架上方应铺设孔眼小的筛网，在钢架下铺普通钢筋网。

为便于向塌孔空洞内泵送混凝土，在网喷混凝土时，向塌孔内埋设泵送混凝土管和排气管，且管口尽量接近塌孔最高处。排气管的作用是防止泵送混凝土时塌孔内的空气效应增大对拱部支护的压力，同时影响回填效果。排气管的另一个作用是从排气管流浆时，说明塌孔基本已填充。

塌方上台阶通过后，继续向前采用超前防护开挖 5m，然后再开挖下台阶。

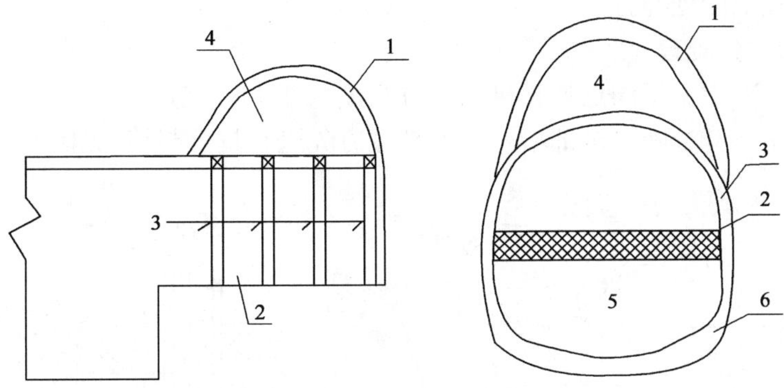

图 6　上台阶开挖塌方处理顺序

1-喷混凝土封闭塌孔顶部；2-出渣；3-在塌孔内架设钢架、喷混凝土；4-用泵送混凝土回填塌孔孔洞；5-下台阶开挖；6-下台阶初期支护

（2）用填渣处理

如果用上述喷混凝土封闭塌孔表面有困难，或者用喷混凝土后塌孔仍不安全，或者在大断面开挖时在塌方下架设钢架有困难，则宜采用填渣处理塌方，处理顺序见图 7。

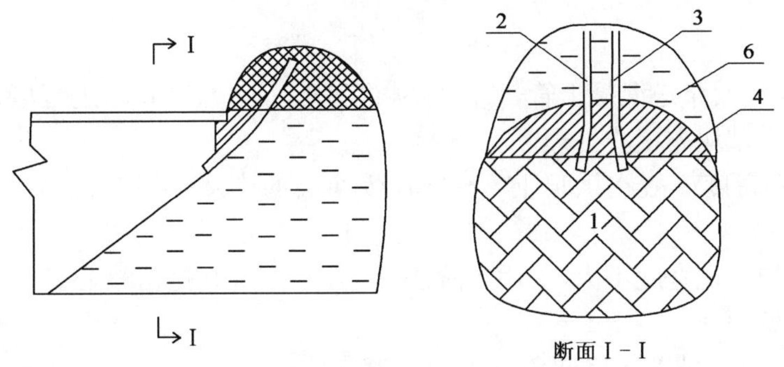

图 7　用填渣、泵送混凝土处理塌方

1-填渣；2、3-埋设泵送混凝土管和排气管；4、5-塌口封堵和背后弃渣回填；6-泵送混凝土回填塌孔空洞

弃渣回填 1 采用自卸汽车配合挖掘机施工。回填时应掌握弃渣在塌孔内的高度，如果太低，回填的混凝土侵入初期支护的净空，造成以后开挖困难。如果填得太高，以后开挖时顶部有虚渣要增加初期支护时喷混凝土数量。如果虚渣太厚，还要采用超前管棚防护，防止这一部分虚渣下塌。

埋设泵送混凝土管和排气管 2、3 的位置尽量选在塌孔的最高处，同时应尽量选在不易被落石砸坏处。如有落石危险可以在填渣 1 后用喷混凝土对预计架管处的塌孔表面进行防护。为防止堵管，可多设一条泵送混凝土管备用。

塌孔口封堵 4 和封堵口背后弃渣回填 5 同时进行，塌孔口封堵可用立模板，也可以用纤维袋装渣封堵，但应设横向支撑系统。

泵送混凝土加粉煤灰的低强度等级混凝土。

如为全断面开挖的塌方，上台阶开挖通过后，应对拱脚下方的塌体进行注浆固结。下台阶开挖前应检查注浆效果，必要时采用补充注浆或侧向小导管超前防护以防开挖下台阶时发生塌方。

由于目前隧道施工多采用大型装运设备，回填渣速度、泵送混凝土回填速度快，塌方处理质量高，而且处理塌方人员不进入塌孔，施工安全，值得在处理塌方时推广采用。以下的中、大型塌方基本采用相似的处理方法。

3.5 中型塌方的处理

中型塌方和小型塌方不同点处是拱顶塌方高度大于 3m,在起拱线以上有塌渣;和大型塌方不同处是塌渣未将开挖断面全部堵死。处理塌方先进行塌孔封堵,见图 8。

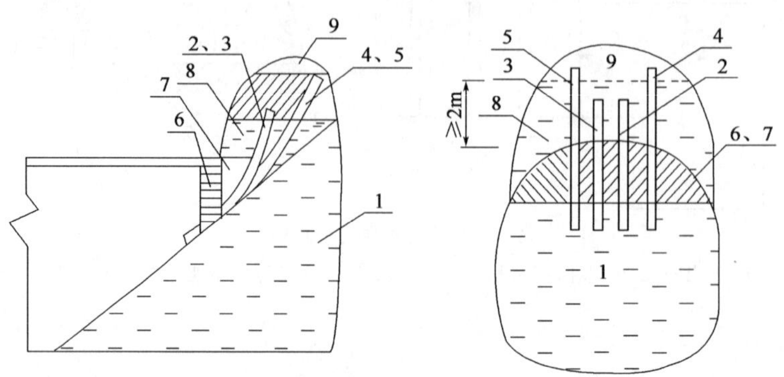

图 8 中型塌方塌孔回填

1-塌渣;2、3-泵送混凝土管和排气管;4、5-喷缓冲层管和排气管;6、7-塌口封堵和背后弃渣回填;8-泵送混凝土回填;9-喷送后冲层回填

在堵塌口前先埋设泵送混凝土管,喷缓冲料管和排气管 2、3、4、5,进行堵口 6 和背后弃渣回填,施工要求同小型塌方填渣处理。

泵送混凝土的高度一般在拱顶上 2～3m,缓冲层的厚度一般为 1～2m,以上空洞可不处理。

塌孔回填后,如开挖宽度不大,采用台阶法开挖,上台阶开挖留核心。开挖进入拱部有塌渣地段,施工顺序见图 9。

处理塌方的超前小导管注浆仰角宜为 30°,其布置要求同一般超前小导管。必要时采用双层小导管注浆。在上台阶环形开挖(2-1)前应先检查注浆效果,注浆是否能保证顶部和正面的弃渣稳定,必要时应进行补注浆。上台阶开挖后应进行径向加固注浆(3)和拱脚向下固结注浆(4),并用地质雷达检查塌方上部空洞是否达到要求。

上台阶开挖通过塌体并进入未塌地段 5m 后开挖下台阶,开挖方法仍宜留核心。开挖前仍应检查注浆效果,必要时进行补充注浆和设侧向超前小导管。

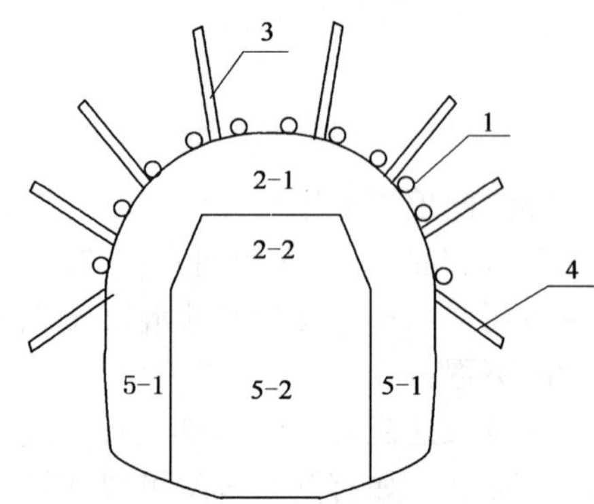

图 9 中型开挖顺序图

1-小导管超前注浆;2-1:上台阶环形开挖;2-1:上台阶核心开挖;2-径向加固注浆;3-4-拱脚向下注浆;5-1:下台阶留核心开挖;5-2:下台阶核心开挖

3.6 大型塌方的处理

大型塌方和中型塌方不同之处是塌渣将开挖断面全部封闭。塌方处理仍应先对塌孔进行封堵,见图 10。

泵送混凝土管,喷送缓冲层管和排气管 2、3、5、6 用钻机钻孔安装。其安装位置:泵送混凝土的顶面高程一般在拱顶上 2～3m;喷送缓冲层的厚度应在 1m 以上。

如采用台阶法开挖,其开挖顺序同前中型塌方的开挖顺序,当开挖宽度大时(如三线公路隧道)可用前述的双侧壁导坑分部衬砌的施工顺序,但处理的速度慢。某公路三线隧道上台阶开挖的塌方处理，提出留核心的中壁法开挖，处理塌方获得成功速度较快，可供参考。施工方法仍先进行塌孔回填，其施工顺序如图 11 所示。

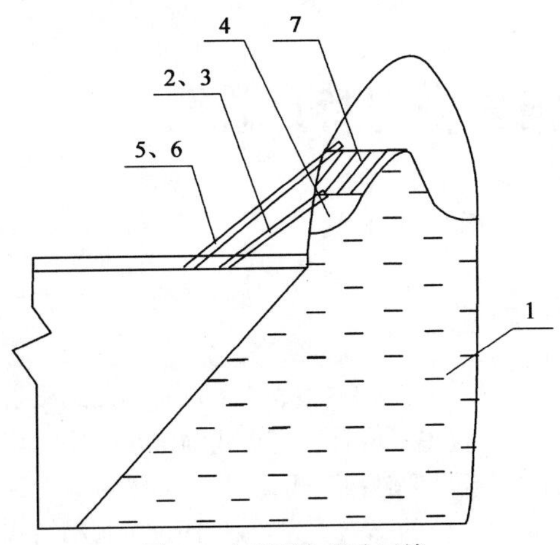

图 10　大型塌方塌孔回填

1-塌渣；2、3-泵送混凝土管和排气管；4-泵送混凝土；5、6-喷缓冲层管和排气；7-喷送缓冲层

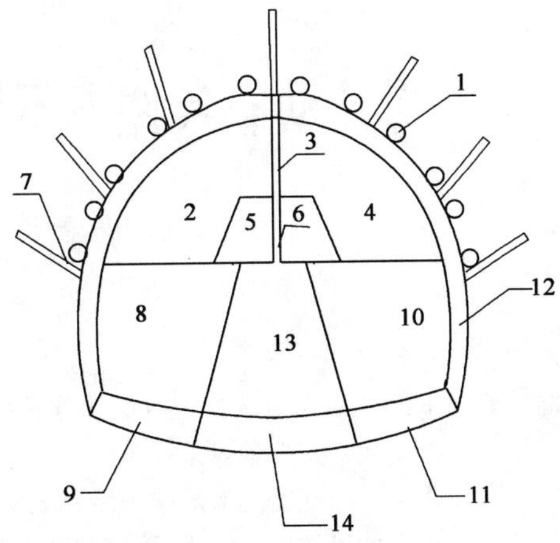

图 11　留核心中壁法处理开挖宽度大的上台阶塌方

1-超前小导管注浆；2-上台阶左侧环开挖；3-上段中壁支护；4-上台阶右侧环开挖；5-上台阶核心开挖；6-下段中壁支护；7-径向加固注浆；8-左侧下台阶开挖；9-左侧仰拱衬砌；10-右侧下台阶开挖；11-右侧仰拱衬砌；12-拱墙二次衬砌；13-下台阶核心开挖；14-其余仰拱二次衬砌（初期支护施工顺序在开挖内，未单列）

和中型塌方开挖相同，上台阶通过塌体后 5m，进行径向注浆，再开挖下台阶。用地质雷达检查空洞，距拱顶 3m 以内的空洞必须钻孔回填混凝土。

爆炸动载条件下不同形式锚索受力特点研究

沈　俊　顾金才　张向阳　陈安敏　徐景茂

（总参工程兵科研三所）

摘　要　本文应用模型试验与数值计算相结合的方法，对设置于地下洞室围岩内的全长粘结式锚索与自由式锚索在顶爆条件下的受力变形性能进行研究，获得了两种不同形式锚索在爆炸动荷载作用下的受力变形规律。结果表明，在顶爆条件下，不管是何种形式锚索，拱部锚索都受到了很大的爆炸压力作用，该部位锚索的受力远大于侧墙部位的锚索受力，拱顶部位全长粘结式锚索的受压程度要高于自由式锚索的受压程度。拱顶自由式锚索压应变自内锚固段根部向外逐渐增大，在与自由段交接处达到最大，对于全长粘结式锚索压应变最大峰值在距锚索根部1/3锚索长度的截面上。侧墙部位锚索基本上处于受拉状态，但其拉力峰值明显小于拱顶锚索的压力峰值。

关键词　爆炸动载　地下洞室　锚索　模型试验　数值计算

1　前言

岩土锚固作为解决岩土工程稳定性问题的经济、有效的方法之一[1]，广泛应用于我国基础加固和地质灾害处理中。预应力锚索锚固技术作为岩土锚固技术的一种，当前在边坡、基坑和地下洞室等加固工程领域中得到了大量采用。科技人员通过大量的模型试验、现场试验等，充分研究了预应力锚索在静载条件下的受力规律，并根据其受力状态提出了先进、合理的设计计算方法[2-3]。随着爆破开挖施工的地下工程数量逐渐增加，如何避免既有地下工程因二次爆破而受到破坏也是当前施工中急需解决的关键问题之一，爆炸响应及工程安全是当前工程界必须面对的问题[4]，因此，爆炸动载条件下锚固体的受力状态及对锚固体的影响是值得研究的。目前，对爆炸条件下边坡锚索的响应研究的较多，如宋茂信在漫湾进行了大吨位预应力锚索对边坡爆破开挖适应性的现场试验研究[5]，张云等对由近区爆炸造成的李家峡水电站边坡预应力锚索动态响应进行了研究[6]，苏华友等对紫萍铺高陡边坡爆破开挖对锚索预应力造成的影响进行了研究[7]等。相比较之下，对爆炸荷载条件下地下洞室加固锚索的受力研究较少，尤其是针对地下洞室支护常采用的自由式和全长粘结式锚索，当集团装药在洞室上方岩体内爆炸时，对这两种锚索的受力特征研究的还较少。本文采用模型试验和数值计算相结合的方法，对顶爆条件下这两种不同形式预应力锚索的变形受力特点进行了研究。

2　模型试验

2.1　模型试验设计

（1）岩体模拟材料

模型试验不针对具体工程背景。选定的原型地下洞室跨度为3.0m、高为3.4m的直墙拱顶形洞室，岩体为Ⅲ级左右的中等强度岩体，见表1。依据模型试验装置尺寸及需满足边界条件的要求，模拟洞室跨度为 28cm，侧墙高为 20cm，拱高为 14cm。这样，几何相似比尺系数为：$K_L = \frac{L_{模型}}{L_{原型}} = 0.1$，当选用水泥砂浆作为围岩的模拟材料，其密度比尺系数为：$K_\rho = \frac{\rho_{模型}}{\rho_{原型}} = \frac{1\,800}{2\,400} = 0.75$，根据弗洛德相似准则要求[8]，$K_\sigma = K_\rho \cdot K_L$，应力相似比例为：$K_\sigma = 0.075$。

选取质量配比为砂∶水泥∶水∶速凝剂＝13∶1∶1.4∶0.016 6 的混合物作为模型材料，夯实成型，自然养护 14d 后，测得材料力学参数见表 1。从表中可以看出，模拟材料的力学参数基本上符合弗洛德相似准则要求的模拟材料的力学参数。

Ⅲ级岩体及相似准则要求的模拟材料力学参数 表 1

参 数 名 称	ρ (kg/m^3)	R_c(MPa)	R_t(MPa)	E (GPa)
原型材料	2 200～2 400	15～30	0.75～3.0	20～30
要求材料	1 650～1 800	1.125～2.25	0.06～0.23	1.5～2.25
模型材料	1 800	1.8	0.17	2.0

(2)锚索模拟材料

用直径为 3.5mm 的塑料杆模拟锚索，其抗拉强度为 5.84 MPa，弹性模量为 3.61GPa。锚索总长度为 20cm。对于自由式锚索，其锚固段长度为 7cm，自由段长度为 13cm；对于全长粘结式锚索，其整根杆体上不套塑料管。实际工程中的单根锚索，其钻孔孔径一般在 75mm 左右[9]，模拟锚索成孔直径为 8.0mm 左右。选用配比为 1∶0.8 的石膏浆作为注浆材料。

(3)药量大小及埋深

试验药量为块状 100g 的 TNT，埋深 60cm。为了测得洞室周边模型体内爆炸应力场及为数值计算提供动载方程，在爆点所在的垂直于洞室轴线的模型体截面上布置了 11 个爆炸应力测试点，见图 1a)。P10 点测到的爆炸压力曲线为输入到数值计算模型体内的动荷载，见图 1b)。

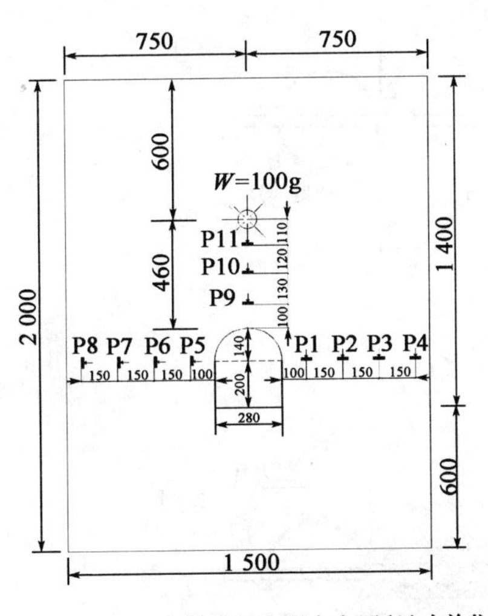

a)爆炸压力测点布置(尺寸单位：mm)

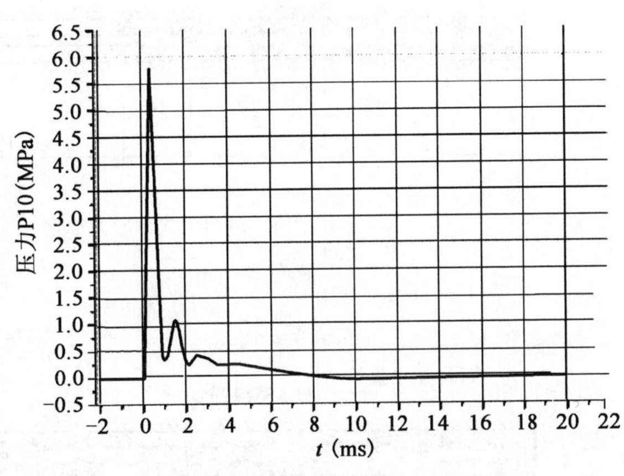

b)P10点压力曲线

图 1 模型体内爆炸应力测点布置及应力曲线

(4)试验段布置

模型体的外部尺寸为：长×宽×高＝1.5m×1.5m×1.8m，放置在“岩土工程抗爆结构模型试验装置”内进行[10]，由该装置提供固定侧限条件。模型体采用逐层夯实法成型。为了保证锚索承受同样的爆炸荷载,使试验结果具有可比性,将采用全长粘结式和自由式锚索加固的洞室布置在爆点两侧,爆点位于两加固段正中上方,见图 2。

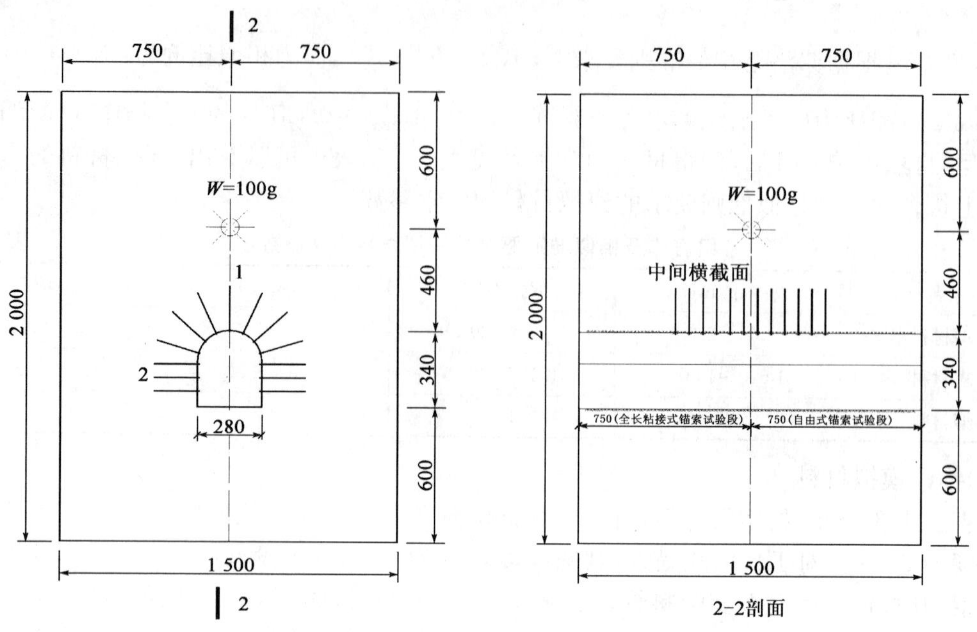

图 2 预应力锚索加固洞室抗爆试验段布置(尺寸单位:mm)

(5)锚索杆体应变测点布置

在每个试验段临近爆点的洞室截面上,设置两根测量锚索:一根位于正拱顶,编号 1;一根位于侧墙中部,编号 2,见图 2。每根测量锚索上布置 4 个应变测点,见图 3。

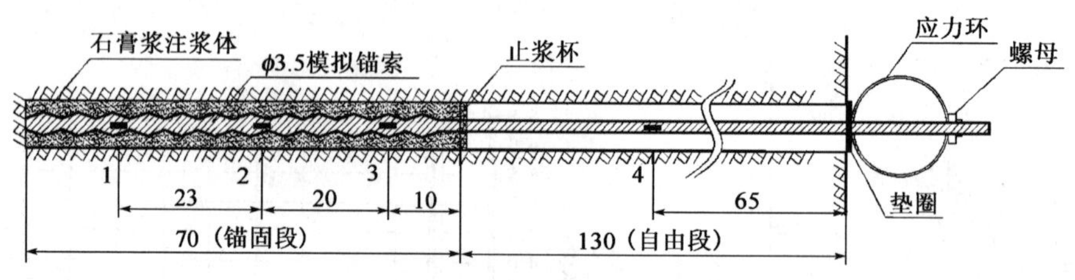

a)自由式预应力锚索

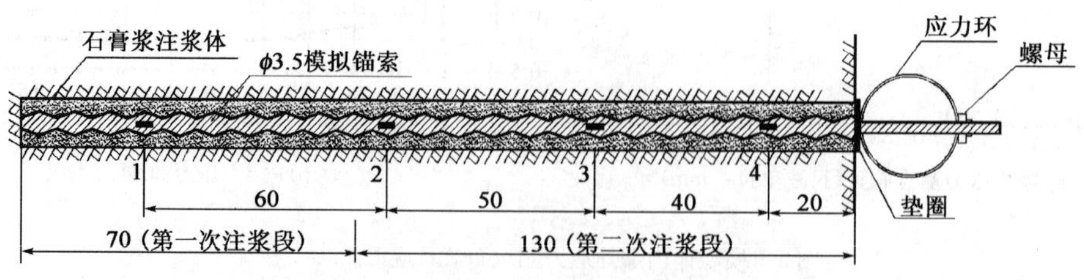

b)全长粘结式预应力锚索

图 3 预应力锚索杆体上应变测点布置(尺寸单位:cm)

设置在测量锚索头部的应力环是为了测量锚索头部张力。

2.2 模型试验结果

顶爆条件下，拱顶锚索受力明显，限于篇幅，本文仅介绍拱顶测量锚索的受力情况。自由式锚索杆体内轴力典型曲线见图 4，全长式锚索杆体内轴力典型曲线见图 5。

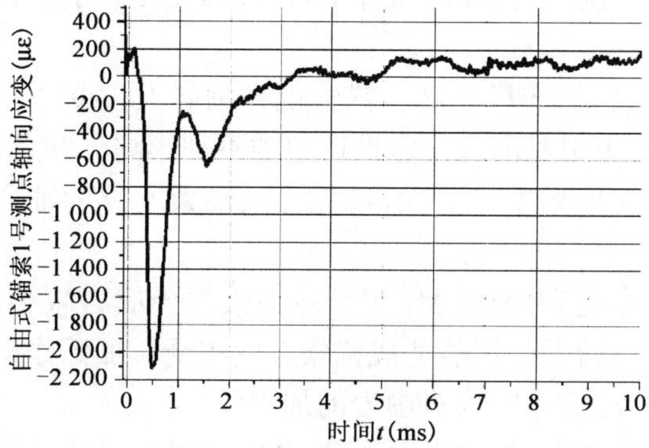

自由式锚索1号测点轴向应变(με)
时间t(ms)

a) 1号测点

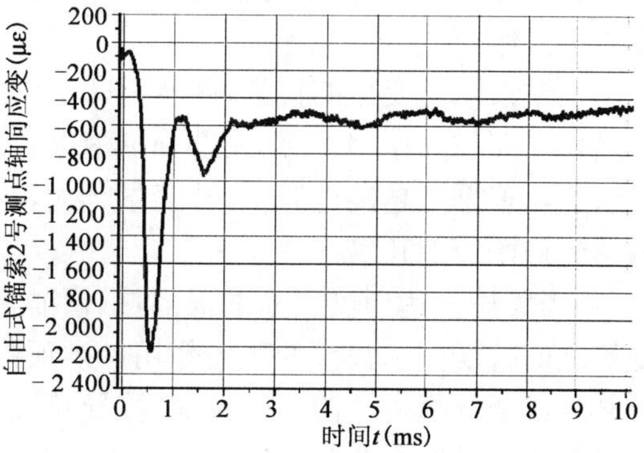

自由式锚索2号测点轴向应变(με)
时间t(ms)

b) 2号测点

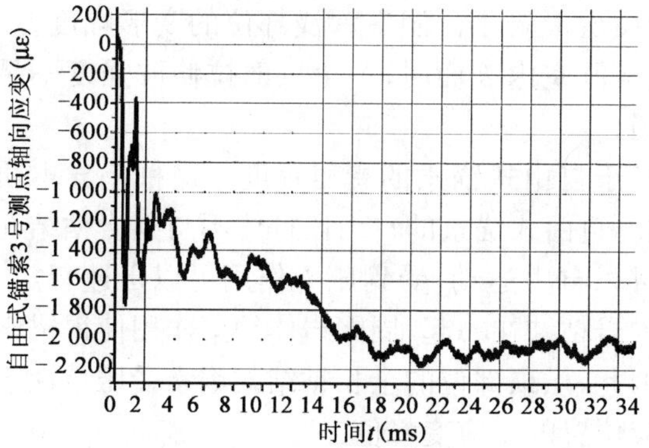

自由式锚索3号测点轴向应变(με)
时间t(ms)

c) 3号测点

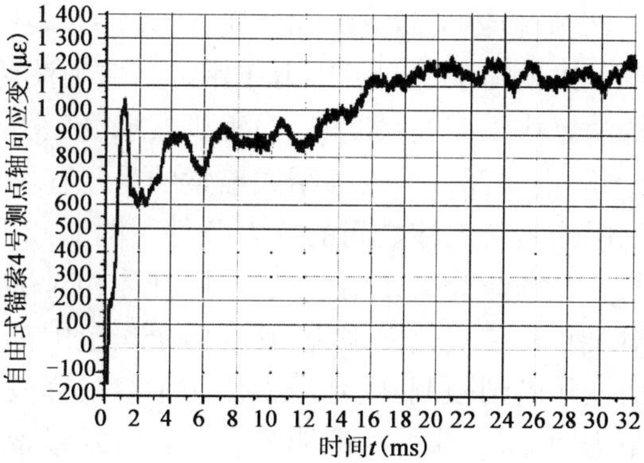

自由式锚索4号测点轴向应变(με)
时间t(ms)

d) 4号测点

图 4　自由式锚索杆体内轴力曲线

全长粘结式锚索1号测点轴向应变(με)
时间t(ms)

a) 1号测点

全长粘结式锚索2号测点轴向应变(με)
时间t(ms)

b) 2号测点

图 5　全长式锚索杆体内轴力曲线

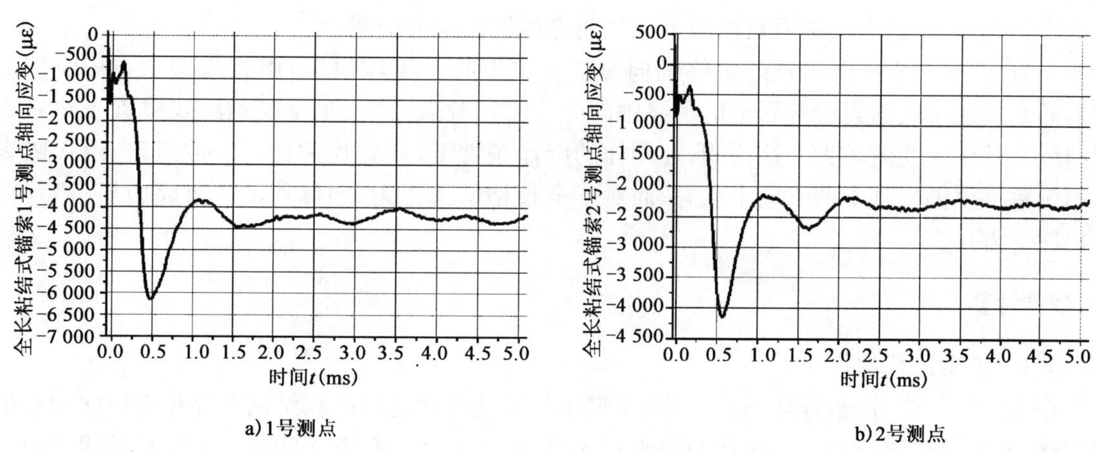

由图4、图5所示的锚索轴力变化图形均可见：

(1)爆炸荷载作用下锚索轴力发生了强烈的动态变化。从图形中看，锚索的轴力变化并不总是在增加，也会出现减小的趋势。这与以往静荷载条件的试验结论，锚索的轴力呈单调增加或减小的变化趋势显著不同。说明锚索不仅受到拉力作用，还受到压力的作用。但从总体锚索轴力变化趋势来看，锚索的轴向压力增加更多，这说明，在顶爆条件下，拱部锚索受到了很大的爆炸压力作用。

单根锚索轴力变化的特征，间接反映了洞室围岩的变形幅度。锚索能在围岩发生变形同时就迅速发挥加固作用，全部或部分抵消爆炸荷载作用对围岩稳定性产生的不利影响。并且，可以认为随着爆点越接近洞室，装药量越大，洞室变形幅度将更大，可能导致锚索本身的轴力增量达到初始值的几倍。

(2)当爆炸波达到拱顶锚索根部，拱顶锚索首先受到的压力作用导致锚索的预应力减小，在受拉之前就受到了很大的压力作用。拱顶锚索初始受压可能造成锚索在发挥受拉加固作用前就部分或全部损失了施加的预应力，导致锚索松动从而减弱对围岩的加固效果。

拱顶锚索受压主要与爆炸产生较大幅值的压缩波有关，并与锚索与岩体之间相互约束条件有关。爆炸应力波首先以压缩波形式传播到洞室拱顶附近，拱顶部位岩体整体向洞内变形，并且，变形趋势是洞室深部介质变形较大，表层介质变形较小。洞室深浅部位的变形幅度差，导致了拱顶锚索受到了压力作用。当应力波传播至洞室内表面时，产生反射拉伸波强度不足以抵消爆炸压缩波强度时，锚索仍然承受压力作用。

(3)拱顶部位全长粘结式锚索的受压程度要高于自由式锚索的受压程度。这种差异本质上是由锚索与岩体之间的约束条件不同而产生的。自由式锚索的自由段杆体不与围岩粘结在一起。在爆炸荷载作用下，自由段杆体相对围岩可以自由运动，受到压力作用可以迅速释放。而对全长粘结式锚索来说，其杆体全长范围都与围岩粘结在一起，周围岩体约束作用使得锚索自由变形受到限制，受到压力作用不容易释放。因此，拱顶部位的全长粘结式锚索受压特性表现更为明显，压应变峰值明显大于自由式锚索对应位置的压应变峰值。

(4)对于自由式锚索，由于其邻近洞壁附近的杆体，没有注浆体的约束，自由段杆体在锚索孔内呈自由状态，在爆炸振动的影响下，会左右摆动，造成杆体应变曲线的上下震荡，见自由式锚索自由段上4号测点的轴向应变曲线；这种状态也会影响到其邻近的内锚固段杆体应变曲线的上下震荡，见自由式锚索自由段上3号测点的轴向应变曲线。

(5)自由式锚索根部附近的最终轴向应变基本上收敛于零(见自由式锚索1、2号应变曲线)，而全长注浆式锚索根部附近的最终轴向应变都不收敛于零(见全长粘结式锚索1、2号应变曲线)，且压应变值较大。这说明，在同样的爆炸条件下，当爆炸波传播完成后，自由式锚索加固洞室拱顶围岩基本恢复原来状态，而对于全长粘结式锚索，当爆炸波传播完成后，锚索杆体仍然受力。

3 数值计算

3.1 锚索的模拟

在实际工程中，锚索杆体与注浆体、注浆体与岩孔孔壁之间的胶结面上存在着切向相对位移，该切向相对位移引起了注浆体与锚索杆体之间、注浆体与孔壁之间平行于锚索轴线方向上的摩阻力(或剪应力)。尽管锚索的工作效能与锚索材料和注浆体的黏合程度有很大关系，但是，由众多岩体锚索的现场拉拔试验可知，在保证注浆质量的情况下，岩石中锚索的破坏主要发生在注浆体与岩石的胶结面上，很少发生将锚索索体从注浆体中拉出的现象。因此，为简化计算，目前有学者将锚索与注浆体等效为一种介质，即用锚柱[11]来模拟分析锚索的加固作用。锚柱的弹模为：$E=\dfrac{E_bA_b+E_gA_g}{A_b+A_g}$（$E_b$为锚索杆体弹性模量，$A_b$为锚索杆体横截面积，$E_g$为注浆体弹性模量，$A_g$为注浆体横截面积，$E_r$为岩体的弹性模量），锚柱与岩孔孔壁间的剪切刚度为：$k=\dfrac{E\cdot E_r}{E+E_R}$。

在装置样机上进行的模型试验中，锚索材料选用直径为3.4mm的塑料焊条，弹模$E=3.6\times10^8$Pa，锚索直径为3.4mm，锚索孔孔径为8mm；注浆材料为水∶石膏＝1∶0.8的石膏浆。根据上述参数，可得到如下等效锚柱计算参数：

锚柱弹模：$E=\dfrac{E_bA_b+E_gA_g}{A_b+A_g}=5.1\times10^8$MPa

锚柱截面积：$A=3.14\times\left(\dfrac{8}{2}\right)^2=5.024\times10^{-5}\text{m}^2$

锚柱与介质材料之间的剪切刚度：$k=\dfrac{E\cdot E_r}{E+E_r}=2.83\times10^7$MPa

3.2 数值计算结果

(1)自由式锚索

计算得到的爆点下拱部自由式锚索的轴向应变曲线见图6，爆点下侧墙部位自由式锚索的轴向应变曲线见图7。为便于分析，仅绘制出了锚索根部、内锚固段中间部位、内锚固段与自由段交接部位及自由段4个部位的轴向应变曲线。

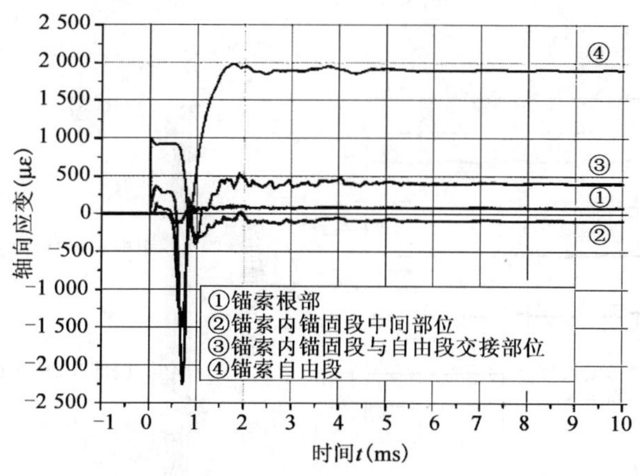

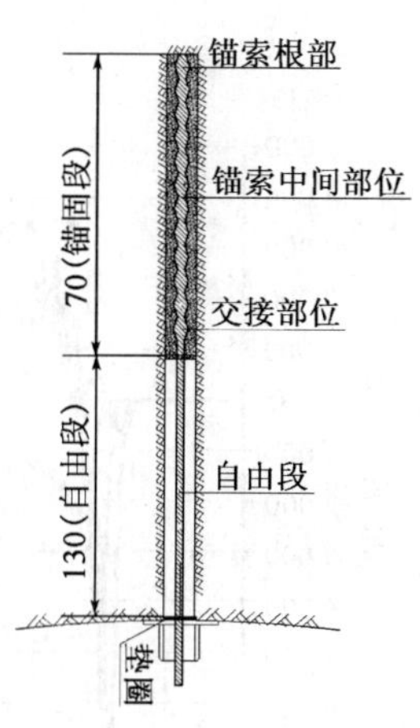

图6 拱部自由式锚索轴向应变曲线(尺寸单位：cm)

从上述曲线上可以看出：

①拱部自由式锚索应变峰值远大于侧墙中间部位部位自由式锚索对应位置处的应变峰值，这说明，在顶爆条件下，拱部锚索的受力大于侧墙部位的锚索受力。

②对于拱部自由式锚索来说，其内锚固段轴向应变自根部向交接部位逐渐增大，在自由段与锚固段交接处达到最大，且多为压应变，仅在邻近交接部位的内锚固段内产生峰值较小的拉应变。对于自由段部分，由于有预应力产生的预拉应变存在，当爆炸压应力波传至自由段内时，杆体应变由于爆炸压应变的存在，预拉应变被抵消至零；而后，拱部洞壁向洞内运动，向外拖曳自由段，在自由段内产生拉应变，并保持不变，这说明，此时洞壁产生了永久变形。

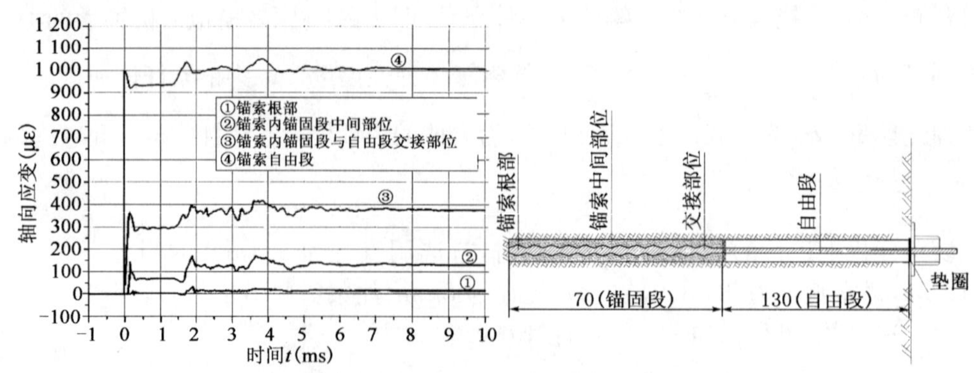

图 7　侧墙中间部位自由式锚索轴向应变曲线(尺寸单位:cm)

③对于侧墙中部自由式锚索来说,其内锚固段上均产生拉应变,且随着距根部距离的增大,拉应变峰值逐渐增大,达到峰值后,基本上不再改变;对于自由段,其应变值基本不变,与初始预拉应变保持一致。

④从爆炸零时杆体内的初始应变看,爆炸前施加在自由段内的预应力产生的预拉应变随着距交接部位距离的增加,初始拉应变迅速减小;因洞壁运动在自由段内产生的拉应变值也很难在内锚固段内传递很远。

(2)全长粘结式锚索

计算得到的爆点下拱部全长粘结式锚索的轴向应变曲线见图 8。为便于分析,仅绘制出了锚索根部、距锚索根部杆体长度的 1/3 处、距锚索根部杆体长度的 2/3 处,锚索头部轴向应变曲线。

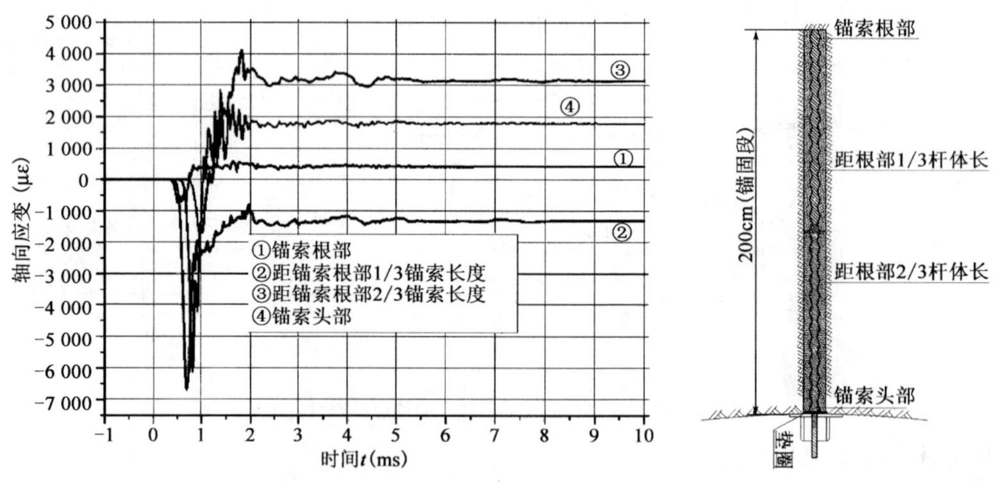

图 8　拱部全长粘结式锚索轴向应变曲线

从爆点下锚索应变曲线可以得到如下结论。

①在爆炸波到达锚索根部后,锚索体内首先产生压应变,然后才产生拉应变。这与其周边岩体处于压变形有关。从图 8 可以看出,杆体内压应变峰值最大的点不是在锚索根部,而是在距离锚索根部 1/3 锚索长度处的截面上,该截面以下的杆体截面,随着距该截面距离的增大,压应变峰值逐渐减小。

②当爆炸波通过后，一方面由于杆体质点回复力的作用，一方面由于反射拉伸波的作用，锚索的应变恢复到零，而后，由于拱部岩体向下产生永久变形，锚索的应变处于拉应变。从图8可以看出，杆体内的拉应变峰值最大点不是在锚索头部，而是在距锚索根部2/3锚索长度处的截面上。

当应力波传到洞室表面时将发生反射，在围岩内就将产生反射拉伸波，当反射拉伸波与入射压力波在洞壁内一定距离上进行合成产生的拉应力大于岩体的抗拉强度时（此时拉应变也最大），岩体就会断裂并以一定的速度飞离洞壁表面，有人把这一现象称作“剥离”或“震塌”。该断裂面并不在岩体表面，而是在距表面一定深度的位置处。锚索的拉应变峰值点所在截面的位置与爆炸波在洞室表面造成的层裂面（在开裂前，该面上拉应力、拉应变最大）位置相似。

爆点下侧墙部位全长粘结式锚索的轴向应变曲线见图9。

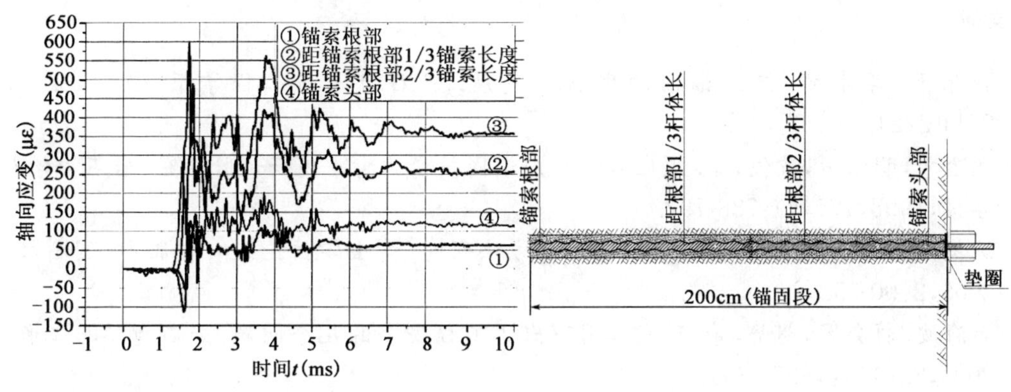

图9　侧墙中间部位全长粘结式锚索轴向应变曲线

由拱顶和侧墙中部全长粘结式锚索应变曲线可以得出如下结论：

①在顶爆条件下，拱部锚索的拉、压应变峰值均远大于侧墙中间部位锚索相应位置的拉、压应变峰值，这说明，顶爆时，拱部锚索的受力要大于侧墙部位锚索的受力。

②当爆炸波传至侧墙中部锚索时，锚索体内先产生压应变；而后，杆体质点在回复力的作用下，压应变恢复到零后，在侧墙洞壁向洞内产生变形的拖曳作用下，杆体内产生拉应变，而且拉应变峰值远大于压应变峰值。这说明，在爆炸作用下，侧墙中部锚索主要承受拉力。

③通过压力环施加在全长粘结式锚索内的预应力产生的预拉应变在全长粘结式锚索应变曲线上没有体现出来（包括拱顶锚索和侧墙部位锚索）。

4　结语

模型试验和数值计算表明：

(1)在顶爆条件下，不管是何种形式锚索，拱部锚索都受到了很大的爆炸压力作用，拱顶部位锚索的受力远大于侧墙部位的锚索受力。

(2)拱顶部位全长粘结式锚索的受压程度要高于自由式锚索的受压程度，自由式锚索内锚固段根部附近的最终轴向应变基本上收敛于零，而全长注浆式锚索根部附近的最终轴向应变都不收敛于零。

(3)对于拱部自由式锚索，其内锚固段轴向应变自根部向交接部位逐渐增大，在自由段与锚固段交接处达到最大，且多为压应变，仅在邻近交接部位的内锚固段内产生峰值较小的拉应变。对于侧墙中部自由式锚索，其内锚固段上均产生拉应变，且随着距根部距离的增大，拉应变峰值逐渐增大，达到峰值后，基本上不再改变。对于自由段，其应变值基本不变，与初始预拉应变保持一致。

(4)对于拱部全长粘结式锚索，锚索体内首先产生压应变，杆体内压应变峰值最大的点不是在锚索根部，而是在距离锚索根部 1/3 锚索长度处的截面上。该截面以下的杆体截面，随着距该截面距离的增大，压应变峰值逐渐到零。然后杆体内产生拉应变，拉应变峰值最大点不是在锚索头部，而是在距锚索根部 2/3 锚索长度处的截面上。对于侧墙中部全长粘结式锚索，主要承受拉力作用。

(5)整体上看，无论采用何种预应力锚索，在顶爆条件下，拱部锚索的受力最大，侧墙部位锚索受力较小，拱部锚索的受力状体较为相近，而侧墙部位锚索受力差别较大。

参考文献

[1] 张乐天，李术才. 岩土锚固的现状与发展. 岩石力学与工程学报，2003，22(增 1)：2214-2221.

[2] 顾金才，明治清，沈俊，等. 预应力锚索内锚固段受力特点现场试验研究. 岩石力学与工程学报，1998，17(增)：788-792.

[3] 沈俊. 预应力锚索加固机理与设计计算方法研究[博士学位论文]. 合肥：中国科技大学，2005，2：90-95.

[4] 李海波，蒋会军，赵坚，等. 动载作用下岩体工程安全的几个问题. 岩石力学与工程学报，2003，22(11)：1897-1891.

[5] 宋茂信. 岩体边坡开挖爆破对预应力锚索锚固性能影响的现场观测. 防护工程，20(3)：74-77.

[6] 张云，刘开运. 近区爆破对锚固设施的影响研究. 水力发电，1996，8：23-26.

[7] 苏华友，张继春. 紫坪铺高陡边坡抗爆破振动分析. 岩石力学与工程学报，2003，22(11)：1916-1918.

[8] T F Zahrah, D H Merkle, H E Auld. Gravity effects in small—scale structure modelling. Engineering & Services Laboratory ，Air Force Engineering & Services Center, Tyndall Air Force Base, Florida, 1988.

[9] 王冲. 预应力锚索的施工. 北京：水利电力出版社，1987.

[10] 沈俊，顾金才，张向阳. 爆炸模型实验装置消波措施及应用. 防护工程，2010. 32(6).

[11] 杨松林. 锚杆抗拔机理及其在节理岩体中的加固作用. 武汉：武汉大学博士学位论文，2001.

城市地铁工程中岩土锚固技术的综合应用研究

徐祯祥

（中国铁道科学研究院）

摘　要　本文对若干城市地铁工程中采用锚固技术的实例进行了分析和综合研究，从中看出岩土锚固技术在地铁工程中的意义。在大跨度明挖基坑的护壁支护、地铁隧道抗浮措施中以及在岩石地层的隧道支护中，锚固技术都能在相适应的地层中取代传统支护而起到重要作用。

关键词　岩土锚固技术　城市地铁工程　钢管支撑　地下工程

1　前言

随着城市建设的发展，必然对城市交通提出了快速增长的要求，而其中地铁工程的修建已成为大中城市解决该问题的重要选择。据不完全统计，目前我国已有北京、上海、广州、天津、深圳、南京、重庆、成都、沈阳、杭州等 10 多个城市拥有轨道交通运营线路，运营里程已超过 1 000km。除此之外，目前正在建设轨道交通的城市还有武汉、大连、长春、哈尔滨、西安、苏州、无锡、昆明、宁波、郑州、南宁等，预计总里程将超过 2 000km。

城市地铁工程属于地下工程的重要分支，地下工程在设计和施工中的所有高难度问题和在地质、岩土力学中的种种有待探索难题，都包含在地铁建设的全过程中。

以上两点是中国地铁建设的社会背景和技术背景，从对背景进行全面分析可以引出以下两个重要课题：第一，要面对全国 20 余个城市地铁工程蜂拥而匆忙的开工建设，特别是素质合格的施工队伍的严重不足，在建设过程中不可避免地隐含着安全和质量的严重风险，而要成功、安全地建成地铁，必须将规避工程的安全风险列为最重要的课题之一；第二，鉴于地下工程设计和施工中，目前在关键理念方面还存在着一些尚待探索的难题，在深入研究这些问题的同时，还必须提出和应用那些已逐渐成熟的新概念和新技术来应对工程中的问题。其中，第一个课题目前已在不少大中城市的地铁建设中列入了研究计划，并已获得初步成果。例如，北京、上海、广州和深圳等地铁建设部门已提出了具有指导意义的《地铁工程建设安全风险控制体系》，并据此建立了《地铁施工安全风险监控系统》。该系统的普遍推广和严格的应用将给施工安全提供可靠保障。第二个课题当前也正在地铁设计施工中逐渐认识和应用，例如：对于浅埋地层中地下结构力学机理的认识；对特浅埋土层隧道中支护衬砌设计理念的认识；在砂卵石地层中隧道采用矿山法和盾构法施工的新技术应用；隧道下穿各类建构筑物工况中力学转换和地层加固技术的应用；高水头地层中深埋隧道无水施工和防排水新技术开发研究等，这些理念和新技术的研究应用为设计施工提供了依据。

本文针对第二个课题的需要，对城市地铁施工中应用岩土锚固技术的实例和它所发挥的作用进行了叙述，以便于设计施工人员更深入地理解和更广泛运用这项技术。

2　地铁工程中成功应用锚固技术的实例

尽管岩土锚固技术在岩土工程中已经是一项比较成熟的技术，但是在城市地铁建设中还是近些年来才被正式接受的事物。其主要原因在于部分工程师们对于锚杆(索)在土层深基坑中的支护能力以及目前土锚施工技术的可靠性还有不同见解，而存在这种不同见解在目前的设计施工状态之下是十分正常的。但是，充分理解岩土锚固技术的机理和支护能力，对我们来说仍然是一件十分重要的工作。本文是想以若干成功实例来增强人们对采用锚固技术并获得成功的信心。

2.1　地铁深基坑采用锚固技术取代钢管支撑成功实例

中小跨度的地铁基坑最常用的侧壁支护系统之一是桩＋支撑体系。在实践中，除了极少数基坑由于设计施工的失误造成侧壁坍塌之外，该体系的支护在大多数情况下是成功的。但是，其最麻烦的问题是对施工空间的占用而严重地影响施工进度。另外，现场巡视和统计表明，为了施工方便，大多数施工者会不顾正确施工程序的要求，冒险地延迟钢管支撑的架设时间，而造成基坑坍塌或侧壁严重“鼓肚”。采用锚杆(索)支护的最突出优点即是解决了这个麻烦问题，同时，现场监测数据也证明了在这类工程中，桩—锚体系发挥了其力学作用，保证了侧壁在施工全过程中的安全。

(1)第一个实例为北京地铁 6 号线南锣鼓巷站。该站采用明挖基坑和桩—锚支护体系，车站主体基坑深 28.85m，长 160.6m、宽 12.5～27m，部分外挂明挖基坑(楔形)深 14.1m，宽约 12m，也即基坑最宽处 39m。基坑支护采用 ϕ1 000mm 钻孔灌注桩＋7 道锚索＋1 道 ϕ609mm×16 底部倒换钢撑；外挂一层附属结构的基坑采用 ϕ1 000mm 钻孔灌注桩＋3 道锚索。基坑锚固支护体系见图 1、图 2。

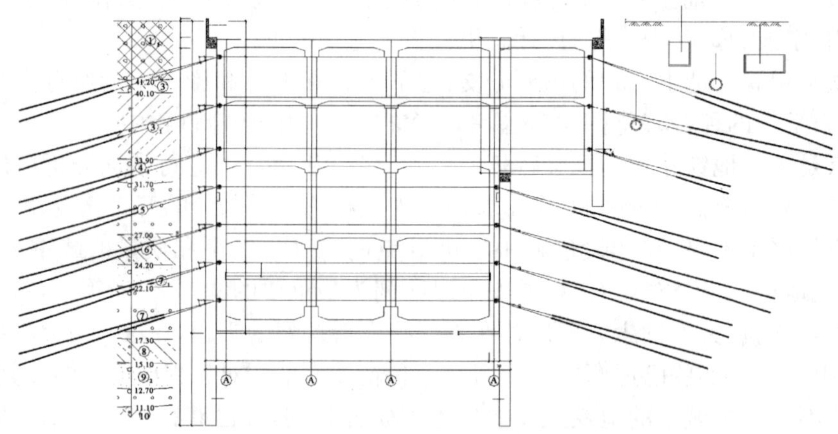

图 1　南锣鼓巷站桩—锚支护体系

图 2　南锣鼓巷站基坑施作第 3 道锚索

(2)第二个实例是6号线的常营站。车站为地下二层三柱四跨双岛式车站，主体采用明挖法施工，围护结构采用桩—锚方案。标准段基坑开挖深度约为18.5m，宽度大于37m。标准段设4道锚索，见图3。

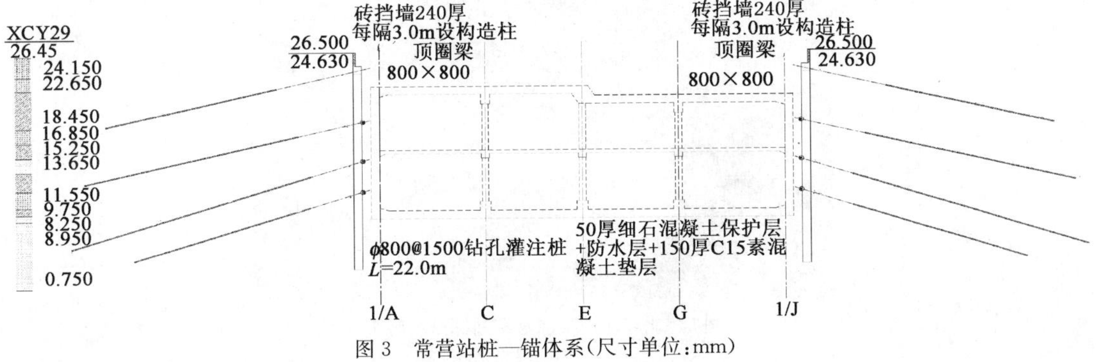

图3　常营站桩—锚体系(尺寸单位:mm)

(3)第三个实例是北京地铁5号线雍和宫站。该站采用明挖深基坑工法施工，基坑宽32m，深23m。基坑左侧围护结构上部为非预应力锚杆＋喷射混凝土支护，下部为桩＋预应力锚索支护；为保护右侧重点文物——雍和宫下部基础的稳定，围护结构自上至下设4层锚索，均为桩＋预应力锚索支护，见图4、图5。

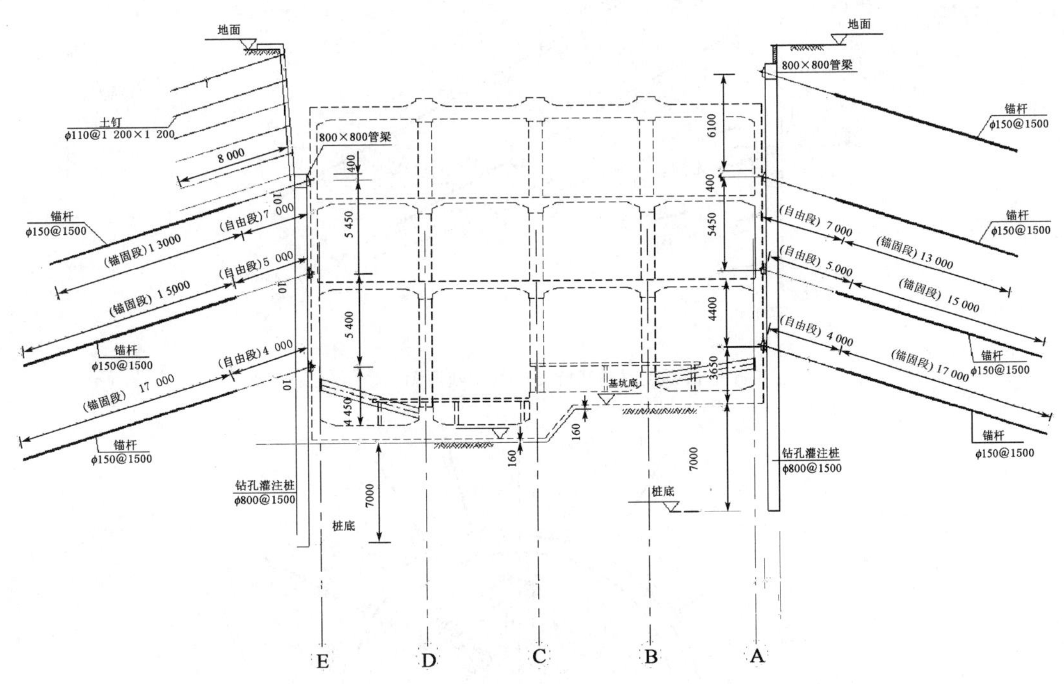

图4　雍和宫站深基坑支护设计断面图(尺寸单位:mm)

(4)第四个实例是广州地铁2号线万胜围站。明挖基坑采用桩＋预应力锚索＋摆喷止水桩的侧壁维护体系，见图6。在支承桩间采用摆喷桩进行基坑止水与采用旋喷桩止水具有异曲同工之作用，均是富水地层比较常用和有效的工程措施。

2.2　在岩石地层中地铁施工采用常规矿山法支护设计实例

广州地铁4号线车陂南站暗挖岩石隧道采用常规矿山法支护的情况。采用喷锚作初期支护＋防水＋混凝土作二次衬砌的“复合式衬砌”(见图7)，锚杆在岩石地层中发挥的支护作用是明显的。

图 5　北京地铁雍和宫车站深基坑施工

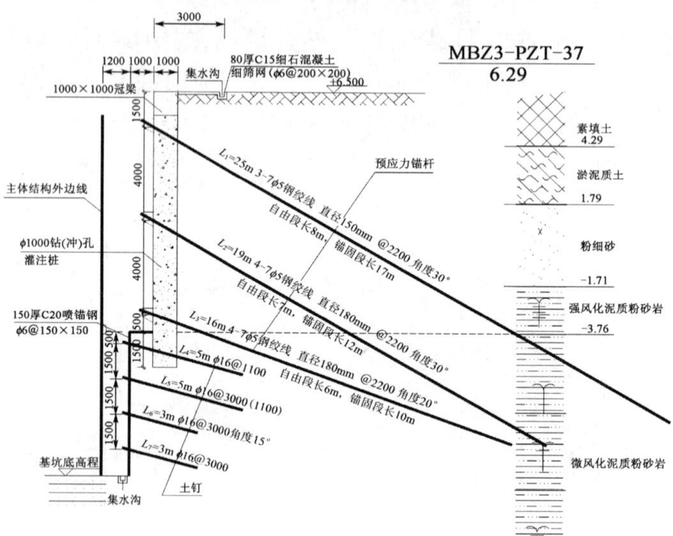

图 6　广州地铁万胜围站基坑支护设计断面图（尺寸单位：mm）

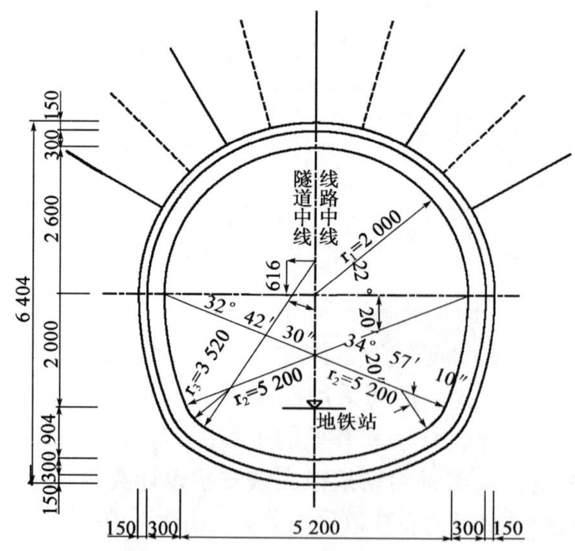

图 7　广州地铁车陂南站暗挖岩石隧道支护设计断面图（尺寸单位：mm）

2.3　地铁抗浮工程中锚固技术的应用实例

北京地铁 5 号线东单站上穿 1 号线隧道工程以及 4 号线西单站外的区间隧道上穿 1 号线区间隧道工程。当地下结构位于富水地层中，或者上穿其他地下结构时，由于地下水的浮力，以及开挖卸载的原因，施工的结构和下部结构受到向上的浮力的影响，严重时会造成结构变形和开裂损伤。采用从结构向下钻设预应力锚杆的措施，能较明显地减少浮力对结构的影响，见图 8、图 9。现场监测证明结构安全。

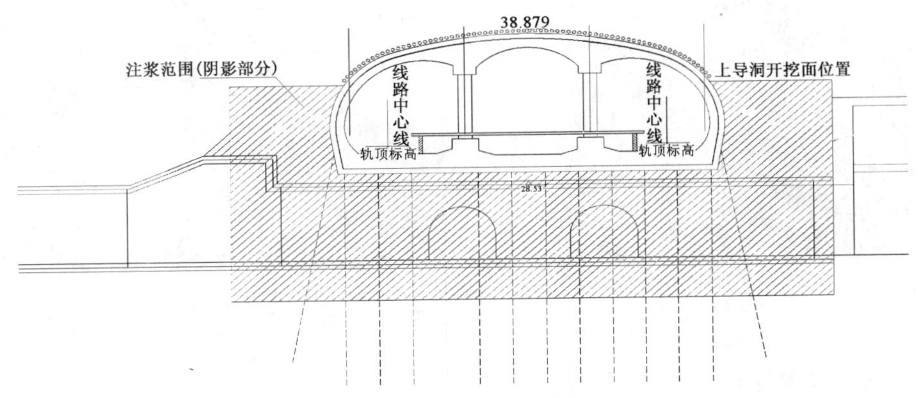

图 8　东单站区间隧道上穿工程中锚杆抗浮施工

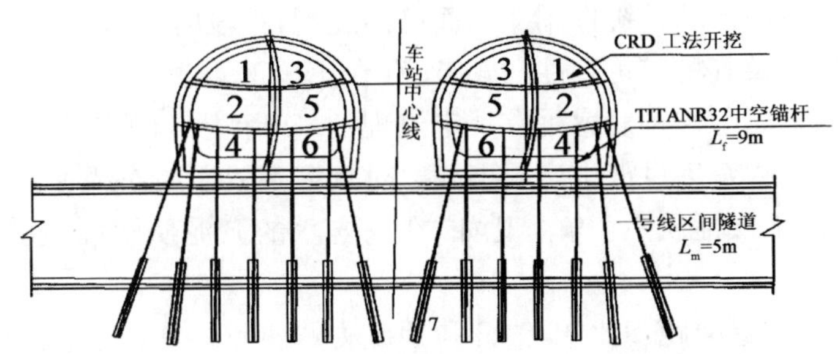

图 9　西单站区间隧道上穿工程中锚杆抗浮施工

2.4　在土质地层中地铁施工采用常规矿山法支护设计实例

针对土质地层中地铁工程用矿山法(有的文献中称之为“浅埋暗挖法”)施工时，经常采用如图 10 和图 11 所示的支护设计。锚杆在这类常用的工法中起到很重要的预支护作用，以及为拱脚和墙脚提供支承反力的关键作用。另外，锚杆还经常在竖井的周壁支护中起到重要作用。通常用注浆锚管作支护。

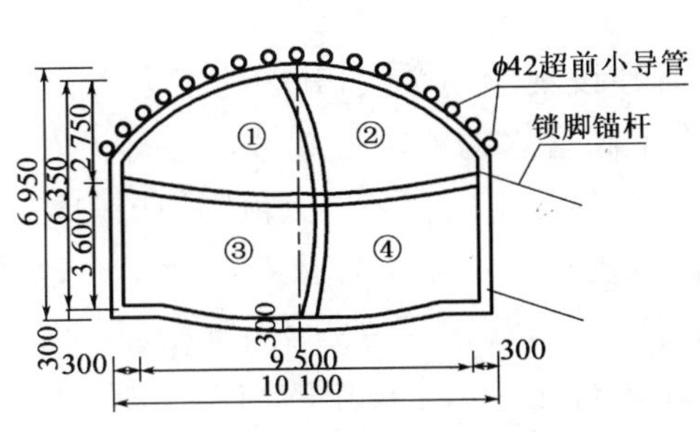

图 10　地铁行车隧道采用锚杆预支护技术(尺寸单位：mm)

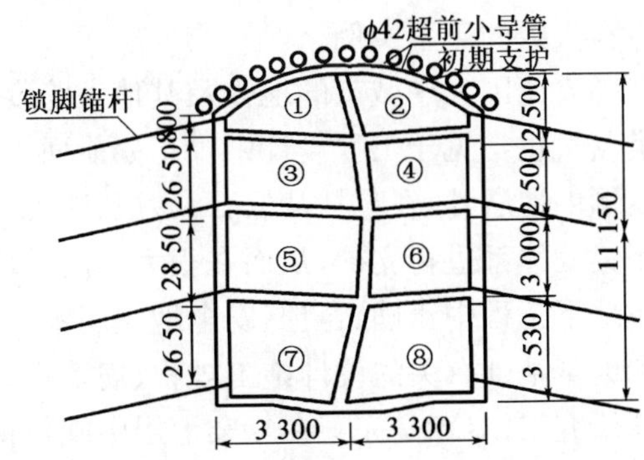

图 11　地铁通风隧道采用锚杆预支护技术(尺寸单位：mm)

2.5 锚固技术在地铁特殊地段应用的实例

无论是大型盾构机在施工竖井上下装吊，还是地铁列车运行所需轨排的装吊，都必须具备大型空间。因此必须在竖井或基坑周壁采用锚固技术进行支护，不能用任何占用空间的支撑体系，见图12、图13。

图12 盾构始发井与接收井周壁的锚杆支护

图13 明暗挖连接处轨排装吊井壁的锚杆支护

3 岩土锚固技术在地铁工程中的应用前景

以上众多工程实例说明，岩土锚固技术已在某些地铁工程中得到了较好的应用，在一些地铁特殊地段发挥了不可或缺的关键作用。前面已经提到，一段时间以来，人们对于锚固技术在岩土工程中的应用机理及其稳定可靠性问题，还存在不同的看法。有人对于锚杆在土层中受力的长期稳定性表示疑惑。这种疑惑是有一定道理的，实际上也确实有一些采用锚固技术进行支护的边坡和基坑工程发生过严重垮塌事故。对众多事故原因作调查分析和处理后发现：

(1)对工程所处的地层性质不了解。比如，在高含水的淤泥质塑性地层中，一般不建议采用锚杆支护；

(2)施工存在严重质量问题。比如，锚杆和预应力锚索钻孔中注浆量严重不足，又不按规定进行锚固力检验；

(3)在现场地层性质和地下水发生严重恶化时，设计未作及时变更；

(4)对工程邻近周边的严重渗漏和裂损管道不予重视，对此处的地层下沉又未及时监控处理；

(5)施工中工程监理和信息化监测的严重缺失。在这5项原因中只要存在任何一条，工程就存在失败的风险。近年来，由于比较注重了设计、施工、监测和安全质量管理的改善，较少发现再有失败的工程实例。

随着全国大中城市的地铁及其他大跨度地下工程建设规模的增大，其中跨度大于30m的各类基坑也常见于工程设计中。正如前面提到的，除了高含水的淤泥质塑性地层等极其软弱易变形的地层外，在包括从岩石、砂层、卵砾石层、砂土层到黏土层在内的大范围地层中均可以采用锚固体系进行支护，从而在很大程度上取代了钢管支撑或其他支撑体系。为了在地铁和其他地下工程中正确、合理、安全地应用锚固技术，目前需要做以下重要工作：一是完善锚固技术和地基基础有关的设计施工规程、规范；二是进一步进行在含水土层中的锚固机理和稳定性计算研究工作：三是完善在复杂地层中施作锚杆、注浆和检验等工艺方法；四是在困难、复杂地层中开发和应用各类新型锚固技术，例如采用和深化研究软地层中的扩大头锚杆、城区地层可拆式锚杆及全断面开挖用易除式塑料锚杆，等等。相信随着新型锚杆技术的发展，它在地铁和其他地下工程中的应用前景将会更加广阔，并且会越来越趋成熟。

参考文献

[1] 罗富荣. 北京地铁工程建设安全风险控制体系及监控系统研究(博士学位论文). 北京：北京交通大学，2011.

[2] 徐祯祥. 岩土锚固技术成就之今昔//岩土锚固技术的新发展与工程实践. 北京：人民交通出版社，2008.

[3] 贺长俊，韩爽. 地铁与岩土锚固技术//岩土锚固技术的新发展与工程实践. 北京：人民交通出版社，2008.

[4] 潘庆明，王双龙，等. 预应力自钻式锚杆在暗挖隧道中作为抗浮措施的应用//岩土锚固技术的新发展与工程实践. 北京：人民交通出版社，2008.

[5] 满都拉. 小洞室自钻式预应力锚杆施工工艺的探讨//岩土锚固技术的新发展与工程实践. 北京：人民交通出版社，2008.

[6] 叶建兴，童利红，钟巧荣，等. 广州地铁 2、4 号线及北京地铁 5、6、7、8、14 号线岩土锚固技术应用调查资料. 北京：2012.

抗震锚索及其应用

罗　斌　唐树名　饶枭宇　文志兵

（招商局重庆交通科研设计院有限公司）

摘　要　调查分析发现，现有预应力锚索锚固结构存在较突出的抗震问题。抗震锚索通过缓冲地震瞬间冲击力、与岩土体协调变形、抵御动荷载等作用，可避免锚固体系在强震条件下发生毁灭性破坏。抗震锚索工作性能试验和现场破坏性试验表明，抗震内锚具满足抗震设计要求。本文提出了抗震锚索的设计、施工技术与检测验收标准，本文介绍了抗震锚索用于强震区的工程案例。

关键词　预应力锚索　地震　抗震　内锚具

1　前言

汶川地震表明，地震引起塌方导致陆路交通生命线瘫痪，成为抢险救援的瓶颈。据不完全统计，汶川地震共引发 3 000 多处边坡失稳，导致陆路交通中断，抢险救援人员、装备与物资无法及时到达灾区，导致灾区生命财产遭到严重损失。

汶川地震后，人们意识到，对交通生命线工程，地震后不能完全丧失交通功能。可参照建筑抗震设防要求，以“大震不倒、中震可修、小震不坏”为目标。

岩土锚固作为边坡支护的主要手段之一，大量用于边坡加固。汶川地震后，锚固工程界开始思考预应力锚索的抗震问题，并进行了初步调查，调查分析发现，在高烈度地震区，预应力锚索存在较突出的抗震问题，出现锚头破坏、地梁或框架失效、锚索松弛、索体拉断等现象。因此，对高烈度地震区的生命线工程，预应力锚索设计引入抗震概念、采用抗震锚固体系、保障地震条件下交通生命线的运输功能和重要工程的安全，是技术与社会发展的必然要求。

2　现有预应力锚索的抗震性能

2008 年四川汶川大地震后，锚固工程界开始思考预应力锚索的抗震问题。调查及分析发现，在高烈度地震区，预应力锚索锚固体系存在较突出的抗震问题。

目前，对预应力锚索抗震性能的认识仍处于感性阶段。一般直观地认为锚索本身就是一个“大弹簧”，应该具有良好的抗震性能。实际上，虽然锚索的自由段具有良好的抗震性，但是，从整个锚固体系看，预应力锚索的抗震性能较差。如最常用的拉力型锚索，砂浆作为几乎不能承受拉力的脆性材料，在地震动荷载作用下或拉力过大时，在自由段与锚固段交界处的砂浆体极易开裂并向锚固段深处发生渐进破坏，导致锚索失效。可见，在预应力锚索抗震性能上，感性认识与实际情况存在较大距离。

根据罗斌(2009)等人的研究，发生地震时，瞬时产生巨大冲击能量，导致锚索受力急剧增大，一般都会超过锚索设计荷载以及极限荷载，从而产生塑性变形甚至锚索被拉断而失效；同时，边坡在地震中发生剧烈大变形，并在震后形成永久性变形。另外，在地震动荷载作用下，锚索锚固体系的外锚头、锚索体与砂浆结合部位、拉力型锚索自由段与锚固段的交界处、压力型锚索承载体承压砂浆都表现为抗震薄弱环节。现有锚索锚固结构的抗震性能不能满足强震时的安全要求。在地震条件下，预应力锚索锚固体系可能发生以下 5 种破坏模式：(1)外锚头破坏失效；(2)地梁或框架失效；(3)锚索松弛；(4)锚固段失效，如浆体内部破坏、浆体与岩体结合面破坏、锚索与浆体结合面破坏；(5)索体拉断。

从常用的预应力锚索结构看，压力型锚索优于拉力型锚索，集中型锚索优于分散型锚索。岩土锚固工程中，常用的锚索结构型式为拉力集中型和压力分散型。拉力型锚索的荷载是依靠内锚段索体与浆体接触面上的剪应力(粘结应力)向底部传递。拉力集中型锚索施工简便、造价较低，但是不能将荷载均匀地作用于内锚固段长度上，会出现严重的应力集中现象。同时，砂浆是几乎不能承受拉力的脆性材料，自由段与锚固段交界处的浆体容易开裂，导致不能充分利用岩土体的承载能力。当遭受地震动荷载时，上述应力集中现象加剧，内锚固段与自由段交界处的钢绞线极易脱粘并向锚固段深部产生渐进破坏，导致锚索失效。

3 抗震锚索的基本原理

地震对预应力锚索结构作用的特点：一是地震瞬间冲击力很大，二是地震过程中和地震后边坡的永久性变形大，三是存在动荷载作用。为此，抗震锚索以压力型锚索为基础，根据边坡抗震设防要求，采用特殊的抗震防震结构和锚固体系。一方面，其防震结构可缓冲地震的瞬间冲击力，避免锚固体系过载或索体拉断；另一方面，可与岩土体协调变形，保证在岩土体大变形条件下正常工作，从而保证强震条件下边坡的安全稳定性。

以压力型锚索为基础的抗震锚索，采用抗震锚固体系和抗震装置，以抗震内锚具为核心构件。该锚固体系通过三种效应达到抗震目的：一是缓冲地震瞬间冲击力，避免锚固体系发生毁灭性破坏；二是与岩土体协调变形，保证岩土体大变形时不发生毁灭性破坏；三是具有良好抗动载性能。

4 抗震锚索性能试验

4.1 基础试验

基础试验主要是针对单根钢绞线进行试验。抗震锚索性能试验系统见图 1，试验结果见图 2。

位移：0.65mm
荷载：68 kN
重庆交通科研设计院
1
2
3
4
5
6
7
台架

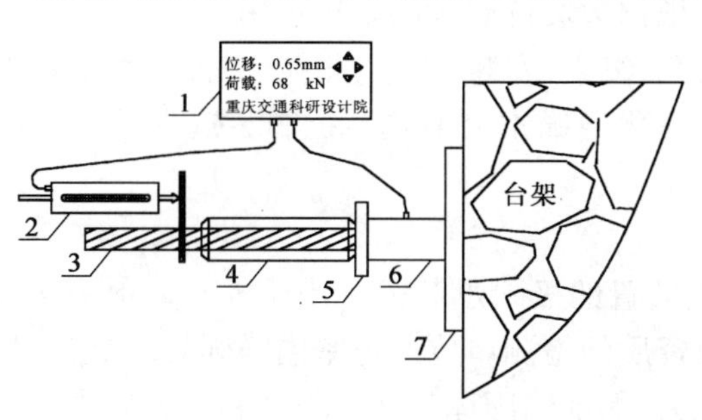

图 1 单根钢绞线锚固试验

1-数据采集仪；2-位移计；3-钢绞线；4-内锚具；5-承载板；6-荷载传感器；7-垫板

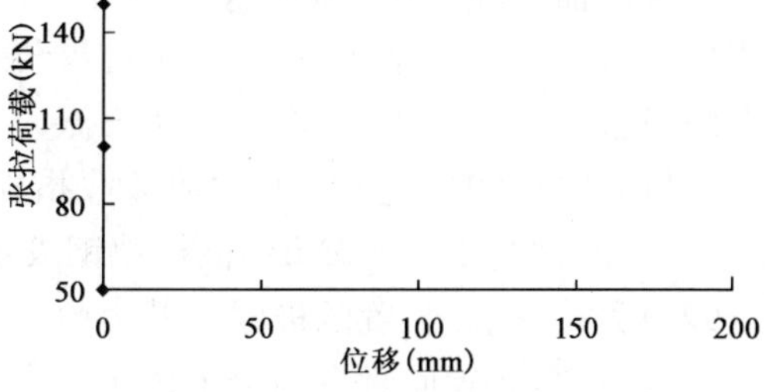

张拉荷载(kN)
170
140
110
80
50
0
50
100
150
200
位移(mm)

图 2 单根钢绞线锚固力—位移曲线

经过不断的摸索与试验，开发出了锚固力大小可控可调的抗震锚具和抗震锚固体系。只要钢绞线处于弹性变形阶段，锚固力便可根据需要进行调节。招商局重庆交通科研设计院有限公司生产的AA系列抗震内锚具和抗震装置，当锚索的工作荷载在221kN(屈强比按0.85，极限承载强度按260kN计)以下，可以任意调节钢绞线与抗震锚具的滑动荷载(称为抗震锚索的“额定工作荷载”)。以某型号的AA抗震锚具为例，按图1进行锚固张拉试验，其试验结果如图2所示。从图2可以看出，平稳滑动荷载值基本在160kN左右，效果理想。

4.2 组合试验

组合试验是把单根钢绞线的试验成果用于多根钢绞线组成的锚索，以检验总体锚固力以及滑动荷载是否满足要求，待各种参数均满足要求后再进行实体锚索的试验。试验方案装配图见图3，试验结果见图4所示。

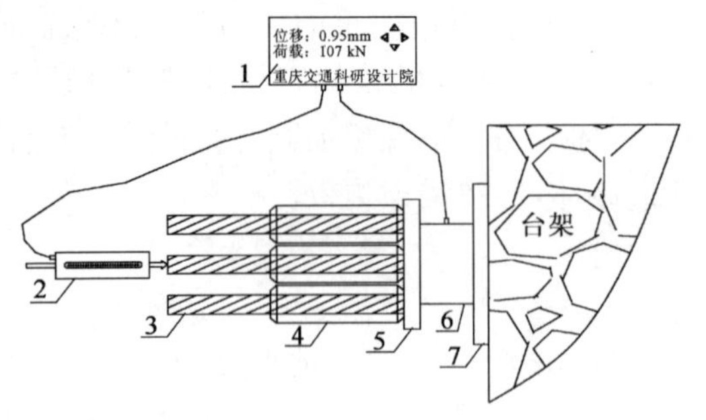

图3　多根钢绞线组合锚固试验

1-数据采集仪；2-位移计；3-钢绞线；4-内锚具；5-承载板；6-荷载传感器；7-垫板

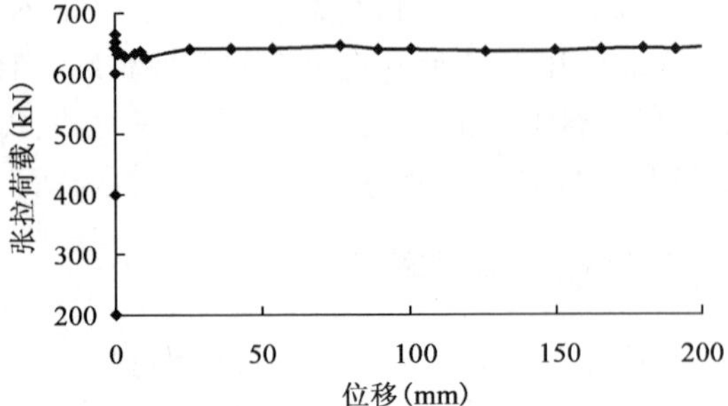

图4　四根钢绞线的锚固力—位移曲线

以某型号的AA抗震锚具为例，采用4根钢绞线组成的压力集中型锚索进行试验。按图3进行锚固张拉试验，其试验结果如图4所示。从图4可知，当张拉荷载达到660kN时，钢绞线与内锚具之间产生相对滑移，且内锚具的夹持能力略有下降，持续施加张拉荷载，锚索的工作预应力基本保持在638kN，整个滑动过程持荷平稳。

5　抗震锚索的应用

5.1 抗震锚索设计、施工与检测验收标准

抗震锚索采用压力型或压力分散型锚索，只需在压力型锚索的前端增设抗震装置。抗震装置长度为0.6～1.5m，其内部构造和规格尺寸根据边坡抗震设防要求选用。

抗震锚索施工与普通锚索基本相同，应按钻孔、编索、安装、灌浆、张拉、封锚六大主要工序依次进行。在锚索制作时，需要把抗震装置安装在普通锚索的前端。抗震装置现场制作需要专门设备(一种挤压机)，需由供货方派人现场制作。

抗震锚索的性能要求与检测验收指标：

(1)筋材要求1 860MPa低松弛钢绞线，抗震装置的极限承载力不小于$n\times 260$kN(n为钢绞线束数)。抗震装置的极限承载力由具有相应资质的检测单位通过室内锚固静载试验得到。

(2)抗震装置应具有与岩土体协调变形的能力，保证锚固体系在地震中和地震后岩土体发生大变形条件下能够正常工作。在保证锚固体系正常工作状态下，抗震装置的允许变形量应满足设计要求并不小于5cm。抗震装置的允许变形量在生产厂家提供的资料的基础上，由具有相应资质的检测单位通过室内锚固静载试验得到。

(3)抗震装置应能够缓冲地震的瞬间冲击力，避免锚固体系过载或索体拉断。抗震装置的“额定工作荷载”(即抗震锚固体系发挥抗震作用时的工作荷载)为$n\times w$(kN)(w为单根钢绞

线的额定工作荷载，n 为钢绞线束数）。“额定工作荷载”可根据边坡安全要求和抗震设防要求选用。抗震装置的“额定工作荷载”由具有相应资质的检测单位通过室内锚固静载试验或现场拉拔试验得到。

5.2 应用案例

招商局重庆交通科研设计院有限公司生产的 AA 系列抗震锚索已在四川、云南、贵州、山西等地的高速公路工程得到应用。

以山西临汾至吉县高速公路为例，路线区域内为高烈度地震区和地震频发区，历史上曾经多次发生过大地震，如 1303 年 9 月 17 日和 1695 年 5 月 18 日发生的 8 级地震。同时，由于临吉路部分高边坡破碎坡体及采空区开挖卸荷后变形较大，所以只有抗震锚索才能较好的适应这种大变形。因此，在部分高陡、破碎的路堑边坡中，采用抗震锚索对其进行加固。临吉路安装后的抗震装置见图 5，编索后的抗震锚索见图 6。

图 5　临吉路抗震锚索的抗震装置

图 6　临吉路编索后的抗震锚索

在渝宜高速公路梁平至万州段分水滑坡治理工程中，为更好地利用钢绞线的强度，在同一根钢绞线上面还挤压了一个固定挤压套。然后将内锚具与固定挤压套密封起来，以便在遭受地震动力荷载时钢绞线可与内锚具之间产生滑动。图 7 为分水滑坡施工的压力集中型和压力分散型抗震锚索，通过破坏性拉拔试验，抗震锚索的工作性能完全达到预期目标。

5.3 抗震锚索系列结构及其应用

抗震锚索除了可作为高烈度地震区岩土加固专用锚索外，还具有以下独特的作用：

①超高边坡及蠕滑中的滑坡加固。

②锚索抗滑桩用锚索。

③大断面与大变形地下工程支护。

④作为压力分散型锚索的安全保护装置。

以抗震锚索技术为基础，招商局重庆交通科研设计院有限公司开发了系列安全型锚索，如 AA 自适应锚索、AA 安全型压力分散型锚索。

（1）AA 自适应锚索。AA 自适应锚索通过安装特殊的自适应装置，可根据荷载大小或岩土体变形量，自行调整锚索的拉力或变形量，避免锚固体系过载或破坏，达到加固大变形围岩或边

图 7　分水滑坡施工的抗震锚索

坡的目的。

对大变形边坡、滑坡和超高边坡，由于岩土体变形量较大，采用普通锚索容易导致锚索过载甚至破坏。AA 自适应锚索可保持拉力恒定，自行调整变形以适应岩土体的大变形，有效地解决了这一难题。

锚索抗滑桩由于同时采用被动加固结构(抗滑桩)与主动加固结构(预应力锚索)，变形不协调，导致二者的功效不能同时发挥。AA 自适应锚索可保持拉力恒定，自行调整变形以适应岩土体的大变形。

对大变形与大断面地下洞室、软岩隧道支护，预应力锚索对控制围岩变形具有不可替代的独特优势。当软岩或大跨度围岩变形量较大时，AA 自适应锚索可自行调整变形以适应围岩的大变形，并保持支护力恒定。

(2)AA 安全型压力分散型锚索。由于压力分散型锚索各锚固单元钢绞线的长度不同，施工张拉时，可采用分次补偿张拉或者采用小千斤顶分组张拉，从而使各根钢绞线受力一致。但是，在长期使用中，当岩土体发生变形时，虽然所有钢绞线的变形是相等的，但由于各锚固单元钢绞线的长度不等，将引起各根钢绞线的拉力差异，从而导致最短的钢绞线应力集中。AA 安全型压力分散型锚索可保持各锚固单元的拉力恒定，从而保障锚固体系的安全及各锚固单元受力均匀。

6 结语

抗震锚索在强震条件下，通过缓冲地震瞬间冲击力，与岩土体协调变形，适应动荷载，可避免锚固体系发生毁灭性破坏，保障边坡安全稳定。抗震锚索是一种新型的、安全的预应力锚固结构，可在高烈度地震区重要工程中推广应用。

在抗震锚索技术基础上发展形成的安全型锚索还可用于以下工程：爆破与振动环境下岩土锚固、锚索抗滑桩用锚索、大变形滑坡及超高边坡治理、大断面与大变形地下工程支护。

参考文献

[1] 聂高众，高建国，马宗晋，等. 中国未来 10～15 年地震灾害的风险评估. 自然灾害学报，2002(1).

[2] 洪海春，徐卫亚. 地震作用下岩体锚固性能研究综述与展望. 金属矿山，2006(3).

[3] 夏元友，张亮亮，顾金才. 预应力锚索抗爆洞室加固效果试验研究. 工程爆破，2008(3).

[4] 苏华友，张继春. 紫坪铺进水口高陡边坡锚索抗爆破振动分析. 岩石力学与工程学报，2003(11).

[5] 陶浩，段红杰，刘建秀. 预应力锚具的强度性能破坏研究. 机械设计，2003(8).

[6] 秋仁东，石玉成，徐舜华，等. 预应力锚索加固石窟岩体的地震动力响应研究. 西北地震学报，2007(1).

无粘结锚索的隐患

刘玉堂

（总参工程兵科研三所）

摘　要　20 世纪 90 年代初，水电建设把无粘结锚索引入我国。鉴于它有很多优点，在岩土工程中迅速推广并研究出多种不同结构的无粘结锚索。实践中，把无粘结锚索的规范结构和施工工艺想当然地过于简化，如把双层隔离层改为单层，把充满并可随时补充防锈油脂的防护帽用混凝土或水泥砂浆替代，省略对中支架等，锚索的永久性难以保证，给工程的安全埋下隐患。无粘结锚索的钢绞线不与围岩粘结，锚索对岩体的加固作用完全依赖其拉力，锚索的拉力又仅仅是夹片对一小段钢绞线的夹持力，在长时间、高应力作用下，夹片及其夹持的那段钢绞线必然产生徐变，锚索的拉力减小，边坡的抗滑力不足就要失去稳定。在用无粘结锚索加固的公路边坡中，因雨水冲动格构下的风化石块和泥土，锚索失去了拉力，边坡缺少支护力而失事的工程已不止一例。

关键词　锚索　无粘结锚索　边坡加固　岩土工程

1　问题的提出

目前，无论是不稳定边坡的加固，还是大跨度地下洞室的支护，都首选锚索，锚索已经成为岩土加固工程的主要手段。20 世纪 90 年代，四川二滩水电站和河南小浪底水利枢纽工程的建设，引进了无粘结锚索的规范结构和施工工艺，这种锚索无论在施工过程中或在地下长期工作中，对可能遭到的各种侵害都有严格的防范措施，能确保锚索的永久性。由于无粘结锚索具有很多无可争辩的优点，迅速在各种岩土加固工程中推广，其中包括一些国家重点建设工程。与此同时，还涌现出了一大批我国自行研制的新型无粘结锚索，如压力分散型锚索、拉力分散型锚索、拉压复合型锚索等。采用隔离防护的任何结构，保护隔离层的完整性都很重要，一处损坏将危及整个结构的安全使用。锚索的隔离保护层都是塑料制品，易于破损，锚索的组装和安装工序有又很多，尤其是向粗糙的锚孔内推送时，磨破隔离保护层在所难免。锚索又属于隐蔽性工程，磨破了不易发现和修复，对采用这种锚索加固的工程的永久性不能不令人担忧。无粘结锚索锚具的寿命与工程同龄，规范的保护方法是很严格的。然而，绝大多数工程都简化为用水泥制品覆盖，锚具锈蚀后锚固性能降低，锚索拉力减小，轻者降低边坡的安全系数，重者危及边坡的稳定。

2　无粘结锚索的规范结构

规范的永久性无粘结锚索结构见图 1，四川省二滩水电站、河南省小浪底水利枢纽的边坡和地下厂房的支护都是采用这种锚索结构。无粘结锚索是采用隔离防护，依赖隔离层把钢绞线与外界隔开，免受有害介质的侵蚀。隔离层的材料必须化学性质稳定、耐腐蚀、抗老化、不导电、不透水、不漏气。虽然施工时要求整个锚索孔注浆饱满，注浆体只能是保护锚索隔离层的措施，并不能作为隔离层，因为水泥注浆体既渗水又透气。锚索的隔离层都是塑料制品，强度很低，在运输、下料、组装、向锚孔内送索等所有工序都有可能损伤隔离层，损坏后难于发现和修复，因此，规范要求，整个锚索的所有钢绞线都必须至少有两层隔离防护层：在张拉段由波纹管和钢绞线上的 PE 套管组成；在锚固段，钢绞线上的 PE 管已剥去，锚固段的隔离防护层由外面的波纹管及钢绞线上的环氧树脂涂层组成。如果锚固段钢绞线上不涂环氧层，则锚索的锚固段必须再加一层波纹管，两层波纹管组成锚固段双层隔离防护层，见图 2。在波纹管的外侧设一列对中支架，它有两个功能：一是保证注浆后锚索周围有大致均厚的浆体，二是当向锚孔内推送锚索时，防止波纹管与粗糙的孔壁直接接触，磨破波纹管。在波纹管内部安设一列对中隔离支架，它也有两个作用：一是使锚索体在波纹管内居中，二是把各根钢绞线隔开，注浆后使各根钢绞线周围都有一定厚度保护浆体。对中支架和对中隔离支架都采用模注塑料，捆扎用尼龙绳，不能用钢铁和其他金属制品代替，防止组装锚索时擦破隔离层。

无粘结锚索外锚头的规范防护见图 3。当需要调整锚索的拉力时，取下防护帽，安装张拉装置，拉动锚板，旋转锚板上的螺帽即可把拉力调到需要的值。调整完拉力、戴上防护帽后，还要通过防护帽上的注油孔注满防锈脂。虽然防锈脂空腔周围可能渗油的地方都安装有橡胶密封环，长期使用中油脂仍然会不断渗出而流失，特别是边坡上的锚索。因此，即使不调整锚索的拉力，也要不定期给防护帽补充防锈脂。

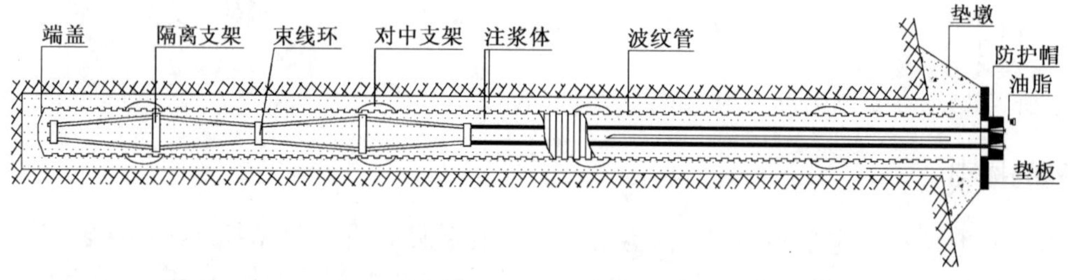

图 1　永久性无粘结锚索的规范结构

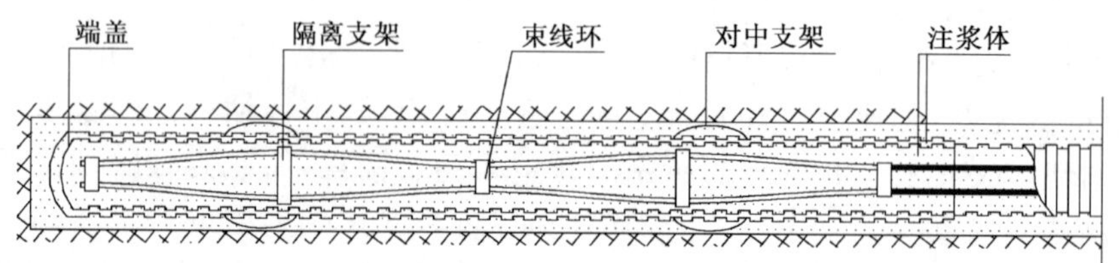

图 2　锚固段双层波纹管

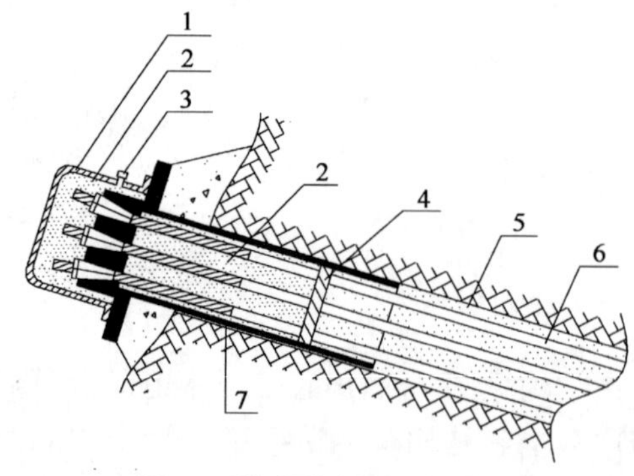

图 3　无粘结锚索外锚头的防护

1-防护帽；2-防腐油脂；3-油脂注入孔；4-密封环；5-注浆体；6-无粘结钢绞线；7-导向管

3 无粘结锚索的特点

(1)施工简单,只进行一次注浆,这是无粘结锚索被我国岩土工程界广泛接受并迅速推广的主要原因之一。

(2)适用于任何复杂的环境环境。无粘结锚索的隔离层把地层和大气中的各种有害介质与锚索隔开,在任何复杂环境(腐蚀性地层、海水浸润区、杂散电流密集区、经常有酸雨的地区等)下,都能保证锚索的永久支护力。

(3)可用于观测锚索及要求调整锚索拉力的岩土工程。

(4)能抗冲击、震动和爆炸荷载。

(5)对岩体的支护作用仅仅依赖锚索的拉力,这是无粘结锚索最主要的缺点。

4 无粘结锚索的隐患

(1)土质或强风化岩石边坡中,无粘结锚索的拉力损失减小了稳定边坡的支护力。

公路边坡都不大开挖,修整整齐以便进行锚索及其他支护的施工。边坡的表面往往是风化岩体,有些甚至是全风化的土层,地耐力很小,为了抵御锚索的拉力,通常边坡表面做成格子梁,锚索位于格子梁的交叉点。南方多雨,有时是瞬间的大雨,格子梁下面风化的岩块会逐渐被水侵泡、冲动甚至冲走,减小了锚索的拉力或完全丧失。滑动面上的抗滑力不足或没有,边坡必定失稳,这是南方很多公路边坡出事的主要原因。图 4 是几个用无粘结锚索加固的边坡工程失事的照片。

a) b) c) d)

图 4

(2)在长时间、高应力作用下,锚具和钢绞线都会产生徐变 ,减小了锚索的支护力。

无粘结锚索的拉力完全依赖锚具夹片对钢绞线的咬合力,这种工作状态的维持时间将与工程同龄。夹片与钢绞线咬合的局部应力远大于钢绞线工作状态的拉应力,长时间在高应力作用下,夹片及其咬合的那段钢绞线必定会产生徐变,尽管它对锚索的预应力损失有多大影响还没有得到应用实践的证实,不过,绝大多数工程观测锚索测得的力都是逐渐减小的,最大可达20%以上。观测的时间短问题不是太突出,几十年以后将发生什么情况,是一个值得研究的的课题。

(3)锚具的锈蚀将降低其锚固性能,减小锚索的拉力,降低支护力。

我国对无粘结锚索外锚具的防护方法绝大多数都是沿用全长粘结锚索的做法,锚索施工完仅仅用混凝土或水泥砂浆覆盖。2009年,水科院曾在云南漫湾水电站实地挖出了一根已服务20年的全长粘结锚索,检查发现,凡是在孔内有水泥浆包裹的钢绞线都比较完好,强度也没有降低;外锚具虽然也有水泥浆包裹,却发生了严重的锈蚀。这是因为大气环境要比钻孔内复杂得多,CO_2 等酸性物质会降低水泥浆的碱度而碳化,锚具失去钝化膜的保护而锈蚀。全长粘结锚索对锚具的防护虽然也采用水泥制品防护,但它有“受力的局部性”,无粘结锚索则不同,锚具的锈蚀必将降低其锚固性能,减小锚索的抗滑力。

(4)隔离层磨破后,失去了对锚索的有效防护 ,锚索的永久性得不到保证。

绝大多数工程的无粘结锚索都简化为单层隔离防护,甚至锚索上根本不安装对中支架。锚索作业中,特别是向锚索孔内推送时,磨破隔离层的概率是很大的,磨破的地方就失去了对钢绞线的防护。无粘结锚索有一处断了,整根钢绞线就失去支护作用。

(5)压力分散型锚索不宜用于永久性高大边坡的支护。

压力分散型锚索是无粘结锚索的一种,除了具有前述隐患外,由于同根锚索中,张拉段钢绞线的长度不等,不宜用作工程加固锚索。大型边坡的治理是分层开挖、分层支护,上层锚索及其他支护完成后再挖下一层。开挖在力学上就是应力解除,必然引起上层已施工完锚索的边坡向外位移。锚索的锚固段是处于稳定岩体中,不会产生位移,开挖引起的位移全部发生在张拉段。边坡的位移量对同根锚索中所有的钢绞线都相等,而钢绞线的长度不等,于是,同一根锚索各根钢绞线的拉力都不相等。再向下挖一层,上述差别加大,锚索中最短的钢绞线总有机会最先拉断,造成“各个击破”的恶果。当然,正如一位锚索专家说的,边坡的位移小或张拉段特别长并不一定会拉断,但是,锚索受力的不均匀性总是存在的,同一个结构中各构件不是等应力工作,总不能算是成功的设计。

压力分散型锚索也不宜用作观测锚索。观测锚索的作用是用于大致掌握工程锚索长期工作中的受力状态,用以判断是否需要调整锚索的拉力。观测锚索的拉力是靠安装在工作锚板下的压力传感器来指示,压力传感器显示的力是锚索中所有钢绞线拉力的总和。岩体的变形造成压力分散型锚索中各根钢绞线的拉力不等,我们最关心的、受力最大的、最短的那根钢绞线即使已临近强度极限,压力传感器也显示不出来。

同样的道理,凡是张拉段长度不等的各种荷载分散型锚索,如拉力分散型锚索、拉压分散复合型锚索、单孔复合锚等,均不宜用于永久性高大边坡的支护。

5 结语

(1)笔者并不反对在岩土加固中采用无粘结锚索,相反,对于有可能遭受动载作用的工程及腐蚀性地层的加固,还应当优先选用无粘结锚索。但是,锚索的结构和施工工艺应当规范,对于锚索施工中和长期使用中可能遭到的任何侵害都应有防范措施。

(2)无粘结锚索的不规范设计和施工造成隐患。国际预应力协会曾调查了35个工程,有100多根锚索产生了锈蚀,90%以上属于无粘结锚索;我国云南、深圳、福建等地也有采用无粘结锚索加固的公路边坡失事事例。由此可见，无粘结锚索加固的工程出现事故并不是个案，应引起注意。

（3）以科学的态度对待锚索技术。我国目前的现状是对锚索研究的人少，使用锚索的人多，研究人员对锚索的认识应当更深入、更全面。在宣传和推广某种锚索时要用科学的、实事求是的、认真负责的态度。除了讲它的优点外，对它的缺点和工程应用中要注意的问题也要交代清楚。工程出了事故一定要认真查找原因，认真总结经验和教训，这对我国锚固技术的发展和提高是有益的。

参考文献

[1] 中国工程建设标准化协会标准. CECS 22：2005. 岩土锚杆（索）技术规程. 北京：中国计划出版社，2005.

[2] 田裕甲，等. 压力分散型锚索与拉力型锚索的比较——再论新型锚索结构系列及工程应用//岩土锚固新技术及实践. 北京：中国建材工业出版社，2006.

[3] 刘玉堂，等. 常用预应力锚索的结构和特点. 预应力技术，2005(4).

[4] 刘玉堂，等. 锚索设计施工中的几个问题. 预应力技术，2005(3).

[5] 闫莫明，等. 岩土锚固技术手册. 北京：人民交通出版社，2004.

[6] 刘玉堂，等. 压力分散型锚索不宜作为永久性锚索//岩土锚固技术的新发展与工程实践. 北京：人民交通出版社，2008.

预应力锚索工作锚具的锚固性能试验及防腐蚀探讨

王宪章　杨志银　冯申铎

（中国京冶工程技术有限公司深圳分公司）

摘　要　城市深基坑支护中预应力锚索的工作锚具是夹持预应力筋的关键部件，如果锚夹片质量不合格或在使用期间产生锈蚀，极易发生预应力筋松脱现象，这将对基坑安全造成严重危害。本文根据工程实例分析了工作锚具失效原因，从锚夹片质量控制、锚固性能试验和工作锚具防腐蚀角度出发来预防此类事故发生。

关键词　预应力锚索　工作锚具　锚固性能试验　防腐蚀

1　前言

随着预应力锚固技术在岩土工程界的推广应用，其技术日臻完善，无论是钻锚索孔、锚索体制作，还是张拉锁定，甚至是锚索的永久性防腐都取得了巨大的进步和发展。当然，也存在一些因各种原因造成的预应力锚索失效的事故，尤其是临时性预应力锚索的防腐蚀及锚夹片质量问题，目前并未引起重视。笔者最近接触到两个工作锚具（外锚头）失效的案例，即某沿海城市的深基坑支护工程中工作锚具失效导致部分锚索的预应力筋松脱的事故。因此，有必要对临时性预应力锚索的工作锚具的防腐蚀及锚固性能试验做一探讨，以引起锚固工程界的重视。

2　问题的提出

南方某基坑深度为 16m，设 4 排预应力锚索，预应力筋分别是 4 根和 3 根预应力钢绞线，设计轴向拉力分别是 400kN 和 350kN。从锚索张拉锁定到发现部分工作锚具的预应力筋出现松脱的时间是 6～7 个月。另一基坑深度为 12～16m，设 3 排和 4 排预应力锚索，预应力筋分别是 4 根和 3 根，设计轴向拉力分别是 450kN 和 350kN，从锚索张拉锁定到个别工作锚具出现松脱的时间和上例相似。其松脱和腐蚀现象见图 1。现已造成基坑部分回填来进行加固处理，从而导致工期延误和经济损失的严重后果。

由现场实际情况看，锚夹片整体完好，没有碎裂现象。根据图 1、图 2 分析，笔者认为主要是由两个原因造成预应力筋松脱：首先是锚夹片质量问题，包括：尺寸超公差和热处理不符合要求。尺寸不合格应表现为夹片、锚座与钢绞线配合不好，从取下的锚夹片压痕检查，尺寸合格；剩下的就只能是锚夹片表面热处理硬度不够。锚夹片的热处理硬度要求是 HRC58～HRC64，它的硬度要高于预应力筋——钢绞线的表面硬度 8～10 度（以 HRC 计），这样才能有利于锚夹片螺牙对钢绞线的咬合，在两者锚固匹配时产生咬合效应[1]。而从图 2 看，其牙型被压平，沿钢绞线单股钢筋方向形成平滑的压痕。其次是工作锚具锈蚀因素，锈蚀破坏了锚夹片和钢绞线的表面金相组织，产生了疏松的铁锈层。因为，锚夹片的通用材质是 20CrMnTi，属于低碳合金结构钢，该种钢材必须进行渗碳和渗氮处理才能达到“心软齿硬”的效果，其碳、氮共渗的厚度为0.3～0.4mm[2]。而从现场锚索外锚头观察其锈蚀厚度接近于该厚度，所以，锚夹片的失效是可想而知。本文从这两个因素着手，探讨如何在今后的预应力锚索施工和使用过程中避免再次发生此类事件。

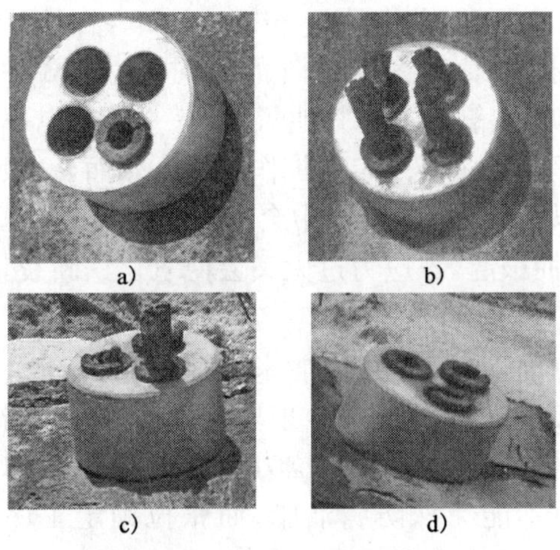
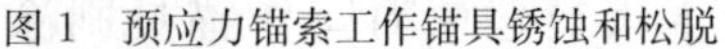

图1 预应力锚索工作锚具锈蚀和松脱

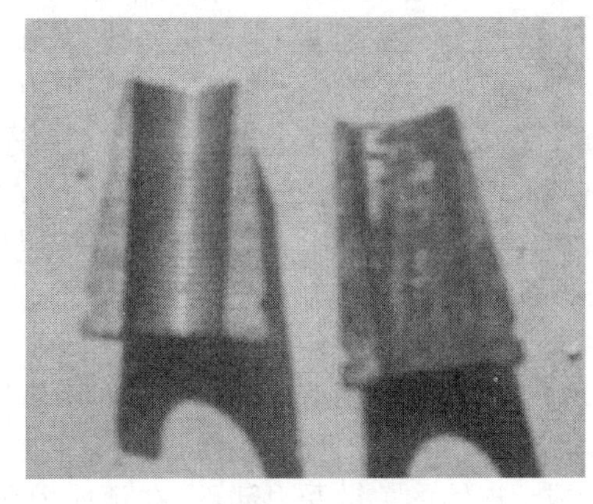

图2 工作锚具夹片的锈蚀和牙型损坏

3 工作锚具静载锚固性能试验的意义

目前国内深基坑支护工程中的预应力锚索材料的验收，监理单位对于水泥、钢材（包括钢绞线和钢筋）都要求送检，而对于工作锚具夹片并没有要求送检。《岩土锚杆（索）技术规程》（CECS 22:2005）第5.6.1条仅规定：预应力筋用锚具、夹具和连接器的性能，均应符合现行国家标准《预应力筋用锚具、夹具和连接器》（GB/T 14370）的规定[3]。因此，施工现场的锚具有产品合格证即可。而国内的锚夹片生产厂家是良莠不齐，大多生产厂家没有热处理设备，一般热处理都采取外部委托加工，可想其产品的热处理质量将如何保证。而有些预应力锚索施工队伍对工作锚具的重要性认识不足，从经济角度大多是采购价格便宜的锚夹片；现场监理对锚夹片的监管也只是看看是否有产品合格证，这样就造成了预应力锚固工程中的锚夹片在施工现场处于无监管状态。这也正是国内不合格锚夹片泛滥的症结之一。

既然技术规程规定了锚索夹具应符合国家标准（GB/T 14370）的规定，那么就要按国家标准的要求对锚夹具进行现场实际验收，以杜绝不合格产品进入预应力锚固工地，从源头来防止上述事故的发生。国家标准（GB/T 14370）对锚具的基本性能要求中首要的是静载锚固性能。用预应力筋—锚具组装件静载试验测定的锚具效率系数 η_a 和达到实测极限拉力时组装件受力长度的总应变 ε_{apu}，来判定锚具的静载锚固性能是否合格。由此可以看出静载锚固性能是验证锚夹片是否合格的关键条件。因此，笔者建议现场应将钢绞线和钢绞线与锚具的组装件同时送检，这样既检验了钢绞线、锚夹具是否合格，又检验了钢绞线和锚具共同作用的锚固性能是否满足国家标准要求。

4 工作锚具的防腐蚀

限于篇幅，在此探讨的工作锚具防腐蚀问题不涉及永久性预应力锚索。城市深基坑的预应力锚索工程大多数属于临时性边坡支挡结构，其使用期少于2年。近年来城市汽车增多，环境污染恶化，大气中的 CO_2 和其他有害物质增加，结合沿海地区空气湿度大，氯离子含量高，加速了钢铁类材质的腐蚀。正如刘玉堂专家所述：铁在大气中的氧化速度取决于大气的湿度和成分。在大气中钢铁表面常覆盖一层很薄的湿气，当相对湿度为 60%时，可形成一个分子厚度的水膜，当相对湿度为 90%时，水膜的厚度可达到 2 个分子厚，如果钢铁表面有灰尘等吸湿性物质，水膜还将更厚。氧是溶于水的，于是发生了氧化反应 $2Fe_2+O_2=2FeO$，在该反应中，铁失去电子被氧化，氧获得电子被还原。铁是多价元素，依氧化条件的不同可生成 3 种氧化物：FeO(魏氏体)、Fe_3O_4(磁铁矿)和 Fe_2O_3(赤铁矿)。氧化铁和其他氧化物一样，导电率都比金属低，化学性质相对稳定，如果均匀而连续，对钢铁还是有一定保护作用的。然而，一般情况下钢铁表面的氧化速度是不均匀的，形成的氧化铁厚薄不一，锈层中会产生自应力，有压应力，也有拉应力，压应力过大可使氧化铁与母材剥离而鼓起，拉应力过大又会使氧化铁断裂，裸露的钢铁将继续氧化[5]。

现实中城市的大环境已无法改变，作为预应力锚固，工程界只能来适应形势。在沿海城市空气中湿气大的情况下，建议对预应力锚索工作锚具(外锚头)采取防腐蚀措施，隔绝工作锚具与大气和水分的接触。由于工作锚具是将预应力锚索的拉力传递给支挡结构的腰梁或地连墙的关键受力部件，在预应力张拉之前不能涂抹防腐油脂，而张拉锁定工序完成后，再涂抹防腐油脂也可以防止工作锚具腐蚀。有技术人员建议对工作锚具刷涂油漆来进行防腐蚀也是可行的方法。笔者查阅了大量的防锈文献，发现 HL－2 型防锈剂对临时性预应力锚索的工作锚具防腐蚀比较适合。该防锈剂不含易燃、易挥发的毒性物质，适用于浸涂、喷涂、刷涂等操作。自然干燥后，工件表面能形成一层无色透明的薄膜，该薄膜还可以轻松地揭除，无残留，无腐蚀。防锈剂中含有：六次甲基四胺、苯甲酸钠、硫脲、乙醇、PVA、OCA 等成分。六次甲基四胺是一种常见的气相缓蚀剂，易被金属表面的湿膜所吸附，通过阳极作用阻滞腐蚀的微电极过程。苯甲酸钠能与金属表面溶解下来的金属离子相互作用(发生次生作用)，形成不溶性的金属盐沉积在腐蚀表面上，因而又阻滞了腐蚀的阳极过程。硫脲具有腐蚀的阳极阻滞作用及对金属表面的遮蔽作用。PVA 协助 OCA 及其他助剂共同形成无色透明薄膜[6]。这种防锈剂是水溶性制剂，在施工现场用纯净水加热拌和即可使用，是环境友好型金属防锈剂。现场可以使用喷涂的方法，在预应力锚索张拉完成后，对工作锚具及裸露的钢绞线进行喷涂，从而在工作锚具和要保护的构件外面形成一层薄膜，起到对工作锚具保护的作用。

5 结语

目前我国预应力锚固工程界对锚夹片质量的现场检验和验收没有强制性规定，“合格证书”真假难辨，为杜绝劣质锚夹片进入施工工地，建议对其进行锚固性能试验。业内技术人员对永久性预应力锚索的防腐蚀比较重视，发表的研究文献也多，而对于临时性预应力锚索的防腐蚀不够重视，认为服务期短，其锈蚀不会对支挡结构造成危害，但往往一些小问题反而会造成大事故。本文的目的是唤起业界技术人员对临时性预应力锚索防腐蚀的重视，共同研究出更好的防腐蚀方法和防锈剂，为预应力锚固技术能更加安全地应用尽一份力。

参考文献

[1] 冯大斌，等.预应力钢绞线及夹片式锚具在我国的发展与应用.第十一届后张拉预应力学术交流会，2011.

［2］ 陈宝平.夹片式锚具的改进和应用.施工技术.1993(1):22-24.
［3］ 中国工程建设标准化协会标准.CECS 22:2005 岩土锚杆(索)技术规程.北京:中国计划出版社,2005.
［4］ 中华人民共和国国家标准,GB/T 14370—2007 预应力筋用锚具、夹具和连接器.北京:中国标准出版社,2007.
［5］ 刘玉堂,等.永久性锚索的防护及选用.预应力技术.2008(2):25-30.
［6］ 李志君,等.HL-2 防锈剂.材料保护,1994(4):39.

二、理论研究与工程测试

锚索抗滑桩板墙补强措施负效应问题的探讨

徐国民　李文平

（西南有色昆明勘测设计（院）股份有限公司）

摘　要　本文介绍高填方边坡治理工程补强措施，针对补强措施的负效应问题进行了力学分析，从岩土及工程力学角度探讨负效应产生的原因，并就构件安全性及负效应的控制问题提出个人见解。

关键词　锚索　抗滑桩板墙　应力　弯矩　负效应

1　前言

在岩土治理工程中，由于设计原因、施工原因或地质原因，有时可能会出现一些事先预想不到的情况，其结果可能使治理工程结构物出现异常，如支挡结构变形过大、构造物开裂甚至损伤等。此时需要工程参与者尤其是工程技术人员尽快查明原因，找出对策，及时调整设计或进行设计变更，以遏制不利情况继续发展。

2　工程概况

某工程建设于高差达140余米的斜坡场地上，分为5个挖、填方主平台进行工程建设。其中，进场道路由斜坡填方后形成，路面高程1 718～1 742m，填土高度13～35m。由于用地限制，最终将形成下边坡直立段高度为8～19m、最大高度达35m的填方高边坡。

填方边坡治理采用锚索抗滑桩板墙，见图1。2007年3月底开工，同年7月因故停工，

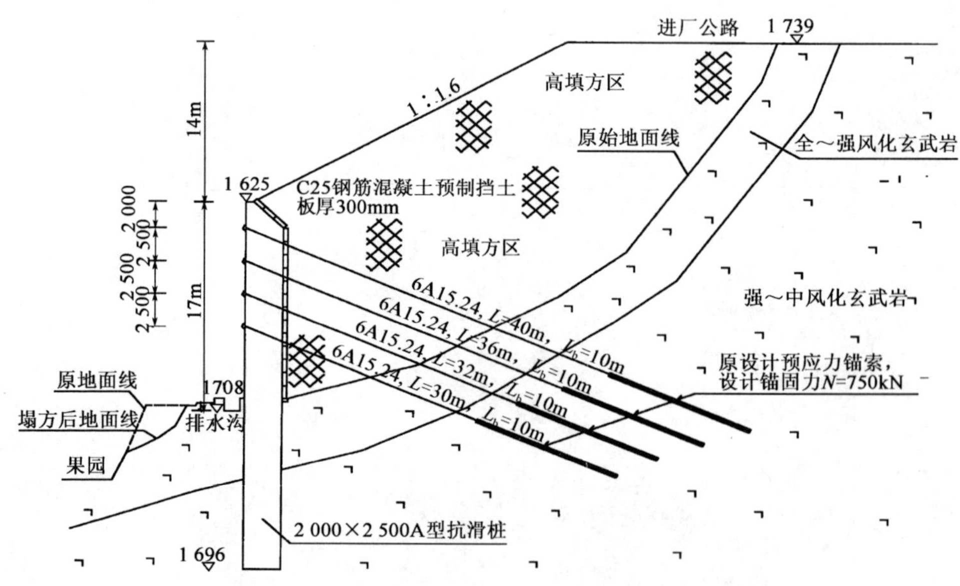

图1　锚索抗滑桩板墙剖面图（原设计）

2008 年 6 月 6 日复工。由于工期要求紧，边坡工程施工要在雨季进行。锚索抗滑桩板墙后为高填方区，由于填方速度过快，加之工程所在区域内可就近采用的标准填料缺乏，高填方所用填料为挖方区中的较大石灰岩块石、红黏土及其土夹石、玄武岩风化土及其土夹石，填料均匀性、含水率以及填筑分层厚度及压实度都难以按设计要求进行控制。同时，由于追求工期，造成填方进度快于桩上锚索进度，锚索施工尚未完全完成，填土高度就达到了抗滑桩桩顶以上。上述不利因素导致了填土形成的实际土压力远大于原设计土压力，施工填土到桩顶后，在墙背土压力作用下，桩体向外侧位移变形，桩顶最大位移达到了 150mm 以上，同时，下部的桩间挡土板上也出现了细微的纵向裂纹。

3 补强措施

3.1 思路

为遏制变形加剧，保证填土高边坡整体安全稳定，保证支护结构构造物不被破坏，针对上述情况召开了专题会议，讨论对策措施。以减小施加到抗滑桩上的填土压力为主要目的，采取了在桩间挡土板上实施锚索肋梁的补强措施。目是让桩间挡土板分担作用于桩上土压力，同时增强挡土板抵抗变形的能力，见图 2a)、图 2b)。

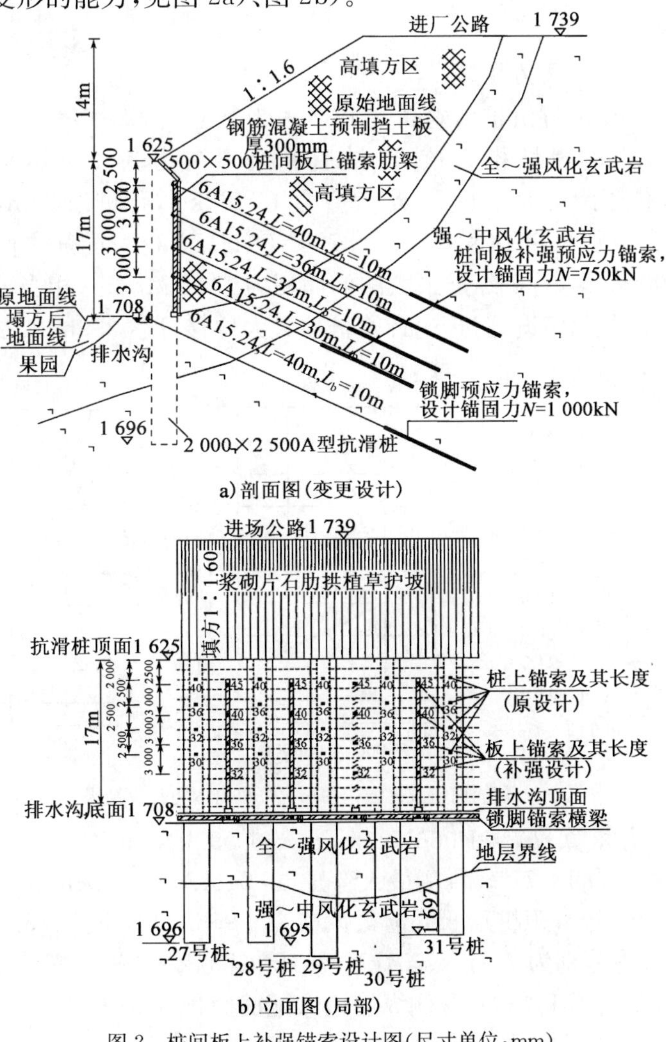

a)剖面图(变更设计)

b)立面图(局部)

图 2　桩间板上补强锚索设计图(尺寸单位:mm)

3.2 实施

方案确定以后，即按照变更设计进行了补强措施的实施。为了克服群锚效应并获得较大锚固力，增加了锚固段的入岩深度。根据桩后填土较疏松的情况，锚索注浆时采取尽量多注和二次注浆的办法，以达到固结孔周范围填土提高填土强度的目的。锚索自上而下逐排施工，部分地段地下水较丰富，风动成孔难度大，在成孔工艺和注浆方面进行了改进，采用了二次注浆。补强锚索设计锚固力为750kN。

另外，受征地范围限制，距抗滑桩脚外不远（较近者只有3～4m）有一高5m左右的土质陡坡，为防止被动区边坡变形带来的不利影响，在被动区较薄弱段的桩脚设置了一排锚索横梁锁脚，锚索设计锚固力1 000kN。

3.3 负效应问题

补强锚索张拉以后，在抗滑桩的外侧面离地面1～2m的范围出现了1～2条水细微的平向裂纹，裂纹一般比发丝稍粗，最宽者也不足0.3mm。补强加固措施引起桩体产生反向受力裂纹，这种异常现象是始料未及的，这就是所谓的采取补强措施后引起的负效应问题。

4 原因分析

4.1 应力核算

4.1.1 补强加固前的应力核算

以填方坡总高度41m、抗滑桩出露高度17m段为例。

(1)按较松散填土的滑坡推力核算，桩后剩余下滑力为1 997kN/m，背侧最大弯矩78 032kN·m，深度位于距桩顶20m处，最大剪力13 422kN，距桩顶25m，自上而下4道锚索所需提供的水平拉力分别为864kN、879kN、872kN、844kN，桩身配筋之面侧纵筋需满足最小配筋率要求，为10 000mm^2，背侧纵筋最大配筋面积为141 234mm^2（相当于176ϕ32），配筋率达2.82%，出现抗弯拉筋超筋情况，且理论计算桩顶最大位移可达299mm之多，见图3、图4。

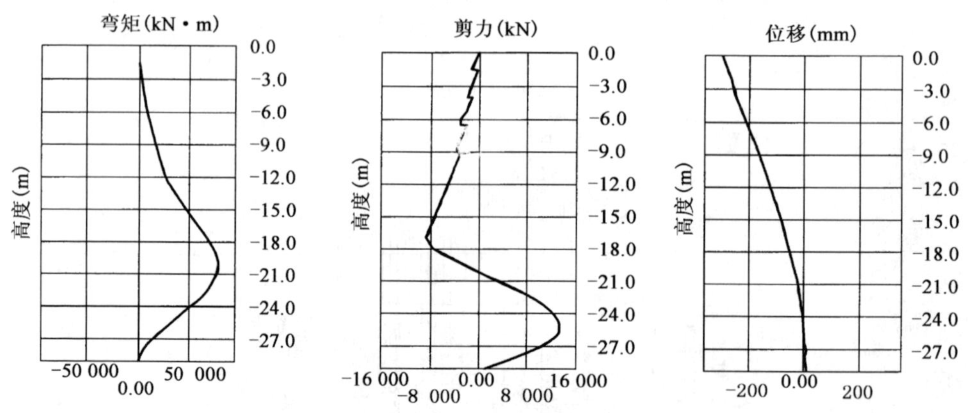

图3 加固前滑坡推力作用情况下桩身内力计算结果

(2)按库仑土压力核算，E_a=1 966kN/m，E_x=1 899kN/m，E_y=509kN/m，作用点高度Z_y=6.3m，第一破裂角为43.77°。背侧最大弯矩55 246kN·m，深度位于距桩顶20.5m处，面侧最大弯矩1 401kN·m，距桩顶5.5m，最大剪力9 966kN，距桩顶25.5m，自上而下4道锚索所需提供的水平拉力分别为737kN、751kN、751kN、737kN。桩身配筋之面侧纵筋最大配筋面积为10 725mm^2（相当于14ϕ32），背侧纵筋最大配筋面积为87 693mm^2（相当于109ϕ32），桩顶最大位移可达205mm，见图5。

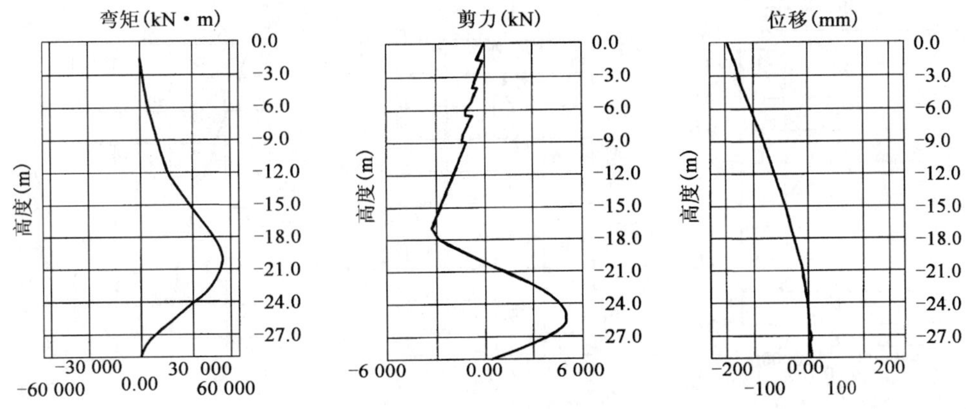

图4 加固前库仑土压力(一般情况)作用下桩身内力计算结果

核算结果显示,锚索锚固力、桩身配筋以及桩顶位移都大于原设计,满足不了设计要求。

4.1.2 补强加固后的应力核算

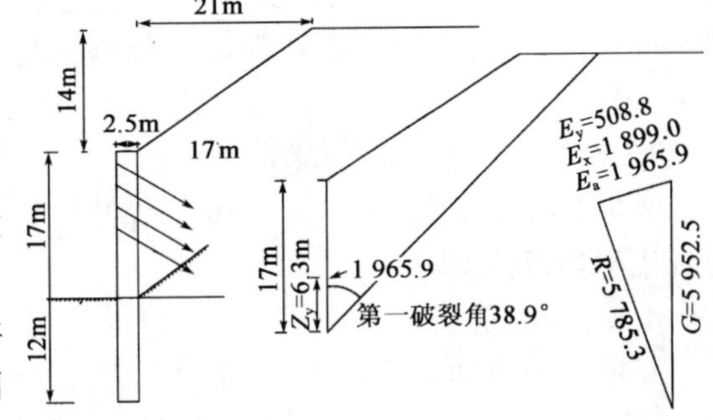

图5 加固前计算模型及库仑土压力力系图

(1)补强加固措施:在桩间挡土板上补加预应力锚索肋梁,使之与挡土板协同工作成为主动承力结构,分担作用于锚索抗滑桩上的土压力。设计锚索轴向拉力为750kN,共设5道。

(2)设定补强锚索与原设计锚索抗滑桩共同分担土压力。补强后,按滑坡推力核算,作用于抗滑桩上的桩后剩余下滑力为1 347kN/m,背侧最大弯矩4 6501kN·m,距桩顶20m,最大剪力8 046kN,距桩顶25m,自上而下4道锚索所需提供的水平拉力分别为700kN、706kN、702kN、686kN。桩身配筋之面侧纵筋需满足最小配筋率要求,为10 000mm^2,背侧纵筋最大配筋面积为70 921mm^2(相当于88ϕ32),理论最大桩顶位移可达178mm,见图6、图7。

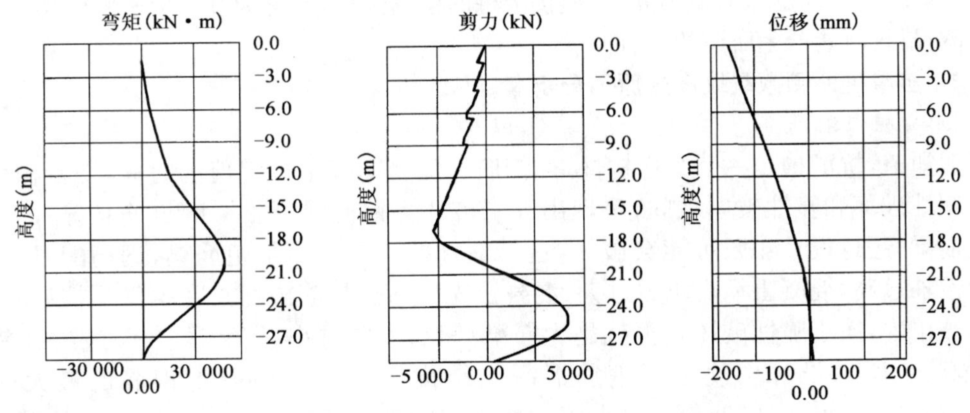

图6 加固后滑坡推力作用情况下桩身内力计算结果

(3)按相当库仑土压力水平核算(相当于墙背填土内摩擦角34°),E_a=1 346kN/m,E_x=1 300kN/m,E_y=348kN/m,作用点高度Z_y=5.9m,第一破裂角为38.94°。背侧最大弯矩29 914kN·m,距桩顶21m,面侧最大弯矩2 459kN·m,距桩顶8m,最大剪力5 555kN,距

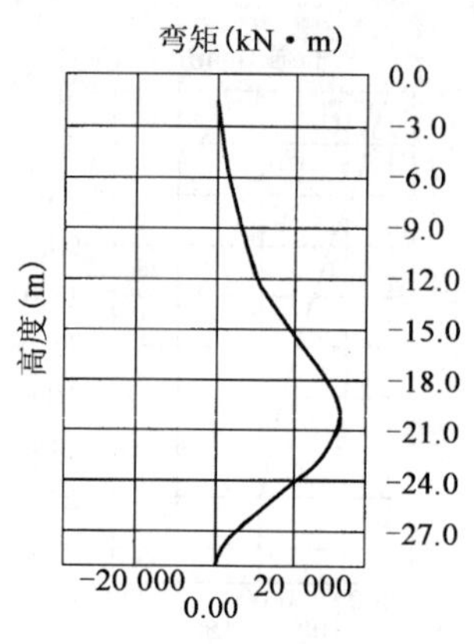

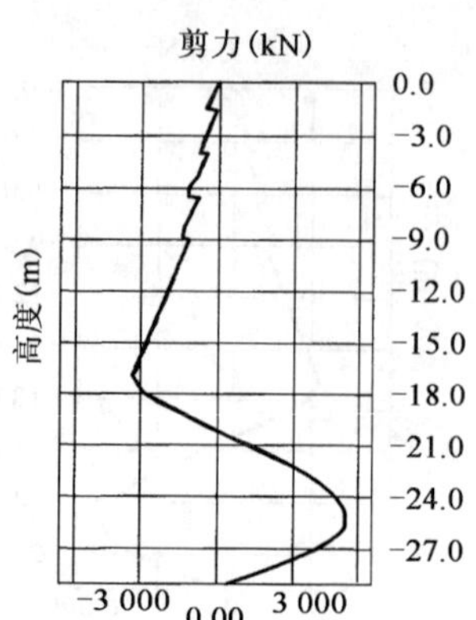

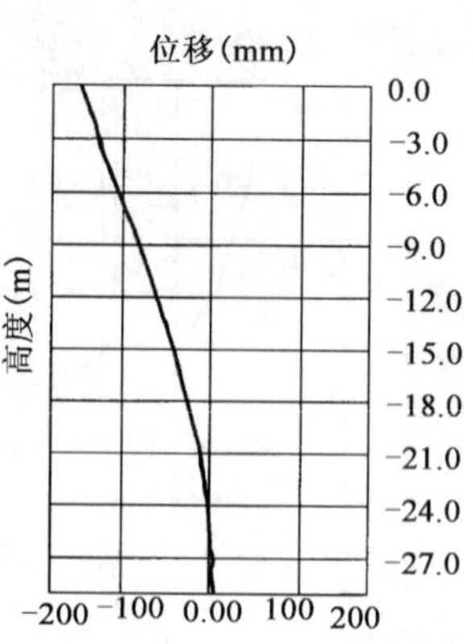

图 7 加固后库仑土压力(一般情况)作用下桩身内力计算结果

桩顶 25.5m,自上而下 4 道锚索所需提供的水平拉力分别为 603kN、612kN、613kN、608kN(相当于轴向拉力 750kN 左右)。桩身配筋之面侧纵筋最大配筋面积为 10 725mm²,背侧纵筋最大配筋面积为 42 291mm²(相当于 53ϕ32),桩顶最大位移为 109mm。(图 8)

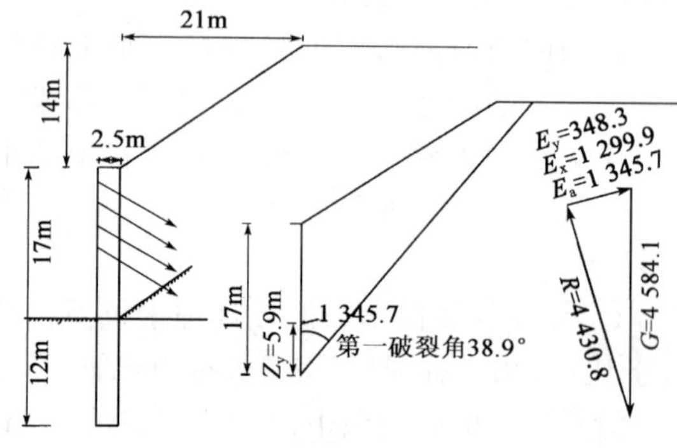

图 8 加固后计算模型及库仑土压力力系图

采取补强措施后,主要指标核算结果与原设计水平接近。

4.2 应力分析

从前述核算结果看,实际填土产生的应力水平远远高于原设计,所以桩后填土高度达到桩顶后,桩顶即产生了较大位移。补强锚索施工后,锚索抗滑桩恢复到正常工作应力水平,严格地讲,由于填土尚未达到设计设计填筑高度,而补强锚索已张拉到设计值,所以,作用于抗滑桩上的土压力实际上比按填土终了状态计算的土压力要小,也就是说锚索的拉力要大大高于此阶段填土的主动土压力。因此,非但抗滑桩的位移停止,而且为其向填土侧位移创造了可能性,即抗滑桩可能产生所谓的"后仰"。

4.3 抗滑桩外侧微裂纹产生原因分析

4.3.1 桩身配筋

我们知道,抗滑桩是一个受弯构件,当钢筋的配筋率等于一定值的时候,受弯构件的破坏介于塑性破坏和脆性破坏之间,呈现出界限破坏。钢筋混凝土梁的配筋状况有 3 种:一种是适筋梁,超过设计年限可能会破坏,这是最好的。另一种是超筋梁,钢筋配置量过大,导致中性轴过高,混凝土承受压力过大,混凝土先破坏。超筋破坏是在钢筋受拉屈服前,混凝土先被压碎,属于脆性破坏。再就是少筋梁,钢筋配置过小,钢筋承受不了拉力,钢筋先破坏,危险。所以设计中规定了钢筋混凝土结构构件中纵向受力钢筋的最大配筋率(2.5%)和最小配筋率(0.2%)。最小配筋率确定的理论原则应该是受弯构件的第一阶段末,即截面受拉区混凝土开裂临界状态,此时的配筋应能承担混凝土开裂后转嫁的全部拉应力。当配筋率很小,受拉区开裂后,钢筋应力趋近于屈服强度,控制最小配筋率是防止构件发生少筋破坏,是保证梁不会在混凝土受拉区刚开裂时钢筋就屈服甚至被拉断。少筋破坏也是脆性破坏,设计时应当避免。

按原设计，本工程抗滑桩面侧配筋只需满足纵向受力钢筋的最小配筋率即可，计算值为10 000mm^2(相当于13ϕ32)。补强后，核算所得的配筋面积有所增加，为10 725mm^2(相当于14ϕ32)。原设计面侧配筋为10ϕ32，未满足最小配筋率要求，补强后，面侧配筋更显不足。

4.3.2 桩身受力状况的改变

未补强加固前，桩上锚索按原设计施工完成并张拉锁定，由于桩后土压力大于桩锚体系的抵抗力，抗滑桩产生向外倾斜变形，其应力水平应是处在高于原设计的状态，桩背侧弯矩很大，锚索也处于超张拉状态。补强锚索实施后，土压力的分配重新调整，为桩和桩间板共同承担，这就意味着作用于桩上的土压力减小，桩上锚索渐趋正常张拉状态，且此时的拉力水平要比主动土压力高，抗滑桩面侧弯矩(反弯矩)有所增加，抗滑桩外侧配筋需求也就随之增加。

4.3.3 下部填土的支点作用

为处理坡角松软土及实施桩后反滤层，加之初期填土的无序性，下部回填了大量的灰岩块石和片石，再加上锚索注浆时有一定的胶结作用，便形成了难以压缩的硬层，在嵌固段和锚索之间形成刚性支点。当锚索拉力使抗滑桩向填土方向移动时，支点段受弯明显，在这种情形下，更易产生拉张裂纹，见图9。

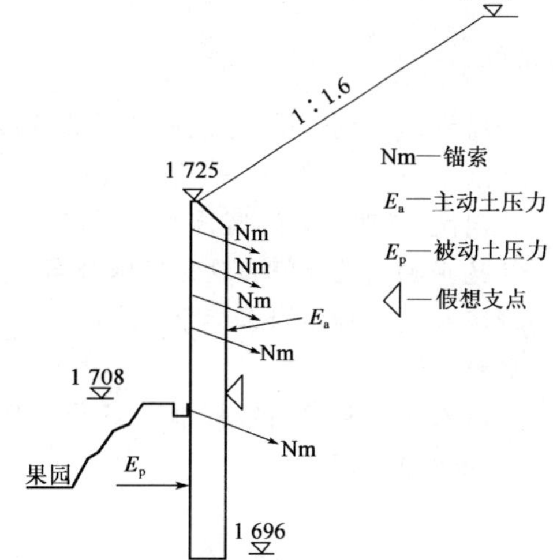

图9 抗滑桩构件受力示意图

综上所述，抗滑桩微裂纹的产生是实施补强措施后应力重新调整的结果，主要原因之一是抗滑桩面侧配筋不足。

5 补强效果及抗滑桩使用功能的基本判断

5.1 补强效果的分析

采用锚索补强后，经监测，抗滑桩停止变形并有反向位移的趋势。从桩外侧出现的裂纹也印证了作用于桩上的土压力明显减小，施加于桩间挡土板上的锚索很好地起到了分担土压力的预期作用，确保了高填方边坡的稳定，达到了预期补强加固效果。

5.2 抗滑桩使用功能的判断

抗滑桩的反向裂纹产生于补强锚索施工张拉期间，也就是在填土压力重新分配而达到新的平衡的过程中。经观察，张拉结束后，裂纹没有继续发展。就裂纹本身而言，其非常细微，且开裂深度很浅(10～20mm以内)，对2m×2.5m截面的抗滑桩而言，不至于引起抗滑桩结构性损伤(包括钢筋损伤)，因此，抗滑桩使用功能不受根本性影响。但裂纹可能会影响面层钢筋的防锈蚀功能，需适当采取防止雨水沿裂纹产生渗透的措施。

6 结语

(1)支挡结构后侧填土是确保填方边坡安全稳定的重要环节，而工程实施中，由于追求工期和认识上的不足，其实施质量往往容易被忽视，要么是填土速度快于支挡结构物施工速度，要么是填料选择随意，要么是分层填筑及压实达不到要求，结果留下安全隐患。注重施工细节，合理安排施工工序，严格控制填土质量，使之达到设计要求，方能保证治理工程达到预期的安全目的。

(2)本工程以调整土压力分布为解决问题的突破口，合理利用桩间挡土板，通过补加锚索使其由传力结构变为主动承力结构，分担作用于抗滑桩上的土压力，有效地解决了抗滑桩承担的土压力过大的问题。

(3)构件的配筋应根据力学计算而定，不超筋，更不能少筋。

(4)本工程补强加固实施中出现的负效应是事先没有预料到的，如果之前加以分析，就可以从补强锚索的分布或锚索锁定力的循序渐进等方面进行控制，使抗滑桩的应力分配更加合理，从而避免负效应的发生。

(5)补强加固是在填土尚未达到设计高程的情况下一次完成的，由于此时的土压力小于填土终了状态的土压力，为桩向填土侧移动创造了可能，抗滑桩面侧弯矩可能会更大。因此，合理控制补强进程也是很有必要的。

参考文献

[1] 徐国民，李四全，等. 富民水泥厂边坡治理施工图设计. 西南有色昆明勘测设计(院)股份有限公司.

[2] 徐国民，王明龙，等. 富民水泥厂进场公路下边坡锚索抗菌素滑桩补强变更设计. 西南有色昆明勘测设计(院)股份有限公司.

[3] 中华人民共和国国家标准. GBJ 10—89 混凝土结构设计规范. 北京：中国建筑工业出版社，1989.

[4] 中华人民共和国国家标准. GB 50330—2002 建筑边坡工程技术规范. 北京：中国建筑工业出版社，2002.

扩体锚杆破坏类型模型试验研究

刘　钟[1,2]　郭　钢[1,2]　王保军[3]　卢璟春[1,2]　张　义[1,2]

（1. 中冶建筑研究总院有限公司　2. 中国京冶工程技术有限公司
3. 河南省昊鼎建筑基础工程有限公司）

摘　要　通过模型试验，研究了砂土中竖直埋设的扩体锚杆在深埋与浅埋条件下的竖向拉拔破坏类型。试验结果表明，扩体锚杆经过竖向拉拔，由于深径比的不同存在两种破坏类型。浅埋扩体锚杆破坏体近似呈倒钟形并延伸至砂层表面，浅埋扩体锚杆破坏模式属于整体剪切破坏，在工程设计中应避免采用。深埋扩体锚杆破坏体在砂层表面以下一定深度内闭合成为“气球形”，砂层上部土层在扩体锚杆破坏后未产生变形，深埋扩体锚杆破坏模式属于局部剪切破坏，因此，在工程设计中扩体锚杆应采用深埋形式。

关键词　扩体锚杆　模型试验　破坏模式　深径比　砂土

1　前言

扩体锚杆虽然已得到推广应用，但无论是在国外或是国内，扩体锚杆的理论研究都远远落后于工程实践。国外在扩体锚杆理论分析方面尚不成熟，其工作机理尚不明确，在工程设计方面也缺乏统一的简单实用的设计方法。在国内，关于扩体锚杆的工程应用和理论研究均处于起步阶段。因此，扩体锚杆的特性研究具有重要的理论和应用价值。

由于扩体锚杆依靠扩体锚固段端承力与锚杆侧摩阻力共同发挥承载作用，这就决定了扩体锚杆的承载机理、破坏模式与传统锚杆存在实质性区别，因此采用现场试验、模型试验与理论分析相结合的方法，才能够深入搞清扩体锚杆的破坏模式与承载机理[1-2]。为此，针对扩体锚杆破坏类型的划分进行了系列模型试验，以期对扩体锚杆的破坏模式和承载性状的理论研究提供依据。

2　室内模型试验

2.1　全模型试验

扩体锚杆全模型试验采用 0.8m（长）×0.7m（宽）×1.2m（高）的分层组装式砂箱。试验砂箱由 24 层均为 50mm×5mm 的等边角钢制成的 0.8m（长）×0.7m（宽）的矩形框组成。通过分层砂箱框的组装与拆卸，可以控制扩体锚杆的埋置深度。试验采用干石英中砂，模拟地基应用分层砂雨法[3]制备，试验落砂高度为 1.0m，每层落砂厚度大于 5cm，落砂后用铝合金方管沿砂箱边框将箱内砂土整平。模拟地层的物理力学指标见表 1。

根据模型试验程序步骤，首先在试验砂箱内铺设一层厚度为 5cm 的砂层，在此之上垂直埋设模型扩体锚杆，然后采用分层砂雨法，每 5cm 制备一层模拟地基，直到锚杆扩体段以上 10cm 处开始每制备一层地基，布置一层变形观测点阵与基准点，再应用近景数字摄影变形量测系统对每一层点阵进行摄影并覆盖一层透明塑料薄膜。

模拟地基的物理力学参数表　　表 1

密度(g/cm^3)	含水率(%)	干密度(g/cm^3)	相对密度	最大干密度(g/cm^3)	最小干密度(g/cm^3)
1.49	0.0	1.49	2.67	1.60	1.30
相对密度	黏聚力(kN/m^2)	内摩擦角(°)	泊松比	不均匀系数	
0.673	0.0	40.0	0.26	1.9	

在试验模型制备完成后，将手摇式精控锚杆拉拔试验台车定位，并与扩体锚杆拉杆连接，以位移控制方式将模型锚杆竖直拉拔 60mm。在一次性拉拔完成后，将试验台车与模型锚杆分离。在分层剥离砂层后，揭开塑料薄膜并对各层点阵进行拍照，然后应用 VPCC 软件对各层观测点阵的竖直和水平位移变形量进行计算，得到扩体锚杆竖向拉拔后的整体位移量。本文认为砂粒产生 0.5mm 以上的竖向位移为较大剪切滑移，考虑到图像处理的精度要求，以产生 0.5mm 竖向位移的砂粒所处位置为破坏包络面的边缘。

2.2　半模型试验

半模型试验采用分层组装式试验砂箱，为了能够观察扩体锚杆在拉拔过程中和破坏后的位置、锚周砂土的位移场及扩体锚杆的破坏面形态特征，组装式砂箱的一个侧表面安装了尺寸为 800mm(宽)×1 000mm(高)×10mm(厚)的透明钢化玻璃。试验砂箱组装部分由 5cm 等边角钢框构成，通过角钢框架的拼接实现不同的扩体锚杆埋深。整个试验砂箱的最大尺寸为：800mm(长)×600mm(宽)×1 000mm(高)。

为了观察扩体锚杆运动过程中土层变形情况，采用以下步骤进行扩体锚杆半模型试验：

(1)扩体锚固段以下垫置 5cm 高的木块，并将扩体锚固段半模型平面的表面涂抹凡士林，紧贴玻璃板内表面竖直中线处；

(2)以分层砂雨法制备地基模型，并每隔 5cm 高度埋设 1～2 条变形观测灰线；

(3)将锚杆拉拔试验台车移动并定位，将锚杆拉力计和电子位移计布置好并校准调零；

(4)将照相机放置于试验砂箱玻璃板表面前方并正对玻璃板表面，调整相机高度和与试验砂箱的距离，打开补光灯，调整照相机光圈和快门以获得最佳图像；

(5)对扩体锚杆模型分级加荷，记录每一级荷载值和位移值，并拍摄图像；

(6)应用数字照相变形量测软件 PhotoInfor 和 PostViewer 对图像进行处理分析。

2.3　试验方案

与本文模型试验目的相似，Ghaly(1991)等人[3]研究了砂土中不同形式的螺旋锚的垂直拉拔破坏模式。通过模型试验结果，他们得到了砂土中螺旋锚的 3 种破坏模式，即深埋破坏、浅埋破坏以及过渡型破坏，并给出了在其试验条件下划分深埋与浅埋破坏模式的深径比界限值，在密实、中密和松散砂土中的界限值分别为 11、9 和 7。

为了实现模型试验的目的，获取扩体锚杆竖向拉拔破坏形态，本文参照 Ghaly(1991)等人[4]的试验方案，设计了以扩体锚杆深径比 T/D(即锚杆扩体段顶面至地表的埋深 T 与锚杆扩体段直径 D 的比值)为控制指标的 4 组模型试验，试验方案见表 2。

扩体锚杆破坏类型研究的模型试验方案　　表 2

试验项目	扩体段长度 L (mm)	扩体段直径 D (mm)	扩体锚杆埋深 T (mm)	扩体锚杆深径比 T/D	试验方法
浅埋试验	100	80	400	5	全模型
浅埋试验	100	100	450	4.5	半模型
深埋试验	100	80	850	14.2	全模型
深埋试验	100	80	850	14.2	半模型

3　试验结果及分析

3.1　浅埋扩体锚杆试验

浅埋扩体锚杆全模型试验结果见图 1。图中绘制了锚杆拉拔前后各层变形观测点阵的位置、各层竖向位移实测结果以及锚杆拉拔后砂层破坏体垂直剖面(本文称破坏面)的外包络线。试验结果显示,砂粒竖向位移沿着径向从锚杆轴线处向外逐渐减小,扩体锚杆顶面以上 100mm 处砂粒竖向最大位移为 17.7mm,且竖向最大位移小于锚杆最大位移。沿锚杆扩体段顶面越向上,砂粒竖向位移量越小。倒钟形破坏体与砂层表面交线为直径 433mm 的圆。从纵剖面上看,破坏面外包络线呈现向破坏面外凸的平缓曲线,起始段切线与水平面夹角 $\theta=(\theta_1+\theta_2)/2=(37.5°+43°)/2=40°$,近似等于 φ(φ 为砂土内摩擦角,见表 1),本文定义这个夹角为破坏角。

浅埋扩体锚杆半模型试验中锚杆拉拔 26.5mm 时锚周砂土位移实测情况见图 2,通过 PhotoInfo 软件处理,浅埋扩体锚杆半模型竖向拉拔 26.5mm 时的锚周砂土竖向位移等值线图见图 3。

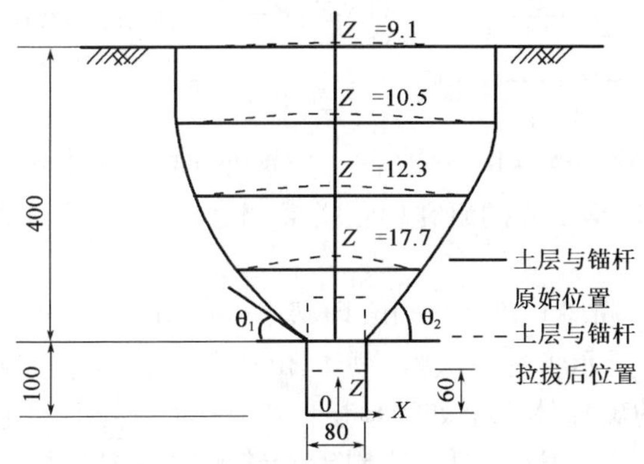

图 1　浅埋扩体锚杆实测破坏包络线(尺寸单位:mm)

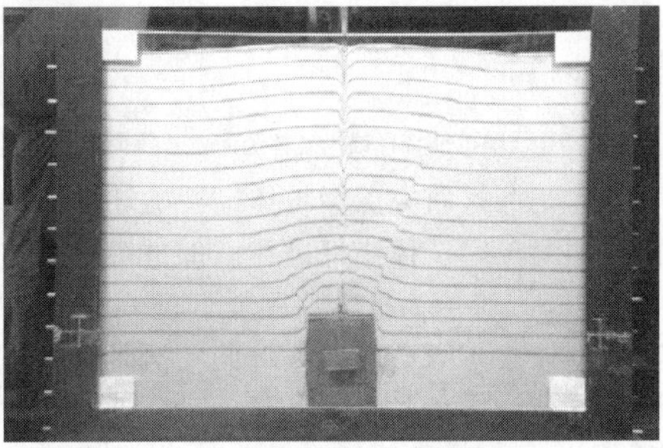

图 2　浅埋扩体锚杆锚周砂土破坏面实测图

根据试验分析图像可以发现,浅埋扩体锚杆拉拔竖向位移为 26.5mm 时,其地层表面已出现了较大隆起,且地表最大位移处于扩体锚杆中轴线处。从图 3 可以直观看到,锚周砂粒竖向位移沿着径向从扩体锚杆中轴线向外逐渐减小,并且锚周土体距离扩体锚固段越远,其竖向位移量越小,整个锚周砂土颗粒竖向位移图呈倒钟形特征。

分析图 3 可知,倒钟形破坏体的最大直径出现在地层表面,在本试验条件下,其最大直径为 551.14mm。通过半模型纵断面观察,破坏面外包络线的两条平滑曲线关于扩体锚杆中轴线基本对称,并且外包络线由扩体锚固段上表面一直伸展至地表,这与本文的全模型试验结论十分相似。破坏体外包络线起始段与水平线夹角约为 $\theta=43.3°$,相当于 1.1φ(φ 为砂土内摩擦角)。这与全模型试验分析结论相同,θ 为锚周砂土破坏角。

在均质砂土模拟地基($\varphi=40°$,$c=0$)条件下,深径比 T/D 为 4.5 和 5 的扩体锚杆表现出了浅埋破坏特征。其破坏特征是破坏体呈倒钟形，并且一直延伸至砂层表面，其破坏角 θ 相当于 1～1.1 倍的土体内摩擦角 φ。这种破坏模式表现为整体剪切破坏。由于这类扩体锚杆破坏是突然发生的，可能会产生灾难性后果，在工程设计中应避免采用。

3.2 深埋扩体锚杆试验

图 4 为全模型试验，扩体段直径为 80mm 的扩体锚杆竖向拉拔 60mm 前后观测点阵竖向位移的实测结果。试验实测破坏体最大高度为 650mm，破坏体最大直径为 425mm，破坏角平均 $\theta=(\theta_1+\theta_2)/2=(44.2°+41.8°)/2=43°$，约为 1.08$\varphi$，其极限荷载为 1650N。与浅埋扩体锚杆试验结果对比可知，在拉拔位移相同的情况下，同一尺寸扩体锚杆埋设越深，扩体段顶面上方砂粒竖向位移越小，破坏角越大。

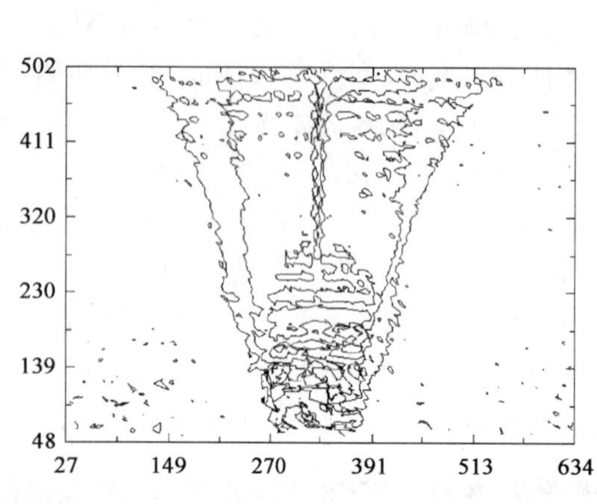

图 3 浅埋扩体锚杆锚周土体竖向位移等值线图

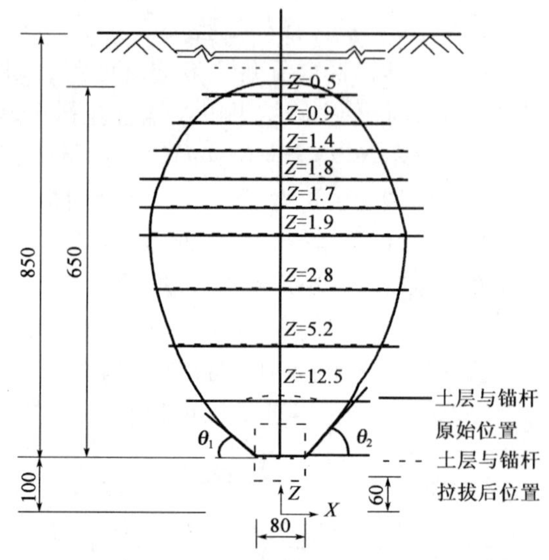

图 4 深埋扩体锚杆（D=80mm）破坏包络线（尺寸单位：mm）

为了深入研究深埋扩体锚杆破坏模式，与全模型试验的研究相互联系，本文应用半模型试验方法对深埋扩体锚杆破坏机理进行了研究。

图 5a）所示为扩体锚固段直径 80mm、扩体锚固段长度 100mm、埋深 850mm 的扩体锚杆半模型拉拔 60mm 时的破坏面实测图像。图 5b）展示了这一试验的竖向位移等值线图分析结果。从位移等值线图可以看到，深埋扩体锚杆的破坏体完全处于地层内部，未涉及到上部土层。PhotoInfo 计算结果也表明地层的表层土体没有发生位移，锚周砂土破坏体呈现为封闭气球形。与浅埋扩体锚杆相似，深埋扩体锚杆锚周砂粒竖向位移最大值出现在扩体锚固段顶面中轴线处，并且随着与中轴线距离的增加，土体竖向位移值呈现放射状减小的规律。

分析图 5b）可以发现，深埋扩体锚杆的封闭气球形破坏体从扩体锚固段顶面开始产生，气球形最大直径达到 226.78mm，高度为 291.21mm，整个气球形破坏体呈完全闭合形态。通过半模型纵断面观察，深埋扩体锚杆破坏体完全封闭于地层表面以下。破坏体外包络线起始段与水平线间夹角 $\theta=39.5°$，相当于 0.99φ。

图 4 和图 5 所示的破坏模式称为深埋扩体锚杆的破坏模式。在均质砂土模拟地基条件下，深径比 $T/D=14.17$ 的扩体锚杆表现出明显的深埋破坏特征。具有这种破坏模式的扩体锚杆发生竖向拉拔破坏后，其破坏体呈“气球”形，且破坏体会被限制在表层土体之下。破坏角 θ 约为 0.99～1.08 倍土体内摩擦角 φ。这种破坏模式属于局部剪切破坏，深埋扩体锚杆在拉拔力作用下会随着拉拔位移的增大，其气球形破坏体会逐渐变大，破坏体内部土体也被逐步压

密，因此随着竖向拉拔位移增加，扩体锚杆承载力还会出现持续小幅增长的特征。

a）实测破坏面

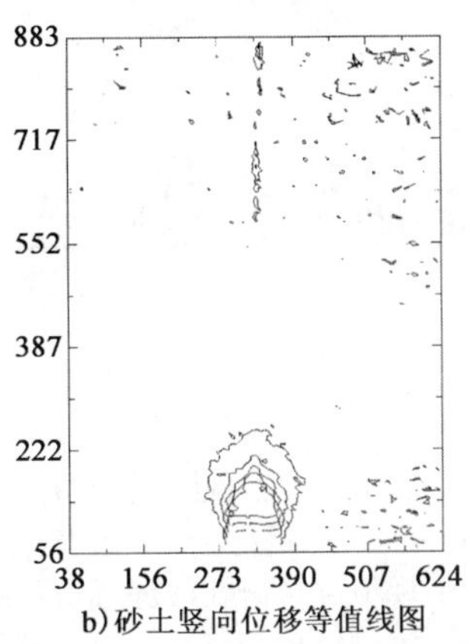

b）砂土竖向位移等值线图

图5 深埋扩体锚杆锚周土体位移图

4 结语

（1）对于均质砂土层中的竖向受拉扩体锚杆，按照扩体锚杆深径比的不同，将扩体锚杆的破坏模式分为两大类。第一类破坏体呈倒钟形，破坏体直接发展到砂土地层表面，称之为浅埋破坏扩体锚杆。第二类破坏体呈气球形，破坏体在砂层表面以下一定深度处闭合，称之为深埋破坏扩体锚杆。这两类扩体锚杆主要根据临界深径比进行界定，文献[5]指出临界深径比T/D在8.5～10.5范围之内。

（2）两大类扩体锚杆的破坏模式具有完全不同的破坏特征。浅埋扩体锚杆的破坏面为先向外凸后向内凸的平滑曲线，其破坏角约为1～1.1倍的砂土内摩擦角φ，并在砂土地层表面形成圆盘形隆起。而深埋扩体锚杆的破坏面为气球形闭合曲线，曲线起始段切线与水平面夹角约为$0.99\sim1.08\varphi$。

（3）通过对扩体锚杆这两大类型破坏模式分析，认为浅埋扩体锚杆的破坏模式属于整体剪切破坏，在工程设计中应避免采用。而深埋扩体锚杆的破坏模式表现为局部剪切破坏特性，在不同竖向拉拔荷载作用下，气球形破坏体会不断增大，由于破坏体内部土体被逐渐压密，深埋扩体锚杆承载力能够在较大拉拔位移范围内单调提高。

参考文献

[1] 郭钢，刘钟，杨松，等．不同埋深扩体锚杆竖向拉拔破坏模式试验研究．工业建筑，2012，42(1)：123-126.

[2] 范秋雁，陈波，沈冰．考虑施工过程的基坑锚杆支护模型试验研究．岩土力学，2005，26(12)：1615-1619.

[3] B Walz. Bodenmechanische Modelltechnik als Mittel Zur Bemessung von Grundbauwerken[R]. Universitaet-GH Wuppertal Fachbereich Bautechnik, Deutschland, 1982, 45-90.

[4] Ghaly A. Hanna, A, Hanna, M. Uplift behaviour of screw anchors in sand. I: Dry sand. Journal of Geotechnical Engineering, ASCE, 1991, 117 (GT5): 773-793.

[5] 郭钢．扩体锚杆承载特性与破坏模式模型试验与数值模拟研究．中冶集团建筑研究总院硕士学位论文，2012.

隧道施工过程中桩—土—隧道相互影响研究

柳　飞[1]　吴炼石[2]

（1. 北京市市政工程研究院　2. 山东省水利勘测设计院）

摘　要　利用数值模拟方法研究浅埋隧道穿越桩基时，桩基桩长和桩顶荷载对地层位移的影响，以及桩基本身在不同桩长和桩顶荷载条件下，自身位移、变形和承载能力的变化，结果表明，桩基的存在会使隧道开挖时的地层位移规律发生变化，且桩长和桩顶荷载越大，对地层位移的影响越大。同时，随着桩基桩长的减小和桩顶荷载的增大，隧道穿越桩基时对桩基位移、变形和承载能力的影响越明显。

关键词　数值模拟　隧道　桩基　地层变形　承载能力

1　前言

隧道施工引起的地层变形可分为开挖地层沉降和固结沉降两类。对于已有的结构，地层位移会降低其基础的承载力，同时引起附加的变形、差异沉降以及侧向位移[1]。当地层变形超过一定范围时，就会危及邻近结构物的安全。由于隧道施工往往会引起较大范围的岩（土）体侧向及竖向变形，因此，对于埋置较深的桩基础而言，当桩基与隧道的相对位置较近时，这种影响往往更加严重[2]。隧道开挖引起的地层变形，将会导致邻近桩基的结构弯曲或附加沉降，桩的内力（轴力、弯矩）也随之发生变化[3]，进而桩基的强度、刚度及稳定性也会发生相应的变化。另一方面，由于桩—土—隧道是一个整体系统，三者之间相互作用，相互影响，因此桩基的存在也会对隧道开挖过程中的地层沉降产生影响。

目前隧道穿越既有桥梁是一个重要的研究方向，主要探讨隧道施工对桥梁桩基不均匀沉降的影响。而桩基的存在对隧道施工的影响则研究较少。隧道开挖对桩基影响的分析方法主要有三种，分别为现场试验方法、模型试验方法和数值方法。其中数值方法由于不用进行大量的试验，省时省力，在科学研究和实际工程中的应用越来越广泛。本文利用数值模拟方法研究浅埋隧道穿越桩基时，桩基桩长和桩顶荷载对地层位移的影响，以及桩基本身在不同桩长和桩顶荷载条件下，自身位移、变形和承载能力的变化，为隧道穿越既有桥梁的设计、加固和评估提供参考依据。

2　数值计算模型

建立长和宽均为 50m 的数值计算模型。隧道采用浅埋暗挖法施工，开挖断面为圆形，半径为 2.5m，隧道拱顶距地表 7.5m。桩基横断面为圆形，桩径 0.5m，桩长有三种，分别为 5m、10m 和 15m，桩基轴线与隧道中心相距 5m。地基土采用 Mohr-Coulomb 模型，桩采用实体单元模拟，计算参数见表 1。

土体和桩基物理参数表　　表 1

参　数	重度(kN/m³)	弹性模量(MPa)	泊松比	黏聚力(kPa)	内摩擦角(°)
土体	20	30	0.3	30	30
桩基	24	25000	0.2	—	—

3 结果分析

3.1 桩基对地表沉降的影响

3.1.1 桩长对地表竖向沉降的影响

隧道穿越长度分别为 5m、10m 和 15m 的桩基时地表竖向沉降量见图 1，并与无桩的情况进行了对比。在相同的开挖条件下，有桩情况下比无桩情况下洞顶区域的沉降明显变大，而且随着桩长的增大，沉降量也随之增大。这可能是由于桩的拦遮作用，使得土体由半无限体变为有限体，土体的约束作用下降，进而引起洞顶土体沉降量增大。另一方面，根据图 1，在无桩的情况下，隧道中心处地表沉降量最大，而桩基的存在明显的改变了地表竖向沉降的规律，使得地表竖向沉降量最大处偏向桩基，且随着桩基长度的增加，这种偏向越明显。由于桩基的存在，桩基两侧的土体产生了明显的沉降差，且随着桩长的增大，沉降差也逐渐增大。而远离隧道一侧的土体的地表竖向沉降量则基本没有变化，有桩和无桩的情况基本重合。

侧穿不同桩长桩基时，隧道开挖过程中隧道中心地表竖向沉降量见图 2。如图 2 所示，隧道中心地表竖向沉降量随着隧道开挖过程不断增大，且随着桩基桩长的增大，中心竖向沉降量增大显著。

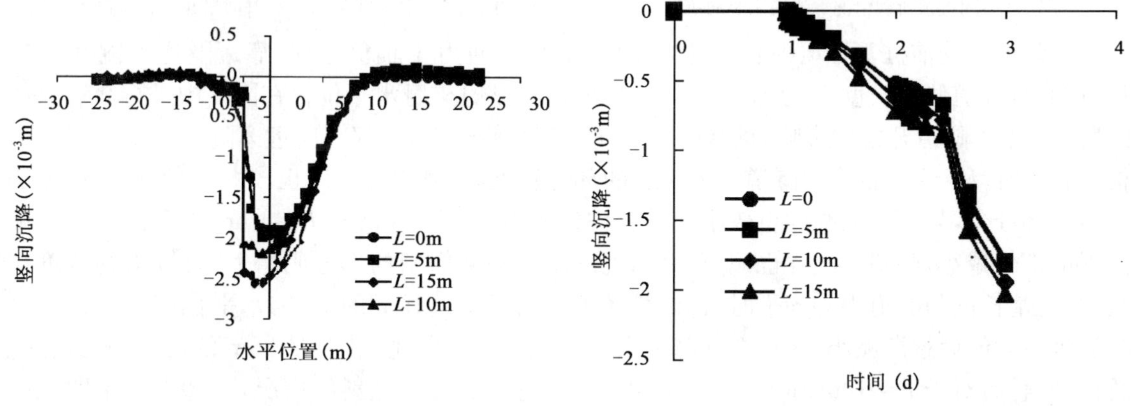

图 1　开挖引起的地表竖向沉降量　　图 2　开挖过程中的隧道中心地表竖向沉降量

3.1.2 桩顶荷载对地表竖向沉降的影响

隧道穿越桩长 $L=10$m 的桩基时，不同桩顶荷载情况下的地表竖向沉降图见图 3。如图所示，桩顶荷载分别为 0、100kPa、250kPa 和 500kPa，当隧道开挖完毕时，纵坐标右侧土体的地表竖向沉降曲线基本重合，而纵坐标左侧土体的地表沉降量则随着桩顶荷载的不同而不同，尤其桩基左侧的土体，变化尤为明显。其地表竖向沉降明显的呈现出随桩顶荷载的增大而增大的趋势。综上所述，桩顶荷载的存在对隧道开挖引起的地表竖向沉降有影响，有桩基的一侧，地表竖向沉降量随桩顶荷载的增大而增大。

3.2 隧道开挖对桩基的影响

3.2.1 隧道开挖对不同桩长桩基的影响

隧道侧穿长度 L 为 5m、10m 和 15m 的桩基桩顶竖向沉降曲线见图 4。从图中可看出，对于不同的桩长，在隧道侧穿过程中，桩顶沉降规律不同。在隧道开挖过程初期，$L=5$m 的桩基桩顶竖向沉降量最大，$L=10$ 的次之，$L=15$m的最小；而在隧道开挖过程后期，$L=10$m 和 15m 的桩基竖向沉降量迅速增大，虽然 $L=5$m 的变化率也增加，但增加的幅度小于 $L=10$m和 15m 的情况。到隧道开挖结束时，$L=15$m 的桩基桩顶竖向沉降量最大，$L=15$m 的次之，$L=10$m 的最小。即在隧道开挖过程初期，桩基桩顶竖向沉降量随桩长的增大而减小；在隧道开挖后期，则随桩长增大而增大。综上所述，隧道开挖方法对桩顶竖向沉降量有影响。

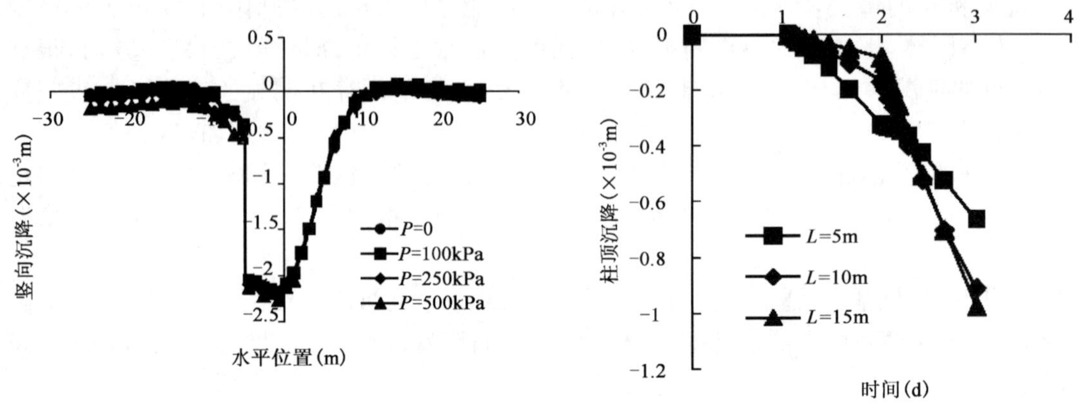

图 3 不同桩顶荷载情况下的地表竖向沉降　　图 4 隧道侧穿不同长度桩基时桩顶竖向沉降量

以隧道开挖前桩基桩顶中心位置为原点，桩长方向为 y 轴负方向，靠近隧道一侧为 x 轴正方向，将隧道侧穿长度 L 为 5m、10m 和 15m 的桩基时桩身水平位移在图 5 中进行总结。如图所示，由于隧道开挖的影响，桩基的上部向隧道一侧倾斜，下部则向远离隧道一侧倾斜。当桩长较小时，$L=5$m，桩身向隧道一侧倾斜的部分较大，且倾斜的幅度也较大；向远离隧道一侧倾斜的部分少，且倾斜的幅度也较小。随着桩长的增大，$L=10$m 和 $L=15$m，桩身向隧道一侧倾斜的部分减小，倾斜的幅度也减小，而向远离隧道一侧倾斜的部分则增大，且倾斜的幅度增大，当桩基长度与隧道中心齐平时，达到最大值。对于 $L=15$m 的桩基，水平位移在隧道中心处达到最大值后逐渐减小，在桩端处基本恢复原状。综上所述，对于 $L=5$m 的桩基，桩身发生总体倾斜；而对于 $L=10$m 和 $L=15$m 的桩基，桩身没有整体倾斜的情况，但却发生了明显的挠曲，在隧道中心处，挠曲最为明显。

3.2.2 桩顶荷载对桩基位移的影响

桩长为 $L=10$m 的桩基，在不同桩顶荷载情况下，隧道开挖过程中桩顶竖向沉降曲线和桩身水平位移曲线见图 6 和图 7。图中，在桩顶荷载为 0、100kPa、250kPa 和 500kPa 的 4 种情况下，桩顶竖向沉降量随隧道开挖过程不断增大，且随着桩顶荷载的增加，对应每步开挖过程的竖向沉降量增加。而对于桩身水平位移，桩顶下 7m 以上的桩身水平位移增大，即向隧道一侧靠近；而 7m 以下的部分，桩身水平位移减小，即桩身挠曲更为明显。综上所述，桩顶荷载对隧道开挖引起的桩身变形有较大的影响，且桩顶荷载越大，影响程度越大。

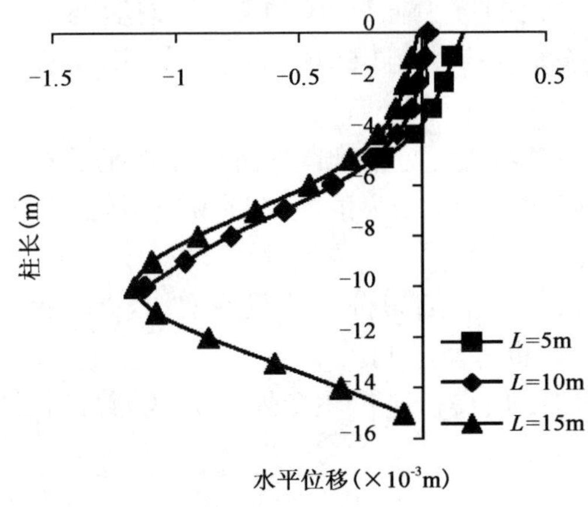

图 5 隧道侧穿不同长度桩基时桩身水平位移量

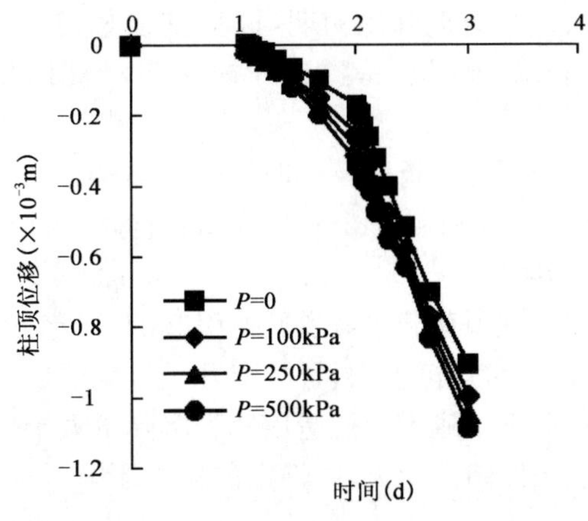

图 6 不同桩顶荷载情况下开挖过程中的桩顶竖向沉降量

3.2.3 隧道开挖对桩基侧摩阻力的影响

隧道侧穿 L 为 5m、10m 和 15m 三种不同长度的桩基时，侧摩阻力沿桩身的分布规律图见图 8。如图所示，隧道开挖结束后，三种桩长的桩基桩侧都出现了负摩阻力，这是由于隧道的开挖造成地表和桩基都发生了沉降，但地表和桩基的沉降量不同，地表沉降量大于桩基沉降量，引起桩身下拽力，使得桩基产生负摩阻力。从图 8 可以看出，桩侧负摩阻力沿桩身呈现先增大后减小，然后逐渐过渡到正摩阻力的趋势，且随着桩长的增大，负摩阻力增大，中性点的位置逐渐下移。L=5m 时，中心点在 1m 处；L=10m 时，中性点在 5m 处；当L=15m时，中性点的位置下移到 6m 左右。图 1 显示，对于 L=5m 的桩基，只有靠近隧道一侧土体的沉降量大于桩基，而 L=10m 和 15m 的桩基，靠近隧道一侧土体和远离隧道一侧土体的沉降量均大于桩基的沉降量。因此，隧道侧穿 L=5m 的桩基时，地表沉降产生的下拽力小于 L=10m 和 15m 的情况，L=5m 的桩基桩侧负摩阻力小于 L=10m 和 L=15m 的负侧摩阻力。

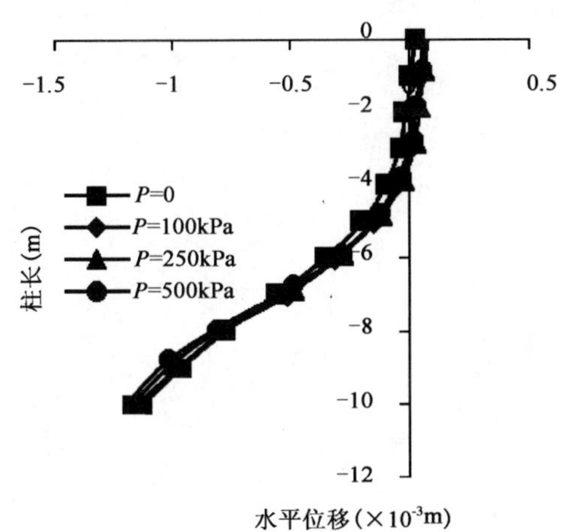

图 7 不同桩顶荷载情况下桩身水平位移量

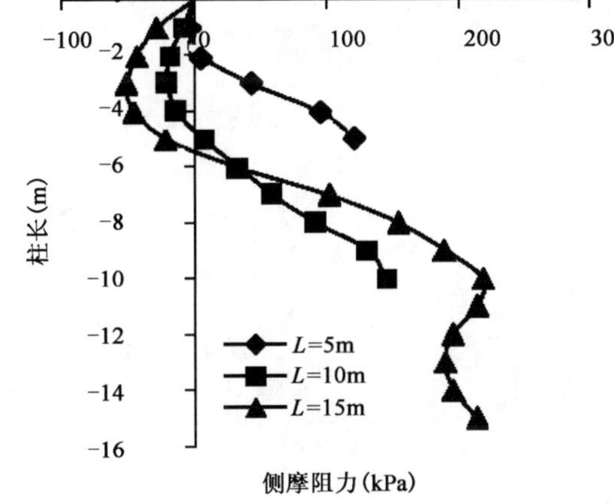

图 8 不同长度桩基侧摩阻力沿桩身的分布规律

4 结语

(1)由于桩基的存在使地表竖向沉降的规律发生了改变，地表竖向沉降量最大处由隧道中心处偏向桩基，且随着桩基长度的增加，这种偏向越明显，且随着桩基长度的增大，隧道中心地表沉降量增大。

(2)在隧道开挖初期，桩基桩顶竖向沉降量随桩长的增大而减小；在隧道开挖后期，则随桩长增大而增大，隧道开挖方法对桩顶竖向沉降量有影响，且桩顶荷载越大，影响程度越大。

(3)当桩基长度较小时，$L=5$m，隧道开挖过程中桩身发生总体倾斜；而随着桩基长度增加，$L=10$m 和 $L=15$m，桩身没有整体倾斜的情况，但却发生了明显的挠曲，在隧道中心处，挠曲最为明显。

(4)桩顶荷载对隧道开挖引起的桩身变形有较大的影响，随着桩顶荷载的增加，桩基桩顶竖向沉降量逐渐增大，且隧道开挖过程中桩身水平位移也有所不同。

(5)由于隧道开挖造成地表沉降量大于桩基沉降量，使得桩基产生负摩阻力，随着桩长的增大，负摩阻力增大，中性点的位置逐渐下移。

参考文献

[1] 韩煊，李宁. 地铁隧道施工引起地层位移规律的探讨. 岩土力学，2007，28(3)：187-191.

[2] 罗文林，刘赪炜，韩煊. 隧道开挖对桩基工程影响的数值分析. 岩土力学，2007，28(增)：403-407.

[3] 张宏博，黄茂松，王显春，等. 浅埋隧道穿越建筑物桩基的三维有限元分析. 同济大学学报(自然科学版)，2006，34(12)：1587-1591.

[4] 黄茂松，张宏博，赵红波，等. 浅埋隧道施工对建筑物桩基的影响分析. 岩土力学，2006，27(8)：1379-1383.

[5] 王占生，王梦恕. 盾构施工对周围建筑物的安全影响及处理措施. 中国安全科学学报，2002，12(2)：45-49.

某地铁站基坑开挖支护与主体结构浇筑三维有限元分析

李胤铎[1]　林旭明[2]　范　伟[3]

(1. 中铁隆工程有限公司　2. 成都地铁有限责任公司　3. 四川省建筑科学研究院)

摘　要　建立三维有限元模型对上海轨道交通杨浦线(M8)工程复兴路站基坑分步开挖,以及车站主体结构分步浇筑的整个施工过程进行分析。介绍工程的相关情况,考虑土与结构的共同作用以及土体分层,分步开挖和支护结构分步施工,并给出主要计算结果与实测值进行比较,表明该三维有限元分析方法可以很好地模拟基坑开挖过程,并能为类似场地条件的地铁站设计施工提供参考。

关键词　地铁站基坑开挖　三维有限元分析　轨道交通

1　前言

随着城市轨道交通的发展,在软土地区利用支护结构与地下主体结构相结合的深基坑支护工程越来越多,与此同时,软土区基坑工程中的问题与事故也逐渐显现。因此探讨如何更为真实的模拟基坑开挖、支护以及地下结构浇筑的全过程,变得十分必要。传统的基坑开挖分析中采用的是竖向弹性地基梁法[1],尽管该法已比较成熟、计算过程简单,但由于简化处理中存在诸多不确定因素,所以计算的结果往往有较大的误差,同时也忽略了土与结构的共同作用。近年来,二维介质有限元分析法[2-3]逐步被广泛采用,该方法虽能够考虑土与结构的共同作用,但由于基坑开挖是典型的空间问题,这种方法无法反映基坑开挖的空间效应。而三维有限元分析[4-5]既能考虑土与结构的共同作用,又能体现基坑开挖的时空效应,并能够很好地模拟出动态施工的过程。本文结合上海轨道交通杨浦线(M8)工程复兴路站换乘区基坑开挖,建立三维有限元模型,通过对比计算结果与实测数据,重点讨论了在软土地区、复杂施工环境下,基坑分步开挖支护与主体结构浇筑对地下连续墙变形以及支撑内力的影响。

2　工程概况

2.1　工程简介

上海市轨道交通杨浦线工程(M8 线)复兴路车站,位于复兴路与西藏南路交叉口的西藏南路下。根据上海市轨道交通总体规划网络,该站为与 M1 线的十字换乘站。站台宽 12m,车站总长 207.5m。顶板覆土厚约 3.4m。换乘段宽 19.6m,共三层,预留地下三层为 M1 线站台层,站台宽度 12m。考虑盾构进出,底板降深 1.6m,两侧各扩宽 1.9m,平面尺寸为 13.05m×23.4m,基坑开挖深度 17.6m。

复兴路地铁换乘站主体采用地下连续墙围护、明挖顺筑法施工的现浇钢筋混凝土结构,三层双柱三跨框架,通过地下连续墙上预埋接驳器与预留抗剪力槽,使之作为主体结构侧墙与板共同工作。基坑采用 ϕ609mm 钢管支撑,附以钢筋混凝土角撑。支撑根据开挖施工顺序共有六道,一至四道支撑平面布置形式一致,第五道支撑分为两排,并附以 400mm 厚混凝土角撑和角部钢管斜撑。第六道支撑一排，附以 400mm 厚钢筋混凝土土角撑和角部钢管斜撑。根据施工要求，支撑水平距离一般为 3m 左右。地铁站基坑开挖区以及工程测点布置情况见图 1。

2.2 地质条件

根据地质勘察报告，本车站所处地段的地基土属第四系河口～滨海、浅海相沉积层，分布较稳定，主要由饱和黏性土、粉性土以及砂土组成。一般具有成层分布特点，按其成因类型、土层结构及其性状特征，可划分成 8 个主要层次，其中第⑤层可分成 3 个亚层。各土层自上而下依次为第①层填土、第②层黏土、第③层淤泥质粉质黏土、第④层淤泥质黏土、第⑤-1 层黏土、第⑤-3、4 层粉质黏土、第⑦-2 层粉细砂。本场地浅部地下水属潜水类型，补给来源主要为大气降水与地表径流，年平均地下水位距地面 0.5～1.7m，无暗浜等不良地质现象。土层物理力学参数见表 1，典型地层剖面图见图 2 所示。

土层物理力学参数 表 1

序号	名称	压缩模量 (MPa)	饱和重度 (kN/m^3)	黏聚力 c (kPa)	内摩擦角 φ(°)
①	填土	2.34	19.1	0.0	12.5°
②	粉质黏土	4.72	18.0	21.0	24.5°
③	淤泥质粉质黏土	3.22	18.0	12.0	19.0°
④	淤泥质黏土	2.34	17.2	14.0	12.5°
⑤-1	黏土	3.63	18.1	17.0	15.5°
⑤-3	粉质黏土	5.76	18.8	16.0	22.0°
⑤-4	粉质黏土	7.49	20.3	45.0	16.5°
⑦-2	粉细砂	16.97	19.5	0.0	29.5°

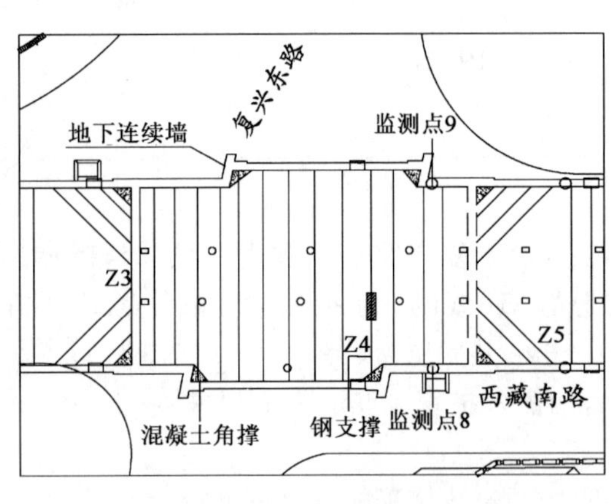

图 1 基坑开挖平面布置图

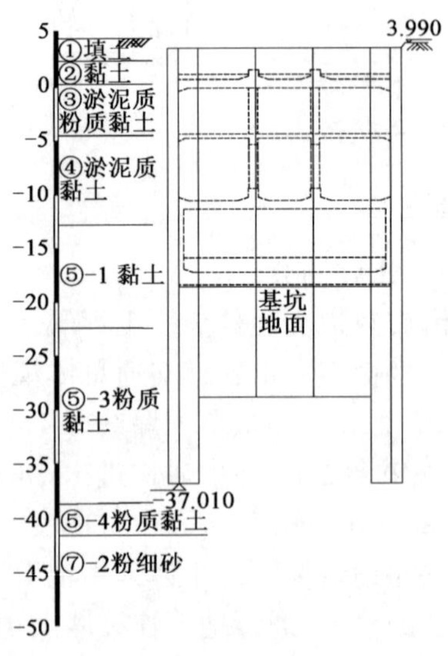

图 2 场地土剖面图

3 三维有限元计算模型

3.1 有限元模型建立

复兴路地铁换乘车站数值模型采用结构—土相互作用三维有限元模型，包括场地土模型、地铁车站主体结构模型以及开挖施工中的临时支撑结构模型。通过 ANSYS 有限元计算软件进行计算，采用 Solid 实体单元模拟场地土，Link 杆单元模拟各道钢管支撑结构，Shell 壳单元模拟地下连续墙、结构楼板以及混凝土角撑，铁木辛可有限应变梁单元模拟框架梁、柱。整个数值计算模型共有 120 720 个单元，117 417 个节点。

3.2 施工步模拟

复兴路地铁站换乘段施工过程分开挖阶段 7 步，浇筑阶段 7 步。开挖至每道支撑中心线下 0.5m 处，设置上一道支撑，直至开挖到基坑底面；浇筑各层板，当强度达到 75%后，拆除其上最近一道支撑，直至拆除所有临时支撑。为了真实地反映该地铁站基坑工程的实际动态响应，在有限元分析中相应的定义各计算步，使用单元“生死”功能来实现土体的分步开挖，地下连续墙支护以及车站主体结构浇筑的施工全过程模拟。所谓“杀死”单元，就是将该单元的刚度和质量都乘以一个很小的数，相当于该单元不再能发挥作用；而“激活”单元，就是让已经“杀死”的单元恢复到它原先的刚度和质量，这时候的单元既没有初始应变，也没有初始应力。

4 计算结果与对比分析

4.1 开挖阶段连续墙变形分析

为更合理地显示和比较监测位置的水平位移演变情况，在数值计算模型中，提取监测点 8 处水平方向 1m 左右范围的连续墙作为与实际监测点对应的位置，对上述各开挖步情况下提取数值分析模型中监测点位置地下连续墙的水平位移，并绘制随深度的变化曲线，便可以直观地表示出在开挖过程中地下连续墙的变形发展情况，见图 3。

通过与现场实测数据比较可以发现，数值模拟的地下连续墙水平位移随开挖步变化的趋势与实际情况相吻合，产生最大位移的深度与实际基本对应，开挖步 7 的最大位移值与实测最大位移数据基本相等，且发生深度也几乎相同。

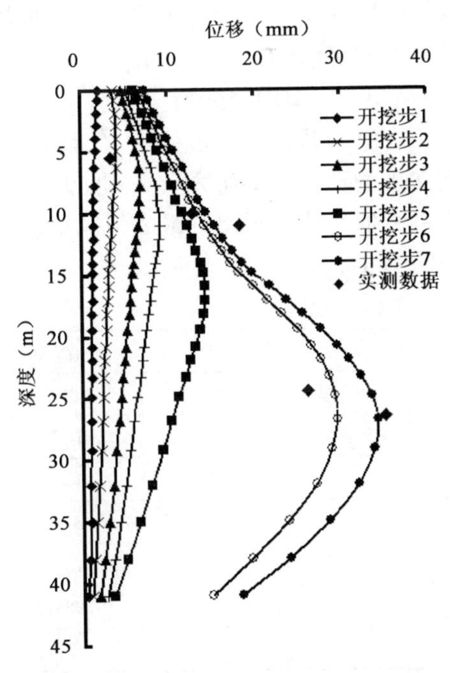

图 3 基坑开挖中地下连续墙的水平变形

4.2 地下连续墙内力分析

以往对基坑开挖问题的研究，大都将连续墙与土体简化成弹簧地基梁的形式计算墙体内力，但这种简化方法忽略了墙的整体效应，与真实情况有一定偏差。实际中地下连续墙受外侧土压力作用，会绕水平轴以及竖直轴产生弯矩。当绕水平轴的弯矩过大，将会导致连续墙向内倾覆，从而造成整个基坑的坍塌事故，特别是在软土区，由于土的流变，这种事故更易发生，因此分析地下连续墙内力同样具有实际意义。本文通过数值分析计算，能够模拟各个开挖步阶段以及各个浇筑施工阶段时的整片连续墙体的弯矩大小，见表 2，从而为设计及施工提供一定的参考。

地下连续墙最大弯矩

表 2

开挖步	绕竖直轴弯矩(kN·m)		绕水平轴弯矩(kN·m)	
	Max	Min	Max	Min
开挖前	296.1	−203.0	336.3	−272.4
开挖步 1	205.4	−236.9	331.1	−261.9
开挖步 2	346.9	−386.9	345.1	−254.9
开挖步 3	532.8	−700.3	583.6	−267.5
开挖步 4	703.0	−992.3	702.2	−232.1
开挖步 5	1 110.0	−1 670.0	1 190.0	−326.2
开挖步 6	2 500.0	−4 040.0	2 220.0	−1 270.0
开挖步 7	2 870.0	−4 920.0	2 630.0	−1 490.0
浇筑步 1	3 730.0	−5 060.0	3 220.0	−2 400.0
浇筑步 2	3 860.0	−5 030.0	2 860.0	−2 730.0
浇筑步 3	3 880.0	−5 050.0	3 680.0	−2 820.0
浇筑步 4	3 950.0	−5 080.0	3 840.0	−3 030.0
浇筑步 5	3 980.0	−5 080.0	4 060.0	−3 200.0
浇筑步 6	4 010.0	−5 100.0	4 240.0	−3 370.0
浇筑步 7	4 030.0	−5 100.0	4 440.0	−3 260.0

通过分析可以发现开挖 1 至 7 步，地下连续墙的弯矩逐渐增大，而浇筑 1 至 7 步，地下连续墙上的大部分区域弯矩变化不大，且整个浇筑过程中，弯矩的变化也不明显。这充分说明在有限元数值分析模型中，支撑起到了相应的作用，并且随着浇筑的进行，混凝土的梁柱板对地下连续墙的支撑作用逐步取代了被拆掉的支撑杆件的作用，整个建模计算的模拟过程都是合理且真实可信的。

4.3 支撑内力分析

在整个基坑开挖过程中，有效的支护能够确保基坑施工的安全。本文选取 Z4 处 1 至 6 道钢支撑的轴力作为研究对象，通过实际监测数据与三维有限元分析结果的对比见表 3，发现实测最大值与计算得出的最大值间误差不大，最大误差在 30％以内，最小误差不足 1％，平均误差约为 12.46％。

支撑轴力比较

表 3

支撑	实测最大值(kN)	计算最大值(kN)	误差(％)
支撑 1	884.0	775.6	12.26
支撑 2	1456.0	1460.4	0.30
支撑 3	1831.0	1650.5	9.86
支撑 4	2119.0	2216.4	4.60
支撑 5-1	1313.0	1593.6	21.32
支撑 5-2	2892.0	3230.5	11.71
支撑 6	1528.0	1112.8	27.17

5 结语

本文采用三维有限元分析法对复兴路地铁站站基坑开挖，以及车站主体结构浇筑的整个施工过程进行了有效的数值模拟，所得结果与实际监测数据基本吻合，说明对于类似基坑工程问题，有必要也有可能采用有限元法进行较合理的计算分析。通过合理有效的三维有限元分析计算，能够得出与真实情况相近的地下连续墙变形、内力以及支护结构内力结果，从而为实际的基坑工程提供依据，避免事故的发生。

参考文献

[1] 杨林德，钟才根，曾进伦. 基坑支护位移和安全性监测的动态预报. 土木工程学报，1995.

[2] Clough G W，Weber P R，Lamont J. Design and observation of tied-back wall//Proc ASCE Spec Conf on Perf of Earth-Supported Strut，1972：1367-1390.

[3] 孙钧，汪炳监. 地下结构有限元法分析. 上海：同济大学出版社，1988.

[4] 侯永茂，王建华，陈锦剑. 超大型深基坑开挖过程三维有限元分析. 岩土工程学报，2006，28(增)：1374-1377.

[5] 陆新征，宋二祥，吉林. 特深基坑考虑支护结构与土体共同作用的三维有限元分析. 岩土工程学报，2003，25(4)：487-491.

单桩水平静载试验研究及实例分析

郭 盛 张爱江

（北京市市政工程研究院）

摘 要 依据某维修机库工程单桩水平静载试验资料，阐述了单桩水平静载试验的试验方法及程序，就试验结果分析了桩在水平荷载作用下的工作性状及影响桩水平承载力的主要因素，并将实测结果(地面处桩身水平位移及桩身转角)与目前国内最常用的 m 法的计算结果进行了比较分析。根据实测的 m 值，试算出对应临界荷载作用下桩身的弯矩分布，分析实际工程桩在水平荷载作用下的工作性状，确定弯矩最大值及所在深度位置，并运用试验结果对原有设计进行评价。

关键词 单桩 水平静载 试验 m 值

1 前言

随着高层及大型建筑物的大量兴建，水平荷载成为建筑物设计中的重要控制因素。实践表明，竖直桩能通过抗剪和抗弯来承担相当大的水平荷载。因此，用竖直单桩或群桩而不使用斜桩，用来承担水平荷载、竖向荷载和力矩共同作用的桩基工程日愈增多。桩承受水平荷载的工作性能主要体现在桩与土的相互作用上，即利用桩周土的抗力来承担水平荷载。建筑桩基的水平承载力和位移计算成为建筑物设计的重要内容之一。

单桩水平静载试验采用接近于水平受荷桩实际工作条件的试验方法，能反映影响桩承载力的各种因素，所得到的承载力值及地基土的水平抗力系数最符合实际情况。

水平静载试验，当试验条件与桩的实际工作条件接近时，试验结果才能真实反映工程桩的实际工作过程，但在通常情况下，试验条件很难做到和工程桩的实际工作情况一致。此时应通过试验桩测得桩周土的地基土的水平抗力系数，该系数反映了桩在不同深度处桩侧土抗力和水平位移的关系，可视为土的固有特性。然后根据实际工程桩的情况(如不同桩顶约束、不同自由长度)，用它确定土抗力大小，进而计算单桩的水平承载力和弯矩。可为检验桩身强度、推求不同深度弹性地基系数提供依据。

2 试验概况

2.1 试验概述

某拟建维修机库工程，机库无地下层，地上一层，总高度为 30.0m，上部结构类型为网架，跨度为 176m。水平承载桩采用钻孔灌注桩，桩身混凝土强度等级为 C25，水平承载力特征值为 300kN。试桩数量为 9 根，试桩桩身配筋率为 0.76%，桩长 28.2～38.9m，桩径为 0.8m。

拟建场地勘察范围内土层分布情况自上而下为：粘质粉土，层厚 0.8～4.5m；粉质黏土，层厚 8.4～10.7m；黏质粉土，层厚 1.5～4.5m；粉质黏土，层厚 1.6～5.3m；细砂，层厚 0.4～3.7m；粉质黏土，层厚 3.9～9.3m；细砂，层厚 1.5～3.0m；粉质黏土，层厚 3.8～8.7m；重粉质黏土—黏土，层厚 3.7～8.8m。

2.2 试验内容及方法

水平静载试验测读项目有各级荷载下的桩顶位移和转角。试验现场示意图见图1。

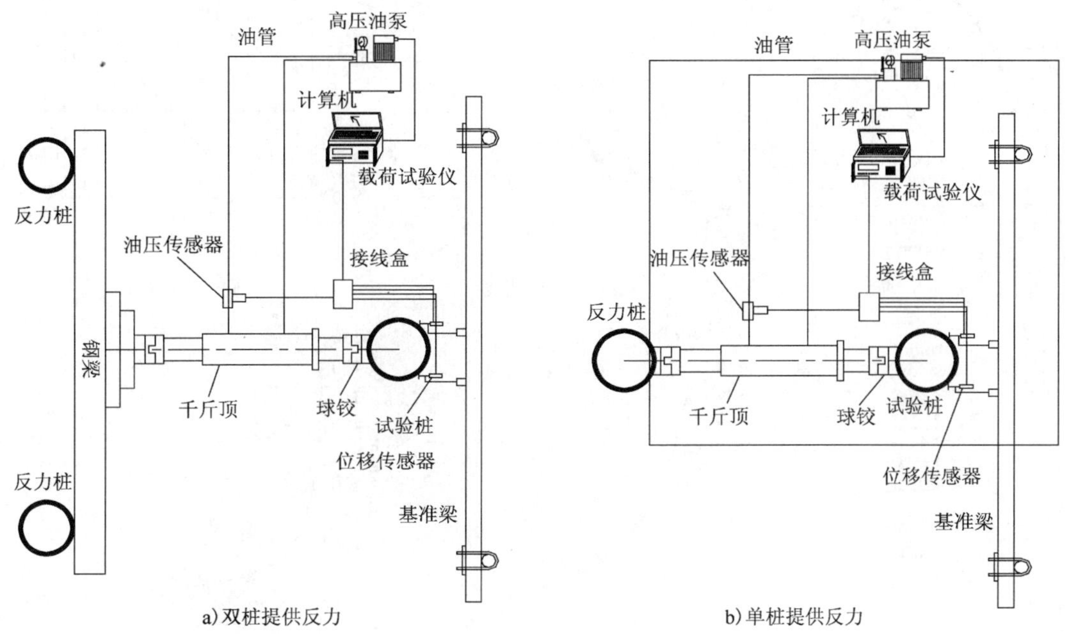

图1 单桩水平静载试验示意图

试验中,水平反力多由相邻的两根工程桩充当反力桩提供,两根反力桩间平放一根反力钢梁,采用具有球形铰座的油压千斤顶装置,向试验桩施加水平推力。当场地条件限制时,采用两根单桩通过千斤顶相互顶推加载。在千斤顶与试桩接触处安设一球形铰支座,保证千斤顶作用力能水平通过桩身轴线,且在千斤顶与试桩的接触处进行适当补强。

加载的油压千斤顶配合高压油泵施加试验荷载,对被试验的基桩进行加载、补载和卸载。试验中,保持水平力的作用点通过桩顶设计标高处。

在基准梁上安装4只位移传感器,其中两只应对称安装在水平推力作用平面的受检桩两侧,用于监测水平位移。另两只对称安装在水平推力作用平面以上50cm的受检桩两侧,用于监测桩顶设计高程处桩身的转角。所有试验数据均由静力载荷测试仪接收存盘,整个试验过程根据规范[3]的要求,按预先设定的程序自动完成。

2.3 试验程序

单桩水平静载荷试验,对于承受反复水平荷载的基桩,宜采用单向多循环加卸载法;对于承受长期水平荷载的基桩,宜采用单向单循环加载法。对该工程而言,属于长期受荷,故采用单向单循环慢速维持荷载法进行静载试验,每级荷载达到相对稳定标准后,加下一级荷载,直到桩顶水平位移达到设计要求的10mm。应设计方要求,每级加载量为预估最大加载量600kN的1/20,即30kN。

2.4 试验结果及数据处理

以1号试验桩为例,根据试验资料绘制的水平力—作用点水平位移(H_0-X_0)、作用点位移—时间对数($X_0-\lg t$)、水平力—作用点位移双对数($\lg H_0-\lg X_0$)、水平力—位移梯度($H_0-\Delta X_0/H_0$)曲线见图2~图5;绘制水平力、水平力作用点水平位移—地基土水平抗力系数的比例系数的关系曲线($H-m$、X_0-m),见图6、图7。

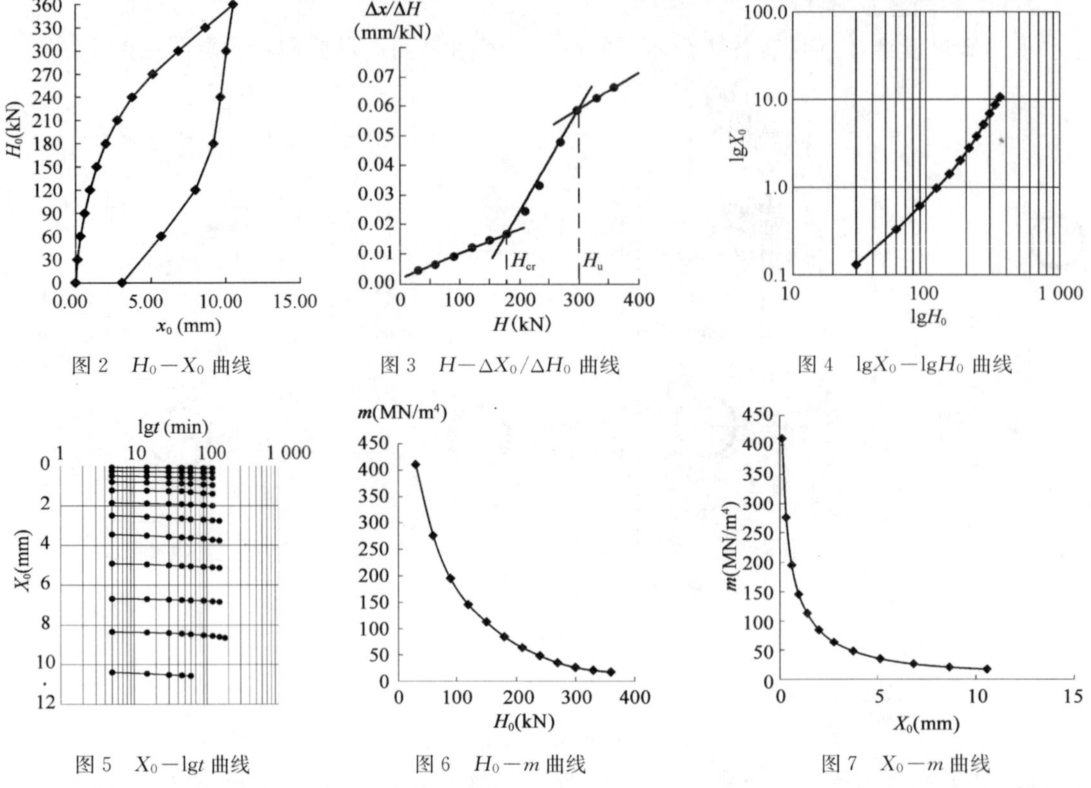

图 2　H_0-X_0 曲线　　图 3　$H-\Delta X_0/\Delta H_0$ 曲线　　图 4　$\lg X_0-\lg H_0$ 曲线

图 5　$X_0-\lg t$ 曲线　　图 6　H_0-m 曲线　　图 7　X_0-m 曲线

2.4.1　单桩水平临界荷载及承载力特征值的确定

(1)根据《建筑基桩检测技术规范》(JGJ 106—2003),取 $H-\Delta X_0/\Delta H$ 曲线或 $\lg H-\lg Y_0$ 曲线上第一拐点对应的水平荷载值作为水平临界荷载。1 号桩水平临界荷载为 180kN。

(2)当水平承载力按设计要求的水平允许位移控制时,可取设计要求的水平允许位移对应的水平荷载作为单桩水平承载力特征值,但应满足有关规范抗裂设计的要求。

该工程水平承载力试验,根据设计要求,取位移首次大于 10mm 对应的荷载试验值为特征值。1 号试桩水平承载力特征值为 360kN。

2.4.2　地基土水平抗力系数的比例系数 m 确定

依据规范规定,当桩顶自由且水平力作用位置位于地面处时,m 值可按下式确定:

$$m=\frac{(\nu_y\cdot H)^{\frac{5}{3}}}{b_0X_0^{\frac{5}{3}}(EI)^{\frac{2}{3}}}\tag{1}$$

$$\alpha=\left(\frac{mb_0}{EI}\right)^{\frac{1}{5}}\tag{2}$$

式中:m——桩侧土水平抗力系数的比例系数,kN/m^4;

α——桩的水平变形系数,m^{-1};

ν_y——桩顶水平位移系数;

X_0——水平力作用点的水平位移,m;

EI——桩身抗弯刚度,kN·m^2;

b_0——桩身计算宽度,m。

根据式(1)、式(2),对原始数据进行分析计算,计算桩侧土水平抗力系数的比例系数 m 值。绘制水平力—地基土水平抗力系数的比例系数(H_0-m)、作用点位移—地基土水平抗力系数的比例系数(X_0-m)曲线,见图 6、图 7。

3 单桩水平承载力分析

3.1 水平荷载作用下单桩的工作性状

(1)荷载—位移关系

单桩从承担水平荷载开始到破坏,一般可认为是三个阶段:直线变形阶段、弹塑性变形阶段以及破坏阶段。其中第一、二阶段终点对应的荷载分别为临界荷载、极限荷载。

实际上,由于土的非线性,即使在水平荷载较小、水平位移不大的情况下,第一阶段也不完全是直线,见图 2。

(2)破坏机理

按照桩、土相对刚度的不同,对于桩头自由的情况,水平荷载下的桩—土体系可有两类工作性态和破坏机理。

①刚性短桩:

由于桩下端得不到充分的嵌固且桩身不发生挠曲变形,故在水平荷载作用下产生了全桩长的刚体转动。绕转动中心转动时,在转动中心上方的土层和转动中心到桩底之间的土层分别产生了抗力,并与水平荷载达成平衡,桩体本身一般不发生破坏。

②弹性长桩:

弹性长桩相对来说具有柔性,故在水平荷载下发生桩身挠曲变形,且桩下段的土抗力可视为无限的,亦即桩下段可视为嵌固于土中而不能转动。

由逐渐发展的桩截面抗矩和土抗力来承担逐渐增大的水平荷载,当桩中弯矩超过桩截面抗矩或土失去稳定时,弹性长桩便趋于破坏。

由此可见:刚性短桩多因转动或平移而破坏,柔性长桩是因挠曲而破坏(桩因剪切而破坏的情况较少)。

刚性桩还是弹性桩,可以根据桩的相对刚度系数 T 与入土深度 h 的关系来划分。我国通常采用的规定为:自地面或冲刷线算起的实际埋置深度 $h\leqslant 2.5T$ 时为刚性桩,$h>2.5T$ 时为弹性桩。$T=1/\alpha$,其中 α 为桩的水平变形系数。

将表 1 中的 α 值带入,可得 $T=1.79\sim1.94$m,而该工程试桩 $h=28.2\sim38.9$m,要远远大于 $2.5T$,故均可视为弹性长桩。

3.2 影响单桩水平承载力的主要因素

单桩水平承载力除与桩的材料强度、尺寸、截面形状、刚度、入土深度、土质条件、桩与土的相对刚度、桩顶水平位移允许值有关外,还与桩顶边界条件(嵌固情况和桩顶竖向荷载大小)有关。

由于建筑工程的基桩桩顶嵌入承台长度通常较短,其与承台连接的实际约束条件介于固接与铰接之间,这种连接相对于桩顶完全自由时可减少桩顶位移,相对于桩顶完全固接时可降低桩顶约束弯矩并重新分配桩身弯矩。如果考虑桩顶竖向荷载作用,混凝土桩的水平承载力将会产生变化,若桩顶荷载是压力,其水平承载力增加,反之则减小。

桩顶自由的单桩水平试验得到的承载力和弯矩仅代表试桩条件的情况,要得到符合实际工程桩嵌固条件的受力特性,需将试桩结果转化,而求得地基土水平抗力系数是实现这一转化的关键。

3.3 单桩水平承载力分析方法

单桩水平承载力的受力分析方法通常有 4 种:地基反力系数法、弹性理论法、有限元法、极限平衡法。

其中地基反力系数法按对土反力对桩的水平承载力考虑方法进行分类的话,大致可分为下面 3 种类型:极限地基反力法(极限平衡法)、弹塑性分析法、弹性地基反力法。

而弹性地基反力法又可分为线弹性地基反力法和非线弹性地基反力法,前者只适用于水平位移较小的桩的计算。

目前国内常用线弹性地基反力系数法来近似确定水平荷载作用下桩的受力特性,比较著名的有张有龄法、C 法、m 法、K 法等。它们各自假定了地基反力系数延深度的不同分布图式。我国工程实践中普遍采用 m 法,其将土体作为弹性变形介质,具有沿深度成正比增加的地基系数。它能更好地反映地基系数沿深度分布的情况。比例系数的确定可以直接通过水平荷载试验求得。

3.4 用 m 法对试验数据进行分析

(1)对应荷载力特征值作用下地面处桩身位移和转角(理论计算)

对应本试验桩的力作用简化模式见图 8。理论计算桩身弯矩分布曲线见图 9。

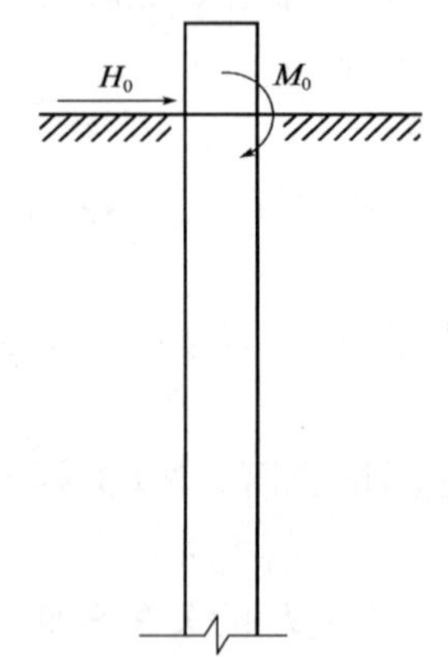

图 8 试桩力作用简化模型

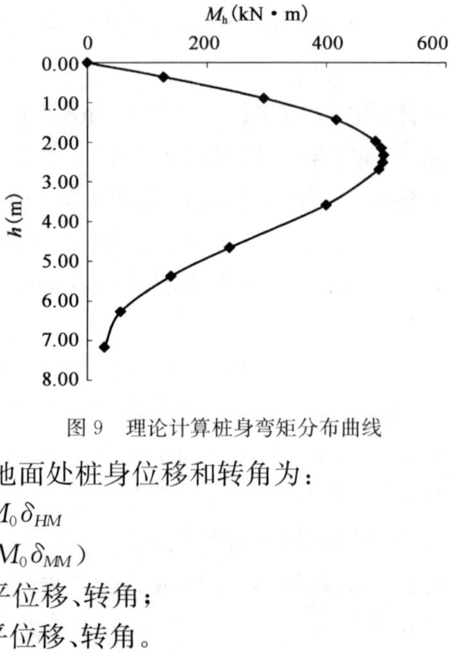

图 9 理论计算桩身弯矩分布曲线

将 H_0,M_0 视为桩顶荷载,取 $H_0=H_{cr}$,$M_0=0$,地面处桩身位移和转角为:

$$x_0 = H_0\delta_{HH} + M_0\delta_{HM} \tag{3}$$

$$\varphi_0 = -(H_0\delta_{MH} + M_0\delta_{MM}) \tag{4}$$

式中:δ_{HH} 、δ_{MH} ——由 $H_0=1$ 所引起的桩截面水平位移、转角;

δ_{HM} 、δ_{MM} ——由 $M_0=1$ 所引起的桩截面水平位移、转角。

$$\delta_{HH} = \frac{1}{\alpha^3 EI} \times \frac{(B_3D_4 - B_4D_3) + K_h(B_2D_4 - B_4D_2)}{(A_3B_4 - A_4B_3) + K_h(A_2B_4 - A_4B_2)} \tag{5}$$

$$\delta_{MH} = \frac{1}{\alpha^2 EI} \times \frac{(A_3D_4 - A_4D_3) + K_h(A_2D_4 - A_4D_2)}{(A_3B_4 - A_4B_3) + K_h(A_2B_4 - A_4B_2)} \tag{6}$$

$$\delta_{HM} = \delta_{MH} \tag{7}$$

$$\delta_{MM} = \frac{1}{\alpha EI} \times \frac{(A_3C_4 - A_4C_3) + K_h(A_2C_4 - A_4C_2)}{(A_3B_4 - A_4B_3) + K_h(A_2B_4 - A_4B_2)} \tag{8}$$

桩底支承于非岩石类土中,且当 $h \geqslant 2.5/\alpha$ 可令 $K_h=0$;系数 $A_2 \cdots\cdots D_4$ 、A_f 、B_f 、C_f 根据 $\bar{h}=\alpha h$ 查表。当 $\alpha h>4.0$ 时,按 $\alpha h=4.0$ 计算,得到 $A_f=2.441$, $B_f=\frac{A_3D_4-A_4D_3}{A_3B_4-A_4B_3}=1.625$,

$C_f=\dfrac{A_3C_4-A_4C_3}{A_3B_4-A_4B_3}=1.751$。

经计算得出各试验桩地面处桩身位移和转角理论值，并将之与实测值进行比较，见表1。

试验桩实测与计算结果汇总表 表1

桩号	桩长(m)	桩径(m)	桩身配筋率(%)	水平荷载(kN)	α	桩顶水平位移X_0(mm)		桩顶转角φ_0(10^{-3})(rad)		m(MN/m^4)	M_{max}(计算)(kN·m)	M_{max}位置(计算)(m)
						实测	理论	实测	理论			
1	28.2	0.8	0.76	360	0.5580	10.57	10.57	3.945	3.926	16.92	497	2.33
2	28.2	0.8	0.76	300	0.5178	11.02	11.02	3.840	3.799	11.65	448	2.51
3	34.5	0.8	0.76	330	0.5331	11.11	11.11	3.980	3.942	13.47	478	2.44
4	34.5	0.8	0.76	330	0.5482	10.22	10.22	3.742	3.729	15.48	463	2.37
5	34.5	0.8	0.76	360	0.5403	11.64	11.64	4.340	4.187	14.41	523	2.59
6	38.9	0.8	0.76	330	0.5290	11.37	11.37	4.139	4.004	12.96	489	2.65
7	38.9	0.8	0.76	330	0.5172	12.17	12.17	4.234	4.195	11.57	493	2.51
8	38.9	0.8	0.76	300	0.5163	11.12	11.12	3.886	3.822	11.47	450	2.52
9	38.9	0.8	0.76	330	0.5489	10.18	10.18	3.740	3.720	15.58	463	2.37

从表1可以看出，根据 m 法计算得出的桩顶位移与实际位移一致，桩顶转角也与实际转角十分接近。

(2)对应荷载力特征值作用下桩身弯矩分布(理论计算)

桩身弯矩不能直接通过量测得到，它要借助于量测得到的桩身应变来推算求得。通常采用在钢筋表面粘贴电阻应变片制成的应变计来量测灌注桩桩身的应变可取得较好的效果。本次试桩中因故未对桩身应变进行量测，现通过理论计算的方法求取试桩的桩身弯矩分布。

桩身弯矩：

$$M_z=\alpha^2EI(x_0A_3-\frac{\varphi_0}{\alpha}B_3+\frac{M_0}{\alpha^2EI}C_3+\frac{H_0}{\alpha^3EI}D_3) \tag{9}$$

式中：x_0、φ_0——桩在地面处的水平位移、转角；

A_3、B_3、C_3、D_3——系数，查表可得；

$\bar{h}=\alpha h$——换算深度。

查有关表格，计算出各试验桩的弯矩沿深度方向的分布，绘得 M_h-h 曲线见图9。并据此判断出各桩的最大弯矩，以及最大弯矩所在的深度，见表2。

以1号试验桩为例，计算参数见表2，理论计算弯矩分布见图9。

1号桩桩身弯矩理论计算结果 表2

计算点深度h(m)	换算深度$\bar{h}=\alpha h$	A_3	B_3	C_3	D_3	$X_0\cdot A_3$($\times10^{-5}$)	$\varphi_0/\alpha\cdot B_3$($\times10^{-5}$)	$\frac{M_0}{\alpha^2EI}\cdot C_3$($\times10^{-5}$)	$\frac{H_0}{\alpha^3EI}\cdot D_3$($\times10^{-5}$)	M(kN·m)
0.00	0.0	0.00	0.00	1.00	0.00	0.00	0.00	0.0	0.00	0.00
0.36	0.2	−0.00133	−0.00013	0.99999	0.20000	−1.40581	0.092	0.0	86.604	127.076
0.90	0.5	−0.02083	−0.00521	0.99922	0.49991	−22.0173	3.683	0.0	216.471	295.210
1.43	0.8	−0.08532	−0.03412	0.99181	0.79854	−90.1832	24.123	0.0	345.783	416.768

续上表

计算点深度 h(m)	换算深度 $\bar{h}=\alpha h$	A_3	B_3	C_3	D_3	$X_0 \cdot A_3$ ($\times 10^{-5}$)	$\varphi_0/\alpha \cdot B_3$ ($\times 10^{-5}$)	$\frac{M_0}{\alpha^2 EI} \cdot C_3$ ($\times 10^{-5}$)	$\frac{H_0}{\alpha^3 EI} \cdot D_3$ ($\times 10^{-5}$)	M (kN·m)
1.97	1.1	−0.221 52	−0.121 92	0.959 75	1.090 16	−234.147	86.197	0.0	472.060	482.903
2.15	1.2	−0.287 37	−0.172 6	0.937 83	1.183 42	−303.75	122.028	0.0	512.444	492.752
2.33	1.3	−0.364 96	−0.237 6	0.907 27	1.273 20	−385.763	167.983	0.0	551.320	496.952
2.51	1.4	−0.455 15	−0.319 33	0.865 75	1.358 21	−481.094	225.765	0.0	588.131	495.854
2.69	1.5	−0.558 7	−0.420 39	0.810 54	1.436 80	−590.546	297.215	0.0	622.162	489.935
3.58	2.0	−1.295 35	−1.313 61	0.206 76	1.646 28	−1369.18	928.719	0.0	712.871	405.864
4.66	2.6	−2.621 26	−3.599 87	−1.877 34	0.916 79	−2770.67	2545.099	0.0	396.988	255.396
5.38	3.0	−3.540 58	−5.999 79	−4.687 88	−0.891 26	−3742.39	4241.836	0.0	−385.933	169.123
6.27	3.5	−3.919 21	−9.543 67	−10.340 4	−5.854 02	−4142.6	6747.350	0.0	−2534.903	104.060
7.17	4.0	−1.614 28	−11.730 7	−17.918 6	−15.075 5	−1706.29	8293.575	0.0	−6527.982	88.352

从表 2 中可以看出最大弯矩为 497 kN·m,在深度 2.33m 处。其余桩最大弯矩及其所在位置见表 1。

3.5 单桩水平静载试验结果应用

该工程所有试桩的水平承载力的特征值均未满足设计要求,结合试验所测得的地基土的水平抗力系数以及桩身弯矩分布的理论计算结果,可反馈设计方对水平承载桩的设计方案进行再次评价并作出适当调整,从而保证了工程的安全性及经济性。

4 结语

(1)单桩水平静载试验采用接近于水平受荷桩实际工作条件的试验方法,可以很好地反映桩土共同作用的实际情况,影响承载力的各种因素也都得到比较真实的反映,所得到的承载力值及地基土的水平抗力系数符合实际情况。

(2)通过试桩测得桩周土的水平抗力系数的比例系数 m,并据其通过 m 法计算出地面处的理论桩身位移和转角。与实测数据相比较,位移值具有极佳的一致性,转角值也非常接近,并可进而计算出桩身的弯矩分布,分析桩在水平荷载作用下的工作性状,确定桩身最大弯矩的大小和深度。

(3)单桩水平静载试验所测得的试桩的水平承载力特征值、地基土的水平抗力系数以及计算得出的桩身弯矩分布可作为桩基设计或评价现有设计的依据,确保工程的安全性及经济性。

参考文献

[1] 韩理安,等. 水平承载桩的计算. 湖南:中南大学出版社,2004.

[2] 陈凡,徐天平,等. 基桩质量检测技术. 北京:中国建筑工业出版社,2003.

[3] 中华人民共和国行业标准. JGJ 106—2003 建筑基桩检测技术规范. 北京:中国建筑工业出版社,2003.

[4] 中华人民共和国行业标准. JGJ 94—2008 建筑桩基技术规范. 北京:中国建筑工业出版社,2008.

[5] 林天健,熊厚金,王利群. 桩基础设计指南. 北京:中国建筑工业出版社,1999.

光纤光栅传感器在煤矿巷道实时监测系统的研究

张　杰

（上海启鹏工程材料科技有限公司）

摘　要　光纤光栅传感器是应用光纤光栅传感的原理，通过光波信息的变化对物体的应变、压强、温度、位移、振动等物理量进行测量，经过计算机软件的处理后利用现有互联网传输至相关人员，具有抗电磁干扰、无电源、本质安全、远距离传输、可以串/并连接，形成分布式测量等优点，在煤矿安全监测中具有广泛的应用前景。本文介绍了光纤光栅 FBG 传感原理，阐述了由光纤光栅传感器构成的煤矿巷道顶板支护安全监测系统的实现方法和系统构成。

关键词　光纤光栅　煤矿安全　监测

1　前言

煤矿巷道支护与顶板管理是煤炭安全生产中极为重要的环节，而煤矿顶板事故又是矿井地下开采过程中顶板岩石失稳冒落引发重大灾害的首要原因。巷道顶板事故已经成为影响煤矿安全生产的重大事故源，煤矿安全形势依然严峻。

20 世纪 90 年代以来，我国煤矿巷道以锚杆支护为核心的支护方法取得了跨越式发展，极大地改善了巷道顶板的安全状况。目前对巷道顶板压力、位移、锚杆受力状况等直接影响巷道安全的因素监测仍采用传统的、常规的、机械或电感式的方法，大部分甚至还有靠人工观测，不能实现实时自动监测及数据传输，不能实现对巷道围岩压力、应力、位移、锚杆受力状况的预测、预警。因此，实时、动态地巷道顶板监测技术是保证矿井安全生产的必由之路。

煤矿井下阴暗潮湿、振动、电磁干扰、存在易燃易爆气体等因素导致煤矿安全监测要求要有较高的安全监测技术。光纤光栅 FBG 是光纤传感技术发展的最新成果，它是一种性能优良的反射式无源敏感元件，通过光栅反射波长的变化来感知环境的应力或者温度的变化。光纤光栅具有抗电磁干扰、无源本质安全、远距离传输、串/并连接构成分布式测量等优点，在煤矿安全监测中将具有广泛的应用前景。

2　光纤光栅传感原理

光纤光栅是在光纤的纤芯中通过紫外刻蚀，使光能形成周期性折射率变化的一段光纤，是以光为变换和传输的载体，利用光纤来传输信号。被测物理量引起光纤光栅传感器内置光栅的长度、折射率、直径发生变化，进而引起光栅内反射光或透射光的频率发生偏移，通过对应的变换就得到实际物理量的各种变化值，这样的变化值将会反射特定波长的光谱，所反射的中心波长为：

$$\lambda_B = 2n_{eff}\Lambda \quad (1)$$

式中：λ_B——被反射的波长；

n_{eff}——光纤光栅的有效折射率；

Λ——光栅周期。

通过拉伸或压缩光纤光栅，或者改变温度，可以达到改变光纤光栅的周期 Λ 和有效折射率 n_{eff} 从而达到改变光纤光栅的反射波长 λ_B 的目的。而且光纤光栅的中心波长的变化量和应变、温度的变化量成线性关系。根据这样的特性，可将光纤光栅制作成应变、温度、压力、加速度、位移等多种传感器。由以上分析可知：基于光纤光栅原理制造的传感器是通过测量光的波长来测量外界物理量的，具有不怕恶劣环境、抗电磁干扰、易于传输、无源本质安全、分布式测量等优点。光纤光栅示意图如图 1 所示。

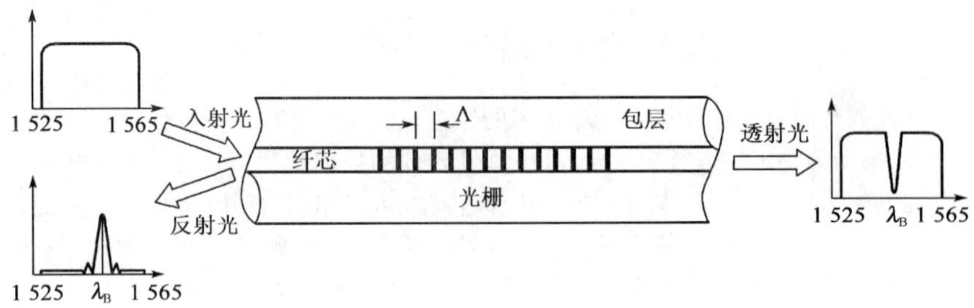

图 1　光纤光栅示意图

光纤光栅信号处理器用于实时采集各光纤光栅传感器的波长值，通过光栅传感器波长变化量的大小推算出相应物理量（温度、应力等）的改变大小，这样就实现了物理量传感检测的目的。光纤光栅传感系统如图 2 所示。

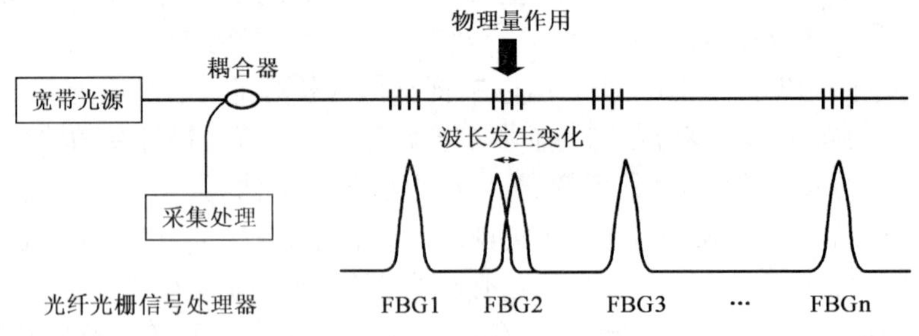

图 2　光纤光栅传感系统

3　光纤光栅煤矿巷道支护实时监测系统的设计

煤岩发生较大离层和应力变化是巷道顶板支护发生灾难事故前的重要特征。掌握煤岩应力应变规律，研究煤岩离层运动趋势是预防煤矿巷道灾难事故的最根本方法。

因此，光纤光栅煤矿巷道顶板支护实时监测系统在实现对多种物理参量的在线实时监测的同时，要求系统具有可扩充性、相容性，并要保证与现有煤矿系统所使用的装置和后期技术逐步成熟后，所制造的其他物理量光纤光栅传感器能够无缝隙、无差异地接入本系统。

（1）系统构成

光纤光栅敏感元可被制作成不同物理量测量的传感器。我们在中国矿业大学教授的指导下，开发出监测锚杆应力的光纤光栅测力锚杆、监测煤岩运动的光纤光栅离层仪、监测煤岩离层后对支护顶板作用力的光纤光栅锚杆压力计、监测巷道温度异常（火源点温度异常偏高，渗漏点温度异常偏低）的光纤光栅温度计。各种光纤光栅传感器（包括可能扩展的其他光纤光栅传感器）构成巷道支护的神经感知元。这些神经感知元，通过矿用隔爆型光纤光栅信号处理器进行波长解调，形成数字信号后利用光纤和煤矿现有弱电系统的传输，最后将井下状态信息通过光纤传输到地面监控中心，通过互联网技术传输至需要的岗位和人员，实现对煤矿巷道的实时监测。此系统组成见图 3。

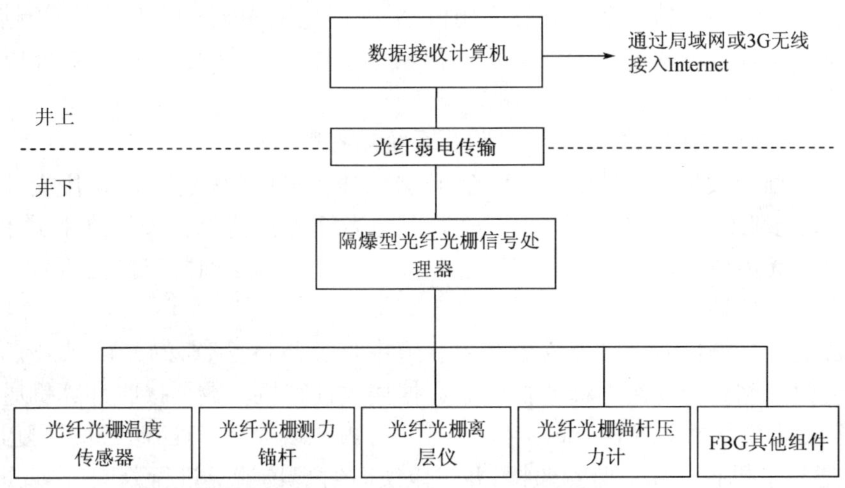

图 3　光纤光栅煤矿巷道支护实时监测系统构成

(2)矿用隔爆型光纤光栅信号处理器

隔爆型光纤光栅信号处理器主要由隔爆型外壳、波长解调模块、通道切换模块、信号处理器 MCU 等几部分组成。隔爆型光纤光栅信号处理器是系统的核心，为满足煤矿井下使用环境，处理器采用隔爆型设计。其功能是：不间断提供光源，通过传输光缆将光源传导到各链路的光纤光栅传感器，然后接收传感器反射回的波长信号，解析波长值，判断波长变化量。并将监测的数据传送到地面监测中心，可以根据巷道支护要求设定安全值、预警值和报警值(以绿、黄、红三种颜色显示)，并在软件中设定应急预案，操作人员可以第一时间根据预案，进行现场处理，将巷道顶板事故消除在萌芽中。

(3)矿用光纤光栅顶板位移传感器

矿用光纤光栅顶板位移传感器，其工作原理和结构部分与普通传统离层仪相同，可以根据需要建立高位和低位测试点，通过光纤光栅传感器组成一个整体。不同的是，离层监测的神经元，当低位发生离层运动时，其位移量传递到 FBG 上体现波长的变动，通过光纤将光信号传递到光纤光栅信号处理器即可换算出离层量的大小。

(4)矿用光纤光栅锚杆(索)应力传感器

矿用光纤光栅测力锚杆(索)应力传感器，是直接安装在锚杆螺母托板上的锚杆神经知元，直接感知锚杆(索)承受的压力，光纤光栅因为压力变化引起光的波长变化，波长变化通过传输，至矿用隔爆型光纤光栅信号处理器，经过计算机处理传输至地面控制中心，它可以安装在锚杆或者锚索的锚固端。该压力值直接反应支护顶板受力状态和安全情况。

(5)矿用光纤光栅温度传感器

光纤光栅温度传感器主要由封装外壳和光纤光栅传感元组成，封装外壳不仅保护 FBG，而且实现 FBG 和外界应力隔绝，制成矿内温度测量的神经感知元。光纤光栅温度传感器主要用于煤矿巷道、煤层环境温度及设备温度监测，也可用于采空区的温度检测，通过对火源点温度异常偏高，渗漏点温度异常偏低这些特征的监测，可以提前警示煤矿巷道的灾害隐患。光纤光栅温度传感器还可作为相关传感器温度补偿用的温度来源。

(6)矿用光纤光栅顶板应力传感器

矿用光纤光栅顶板应力传感器是通过特殊工艺，将光纤光栅敏感元植入普通商用空心锚杆中心。锚杆在支护过程中如果煤岩应力应变出现异常，则应力会传递到FBG上体现波长的变动。通常在锚杆(索)内植入多支光纤光栅传感元，形成锚杆(索)的多神经元测点，以反映锚杆各个截面锚杆全长范围内的应变、轴向力、弯矩、剪应力及锚杆变形等参数，并以此更全面分析锚杆及顶板的安全状态。

(7)煤矿巷道顶板支护光纤光栅实时监测系统拓扑图

矿用光纤光栅顶板位移传感器、矿用光纤光栅锚杆(索)应力传感器、矿用光纤光栅温度传感器、矿用光纤光栅顶板应力传感器等各种类型的光纤光栅传感器安装在巷道相应的位置。传感器工作现场无需电源，本质安全，仅通过光缆和隔爆信号处理器连接。信号通过光波载体或者弱电系统进行传递。

矿用隔爆光纤光栅信号处理器安放在主巷道中，实现对传感器的光信号采集，同时，将采集到的数据通过光网口传递到地面监控中心数据接收计算机。数据接收计算机通过路由器或者通过3G等无线模块接入Internet。接入网络后煤矿安全生产管理人员可随时随地登录Web网络或通过手机查看井下监测数据，并可以实时对现场情况进行判断，实现即时指挥，方便第一时间将危险消灭在萌芽状态。

该系统将光纤传感、计算机检测、数据通信和传感技术融为一体。实现了复杂环境条件下对煤矿顶板状态的自动监测、预报和预警，是一种基于光纤光栅传感技术实现的一种煤矿巷道围岩安全监测新技术、新装备。系统拓扑图见图4。

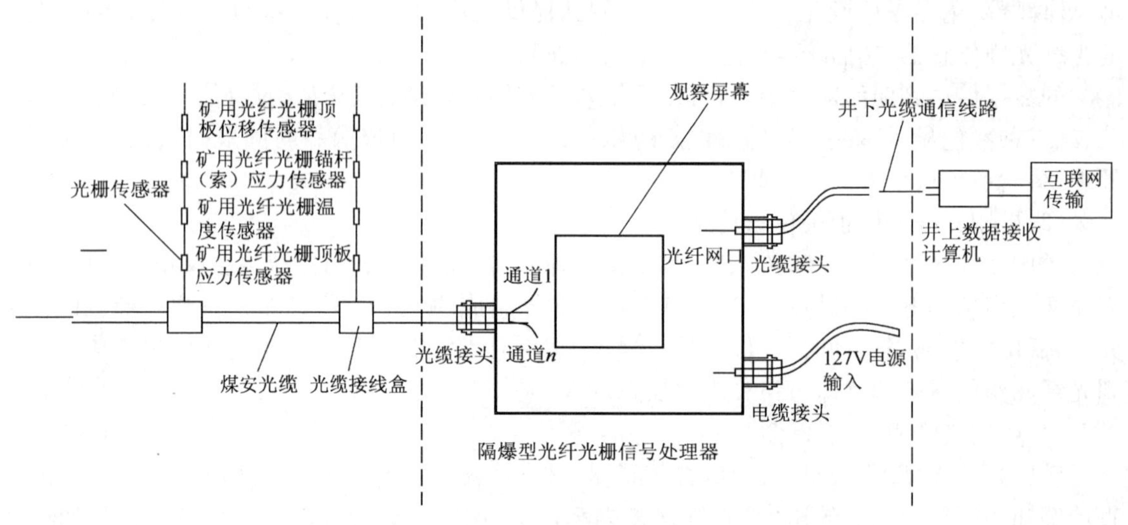

图4 煤矿锚杆支护巷道光纤光栅实时、动态监测系统拓扑图

4 测试结果分析

光纤光栅煤矿巷道支护实时监测系统在系统方案制定、结构设计、原理模型以及实验验证的各个环节得到中国矿业大学等多位领导和专家的支持。为了验证系统整体性能，2011年本项目组联合南京煤炭研究所和中国矿业大学在河南某煤矿实地先后两次进行光纤光栅传感器安装测试，以验证系统的可信性和可用性。

现场试验系统运行半年，光纤光栅传感器测试数据和预测数值以及和对比的人工测量数据具有高度一致性。离层位移量和传统测试结果相差在2mm以内，测力锚杆的应力值与传统的测试数值相差在10$\mu\varepsilon$以内，见图5和图6。

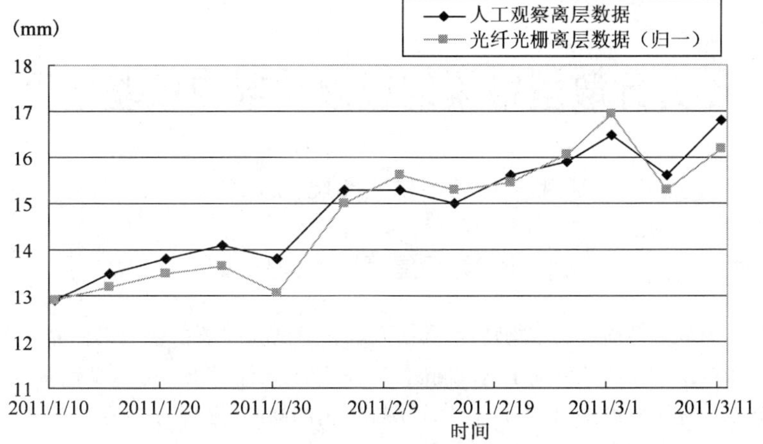

图5　光纤光栅离层仪测试数据和传统方式测试数据对比

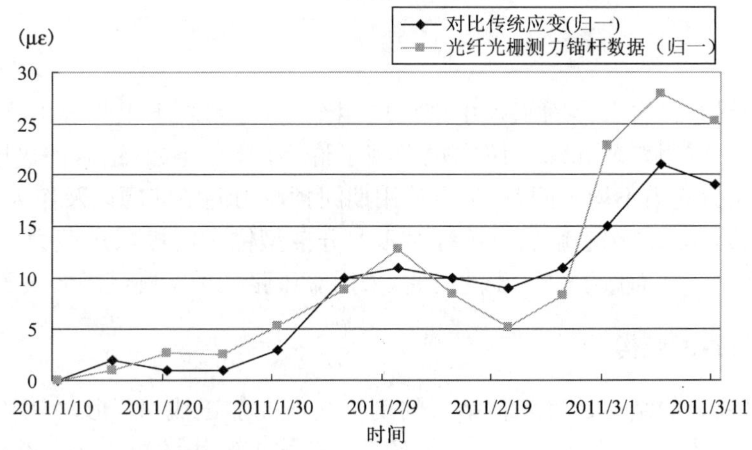

图6　光纤光栅测力锚杆测试数据和传统方式测试应力数据对比

5　结语

基于光纤光栅传感技术的煤矿巷道顶板实时监测系统由传感器数据采集和传递全过程通过光波来完成，因此传感器具有无源本质安全特性。通过对光纤光栅的不同封装，其所能实现的传感量完全能够覆盖煤矿巷道顶板安全监测所需种类，一套系统实现对多种参量的同时监测，系统集成度高。通过实验验证，该系统测试数据与人工测试数据的对比说明系统具有很高的可信性和可用性。这种基于光纤光栅传感技术实现的煤矿巷道围岩安全监测新技术、新装备，为煤矿的数字化监测和管理提供了一种新的手段和工具。

参考文献

[1]　刘文水．光纤bragg光栅在煤矿安全中的应用探讨．工矿自动化．2011(2)．

[2]　李毅，柴敬，等．光纤光栅传感技术在锚杆测力计上的应用．煤矿安全，2009(2)．

[3]　毛灵涛，安千里，等．光栅位移实时监测系统应用研究．煤炭科学技术，2007,35(7)．

压力分散型锚索的极限承载力试验研究

王宪章　杨志银　姜晓光　王召磊

（深圳冶建院建筑技术有限公司）

摘　要　由于压力分散型锚索的结构特性，其极限承载力试验问题在岩土工程界存在争议，本文阐述的等压张拉工艺圆满地解决了这一问题。该张拉工艺针对压力分散型锚索各组钢绞线张拉长度不同采用等压分束张拉，克服了传统张拉工艺的缺陷，合理有效地完成试验，真实地反映了锚索和地层的锚固参数。

关键词　压力分散型锚索　极限承载力试验　等压张拉

1　前言

压力分散型锚索在岩土锚固工程中推广应用至今，受到岩土工程界的高度关注和好评。但是随着该技术的应用普及和深入研究也发现了许多问题，比如：锚索的极限承载力试验问题、锚索钢绞线张拉受力不均匀问题、锚索使用期间预应力调整问题以及作为永久性锚索长期使用的监测等问题都未能圆满解决[1]。针对压力分散型锚索的极限承载力试验问题，我们在张拉试验工艺和设备方面做了进一步的研究，采用等压张拉工艺圆满地解决了这一问题。

2　压力分散型锚索的结构

压力分散型锚索的结构是将无粘结力的钢绞线弯曲加工成"U"形，分别安装在数个按一定间距布置的承载体上，组合成复合锚固体系。无粘结钢绞线的拉力经承载体以承压方式作用于注浆材料上，从而将集中拉力分散为数个较小的压力，分段地作用于锚固段全长（图 1）[2]，有效地降低了锚索的集中荷载。

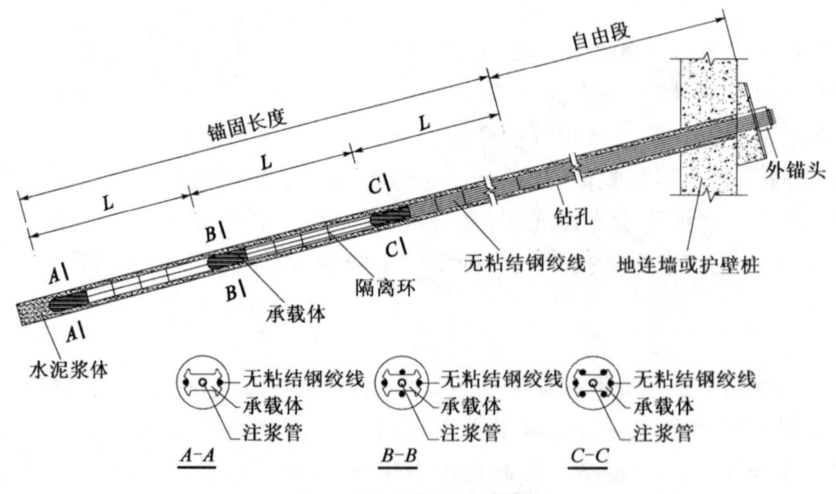

图 1　压力分散型锚索结构

3　压力分散型锚索的传统张拉与等压张拉工艺

3.1　压力分散型锚索的传统张拉特点

按照《岩土锚杆(索)技术规范》(CECS 22:2005)要求:对任何一种新型锚杆,或锚杆用于未应用过的地层时,必须进行极限抗拔试验。锚杆极限抗拔(基本)试验有3种破坏形式:①后一级荷载产生的锚头位移量达到或超过前一级荷载产生的位移量的2倍;②锚头位移持续增长;③锚杆杆体破坏。

压力分散型锚索的极限抗拔试验若按照传统张拉模式张拉,由于压力分散型锚索的各个承载体的钢绞线张拉长度不同,而其张拉变形量相同,随着张拉力的增加,锚杆体中最短的钢绞线将首先断裂,见图2。基于上述特点,国内岩土工程界有学者认为压力分散型锚索不能做锚索的极限承载力试验[1]是有一定道理。

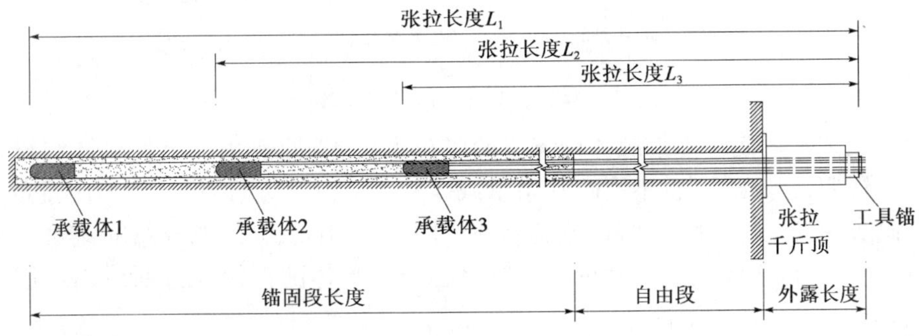

图2　压力分散型锚索传统张拉工艺

压力分散型锚索若按照图2方式张拉,的确存在问题,即使钢绞线长度相同的普通锚索的极限抗拔试验按照图2方式张拉也值得商榷。原因是由于受张拉千斤顶的自重对安装影响的因素、钢绞线绑扎因素、钢绞线缠绕因素、工具锚夹片的安装时敲紧因素的影响,锚索中的钢绞线的张拉长度不可能完全相等,同样是最短的那根钢绞线受力最大,因此最先断裂,因而在地质条件较好的锚固工程中经常出现的破坏形式是第三种,即锚杆杆体破坏。这种情况不能真实体现锚杆极限抗拔试验的基本含义,因为这很难反映土体与注浆体之间的剪应力的实际情况,也不能验证锚固段的长度是否合理,更不能提供同一根锚杆的锚固段内不同地层的真实锚固力。原因是锚杆杆体破坏仅仅是因为传统张拉模式的缺陷而致,而不是地质条件和设计参数的真实反应。

3.2　压力分散型锚索的等压张拉工艺

针对传统张拉的缺点,我们采用等压张拉工艺(见图3)解决了该难题。由图3可以看出,弧形锚具上每两个锚孔周围加工成平面,以便放置分束张拉千斤顶。压力分散型(可拆卸式)锚索每个承载体的两根钢绞线(实际是一根钢绞线弯绕而成)为一个张拉单元,由一个分束张拉千斤顶单独张拉。其张拉工艺有两种:①将两束钢绞线的一束预先用锚夹片锚固在弧形外锚具上,单独张拉另一根钢绞线,因为这两根钢绞线是一整根无粘结钢绞线绕过承载体而形成的,张拉一根则等于同时张拉两根,但张拉力则是两根同时张拉的1/2。②同时张拉两根钢绞线。无论用哪一种张拉工艺,在两束钢绞线中的张拉力都相等。并且用于张拉每个承载体钢绞线的张拉千斤顶型号相同,千斤顶油压通过液压系统中等压流量分配器提供的液压油压力相等,因而作用于每个承载体上的张拉力是相等的。每个承载体的无粘结钢绞线由于张拉长度不同，在张拉过程中的差别是每个分束张拉千斤顶的活塞行程不同而已，所以称之为等压张拉工艺。

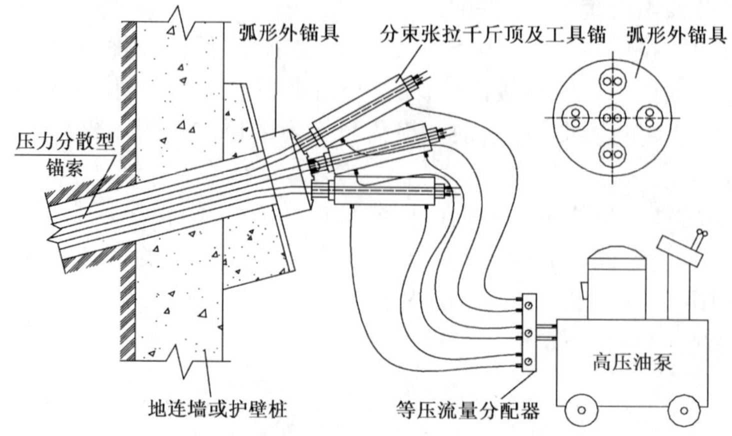

图3　压力分散型(可拆卸式)锚索等压张拉示意图

等压张拉工艺不仅使各个承载体钢绞线的张拉力相等，即使是某个承载体钢绞线被拉断或某段地层的锚固被拉破坏，也不影响其余承载体的张拉继续进行，只要将等压流量分配器中该分路控制阀关闭即可。而该分路在节流阀的作用下，液压系统其他分路的流量几乎不受影响，极限抗拔试验可以继续完成。理论上可以将各个承载体的钢绞线拉断或因地层因素使该段锚固失效，见图4。

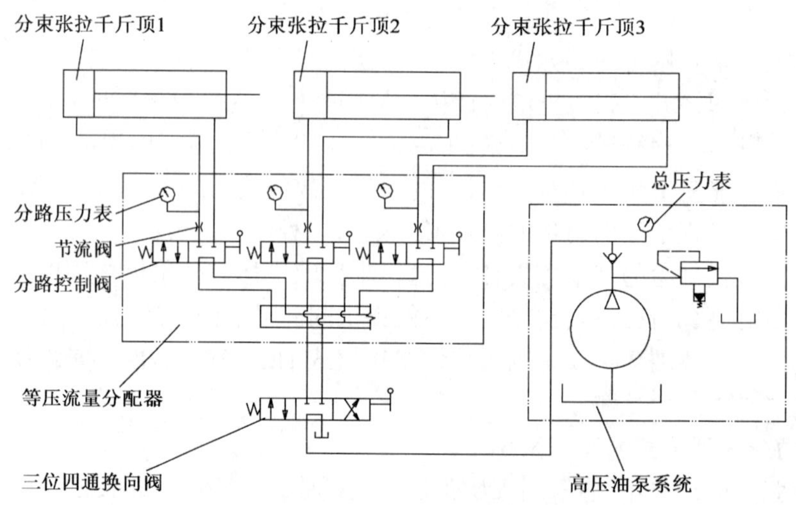

图4　压力分散型锚索等压张拉液压原理图

3.3　压力分散型锚索等压张拉的技术特点

压力分散型锚索等压张拉有如下技术特点：

(1)每个承载体的钢绞线受力均匀，张拉力相等，不受千斤顶安装和钢绞线绑扎等因素的影响。

(2)某一个承载体的钢绞线拉断后并不影响其余的承载体钢绞线的继续张拉，理论上可以将所有承载体钢绞线全部拉断或使该段锚固失效。

(3)可以验证钢绞线的力学参数、地质基本参数、各段土层的锚固特性、锚杆施工工艺是否合理、每个承载体的锚固段长度是否合理以及承载体的个数是否合理。

(4)为设计人员和工程实际应用提供明确的试验数据。

4 结语

预应力锚索极限承载力试验是岩土锚固工程中的基本试验,对于预应力锚索的设计与使用具有重要意义。压力分散型锚索采用等压张拉工艺进行极限承载力试验不仅切实可行,而且能全面地反映锚索及地层的各种参数,其技术优点明显,试验数据可靠,为岩土锚固技术提供了一种合理的基本试验方法。

参考文献

[1] 刘玉堂、袁培中,等.压力分散型锚索不宜作为永久性锚索//岩土锚固技术的新发展与工程实践.人民交通出版社,2008.

[2] 程良奎、范景伦,等.压力分散型(可拆芯式)锚杆的研究与应用.冶金工业部建筑研究总院院刊,2000(2).

[3] 中国工程建设标准协会标准.CECS 22:2005 岩土锚杆(索)技术规程.北京:中国计划出版社,2005.

北京地铁某大型深基坑监测与数据分析

刘新禄

（北京中铁瑞威工程检测公司）

摘　要　本文以北京地铁8号线6标林萃桥车站深基坑为工程背景，主要介绍深基坑的支护方式、施工技术和监测方案，并结合工程施工概况对影响地表沉降的各种因素进行了分析。监测分析结果表明：从时间效应上基坑周边的地表沉降随着基坑开挖时间的增加而增加，增长速率先快后慢；从空间效应上，地表沉降在基坑边角处空间效应明显，而在基坑中部其空间效应较弱。针对施工对周边环境的影响，提出了控制基坑周边地表沉降变形的措施，以期为相似工程的施工提供参考价值。

关键词　深基坑　监测　地表沉降　空间效应

随着城市建设的发展，基坑施工的开挖深度越来越深，面积也越来越大，由于地下土体性质、基坑荷载条件、施工环境的复杂性，仅依靠理论分析和经验估计难以把握在复杂的开挖和降雨等条件下基坑支护结构与土体的变形破坏，也难以完成可靠而经济的基坑设计。通过施工时对整个基坑工程进行系统的监测，可以了解其变化态势，利用监测信息的反馈分析，能较好地预测系统的变化趋势。因此，对在施工过程中引发的土体性状、环境、邻近建筑物、地下设施变化的监测已成了工程建设必不可少的重要环节[1-3]。

林萃桥车站深基坑工程，采用明挖法施工，基坑开挖深度大，工程地质条件差，周边环境复杂。本文结合该工程实例，依据现场监测数据对基坑周边地表沉降进行数据分析，为林萃桥后期施工提供依据，实现信息化施工，保证施工的安全进行。

1　工程概况

1.1　地理位置与工程特点

林萃桥车站位于北京市北五环路林萃桥南侧，西侧为绿化带，南侧为北京自来水公司第九水厂，东侧为奥运网球、曲棍球及射箭比赛场馆，为地下三层岛式车站。车站基坑起（终）点里程为：YDK8＋433.650～YDK8＋586.850。东端和西端左右线均设盾构始发井，车站总长151.5m，标准段宽度为20.9m，呈东西走向。车站有效站台中心里程处顶板覆土厚度为2.25m，底板埋深约21.76m。车站共设置3个通道、4个出入口及2组6个风亭。1号出入口（预留）和3号出入口位于车站西侧，2号出入口位于车站东侧，其中2A出入口位于林萃路西侧，2B出入口位于林萃路东侧（预留）；1号风亭位于车站西侧，2号风亭位于车站东侧。

1.2　工程与水文地质条件

拟建场地地貌单元主要由清河以北台地、清河故道，古清河与古金沟河所夹台地及古金沟河故道等组成，地层沉积物的组构、空间相变规律具有较为明显的区域性特征和过渡、渐变性，并具有多沉积旋回的特征。拟建项目沿线地形随地貌单元的变化略有起伏。自然地面标高范围在 40.0～47.0m 之间，整体趋势为由北向南逐渐降低。地层表层为人工填土，其下为一般第四纪冲洪积成因的黏性土、粉土、砂类土、碎石类土层构成。场地内地下水主要为：①上层滞水；②潜水；③层间水～微承压水。场地地下水补给源主要为大气降水，水量大小与降水因素关系密切，受气候和季节性变化影响较大。

2 监测方案

在基坑施工过程中，只有对基坑支护结构、基坑周围的土体和相邻的构筑物进行全面、系统的监测（图 1），才能对基坑工程的安全性和对周围环境的影响程度有全面的了解，以确保工程的顺利进行，在出现异常情况时及时反馈，并采取必要的工程应急措施，甚至调整施工工艺或修改设计参数。根据林萃桥车站基坑的开挖深度大、工程地质条件差、周边环境复杂的特点，并依据《地铁工程监控量测技术规程》对基坑场区内及周围环境进行日常的常规监测，主要地表监测点布置见图 1，主要布点按照方位来说共有 26 个断面，分别是基坑东侧 6 个点，基坑西侧 10 个点，基坑南侧 36 个点，基坑东侧 36 个点，基坑东北侧林萃桥 8 个点，共计 96 个点，测点均位于基坑周围的硬化路面上，测点间平均间距以 10m 为主。

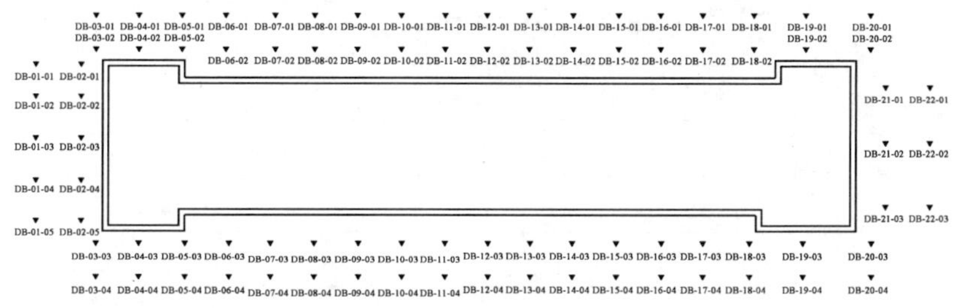

图 1 基坑外部轮廓及主要地表监测点

3 监测数据结合分析

3.1 监测数据分析

本基坑工程在施工之前完成了基准点与观测点的埋设，于 2010 年 4 月 10 日取得了初始观测值，同时开展了监测工作，本文截取 2010 年 4 月 22 日至 2010 年 10 月 27 日基坑施工阶段的几种监测数据进行分析。

下面对基坑北侧地表沉降数据分析如下：

(1)从 4 月 22 日基坑北侧人工挖孔桩施工以来，基坑北侧东北角处沉降变形较大，沉降累计最大值在 DB－19－2 处，为－25.73mm。

(2)由图 2 曲线可以看到，基坑北侧测点具有明显的空间效应，沉降和测点的位置有很大关系，累计沉降量呈现基坑两头大、中部小以及拐角处大的特点。处于桩体施工部位的测点累计沉降量较大。

3.2 监测数据的预测

基坑周围以及支护结构的变形量是基坑开挖过程中支护结构与土相互作用的直观反映，又是各种突发事件发生的先兆，如果能事先预测支护结构的变形量，对保证基坑安全施工具有重要的意义[5,6]。

目前，利用沉降观测资料预测后期沉降的主要方法有以下几种：沉降曲线拟合法、灰色理论法、基于神经网络的时间序列法等。本文主要运用沉降曲线拟合的方法来分析。根据土体沉降规律，拟合曲线选用双曲线法、指数曲线法，多项式法皮尔曲线法、幂函数法以及基于最小二乘法理论衍生的 Logistic 模型法做曲线拟合。虽然曲线形式和方法较多，但在实际应用中并非每一种的精度都很高，而且各有自己的适用条件[7-9]。本节选取测点 DB－19－2 的地表沉降监测数据，并利用 matlab6.5 来对比各种预测方法的结果。不同预测方法的结果见图 3。

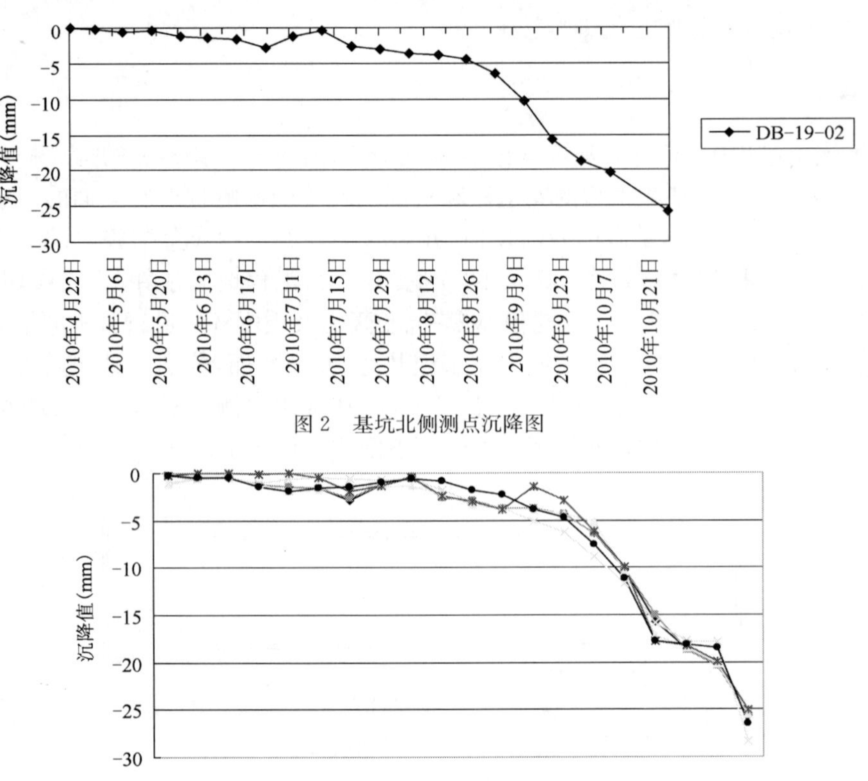

图 2　基坑北侧测点沉降图

图 3　不同预测模型的残差曲线

对于基坑开挖过程的预测，从图 3 及表 1 可以看出，几种预测模型精度均较高，其中多项式

DB－19－2 实测值和不同预测方法结果的对比表　　表 1

实 测 值	－0.28	－0.59	－0.42	－1.19	－1.39	－1.59	－2.85
指数预测	－0.2	－0.56	－0.43	－1.14	－1.39	－1.53	－2.7
多项式预测	－1.19	－0.58	－0.41	－1.21	－1.91	－1.76	－1.16
幂函数预测	－0.91	－0.59	－0.42	－1.07	－0.57	－0.53	－0.56
Logistic 预测	－0.28	－0.01	－0.03	－0.1	－0.02	－0.44	－1.89
皮尔曲线预测	－0.28	－0.47	－0.42	－1.41	－1.96	－1.59	－1.41
实测值	－1.21	－0.34	－2.55	－2.96	－3.67	－3.83	－4.36
指数预测	－1.23	－0.37	－2.68	－2.88	－3.71	－3.71	－4.29
多项式预测	－1.46	－1.26	－2.23	－3.31	－3.89	－3.83	－4.33
幂函数预测	－0.73	－0.64	－1.83	－2.96	－3.72	－5.01	－6.21
Logistic 预测	－1.32	－0.48	－2.43	－3.01	－3.84	－1.4	－2.87
皮尔曲线预测	－0.97	－0.6	－0.88	－1.78	－2.32	－3.83	－4.73
实测值	－6.36	－10.24	－15.68	－18.64	－20.25	－25.73	R-square
指数预测	－6.31	－10.25	－14.97	－18.68	－20.38	－25.50	0.978 69
多项式预测	－5.14	－10.41	－17.17	－18.50	－20.13	－25.58	0.996 54
幂函数预测	－8.87	－11.69	－15.85	－17.76	－17.93	－28.38	0.974 66
Logistic 预测	－6.17	－9.93	－17.75	－18.30	－19.97	－25.10	0.990 89
皮尔曲线预测	－7.61	－11.13	－17.75	－18.08	－18.50	－26.55	0.978 63

预测和 Logistic 模型曲线方法更接近于实测值，相关性系数 R^2 分别为 0.996 54 和0.990 89；其次是指数曲线，相关性系数 R^2 为 0.978 69，误差为 0.11%～1.91%；再次是皮尔曲线预测方法，相关性系数 R^2 为 0.97869，误差为 0.16%～2.26%；最后是幂函数预测方法，相关性系数 R^2 为 0.974 66，最大残差 2.65mm。

在基坑开挖初期的预测中，指数曲线拟合效果好一些，对于预测基坑开挖后期地面沉降量，多项式曲线和 Logistic 模型曲线的拟合效果更好一些。

从基坑开挖的时空效应来看，在开挖初期，由于开挖深度较小，土体原始应力破坏较小，指数曲线预测显示出其优越性。随着基坑放坡开挖以及开挖深度的加大，更多的土体卸荷，土体应力重新分布，地面累计沉降量有增加趋势。但随着支护工作的完成，支护结构发挥作用，沉降量趋于稳定，不再增大，此时，多项式曲线预测精度较高。各种模型拟合预测的精度误差可参照表 2。

各种模型拟合预测误差 表 2

项　　目	相关系数 R^2	均方差(RMSE)
指数预测	0.978 69	2.899 55
多项式预测	0.996 54	1.272 32
幂函数预测	0.974 66	3.157 98
Logistic 预测	0.990 89	1.896 14
皮尔曲线预测	0.978 63	3.002 14

4　结语

根据 4 月 22 号至 10 月 27 号期间的地表监测结果，重点分析了基坑北侧的沉降曲线，结果表明：

(1)基坑东北角处沉降发展趋势较大，主要是由于附近桩体施工，土体的侧向位移加大，从而加速了土体沉降；

(2)基坑开挖与施工将会加大地表沉降的速率，为降低地表沉降数值，应该在基坑及其周围采取相应措施，如止水、减少地面超载及时维护等。

利用 matlab6.5 对基坑北侧 DB—19—2 测点沉降过程进行了拟合预测，结果表明：预测的精度与选取的模型有很大关系，同一种模型在基坑开挖的不同阶段预测精度也是不一样的。多项式拟合曲线和 Logistic 模型拟合曲线对地表沉降拟合预测中具有一定优势，而指数曲线拟合对基坑开挖初期预测具有一定的优越性。

参考文献

[1]　史佩栋. 我国深基坑工程技术现状. 铁道建筑技术，1998(5)：18-22.

[2]　刘国彬，侯学渊，黄院雄. 基坑工程发展的现状与趋势. 地下空间与工程学报，1998(S1).

[3]　陈忠汉. 深基坑工程(2 版). 北京：机械工程出版社，2002.

[4]　张振武，徐晓宇，王桂尧. 基于实测沉降数据资料的路基沉降预测模型比较研究. 中外公路，2005(8)：26-29.

虎家崖前池高边坡综合治理监测成果分析

张述清[1]　徐　巍[1]　薛小攀[1]　周泽阳[2]

（1. 西北水利水电工程有限责任公司　2. 西北勘测设计研究院移民规划设计分院）

摘　要　甘肃省舟曲县白龙江虎家崖水电站前池高边坡工程，由于F7断层及其影响带的共同作用，造成了高边坡在施工过程中不断坍塌掉块，边坡底部坡角失稳，严重影响了施工期及运行期的前池边坡安全。在工程设计中，不但作出了合理的设计，而且提出了可行的边坡检测方案。工程治理完成后，对安全检测资料进行了数据分析，确认治理方案是合理的，在运行过程中是有安全保障的。

关键词　安全监测　高边坡　虎家崖

边坡治理信息技术施工是指通过监测边坡坡体及支护结构中的受力、位移变化等情况，指导边坡工程治理及保证边坡运营中的安全，以便出现问题时，及时采取有效措施，降低安全风险，做到防患于未然。尤其在工程施工结束并进入运营阶段以后，现场监控量测则起到工程长期可靠性和稳定性监控的作用，同时也是对治理效果及设计方案的一个重要检验手段。

1　工程概况

1.1　工程地质概况

甘肃省舟曲县白龙江虎家崖水电站位于舟曲县境内的白龙江干流，是白龙江干流中、上游河段中的一个低坝径流无调节引水式电站，装机容量28MW。该工程位于舟曲县城下游约4～8km的白龙江干流上，枢纽工程位于县城下游约4.5km处。

虎家崖水电站前池边坡为上陡下缓，上部坡角60°～65°，下部坡角40°～50°，边坡上下游皆有大的冲沟切割山体，前池高边坡相对高差达250m左右。高边坡由中上志留统第二岩性组板岩、千枚岩，夹薄层粉砂质板岩、炭质板岩、变质砂岩和中泥盆统第一岩性组的灰色中厚层状灰岩、薄层灰岩等构成，两个地层在工程区内以F7断层相接触。

虽然前池边坡F7断层为斜交逆向坡，具有较好的坡体结构，但是该水电站的区域构造复杂，区域稳定性较差，特别是工程区的F7压性逆断裂严重影响了前池边坡的稳定性。F7断层破碎带宽5～8m，见图1（图1表示出F7断层破碎带及其上下盘影响带）。上盘影响带宽约20m～25m，下盘影响带宽约10m～15m。F7断层不仅造成前池高边坡岩体破碎，而且降低了前池高边坡的稳定性。尤其在前池工程施工过程中，不断坍塌掉块，在雨季发生大量的塌方，对工程建设影响大。

图1　F7断层破碎带及上下盘影响带

1.2 工程治理方案概况

根据对前池与前池闸室开挖边坡的勘察和设计人员的现场调研，遵循技术可行、结构可靠、经济合理的原则，考虑到该治理工程对虎家崖水电站的重要性，并结合该工程的地形地貌特征、施工条件、不同部分的变形破坏特征和稳定性情况，按照设计要求采用综合治理的方案：采用预应力锚索加格构梁、锚筋桩、挂网喷锚支护以及坡面截水、坡体排水等综合治理方案。根据勘察，总体设计按下面 6 个分区进行综合治理。Ⅰ区为前池底部深锚杆，Ⅱ区为前池高边坡破碎带预应力锚索，Ⅲ区为闸室边坡预应力锚索加格构梁，Ⅳ、Ⅴ、Ⅵ区为顶部局部变形体的锚筋桩。同时为整个坡面进行挂网喷护处理，坡面做截水沟，坡体做排水孔。

2 监测方案设计及设备的选择

2.1 监测方案设计

本工程监测方案设计主要针对治理方案确定监测设计原则、确定监测测点布置和监测手段。在测点布置方面力求考虑断面的代表性，做到投入较少，获得较全面的监测数据资料，能够充分反映治理中的锚固体性态变化的实际情况。

(1)边坡变形监测仪器设置

在前池开挖边坡治理区中间受力较大的部位，即在Ⅱ区断层及其影响带地质条件复杂断面埋设 3 个 BGKA—6—4 点式多点位移计。根据均布原则，同时考虑监测便利，按照设计，在前池开挖边坡的 1 330m、1 350m、1 370m 高程的中心部位各设置 1 个 BGKA—6—4 点式多点位移计。

为保证前池建筑物的安全运行，在前池闸室开挖边坡治理区设置 3 个 BGKA—6—4 点式多点位移计。根据均布原则，同时考虑监测便利，在前池闸室开挖边坡的 1 315m、1 335m、1 350m高程的中心部位附近各设置 1 个 BGKA—6—4 点式多点位移计。

(2)锚索应力监测

在前池开挖边坡治理区设置 3 个 BGK4900 型荷载盒式锚索测力计。考虑监测便利，建议在前池开挖边坡的 1 320m、1 330m、1 340m 高程靠近中心部位，即锚索 II—5、II—36 及 II—76 号 3 束锚索上各设置 1 个 BGK4900 型荷载盒式锚索测力计。

在闸室开挖边坡治理区设置 3 个 BGK4900 型荷载盒式锚索测力计。考虑监测便利，建议在前池开挖边坡的 1 310m、1 325m、1 340m 高程靠近中心部位，即锚索 III—24、III—46 及 III—66号 3 束锚索上各设置 1 个 BGK4900 型荷载盒式锚索测力计。

2.2 仪器选择

(1)边坡变形监测仪器

为了监测治理边坡的变形特征，本次选择北京基康仪器有限公司生产的 BGKA—6—4 点式多点位移计。该套仪器由 1 个表筒、20m 测杆、4 个锚头及位移传感器 4 部分组成，量程为 20mm，测深分别为 5m、10m、15m、20m。

(2)锚索应力监测仪器

锚索测力计选用北京基康仪器有限公司生产额定张力为 1 000kN 的 BGK4900 型锚索测力计。该仪器有 3、4 或 6 个震弦传感器。

3 监测效果数据分析

在对测量的数据进行计算后，按 5 天一个测程进行计算分析，统计数据为施工完成后的 2007 年 9 月份开始，分析结束时间为 2007 年 12 月 31 日。对设置于边坡的监测仪器，即锚索测力计、位移测量仪器的测值进行综合分析，结果如下。

(1)II 区锚索测力计测量数据反映出，在锚索锁定吨位后，均有不同程度的吨位下降，说明锚索已全部发挥出加固滑坡的作用，图 2 为锚索测力计吨位变化曲线图。II－5 号孔初始锁定吨位为 1 024.48kN，经过 4 个月的运行测量，测定吨位为 940kN，基本处于稳定状态。II－36 号锚索初始锁定吨位为 1 090kN，经过 4 个月的运行测量，吨位值为 1 060kN，基本处于稳定状态。II－76 号锚索锁定吨位为 980kN，经过 4 个月运行测量检测，吨位在 960kN，基本处于稳定状态。

(2)从 II 区的位移变形监测值可以看出，位于该区的 3 个位移计，在深度 5～20m 进行的 4 个测程的量测结果表明，变形最大均未超过 3mm，且平均变形量小于 0.01mm/d，且从各数值分析，位移变形数值走向均向稳定走向，见图 3、图 4、图 5。

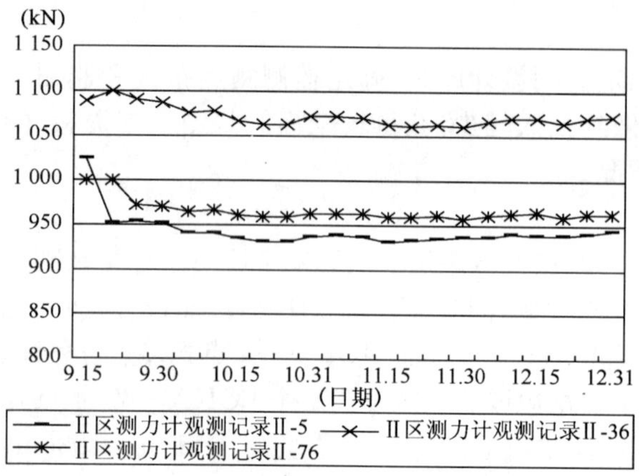

图 2　II 区锚索测力计锁定吨位变化曲线图

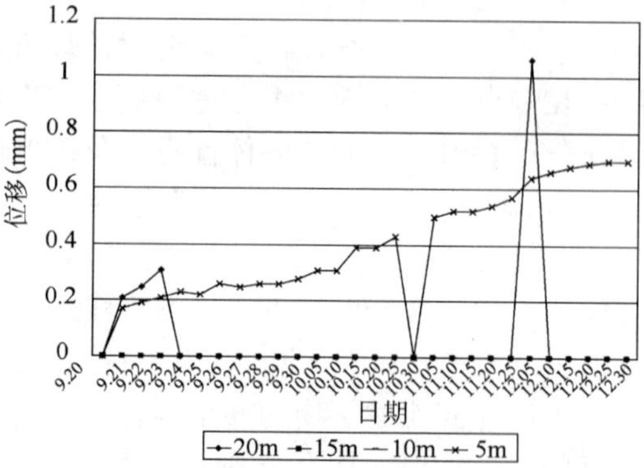

图 3　DDJ—11—1 位移计变形监测走向图

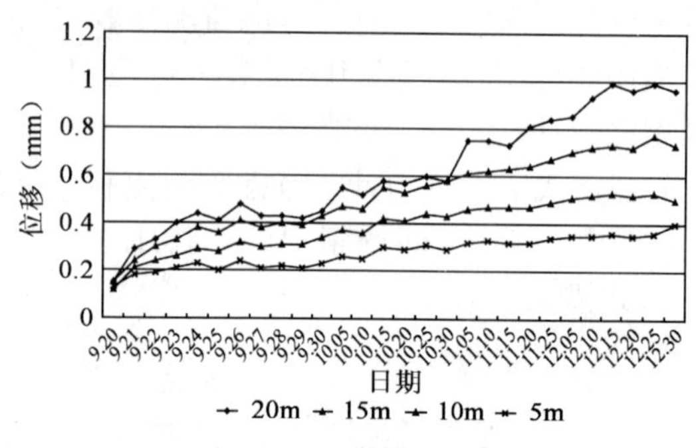

图 4　DDJ—11—2 位移计变形走向图

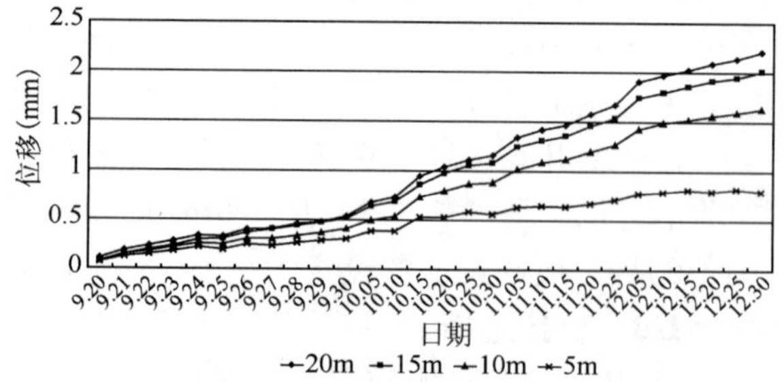

图 5　DDJ—11—3 位移计变形监测值走向图

(3)III 区锚索测力计测量数据反映出，在锚索锁定吨位，均有不同程度的吨位下降，说明锚索已全部发挥了加固滑坡作用见图 6。III－24 号孔初始锁定吨位为 581.84kN，经过 4 个月的运行测量，测定吨位为 560kN，基本处于稳定状态；III－46 号锚索初始锁定吨位为 535.86kN，经过 4 个月的运行测量，吨位值为 516kN，基本处于稳定状态。

III－66 号锚索锁定吨位为 593.84kN，经过 4 个月运行测量检测，吨位值为 560kN，基本处于稳定状态。

(4)从 III 区的位移变形监测值可以看出，位于该区的 3 个位移计，在深度 5～20m 进行 4 个测程的量测。量测结果表明，变形最大均未超过 3mm，平均变形量小于 0.01mm/d，且从各数值分析，位移变形数值趋于稳定，见图 7～图 9。

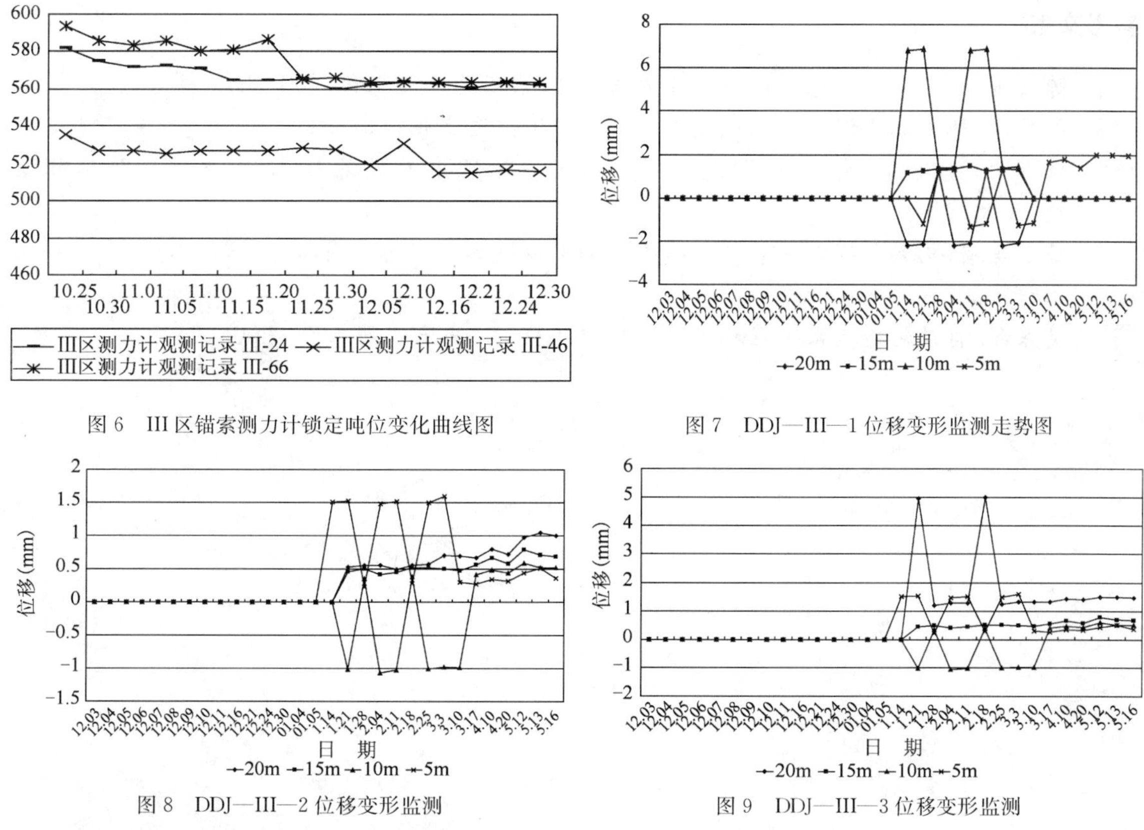

图 6　III 区锚索测力计锁定吨位变化曲线图

图 7　DDJ—III—1 位移变形监测走势图

图 8　DDJ—III—2 位移变形监测

图 9　DDJ—III—3 位移变形监测

4　根据检测效果进行运行期效果分析

4.1　宏观治理效果分析

经过一年时间的治理工程施工，2007 年 6 月份交付使用，表观没有滑动现象，尤其是 2008 年 5 月 12 日汶川大地震，对舟曲县及电站周围设施均造成了极大的破坏，但对电站地质条件复杂的高边坡竟然没有一点影响。从宏观上分析，无论是工程设计还是施工质量，均满足工程需要，保证了边坡的稳定，为电站的正常运行发挥了极大作用。

4.2　微观效果分析

对于整个工程信息数值经过一次性回归曲线分析表明，随着工程的进展，测读数据变化率由开始的较大逐渐变小，以致最后达到稳定。通过对锚索测力计和多点位移计数据进行的分析表明，整个高边坡处于稳定状态之中，而且信息检测技术在后期运行过程中，为边坡的稳定检测起到了很大作用，使边坡状态从无法确定到能用数据说明。

5　结语

锚索测力计和变形位移计在虎家崖高边坡治理后进行了效果检测，使设计单位及时了解支护技术与边坡内部应力的关系。设计方案的合理性得到了强有力地印证，说明了设计方案的合理性及有效性。通过检测，使业主单位也能够及时了解边坡动态，对于运行起到了保障作用。这套自动化监测设备的应用是成功的，相信信息化技术将在工程边坡治理、基坑支护处理、洞室围岩变形检测等施工中得到广泛应用。

参考文献

[1] 陈洪凯,唐红梅,等.危岩锚固计算方法研究.岩石力学与工程,2005(8).

[2] 徐祯祥.地下工程试验与测试技术.北京:中国铁道出版社,1984.

[3] 曾得荣,凌天清,范草原.预应力锚索在滑坡治理中的设计与施工.水利地质工程地质,2000.

[4] 徐小华.格构梁与锚索注浆复合结构在加固边坡工程中的应用研究.探矿工程(岩土锚固工程),2009(5).

[5] 吴保和.自动化检测系统在抗滑桩工程中的应用.岩土锚固工程,2003(9).

帷幕灌浆对既有暗涵结构的影响监测与分析

李东海[1,2]　房彦梅[3]　刘　勇[2]　吴　冰[2]　贺美德[2]　李凤龙[2]

（1. 北京交通大学　2. 北京市市政工程研究院　3. 北京市南水北调工程建设管理中心）

摘　要　在隧道工程中和水利工程中，帷幕注浆成为普遍使用的方法。虽然对于帷幕注浆的设计工艺等已经积累了丰富的经验，但在邻近既有结构进行注浆施工时应对既有结构进行监测以避免既有结构受注浆影响过大而发生破坏。本文结合工程实例，对帷幕注浆的参数和既有结构抬升监测数据进行了综合分析，总结了抬升值的时空分布规律，提出了注浆压力是控制注浆对既有结构产生影响的关键参数的观点。

关键词　帷幕注浆　暗涵结构　抬升监测　时空分析

1　前言

帷幕注浆是用液压或气压将能凝固的浆液按设计的浓度通过特设的注浆钻孔，压送到规定的岩土层中，填补岩土体中的裂缝或孔隙，改善注浆对象的物理力学性质，以满足各类工程的需要。按其功能不同可分为防渗注浆和加固注浆。防渗注浆是为增强各种基础抗渗能力而被广泛采用的一种方法，它是在具有合理孔距的钻孔中，注入浆液，使各孔中注浆体相互搭接以形成一道类似帷幕的混凝土防渗墙，以此截断水流，从而达到防渗堵漏的目的。在隧道工程中和水利工程中，帷幕注浆是普遍使用的方法。虽然对于帷幕注浆的设计工艺等已经积累了丰富的经验，但由于岩土体的离散性很大，使得预测注浆效果和注浆对邻近的建构筑物的影响十分困难。特别是在复杂条件下进行帷幕注浆，注浆参数与工艺的选取和优化尤为重要。为了更好了解既有结构的状态和注浆对既有结构的影响，对既有结构进行监测，同时分析结构变形情况，确定注浆参数的有效性，尽量降低帷幕注浆施工对既有结构的影响。本文结合大宁水库副坝段水平帷幕注浆过程中对既有暗涵结构的监测情况，分析了帷幕注浆对暗涵的影响，验证了帷幕注浆参数选取的合理性。

2　工程概况

本工程为北京市南水北调配套工程中大宁调蓄水库防渗墙工程穿越永定河倒虹吸副坝段水平灌浆施工。副坝 FB0＋598.291～FB0＋648.977 段防渗需要穿越南水北调永定河倒虹吸暗涵结构，设计为水平帷幕灌浆施工方案，为辅助水平帷幕灌浆防渗施工。在距倒虹吸暗涵结构两侧约 4m 的位置各修建长 10m、宽 6m、深 14.3m 的竖井，竖井底板高程 40.55m，倒虹吸暗涵结构底板高程 46.0m，地下水位高程约 32.5m。具体位置关系见图 1。

防渗墙轴线地层岩性分布如下：

(1)副坝坝体填筑层：副坝坝体填筑材料为库区砂砾料。

(2)粉质黏土/黏质粉土：褐黄色，可塑～硬塑，主要分布副坝坝基，厚度一般为 6.7m 左右，层底高程 47.8m。渗透系数 $5\times10^{-5}\sim3\times10^{-6}$ cm/s，具弱～微透水性。

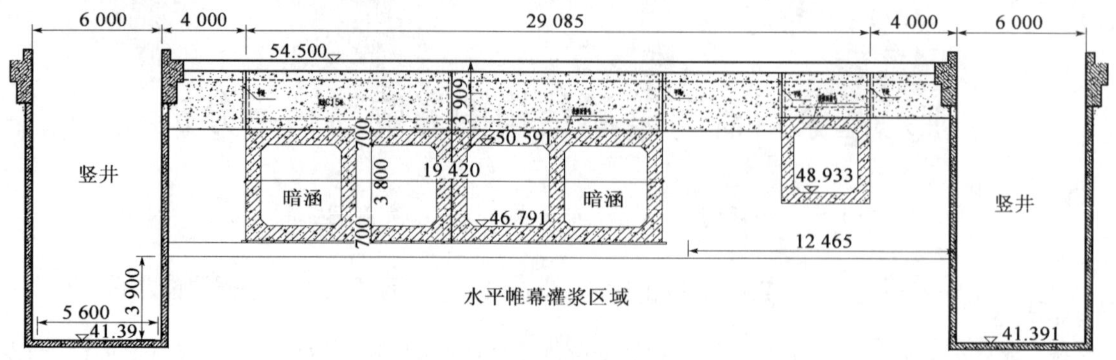

图1　水平帷幕注浆竖井与暗涵横剖面图(尺寸单位:mm)

(3)卵砾石层:中密～密实,厚度一般 22.0～22.5m,层底高程 32.0～32.5m。卵石含量 30%～60%,含漂石,漂石粒径一般 20～30cm,大者达 50cm,具强透水性。

(4)砾岩、砂岩:半胶结,胶结物为泥质钙质物,分布于松散覆盖层之下。钻孔揭露岩性以砾岩为主,夹砂岩。砾岩岩芯基本无柱状,多呈卵石状,钙质泥质胶结。砂岩岩芯完整,以柱状为主。

地下水埋藏类型为第四系孔隙潜水,含水层单一为卵砾石层,其补给源主要为大气降水和侧向径流补给,排泄方式以向下游径流及人工开采为主。

3　帷幕灌浆设计

竖井施工完毕后在井内对方涵底部进行帷幕灌浆。砂卵石水平帷幕灌浆设 4 排水平灌浆孔,两边排距 1.5m,中间排间距 1.2m,竖井井壁处开孔间距 0.5m,灌浆孔孔底间距为 1.5m,梅花形布置。最上排灌浆孔距暗涵底板 0.2m,斜灌浆孔及垂直灌浆孔进入基岩 2m,基岩面高程 30.05～32.5m。双侧灌浆孔交叉长度约 4m。水平帷幕灌浆分段按序进行,注浆量与注浆压力根据监测情况调整。

水平帷幕灌浆施工完成后使用黏土封堵竖井;在竖井与倒虹吸、退水渠间采用垂直帷幕灌浆防渗,竖井迎水面同样采用单排垂直帷幕灌浆的防渗方法;倒虹吸上部设现浇 C15 混凝土墙防渗,墙厚 0.6m,墙顶高程满足上部防渗膜固定高程要求。

4　监测内容

为保证水平帷幕注浆顺利施工及倒虹吸暗涵结构安全,对水平帷幕灌浆施工期间的暗涵结构垂直抬动进行监测。监测仪器采用高精度的电子精密水准仪测量,测量精度可达 0.3mm/km。监测频率为钻孔期间监测频率为 1 天 2 次,灌浆期间监测频率为 1 天 3 次,水平帷幕灌浆结束后,监测频率调整为 7 天 1 次。根据暗涵结构的评估要求和结构变形缝的位置,在预估影响最大的部位进行了测点布设,具体位置见图 2。

在水平帷幕注浆施工前,根据评估的要求确定了监测控制值,暗涵结构整体抬动位移控制值为 10mm,相对抬动位移控制值为 5mm。

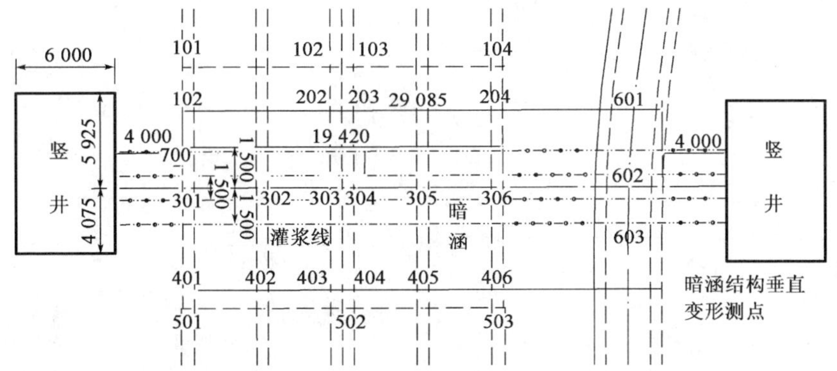

图 2　暗涵结构纵向位移监测测点平面图(尺寸单位:mm)

5　监测数据分析

根据实测数据结合水平帷幕注浆的施工进度,对典型的数据进行了分析,见图 3～图 7。

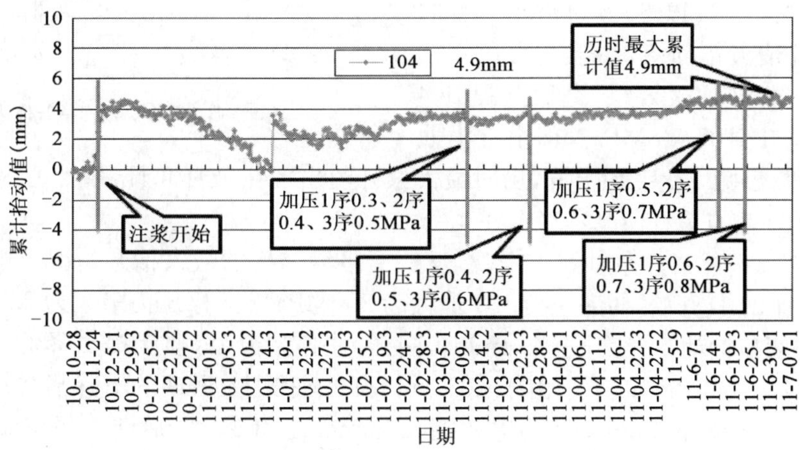

图 3　104 测点抬升监测数据历时曲线

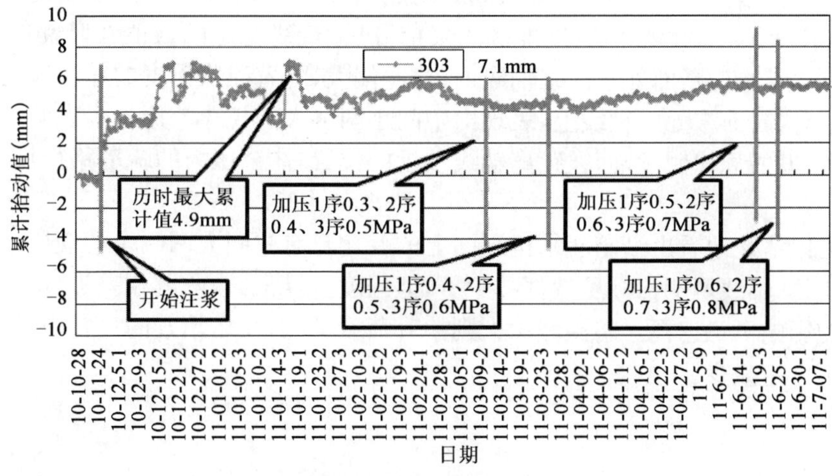

图 4　303 监测点抬升监测数据历时曲线

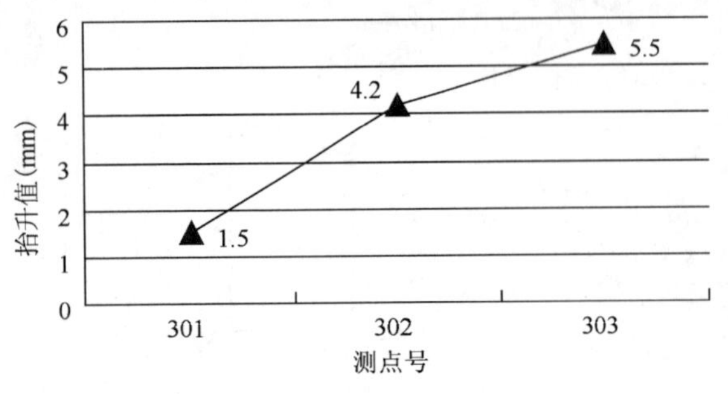

图 5　第三暗涵横断面抬升值曲线

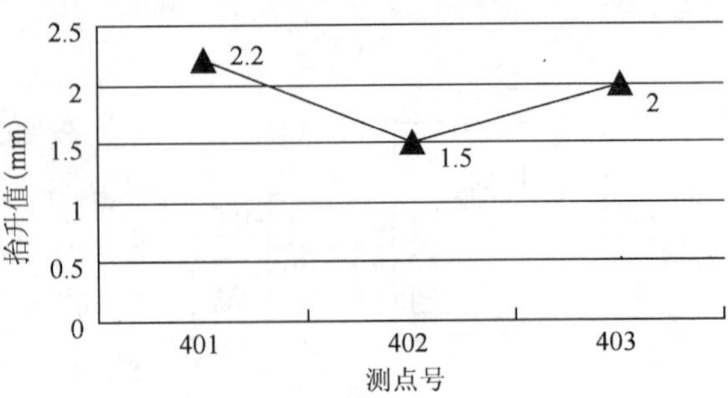

图 6　第四暗涵横断面抬升值曲线

由 104 点曲线图分析可得:灌浆于 11 月 29 日开始,初灌压力 1 序最大为 2.0MPa,2、3 序压力最大为 2.5MPa,数据于 12 月 1 日出现明显抬动,快速抬升至 4.3mm。由于抬升速率过快,易造成差异变形超标,监测提出建议后将压力降至 0.3MPa 以下,经过近 1 个月的低压注浆,抬升值大幅回落,注浆压力稳定在 0.3MPa。为了保证注浆效果,之后共提升 4 次压力,最终提升到了 0.8MPa。但由数据曲线可见这一阶段数据变化平稳上升,历时最大累计值出现在 7 月 6 日,累计值为 4.9mm。截至 7 月 12 日 104 测点累计值基本稳定在 4.7mm。

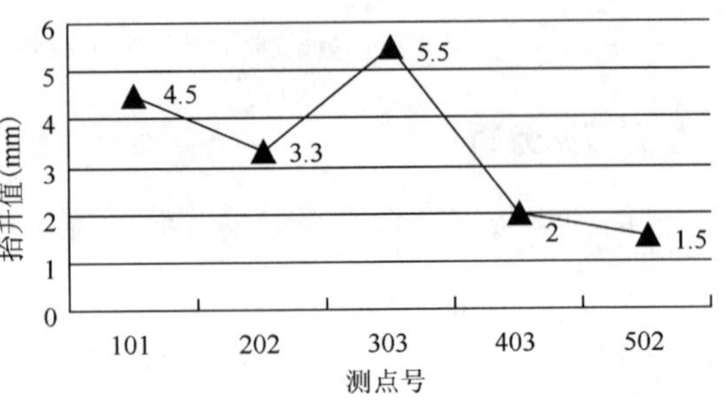

图 7　典型暗涵纵断面抬升值曲线

303 点处于水平帷幕注浆轴线上,基本反映了暗涵结构的最大抬升情况。由图 4 分析可得:灌浆于 11 月 29 日开始,初灌压力 1 序最大为 2.0MPa,2、3 序压力最大为 2.5MPa,数据于 12 月 1 日出现明显抬动,一度升至 7.1mm。同样,快速抬升后,监测提出降低注浆压力的建议,之后压力降至 0.3MPa 以下。由于 303 点恰好在轴线上,后期的下降趋势没有 104 点明显,且相比于 104 点降至 0mm,303 点基本在 4～6mm 之间变化。后期按序注浆,逐步提升注浆压力,由图示,1 序为 0.3MPa,之后共提升四次压力,最终提升到了 0.8MPa。这一阶段数据变化表现为缓慢抬升。截至 7 月 12 日 303 测点累计值为 5.5mm 并趋于稳定。

由图 5、图 6 所示,暗涵结构经过帷幕注浆抬升后,最终稳定的数值在暗涵结构横断面上无明显规律可寻。第三断面处于注浆轴线上,普遍偏大,随着注浆深度的加深远离竖井方向上逐步增大,而第四断面未处于轴线上,表现出中间小两侧大的规律。这初步表明了轴线上的注浆压力较大,抬升的规律明显,而在距离轴线较远的位置,注浆压力的疏散路径具有随机性,难以预测。

由图 7 可以清楚地看出沿暗涵结构纵向上的变化具有中间大两侧小的规律。注浆轴线位置在测点 303 处,轴线两侧抬升虽然都减少了,但程度差异很大,两侧相差近 3mm。这表明暗涵自身坡度的影响不可忽视。暗涵埋深大则抬升荷载就大,反之抬升的量较小,但暗涵结构的附加应力却不一定减少。

6　结语

(1)帷幕注浆在隧道工程或者水利工程中通常是防渗和加固围岩的主要措施,但在复杂条件下或者邻近重要建构筑物时,还应配合监测措施以控制注浆对既有结构的不利影响。同时,监测信息要及时反馈，及时调整注浆压力等关键参数，做到边注浆、边监测、边调整，在确保既有结构安全的前提下达到帷幕注浆的效果。

(2)通过结合注浆施工情况，对监测数据的时空分析，可以清晰地看出注浆压力是产生暗涵结构抬升的主要参数，连续快速的高压注浆将导致既有暗涵结构快速抬升，缓慢高压注浆将产生缓慢的抬升，但当注浆压力小于某个特定值时(本工程中为 0.3MPa)，并不出现抬升而是表现为下降。

(3)通过对监测数据进行断面分析，抬升值在横纵断面上的分布虽然具有一定的规律性，但出现明显不对称性，初步分析原因为注浆压力扩散的随机性，所以这增加了预测的难度。

(4)在监测的控制下，抬升值最大值为 7.1mm，整体抬升和差异抬升均在控制值范围内，保证了水平帷幕注浆顺利施工及倒虹吸暗涵结构安全，为今后类似工程提供了有益的参考。

参考文献

[1] 王梦恕. 地下工程浅埋暗挖技术通论. 合肥：安徽教育出版社，2004.

[2] 崔玖江. 隧道与地下工程修建技术. 北京：科学出版社，2005.

[3] 李丰果. 袖阀管注浆帷幕在地铁周边建筑物保护中的应用. 现代隧道技术，2010，47(6)87-90.

[4] 李磊，高祥，王俊. 帷幕注浆堵水技术在蔡园煤矿的应用. 能源技术与管理，2011(5)：98-99.

[5] 李东海，萧岩，刘军，等. 浅埋暗挖隧道穿越既有地铁线路的实时动态监测与分析. 建筑技术，2006，37(S)：96-98.

输水隧洞盾构无加固近距下穿既有地铁监测设计及精度分析

刘继尧[1,2]　萧　岩[1]　李　宁[2]

（1.北京市市政工程研究院　2.北京市建设工程质量第三检测所）

摘　要　本文介绍盾构无加固下穿既有地铁的工程特点以及相应的监测设计，对静力水准自动化监测精度的常见影响因素及在地铁运营期的监测精度进行分析。

关键词　盾构　穿越　既有地铁　自动化监测

1　概述

1.1　工程概况

北京市南水北调配套南干渠工程输水管涵为外径 6m 的单洞隧道，采用盾构法施工，以 80.36°夹角下穿既有地铁 4 号线大兴段暗挖区间。与地铁隧道结构净距为 3.55m，隧道穿越段平面为直线，竖向为竖曲线段，埋深为 19.8～20.3m，穿越段长度为 21m。

地铁 4 号线呈南北走向，位于现况兴华大街下面。地铁 4 号线在该处为暗挖施工，地铁隧道断面为双洞马蹄形，两条隧道相互平行，中心间距约 15.0m。隧道顶部高程为 32.06，底板高程为 25.36，单洞结构高度 6.8m。

1.2　工程地质及水位地质

南干渠盾构穿越地铁 4 号线段，工程地质条件较简单，上部为杂填土①1，厚度 2.0m 左右；向下是粉土层②、②1，厚度 4.2～6.5m；中部第④砂层粒径由细到粗，以中砂为主，砂层厚度 3.0～7.0m；再向下至隧洞结构顶部为第⑤圆砾层，隧洞全断面位于第⑤/⑥圆砾/卵石层，主要为第⑥卵石层。

地下水位高程为 14.13m。地下水位年变幅为 2～3m。在下穿过程中，隧洞上部的地层不受地下水的影响。

1.3　穿越施工参数及时间安排

南干渠下穿既有 4 号线采用盾构法施工，穿越段对既有地铁不具备预加固条件，主要依靠盾构施工措施控制对既有地铁的影响。在穿越既有地铁时保持匀速推进，推进速度为 25～30mm/min，土压为 0.10～0.11MPa。

在穿越既有地铁段采用盾构机壳外注膨润土浆减阻措施，盾尾同步注浆凝固时间提高至 20s 左右，注浆充填率提高至 160%，注浆压力为 0.30～0.35MPa。穿越段对已完成结构外侧进行二次补注浆，注浆压力控制在 0.35～0.45MPa。

为减少对运营地铁的影响，盾构由东向西推进，在地铁停运期间穿越东侧隧道，随后继续保持匀速推进，并且根据停运期间穿越东侧隧道的监测数据，调整盾构推进参数，在地铁运营期间穿越西侧隧道。从盾构刀盘开始下穿方至盾构机尾离开既有地铁，预计耗时约 36h。

2 监测内容和方法

根据调查结果，4 号线大兴段竣工投入运营不到半年，既有地铁结构外观及轨道系统状态良好，穿越影响范围内无结构沉降缝及变形缝，仅有少量混凝土轻微裂缝存在。通过对南干渠盾构下穿既有地铁 4 号线的影响进行分析，监测范围取前后各 30m 总长 60m 的长度，涵盖整个穿越影响范围。监测点布置平面图见图 1。

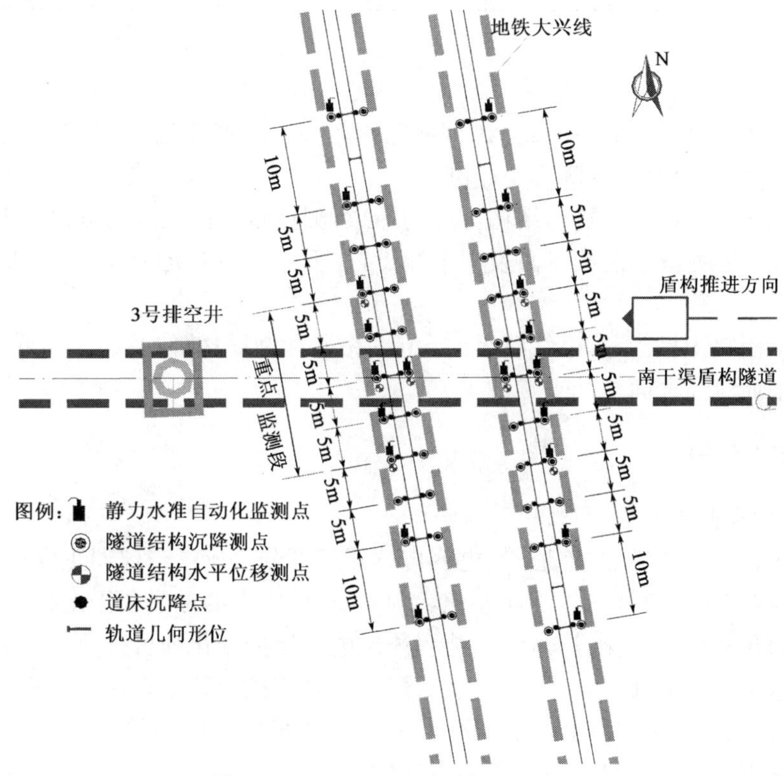

图 1　监测点布置平面图

为保证既有地铁在下穿施工过程中的运营安全，对既有地铁 4 号线区间隧道采用人工常规监测及自动化远程监测两种监测手段。

根据运营地铁的特点，人工常规监测在地铁停运停电期间进入隧道内进行，停运停电时间段为每晚 0:30 至 3:30，监测项目包括隧道结构及道床的沉降、隧道结构水平位移、轨道几何形位、结构裂缝变化、安全巡视，其中隧道结构及道床沉降为关键性监测项目。

自动化监测选用静力水准系统，具有自动采集、自动传输数据的功能，满足地铁运营及非运营期间监测的要求。监测项目及频率见表 1。

监测项目及频率、周期　　表 1

类　别	监 测 项 目	监测频率及监测周期
自动化监测	隧道结构沉降	监测周期从盾构刀盘距 4 号线 50m 开始至盾尾离开影响范围且数据稳定为止 施工关键期：1 次/20min；其余：1 次/1h

续上表

类　别	监 测 项 目	监测频率及监测周期
人工常规监测	隧道结构沉降	对穿越中心前后共 20m 重点范围，在下穿施工 2 天时间内，在每晚地铁停运停电期间，监测频率为 1 次/h
	道床沉降	
	隧道结构水平位移	监测从盾构刀盘距 4 号线 50m 开始，至盾尾离开影响范围且数据稳定后逐步降低频率 穿越过程中 1 次/d
	轨道几何形位	
	结构裂缝变化情况	
	现场巡查	

3 常规人工监测

自南干渠盾构下穿中心处向南北两侧影响范围内，按内密外疏原则，单洞隧道共 11 个监测断面，每断面两个隧道结构沉降人工监测点。

道床沉降监测断面位置与隧道结构沉降的一致，测点布置在轨道两侧道床上；隧道结构水平位移点在下穿中心处隧道两侧各布设一个测点，在下穿中心南北 10m 处隧道单侧各布置一个监测点。

轨距及水平用轨距尺测量，沿线路纵向 5m 一个监测断面；轨向及前后高低使用 10m 弦线测量轨道在水平面及高程面上的平顺性。

4 自动化静力水准监测

4.1 静力水准监测原理

静力水准仪器由主体容器、连通管、电容传感器等部分组成。当仪器主体安装墩发生高程变化时，主体容器相对于位置产生液面变化，引起装有中间极的浮子与固定在容器顶的一组电容极板间的相对位置发生变化，通过测量装置测出电容比的变化即可计算得测点的相对沉陷。

各个静力水准传感器通过信号线及电源线相连，且连接至数据自动采集箱，通过自动采集模块，根据设定的监测频率，按时自动采集沉降数据，所采集的监测数据存储于采集箱内。利用采集箱内的数据无线传输模块及远程客户端软件，可对自动采集的数据进行接收查看。

4.2 静力水准监测点布置

自动化监测点布置在地铁 4 号线左右线区间隧道下穿影响范围内，按内密外疏原则，从下穿中心处开始向南北两端布设静力水准传感器。通过静力水准自动化监测地铁隧道结构沉降及差异沉降，见图 1。

5 静力水准监测精度的影响因素及应对措施

(1)地球曲率的影响

在长距离范围直线水准测量时，地球曲率使得长距离直线两点间的曲线距离和水平距离差异较大，引起水准测量的结果差异显著，需要对测量结果进行曲率修正。由于本项目为 60m 小范围内的高度变化的监测，相对地球平均半径6 371 004m而言，引起的高差可忽略不计，因此可不考虑地球曲率对监测精度的影响。

(2) 重力场差异的影响

静力水准连通管液面高度由地球万有引力场产生。万有引力场的差异，一是由附近巨大物体如山体的万有引力作用，二是月球或太阳的万有引力作用产生潮汐现象。在长大范围内进行静力水准测量，可能存在不规则的重力场，由于重力差异引起测量误差。本工程由于范围小，且位于平原地区，因此对监测范围可视为一个规则重力场，同样不考虑重力场差异对监测的影响。

(3)气压的影响

进行静力水准测量时，静力水准钵体内液面高度变化将受到气压的影响，在小范围内大气压力可视作均匀相同，气压的差异主要来自于地铁列车在隧道中行驶产生的活塞风压影响。为消除压力差异带来的误差，一是对每个静力水准容器内安装压力传感器，测量每个静力水准内液面承受的实际气压，进行计算，修正压力影响。二是采用密闭的气管连接各个静力水准容器，使整个系统处于相同的压力状态。根据以往经验，在小距离范围内采用密闭连通系统后，整个监测系统内的压力可保持稳定，对监测精度不造成明显影响。

(4)温度差异的影响

由于季节性温度差异或空间范围内温度不均匀，将造成静力水准容器内液面高度升降的不一致，引起测量误差。在本工程中，由于地下铁路隧道内温度较为均衡，且静力水准容器及水管都安装在事先找平的同一水平面上，减少温度梯度引起的温差。另一方面，本工程选用的静力水准，每个容器内部均自带温度传感器，根据实测温度对每点的监测数据进行修正。

(5)液面蒸发的影响

静力水准监测周期如需跨越冬天寒冷季节，应考虑监测场地最低温度采用防冻液。在不考虑冻结情况时，容器内液体通常采用蒸馏水配甲醛溶液，液体在长期工作中将出现蒸发现象，引起液面高度变化，由此产生的误差较为显著。为避免夏季工作液体蒸发对液面高度的影响，在静力水准容器内注入硅油，在液体表面形成一层防止蒸发的油膜。

(6)列车轮轨振动的影响

在本项目中，采用静力水准自动监测系统的目的是为了掌握地铁在运营期间的结构沉降变化，在运营期间列车来往频繁，列车轮轨振动引起容器内液面上下波动，对静力水准量测结果产生的影响是最大的一项干扰因素。轮轨振动的影响无法从根源上消除。因此，在穿越工程影响前，对地铁运营期间列车轮轨振动产生的误差进行实测，根据实测结果，对穿越期间的监测数据进行修正。

6 自动化监测系统精度分析

根据静力水准仪器生产商出具的相应材料，静力水准传感器技术指标如下：

(1)测量范围：0～100mm。

(2)最小分辨率：0.01mm。

(3)精度：0.1mm。

由于上述技术指标为实验室环境下测得数据，在实际工程应用中监测数据还受现场安装、气温、大地曲率、重力、气压等众多因素的干扰，尤其本工程中列车振动对监测结果的影响更为关键。为了解该套静力水准自动化监测系统在实际复杂工程环境中是否满足监测精度的要求，对其实际精度进行测试。

工程实际精度测试选在盾构到达前进行，测试由地铁列车运营时间段开始至停运期间结束，分别得出地铁运营状态及停运状态下自动化静力水准监测系统的测试结果。工程穿越前部分实测数据见表2，工程环境精度测试结果见图2。

工程穿越前部分实测试验数据　　　　表 2

时间 / 点号	测试结果(部分数据)(mm)									统计分析			
	26 日 18:20	26 日 19:00	26 日 19:40	26 日 20:20	26 日 21:00	26 日 21:40	26 日 22:20	26 日 23:00	26 日 23:40	最大值	最小值	平均值	标准差
701007	0.12	−0.03	−0.05	0.04	−0.01	0.03	0.00	0.04	0.07	0.21	0	0.03	0.002
700659	−0.10	−0.12	−0.02	0.02	0.00	−0.01	−0.04	0.01	−0.05				
700958	0.20	−0.03	−0.01	0.04	−0.01	0.02	−0.01	−0.01	−0.03				
700992	−0.18	−0.03	−0.03	0.06	−0.21	0.03	−0.01	0.01	−0.07				

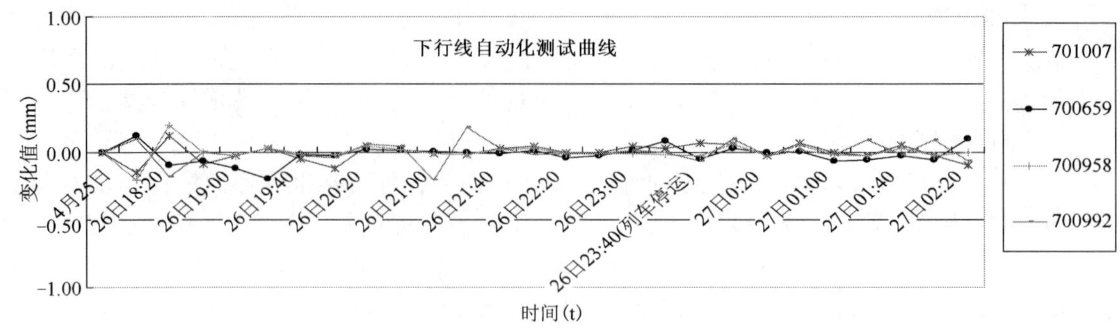

图 2　实际工程环境精度测试

由测试结果可见，静力水准系统在 18:00～23:40 的运营时间段内，除个别异常数据需按统计规律剔除或结合实际情况进行特殊分析外，绝大部分监测数据均较为稳定。实测精度均大于亚毫米级，满足工程要求。

7　结语

监测工作对于盾构穿越既有运营轨道交通工程是一项重要的内容，在监测设计中，应结合施工参数、施工进度、运营计划等相关因素，结合现有的仪器设备及监测手段，对监测设备的实际工作精度进行检验，才能制定合理可行的监测方案，有针对性的进行监测，以保障工程建设的安全及既有轨道交通运营安全。

参考文献

[1]　郑知斌，刘军，张大成，等. 引水隧道下穿既有地铁车站自动化监测与分析. 市政技术，2008(5):235-238.

[2]　何晓业. 重力异常对静力水准系统测量精度的影响. 大地测量与地球动力学，2006(5):124-127.

大柳塔煤矿斜井扩碹工程数值模拟与监控测量

李胤铎　罗　静　刁天祥

（中铁隆工程有限公司）

摘　要　根据神东大柳塔矿副斜井扩碹工程，在施工前期采用有限元计算软件建立三维数值模型，进行仿真模拟计算，并结合前期所得计算结果，进行监控量测方案的制定。在扩碹施工过程中，按监测方案进行地表沉降、拱顶沉降及净空水平收敛等项目的测量工作，并整理监控测量的数据结果，与前期数值模拟计算结果进行对比研究。通过合理有效的模拟计算及监控测量，实现了扩碹工程的安全进行，完成了地表沉降量不超过 5 mm 的控制要求。

关键词　煤矿　斜井扩碹　数值模拟　监控测量

1　工程概况

1.1　工程简介

大柳塔煤矿原施工的副斜井断面较小，宽仅为 5 m，由于大型连采机械进出的要求，需对该段井筒进行扩碹。斜井井筒总长度为 414.6 m，其中井口以内 105 m 范围内上覆基岩厚度较薄，所处位置地表建筑物较多。扩碹施工过程中对地表沉降有严格要求，总沉降量需控制在 5 mm 以内。

斜井扩碹段按照巷道设计断面特征共分①～②、②～③、③～④三个施工区段，设计断面形状均为半圆拱形，其中①～③施工区段长 100.42 m，设计断面尺寸为 6 600mm×5 600mm，设计为 300mm 厚混凝土碹＋11 号矿钢＋ϕ6.5@150mm 支护结构；③～④施工区段长347.11m，设计断面尺寸为 6 200mm×5 400mm，设计为 100mm 厚 ϕ6.5@150mm 钢筋网喷射混凝土＋5 套ϕ17.8×8 000mm＋10 套 ϕ16×1 600mm 锚索锚杆支护结构；扩碹段隧道设计 300mm 厚混凝土仰拱。其中入口处至 *CC* 轴线处扩碹段，为地表沉降主要控制段，设计采用 HU250a 型 H 型钢架设拱架，断面形式分 a—a 横断面和 b—b 横断面，分别见图 1、图 2。

1.2　地质条件

据本次施工的钻孔及以往钻孔揭露，井筒上覆地层自上而下为第四系松散层、侏罗系延安组砂质泥岩与砂岩组成的沉积岩系。第四系松散层段为散粒结构，工程性质极差。松散层底部风化岩层由于岩石原始结构遭到破坏，岩石强度变差，岩体完整性差，属稳定性较差—不稳定岩层。正常基岩岩体质量一般，属中等稳定岩层，围岩的物理力学参数见表 1。

围岩物理力学参数　　表 1

序　号	围　岩	弹性模量（MPa）	饱和重度（kN/m³）	黏聚力 c（kPa）	内摩擦角 φ(°)
1	素填土	5	20.00	5	5°
2	中砂岩	7 000	21.56	5 000	30°
3	细砂岩	5 000	22.47	7 000	35°

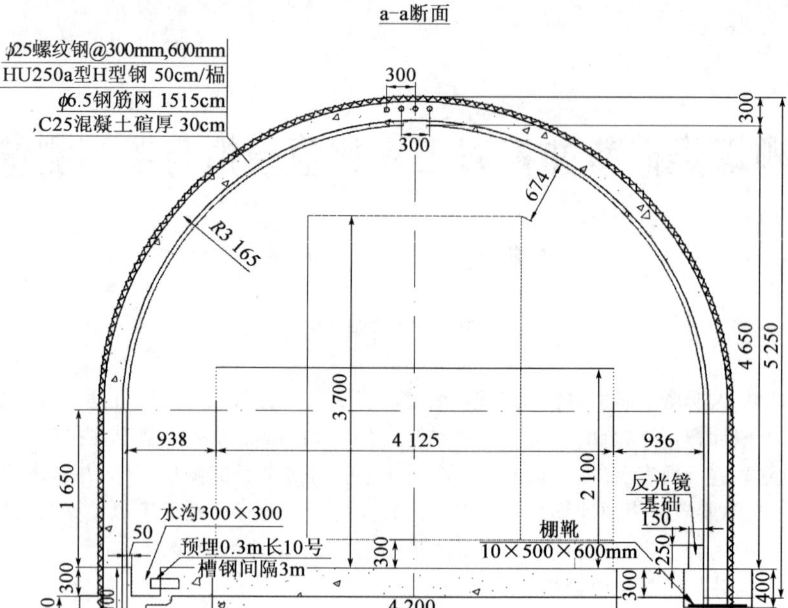

图 1　副斜井 a—a 横断面图(尺寸单位:mm)

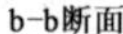

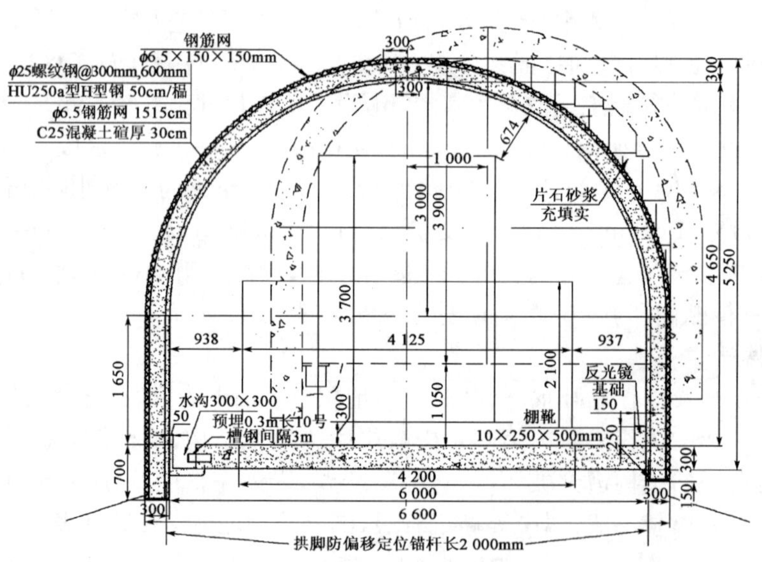

图 2　副斜井 b—b 横断面图(尺寸单位:mm)

2　数值模拟计算

2.1　数值计算模型

根据地勘资料提供的岩层信息,在扩碹施工之前,采用大型商用有限元计算软件 ANSYS,对扩碹段工程建立三维有限元模型,进行数值模拟分析,见图 3。

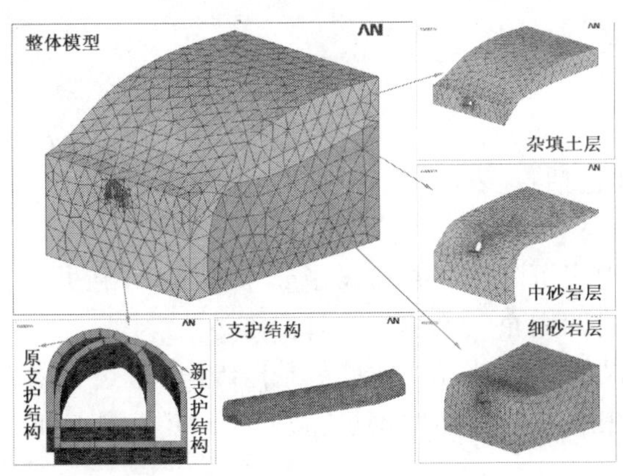

图 3　数值计算模型

为了真实模拟扩碹施工前后的变化，将本数值模拟计算分两个工况进行，工况 1 为未扩碹施工前情况；工况 2 为扩碹施工后情况，见图 4。

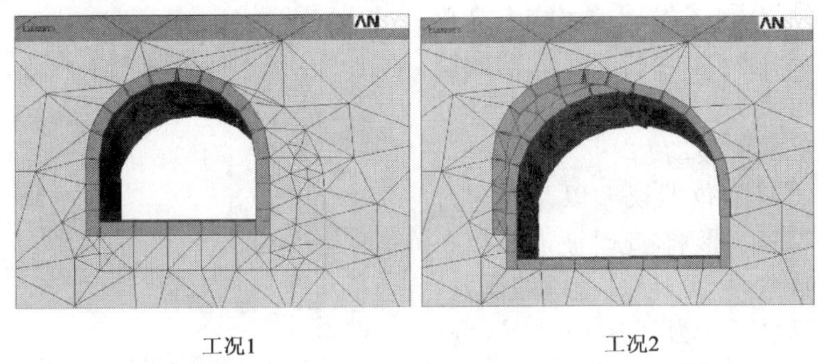

图 4　计算工况示意图

2.2　计算结果

通过数值模拟计算，得到两个工况的计算结果，将工况 2 计算结果与工况 1 计算结果相减，可得到因扩碹施工导致的围岩沉降变化结果，见图 5。计算所得围岩沉降变化最大值为 0.39mm，出现位置在扩碹拱顶处；计算所得地表沉降量约为 0.11mm。

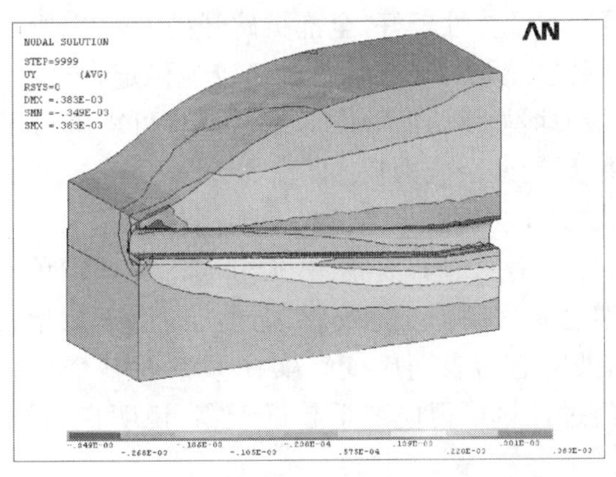

图 5　围岩沉降变形计算结果

3 监控测量

3.1 监控测量方案

监控测量的内容主要包括：地表沉降、建(构)筑物沉降、拱顶沉降、净空收敛、围岩压力、型钢拱架应力应变。

根据现场实际情况，地表沉降测点共布设了 5 个断面，并在井口注浆加固段增设了 12 个测点，在斜井正上方建筑物四周布 4 个建筑沉降测点。

由于此斜井扩碹工程仅破除半边的原混凝土结构，通过计算发现未扩碹一侧围岩变形、应力变化较小，因此在围岩压力和型钢拱架应力—应变测点布置上进行了优化布置，见图 6。

3.2 监控测量结果

(1)地表沉降监测结果

通过地表沉降监测，可得到各测点高程的数据图。从监测结果看，未发现地表测点高程曲线呈现明显下降趋势。地表沉降数据围绕某一高程值上下波动，成波浪形分布，大部分数据点均在 1～2mm 内波动。

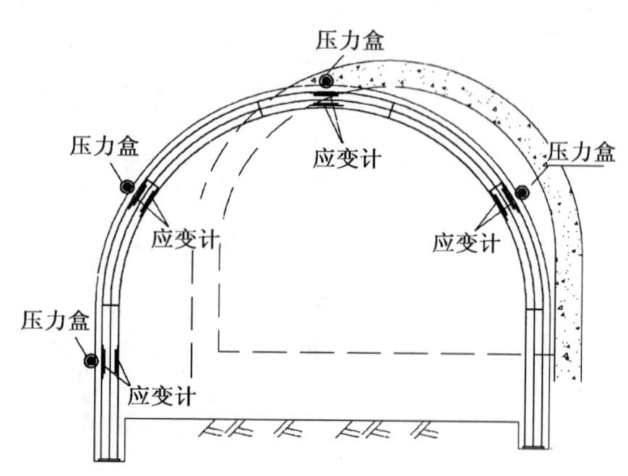

图 6 围岩压力及拱架应变测点布置图

考虑水准仪自身的仪器误差以及观测过程中的人为误差等因素影响，此呈波浪形分布的地表沉降监测数据均为测量过程中的误差，因此实际地表沉降量可认为是零沉降，扩碹施工对上部地表、建筑物沉降基本无影响。

(2)拱顶沉降及净空收敛

通过扩碹施工过程中对拱顶沉降及净空水平收敛的观测，拱顶最大沉降量为 0.83mm，净空水平收敛最大值为 0.54mm，拱顶沉降及净空的水平收敛变化均很小，说明扩碹施工后，围岩未发生较大变形。

(3)围岩压力及拱架应力

扩碹施工过程中所遇岩层整体性较好，全部扩碹开挖段未发现明显的节理和裂隙，由于扩碹工作采用风镐开挖，对围岩扰动小，开挖后围岩仍较为稳定，未发生冒顶塌落等情况。监测到压力盒频率变化极小，最大增量仅为 47.0Hz，经过计算可得围岩压力，趋近于零，说明扩碹施工后围岩应力释放较快，后期残余应力较小。

工程采用的初支形式为 H 型钢拱架结构，上半圆拱架是有 5 根 H 型钢单元切口后冷弯拼接而成，左右两边墙各采用一个 H 型钢单元组成。各型钢单元端头焊接角钢，角钢间采用螺栓连接。两榀拱架之间采用 $\phi25$ 钢筋纵向连接。由于拱架自身刚度较大，加之上述实测围岩压力较小，型钢拱架上的表面应变计实测频率在整个扩碹施工过程中，无明显变化，最大仅为 60.59Hz，经过计算可得应变量趋近于零，说明扩碹施工中型钢拱架所受应力较小。

3.3 测量结果与模拟计算对比

将实际监测数据与前期数值模拟计算结果进行对比分析，见表 2。

测量结果与模拟计算对比　　表 2

监 测 项 目	实 测 结 果(mm)	计 算 结 果(mm)
地表沉降	0.83	0.11
拱顶沉降	0.00	0.39

4 结语

通过分析上述测试结果，在整个扩碹施工过程中，地表沉降量、拱顶沉降变形、净空水平收敛变形值均很小。监测数据在某一值上下呈现波动变化，且变化范围与测量误差相近，因此可认为地表沉降、拱顶沉降、净空收敛均无变化。通过压力盒以及表面应变计对围岩压力及型钢拱架应变进行测试，可发现监测过程中压力盒、应变计的频率基本无变化，围岩压力值及型钢拱架上应变量均较小，说明岩层在开挖后应力释放较大，后期施加作用在支护结构上的应力所剩较少。型钢拱架上产生的应变值，极少一部分是来自于围岩的影响，大部分是由于喷射混凝土收缩所引起。

参考文献

[1] 赵国荣. 煤矿斜井巷道重建改造工程. 山东煤炭科技，2010.
[2] 申延虎. 长大隧道斜井进正洞施工技术. 山西建筑，2010.
[3] 韩晓锋. 王家岭煤矿超大断面斜井井筒基岩段快速施工技术. 工程技术，2010.
[4] 王军，施云峰. 不连沟煤矿斜井快速施工技术. 江西煤炭科技，2009.

地耦型地质雷达隧道衬砌非接触检测研究

杨艳青

（北京交通大学土木建筑工程学院）

摘　要　建立铁路隧道整体式衬砌试件模型，进行地质雷达非接触式检测试验研究。试验结果表明：(1)采用地耦屏蔽天线对隧道衬砌进行非接触式检测是可行的。(2)随着检测距离增大，所获得的地质雷达扫描图图像质量降低。(3) 采用 400MHz 地耦屏蔽天线，检测距离（地质雷达天线底面距衬砌试件表面的距离）不大于 20cm 的条件下，在地质雷达扫描图中可识别试验设计方案中预设的各种工况类型，而且衬砌背后回填不密实、空洞等的位置和范围都与天线密贴衬砌情况基本一致，满足地质雷达扫描图定性解释的要求。(4)地质雷达非接触式检测结果的误差范围接近接触式检测的情况，能够保证衬砌厚度检测值的准确性。本文研究成果将为研发快速、高效的隧道衬砌地质雷达检测装备，提供可靠的实践依据。

关键词　隧道工程　地质雷达　衬砌　非接触式检测

1　引言

目前，地质雷达法在国内已广泛应用于新建隧道衬砌质量检测和既有隧道衬砌技术状态检测，普遍采用地耦型屏蔽天线接触式检测方式，即检测时天线底面密贴衬砌表面[1-2]。由于地质雷达天线密贴衬砌表面检测，受到衬砌表面缆线、预埋件等突出物的干扰，其检测速度一般较慢，检测速度在 5km/h 左右。而采用非接触式检测方式，即天线底面离开衬砌表面一定距离，可避开衬砌表面突出物，大大提高地质雷达检测速度。例如铁路路基检测，采用空气耦合天线非接触式检测，检测速度高达 45km/h，且还有进一步提高的空间（空气耦合天线体积庞大，隧道衬砌衬砌检测中应用较少）[3]。

本文选取我国铁路隧道中较为常见的模筑混凝土整体式衬砌为研究对象，建立衬砌试件模型及衬砌背后回填不密实、衬砌背后空洞等典型工况，进行地质雷达非接触式检测模拟试验，研究地耦型地质雷达非接触检测的可行性及对检测效果的影响情况。采用地耦型屏蔽天线进行非接触检测是一次新的尝试，本文研究成果对研发车载地质雷达检测系统，以及实际工程中地质雷达非接触式检测技术的应用具有重要指导意义。

2　试验模型

设计长 9m、宽 1.5m、高 0.75 m 的围岩模拟槽，一侧长边放置隧道衬砌试件，其他三边采用 240mm 砖墙做围护结构。围岩模拟槽围护砖墙内壁采用水泥砂浆抹面，槽底施做 100mm 厚 C15 素混凝土垫层，并在槽内敷设 3mm 厚 SBS 改性沥青防水卷材。围岩模拟槽内回填素填土，模拟围岩条件，见图 1、图 2。围岩模拟槽靠近衬砌试件外侧设置 I16 工字钢轨道，模拟铁路轨道。轨道上运行地质雷达非接触式检测小车。

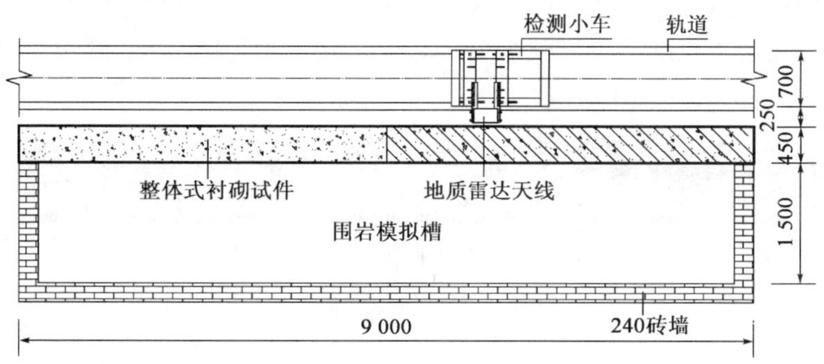

图1　试验设备仪器平面布置图(尺寸单位:mm)

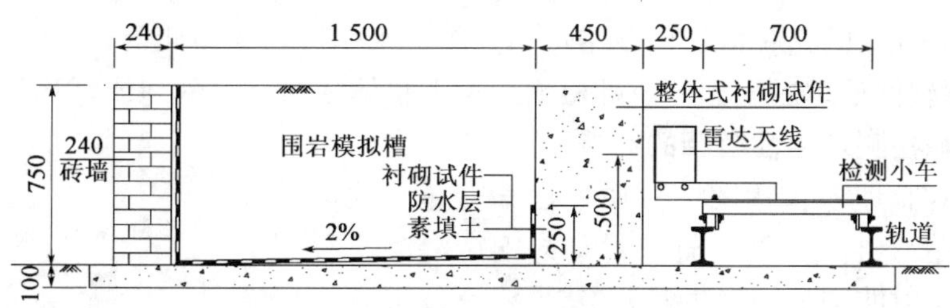

图2　衬砌试件横剖面图(尺寸单位:mm)

整体式衬砌试件长9m,宽0.45m,高0.75m。衬砌厚450mm,一半为C20素混凝土结构,一半为C20钢筋混凝土结构(主筋为双层直径22mm,HRB335钢筋,间距200mm),见图3。采用100mm厚水泥板做支挡结构,在衬砌背后设置两段长2m、深150mm空洞,模拟衬砌背后存在空洞状况(记为A_1、A_2工况类型,角标1、2分别表示素混凝土、钢筋混凝土段处,下同);在衬砌背后设置长4m、厚150mm空洞,并采用C20喷射混凝土回弹料填充,模拟衬砌背后存在回填不密实工况(记为B_1、B_2工况类型)。

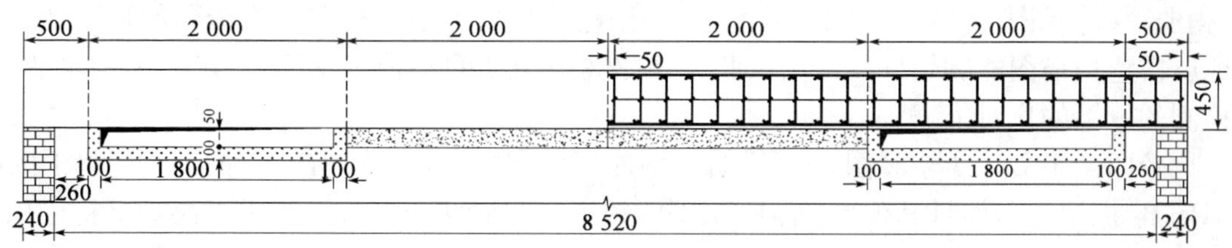

图3　整体式衬砌试件结构平剖面图(尺寸单位:mm)

为保证本试验模型与实际工程的一致性,特委托具有隧道施工经验的施工单位,按模型方案设计图施工。图4、图5分别为试验模型全貌图和衬砌试件俯视图。

图4　试验模型

3　地质雷达检测

地质雷达主机采用SIR－20型主机,天线采用400MHz地耦型屏蔽天线,数据处理系统采用地质雷达自带的后处理软件。

地质雷达检测测线距离地面50cm,按0cm(密贴)、

10cm、20cm 3 种检测距离，以人工牵引方式对整体式衬砌试件模型进行检测，图 6 为检测距离为 0cm 的情况。地质雷达主机脉冲重复频率 100kHz，采样点数设为 512，扫描速率设为 80 扫/s。

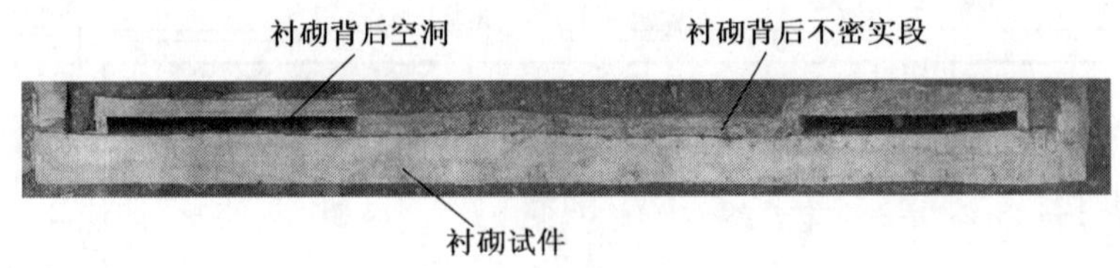

图 5　整体式衬砌试件俯视图

4　试验结果及分析

采用地耦型屏蔽天线，对衬砌试件进行非接触式地质雷达检测时，地质雷达天线与衬砌表面之间增加了空气层，因此获得的地质雷达扫描图与密贴接触式检测得到的图像是有差别的。图 7 为经后处理软件处理后得到的 3 种检测距离下整体式衬砌试件地质雷达扫描图。

4.1　非接触检测对定性解释的影响

图 7a）至 b）图，地质雷达图图像质量逐渐变差。检测距离为 0cm（密贴）条件下，素混凝土衬砌与钢筋混凝土存在明显的分界，反射波同相轴发生断开、错层。钢筋混凝土衬砌受外层钢筋的影响出现强反射，同相轴连续。衬砌内外表面界面清晰，容易划定。素混凝土衬砌段与钢筋混凝土衬砌段衬砌背后空洞在地质雷达图上出现明显的异常，出现强反射区，同相轴连续，交替出现弱强反射［见图 7（1）中 A_1、A_2 标记处］。素混凝土衬砌段与钢筋混凝土衬砌段衬砌背后不密实段在地质雷达图上出现明显的异常，出现强反射区，同相轴连续，交替出现弱强反射，这与衬砌背后空洞表现形式类似，但从反射强度来说，稍弱一些［见图 7（1）中 B_1、B_2 标记处］。在地质雷达天线与衬砌表面密贴的情况下，获得的地质雷达扫描图能够较好反映出试验设计方案中预设的各种工况类型，可作为衡量非接触式检测的效果的比对依据。

图 6　地质雷达检测

比较图 7 中 b）、c）与 a）图，b）、c）图中均能反映出 a）图所体现的各种信息［见图中 A_1、A_2、B_1、B_2 标记处］，而且其位置、范围都比较接近，比较结果见表 1。其中素混凝土衬砌段，衬砌背后回填不密实在地质雷达扫描图上的异常显示，随检测距离的增大稍有削弱。通过上述分析可知，地质雷达非接触式检测是满足地质雷达扫描图定性解释的要求的。

非接触检测对定性解释的影响比较　　表 1

检 测 距 离	0cm	10cm	20cm
图像质量	好	较好	较好
不同衬砌类型分界	明显	明显	明显
衬砌内外表面界面	可划定	可划定	可划定
外层钢筋	可识别	可识别	可识别
衬砌背后回填不密实	明显	较明显	较明显，局部稍弱
衬砌背后空洞	明显	明显	明显

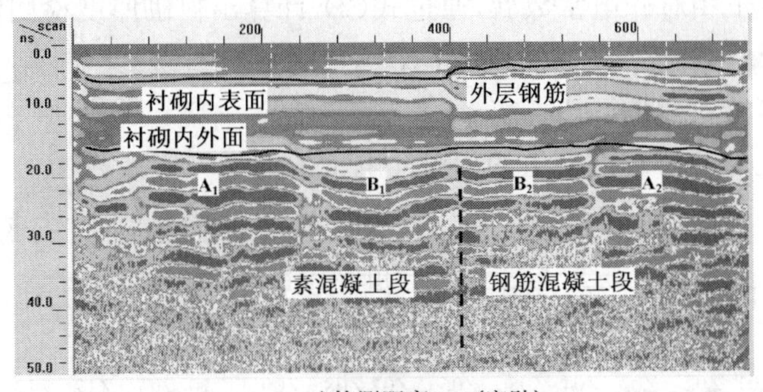

a)检测距离0cm(密贴)

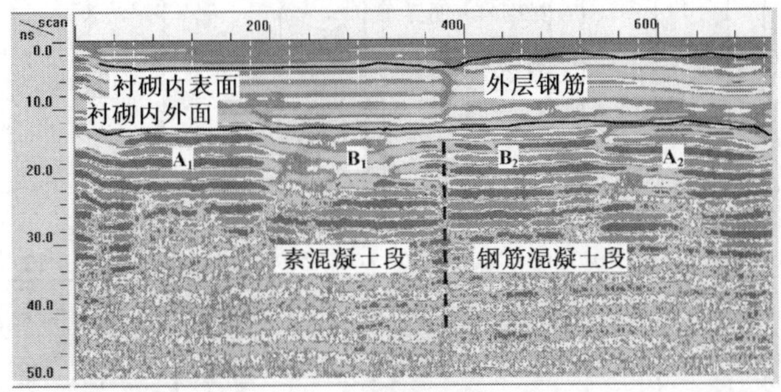

b)检测距离10cm

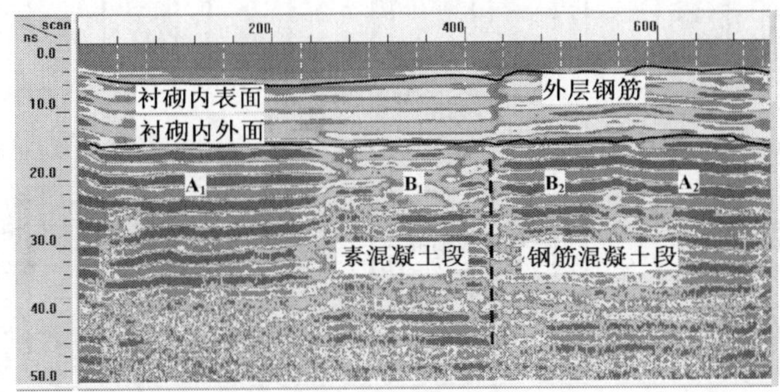

c)检测距离20cm

图7　整体式衬砌试件地质雷达扫描图

4.2　非接触检测对衬砌厚度定量解释的影响

对于衬砌厚度采用衬砌相对介电常数及地质雷达图上获取的电磁波在衬砌中的双程旅时确定其检测值。如图8所示，为便于定量解释，从地质雷达扫描图上选取若干标记点（Z01～Z14）的波形图进行分析研究。根据地质雷达电磁波在混凝土（钢筋混凝土）层中振幅指数衰减特性及各界面反射系数的正负变化引起的相位变化特点确定出各界面位置[4-5]。

由于试验模型的衬砌厚度量测较易，因此采用反演法按式（1）定衬砌混凝土相对介电常数，以多点测量值的平均值作为相对介电常数取值。

$$\varepsilon_r = C^2 \Delta t^2 / (4D^2) \tag{1}$$

式中：ε_r——衬砌混凝土的相对介电常数；

C——光速，0.3m/ns；

Δt——电磁波在介质衬砌层中的双程旅时，ns；

D——实测衬砌厚度，m。

在确定衬砌混凝土相对介电常数后，通过式(2)计算出衬砌厚度检测值：

$$D' = C\Delta t/(2\sqrt{\varepsilon'_r}) \tag{2}$$

式中：D'——衬砌厚度检测值，m；

ε'_r——各标记点处衬砌混凝土的相对介电常数的平均值。

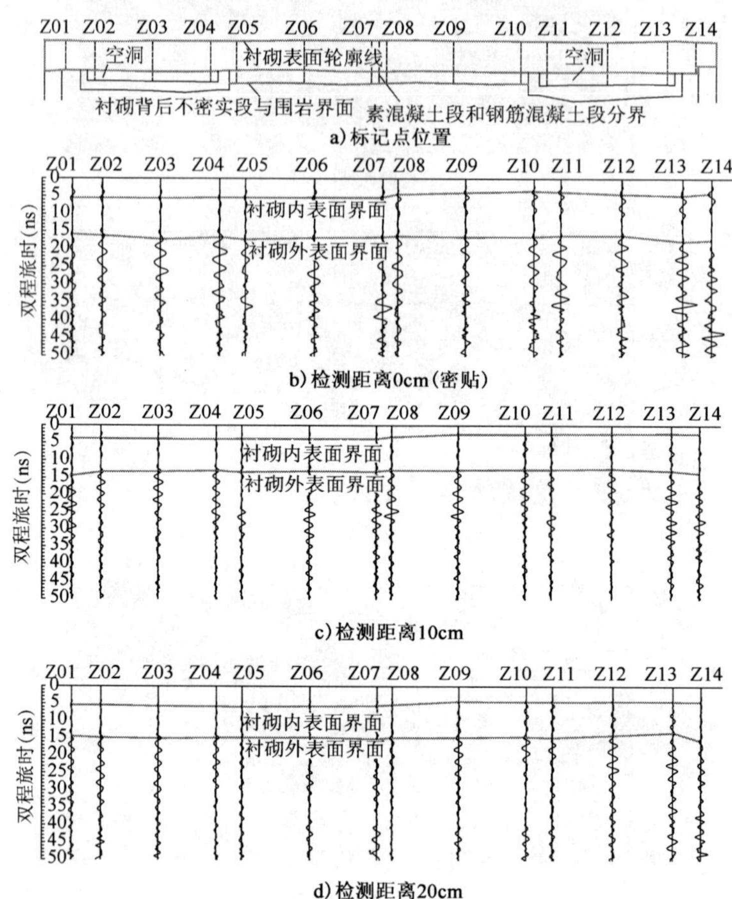

a)标记点位置

b)检测距离0cm(密贴)

c)检测距离10cm

d)检测距离20cm

图8 标记点位置及其地质雷达波形图

由表2可知，非接触式检测时，电磁波在衬砌的双程旅时相比天线密贴衬砌的情况缩短了1～2.5ns(除Z01点外)，可见检测距离对地质雷达检测确有一定影响。

根据表2中数据及式(1)可计算出不同检测距离下各标记点处衬砌的相对介电常数，见表3。大体来看，素混凝土衬砌的相对介电常数比钢筋混凝土衬砌小，为减少计算误差，将两种衬砌类型分开来分析。由表3经计算得出，检测距离为0cm、10cm、20cm条件下，素混凝土衬砌相对介电常数平均值分别为16.5、11.9、11.0，钢筋混凝土衬砌相对介电常数平均值分别为19.3、13.1、12.3，非接触式检测状态下衬砌相对介电常数小于天线密贴衬砌的状态，并随检测距离的增大呈减小趋势。

为便于分析非接触式检测对衬砌厚度检测值的影响，列出检测距离为0cm、10cm、20cm条件下的衬砌厚度检测值D'_0、D'_{10}、D'_{20}及其与实测值的差值(Z01～Z07各标记点采用了素混凝土衬砌平均相对介电常数，Z08～Z14各标记点采用了钢筋混凝土衬砌平均相对介电常数)，见表4。由表4可知，检测距离为0cm时，检测值与实测值的差值范围为－2.8～3.3cm；检测距离为10cm时，检测值与实测值的差值范围为－3.7～5.7 cm；检测距离为20cm时，检测值与实测值的差值范围为−6.5～4.1 cm，可见随着检测距离的增加，误差范围增大，精度减小。但是，检测距离为10cm时，仅剔除Z01标记点后，检测值与实测值的差值范围变为−3.7～3.9 cm，而检测距离为10cm时，仅剔除Z13标记点后，检测值与实测值的差值范围变为−2.5～4.1 cm。因此，可认为在非接触式检测条件下，除极少数测点误差较大外，其余测点的误差范围是接近天线密贴衬砌的情况的，能够保证衬砌厚度检测值的准确性。

衬砌厚度实测值及电磁波在衬砌中的双程旅时检测值 表2

标记点编号	Z01	Z02	Z03	Z04	Z05	Z06	Z07	Z08	Z09	Z10	Z11	Z12	Z13	Z14
衬砌厚度实测值 D(m)	0.405	0.400	0.425	0.415	0.405	0.410	0.430	0.430	0.420	0.425	0.430	0.410	0.445	0.430
双程旅时 Δt_0(ns)	10.21	10.84	11.76	11.28	11.86	11.13	11.08	11.88	12.79	12.59	12.3	11.53	13.05	13.28
双程旅时 Δt_{10}(ns)	10.64	9.47	9.28	8.99	9.47	9.18	9.28	9.48	10.25	10.06	10.16	10.06	10.74	11.33
双程旅时 Δt_{20}(ns)	8.98	9.37	9.28	8.94	8.88	8.97	9.47	9.47	10.35	10.06	10.25	9.67	8.88	11.02

衬砌相对介电常数比较 表3

标记点编号	Z01	Z02	Z03	Z04	Z05	Z06	Z07	Z08	Z09	Z10	Z11	Z12	Z13	Z14
衬砌相对介电常数 ε_{r0}	14.3	16.5	17.2	16.6	19.3	16.6	14.9	17.2	20.9	19.7	18.4	17.8	19.4	21.5
衬砌相对介电常数 ε_{r10}	15.5	12.6	10.7	10.6	12.3	11.3	10.5	10.9	13.4	12.6	12.6	13.5	13.1	15.6
衬砌相对介电常数 ε_{r20}	11.1	12.3	10.7	10.4	10.8	10.8	10.9	10.9	13.7	12.6	12.8	12.5	9.0	14.8

衬砌厚度检测值及其与实测值的差值比较 表4

标记点编号	Z01	Z02	Z03	Z04	Z05	Z06	Z07	Z08	Z09	Z10	Z11	Z12	Z13	Z14
检测值 D'_0(m)	0.377	0.400	0.434	0.417	0.438	0.411	0.409	0.406	0.437	0.430	0.420	0.394	0.446	0.454
差值 D'_0-D(cm)	−2.8	0.0	0.9	0.2	3.3	0.1	−2.1	−2.4	1.7	0.5	−1.0	−1.6	0.1	2.4
检测值 D'_{10}(m)	0.462	0.411	0.403	0.390	0.411	0.399	0.403	0.393	0.425	0.417	0.421	0.417	0.445	0.469
差值 $D'_{10}-D$ (cm)	5.7	1.1	−2.2	−2.5	0.6	−1.1	−2.7	−3.7	0.5	−0.8	−0.9	0.7	0.0	3.9
检测值 D'_{20}(m)	0.406	0.424	0.419	0.404	0.401	0.405	0.428	0.405	0.442	0.430	0.438	0.413	0.380	0.471
差值 $D'_{20}-D$(cm)	0.1	2.4	−0.6	−1.1	−0.4	−0.5	−0.2	−2.5	2.2	0.5	0.8	0.3	−6.5	4.1

5 结语

(1)采用地耦型屏蔽天线进行隧道衬砌地质雷达非接触式检测是可行的。本试验即利用400MHz地耦型屏蔽天线在检测距离为10cm、20cm的条件下进行，并且得到了较为满意的结果。

(2)检测距离对地质雷达非接触式检测的影响较大，并且随着检测距离增大，所获得的地质雷达扫描图图像质量降低。

(3)在一定的检测距离下(例如本试验中检测距离≤20cm时)，地质雷达非接触检测获得的地质雷达扫描图中，可识别试验设计方案中预设的各种工况类型，而且衬砌背后回填不密实、空洞等的位置和范围都接近天线密贴衬砌情况，满足地质雷达扫描图定性解释的要求。

(4)采用非接触检测时，衬砌厚度检测结果的误差随检测距离的加大而增大，但是除极少数测点误差较大外，其他测点的误差范围是接近天线密贴衬砌情况的，能够保证衬砌厚度检测值的准确性。

参考文献

[1] 郭有劲. 地质雷达在铁路隧道衬砌质量检测中的应用. 铁道工程学报,2002,74(2):71-74.

[2] 康富中,江波,贺少辉,等. 地质雷达在风火山隧道病害检测中的应用与结果分析. 工程地质学报,2010,18(6):963-970.

[3] 昝月稳,章锡元,张安学. 铁路路基检查车的研究. 铁道工程学报,2007(9):17-21.

[4] 杨峰,彭苏萍. 地质雷达探测原理与方法研究. 北京:科学出版社,2010.

[5] Harry M. Jol. Ground Penetrating Radar: Theory and Applications. Amsterdam, Netherlands; Oxford, UK: Elsevier Science, 2009:150-444.

超高密度直流电法物探新技术在滑坡勘探中的应用

熊 晋 王建松 刘庆元 高和斌

(中铁西北科学研究院有限公司深圳南方分院)

摘 要 超高密度直流电法是一种比较先进的电法物探手段,对于探测滑坡地层结构及富水带分布特征效果良好。本文首先介绍了超高密度直流电法的探测原理及数据处理分析方法,并结合广东某高速公路滑坡区探测实例,通过分析超高密度直流电法物探剖面图像形态及高、低阻分布特征,推测滑坡体地层结构及富水带分布特征,为滑坡稳定性分析及防治工程措施提供了依据。

关键词 滑坡 超高密度直流电法 反演电阻率

1 前言

2008 年 7 月雨季强降雨期间,广东某高速公路滑坡发生了较大变形,经分析认为造成滑坡变形滑动的主要因素是地下水的作用和影响。为查明该区断层破碎带性质和富水带分布特征,2011 年 7 月,采用超高密度电法测量系统中的新方法、新技术,即采用澳大利亚 ZZ Resistivity Imaging 研发中心最新研制成功的 Flash RES 64 多通道、超高密度直流电法勘探系统对该滑坡地质灾害区进行了地球物理勘察。

2 边坡概况

该工区位于粤东海丰县境低山丘陵地带,属构造剥蚀地貌类型。全年气候温暖湿润,属亚热带海洋季风区,年平均降雨量为 1 828mm。

工区所处区域内地层岩性,上部为第四系崩坡积块碎石土、残积土,下部为强风化燕山期中—粗粒花岗岩风化残积层组成。

(1)第四系地层

①崩坡积块碎石土:灰黄、黄褐色,主要由块碎石及黏土组成。块石成分为火山碎屑砂岩,大小悬殊、排列杂乱,粒径 2～35cm,大者达 100cm。

②残积土:褐黄、灰黄等色,由混合花岗岩风化生成,岩石矿物基本已变异(长石已风化成高岭土),岩石已风化破碎呈土状,仅有石英质呈砂粒保存完好。

(2)燕山期花岗岩($\gamma5$)

①全风化花岗岩:褐黄、褐红等色,原岩结构基本破坏,手捏即碎。厚度分布随岩体结构、岩性及地下水分布特征而变化较大。

②强风化花岗岩:黄褐等色,中～粗粒结构,其中长石已风化呈高岭土状,矿物成分大部变异,但原岩结构部分清晰,裂隙发育,岩体破碎,手捏呈砂土状。

③中风化花岗岩:浅灰、灰白等色,中～粗粒结构,岩石坚硬,其中石英脉及构造裂隙发育。

3 探测原理及数据处理分析

3.1 探测原理

超高密度电法是综合物探方法中岩体边坡灾害调查的有效方法之一，其以岩、土体的导电性差异为物理基础，通过观测和研究人工建立的地下稳定电流场的分布规律从而达到解决地质问题的目的。超高密度电法和常规电法一样，通过 A、B 电极向地下供电流 I，在 M、N 极间测量电位差 ΔV，从而可求得该点（M N 的中点）的视电阻率 $\rho = K \cdot \Delta V / I$，$K$ 为装置系数，工作原理见图 1。

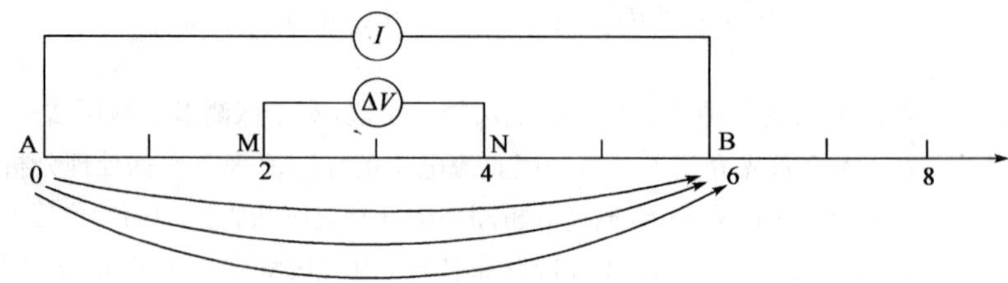

图 1　超高密度电法工作原理

超高密度电法兼具剖面法与电测深法的效果，并具有点距小、数据采集密度大的特点。超高密度电法测量的二维地电断面能较直观地反映不同性质岩、土体的界限、密实度、含水情况及异常体的位置、埋深等地质信息。

在各种长期的地质作用及自然因素的作用下，岩土体会出现开裂、变形、相对位移等病害，从完整基岩到风化破碎到含水，电阻率呈降低趋势，通过了解电阻率变化的特征可以判断岩土体的相对破碎程度以及软弱层的位置、含水程度等，从而确定边坡灾害的周界、推断滑动面等滑坡要素。根据方法特点和勘察经验认为：采用 FlashRES64 多通道勘测，从理论上说是有效、可行的，且超高密度电法智能化程度高，打破了常规电法超高密度直流电法勘探系统对边坡灾害进行勘探中数据采集方式的限制，而采用自由无限制的任何四极的组合方式来采集数据，正是基于这种超高密度方法可采集到几十倍于常规电法数据采集方式采集不到的数据。结合使用该公司国际领先的数据处理软件—2.5 维反演软件，可以实现数据的快速采集和微机处理，改变了电阻率法勘探的传统工作模式，大大地提高了工作效率，结合地质挖探等资料能更客观地定性和半定量地对岩土体灾害的位置及其发育程度做出判定，以满足勘察的需要。

3.2 质量评价

如图 2 所示，超高密度电法野外数据信息采集量大，一次性布极，大大减少了数据采集的人为误差。高密度电法数据采集、处理流程，见图 2。超高密度电法层析成像技术自动化程度高，经数字滤波和人工经验修正后，可消除各种人为的测量误差，使其所探测的调查对象更加形象直观，数据处理软件对数据的处理程序更加合理，更加实际，大大减少了分析的多解性。对本次观测数据经处理软件的多次地形改正和反演满足了勘测技术要求，达到所需探测精度。同时，全部勘测工作严格按照物探规范的要求进行，并采用 GPS 进行剖面定位，保证了原始数据的真实可靠，在此基础上进行的资料分析和分析结果是可信的。

3.3 数据处理与资料分析

Flash RES 64 多通道超高密度直流电法勘探系统的数据处理是利用该套仪器专门配置的处理软件 FlashRES64S. EXE 进行处理，处理结果的输出为 Surfer 能够直接调用的. grd 格式的文件，再用 Surfer 绘制的该剖面的反演电阻率剖面图，最后利用该反演电阻率剖面图结合地质及其他物探方法的资料进行综合分析工作。

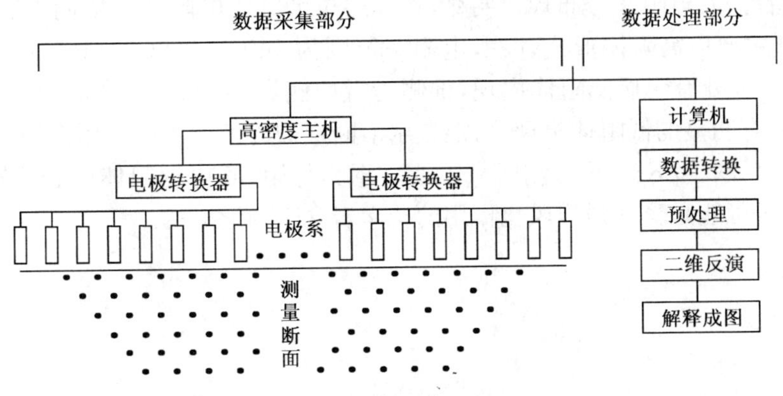

图 2　高密度电法数据采集、处理流程

4　物探剖面分析

本次勘探的现场数据采集工作共完成了 4 条超高密度电法层析成像剖面(剖面Ⅱ－Ⅱ，Ⅲ－Ⅲ，Ⅳ－Ⅳ，Ⅴ－Ⅴ)，选取了 5m 的密集测深点距布极，合计测线 1 260 延米，具体剖面布置(略)。

4.1　Ⅱ－Ⅱ剖面

由图 3 分析可知：电阻率分布规律明显，物性层位清晰。阻值变化范围较大，除在钻孔 ZK2－1 (注：由坡顶至坡脚，钻孔编号由小至大)附近处地表有高阻地质体(电阻率在 1 500～1 800Ω · m)出现外，表层覆盖层碎石、角砾土和下伏强风化基岩电阻率为 1 100～1 400Ω · m，为岩土体松散所致。钻孔 ZK2－1 北侧的正断层 F 的发育状况，其电性分布不仅反映出断层上下盘之间的岩性差异，而且其电性结构间的倾向角基本上为 60°，与该断层 55°～70°的倾向角度基本吻合。电阻率在横向表现为：在钻孔 ZK2－2 以后，地下电阻率相对较低，为 750～1 100Ω · m，其中在 ZK2－2 和 ZK2－3 之间及公路下方存在两个明显的低阻体异常区，推测受到强烈风化作用的花岗岩含水而形成的。

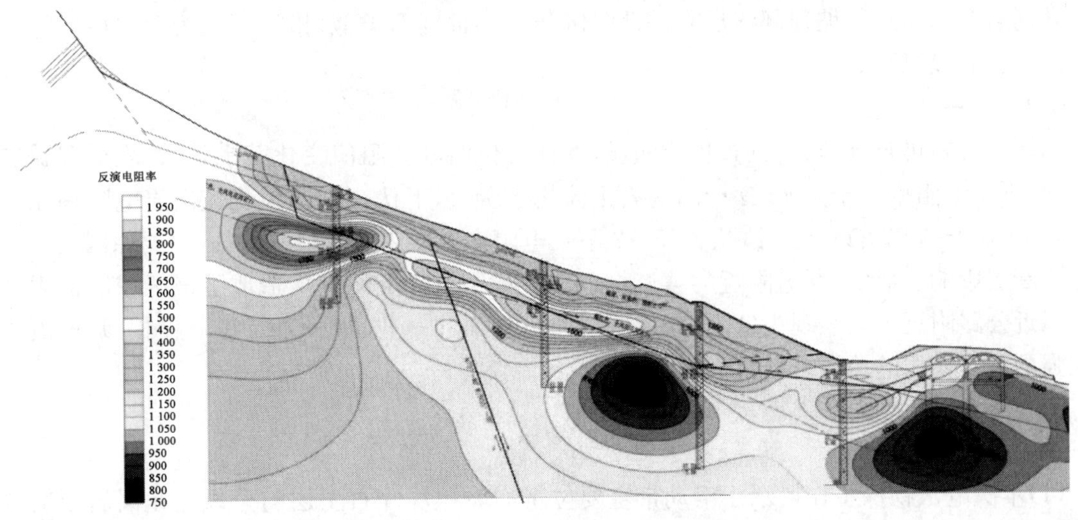

图 3　Ⅱ－Ⅱ超高密度剖面图

4.2 Ⅲ－Ⅲ剖面

由图 4 分析可知:电阻率分布规律明显,物性层位清晰。电阻率在横向上区块化明显,钻孔 ZK3－5 左侧主要以高阻体形式存在,电阻率范围为 1400～2000Ω·m。该片区域普遍高阻,只是在 ZK3－2 处有明显低阻体出现,推测为滑坡侧界。ZK3－5 和 ZK3－6 之间剖面下部的广大区域均有明显的低阻体出现,可能是水沿断层破碎带渗入滑坡体内的表现,同时断层形态也有较好的反映。ZK3－6 右侧区域主要表现为低阻,其中低阻体中心位置大概在高速公路正下方,低阻可能是受到强烈风化作用的花岗岩含水而形成的。

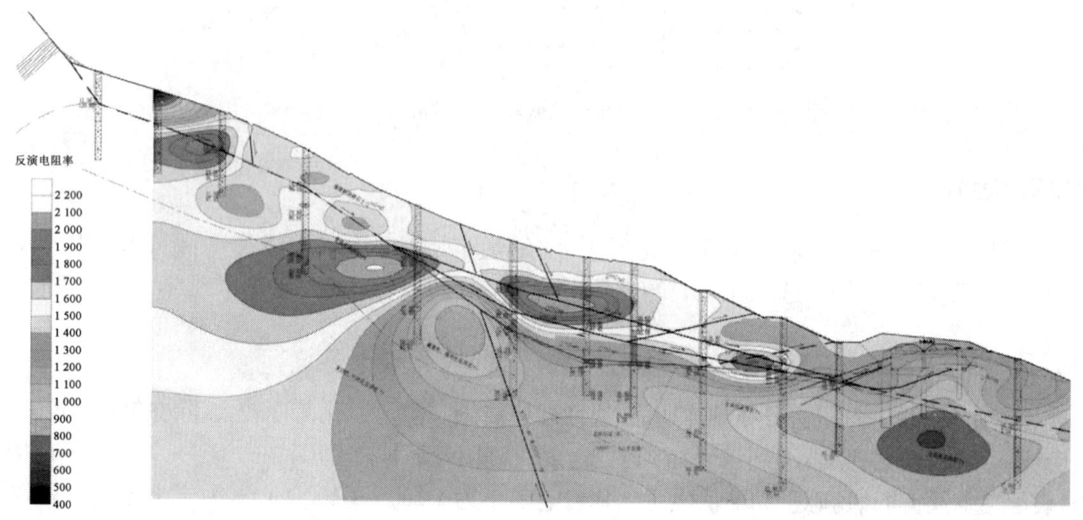

图 4　Ⅲ－Ⅲ超高密度剖面图

4.3 Ⅳ－Ⅳ剖面

由图 5 分析可知:电阻率分布规律明显,物性层位清晰。覆盖层电阻率处于 1 500～2 100Ω·m 之间,分布情况为靠近坡顶部稍厚,坡脚部较浅,深层电阻率相对较低,为全～强风化花岗岩含水所致。坡顶部浅层有一低阻区与Ⅲ－Ⅲ剖面类似,推测可能为含水层或过湿带,亦可能为滑坡后缘。

4.4 Ⅴ－Ⅴ剖面

由图 6 分析可知:电阻率分布规律明显,物性层位清晰。阻值变化范围较大,表层覆盖层碎石、角砾土电阻率大于 1 900Ω·m,为岩土体松散所致,下伏全～强风化花岗岩电阻率相对较低,为 1 100～1 900Ω·m。钻孔 ZK5－2 下部电阻率主要表现为低阻特征,主要原因是由于附近正断层影响造成的,断盘附近的填充物和水沿断层下降沉积直接造成了该区域的低阻特征。靠近公路附近主要表现为低阻,其形成原因与剖面Ⅱ－Ⅱ,Ⅲ－Ⅲ及Ⅳ－Ⅳ相似,推测为受到强烈风化作用的花岗岩含水而形成的。

5 结语

(1)本次电法物探工作揭示了滑动带主要位于崩坡积块碎石土层与全风化花岗岩层交界面处,明确了滑动面的埋深位置、滑床的基本形态特征,对该滑坡的整体情况有了较为清楚的认识,为下一步滑坡治理工作起到了指导作用。

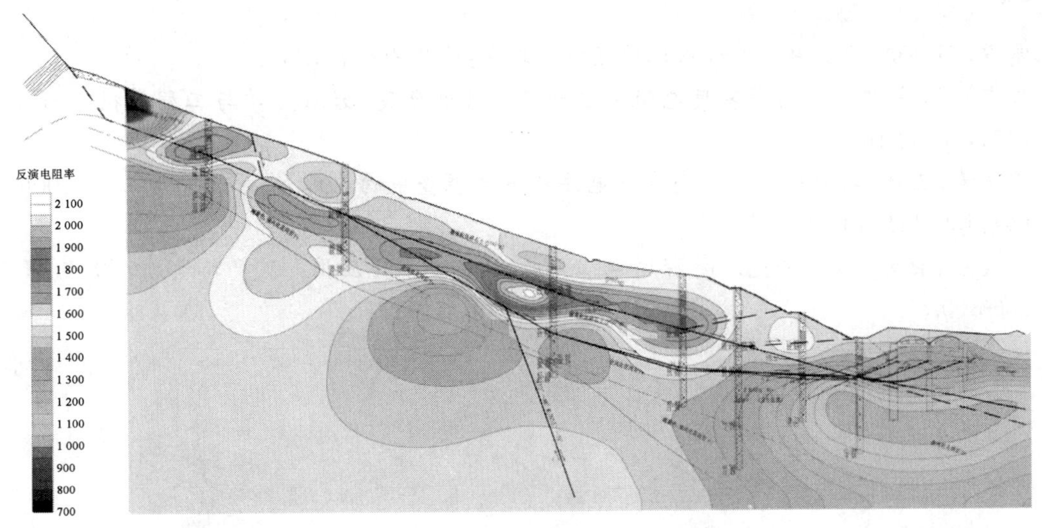

图 5　Ⅳ－Ⅳ超高密度剖面图

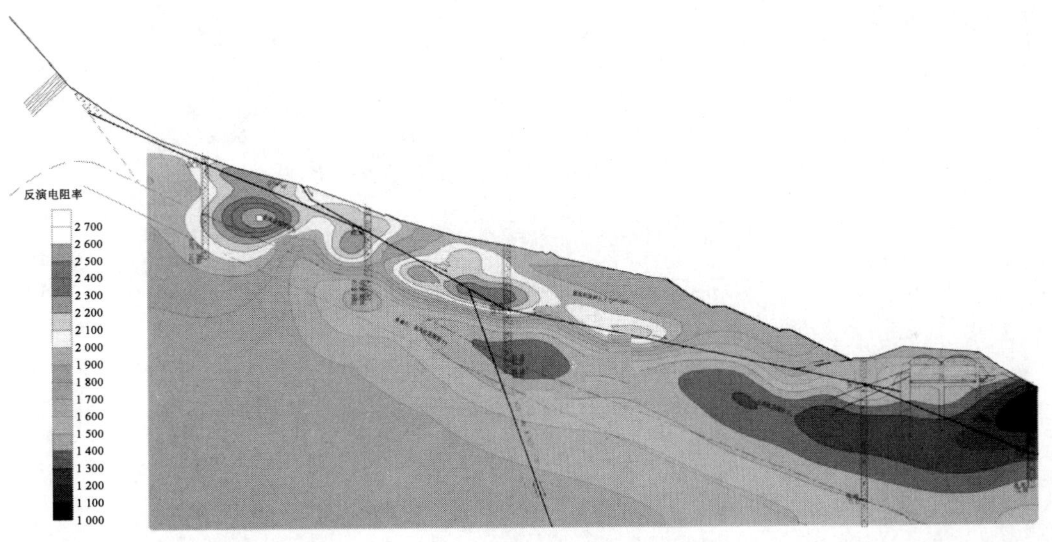

图 6　Ⅴ－Ⅴ超高密度剖面图

(2)对各超高密度剖面综合分析可知:工区内由北向南电性结构特征依次可分为低阻、高低阻分界面、高阻三个区域,对应的地质关系依次为含水全风化花岗岩地层、滑坡区域电性分界面和崩坡积块碎石土覆盖层。其中在中部电阻率较复杂区域,由物探勘探结果可看到该区域有一正断层 F,倾角基本上为 60°,断层两侧电阻率有明显差异。该断层是导致该区域电阻率较为复杂的原因。

(3)超高密度直流电法是一种比较先进的电法物探手段,反演结果明确,物性层位清晰,与钻探及其他物探资料所揭示的地层结构基本一致,并且对查明富水区域及分布特征也可取得较为满意的效果。

参考文献

[1] 雷宛,邓一谦,肖宏跃. 工程与环境物探. 北京:地质出版社,2007.

[2] 郭秀军,贾永刚. 利用高密度电阻率法确定滑坡面研究. 岩石力学与工程学报, 2004 ,5(10): 1662-1669.

[3] 廖全涛,王建军,李成香,等. 高密度电法在滑坡调查中的应用. 资源环境与工程,2006,20(4):430-431,435.

[4] 杨发杰,巨妙兰,刘全德. 高密度电阻率探测方法及其应用. 矿产与地质,2004,8(4): 356-360.

深基坑监测与分析

陈克刚

（解放军第309医院　营房科）

摘　要　解放军第309医院门诊楼基坑开挖深度为12m，周边紧邻原门诊楼建筑和住院楼。本文介绍开挖基坑过程中进行的基坑支护结构水平变形监测、基坑周边地表竖向变形监测、锚杆轴力及护坡桩桩身应力监测，并对监测结果进行了分析。基坑监测为基坑的开挖、支护、回填等施工方案与技术措施的制定提供了依据，同时也保证了支护结构稳定、地表建筑和地下管线的安全，对类似工程具有一定得借鉴意义。

关键词　深基坑　桩锚支护　监控量测

1　工程概况及地质情况

1.1　工程概况

门诊楼改扩建工程位于北京市海淀区解放军第309医院内，建筑面积24 035m^2，地下2层，地上6层，框剪结构。扩建部分南侧紧邻老门诊楼，通过此次改扩建设计形成一体，西侧距住院部8m。老门诊楼建筑面积9 000m^2，地上6层，框剪结构。

1.2　地质条件

(1)工程地质条件。在勘察深度20m范围内揭露的地层除表层为人工填土外，其下为新近代及一般第四季沉积的黏性土、粉土、砂土及碎石土；按其沉积年代、成因类型、岩性特征、物理力学性质综合考虑，在20m钻孔深度范围内，由上至下共划分为6个主层，自上而下分述如下。

人工堆积层①层黏质粉土填土，褐黄－黄褐色，松散，湿，局部为房渣土。其下为新近沉积层②层粉质黏土，褐黄色，可塑－软塑，饱和；再下一层为一般第四纪沉积层③层粉质黏土，褐黄色，可塑，饱和，承载力标准值 $f_{ka}=160$kPa；④层砂质粉土，褐灰色，密实，饱和，$f_{ka}=200$kPa；⑤层细纱及粉砂，褐黄－灰褐色，密实，湿，$f_{ka}=220$kPa；⑥层卵石及圆砾，杂色，湿，中密，$f_{ka}=280$kPa。

(2)水文地质条件。本工程在勘察期间(2011年2月28日至3月1日)，20m深度范围内揭露一层地下水，为潜水类型，埋深7.0～8.2m，相对标高41.99～42.82m。

根据北京市丰水期潜水等水位线及埋藏深度图，该区1959年最高地下潜水水位埋深1.0～2.0m。本次勘察期间在8号钻孔取潜水水样一组，该区地下水对混凝土结构及钢筋混凝土结构中的钢筋均无腐蚀性。

1.3　支护结构

基坑采用桩锚方式进行支护。支护结构设计参数见表1。基坑南侧支护剖面图见图1。

支护结构设计参数表 表1

<table>
<tr><td>护坡桩成孔方式</td><td colspan="3">长螺旋钻机成孔，后插笼成桩工艺</td></tr>
<tr><td>设计桩长(m)</td><td colspan="3">12.8</td></tr>
<tr><td>设计桩直径(mm)</td><td colspan="3">ϕ600</td></tr>
<tr><td>设计桩数</td><td colspan="3">29</td></tr>
<tr><td>桩顶标高(m)</td><td colspan="3">−1.4</td></tr>
<tr><td>桩身配筋(主筋)</td><td colspan="3">主筋为12 Φ 22
箍筋为 ϕ6.5@200，加劲筋为 Φ 16@2 000</td></tr>
<tr><td>桩体混凝土强度</td><td colspan="3">C25</td></tr>
<tr><td colspan="4">锚杆设计参数(3排)</td></tr>
<tr><td>锚杆排次</td><td>第1排</td><td>第2排</td><td>第3排</td></tr>
<tr><td>设置标高(m)</td><td>−2.3</td><td>−5.3</td><td>−8.3</td></tr>
<tr><td>锚杆长度(m)</td><td>15</td><td>17</td><td>17</td></tr>
<tr><td>锚杆设计数量</td><td>19</td><td>29</td><td>29</td></tr>
<tr><td>桩锚布置形式</td><td colspan="3">详见支护体系平面图</td></tr>
<tr><td>锚杆直径(mm)</td><td colspan="3">ϕ150</td></tr>
<tr><td>锚杆主筋</td><td colspan="3">2根 ϕ^s15.2 钢绞线(1860)</td></tr>
<tr><td>锚杆倾角</td><td colspan="3">10°～15°，相邻锚杆角度相差不少于5°</td></tr>
<tr><td>注浆材料</td><td colspan="3">P.O 42.5 水泥浆</td></tr>
<tr><td>自由段长度(m)</td><td>5</td><td>5</td><td>5</td></tr>
<tr><td>锚固段长度(m)</td><td>10</td><td>12</td><td>12</td></tr>
<tr><td>锚杆轴向受拉承载力设计值(kN)</td><td>108</td><td>232</td><td>230</td></tr>
<tr><td>锚杆拉力锁定值(kN)</td><td>87</td><td>186</td><td>184</td></tr>
<tr><td colspan="4">连梁设计参数</td></tr>
<tr><td colspan="4">规格：700mm×500mm；主筋为8根 ϕ22 螺纹钢，箍筋 ϕ6.5@200</td></tr>
</table>

1.4 监测目的

(1)监测基坑及其周边地表、周边建筑物的变形状况，判断其变化趋势，确保基坑和周边地下管线与建筑物的安全。

(2)监测基坑结构的内力和应变，为基坑的开挖、回填等施工方案与技术措施的制定与调整提供数据和判断依据。

2 监测设计及测点布置

2.1 监测项目

由于本工程基坑的特殊情况，根据设计要求并参考《建筑基坑工程监测技术规范》，要进行以下监测。

(1)为确保基坑整体和周边地下管线的安全，要进行基坑支护结构水平变形监测。

(2)为确保基坑周边建筑物的安全，要监测基坑周边地表和建筑物竖向变形。

(3)为确保基坑主要支护结构和护坡桩的安全并为基坑的开挖提供数据，要监测锚杆轴

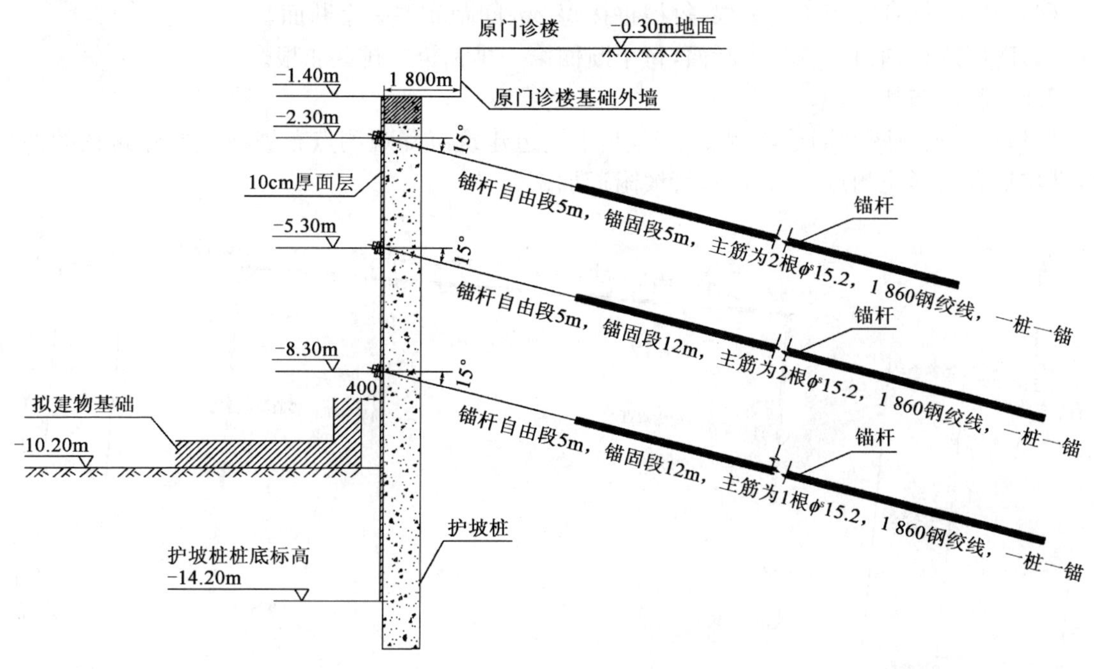

图1　南坡桩锚布置剖面图

力、护坡桩桩身应力。

2.2　监测频率

监测频率设计根据《建筑基坑工程监测技术规范》及工程具体施工情况：

(1)基坑开挖过程中，开挖深度≤5m 时每 2d 监测 1 次，开挖深度 5～10m 时每天监测 1 次至底板浇筑完成；

(2)底板浇筑后，按每 2d 一次(浇筑后 7d 之内)、每 3d 一次(浇筑后 7～14d)、每 5d 一次(浇筑后 14～28d)、每 10d 一次(浇筑 28d 后)；

2.3　控制要求

根据设计要求和《建筑基坑工程监测技术规范》基坑安全等级定为一级，监测控制要求如下：

(1)坡顶水平位移总量达到 20mm，或变化速率 3mm/d 设置为水平位移报警值；水平位移总量达到 10mm 设置为预警值。

(2)深层水平位移总量达到 20mm，或变化速率 3mm/d 设置为水平位移报警值；深层水平位移 10mm 设置为预警值。

(3)邻近建筑物总倾斜达到 0.2%，或变化速率 0.01H%设置为报警值。

(4)护坡桩桩身内力及锚杆轴力按 90%构件承载能力设置为报警值。

2.4　监测方法及测点数量

监测方法和测点数量设计依据规范《建筑基坑工程监测技术规范》和设计要求，结合现场实际情况最终确定。监测点布置示意图见图 2。

(1)基坑坡顶水平位移监测在冠梁顶部布置监测点，布设间距约 20m，位移监测点数量 12 个。

(2)基坑深层水平位移监测 3 孔。

(3)原门诊楼、周边 6 层楼房布置 11 个沉降观测点。

(4)护坡桩桩身应变监测 2 根,每根桩按每 2m 间距布置一个断面。

(5)南坡锚杆轴力监测 2 个断面,每个断面第一排和第二排共 4 根。

2.5 测点布置

周边建筑物沉降及明挖段测点布置,其中周边建筑沉降观测点布置在重要建筑物的四角上,基坑地表变形观测点均匀分布,管线附近加密。

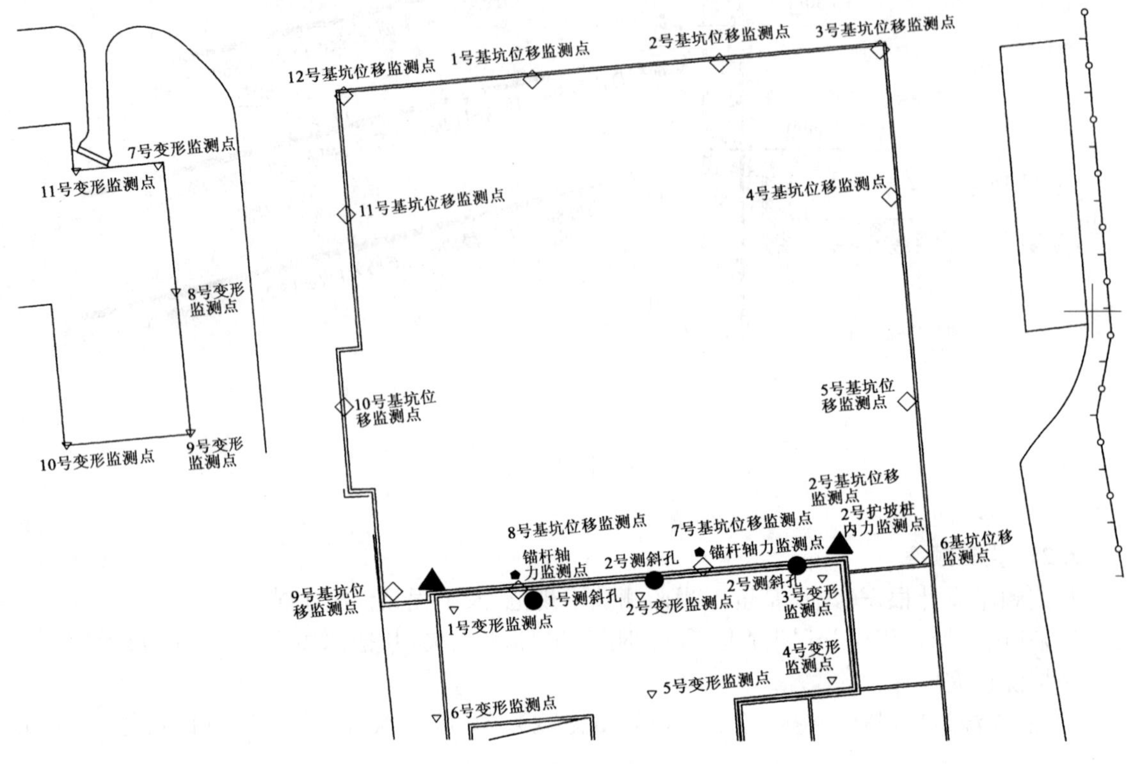

图 2　监测点位置示意图

3　监测数据整理及成果分析

3.1 护坡桩冠梁水平位移

现以图 3 为例进行分析说明。在北基坑开挖施工 1 周之后,冠梁位移和建筑物沉降迅速发展,随着主体结构施工,北基坑桩顶冠梁位移变化逐渐趋于稳定。

基坑的支护结构位移满足基坑控制变形保护要求,即 $\delta_{h\max} \leqslant 0.1\%H$。

3.2 护坡桩测斜

随着基坑开挖工况的进展,桩身水平位移都在逐渐增大,且最大水平位移发生在桩的上部。基坑 1 号桩最大实测水平位移位于−8.0m 处。当北基坑开挖至基底时,最大实测水平位移 $\delta_{h\max}=11.71$mm,其值稍小于 0.1%H;基坑 2 号桩的最大实测水平位移为 $\delta_{h\max}=8.59$mm,出现在−8.5m 处,其值小于 0.1%H 的基坑变形控制要求。

特别值得注意的是,基坑 2 号桩在基坑开挖至基底时出现向坑内的踢脚现象,这种踢脚现象对当时北基坑的稳定性带来了一定的威胁。但随着基坑底板浇筑的完成,桩身水平位移逐渐趋于稳定。1 号桩水平位移曲线见图 4。基坑 2 号桩水平位移曲线如图 5 所示。

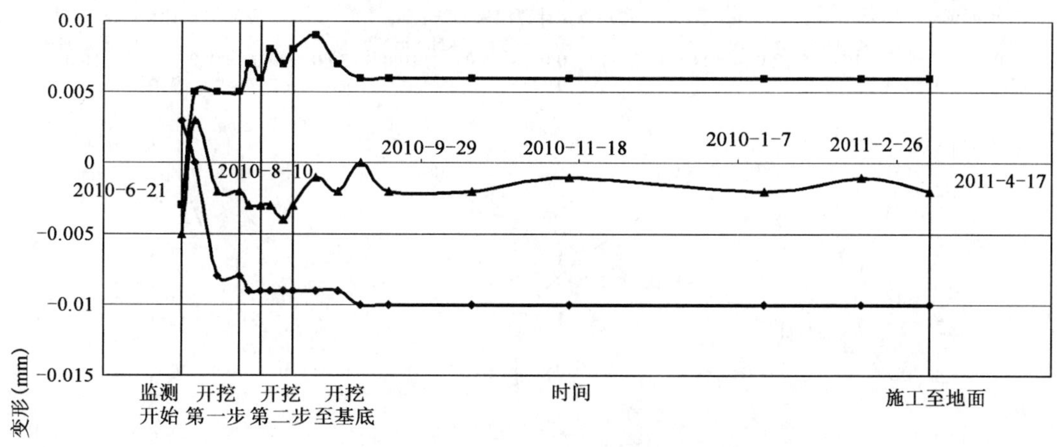

图 3　基坑侧冠梁水平位移—时间曲线图

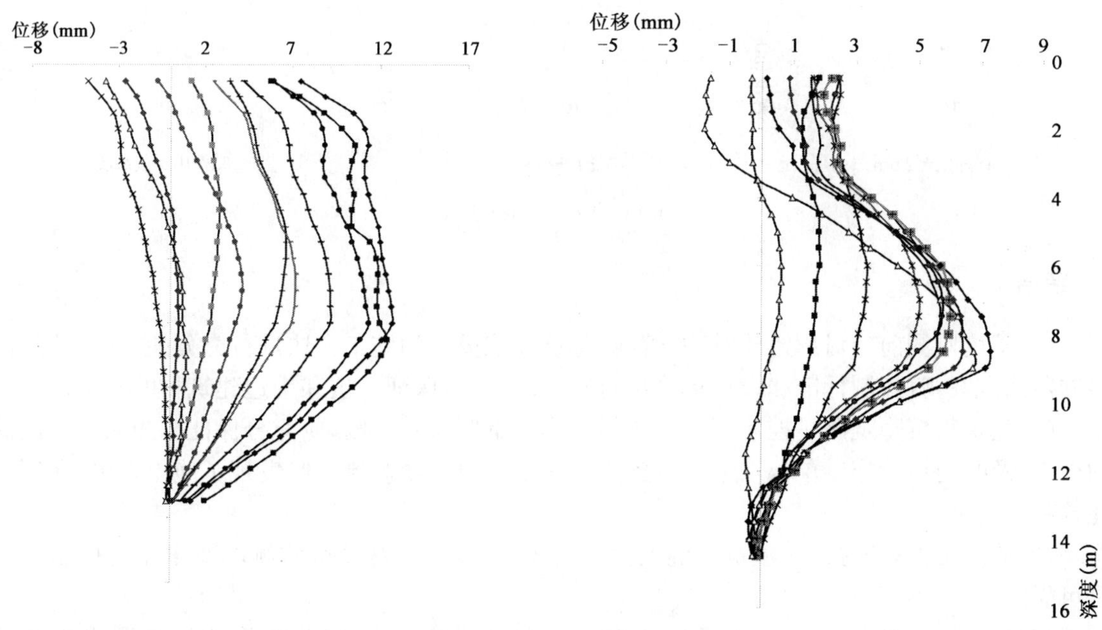

图 4　基坑 1 号桩水平位移—深度时间曲线图

图 5　基坑 2 号桩水平位移—深度时间曲线图

3.3　基坑锚杆轴力监测

实测结果表明,3 道锚杆实测轴力并没有因基坑开挖而发生重大变化。将锚杆轴力实测值与设计值进行比较,可以发现,当各道锚杆的轴力实测值趋于稳定后,其稳定值约为设计轴力的 80%。

3.4　护坡桩桩身钢筋应力监测

以具有代表性的基坑 10 号桩为实例,测试结果见图 6。

由于护坡桩支护结构本身刚度较大,每间隔 3～6m 的垂直距离又有一层锚杆限制支护结构的变形发展,加上施工场地工程地质与水文地质条件较好,所以从整体看,1 号桩的背土侧和迎土侧的实测钢筋应力值在开挖至基底以前都很小。开挖至基底各侧值有所增大,其中背土侧的最大钢筋应力实测值为－25.34MPa。

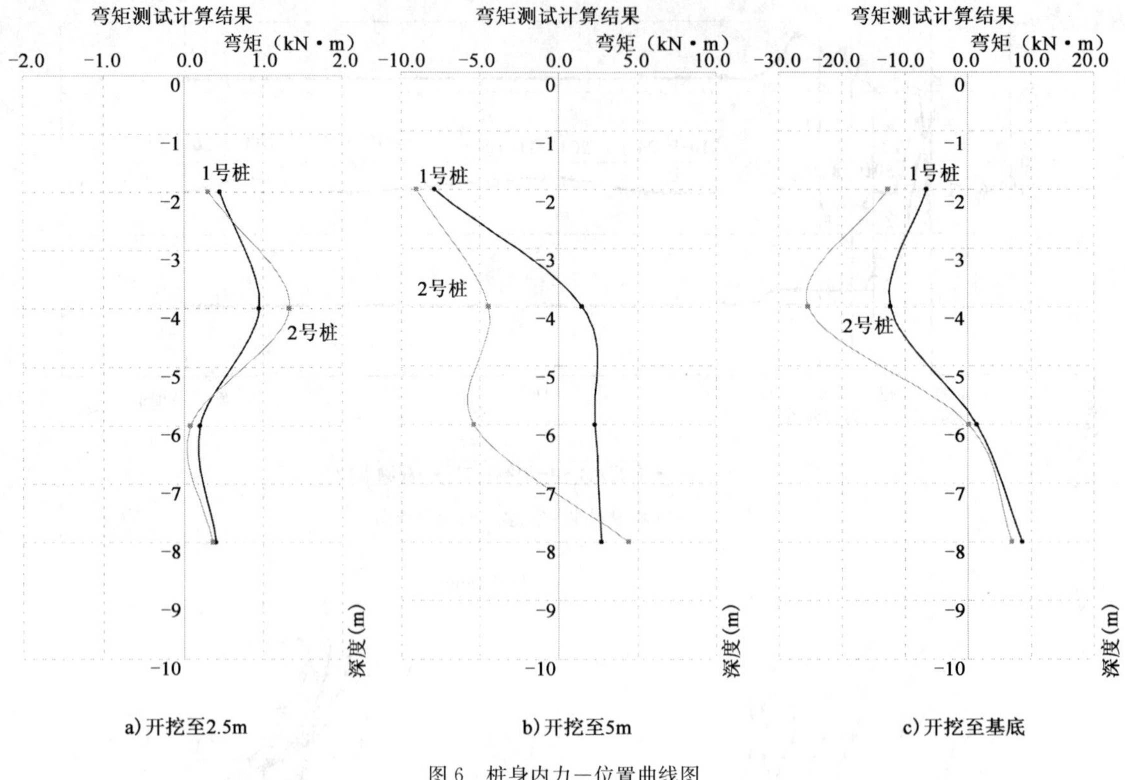

图6　桩身内力—位置曲线图

4　结语

(1)基坑监测前应对周边建筑物、管线、基坑开挖设计和施工方法进行充分的了解,编制详尽的监测方案,就控制标准和设计单位进行充分的协商,保证基坑和周边建筑物的安全。

(2)建筑物沉降观测是控制周边建筑物变形的重要监测手段,应充分保证监测频率及数据的处理,及时与设计施工单位沟通。本工程监测中靠建筑物监测及时发现了施工隐患,保证了建筑物的安全。

(3)监测工作表明按照《建筑基坑工程监测技术规范》中对基坑监测的要求作为控制标准是可靠的。

(4)支护结构的最大实测水平位移多发生在护坡桩上部区域,应严格注意踢脚现象的发生。

参考文献

[1]　中华人民共和国国家标准. GB 50497—2009　建筑基坑工程监测技术规范. 北京:中国建筑工业出版社,2009.

[2]　《基坑工程手册》编写委员会. 基坑工程手册. 北京:中国建筑工业出版社,2007.

锚杆无损检测技术应用于大型水电工程的试验研究

徐永明

（武警水电第六支队）

摘　要　传统的砂浆锚杆检测方法“拉拔法”、“钻孔法”等只局限于低频次低精度的抽查，而且大都是破坏性的、不便于操作。近几年来，在水利水电工程中砂浆锚杆的质量检测越来越多地采用了无损检测方法。本文是砂浆锚杆无损检测应用于工程实践的一次实用性综合试验研究。研究结果表明，使用声频应力波反射法对锚杆锚固质量进行无损检测，经济快捷、准确可靠，能够为向家坝水电站工程建设提供更好的质量保障。

关键词　锚杆　无损检测　试验研究

1　引言

金沙江向家坝水电站总装机容量 6 000MW，工程规模宏大，其中右岸地下电站装机 4×750MW，由体形各异、大小不等的 50 余条洞室组成地下洞室群。水泥砂浆锚杆是本工程高边坡处理和地下洞室重要的支护方式，其施工质量的优劣直接关系到工程建设期和运行期的安全。因此，选择有效的检测手段显得尤为重要。

传统的砂浆锚杆锚固质量检测方法是采用拉拔试验，但其固有的局限性限制了其在工程上的应用。随着工程无损检测新技术应用、计算机信息处理技术及工程检测仪器研发的高速发展，20 世纪 70 年代以来，国际上开始采用无损检测方法进行锚杆锚固质量检测。20 世纪 90 年代以来，我国大朝山、小浪底、三峡等水电建设工程相继引进无损检测的方法进行锚杆锚固质量检测。本次试验采用声频应力波无损检测法，通过建立室内模型锚杆标准波形档案，对锚杆注浆密实度和钢筋长度检测误差及其规律进行研究，以求取符合向家坝工程实际的锚杆检测参数，验证质量判定标准。

2　试验方案

2.1　基本原理

无损检测的仪器设备主要包括发射、接收、采集和分析四大系统，利用超磁致伸缩发射源从外露的钢筋头顶部发射一定频率的声频应力波，应力波在锚杆内部传播，通过安装在孔口浆面钢筋上的加速度传感器接收反射回来的信号，接收到的信号输入到工程检测仪进行采集，然后通过分析系统作相应的处理和解释。

在锚杆、砂浆和围岩组成的体系中，从锚杆顶部发射的声频应力波经杆体向四周传播，在锚杆与砂浆、砂浆与围岩的界面发生反射和透射。在锚固体系中，锚杆、砂浆和围岩三者之间浇灌均匀密实时，由于波阻抗差异不大，大部分能量透射到围岩体中，只有小部分能量反射回来；当砂浆浇灌不均匀、不密实时，在砂浆中出现空穴，在空穴处将出现不同程度的波阻抗面，表现为在原有的信号中叠加了强度不同的反射信号。根据突变点位置和反射信号的强弱，就可以确定锚杆锚固质量并进行分级。锚杆长度检测的原理是采用声频应力波在底部的反射时间，输入同类型锚杆正常波速参数计算杆长。实际检测时，输入锚杆设计长度计算波速，如果在正常波速范围之内，则长度复核无误。

2.2 模型锚杆设计与制作

为了建立全面的标准波形库，本次试验模拟了向家坝工程重要部位和最具代表性、使用数量最大的锚杆规格，模型锚杆类型设计为完整型、缺陷型(合格型、不合格型、基本无浆型)。其中，全长粘结型锚杆采用"先注浆、后插杆"工艺制作，预设缺陷锚杆采用"先插杆、后二次注浆"工艺制作，模型外套采用PVC塑料管，空腔部位采用泡沫全充填、上下界面绑扎胶皮阻隔。

2.3 检测程序

本次研究工作基本操作流程：收集基础资料、调试检测仪器→模型锚杆的施工制作→无损检测采集数据→剖管验证→检测数据处理及对比分析。

3 检测成果及分析

3.1 注浆密实度

锚杆注浆密实度检测值与剖管后的实际值对比见表1。

注浆密实度检测值与实际值对比表　　表1

锚杆编号	空腔位置偏差(m)	空腔长度(m)			注浆密实度(%)		
		检测值	实际值	绝对误差	检测值	实际值	绝对误差
1	—	—	—	—	100	100	0
2	—	—	—	—	100	100	0
3	0.71	2.80	4.19	1.39	50	27.12	−22.88
4	—	—	—	—	100	100	0
5	−0.03	1.10	0.85	−0.25	80	85.22	5.22
6	−0.05	2.70	2.80	0.10	55	51.47	−3.53
7	—	—	—	—	100	100	0
8	−0.09	2.30	2.01	−0.29	73	76.71	3.71
9	−0.25	1.10	1.10	0	87	87.21	0.21
10	0.05	1.30	1.34	0.04	85	84.48	−0.52
11	−0.45	1.60	1.50	−0.10	80	82.56	2.56
12	—	—	—	—	100	100	0
13	0.04	0.70	0.63	−0.07	92	92.67	0.67
14	—	—	—	—	100	100	0
15	−0.02	1.70	1.65	−0.05	80	79.37	−0.63
16	−0.20	3.20	3.15	−0.05	60	63.37	3.37
17	−0.20	1.30	0.79	−0.51	85	90.25	5.25
18	0	1.00	1.00	0	87	86.84	−0.16
19	—	—	—	—	100	100	0

检测结果表明，7根全长粘结型锚杆检测结论为“完整”，全杆密实度100%，经剖管后观测，浆柱饱满、完整，无蜂窝麻面、气孔等缺陷，注浆密实度为100%，与检测结果完全相符。12根缺陷锚杆的空腔检出率为100%，确定空腔的中心位置基本正确，除3号杆误差变异较大外，检测出的全杆密实度与实际的误差在－3.53%～＋5.25%范围内。3号锚杆的空腔检测定量误差达到－22.88%，分析原因主要是该杆缺陷规模大，两端的砂浆长度分别只有0.51m和1.05m，而两端的胶皮均不对应空腔的位置，致使下段浆柱内存在空腔下界面、胶皮上下界面、钢筋底部界面和杆底多处反射界面，导致检测到的波形复杂化，影响检测精度。

3.2 钢筋长度

钢筋长度复核值与剖管后的实际值对比见表2。

钢筋长度复核值与实际值对比表 表2

锚杆编号	复核长度(m)	实际长度(m)	绝对误差(cm)	相对误差(%)
1	5.80	5.85	5	0.85
2	5.70	5.72	2	0.35
3	5.70	5.75	5	0.87
4	5.70	5.75	5	0.87
5	5.70	5.75	5	0.87
6	5.70	5.77	7	1.21
7	5.80	5.85	5	0.85
8	8.50	8.60	10	1.16
9	8.50	8.60	10	1.16
10	8.50	8.60	10	1.16
11	8.50	8.60	10	1.16
12	7.50	7.60	10	1.32
13	8.50	8.60	10	1.16
14	8.70	8.74	4	0.46
15	8.00	8.08	8	0.99
16	8.50	8.60	10	1.16
17	8.00	8.10	10	1.23
18	7.50	7.60	10	1.32
19	7.50	7.60	10	1.32

检测结果表明，钢筋长度复核绝对误差小于10cm，平均绝对误差8cm，相对误差小于1.50%，平均相对误差1.02%。钢筋长度复核值均小于剖管后的实际值，主要原因在于传感器安装在PVC管口的钢筋上，记数点距作为测量零点的砂浆面还有几厘米的距离，该误差属于系统误差，在实际检测工作中可以进行校正。

3.3 主要影响因素分析

3.3.1 锚杆规格差异分析

本次检测的注浆完整杆有ϕ25/ϕ51～ϕ40/ϕ76(钢筋/PVC管)一系列规格，其波速范围为3 940～4 460m/s。波速指标与传播介质的波阻抗直接相关，锚杆是钢筋与砂浆两种介质的组合体，钢筋的速度一般为5 100m/s、纯砂浆为3 300m/s，不同规格的锚杆，钢筋与砂浆所占的权重各不相同，其波速指标也不尽相同，钢筋所占比例越大，锚杆波速越高。

3.3.2　*砂浆龄期影响分析*

通过对3d、4d、5d、6d、7d、14d等不同龄期的检测表明，锚杆波速指标基本不变，检测结果差异性很小。差异性很小的主要原因是由于采用的砂浆强度相对较高（M25、M30），通过"麦斯特"注浆机灌注的砂浆稠度较大，露天高气温养护，砂浆的强度增长很快，缺陷位置定型也很快，因此3d以后的砂浆强度基本上不再增长。

3.3.3　钢筋外露长度影响分析

通过对0.1m、0.2m、0.3m、0.5m、1.0m、1.5m等6种不同外露长度的检测表明，外露长度对波速指标基本没有影响，分析原因主要为：将接收传感器安装在外露端底部靠近砂浆面，有效应力波的传播路径仅限在砂浆锚杆内，减弱了外露长度的影响。锚杆无损检测时，由于发射器安装在钢筋头顶部，外露钢筋横向摆动产生的余振影响了起始脉冲的单一性，将掩盖锚杆内上部的缺陷信号，外露端越长对起始波的影响就越大。外露较长时，如果不能控制住外露钢筋的横向摆动，余振不能衰减，影响到杆底部后，致使杆底信号不能确定，无法得到准确的波速指标，对整个锚杆的定性都可能造成误差。

4　结语

本次研究工作达到了预期的目的，对两种类型模型锚杆的定性分组正确，对完整型锚杆的注浆密实度检测与实际相符，有缺陷锚杆密实度的检测值与实际值的偏差在允许范围之内，锚杆长度复核误差在0.1m以内。根据试验参数，确定向家坝工程单根锚杆注浆密实度的质量判定标准为一般部位不小于80%，重要部位不小于90%，检测长度不小于95%的设计长度。

综上所述，无损检测方法可以作为一种有效控制锚杆施工质量的手段应用于向家坝工程中，同时还应该考虑到实际施工中影响检测效果的因素较多，检测工作应着重注意以下几点：

（1）实际施工中的锚杆检测，需充分考虑砂浆强度、稠度、环境等因素对龄期的综合影响，在有现场试验验证的前提下，决定是否在未达到设计龄期时进行无损检测。

（2）锚杆外露长度越小，检测精度越高。外露长度达到1.0m以上的锚杆必须采取有效的控制摆动的固定措施才能进行检测。

（3）单一缺陷的检测精度相对较高，当存在多个或较大规模缺陷时，多处反射的缺陷信号会造成后面的信号易被前面的所湮没，检测会产生一定的误差，把信号的能量特征与相位特征结合起来考虑，可提高缺陷判定的精确度。

某挡墙滑坡病害的检测分析和思考

张爱江[1]　刘　涛[2]　束毅力[3]

（1. 北京市市政工程研究院　2. 北京市城市道路养护管理中心
3. 中国路桥工程有限责任公司）

摘　要　针对某挡墙滑坡病害进行检测和成因分析，并思考设计、施工和运营管养的应对措施，以减少此类工程病害的发生。

关键词　挡墙　滑坡病害　检测分析

2011 年 7 月底，位于北京市某主干路上的一处挡墙在暴雨后突发病害，挡墙多个分块底部产生宽度较大的横向裂缝并连同背后土体有滑坡趋势。道路养护单位迅速封闭附近的道路并采取了紧急支护措施。产权单位立即组织检测单位进行了特殊检测和成因分析。

本文通过对该挡墙滑坡病害的检测和成因分析，思考从设计、施工到运营管养方面的应对措施，以期减少此类挡墙工程病害的发生。

1　工程概况

本工程位于北京市某主干路上。该主干路下穿铁路线，此范围为路堑式道路。铁路下方为钢筋混凝土铁路箱涵，其余部位路肩为现浇重力式混凝土挡墙。发生病害的挡墙位于铁路箱涵以东 60～80m 处，结构形式为现浇重力式混凝土路肩挡墙。

挡墙与主辅路的关系示意见图 1 挡墙与主路、铁路箱涵关系照片见图 2。

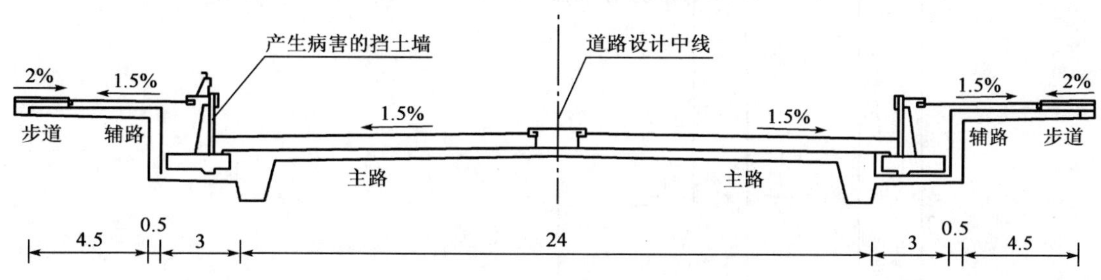

图 1　发生病害的挡墙与主辅路位置关系示意(尺寸单位：m)

2　病害特征和成因分析

2.1　病害特征

经过现场检测和分析，该段挡墙出现的病害具有明显的结构剪切破坏和整体滑坡特征，见图 3，具体来说有以下 5 个特点：

(1)挡墙底部横向开裂，最大宽度超过 10mm，深度已经贯穿挡墙厚度；开裂部位以上混凝土墙向平面外滑移，最大错位量超过 16mm。

(2)挡块间的伸缩缝明显张开，最大宽度超过未发生病害的伸缩缝30mm；且病害最严重处，墙体挡块本身也产生了竖向裂缝。

(3)墙后辅路路面纵向开裂，辅路上的砖砌检查井沿砌筑缝拉裂。

(4)雷达探测，墙后有大量积水，辅路检查井内存有较多雨水。

(5)挡墙泄水孔堵塞，墙后积水不能排出。

图2 挡墙与主路、铁路箱涵关系

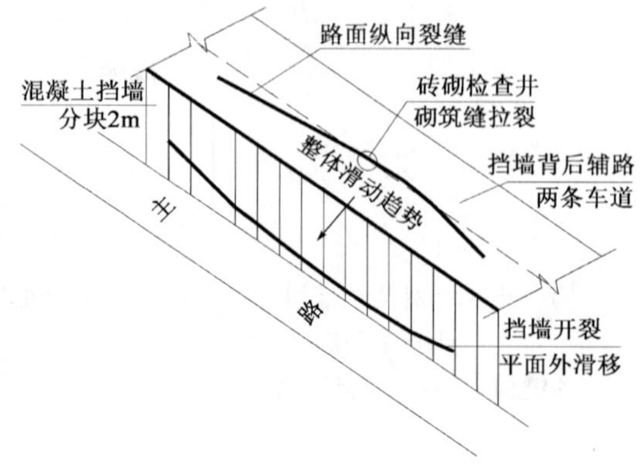

图3 挡墙病害段的滑坡特征

2.2 病害成因分析

该挡墙墙身采用C25混凝土，墙后回填粉质黏土并分层压实，墙背设置反滤排水层，墙身设置泄水孔。墙体按照每2m一段分块，每段之间设置伸缩缝，每6m设置沉降缝一道，位置与伸缩缝重叠。该段挡墙为重力式混凝土挡墙，检测时未检测到挡墙钢筋，后经查阅竣工图纸，发现该挡墙配筋较少。剖面形式和配筋状况见图4。

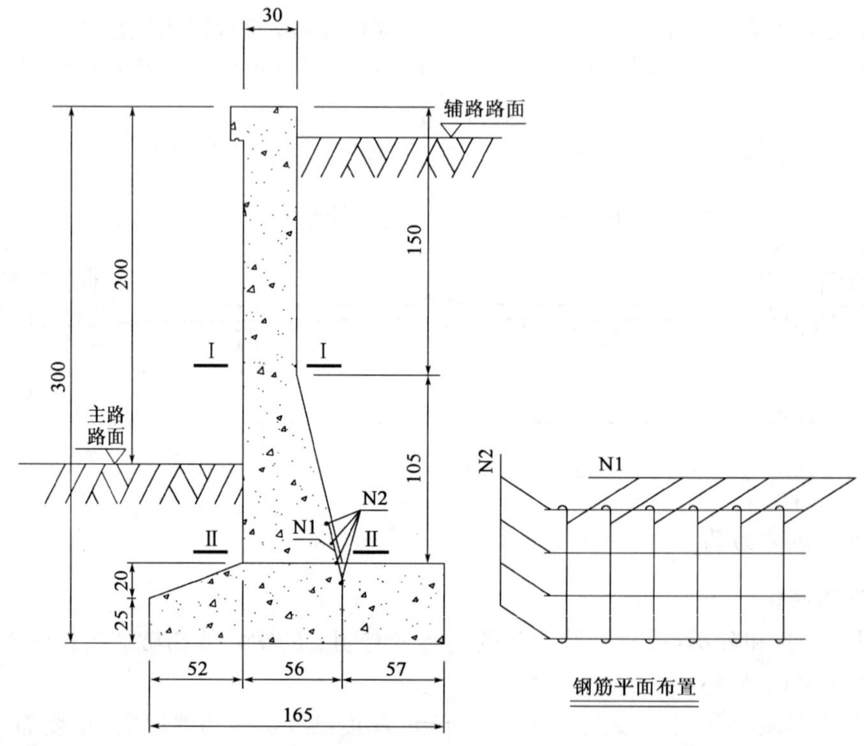

图4 挡墙剖面结构和配筋图(尺寸单位:cm)

对照检测结果，挡墙发生横向开裂并产生错动的部位在图 4 中的Ⅰ—Ⅰ截面。该位置截面突变且未配置钢筋，属薄弱部位，是易发生病害的部位。

根据计算，墙身截面强度和整体稳定性均满足现行规范要求。即使按照最不利荷载布置与工况组合，均不至造成挡墙剪切破坏并产生整体滑坡现象，可以排除设计承载力不足的情况。

既然挡墙墙身抗剪承载力满足要求，而挡墙又在暴雨后发生了剪切破坏和滑坡现象，由此可以肯定以下两点：

①发生病害前挡墙已经存在轻微病害或安全隐患；

②此病害与降雨和墙背后积水有关。

经事后调查，该挡墙已建成并使用多年，病害发生前 1～2 年已在部分挡块底部发现细微横向裂纹，挡墙上设置的泄水孔早已堵塞，墙后排水不畅。墙后辅路上的检查井为雨水井，井底常有积水。

北京处在季节性冻土区，而该挡墙背后填土为粉质黏土，土体常年潮湿甚至积水，具备冻胀基本条件。由前述检测和背景调查结果、病害特征及图纸反映的情况推测，本次病害突发可能由冻胀引起，并在雨后集中爆发。冻胀的土体体积增大，体积变化受到约束时对墙体产生很大压力并引起挡墙平面外变形，解冻后，墙后土体水分更易聚集。历经几个循环，在挡墙最薄弱的Ⅰ－Ⅰ截面产生了受弯病害(挡墙外表面产生细微横向裂纹)，裂纹的出现减小了挡墙有效抗剪截面面积。由此，在暴雨时墙后土体积水严重，抗剪截面处于临界状态的挡墙剪切破坏并引发滑坡趋势。病害发生前，辅路上重车通行较为频繁，也不能排除暴雨前后，通过的重车加剧病害的可能性。

3　对季节性冻胀区挡墙设计、施工和养护的思考

在地质状况良好的北京地区，挡墙发生此类病害极其罕见，这值得我们从各方面进行反思和总结。

(1)设计方面：现行规范和标准图对冻胀地区挡墙设计有明确的规定，诸如墙后设置反滤层、墙身设置泄水孔等。但任何本本上的东西都不能面面俱到，因此，挡墙设计人员需要以实事求是和具体问题具体分析的态度，针对具体工程慎重而细致地研究并采取有针对性的措施。对于建成后使用过程中一些一定会出现的工况，应适当考虑在“第一道防线”失效情况下，如何保证工程不至立即破坏的“预防性设计”。

就本工程而言，慎重选择挡墙结构形式与加强细部结构设计(如薄弱部位适当配筋，增加结构延性)，如何预防墙后进水、积水和有效排除，以及如何提高墙后反滤层和泄水孔使用年限都有待深入研究和仔细设计。

(2)施工方面：挡墙施工有详细的施工规范，但施工工法工艺应仔细选择，质量应严格控制。对于本工程这些内容已不可追溯。但与类似工程相比，本工程大部分泄水孔堵塞已能说明部分问题。因此，施工单位应提高管理和技术水平，工程人员应增强责任心。

(3)管养方面：《城市桥梁养护技术规范》规定，对于桥梁(包括挡墙)，应进行经常性检查和定期检测，必要时进行特殊检测。其中，定期检测可分为常规定期检测和结构定期检测。经常性检查和常规定期检测可由养护单位进行，而结构定期检测和特殊检测必须由具备资质的单位承担。

对于本工程，如果进行了经常性检查，泄水孔堵塞情况一定能够发现，发现后进行有针对

性的疏通养护必然可以减少严重病害的发生。若经常性检查和结构定期检测中能及早发现挡墙底部有规律的细微横向裂纹并引起足够重视，也能够预防类似事故发生。

因此，建议管养单位合理安排相应的检查、检测并对发现的可能导致严重后果的病害或隐患及时处理。这样既可以降低风险又可以节约病害发生后再予补救的支出。

随着国家对工程质量管理的日益严格和细化，工程质量将会逐步提高，但是工程参与方仍需增强责任心，认真工作、善于总结，为提高工程质量、减少工程病害和事故而努力。

参考文献

[1] 华南理工大学等四院校. 地基及基础(3版). 北京：中国建筑工业出版社，1999.

[2] 中华人民共和国行业标准. CJJ 99—2003 城市桥梁养护技术规范. 北京：中国建筑工业出版社，2003.

地铁机场线下穿机场高速路及北皋匝道桥沉降监测及变形规律

马雪梅　高爱林　任　干

（北京城建勘测设计研究院有限责任公司）

摘　要　机场高速路是连接首都机场与北京市区的重要交通枢纽，行车速度快，对高速路平整性要求高，变形指标严格，要求精度高，车流量大，不具备上路监测条件。本监测工程通过对下穿影响范围的高速路及北皋匝道桥进行监控量测，为针对性的调整控制措施，确保道路安全及行车安全提供了重要依据。监测技术先进，对变形规律进行了总结，对类似工程有一定借鉴意义。

关键词　机场高速路　匝道桥　监测技术　变形规律

1　项目背景

为了掌握机场线对下穿的机场高速路和北皋匝道桥的影响，确保其平整度及自身稳定性满足安全行车需要，我公司承担了监测工作，监测项目包括高速路的路面沉降、纵（横）向坡度变化和北皋匝道桥路面及路基沉降三个方面。根据设计要求，高速路及匝道桥的沉降控制值为 20mm，根据规范要求，监测精度需达到 1～2mm[1]。该下穿高速路段为全封闭高速公路，车多且流量大，常规的水准测量不具备监测条件。因此，如何选择监测方法，能够确保作业人员安全，不影响路面交通正常运行，且能够满足监测精度，成为本工作的一大难题。

本文介绍了主要监测手段，并总结了隧道施工对高速路及匝道桥所引起的变形规律，结合第三方监测的特点总结了信息化施工经验，对监控量测工作的保障作用进行了探讨。

2　高速路及匝道桥监控量测方案

2.1　工程及地质概况

下穿高速路及匝道桥段隧道左线长 218.40m，见图 1，结构拱顶距离高速路面 5.42～6.14m；下穿段右线长 225.98m，结构拱顶距离高速路面 4.77～6.01m，见图 2，距闸道桥路面 6～12m。暗挖段为单洞单线，结构净高 5.48m，净宽 5.5m。左右线间距 10.13～11.11m，两隧道结构外皮净距 3.48～4.46m。

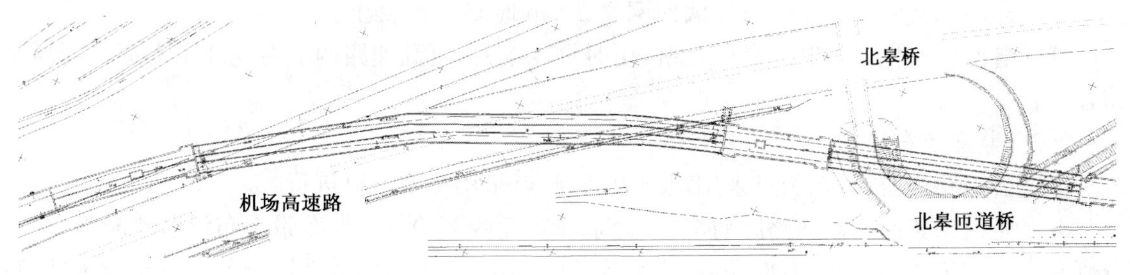

图 1　工程平面图

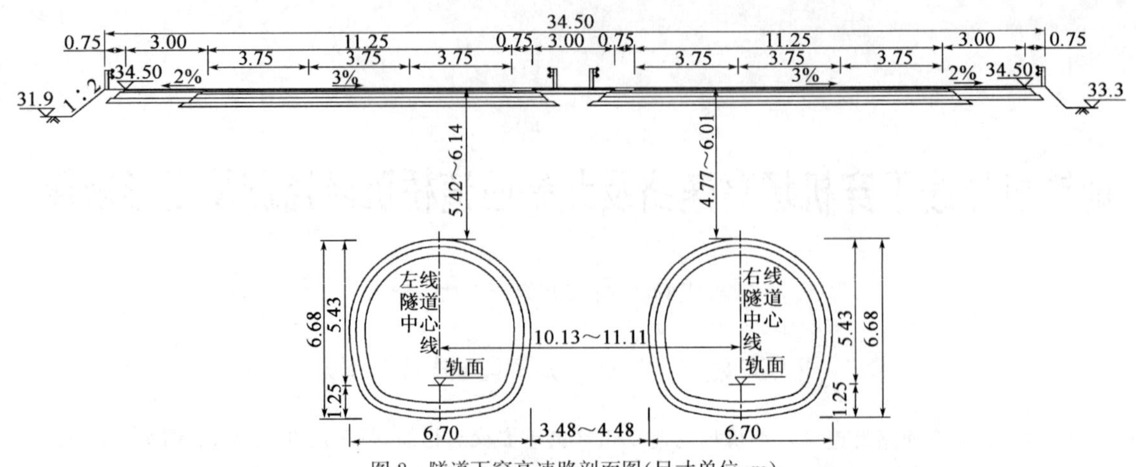

图 2　隧道下穿高速路剖面图(尺寸单位:m)

机场线高速路段隧道上覆地层以砂质粉土为主,地下区间结构主要穿过的土层为粉土填土①层,粉土③层,粉质黏土层④层,粉土④2 层,粉细砂④3 层,局部为粉质黏土③1 层,黏土④1 层,穿越的地层均为Ⅳ级围岩。地下水位标高为 24.27～25.20m。

机场高速路路面结构从上到下依次如表 1 所示。

高速路路面结构参数表　　表 1

序　　号	路 面 结 构	深度(cm)
1	中粒式沥青混凝土(玄武岩碎石)	－4
2	粗粒式沥青混凝土(石灰岩碎石)	－6
3	沥青碎石(石灰岩碎石)	－8
4	水泥稳定砂砾	－16
5	石灰粉煤灰稳定砂砾	－16
6	石灰土	－15
7	级配碎石	缺少调查,厚度不明

根据调查,高速公路路基下方原状土标高约为 32.5m,距离隧道拱顶 2.77～4.14m。

2.2　施工概况

本段暗挖隧道采用台阶法开挖,格栅间距 0.75m,每次开挖 0.5m,并进行初期支护。每施工开挖 1.0m,进行一次导管注浆,开挖台阶长度 5～6m。上台阶施工时设置临时仰拱封闭,临时仰拱采用 I22b 工字钢,两侧各设置两根锁脚锚杆,置入角度 60°;下台阶施工时及时支撑开挖后的拱脚,拱脚两侧各设置两根锁脚锚杆。掌子面注浆每一循环 8m,开挖 6m,预留 2m 作为下一循环的止浆墙。必要时止浆墙面网喷 30cm 厚 C20 混凝土。

隧道自西向东先后下穿北皋匝道桥,历时约 4 个月,自高速路两端对挖施工下穿机场高速路,历时约 5 个月。

2.3　监测点布设

高速公路路面监测,控制点采用观测墩,监测点采用特制铁钉进行[2]。

北皋匝道桥路面和高速路路肩沉降,分别在路面两侧的紧急停车带上布设监测断面,测点分别布设于隧道中心、两线中部、隧道边墙等关键部位,每个断面依据影响范围及布设条件,布置 8～13 个测点。匝道桥路基沉降监测点布设于匝道路基上,测点位置与路面监测点对应,匝道桥监测布点图见图 3。

匝道桥路面和高速路路肩沉降监测点见图 3，采用冲击钻打孔，埋入特制测点，用锚固剂进行固定的方式布设。匝道桥路基采用深埋方式埋设。

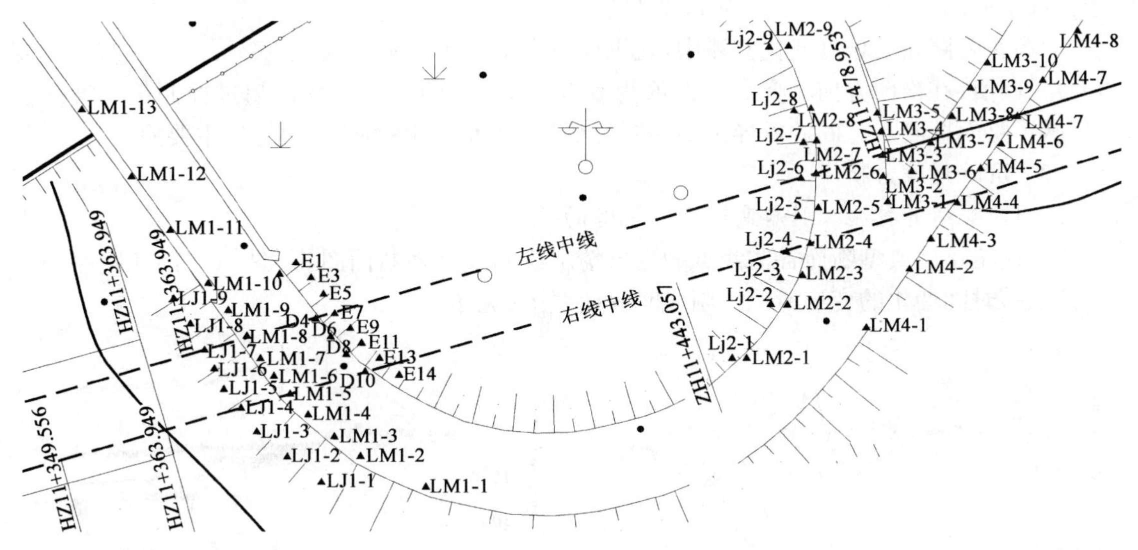

图 3　匝道桥监测布点平面图

2.4　监测方法、频率、周期

针对机场高速路路面车流量大、速度快等特点，对其路面沉降监测采用高精度全站仪进行空间前方交会，从而实现了对监测点进行非接触测量[2]。高速路路面横向和纵向坡度变化，采用测点间差异沉降与测点间距的比值计算而得。

高速路路肩沉降和北皋匝道桥沉降，采用精密几何水准测量的方式进行，技术指标按照国家二等水准的要求进行。

监测频率：根据测点到开挖面的距离、测点变形是否预警以及穿过后的稳定情况，进行调整，密集时每天 1 次。

监测工作始于土建施工开挖之前，止于沉降稳定之后。沉降稳定以 100d 的平均速率小于 0.01～0.04mm/d 进行判断[1]。

2.5　控制标准

根据设计文件，高速路及北皋匝道桥沉降控制指标均为 20mm，高速路横向坡度变化控制指标为 0.15％，高速路路面纵向坡度变化控制指标为 0.1％，报警值、预警值分别取控制值的 80％、70％。

3　监测成果及沉降规律分析

3.1　监测成果分析

通过对机场线下穿机场高速路及北皋匝道桥区域进行长约 10 个月的监测工作，对最终监测数据进行整理分析，可以看出：

(1)匝道桥路面最大沉降达－104.8mm，在总计 46 个监测点中，60％的监测点沉降超过控制值。东匝道桥发现 1 处裂缝。

(2)匝道桥路基最大沉降达－81.1mm,25 个监测点中,76%的监测点沉降超过控制值。

(3)高速公路路边最大沉降达－47.3mm,40 个监测点中,55%的监测点沉降超过控制值。

(4)高速公路路面沉降最大沉降达－42.5mm,76 个监测点中,21%的监测点沉降超过控制值。施工期间在高速路路面发现 17 处裂缝。

(5)高速公路路面坡度变化监测中,在纵向方向上变大变形值为 0.32%,21%的监测点变形超过控制值;在横向方向上变大变形值为 0.34%,32%的监测点变形超过控制值。坡度变化,反映了路面监测点之间的差异沉降,差异沉降的增大,是路面产生裂缝的主要原因。

3.2 沉降规律分析

3.2.1 隧道开挖施工引起高速公路沉降的规律

将高速路路面典型断面各监测点的变形情况绘制成沉降断面图,见图 4;将高速路路面典型监测点随时间变化的变形情况绘制成时程曲线图,见图 5。

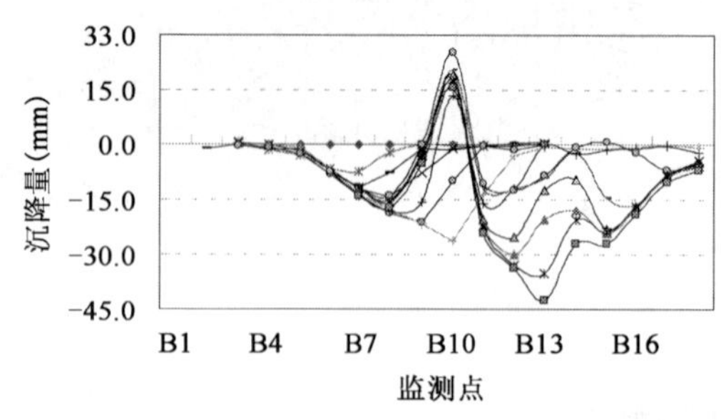

图 4 高速路典型监测断面沉降断面图

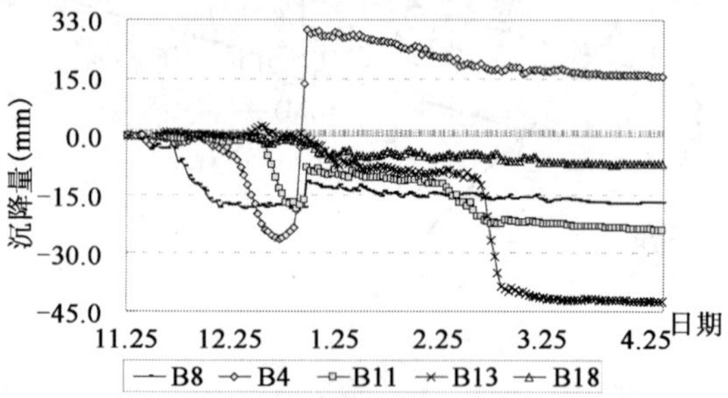

图 5 高速路典型监测点沉降量时程曲线图

由监测点沉降断面图(图 4)可知,隧道开挖影响范围约为隧道中线外 11m(约为隧道底板埋深)。

由监测点沉降时程曲线图(图 5)可知,地铁隧道在下穿机场高速路期间,机场高速路经历了“轻微影响～快速下沉～缓慢下沉～趋于稳定～稳定”的变形过程。

(1)轻微影响阶段:该阶段在开挖面距测点断面 2 倍洞径即开始发生,影响范围在－5.9～＋6.3mm 之间,影响大小主要与超前小导管注浆有关。

(2)快速下沉阶段:该阶段发生在开挖面穿过监测断面 2 倍洞径内。该阶段测点的沉降速率急剧增大,下沉速率一般在－2mm/d 左右。一般情况下,经过急速下沉(约需 1 周),测点沉降量将达到稳定时沉降量的 50%以上。

(3)缓慢下沉阶段:该阶段发生于开挖面穿过监测断面 5 倍洞径内。经过急速下沉后,测点下沉速率逐渐减小,在－0.8mm/d 左右。一般情况下,经过此阶段(约 2 周)的下沉,测点沉降量将达到稳定时沉降量的 80%以上。

(4)趋于稳定阶段:该阶段发生于开挖面穿越监测断面 7 倍洞径内。该阶段沉降速率逐渐放缓,并最终趋于稳定。一般情况下,测点沉降量将达到稳定时沉降量的 95%以上。

沉降变形规律主要与地质情况、施工进度、施工控制有关。该段隧道穿越的地层存在黏土、粉质黏土等,粘聚性强,故沉降稳定时间较长。隧道上覆地层以砂质粉土为主,自稳能力差,对控制路面沉降不利。

在下穿高速路后期,由于加强了二次补浆,使高速路路面变形得到缓减,甚至出现了抬升现象。图 4 和图 5 中,测点 B10 附近出现了较大量的抬升,引起路面隆起。造成该现象的原因,是当时正值下大雪路面被积雪覆盖,施工单位在未进行有效监测的条件下,过量注浆所致。

匝道桥沉降情况与高速路基本类似，在此不再赘述。

3.2.2　隧道覆土厚度与隧道间距比对沉降槽形式的影响

实测结果表明，隧道覆土厚度（以 h 表示，下同）与隧道间距（以 l 表示，下同）的比例（以 α 表示，即 $\alpha=h/l$）不同，沉降槽的形状有一定变化。

选择高速公路北侧路肩、高速公路南侧路肩、东匝道桥东侧、东匝道桥西侧、西匝道桥西侧进行分析，其 α 分别为 0.49、0.52、0.56、0.67、1.20。将各监测断面最终沉降做监测断面图（此图仅为表示沉降槽形状，对沉降槽宽度进行了一定量的伸缩，故此图不代表几个断面沉降槽范围相同），见图 6。

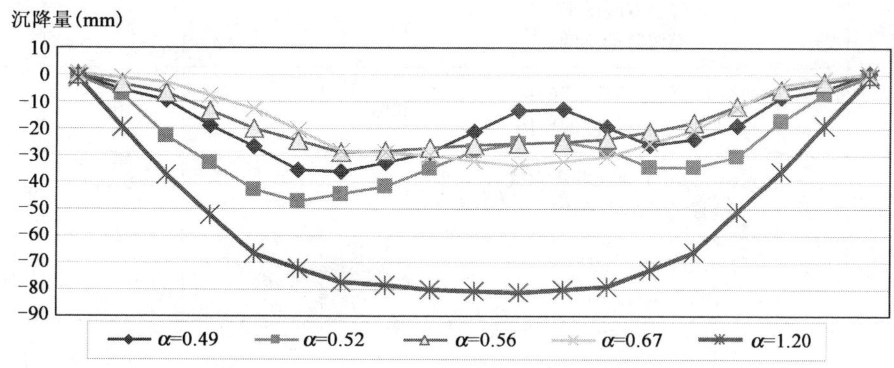

图 6　高速路典型监测点沉降量时程曲线图

由图 6 可知，不同的覆土与隧道间距比，引起沉降槽的形状不同。

（1）α 值为 0.49、0.52 的沉降槽成“双峰”状态，隧道中线上方测点沉降较两隧道中部大。

（2）α 值为 0.56 的沉降槽成“平峰”状态，隧道中线与两隧道中部变形基本相当，沉降槽底部较平整。

（3）α 值为 0.67 及 1.20 的沉降槽成“单峰”状态，隧道中线较两隧道中部沉降小，成单峰状态的沉降槽，α 值越小，沉降越平缓。

“单峰”形状的沉降槽，坡度起伏较大，对路面行车明显较影响，处于盆底的建筑物、管线等环境对象将产生较复杂的差异沉降，更易造成结构破坏。处于“平峰”和“单峰”状态的沉降槽，变形相对平缓，对路面行车影响较“双峰”状态小；处于“盆底”的建筑物、管线等环境对象基本处于整体下沉的形式，差异沉降较小，相对有利于对环境的保护。

3.2.3　隧道覆土厚度与隧道间距比对两条隧道中线叠加沉降的影响

实测结果表明了 α 对两条隧道中线叠加沉降的影响。

对应上一节中相应条件，选择 α 分别为 0.49、0.56、0.67、1.20 的 4 个断面，对两条隧道的叠加影响进行统计，结果见表 2。

由表 2 可以看出，不同的覆土厚度与隧道间距比，与隧道开挖引起的沉降叠加形式存在一定联系。

（1）α 值越大，先施工隧道引起本线阶段沉降占双线施工完成后总沉降的比例越小（如第 1 行所示），引起后施工隧道阶段沉降占双线施工完成后总沉降的比例越大（如第 2 行所示）。

当 $\alpha=0.49$ 时，先施工隧道施工对后施工隧道上方沉降几乎无影响。

（2）α 值越大，后施工隧道引起前施工隧道沉降叠加越大（如第 3 行所示），施工引起本线上方沉降占双线完成后的总沉降的比例越小（如第 4 行所示）。

当 $\alpha=1.20$ 时，沉降叠加在 40%，而 $\alpha=0.49$ 时，沉降叠加在 3%，几乎无影响。

(3)对比第 2、3 行可知，后施工隧道引起前施工隧道沉降叠加，比前施工隧道引起后施工隧道阶段沉降要大。

基于以上特性，当 α 较大时，为了防止沉降叠加影响，对于控制指标需进行必要的分解，从而达到对监测对象的整体控制目的；反之，当 α 较小时(如表中 $\alpha=0.49$)，因单条隧道施工对另一条隧道上方地表及道路叠加作用较小，可不考虑控制指标分解的问题。

隧道开挖叠加情况统计表 表 2

序号	对比内容		$\alpha=1.20$	$\alpha=0.67$	$\alpha=0.56$	$\alpha=0.49$
1	先施工隧道	阶段沉降占双线施工完成后总沉降的比例	60%	72%	85%	97%
2		引起后施工隧道阶段沉降占双线施工完成后总沉降的比例	22%	18%	10%	1%
3	后施工隧道	引起先施工隧道叠加沉降占双线施工完成后总沉降的比例	40%	28%	15%	3%
4		阶段沉降占双线施工完成后总沉降的比例	78%	83%	90%	99%

4 结语

(1)地铁隧道在下穿机场高速路期间，机场高速路经历了“轻微影响～快速下沉～缓慢下沉～趋于稳定～稳定”的过程。快速下沉阶段约为隧道穿过后的一周时间，为了抑制后期沉降，需及时反复在此阶段进行背后回填注浆。

(2)不同的覆土厚度与隧道间距比引起沉降槽的形状不同，该比值较大时，沉降槽成单峰状态，比值较小时，沉降槽成双峰状态。双峰状态，对路面平整度影响更大。

(3)不同的覆土厚度与隧道间距比引起沉降叠加不同，该比值较大时，沉降叠加约明显，在对针对不同工序，进行控制指标分解；该比值较小时，沉降叠加不明显，可不比考虑控制指标分解的问题。

(4)后施工隧道引起前施工隧道的沉降叠加，较前施工隧道引起后施工隧道的阶段沉降大，因此，在后施工隧道施工过程中，更需严格采取控制措施。

参考文献

[1] 中华人民共和国行业标准. JGJ8—2007 建筑变形测量规范. 北京：中国建筑工业出版社，2007.

[2] 高爱林，张轩轶，陈庆来. 高精度非接触测量在运营高速路的沉降监测. 都市快轨交通，2010，23(5).

[3] 梁睿. 北京地铁隧道施工引起的地表沉降统计分析与预测. 北京：北京交通大学，2006.

[4] 高爱林，马雪梅，等. 盾构隧道下穿机场停机坪的变形规律. 城市快轨交通，2010，23(1).

某边坡治理工程中预应力锚索抗滑桩的结构计算方法

孙亚男　高彦昆

（西南有色昆明勘测设计（院）股份有限公司）

摘　要　本文介绍了某高填方边坡治理工程中预应力锚索抗滑桩的结构设计过程，讨论了抗滑桩设计中滑坡推力的计算方法及公式、抗滑桩的结构设计及配筋计算、预应力锚索与桩共同作用的计算，以及预应力锚索抗滑桩较为实用的简化计算公式。

关键词　填方边坡治理　预应力锚索抗滑桩　结构设计

1　前言

桩是深入土层或岩层的柱形构件。边坡处治工程中的抗滑桩在推力作用下，可以调动起超过桩宽一定范围、地层的抗力与之共同作用，其抗滑原理可简单归纳为以下几点（抗滑桩工作原理见图1）：

（1）抗滑桩依靠滑面以下部分的锚固作用和被动抗力来共同平衡作用在桩上的边坡推力；

（2）抗滑桩受荷段承受边坡推力，计算时取一个桩距宽度的边坡体作为计算单元，即假定每根桩所承受的边坡推力为桩间距范围内滑体所产生的滑坡推力；

（3）抗滑桩桩距在一定范围时，可以借助桩的受荷段与桩背土体及桩两侧的摩阻力形成土拱作用，使土体不至于从桩间滑出。

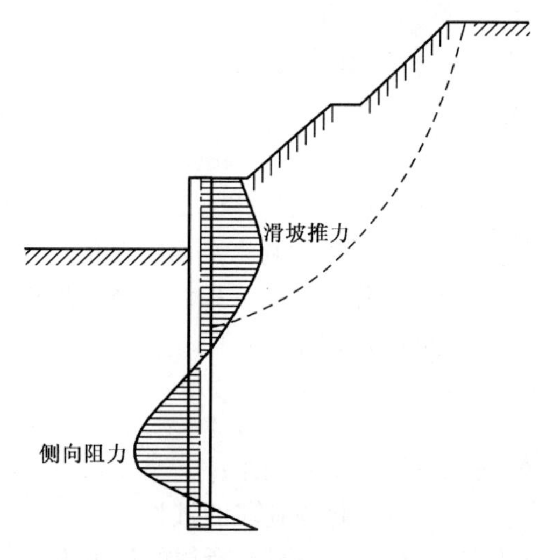

图1　抗滑桩工作原理

抗滑桩是边坡处置工程中常见常用的处置形式之一，从早期的木桩，到近代的钢桩和目前在边坡工程中常用的钢筋混凝土桩，断面型式有圆形和矩形，施工方法有打入、机械成孔和人工成孔等方法，结构型式有单桩、排桩、群桩，有锚桩和预应力锚索桩等。其中预应力锚桩是采用预应力锚索起到“锚”的作用，锚索和桩共同工作，改变桩的悬臂受力状况和桩完全靠侧向地基反力抵抗滑坡推力，使桩身的应力状态和桩顶变位大大改善，是一种较为合理、经济的抗滑结构。

2　边坡条件及工程地质特性

该水泥厂工程建设于由斜坡经挖填整平而成的台阶状场地上，属侵蚀、溶蚀的低中山地貌，地势北高南低，场地南部为玄武岩分布区、北部为石灰岩分布区，相对高差123m，分1 718～

1 742、1 744～1 766、1 766～1 777、1 777～1 801 共 4 个平台，其中 1 744～1 766 平台边坡前沿所处地段原始标高为 1 740m 左右，斜坡坡度 10°～25°不等。由于用地原因，该段填方边坡以直立坡为主，累计填土厚度最大达 26m，填土料为挖方区全～强风化玄武岩及其残坡积土。

3 防治安全等级及方案选定

根据《建筑边坡支护技术规范》，综合考虑边坡破坏后造成的损失的严重性、边坡的类型及坡高等因素，确定该防治工程的安全等级划分为一级。

因该段边坡为厚大填方边坡区，以安全经济为原则，以保护场地建筑为目的，采用预应力锚索抗滑桩的形式对该边坡进行综合防治。

4 设计计算

4.1 设计荷载确定

4.1.1 计算参数选值

边坡体计算指标依据地质勘察资料结合相关实验综合选取，并在计算时计入地震影响。

4.1.2 计算方法的选取

边坡稳定分析的方法有很多种，在本项治理工程中，采用瑞典圆弧法计算最危险滑动面，后用条分法计算最危险滑动面上的剩余下滑力。瑞典法计算单元图见图 2。

4.1.3 计算公式

$$E_i = E_1 + E_2 + E_3 + E_4$$

$$E_1 = KW_i \sin(\alpha_i)$$

$$E_2 = E_{i-1}[\cos(\alpha_{i-1} - \alpha_i) - \sin(\alpha_{i-1} - \alpha_i)\tan(\varphi_i)]$$

$$E_3 = -W_i \cos(\alpha_i)\tan(\varphi_i)$$

$$E_4 = -c_i l_i$$

$$\psi_i = \cos(\alpha_{i-1} - \alpha_i) - \sin(\alpha_{i-1} - \alpha_i)\tan(\varphi_i)$$

式中：W_n ——第 n 块滑体的重力；

α_n ——滑推力与水平面的夹角；

E_{hs} ——作用在第 n 条块滑体的地震力。

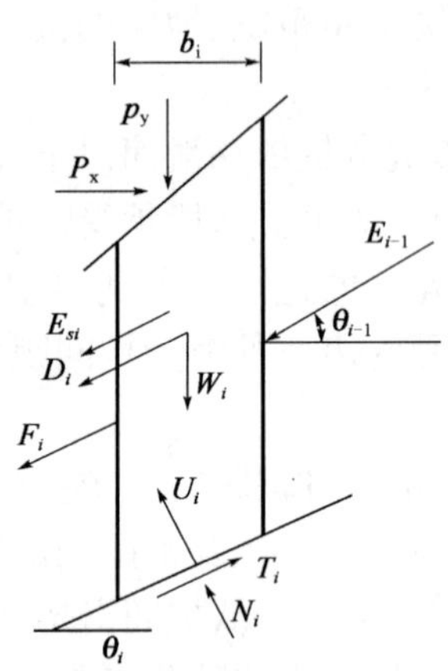

图 2 瑞典法计算单元图示

抗滑桩上承受的荷载为：

$$q = \frac{LE_n}{l}$$

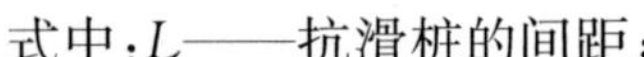

式中：L——抗滑桩的间距；

l——抗滑桩受荷段的桩长；

E_n ——设桩处每延米滑体的滑推力。

4.2 抗滑桩设计计算

4.2.1 计算模型确定

依据计算，最危险滑面深度综合确定为 17m、嵌固段 11m，下部支承可按固定端考虑。在计算抗滑桩的内力之前必须判定桩的类型，在抗滑桩计算中用到的变形系数有两个：α 和 β，其中 α 适用于“m”法：$\alpha = \left(\frac{mB_P}{EI}\right)^{\frac{1}{5}}$；$\beta$ 适用于“K”法：$\beta = \left(\frac{KB_p}{4EI}\right)^{\frac{1}{4}}$。

式中：E——桩的弹性模量；

I——桩的截面惯性矩；

m——地基系数随深度变化的比例系数；

B_p——抗滑桩的计算宽度；

K——地基系数。

通过 α 和 β 确定计算深度，用以判断按刚性桩或弹性桩来计算。具体判定式见表 1。经计算本工程抗滑桩判定为刚性桩。

刚性桩与弹性桩判定 表 1

类　型	K 法	m 法
刚性桩	$\beta h_2 \leqslant 1.0$	$\alpha h_2 \leqslant 2.5$
弹性桩	$\beta h_2 \leqslant 1.0$	$\alpha h_2 \leqslant 2.5$

4.2.2 锚索拉力设计值计算

由图 3 可以看出，滑动面以上桩身各点的位移为：$f_i = (x_0 + L_i)\phi$ 。

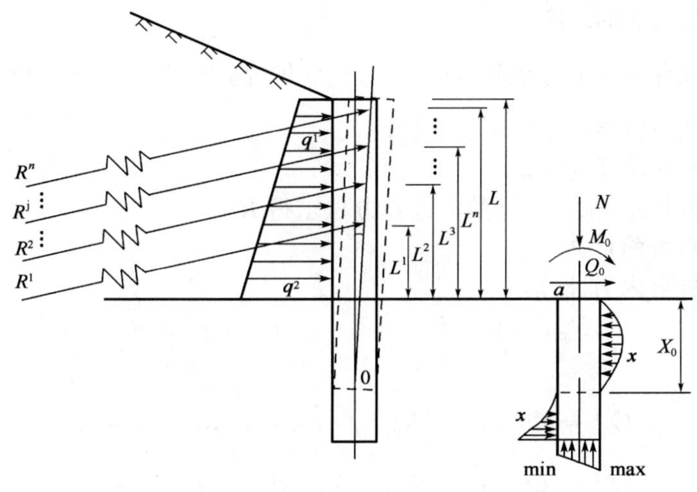

图 3 预应力锚索抗滑桩结构计算图

$$\Delta_i = \delta_i (R_i - R_{i0})$$

式中：x_0——桩体围绕旋转的中心轴距滑动面的距离；

ϕ——桩体绕旋转中心旋转的角度(以弧度为单位)；

R_{i0}——第 i 根锚索的预应力；

R_i——第 i 根锚索的拉力设计值；

L_i——i 点距滑动面的距离；

δ_i——第 i 根锚索的柔度系数；

$$\delta_i = \frac{4l_i}{NE_g \pi d_i^2}$$

l_i、d_i——锚索自由段长度及每束锚索的直径；

E_g——锚索的弹性模量；

N——每孔锚索钢绞线的束数。

锚索的设计拉力由以下方程求得：

$$\sum_{j=1}^{n} \xi_{ij} R_j + \delta_i \cdot \sec\theta_i \cdot R_i = C_i \tag{1}$$

式中：$\xi_{ij} = (G_1 + L_i G_3) L_j + (G_2 + L_i G_1)$；

$C_i = (G_1 + L_i G_i) M + (G_2 + L_i G_1) Q + \delta_i \cdot \sec\theta_i \cdot R_{i0}$；

$$G_1 = \frac{(t+1)h}{B_p m h^{t+3}\left(\frac{t+2}{t+3} - \frac{t+1}{t+2}\right) + \frac{1}{2} C_0 \cdot H \cdot W(t+2)};$$

$$G_2 = \frac{\frac{(t+1)(t+2)}{(t+3)} h^2 + \frac{(t+1)(t+2) C_0 \cdot H \cdot W}{2 B_p m h^{t+1}}}{B_p m h^{t+3}\left(\frac{t+2}{t+3} - \frac{t+1}{t+2}\right) + \frac{1}{2} C_0 \cdot H \cdot W(t+2)};$$

$$G_3 = \frac{(t+2)}{B_p m h^{t+3}\left(\frac{t+2}{t+3} - \frac{t+1}{t+2}\right) + \frac{1}{2} C_0 \cdot H \cdot W(t+2)}。$$

式中：$t = \frac{1}{n}$；

M 和 Q ——土压力作用于滑面处的弯矩和剪力；

H ——桩截面的高度；

W ——桩身截面抗弯系数，对于矩形截面桩(高为 H、宽为 B) $W = \frac{1}{6} B H^3$；

C_0——桩底岩层的竖向地基系数；

B_p ——桩的计算宽度。

式(1)为线形方程组，很容易用数值计算方法求得 R_i。

4.2.3 桩身内力的计算

(1)滑面以上桩身内力计算：

令 $L_0 = 0$，$L_{n+1} = L$，$R_{n+1} = 0$。当 $x = L - L_i$ 时，令 $K = n + 1 - i$ ($i = 1、2、3、\cdots、n$)，有：

$$Q_x^{-1} = Q(x) - \sum_{j=1}^{k} R_{n+2-j} \cdot \cos\theta_{n+2-j}, x < L - L_i \tag{2a}$$

$$Q_x^{+1} = Q(x) - \sum_{j=1}^{k} R_{n+1-j} \cdot \cos\theta_{n+1-j}, x \geqslant L - L_i \tag{2b}$$

$$M_x = M(x) - \sum_{j=1}^{k} R_{n+1-j} \cdot \cos\theta_{n+1-j}[x - (L - L_{n+1-j})] \tag{2c}$$

式中：M_x、Q_x ——非嵌固段桩身弯矩和剪力；

$M(x)$、$Q(x)$ ——土压力作用于桩身上的弯矩和剪力；

k ——从桩顶往下数到第 i 根锚索支承点的个数。

(2)滑面以下桩身内力计算：

剪力：$$Q_x = Q_0 - B_p \phi \cdot m \cdot x^{t+1}\left(\frac{x_0}{t+1} - \frac{x}{t+2}\right)$$

弯矩：$$M_x = M_0 + Q_0 x - \frac{B_p \phi \cdot m \cdot x_0 \cdot x^{t+2}}{(t+1)(t+2)} + \frac{B_p \phi \cdot m \cdot x^{t+3}}{(t+2)(t+3)}$$

式中：$Q_0 = Q - \sum_{j=1}^{n} R_j \cos\theta_j$；

$M_0 = M - \sum_{j=1}^{n} R_j L_j \cos\theta_j$；

$$x_0 = \frac{\frac{M_0 h}{t+2} + \frac{Q_0 h^2}{t+3} + \frac{C_0 \cdot H \cdot Q_0 \cdot W}{2 B_p m h^{t+1}}}{\frac{M_0}{t+1} + \frac{Q_0 h}{t+2}};$$

$$\phi=\frac{M_0(t+2)+Q_0h(t+1)}{B_pmh^{t+3}\left(\frac{t+2}{t+3}-\frac{t+1}{t+2}\right)+\frac{1}{2}C_0\cdot H\cdot W(t+2)}$$

5 结语

预应力锚索抗滑桩已被大量工程实践证明是行之有效的治理措施，其相对于普通抗滑桩而言大大改善了结构体的受力状况，使结构体更加主动地发挥阻滑作用。

本文力图从填方边坡体与抗滑桩、预应力锚索的相互作用出发，找到这种结构体的力学模型，以及相应的数学模型，从而求解出锚索设计拉力和桩身的内力分布。文中将双参数法引入到土抗力模数或地基系数的计算中，并贯穿到整个结构计算中。从锚索与抗滑桩的位移变形协调条件出发，推导出了刚性桩模式和弹性桩模式下的锚索设计拉力的计算表达式，进而推导出桩身嵌固段的内力表达式，力求将预应力锚索抗滑桩的计算简化为较为实用的公式来计算。

参考文献

[1] 中华人民共和国国家标准. GB 50330—2002 建筑边坡工程技术规范. 北京：中国建筑工业出版社，2002.

[2] 中华人民共和国国家标准. GB 50010—2002 混凝土结构设计规范. 北京：中国建筑工业出版社，2002.

[3] 中华人民共和国国家标准. GB 50007—2002 建筑地基基础技术规范. 北京：中国建筑工业出版社，2002.

[4] 林宗元. 岩土工程治理手册. 沈阳：辽宁科技出版社，1993.

[5] 苏自约，等. 锚固技术在岩土工程中的应用. 北京：人民交通出版社，2006.

[6] 闫莫明，等. 岩土锚固技术手册. 北京：人民交通出版社，2004.

岩质基坑过大变形分析与加强支护设计

张启军　冯　雷　艾华亮　林西伟

（青岛业高建设工程有限公司）

摘　要　某岩石基坑在支护设计施工过程中，发生变形过大影响临近楼房安全使用的问题，经复核原设计参数是否合理，对变形过大的原因进行了分析，根据现场情况及时进行加强支护设计与实施，最终临近楼房和深基坑得以安全运行，为城区岩质基坑支护设计与施工积累了宝贵的经验。

关键词　钢管桩　预应力锚索　安全储备　静态爆破　基坑监测

1　前言

青岛市区基岩主要系花岗岩地层，埋深普遍较浅，地下室开挖很大一部分是岩石基坑。在支护设计计算方面，一般采用综合内摩擦角和结构面稳定性分析方法，但无论那种方法，边坡岩土物理力学参数的选取是岩土设计人员的难点，基坑变形计算难以把握。

岩石基坑的开挖不可避免地遇到爆破振动问题，爆破振动对基坑稳定的影响很大，但支护设计如何考虑爆破的影响是设计人员的难点，需要结合实际的大量经验和数据加以考虑。

青岛东海路基坑项目在实施过程中出现了变形过大、建筑物沉降过大的问题，设计人员对监测数据进行了深入的分析，复核原支护参数的安全度，根据现场情况及时进行加强设计，使基坑变形得以控制，建筑物沉降得以控制，为该类基坑的设计与施工提供了宝贵的经验。

2　工程概况

工程场区位于青岛南区东海路。拟建建筑为 2 幢 44 层超高层酒店公寓塔楼及附带6～7层裙房，场区范围内均带有 4 层地下车库，层高 5.0m。基础底面标高约为－11.42m。为保证周边道路、地下管线及相邻建筑的安全稳定，根据建筑设计要求，基坑开挖深度为 18.72～21.92m，周长 390m，属于超深的一级基坑。

2.1　工程地质与水文地质条件

场区地层由第四系和基岩组成，场区第四系厚度较小，为全新统人工填土层。场区基岩面埋深较浅，整体自东北向西南缓倾，主要为燕山晚期花岗岩和花岗闪长岩，穿插分布着后期侵入的煌斑岩岩脉和细粒花岗岩岩脉，局部岩体受构造作用挤压破碎形成挤压破碎带。按照从上到下，由新到老的顺序分述如下：

第(1)层　素填土：广泛分布于场区，层底标高 1.04～9.24m，松散，稍湿，以回填黏性土、砖块、碎石为主，粒径 2～15cm；局部以回填黏性土为主，含少量碎石粒径 2～5 cm。

第$(16)_{上}$层　花岗岩强风化上亚带：广泛分布于场区，揭露厚度 2.10～8.50m，粗粒结构，块状构造，矿物蚀变强烈，风化裂隙密集发育，裂隙面上见铁锰渲染，矿物蚀变强烈，长石高岭土化严重，岩芯松散，手搓成砂土～粗砂状。

第(16)$_{下}$层　花岗岩强风化下亚带：较广泛分部，揭露厚度1.40～7.50m，风化裂隙发育，节理面明显，岩样手掰易碎，手搓成粗砂～角砾状。

第(17)层　花岗岩中等风化带：分布较广泛，揭露厚度3.00～10.50m，矿物蚀变中等，沿节理面有明显变色，受构造影响，节理、裂隙发育，节理面见铁锰质渲染，岩芯为5～10cm碎块～块状。

第(18)层　花岗岩微风化带：揭露厚度2.50～14.70m，矿物蚀变轻微，岩质新鲜坚硬，锤击声脆不易碎，岩芯呈块状～柱状。

2.2　周边环境条件

基坑北侧西半部距离砖混浅基办公楼4m，北侧东半部距离在建高层11m，其基坑深度26m。基坑东侧距离使用中写字楼大厦8m，其地下室埋深14.4m。基坑南侧距离东海路人行道10m，西侧为某酒店停车场。基坑周边污水、雨水管线密度较大，埋深2～3m。

3　支护设计

设计方案为：

(1)回填土采用旋喷桩固结加固，桩径1000mm，间距800mm，入强风化岩500mm。

(2)竖向设两层钢管桩超前支护，第一层深16.7m，开挖15.2m留台1m宽度后嵌固1.5m；第二层开挖至15.2m后打设，深度7.92m，开挖至基坑底部后嵌固1.5m。

(3)设9层预应力锚索，其中第一、二层间隔设置压力型锚索。第一层锚索距地表2.7m，以下基本为2.0m，参数见表1。锚索端部设混凝土腰梁，面层设喷网防护。

锚索参数表　　　表1

编号	型号	间距(mm)	倾角(°)	钻孔直径(mm)	有效长度(mm)	锚固段长度(mm)	承载力设计值(kN)	预应力锁定值(kN)
YMG1—1	$2\phi^s15.2$	4 000	20	130	23 000	8 000	320	160
YMG1—2	$2\phi^s15.2$	4 000	20	130	19 000	8 000	320	160
YMG2—1	$2\phi^s15.2$	4 000	20	130	22 000	8 000	320	160
YMG2—2	$2\phi^s15.2$	4 000	20	130	18 000	8 000	320	160
YMG3	$2\phi^s15.2$	2 000	15	130	16 000	8 000	320	160
YMG4	$2\phi^s15.2$	2 000	15	130	13 000	5 000	300	160
YMG5	$3\phi^s15.2$	2 000	15	130	12 000	5 000	450	210
YMG6	$3\phi^s15.2$	2 000	15	130	11 000	5 000	450	210
YMG7	$4\phi^s15.2$	2 000	15	130	13 000	8 000	650	330
YMG8	$3\phi^s15.2$	2 000	15	130	9 000	4 000	450	210
YMG9	$3\phi^s15.2$	2 000	15	130	9 000	4 000	450	210

支护剖面及锚索参数见图1。

4　基坑监测情况分析

4.1　监测情况

根据基坑监测数据，基坑开挖后分层支护施工期间，坡顶水平位移、深层水平位移、建筑物

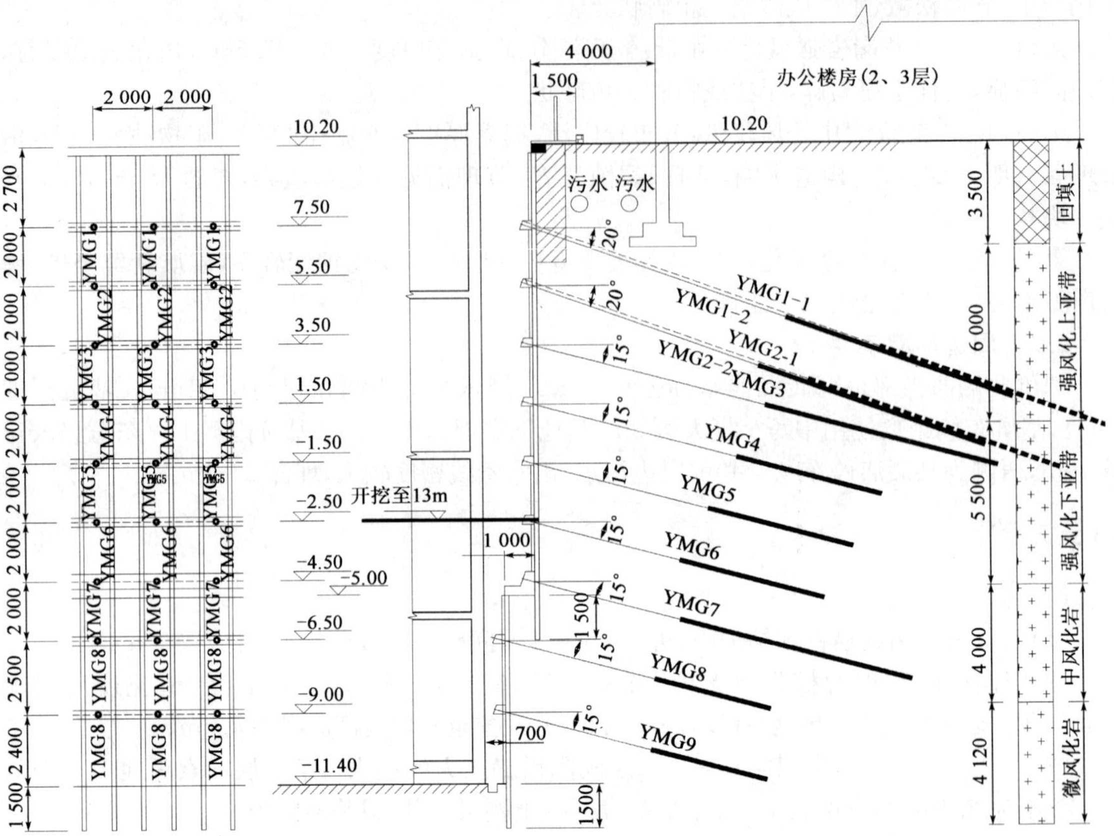

图1　2—2单元支护剖面图(尺寸单位:mm)

沉降等一直在持续增加。2011年4月份,基坑开挖至13m左右,各项目的监测数据变化速率加大。至4月底,坡顶水平位移达到了6cm以上,深层水平位移达到了5cm以上,并且在10~12.5m处发生明显突变,建筑物监测J3点沉降达到了2.6cm,锚杆轴力监测平均增加了17%,监测曲线详见图2~图5。

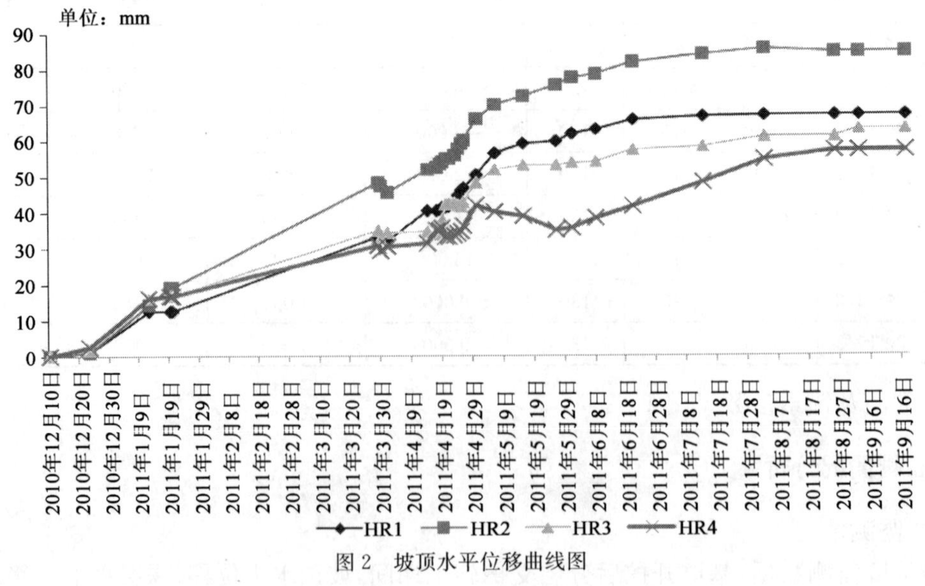

图2　坡顶水平位移曲线图

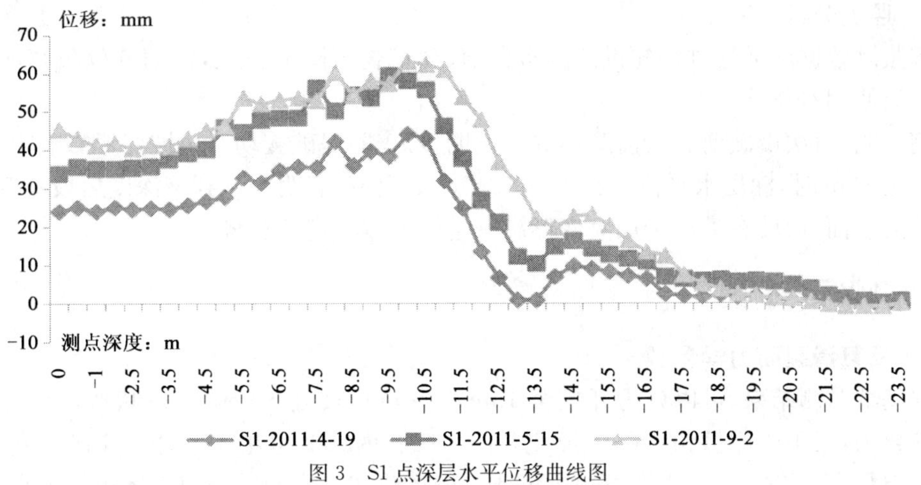

图 3　S1 点深层水平位移曲线图

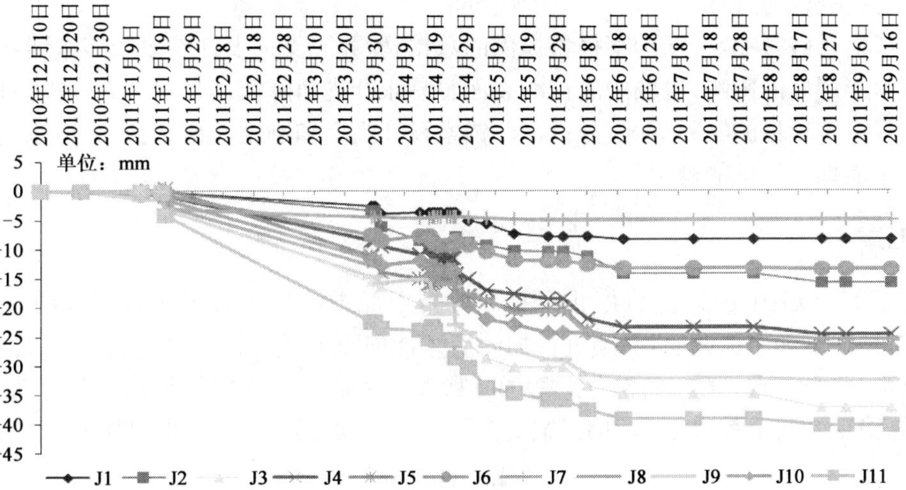

图 4　建筑物沉降曲线图

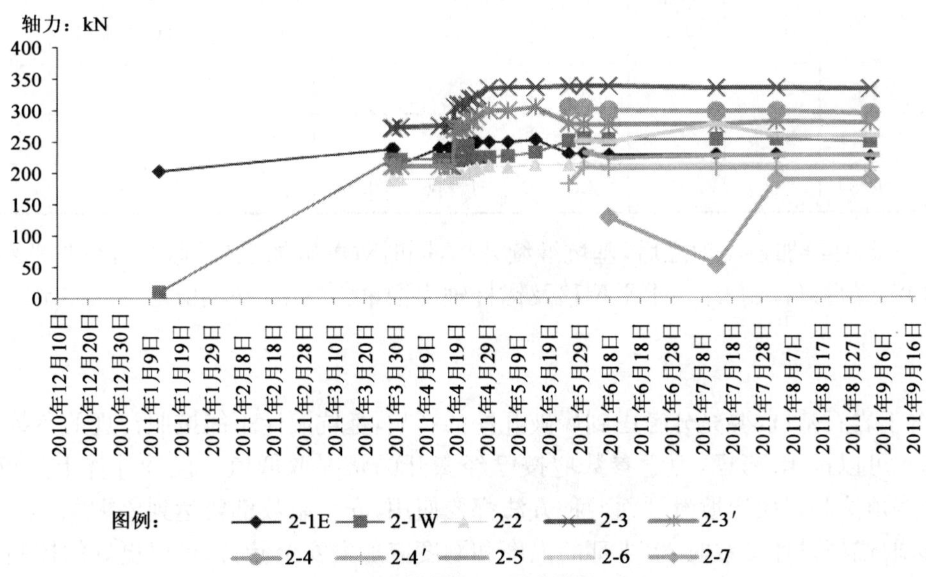

图 5　锚索轴力监测曲线图

4.2 监测分析

基坑监测数据远远超过预先设定的报警值，建筑物沉降值较大，伸缩缝处位移明显，对临近建筑物的使用有影响。

监测表明，每次爆破前后的监测位移变化明显，表明爆破震动对边坡变形影响很大。

开挖至13m时，深层水平位移在10～12.5m处突变，表明开挖到该深度后坡脚变形大，形成了边坡滑裂面，边坡有进一步加大变形影响基坑整体稳定的趋势，

5 支护参数验算分析

5.1 反算滑裂面力学参数

根据基坑监测结果，可以认为开挖至13m时基坑边坡处于极限平衡状态，反算滑裂面物理力学参数为：填土内摩擦角25°，强风化花岗岩综合内摩擦角在37°以内，原设计支护参数若要达到稳定状态，总体计算，边坡下部中风化－微风化花岗岩的综合内摩擦角应不小于45°。

5.2 支护参数分析

若不考虑爆破影响，根据勘察报告提供的数据，验算原支护设计参数能够达到基坑稳定的要求。但由于爆破的影响，边坡的潜在滑裂面容易张开进而降低其力学参数，造成原支护参数的不足。根据该项目的实际情况，分析上部锚索设计强度和刚度安全储备不足，造成在开挖爆破条件下不能保证基坑的稳定。

6 加固方案

开挖至13m后因变形过大，停止开挖。分析下部中风化－微风化岩部分的支护参数足够，上部支护强度和刚度偏弱，必须进行加固后才能向下开挖。因滑裂面已经形成，滑裂面力学参数宜进一步保守取值，综合内摩擦角取为25°，在第3、4、5层锚杆以下均增加1层锚索(杆)，计算稳定性安全系数1.7，加强锚杆参数见表2。加固支护剖面图见图6。

加强锚杆参数表　　表2

编号	型号	间距(mm)	倾角(°)	钻孔直径(mm)	有效长度(mm)	锚固段长度(mm)	承载力设计值(kN)	预应力锁定值(kN)
YMG3－1	$3\phi^s15.2$	2 000	15	130	23 000	10 000	450	330
YMG4－1	$3\phi^s15.2$	2 000	15	130	23 000	10 000	450	330
YMG5－1	1E28	2 000	15	130	10 000	10 000	200	

2012年5月份加强支护之后，基坑继续开挖，同时对爆破加强控制，基坑变形曲线趋于平缓，建筑物沉降得以控制，深层水平位移及锚杆轴力增量均较小，基坑稳定得以控制。

7 结语

(1)对于岩石基坑，要充分考虑到爆破开挖的影响，基坑设计不能按照常规的参数去考虑，滑裂面基本可以按45°考虑，力学参数应按已经张开的状况取低值。设计计算上建议土钉墙综合内摩擦角法和岩质边坡滑裂面两种方法都要使用，安全系数都要达到要求。

(2)选取锚杆设计参数时，上半部的强度和刚度应加大安全储备，可以更好的控制变形。

(3)岩石基坑坡顶建筑物变形控制的另外一个不可忽视的问题是对爆破的控制。每次爆

破后，基坑变形变化明显。因此，爆破控制是基坑工程施工工序的重点，必要时应采取静态破碎等措施。

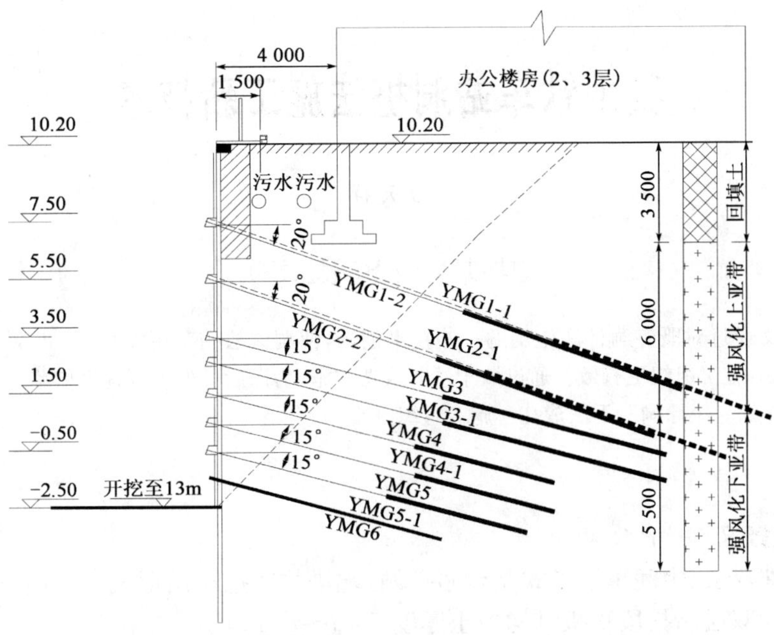

图 6　2—2 单元加强支护剖面图(尺寸单位：mm)

(4)基坑工程只有加强监测与设计的及时反馈，进行动态设计、信息化施工，安全才能得以保障。

某地铁车站洞桩法施工新技术

刁天祥

（中铁隆工程有限公司）

摘　要　本文通过对既有洞桩法施工的一些技术创新，使洞桩法施工更安全，更环保，施工质量也更易控制，施工组织更有效。通过该车站的成功实施，为以后类似工程提供借鉴。

关键词　洞桩法　小导洞　干法成孔　施工组织

1　工程概况

1.1　工程概况

车站为两端双层、中间单层岛式站台暗挖站，端进式暗挖车站形式。车站总长度187.9m，总宽度22.9m。双层暗挖段顶板结构覆土厚度7.57～8.45m。

车站主体双层结构采用PBA洞桩法施工，车站主体结构断面采用双层三跨三连拱结构。

车站中间27m为下穿既有地铁车站，采用单层双洞矩形分离断面，两洞间隔4.1 m。车站有两个风道和四个出入口通道，一个残疾人通道和一个紧急出入口。车站结构断面设计见图1。

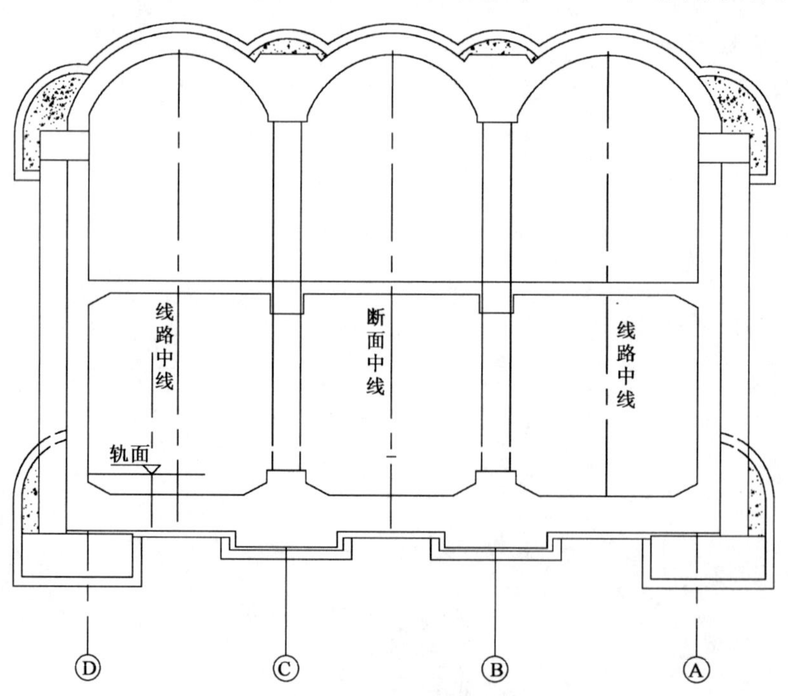

图1　车站主体双层三跨结构横断面图

1.2　地质情况

车站穿越地层地质情况：车站顶部位于粉细砂层，中部位于卵石圆砾层、砂层，底部位于卵石圆砾层。车站穿越地层条件非常差。

该段地下水属层间水，含水层为卵石圆砾层，中粗砂充填，渗透系数大，为强透水层，水位标高为 24.19～26.38m，水位埋深为 20.50～24.30m，地下层间水进入车站 4m 左右，对车站施工影响很大。

1.3 周边环境

该车站周边有大型饭店和重要商业建筑物、办公区。车站埋深较大，大部分建筑物位于车站开挖面影响范围内，施工过程中很容易对周围建筑物基础产生影响。

1.4 地下构筑物(管线)

车站上方覆土内有热力、煤气、上水、污水、雨水、电力、通信等 89 条管线。其中盖板河横穿车站主体上方，盖板河底板厚 0.4m，边墙厚 0.25m，均为钢筋混凝土结构。盖板河底板距离车站拱顶距离 1.77m。

2 车站施工方案及顺序

车站暗挖施工主要是利用车站两端的通风竖井做施工竖井，采用 CRD 工法开挖风道，通过风道进入车站组织施工。

车站施工部序见图 2。

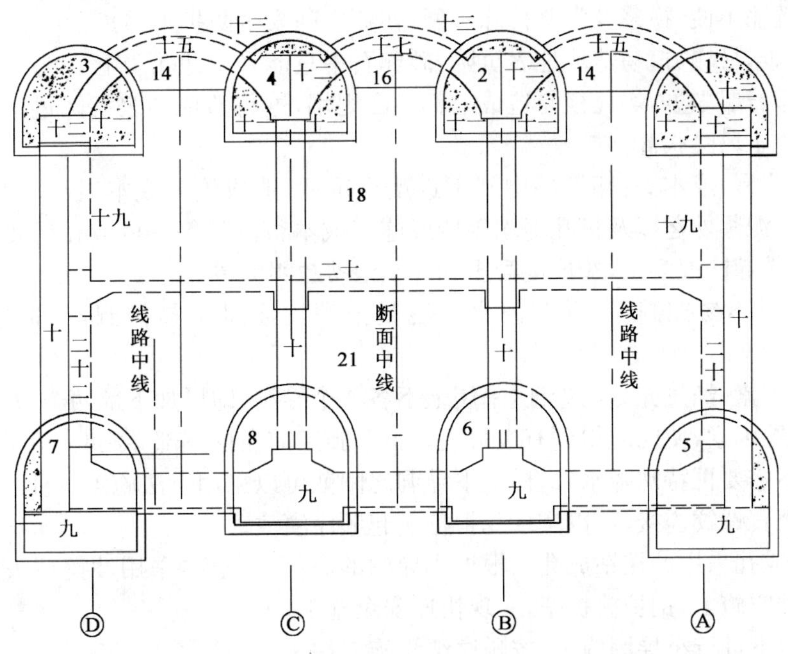

图 2 车站主体结构施工部序图

进入车站后，首先开挖上下各 4 个小导洞。

车站施工采用上下各 4 个小导洞展开车站的各项作业，边桩采用 ϕ800 的钻孔桩，边桩间距 1200mm，车站中柱采用 ϕ800 的钢管柱。

在上边导洞内施工钻孔桩和上边纵梁，在下边导洞内施工边基础梁，边桩坐落在边基础梁上。

在中导洞内施做车站的钢管中柱，施做车站底板结构的中纵梁及上联拱结构的顶纵梁，钢管柱坐落在中纵梁上，中顶纵梁坐落在钢管柱上。

在上下纵梁施工完成后，先施工边扣拱，最后开挖中扣拱，做扣拱二衬，实现三联供结构。然后按逆作法施工车站负一层结构和负二层结构。

3 洞桩法暗挖车站施工技术创新

通过消化吸收洞桩法施工综合技术，结合工程的地质和环境条件，通过对比和分析，对本车站的洞桩法施工技术进行补充和完善，主要技术创新表现在以下几个方面。

(1)上下 8 个导洞施工，边桩干法成孔，实现安全、质量、进度、成本及施工组织有序可控状态。

车站设计采用洞桩法进行施工，但原设计采用上部 4 个导洞，下部采用两个中导洞。上部 4 个导洞主要是解决车站的边桩施工空间和顶纵梁施工，上部中间导洞主要是解决车站的中柱和顶纵梁施工空间，下部中导洞主要是解决中柱底纵梁的施工空间，边桩支护采用钻孔成桩。

此方法必须在小导洞内施工冲孔桩并且是有水的砂卵石层中施工桩，将会有许多的困难和风险，主要有以下几个方面：

①施工场地狭窄，文明施工不易控制，人员安全风险高：在小导洞狭窄的作业环境内组织施工，洞内泥浆的储存、使用以及排放，造成文明施工差，容易泥浆满地，使人员通过、机械移动困难，钢筋笼运输不便，换浆及泥浆排除不便，作业空间安全防护不易。

②成桩困难，易塌方，易造成地表沉降：砂卵石中只能采用冲孔法施工，在水下冲击的过程中，易造成砂卵石层塌方，塌孔极易造成上部沙层坍塌，这将造成地表沉降过大甚至有坍塌到地表的可能，施工风险很高。

③施工进度慢，成本高：卵石层中施工进度也很低，造成施工成本很高。泥浆的制备、排渣、换浆、排浆、泥浆外运以及桩孔坍塌等造成施工成本很高。每个桩成孔后要及时远距离混凝土输送泵输送灌注混凝土，造成混凝土和人工浪费也很大等。

④施工质量不易控制：小导洞内水下混凝土灌注质量不易控制，易造成断桩等质量问题。

综合以上因素，经过充分的论证，采用上下各 4 个导洞，即增加下部两个边导洞，这样就可避免上述不可控因素，使问题得到有效解决。由于施工前在挖下部导洞时，地下水已经降到底板底的位置，不需要再特殊降水，这样上下导洞之间就可以采用干法施工成桩。采用冲挖钻就成孔，钢筋采用直螺纹连接，可以实现几根桩一起顺序灌注。

边桩干法成孔采用冲挖钻成孔。根据小导洞的高度和宽度，采用冲挖钻头、卷扬机、自行式钻架，隔桩跳空施工，钢护筒护壁，实现快速安全施工。

(2)先上后下进行小导洞施工，按顺序组织施工：

设计施工顺序是先施工下导洞，再施工上导洞。由于施工是从竖井和风道进入车站，而风道高，达 13.2 m，采用 CRD 工法分 6 部组织施工。每一部序台阶长度按 5m 进行控制，这样第一步施工到车站后，最后一步还有 25 m 的距离，每天按 1m 的开挖进度，要 25d 才能够到达，然后再进行下导洞的施工。上下导洞要相互错开一定距离，上导洞的施工时间要滞后最少一个月时间，否则不便于施工组织的有效开展，工期也将大大推后。

通过 15 m 的实验段先开挖上导洞，后开挖下导洞，加强地表和导洞的监控量测对比分析，发现先下后上和先上后下两种方法对地表的沉降影响基本差不多，地表沉降均在 5mm 左右。先上后下开挖导洞技术上是可行的，这样我们采用先上后下开挖车站导洞，按照施工的部序自然组织施工，提前了工期，减少了大量窝工，也优化了施工组织，使施工组织更加合理有序。

(3)上导洞纵梁底灰土回填，使结构和围岩应力平衡持续传递，实现结构安全

洞桩法施工，特别是在中间顶部三跨的扣拱施工时，存在复杂的应力转换过程，施工控制不好，将导致中间扣拱施工时，由于变形可能会使先施工的扣拱二衬出现结构开裂情况。以前中间施工扣拱施工时，主要是采取在两侧已完结构的两个纵梁之间设对拉拉杆和横向支撑杆件，以此来平衡结构受力。纵梁施工采取脚手架模板施工。

这样的技术措施也仅仅是被动的措施，有时候管理不好，仍会出现问题，不能主动一劳永逸地从根本上解决结构受力转化问题。

综合考虑结构受力和结构受力转化特点，宣武门车站在施工中在中纵梁和边纵梁下部导洞的空间，用灰土填充，地膜施工纵梁钢筋混凝土，克服了在狭窄空间内施做和拆除模板、脚手架以及加固支撑的困难。在纵梁底部灰土回填处理，扣拱开挖时，控制开挖高度。如图 2 所示，在横断面上纵梁和灰土以及横向未开挖的围岩形成了一个统一的传递力的整体。扣拱开挖时，梁体上受到的力就可以通过下部实体结构传递，力的传递不会因结构施工而中断，从技术角度实现了结构的安全。

(4)提前对扣拱支撑，缓解应力快速转换，实现扣拱初支结构安全

扣拱开挖时，中间扣拱是连接在以前小导洞的初支结构上，导洞施工在前，扣拱施工时，导洞的变形已经完成，结构受力已经发生且稳定。扣拱施工后，所承受的岩体压力传递到以前的导洞初支上。在拆除导洞初支和扣拱初支连接处以下的初支结构时，原来的初支结构已经发生了结构变化，当拆除原来小导洞下部边墙时，出现卸载情况，受力结构发生变化，造成应力重分布，原小导洞的初支和扣拱结构就要发生变化来重新进行结构力的调整，位移也就随之发生变化，就会出现扣拱迅速发生下沉，原小导洞下部支护结构凿除了混凝土的钢筋发生弯曲变形，应力突然释放，导致中扣拱最大下沉达到 20mm。

提前采取措施：采用在扣拱中部加设竖向临时支撑，减小作用在原初支上的力，使其有时间变形来调整应力，以便扣拱和原来的初支有一个渐变的力的转化，而不应该使其急速受力，以避免在拆除小导洞初支时发生意外的大的变形，甚至引发安全事故。

4 结语

本车站所处环境非常复杂，结合特殊的周边环境，创新技术，通过技术手段解决工程中存在的问题。宣武门车站施工取得了很好的成效，地表沉降控制在合理的允许范围，施工处于安全可控的范围，施工进度和质量控制得到了保证。该施工经验丰富和完善了洞桩法施工技术，为将来类似工程提供了工程借鉴。

参考文献

[1] 王梦恕. 地下工程浅埋暗挖技术通论. 合肥：安徽教育出版社，2004.

[2] 高成雷. 浅埋暗挖洞桩法应用理论研究. 成都：西南交通大学，2002.

[3] 申家国. 浅埋暗挖地铁车站洞桩支承法施工技术. 铁道建筑技术，2001(2)：10-12.

预应力锚杆在洞口围岩加固施工中的应用

徐永明

（武警水电第六支队）

摘　要　向家坝水电站右岸尾水主洞出口部位围岩稳定性较差，为保证出口顺利下挖，采用了混凝土护壁和预应力锚杆相结合的措施进行支护加固，其中预应力锚杆采取“锚固段灌注速凝水泥卷式锚固剂、张拉段灌注缓凝砂浆，采用扭力扳手进行张拉”的施工技术，取得了良好的锚固效果，本文对该技术进行了详细介绍和总结。

关键词　预应力锚杆　施工技术　向家坝水电站

1　工程概述

向家坝水电站是金沙江流域水利资源梯级开发的最后一个梯级，位于四川省与云南省交界处的金沙江下游河段。该电站为一等大(1)型工程，工程枢纽建筑物主要由混凝土重力挡水坝、左岸坝后厂房、右岸地下引水发电系统及左岸河中垂直升船机等组成。其中右岸地下引水发电系统包括引水系统、厂房系统、尾水系统、排沙洞、施工支洞及帷幕灌浆排水廊道等，尾水系统由尾水支洞、尾水闸门室及闸门竖井、变顶高尾水隧洞、尾水出口及尾水渠组成。

尾水主洞出口部位夹层多为泥质粉砂岩或粉砂质泥岩，受层间剪切呈破碎状，2 号尾水洞洞脸部位节理裂隙发育，埋深小，左侧边墙受古河道深切影响，在已出露高程 275m 左右的尾水洞出口部位可见局部岩壁厚度较薄，并且岩石呈中等偏强风化，卸荷裂隙多夹有黄泥，围岩稳定性问题比较突出。为保证施工期 2 号尾水隧洞在出口下挖过程中的稳定，采取混凝土护壁和预应力锚杆相结合的方式进行加固，在护壁墙与尾水隧洞之间按间排距 2m×2m 布置预应力锚杆，总工程量 117 根，设计预应力值 100kN，锚杆规格 ϕ36，长度为 12m。

2　施工方案优选

本工程预应力锚杆为端头锚固型粘结式预应力锚杆，参照三峡、溪洛渡、龙滩及瀑布沟等水电站工地预应力锚杆施工的成熟经验，结合本工程现场实际情况，决定选用“速凝水泥卷式锚固剂＋缓凝砂浆”的锚固体组合方案，即锚固段用锚固风枪注入水泥卷式锚固剂锚固，张拉段灌注以缓凝锚固剂配制的缓凝砂浆，从而既能保证内外段的良好衔接又能实现快速张拉，预应力锚杆结构见图 1。

3　施工工艺及技术要求

3.1　工艺流程

预应力锚杆施工工艺流程见图 2。

3.2　施工准备

3.2.1　材料准备

预应力锚杆施工所用材料主要有：速凝锚固剂、缓凝锚固剂、锚杆杆体及配套的锚具附件。

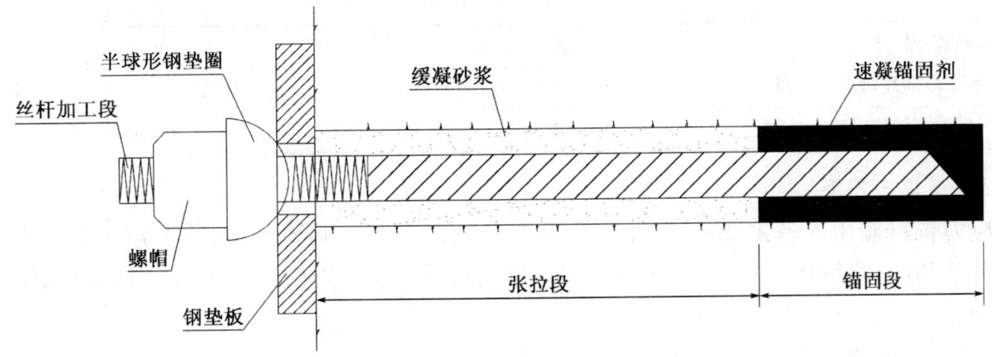

图 1　预应力锚杆结构示意图

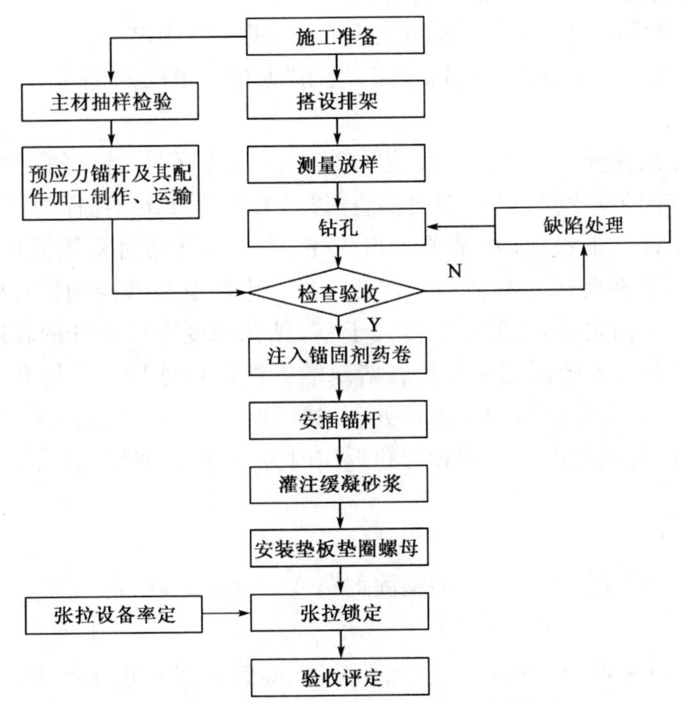

图 2　预应力锚杆施工工艺流程图

锚杆杆体为 ϕ36 Ⅱ级 20MnSi 螺纹钢筋，采用无锈、顺直的整根钢筋加工；锚具附件包括钢垫板、球形垫圈和螺母。预应力锚杆的加工制作包括杆体一端车丝、一端切角、焊接对中支架以及钢垫板加工等。其中，杆体端部车丝按购买的专用螺母的丝牙参数进行，车丝长度 30cm，同时为减小插杆阻力另一端进行切角削尖。为保障锚杆保护层，在杆体上设置对中支架，每个对中支架采用 4 根 ϕ8mm 长 $L=30$mm 的圆钢点焊在杆体上。从杆体两端 1m 处开始设置，间距 2.5m 呈梅花形共布置 5 组。孔口钢垫板采用普通钢板，其尺寸为 25cm×25cm×2cm，其内孔略大于锚杆直径即可。配套的球形垫圈和螺母直接从专用厂家购买。

锚固剂选用河南巩义特种建材厂生产的 8604－K3 型速凝水泥卷式锚固剂和 8604－M1 型散装缓凝锚固剂，主要性能指标见表 1。

锚固材料主要性能指标　　表1

锚 固 材 料	规格/配比	性 能 指 标
8604—3型速凝锚固剂药卷	ϕ28×L25mm，浸水时间60s	初凝时间≥30min，R_{4h}≥20MPa
8604—M1型缓凝锚固剂砂浆	水∶缓凝锚固剂∶砂=0.4∶1∶0.5	初凝时间≥10h

3.2.2　设备准备

预应力锚杆施工设备主要有：徕卡TC1700全站仪1台、DQY—1地质罗盘1个、100B潜孔钻1台、MQ—30锚固风枪1把、TG—2000扭力扳手2把、空压机1台、注浆机1台、螺纹滚丝机1台。

3.2.3　技术准备

预应力锚杆施工之前需进行相关准备工作：

(1)钢筋力学性能检验，保证钢筋材质满足质量要求；

(2)速凝锚固剂和缓凝砂浆初凝、终凝时间及强度的试验测定；

(3)采用钢筋测力计对扭力扳手进行率定，绘制“力矩—张拉力”率定曲线图。

3.3　放样、钻孔

根据测量控制点按锚杆布置图进行孔位放样，用红油漆标明。锚杆孔孔向垂直于边坡，对于出露于边坡的顺坡向裂隙则与裂隙方向垂直，设计孔深为12m，孔径为ϕ90mm。固定好钻机后对准岩面上孔位标识下钻，孔位偏差不得大于10cm。开钻时采用低风压小功率缓慢钻进，钻进50cm后调整至正常风压和转速。在钻孔过程中用量角器控制钻杆竖直方向角，用地质罗盘控制钻杆水平方向角，角度偏差不得大于2°，钻孔深度通过钻杆的长度标记控制，孔深误差要求在±10cm以内，若超深则采取孔底堵塞的方法进行处理。锚杆孔钻进过程中，如遇塌孔或掉块难以钻进时，可先进行固结灌浆处理，然后继续钻进。钻孔结束后通过孔内钻杆钻具反复用风吹洗钻孔，待孔口没有钻渣和岩粉返出时方可停止，取出孔内钻具后用水泥袋作临时堵塞保护。

3.4　锚固段灌注

(1)采用体积法公式计算8604—3型锚固剂药卷的理论用量N：

$$N = k \times (D^2 - d_0^2) \times L / (d^2 \times l)$$

式中，锚杆孔径D=90mm，锚杆直径d_0=36mm，锚固段长度L=3m，锚固剂药卷直径d=28mm，长度l=0.25m，富余系数k取1.10，计算可得N=115支，考虑到钻孔超深和管路损耗等差异因素，实际操作按110～120支控制锚固剂用量。

(2)锚固剂药卷灌注方法：采用MQ—30专用锚固风枪以风动力通过插入孔内的ϕ40mmPVC注料管将锚固剂注入锚固段。首先将锚固风枪与主风管和注料管连接好，根据锚杆孔深度和锚固段长度在注料管上相应位置用胶带做好标记，以便控制入孔深度，然后将注料管插入到孔底，通过锚固风枪采用风水联合法清洗钻孔。待钻孔清洗干净后将注料管从孔底向外拔出35cm，即可开始用风枪向孔内注入锚固剂。药卷使用前先用水浸泡约1min左右，风枪压力控制在0.5～0.7MPa。每装入一支锚固剂药卷即抠动风枪扳手向孔内注入一支锚固剂，同时将注料管向外拔出2cm左右，如此连续不断地向孔内注入锚固剂直到计划用量完成为止，同时注意检查锚固段长度，不足的要补满，完成后将注料管拔出孔外。

3.5　安插锚杆

速凝锚固剂注入完毕后，立即人工插入已加工制作好的锚杆，安插之前在杆体上绑扎好张拉段的进浆管，进浆管采用 ϕ20 塑料管，距张拉段底端不大于 50cm，杆体外露长度 20cm。插杆操作要缓慢、匀速，切忌扰动杆体过大，要求在 20min 内完成插杆作业。

3.6 张拉段灌浆

预应力锚杆安插到位后应迅速进行张拉段缓凝砂浆的灌注。缓凝砂浆严格按照配合比准确配料，要求使用粒径不大于 2.5mm 的中细砂，搅拌时间应不低于 3min，保证砂浆稠度适中、拌制均匀，根据现场施工强度控制拌浆量。注浆操作人员随着浆液的均匀注入缓慢拔管，原则上由注浆压力把注浆管慢慢挤出，注至孔口 1m 段时拔管速度应适当减缓，防止浆液流出，确保孔口段注浆饱满，最后用棉纱将孔口封堵密实。

3.7 安装垫板、垫圈和螺帽

张拉段注浆完成后，即开始安装孔口钢垫板、球型垫圈和螺帽，并调整垫板位置使之与锚杆轴线垂直。若岩面平整度较差，采用球型垫圈也难以调平螺帽与垫板平行，可用手锤对岩面进行局部凿平或用适量速凝锚固剂垫平。

3.8 张拉锁定

锚杆的张拉锁定应在缓凝砂浆初凝前、速凝锚固剂强度达到 20MPa 后进行。根据性能试验，8604－K3 型速凝水泥卷式锚固剂浸水后 30min 初凝，4h 强度达到 20MPa 以上，而 8604－M1 型缓凝锚固剂砂浆 10h 以后初凝。结合现场施工强度，控制在锚杆安插后 4～8h 之内进行张拉。张拉前用活动扳手对螺帽进行预紧，保证托板紧贴岩面后，用钢板尺测量螺帽外杆体长度。张拉采用扭力扳手加载，一次张拉至设计张拉力的 110%(110kN)，然后锁定杆体，再次测量杆体张拉后螺帽外杆体长度。两次测量长度之差即为张拉伸长值。

预应力锚杆张拉按照伸长值与张拉力双控指标进行，按《锚杆喷射混凝土支护技术规范》的验收要求，从 50%拉力设计值到最大荷载之间张拉伸长值应该超过自由段长度理论伸长值的 80%，且小于自由段长度与 1/2 锚固段长度之和的理论弹性伸长值，根据材料力学公式计算可得杆体理论伸长值允许范围为 3～6mm。

4 施工质量控制要点

(1)锚固剂是预应力锚杆的关键材料，必须按进场批次进行抽样检测，经品质检验合格后方可使用。存放时使用支架堆放，防止受潮结块。

(2)钻孔是预应力锚杆的关键工序，是影响锚固效果的主要因素。钻孔必须满足设计要求的孔径、孔深和倾角，采用适宜的钻孔方法控制偏差、确保精度，以便后续的灌注作业和杆体安插能够顺利地进行。

(3)锚固剂注入质量是实现端头锚固力的关键：一是要严格控制锚固剂药卷的浸泡时间，过短会导致水未浸透，影响锚固力；过长则会造成过分稀释，黏聚力下降。二是要严格控制锚固剂的用量，防止锚固段灌注不密实，或是锚固剂进入到张拉段。

(4)张拉是预应力锚杆施工成败的关键环节，必须严格控制在锚固段与张拉段凝结时间差之内完成张拉作业。扭力扳手的预设刻度应根据率定曲线准确设定，张拉时通过螺帽与钢垫板之间的球形垫圈调节传力方向，保证张拉力的方向与锚杆杆体一致。扭力扳手每张拉 50 根锚杆需要重新率定一次，以保证其精度。

5 结语

本工程采取锚固段灌注速凝水泥卷式锚固剂，张拉段灌注缓凝砂浆的方法，利用内外段凝结时间差实现了预应力锚杆的快速张拉。采用锚固风枪注入锚固剂药卷，能够准确地控制注入数量，且锚固剂药卷浸泡后稠度较大，不易流动，使锚固段灌注质量得到了有效保证。采用缓凝锚固剂配制的缓凝砂浆，大幅延长了张拉段的凝结时间，既保障了张拉作业，又达到了较强的后续锚固封闭作用。经超声波无损检测，该部位预应力锚杆密实度平均达 90％以上，锚固效果优良，较好地稳定了尾水主洞洞口不稳定围岩，为尾水隧洞出口下挖施工提供了良好的支护保证。

西安地铁1号线明挖区间穿越f3地裂缝施工工艺探讨

李小刚　张　东　郁其才

（中铁隆西安地铁项目部）

摘　要　西安市地裂缝活动频繁，地铁1号线穿越f3地裂缝，为了防止该区域施工时可能出现的地裂缝涌水和运营期间的地基不均匀沉降及渗水，采取基底旋喷桩加固止水和设置特殊变形缝的方法，以保证施工和运营安全。

关键词　西安地铁　地裂缝　旋喷桩　特殊变形缝

1　引言

西安是我国地裂缝灾害最典型、最严重的城市，地裂缝起初是由地壳运动产生的。近年来随着人们过量开采地下水，加剧了地裂带的活动，也给城市发展建设造成一定的影响。随着城市对开采地下水的有效控制，地裂带活动有所减缓，这也将极大地减缓地裂带活动对城市建设造成的危害。

2　地铁1号线穿越f3地裂缝概况

西安地铁1号线总体呈东西向，横穿西安城区，西起后围寨，东至纺织城，全长20.87km，其中地下线路长14.28km。洒金桥站～北大街站明挖区间位于西安古城墙内城市主干道莲湖路上，劳动路～玉祥门明挖区间穿越f3地裂缝（AK10＋037～＋071 Ⅱ AK10＋003～＋025 N30°E/80°S 东段8.1～15.1 西段9.0～13.0）。根据长安大学的最新研究成果，1号线地铁与f3地裂缝呈31°斜交，见下图1。交汇处最大垂直位移、横向水平位移和轴向位移量设计值分别为300mm、46mm和27mm。地铁明挖隧道穿越f3地裂缝施工时，采用基坑旋喷桩加固地层和增设特殊变形缝防水的措施，以保证施工和运行期间的安全。

明挖基坑深度约18m，在施工过程中，土方开挖接近设计标高位置时，基坑底部和侧壁出水量逐渐增大，土层情况也由黄土层变为粉细砂层，在基坑底部呈蜂窝状涌水，必须采取基底加固止水措施并尽快封闭基底，施做永久结构。

3　施工工艺

3.1　旋喷桩加固地层

设计采用在基坑内地裂缝两侧各5m，并向基坑宽度方向外扩2m范围内打设旋喷桩的方法对地裂缝影响地铁的区域进行止水和加固处理。旋喷桩采用直径0.6m，桩间距0.45m，咬合15cm。加固浆液采用单液水泥浆，水灰比1.0～1.5，注浆压力20～25MPa，加固土体强度3MPa，渗透系数小于10^{-6}cm/d。

基坑外旋喷桩从地面打设，深度22m，其中上部17m为空桩，下部5m为实桩（基坑开挖深度 18m)。基坑内旋喷桩自土方开挖至基底以上 1m 时打设,深度 5m(实桩)。

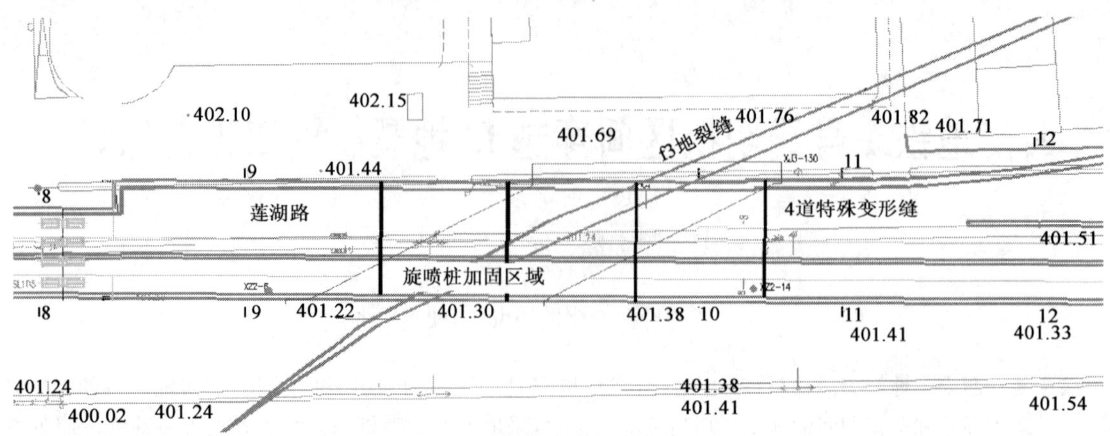

图 1 西安地铁 1 号线洒北区间与 f3 地裂缝的位置关系图

3.2 特殊变形缝防水

3.2.1 特殊变形缝介绍

特殊变形缝有别于一般变形缝,纵向布置间距为 15m,共设置 4 道,特殊变形缝宽度为 100mm,由外侧全包的"且"形止水带和内侧"U"形止水带分别形成第一道和第二道封闭的防水线,"且"形和 U 形止水带均由专业生产厂家制作。在特殊变形缝两侧预埋多次性注浆管,用以对以后产生变形形成的空隙进行注浆填充,(见图 2、图 3)。

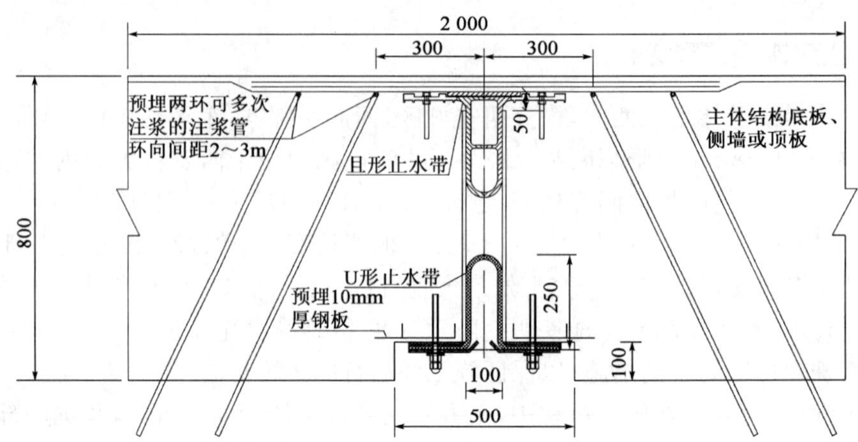

图 2 特殊变形缝防水大样图(尺寸单位:mm)

3.2.2 工艺流程

施工工艺流程见图 4。

3.2.3 施工工艺

(1)基面处理及大面防水层施工

锚喷支护表面在施做大面防水层前要仔细检查,平整度应达到:$D/L \leqslant 1/20$(D:相邻两凸面见凹进去的深度;L:相邻两凸面间的最短距离),并且对凹凸起伏部位进行平缓圆顺处理(凿除并抹 1∶2.5 的水泥砂浆填平),基面不允许有明水流,对特殊变形缝侧墙位置渗水较大处进行临时引排。大面防水层采用双面自粘预铺式卷材,采用机械固定法固定在基面上,钉孔均采用补丁粘贴，两片卷材搭接宽度不小于10cm，卷材在后浇混凝土一侧的隔离膜在浇混凝土前撕掉。特殊变形缝区域的大面防水层设置加强层，加强层为厚1.5mm、宽1m的优质双面自粘橡胶沥青卷材和合成高分子预铺式冷自粘卷材各一层。

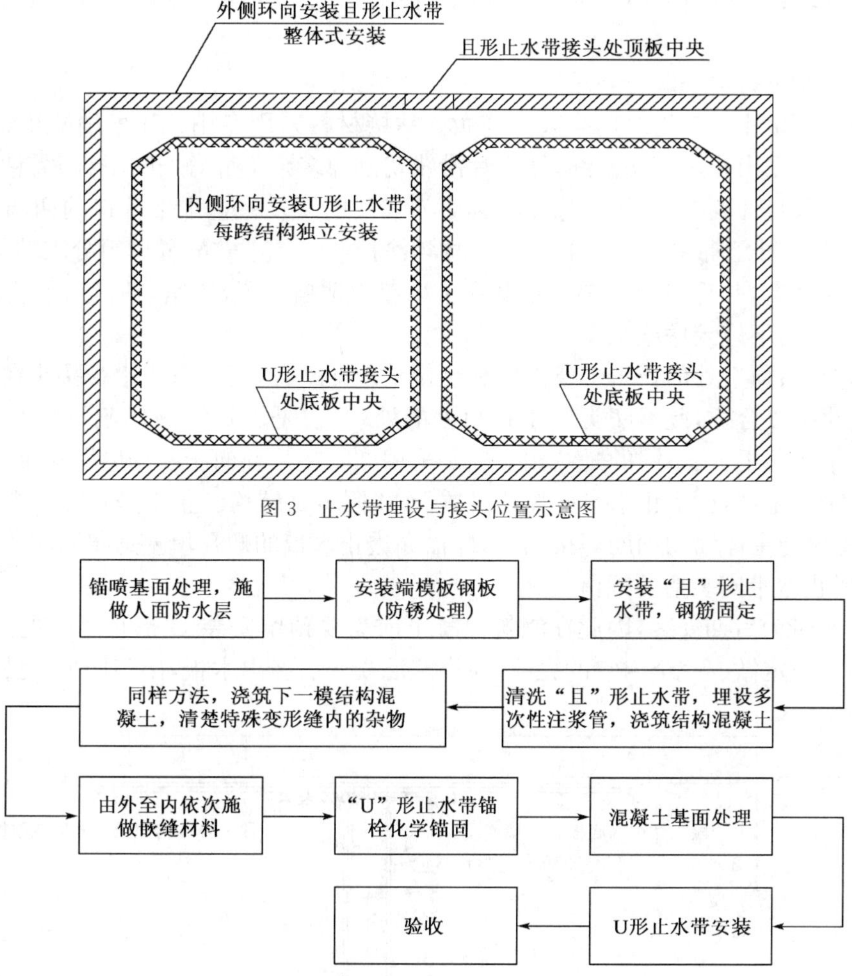

图3 止水带埋设与接头位置示意图

图4 施工工艺流程图

(2)端模板安装

①模板处理：主体结构钢筋安装完毕后，在安装“且”形止水带前安装10mm厚钢板端模板，钢板两侧必须做防锈处理，先涂702环氧富锌底漆一度，待固化后再涂H52－65环氧沥青厚浆型防锈漆二度，成膜厚度250μm。

②模板固定：端模板就位后，用与主体结构主筋同型号的L形钢筋，一端与钢板焊接，另一端与结构主筋焊接固定，端模板固定平面翘曲度＜±3mm，端模板与止水带之间的缝隙用GP有机硅密封胶封堵。

(3)“且”形止水带安装

①安装位置：“且”形止水带安装是特殊变形缝施工的重点工序。止水带采用专业厂家定做定型产品，根据实际需要长度下料，单条止水带理论长度等于该处明挖结构迎水面环向周长。止水带到场后先检查其完好性和长度尺寸，再安装止水带固定螺栓和钢压板，止水带在绑扎主体结构钢筋前在主体结构外圈环向整体式安装（安装底板止水带时，侧墙及顶板位置止水

带根据施工进度可采取悬吊措施，安装完顶板钢筋后再将顶板处止水带合拢）。止水带环向中心线与特殊变形缝的环向中心线在同一个平面内，顶部只允许有一个接头，且接头位于顶板中间位置（偏差±5°）。

②拐角处理：主体结构为矩形断面，外包“且”形止水带在拐角处需进行倒角处理，处理步骤为：

划线→切割→打磨→缝合→粘结→冷却 6 个步骤。

倒角的处理由止水带生产厂家人员施做。粘接材料采用专用氯丁—酚醛单组分胶粘剂、橡胶垫片等。先划出止水带切割线，用刀片沿线切割掉多余部分，砂轮锯打磨需粘接位置的止水带表面和橡胶垫片表面，至露出橡胶新鲜面为宜。用铁丝将止水带开口的两凸起部分缝合紧密，在打磨后的止水带和垫片的橡胶表面均匀涂抹两道氯丁—酚醛单组分胶粘剂，露置10～20min，不粘手为宜，然后将橡胶垫片粘贴到止水带欲粘贴位置，压紧，粘接后的止水带冷却至少 4h 后才可进行下道工序施工。

③顶部合拢：顶板处的止水带背面应和混凝土顶面平齐，“且”形止水带接头在顶板中央位置采用热硫化搭接合拢，此工序类似于拐角处的处理，也是由划线→切割→打磨→缝合→粘结→冷却 6 个步骤组成，不同的是结构合拢是采用橡胶垫片环向全断面粘贴止水带。

④止水带固定：“且”形止水带两翼均设置 M14 固定长螺栓。止水带背面与螺栓接触处设置刚压板，螺栓与主体结构钢筋焊接固定，螺栓穿透止水带的螺孔填塞遇水膨胀止水胶。

(4)U 形止水带安装槽的预留

U 形止水带为后期安装，因此在浇筑混凝土前需要预留安装 U 形止水带的凹槽空壳，凹槽一般采用木板定做成一个内空的壳体，在浇筑混凝土后凿出木板，出现凹槽，见图 5 所示。

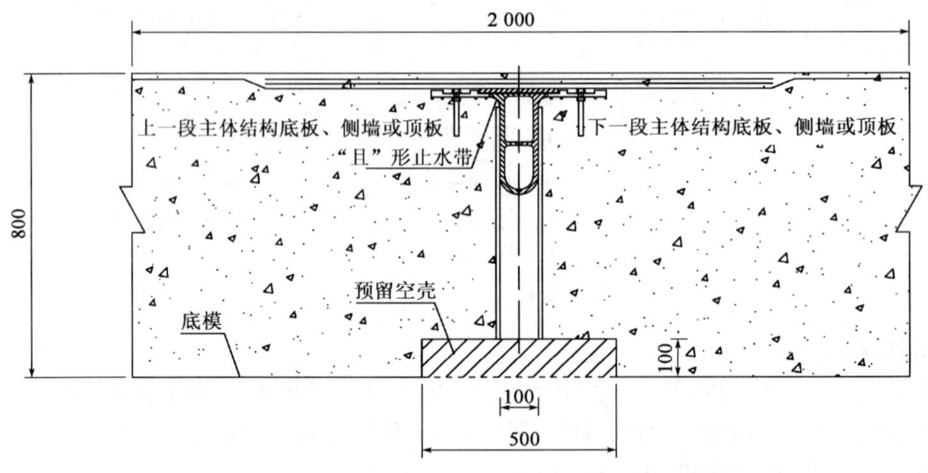

图 5　U 形止水带预留凹槽示意图（尺寸单位：mm）

(5)注浆管埋置

在“且”形止水带安装后用清水清洗表面杂质，然后安装注浆管。特殊变形缝所用注浆管由多次性注浆管和注浆导管组成。多次性注浆管外径 13mm，内径 7mm，由非编织过滤膜外包层和内嵌弹簧钢丝的织物过滤膜的内包层组成，见图 6。多次性注浆管端头接口到增强钢筋外，沿着模板的外表面固定，沿着环向变形缝两侧各埋置 2 环，多次性注浆管与注浆导管（PVC 材质）相连，见图 3。多次性注浆管采用分段搭接，注浆浆液采用聚丙烯或改性环氧树脂浆液。止水带、端模板、注浆管全部埋设好后浇筑结构混凝土。

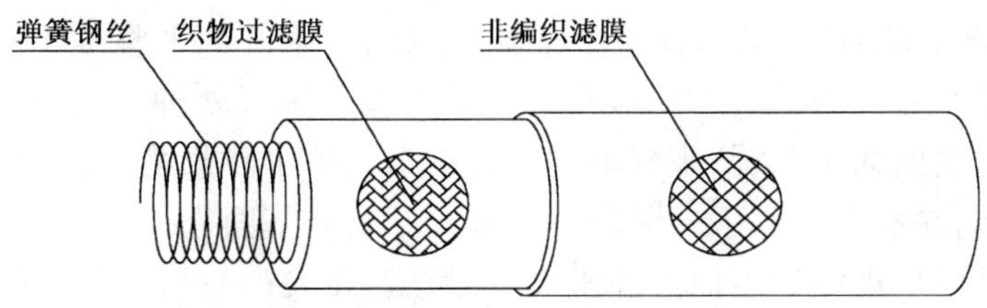

图 6　全断面多次性注浆管结构图

(6)缝内杂物清理,填塞嵌缝材料

在浇筑结构侧墙和顶板混凝土时,对底板位置的特殊变形缝要进行临时封堵,防止有杂物入内。对施工过程中不可避免产生的杂物,待同一个变形缝两侧的主体混凝土都浇筑完毕后,在隧道内沿着特殊变形缝,清除缝中、端模板和止水带上的杂物、附着物以及缝内积水,保证特殊变形缝内环境干燥、干净,由外至内依次填塞嵌缝材料(低发泡闭孔聚乙烯板、PE 泡沫条、牛皮纸、聚硫建筑密封胶和单组分聚氨酯防水涂料)。

(7)U 形止水带化学锚栓锚固

完成特殊变形缝的填塞后,处理安装基面以前需要将 U 形止水带固定螺栓锚固于安装混凝土基面上,锚固步骤如下:

①孔位定位放线:锚栓间距 200mm±10mm,环向间距 300mm,止水带两翼各一环,精确放出各孔位线。

②钻孔:锚杆直径为 16mm,钻孔直径为 18mm,孔深为 130mm,钻孔注意孔向正确并一次成活,钻孔完成后必须对成孔直径和深度进行检查验收。

③清孔:这是锚固的关键工序,清孔的效果直接影响锚固强度。先用毛刷清理孔内较多的杂物,然后用风管吹净孔内的粉尘,最后用棉纱沾清水擦洗孔壁。请各方对孔进行验收,合格后用棉纱将孔临时封闭。

④注胶植筋:用棉纱沾清水将孔壁微湿,将环氧锚固胶管装入注射枪,从孔内底部开始注胶,胶体灌入孔内 2/3,将锚栓缓缓插入孔底,锚固完成后 12h 内不得扰动(见图 7 所示)。

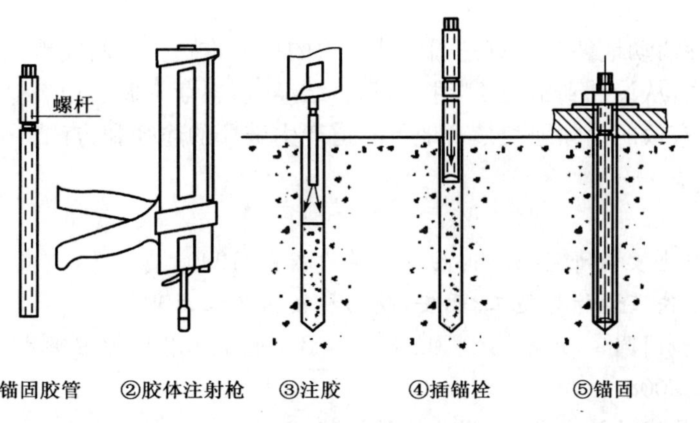

图 7　化学锚固顺序示意图

⑤验收:植筋完成 24h 后,进行拉拔力试验,根据《混凝土结构后锚固技术规程》(JGJ 145—2004)要求,抗拔力不得小于 31.7kN,达到要求后进行下道工序施工。

(8)混凝土基面处理

在安装U形止水带的混凝土表面，由于施工原因产生的如平整度不够等局部缺陷，无法与止水带表面密贴，易发生漏水，需要事先对混凝土表面进行处理，打磨清除表面的水泥浮浆和起壳松散层。对表面的小孔洞、小缝隙用聚合物水泥防水砂浆堵塞抹平，待水泥砂浆完全固化后，在基面上均匀涂刷两遍氯丁—酚醛单组分胶粘剂对基面进行防护，以提高安装基面的抗渗水性和强度。基面处理做到表面平整密实，不粗糙，无尖锐毛刺突出物存在。处理后的混凝土表面用2m靠尺检查平整度，最大不超过5mm。

(9)U形止水带安装

U形止水带是特殊变形缝上设置的最后一道防水线，能起到防水和引流的双重作用。由于明挖结构是矩形框架结构，顶板和底板处有腋角，U形止水带在有拐角的结构上安装，根据混凝土结构实际外形尺寸在厂家加工成与之匹配的带有拐角的止水带，合拢位置在底板中间部位。安装步骤如下：

①粘贴防水腻子：沿特殊变形缝的开口边缘在止水带安装基面上均匀粘贴2mm厚的未硫化丁基胶防水腻子，并注意保持表面清洁，不粘上杂物；注意在锚栓位置粘贴腻子时准确钻孔，腻子片材通过锚栓后密贴在基面上。

②预置止水带：将U形止水带紧贴特殊变形缝预置，止水带环向中心线要与特殊变形缝环向中心线在同一个平面上。先预置拐角处的止水带，使止水带拐角与安装基面的拐角相吻合，并在拐角附近的止水带上打孔，将止水带拐角固定，其次再安装侧墙和拱顶位置的止水带。

③止水带固定：止水带安装到基面上后，从拐角处开始，以布置的锚栓孔为基准，在止水带上逐个钻孔(ϕ16mm)，然后将已经锚固好的锚栓通过止水带，依次加装钢压条、钢压板、橡胶垫圈、双螺母。

④合拢搭接：由于止水带需要绕穿电缆等设施，在拱顶和侧墙安装完成后，进行断开位置的合拢搭接，搭接位置在底板中央位置，合拢工艺与“且”形止水带相同。

⑤验收：隧道内特殊变形缝的止水带等各项工序安装完成，经自检合格后，及时请有关方面组织验收和移交。

4 结语

地下工程下穿活动地裂缝一直是国内外公认的技术难题。在西安地铁隧道穿越地裂缝。

工程的施工中，从设计到施工不断探索和总结经验，逐渐掌握了地裂缝活动规律及有关数据，探索出一种最有效的消除地裂缝对地下隧道产生破坏的途径和方法。

参考文献

[1] 张家明，西安地裂缝研究.兰州：西北大学出版社，1990.

[2] 施仲衡，地下铁道设计与施工.西安：陕西科技出版社，1997.

[3] 中华人民共和国国家标准.GB 50108—2008 地下工程防水技术规范.北京：中国建筑工业出版社，2008.

[4] 西安地铁1号线设计文件.广州地铁设计院，2009.

深大基坑开挖支护施工技术

何洪波　刘关华　刘　禹

（中铁隆工程有限公司）

摘　要　明挖法施工是地铁常用的施工方法，但四线并行、跨度大、坑中有坑，且采用多种基坑支护形式的明挖区间还是较为罕见。如何做好基坑土方开挖和各类基坑支护的衔接，加快施工进度，保证基坑施工质量和施工安全，是基坑施工的主要课题。本文以郭公庄站北端明挖段区间施工为例，重点介绍深大基坑土方开挖及桩锚支护施工技术和施工控制要点。

关键词　深大基坑　基坑支护　施工控制

1　工程简介

1.1　工程概况

北京地铁9号线工程郭公庄站～丰台科技园站区间郭公庄站北端明挖区间位于南四环外未开发的农田区域。郭公庄站为双岛四线车站，郭公庄站北端明挖区间4条线路并行，9号线布置在内侧，房山线布置在外侧，房山线左线于K0＋676.915处转弯后下穿9号线。郭公庄站北端明挖段全长266.3m，基坑开挖宽度11.15～57.9m，基坑开挖深度12.75～23.5m。基坑支护形式有：

(1)ϕ1.0m钻孔灌注桩＋预应力锚索支护及ϕ1.0m钻孔灌注桩＋ϕ600mm钢支撑支护；

(2)房山线二级基坑边坡采用土钉墙施工；

(3)基坑三个角部采用旋喷桩加固处理；

(4)所有基坑围护桩间采用网喷混凝土支护。

1.2　工程地质

本段线路土层分布较为稳定，自上而下依次为粉土填土①层、粉土②层、圆砾卵石⑤层。地铁结构以下分布地层分别为粉质黏土⑥层、卵石⑦层、粉质黏土⑧层、卵石⑨层、粉质黏土⑩层、砾岩⑾层。砂砾卵石层大部分粒径为5～30cm。

1.3　水文地质

本段线路区域地下水类型为潜水，主要由大气降水补给，区域内未发现上层滞水。沿线潜水水位标高为19.03～24.00m，低于结构底，对结构施工无影响。

1.4　工程特点

(1)基坑宽度大、深度深、基坑开挖断面不规则：该明挖段基坑长266.3m，基坑开挖最宽处57.9m，最深处达23.5m。基坑位于曲线段，房山线预留线端头断面变换大，形成多处基坑阳角，影响基坑稳定。

(2)基坑支护结构类型全面：该明挖段基坑支护结构种类多，涵盖了明挖基坑支护的所有形式。

2 主要工程施工方法

2.1 围护桩施工

围护桩按 ϕ1 000mm@1500mm 布置，共 403 根，桩长 15～27.6m。根据地质详勘报告和相邻标段围护桩施工经验，基坑围护桩采用旋挖钻机成孔，卵石地层先用螺旋钻引孔，再用旋挖钻头提渣成孔。由于围护桩间距较小，为防止钻孔时造成塌孔影响临桩桩身质量，钻桩时采取"跳二钻一"的原则共分 3 个循环完成桩施工。

(1)钻孔

钻孔前应准确进行围护桩定位测量，埋好钢护筒。为确保开挖后围护桩不侵入主体结构范围内，并考虑施工误差，围护桩中心需在设计坐标的基础上，向基坑迎土方向外放 150mm。

(2)护壁

围护桩钻孔过程中采用膨润土泥浆护壁，施工前应准备好泥浆池，备好足够的膨润土。当钻进过程中遇到密集卵石层造成泥浆渗漏和塌孔时，应采用黏土加强护壁或回填黏土重新钻孔。钻孔时保证孔内足够的泥浆水头高度，防止泥浆不足塌孔。

(3)钢筋笼制作及吊装

围护桩成孔后，经现场质检工程师和监理工程师验孔合格后进行钢筋笼吊装。

现场加工制作钢筋笼，加工尺寸严格按照设计图纸及相关规程施作。钢筋笼主筋采用直螺纹连接，架力筋采用电弧焊，主筋与加强筋、箍筋点焊。

钢筋笼利用 25t 吊车采用"扁担起吊法"整体吊装，吊放钢筋笼入孔时应对准孔位，保持垂直，轻放、慢放入孔。下放钢筋笼时，要准确测出护筒顶标高，计算钢筋笼吊筋长度，以控制钢筋笼的桩顶标高及钢筋笼上浮等问题。

(4)混凝土灌注

混凝土采用导管法灌注水下混凝土，浇筑前必须检查混凝土坍落度、和易性并做好记录。混凝土灌注应连续进行，并保持合理的导管埋置深度，准确掌握导管拆除长度，防止断桩。灌注高度应高出桩顶 0.5m，以保证凿去浮浆后桩顶混凝土的强度。在最后一次拔管时，要缓慢提拔导管，以避免孔内上部泥浆压入桩中。

2.2 土方开挖施工

基坑开挖严格依据"时空效应"理论，遵循"纵向分段、竖向分层、横向分幅、中间拉槽、边挖边支"的原则。基坑开挖的方向是由南、北两端向基坑中间开挖，收口于房山右线北端。因此，基坑土方开挖时的出土坡道由中部向北延伸至房山线区间右线终点到地面，接场内施工便道运出施工现场，坡道顶宽 7m。场内运输道路沿基坑边外 2m 通长设置，道路宽 5m，采用 C20 混凝土硬化路面。区间北段 K0＋708～K0＋800。

由北向南开挖。基坑土方分层开挖。为便于桩间喷混凝土支护施工，土方开挖分层厚度为钢支撑层高的一半(2.5～3m)，采用反铲挖机分层开挖，直接装车，运出基坑。

区间南段 K0＋533.7～K0＋708 钻孔桩＋锚索支护段由南向北开挖，基坑分层开挖，为便于桩间喷混凝土支护，土方开挖分层厚度为每层锚索高的一半(2.5～3m)。由于基坑宽度大，每层土方量大，锚索施工时间长，为使锚索和土方施工形成交叉作业，减小土方与锚索施工相互影响，该段土方开挖采取横向分幅、中幅先行的开挖顺序。土方采用反铲挖机在基坑中直接装车，运出基坑。土方开挖顺序见图 1。

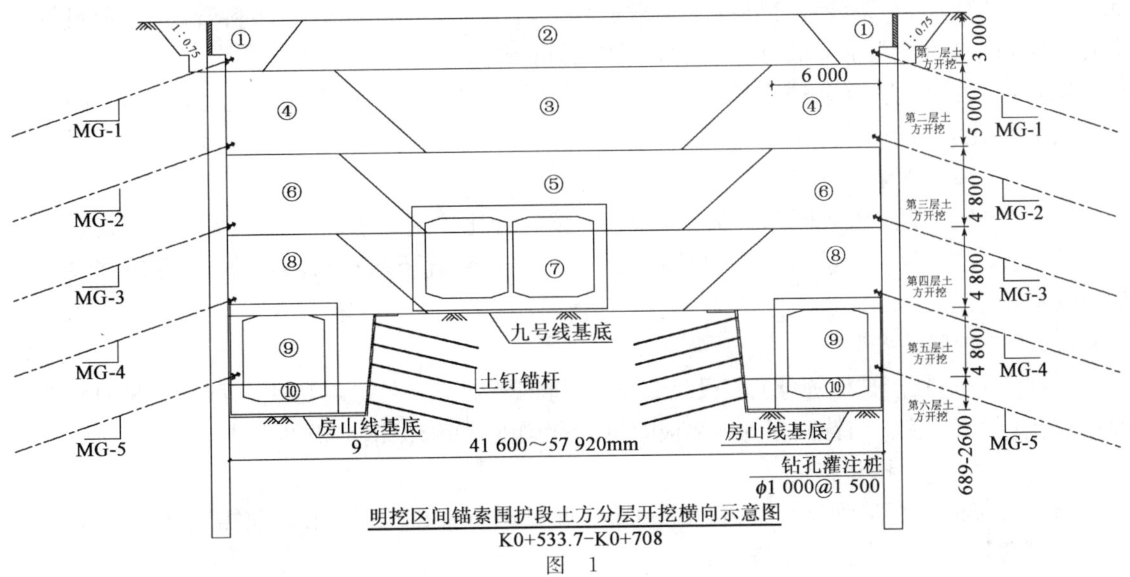

图 1

2.3 桩间网喷混凝土施工

基坑土方分层开挖后，及时对基坑侧壁进行挂网喷护，根据设计要求，喷射混凝土的强度等级取C20级，混凝土喷射厚度为80～100mm，钢筋网采用ϕ6.5钢筋，网格间距150mm×150mm，钢筋网用ϕ16膨胀螺栓固定在围护桩上，按照间距1.5m梅花形布置。

2.4 锚索施工

2.4.1 锚索分布情况

区间明挖段K0＋533.7～K0＋708基坑支撑体系为围护桩＋锚索，桩锚支撑体系由围护桩、锚索和腰梁组成。根据基坑开挖深度不同，锚索采用3～5道3、4、6束7ϕ^s15.2标准型钢绞线；锚索长度17.5～28.5m，水平间距为1.5m，竖向间距4.5～5.0m；锚孔直径150mm。腰梁采用I25b组合工字钢。锚索拉力锁定值71～346kN。

2.4.2 锚孔钻进成孔

该地区主要为粉土和卵石地层，锚孔深度17.6～28.5m。根据不同地层，选用不同的钻机成孔，粉土层采用MDL－100D型螺旋钻成孔，卵石层采用MG97型跟管锚杆钻机成孔，见图2和图3。

图2 MDL－100D型螺旋钻钻孔

图3 用MG97跟管锚杆钻机钻孔

2.4.3 锚索下料及加工

钢绞线下料必须采用机械切割，不得采用电焊或者氧气焊切割。严格控制锚索下料，每股下料长度误差不大于50mm。将自由段和锚固段分别作出标记，在锚固段范围内的锚索每隔

1m 穿一个架线环，两架线环之间扎一道箍筋环。自由段的钢绞线套上塑料管，并将塑料管头绑扎严实，在锚固段头部安装导向帽后，平顺放好待用。

锚索放入锚孔前，确认锚索长度与孔位一致，将注浆管与锚索绑在一起一同放入锚孔中，注浆管底距孔底 50cm。

2.4.4 锚索注浆

锚孔注浆浆液采用 M20 水泥砂浆，注浆前按配合比拌制好水泥砂浆。从预留注浆管一次性连续从孔底反向压浆，注浆压力保持在 0.3～0.5MPa，直至从孔口溢出净浆，在砂浆终凝前禁止扰动锚索。

2.4.5 钢腰梁安装

锚索张拉前，在围护桩桩身上安设腰梁支架，将钢腰梁安放在支架上，并将腰梁与桩身空隙用细石混凝土填充密实。将锚固用的钢垫板固定于腰梁上，并确保钢垫板的上表面与锚索垂直。

2.4.6 锚索张拉与锁定

当锚索浆体强度达到设计强度的 75％时，即可进行锚索张拉，张拉前需对张拉设备进行标定。锚索张拉共分为三个步骤：

预张拉：预张拉是使锚具等各部位接触紧密，使锚索完全平直。预张拉施加的预应力值为锁定值的 0.1 倍。

完全张拉：预张拉完成后，需稳定 2～3min，然后持续张拉至拉力设计值，张拉的过程不易太快，根据实际张拉情况进行控制。张拉达到设计拉力值后，持力稳定 3～5min。

锁定：完全张拉后，再按设计给定的拉力锁定值锁定。锚索张拉锁定后，需对外露钢绞线用防腐沥青进行封闭，以防锚索受潮锈蚀。

2.5 钢围檩、钢支撑架设施工

2.5.1 钢支撑概况

K0＋708～K0＋800 段基坑采用围护桩＋钢支撑支护，其中 K0＋708～K0＋751 段房山线交叉段二级基坑，钢支撑设置 4 道，支撑间距 1.9～3.0m。K0＋751～K0＋800 九号线标准段基坑，钢支撑设置 3 道，支撑间距 3.0m；转角位置设置斜撑 2 排；钢支撑均为 ϕ600，t＝12mm；基坑拐角均设 300mm 厚 C25 混凝土角撑。第一道钢支撑直接安放在冠梁上，第二、三、四道钢支撑安放在钢围檩上。钢围檩采用 2I45b 工字钢，用加焊通长钢板及缀板和肋板使之连接成为一个受力整体。钢围檩用固定在围护桩上的角钢支架作支撑，角钢支架间距与围护桩间距相同。

2.5.2 钢围檩、钢支撑施工

钢支撑架设与基坑土方开挖是深基坑施工密不可分的关键工序，二者极具时间性和协调性。支撑架设时间、位置及预加轴力的大小直接关系到深基坑的稳定，支撑架设必须严格满足设计的要求。钢围檩、钢支撑架设用人工配合汽车吊进行安放。钢支撑预加轴力采用液压千斤顶。

(1)钢围檩支架安装

在土方开挖到每道钢围檩下 80cm 处时，立即放出钢围檩的位置安装钢围檩支架。支架如图 4 所示。

支架在现场按照设计图纸加工，为了安装支架时调平方便，将支架上螺栓孔钻成长圆形并配备一定数量的开口钢垫片，膨胀螺栓 YG2 型 2M25(L＝285mm)。

在围护桩上标出膨胀螺栓位置，用冲击电钻钻出深 260mmϕ26 的眼孔。打入 M25(L＝285mm)膨胀螺栓。然后人工安装支架，支架与围护桩之间的缝隙用开口垫片垫平再紧固螺

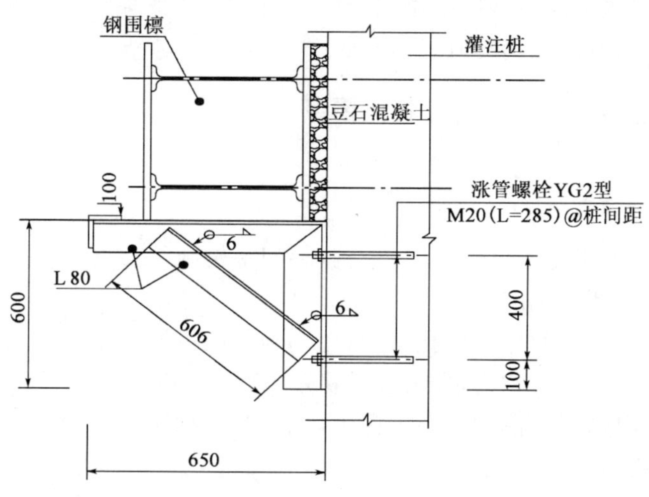

图4 钢围檩支撑节点(尺寸单位:mm)

栓。在支架上焊通长 L100×10 角钢,以加强支架整体性。

(2)钢围檩安装

用人工配合汽车吊将加工好的钢围檩分段放在角钢支架上,就位整平,局部不平处用小钢片支垫在角钢支架上。将各段连接,钢围檩段与段之间的接头做到等强连接,围檩的型钢接长焊接成连续梁,确保不出现悬臂形式。

钢围檩与钻孔桩之间空隙用 C30 的细石混凝土填实。

(3)预加轴力的施加钢支撑就位后,在活动端用 2 台联动液压千斤顶逐级施加钢支撑预加轴力,施加预加力按照设计要求进行,当压力表无明显衰减时,用特制定型钢楔锁定钢支撑。液压千斤顶在使用前,必须到法定单位对千斤顶和压力表进行检验标定,确保正常使用。

(4)钢围檩、钢支撑拆除方案

钢支撑的拆除要结合该处结构施工进行。结构混凝土底板强度达到设计值 70%时,拆卸底层钢支撑。区间结构混凝土浇注完成且强度达到设计值后,施作结构防水层,回填覆土,随着基坑回填逐步拆卸剩余钢支撑。支撑拆除时应先释放支撑轴力,然后用汽车吊将钢支撑拆除。

2.6 土钉支护施工

房山线基槽内测边坡采取放坡开挖,边坡采用土钉网喷支护,土钉长度 6m 和 8m 两种,间距 120cm×120cm,梅花形布置,锚孔直径 120mm,内注 M20 水泥砂浆。土钉随着基坑土方分层开挖,分层打设土钉。土钉成孔采用锚杆套管跟进方法,搅拌机造浆,注浆泵注浆,土钉施工完成后,挂网喷 C20 混凝土封闭坡面,喷混凝土厚度不小于 50mm。

2.7 旋喷桩土体加固施工

为保证基坑角部土体具有良好的均匀性和自立性,对基坑 3 处角部土体采用旋喷加固。设计旋喷桩有效长度为 25.5m(地面至基坑底下 2m),桩径为 ϕ600mm,桩间距 500mm,桩与桩相互咬合 5cm。旋喷注浆用单液水泥浆,采用三重管法施工工艺进行施工。

由于旋喷加固地层为卵石地层,无法采用旋喷钻机注浆管射水成孔,所以先采用地质钻机钻成直径 150～200mm 的孔,然后更换旋喷钻机,将三重注浆管插入孔内,按旋喷、定喷或摆喷的工艺要求,由下而上进行喷射注浆。注浆管分段提升的搭接长度不得小于 100mm。旋喷开始时，先送高压水，再送水泥浆和压缩空气，在一般情况下，压缩空气可晚送 30s。在桩底部边喷射 1min 后，再进行边旋转、边提升、边喷射。

3 明挖基坑开挖支护主要分项工程施工控制要点

3.1 围护桩

(1)钻孔：

①围护桩施工前应准确定位，防止侵入结构，影响结构施工。

②根据地质情况，选择正确的成孔施工工艺。

③合理选择钻头直径，有效控制成孔直径，控制施工成本。

④根据地层状况，调整泥浆浓度，保证孔壁稳定。

⑤严格控制成孔深度，保证围护桩埋置深度，确保基坑稳定。

(2)钢筋笼制作安装：

①钢筋笼必须严格按照设计图下料制作，焊接牢固。

②钢筋笼采用汽车吊整节吊装，吊装时应采用多点吊装，吊点加强焊接。防止钢筋笼变形。

③钢筋笼应准确定位，悬吊牢固，做好钢筋笼防上浮措施。

(3)围护桩水下混凝土：

①水下混凝土必须连续灌注，混凝土到场必须进行验收，检查混凝土的和易性、坍落度。

②混凝土灌注导管的提升必须保证导管埋置深度，防止断桩。拆管时导管拔出不要过快，防止泥浆灌入桩心。

③严格控制混凝土灌注高度，保证桩顶混凝土质量。

3.2 土方开挖

基坑土方开挖根据基坑深度、宽度不同，可采取台阶法和拉槽式开挖。土方开挖后应及时施做桩间网喷混凝土支护，架设钢围檩、钢支撑或施工锚索。

3.3 桩间网喷混凝土

(1)钢筋网片用膨胀螺栓固定在围护桩上，安装牢固，防止网喷混凝土倾覆。

(2)喷射混凝土表面应大面平整，以便于防水施工。

3.4 锚索

(1)根据地层选择钻机成孔，保证成孔质量和施工进度。

(2)严格按施工图和规范要求进行锚索下料加工，保证锚索长度。

(3)严格控制注浆量，保证锚孔注浆饱满。

(4)严格控制锚索张拉和锁定拉力。

(5)锚索腰梁与围护桩间空隙必须回填密实，防止锚索应力损失。

3.5 钢围檩安装

(1)钢围檩分段安装，节段间需等强连接，保证钢围檩连续。

(2)钢围檩与围护桩间空隙必须用细石混凝土回填密实。

(3)必须采取防坠落悬吊措施。

3.6 钢支撑安装

(1)钢支撑安装必须稳固，并及时施加应力。

(2)必须采取防坠落悬吊措施。

4 结语

地铁区间工程采用明挖法比较普遍，对于宽度大、深度深的明挖基坑来说，采用围护桩＋锚索进行基坑围护，既能有效的克服重型钢支撑支护的吊装和结构施工时支撑转换难题，又能克服架设支撑后对结构施工的影响，对加快施工进度，保证施工质量，确保施工安全具有极其重要的作用，对深大基坑的支护设计和施工具有指导作用。

置入式可回收土钉试验研究

王立明[1]　张全胜[2]

（1. 上海房睿建筑科技有限公司　2. 江苏省昆山市建筑安全监督站）

摘　要　置入式可回收土钉，是在基坑土体中预成孔，将带有锚固节点的单根钢绞线外套隔离层后置入孔内，注浆后形成锚固体。待锚固体达到一定强度后，预张拉钢绞线再锁定，形成可回收的预应力土钉。基坑支护功能结束后，可将钢绞线回收并可重复利用。该技术主要解决基坑支护中土钉出红线受限制的问题。

关键词　基坑支护　可回收　土钉　钢绞线

深基坑支护工程，当采用受拉式支护结构（如土钉或锚杆）时，土钉和锚杆会遗留在基坑周边的土层内，对周围地块的地下工程后续施工留下障碍和不便。针对该问题，近年已有一些可回收锚杆的新工艺[1-2]，但可回收土钉支护技术却较少见到。虽然出现一些采用刚性杆作为传力载体的可回收锚杆或土钉[3]，但由于建筑地下室外墙与基坑壁之间的空间限制，刚性杆体的回收也存在较多的困难。本文针对以上问题，研制了一种新型的置入式可回收土钉，可以土钉的形式进行基坑支护，且回收方便。

1　置入式可回收土钉介绍

置入式可回收土钉采用钢绞线作为传力载体，钢绞线外套塑料隔离管，在钢绞线远端设置一个或多个锚固节点。在基坑壁土体中预成孔，然后将带有锚固节点的钢绞线置入孔内，注浆后形成锚固体。支护功能完成后，回收钢绞线。钢绞线易弯曲，回收工艺简单，可人工操作。

1.1　置入式可回收土钉构成

置入式可回收土钉包括：远端锚固节点、钢绞线、锚固体、近端锚固配件。其中，钢绞线、锚固体、外端锚固配件都是常规做法，而远端锚固节点较特殊，是承载和回收的关键所在。锚固节点是将预完成支护功能和回收功能的各配件组装后，以一个中空的圆筒封闭，形成一个节点。锚固节点包括以下几部分：

(1)锁定装置：用于锚固钢绞线。

(2)保险装置：用于保证锚固的可靠性。

(3)保险开启装置：当基坑支护功能完成后，放松位于土体外的近端锚固设置，保险开启装置即可打开保险，土体深处的远端锚固节点即失效，钢绞线可轻松回收。

1.2　置入式可回收土钉的特点

置入式可回收土钉区别于通常所讲的锚杆，其可以仅作为土钉使用而无需设置围护桩，又可以作为预应力小锚杆用于桩锚支护结构。特点如下：

(1)承载力强，节约钢材：由于置入式可回收土钉采用钢绞线作为传力承载体，而钢绞线的强度是普通钢筋或钢管的 3～6 倍，因此钢材用量只是通常采用的成孔土钉的 1/6～1/3。又因为钢绞线回收后可重复使用，因此按重复一次考虑，用钢量在前者基础上又可减半，这可以抵消回收装置——锚固节点的部分费用。

(2)可施加预应力，有利于基坑变形控制：由于置入式可回收土钉使用的钢绞线有塑料外套，与水泥注浆体隔离，因此在承载前可对钢绞线施加预应力。根据基坑变形和土压力情况设定相应的钢绞线的张拉和锁定值，可以有效减少和控制基坑的变形。该项特点也可以使得置入式可回收土钉作为小锚杆和围护桩联合使用，设置多道锚杆，从而可以减小围护桩的桩径。

(3)不受长径比的限制，充分发挥土体锚固力：常规的全长粘结型锚杆或土钉，长细比超过一定的比值，土体锚固力将不能充分发挥。而置入式可回收土钉属于压力分散型的，根据需要可设置一个以上的锚固节点，充分发挥土层的锚固力。

(4)回收方便：该技术采用的回收原理不同于 U 形回转型和强拉失效型[1-2]。不仅承载力有保证，而且回收也方便。支护功能完成后，放开近端的锚固设置，远端锚固节点即可放松钢绞线，钢绞线可人工徒手拉出，见图 1。

2 置入式可回收土钉的施工方法

置入式可回收土钉的施工流程见图 2，具体步骤分述如下：

图 1 人工回收钢绞线

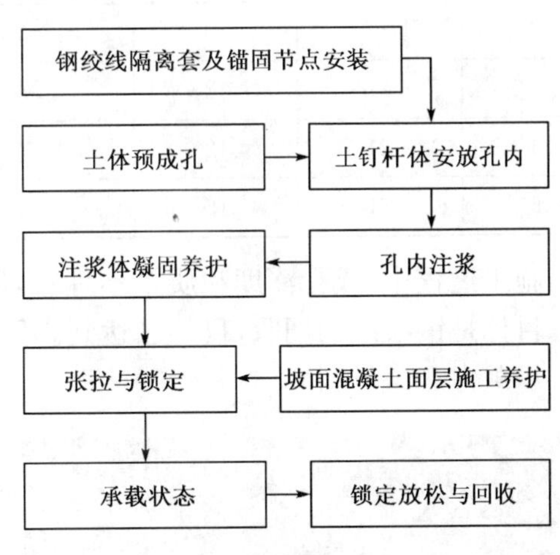

图 2 置入式可回收土钉施工过程

(1)基坑开挖到预定深度，在土体内钻孔的同时，在钢绞线上安装锁定装置、保险装置和保险开启装置，并用空心筒封闭这些装置形成锚固节点，见图 3。

(2)成孔完成，将带有锚固节点的钢绞线送入孔内，并随即完成注浆，见图 4。

(3)等到注浆体和坡面混凝土面层达到一定要求后，可张拉锁定钢绞线。预应力张拉值应根据相应土压力计算值和变形控制目标确定。

(4)当基坑支护功能结束(建筑基坑是指地下室顶板完成)，土方回填和土钉回收分段分层交叉进行。即先划分施工段，在每段内先回填土方到最下层土钉，夯实回填土，然后回收该段土钉，土钉回收后马上回填土方夯实，这样依此交叉交替完成。施工段的划分应间隔施行。

3 置入式可回收土钉试验

3.1 置入式可回收土钉施工及承载力测试

置入式可回收土钉的初次试验选择一正在施工的基坑工地，基坑支护已采用其他方式，本试验选用安全区段。相关土层参数见表 1。5 个土钉试验分别位于一级坡和二级直立坡面上，见图 3～图 5。

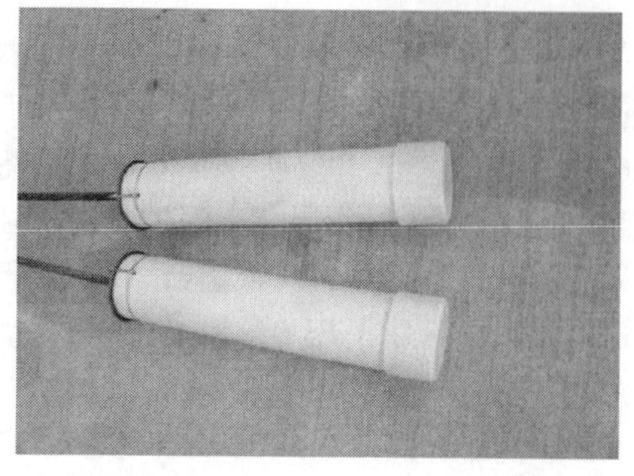

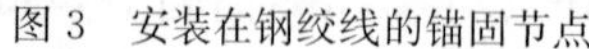

图 3　安装在钢绞线的锚固节点

图 4　土钉置入土体孔内

置入式可回收土钉试验参数及测试结果　　表 1

编号	c(kPa)	φ(°)	q_{si}(kPa)	孔径(mm)	长度(m)	承载力(kN)	备注
1	12	10	20	110	7.5	31	回收
2	12	10	20	110	7.5	71	回收
3	21	12	25	110	6.5	53	回收
4	21	12	25	110	6.5	70	回收
5	21	12	25	110	6.5	73	回收

施工过程中，成孔深度和质量不理想，原计划成孔深度 10m，实际深度见表 1。但本试验第一目标是钢绞线的回收，目的已达到。置入式可回收土钉承载力与普通成孔土钉无区别。

承载力测试见图 6。

图 5　注浆完成后的土钉

图 6　土钉承载力测试

3.2　置入式可回收土钉回收

本次置入式可回收土钉的回收，5 根中有 3 根顺利回收，有 2 根回收遇到困难，采取一些措施后最终完成回收。

回收出来的钢绞线状态良好，仍然保持自然状态，无打卷和永久性弯曲，因此，后处理方便，钢绞线可重复使用。

4 结语

置入式可回收土钉试验,验证了以下几个问题:

(1)可完成钢绞线的回收;

(2)锚固节点具有可靠的承载功能;

(3)回收的钢绞线状态良好,可方便重复利用。

采用置入式可回收土钉技术进行基坑支护,不仅可以解决常规土钉支护对周边地下环境的不利影响,而且可以节约能源、节省资源,减少地下空间的遗留和污染。另一方面,该项技术对主体结构施工不造成任何不利影响,具有广阔工程前景。

参考文献

[1] 王立明,施鸣升,徐雷云,等.回转型可回收扩大头锚杆.岩土工程学报,2010(S2).

[2] 蒋树屏,王福敏,唐树名,等.岩土锚固技术研究与工程应用.北京:人民交通出版社,2010.

[3] 高徐军.地铁深基坑自旋式锚杆支护力学性能研究.西安:西安科技大学,2009.

周边环境复杂的超深基坑支护设计

刘海龙　张治华

（北京市机械施工有限公司）

摘　要　北京市当代大厦商务酒店深基坑工程北侧为宽20m、深2m的亮马河，南侧为纯地下车库，车库上为深1m的人工湖，西侧、东侧为住宅楼与汽车坡道，周边地下管线众多，均在开挖影响范围内。基坑支护设计需考虑周边复杂环境、拆除锚杆等因素影响，综合考虑采用护坡桩＋预应力锚杆的支护形式。西侧和南侧地下水采用桩间旋喷桩与护坡桩共同作用的止水帷幕，北侧和斜边采用大口井人工降水。基坑位移和沉降要求严格，对基坑平面、竖向不同标高位移进行了观测，确保本工程基坑支护得到很好的效果。

关键词　超深基坑　周边环境复杂　护坡桩　预应力锚杆

1　工程概况

北京市当代大厦商务酒店工程位于东城区香河园路1号，北侧20m为亮马河，河道宽20m、深5m，河水深约2m，与基坑高差15m，河道有渗漏。南侧有两层、三层地下车库，车库上层覆土为3m，覆土上层为水深约1m的人工湖，湖底有渗漏，最近处距基坑0.5m。基坑东南角为12号楼，基础埋深12.7m，距拟建物为17.2m。12号楼与拟建建筑物之间为一汽车坡道出入口，由东向西从地面至－7m位置，接入纯地下车库。基坑西侧靠北部分为一汽车坡道出入口，从自然地面降至－7mB1层位置，然后接B2、B3、B4层半圆形地下汽车坡道至－18.30m，汽车坡道与10号楼相接，西侧靠南为深厚的回填土。北侧及斜边存在热力、电力、路灯、污水、雨水5条地下管线，埋深从－1.00m至－6.00m，管线标高不一，对基坑安全影响严重；南侧有一条天然气管道穿过基坑，东侧有排水管线。本工程占地面积为5 930m^2，基坑面积5300m^2，长约90m，宽约60m，开挖深度为21.45m，结构工作面局部为300mm，结构施工时需拆除锚杆。

2　工程水文地质

工程地质、水文地质情况见表1、表2。

土层地质情况表　　表1

层　号	岩　土	厚度(m)	φ(°)	c(kPa)
①	素填土	2.42	8	5
①1	杂填土	2.70	5	5
②	黏质粉土	2.34	25.6	14.8
②1	粉质黏土	0.44	19.1	16.7
③	粉质黏土	1.72	22	25

续上表

层　号	岩　土	厚度(m)	φ(°)	c(kPa)
③1	粉砂	1.31	30	2
③2	黏质粉土	0.61	31.2	23.8
④	粉质黏土	7.18	22.1	23.4
④1	黏质粉土	1.55	32.4	26
④2	砂质粉土	0.65	5	20
⑤	粉质黏土	6.07	15	20

地下水情况统计表　　表 2

层号	水类型	初见水位埋深(m)	初见水位标高(m)	静止水位埋深(m)	静止水位标高(m)
1	潜水	8.00～12.80	28.86～34.03	5.90～7.80	33.96～35.62
2	微承压水	26.30～28.62	13.09～15.18	26.00～27.80	13.49～15.56

3　设计方案

(1)针对本基坑周边环境复杂、场地狭窄、基坑超深、土层情况复杂、地下水丰富的特点选择护坡桩＋预应力锚杆的基坑支护形式。该支护形式适用于大型较深基坑及邻近原有建筑物或构筑物不容许有较大变形的基坑。本工程共布置直径 800mm、桩间距 1.5m 的 189 根护坡桩。根据周边关系分为 7 个剖面,具有代表性的有 3 个剖面,基坑支护总平面布置图见图 1。

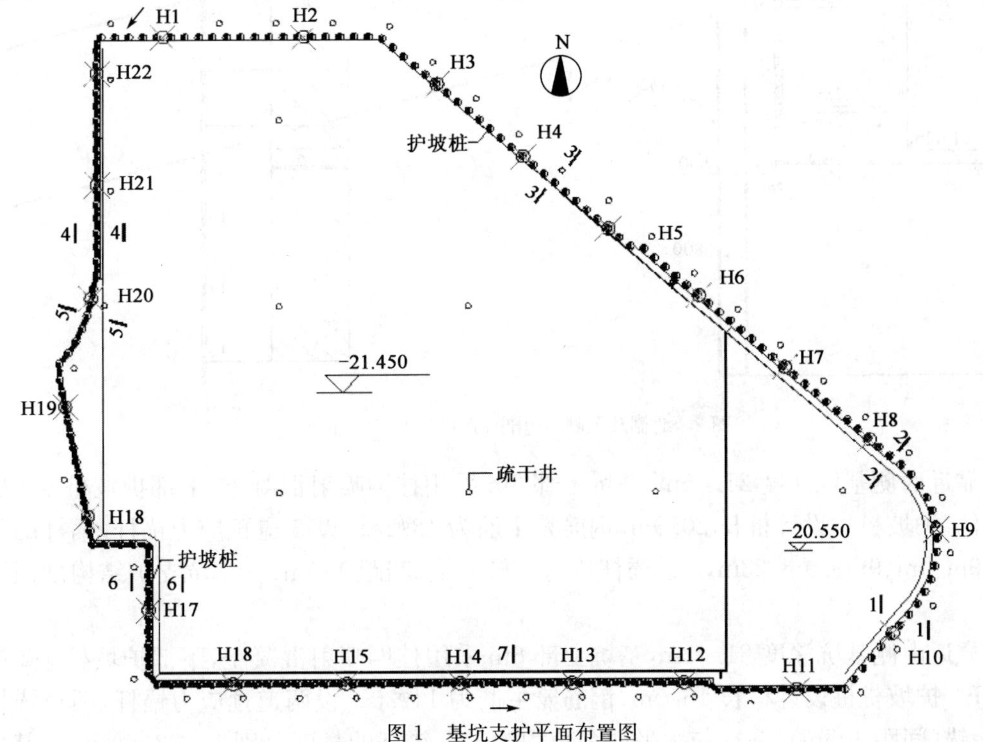

图 1　基坑支护平面布置图

(2)靠近北侧及东北斜边基坑深度 21.45m,基坑上部 1.5m 采用挡土墙,下部护坡桩+4 层预应力锚杆。护坡桩设计桩长 25.0m,钢筋笼主筋为 18ϕ25,箍筋为 ϕ8@200mm,架立筋为 ϕ16@2000mm。护坡桩的混凝土强度等级为 C25,主筋混凝土保护层厚度为 50mm。护坡桩主筋为Ⅱ级钢筋,箍筋和架立筋为Ⅰ级钢筋。设 4 道预应力锚杆,4 道锚杆均为一桩一锚(间距1.5m),锚杆与水平面夹角均为 15°,锚杆的长度分别为:20m、24m、26m、26m,成孔直径 150mm。基坑支护剖面图见图 2。

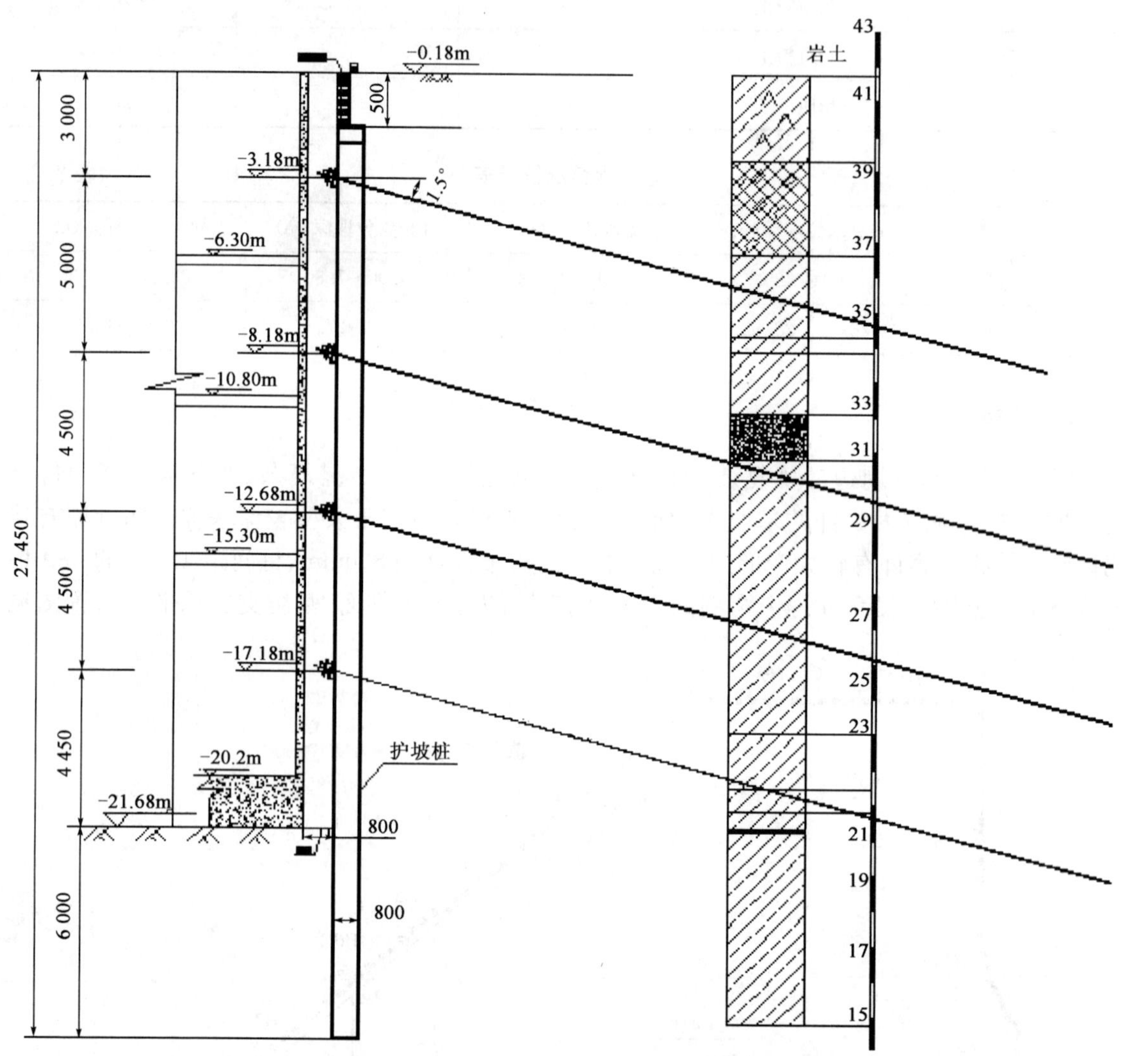

图 2　北侧及东侧斜边剖面图(尺寸单位:mm)

(3)靠近西侧基坑深度 21.45m,基坑上部 6m 采用挂网喷射混凝土,下部护坡桩+5 层预应力锚杆。护坡桩桩设计桩长 20.0m,钢筋笼主筋为 18ϕ25。设 5 道预应力锚杆,锚杆的长度分别为:9m、9m、9m、20m、23m,5 道锚杆均为一桩一锚(间距 1.5m)。基坑支护结构剖面图见图 3。

(4)靠近南侧基坑深度 21.45m,基坑上部 6m 采用挂网喷射混凝土,下部护坡桩+2 层预应力锚杆。护坡桩桩设计桩长 16.0m,钢筋笼主筋为 14ϕ25。设两道预应力锚杆,两道锚杆均为一桩一锚(间距 1.5m),锚杆与水平面夹角均为 15°,锚杆的长度分别为: 23m、25m。基坑南侧支护剖面图见图 4。

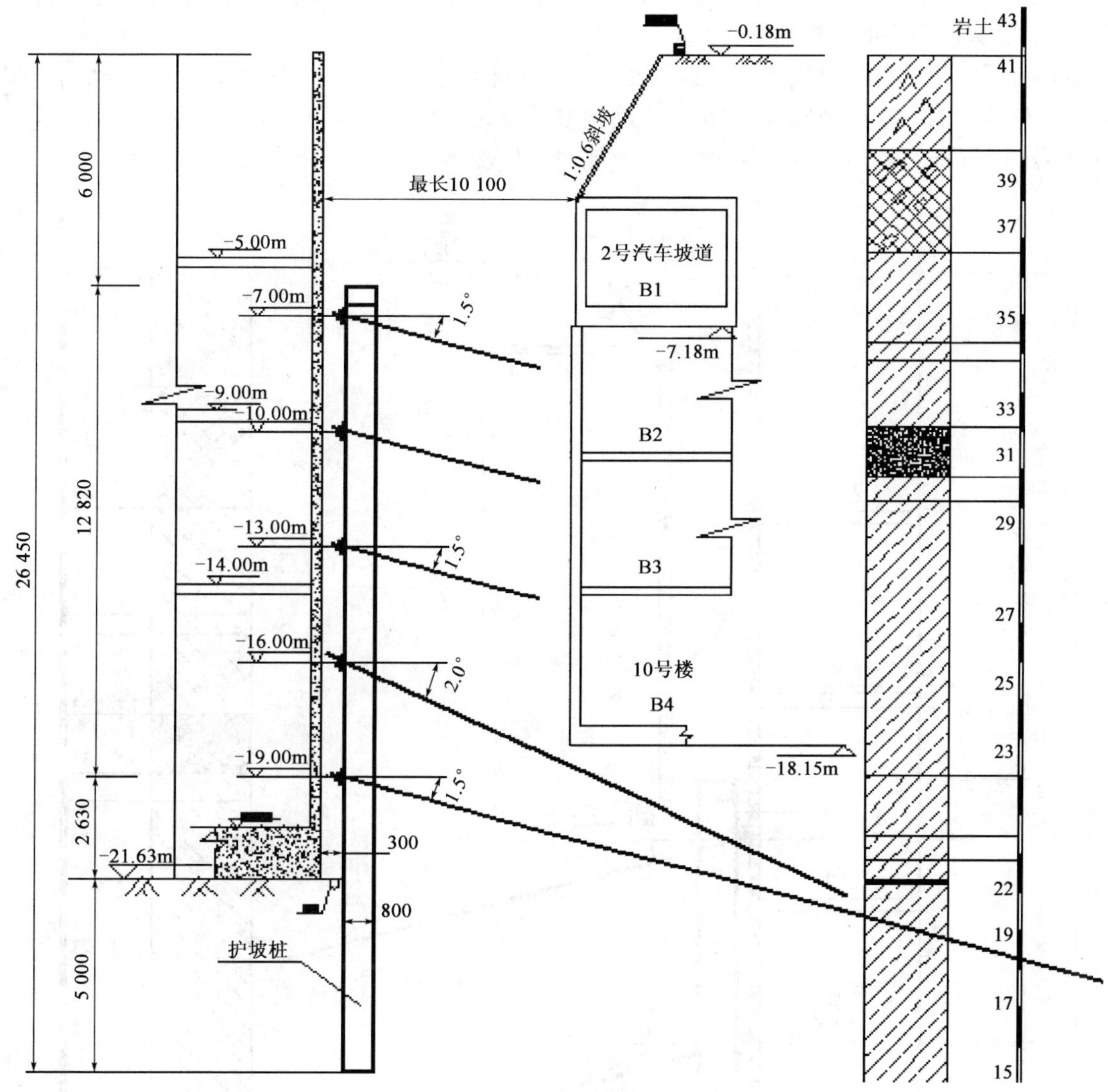

图 3　西侧剖面图(尺寸单位:mm)

4　水平位移监测

(1)监测基准点布设在基坑四周,变形影响范围以外,靠近观测目标,能长期保存和联测的稳定位。监测点设在变形量大的地段,能确切反映变形量和变形特征的位置。基坑位移观测点沿基坑边桩顶连梁上设置 22 个监测点,平均水平间距约 15m,并在每层相应位置的锚杆锚头上,设置相应的观测点,测定水平位移。基坑支护体的变形控制值为 30mm,报警值 20mm。

(2)位移基准点联测:位移基准点二维坐标采用二级导线联测,并自成独立单一导线闭合网。机场高速高架桥上 3 个稳定基准点自成基准网闭合,每次监测前进行联测并进行校核,作为起算基准,由两个稳定的基准点利用边角法全圆观测 4 个工作基准点。

(3)水平位移测点的观测：本工程位移监测采用直接观测各位移测点标志并求得二维坐标，通过计算基槽法线方向的水平增量求取位移值。位移测点观测时每次固定方向并进行多余观测，以保证采集的数据精确、可靠。

(4)整体水平位移观测结果：根据对 22 个水平位移监测点近 12 个月的观测，支护结构顶部的最大位移在 12～30m 范围内，满足支护结构变形要求。基坑南侧位移无超过 20mm 的(最大 H14 号点 16mm)，西侧全部超过 20mm，北侧与东侧斜边部分超过 20mm，列表统计见表 3。

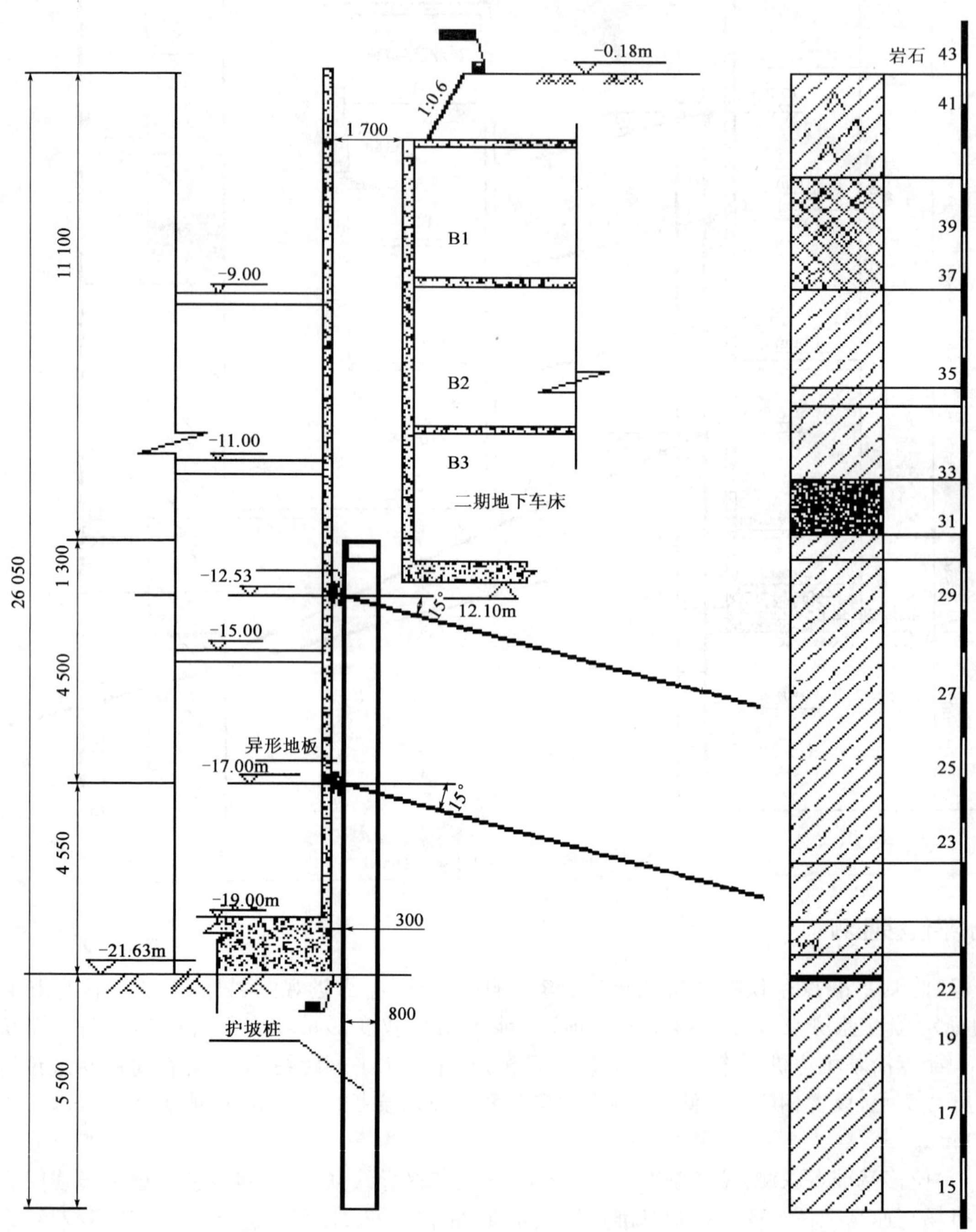

图 4　南侧剖面图(尺寸单位：mm)

部分观测点位移计算值和实测值

表 3

位　　置	点　　号	最大位移(mm)	
		计算值	实测值
北侧	H2	34.6	21
东侧	H5	34.6	25
东侧	H6	34.6	28
东侧	H7	34.6	31
东侧	H9	34.6	26
西侧	H17	8.9	22
西侧	H18	8.9	23
西侧	H19	8.9	25
西侧	H20	8.9	25

(5)H7 点不同标高处水平位移观测结果：对斜边 H7 号点进一步观测，在桩顶连梁、−3.18m、−12.18m、−17.18m 设置 4 个水平位移观测点进行桩身水平位移观测。发现最大位移在−12.18m 附近，其最大位移达 31.4mm，其他三点最大位移为 15～20mm，结果见图 5，位移趋势与计算结果基本一致。

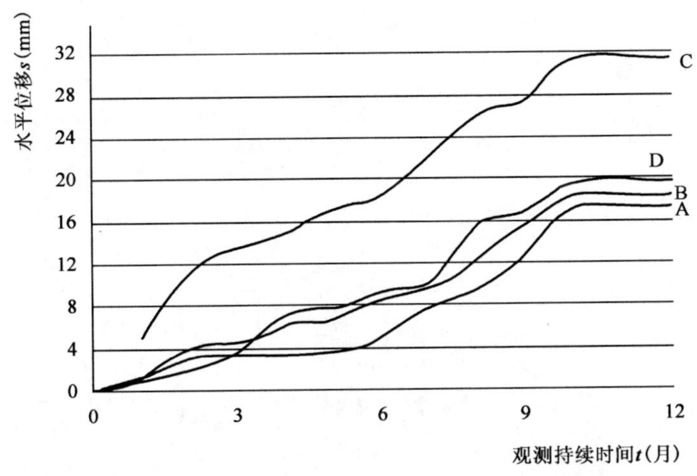

图 5　H7 号点水平位移走势图

就 B 点而言，第四层土方开挖、锚杆张拉及锚杆拆除时位移均有明显变化，见图 6。

5　结语

通过对本工程的设计、施工及位移监测，得出在周边环境复杂的超深基坑中基坑位移总体符合计算结果。在局部，由于土层离散性较大，位移与计算结果有所偏差。在锚杆张拉后，部分观测点出现反方向位移，在锚杆拆除时位移出现突变，但均在安全范围以内。基坑西侧计算结果与实测值偏差较大，可能是由于上部 3 层锚杆偏短造成，我们将在今后工程中对这点继续进行监测研究。

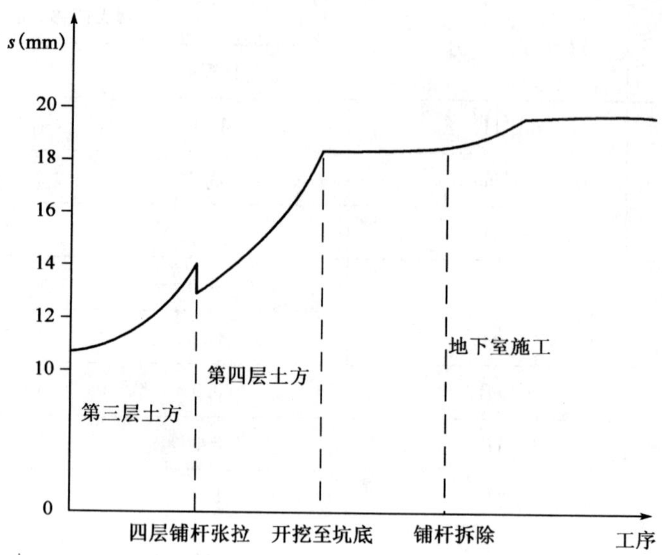

图 6　B 号点阶段位移走势图

工作面预注浆技术在矿山竖井涌水治理中的应用

陈丽娟　李　英　王五松

（金川集团有限公司）

摘　要　本文针对矿山竖井掘进过程中遇到的涌水，采用工作面预注浆技术，使竖井工作面涌水量由9.6m³/h下降为0.5m³/h，取得了很好的效果。实践证明，工作面预注浆技术是治理矿山竖井涌水行之有效的方法。

关键词　工作面预注浆　竖井涌水　治理

1　概述

金川集团有限公司二矿区下料溜井，位于矿体下盘。井筒设计深度560 m，净直径4m，井筒采用喷锚网＋钢筋混凝土＋钢衬板（锰钢衬板）支护。当井筒施工到150m，经实测井筒涌水量为9.6m³/h。该井无检查孔等水文地质资料，根据施工实际揭露岩层情况，结合临近的二矿区14行风井井筒工程实测地质资料分析[1]，两井筒岩层岩性基本一致。该段为二辉橄榄岩（ε_3）含水层，除去已揭露的外，剩余含水层厚为85m。预计井筒施工到240m，最大涌水量为30m³/h左右。为确保井筒施工安全，采用工作面预注浆法。

根据含水层情况，结合现有注浆设备情况及以往工作面预注浆经验，可将该段含水层（含水层埋深150～240m）一次注浆。在井深150m处采用人工砌筑混凝土止浆垫，在人工砌筑止浆垫前预埋无缝钢管作注浆孔口管，用MK－3型液压钻机在工作面止浆垫上施工注浆孔，在地面井口附近设注浆站，通过地面HFV－C型注浆泵和井壁吊挂无缝钢管，将地面搅拌好的水泥浆液通过注浆孔压入到含水层裂隙、孔隙中。

2　预注浆设计[2-5]

2.1　注浆深度设计

在距含水层10m，即井深150m处打注浆钻孔，钻孔穿透含水层并进入隔水层5m即井深245m，注浆总深度为95m。

2.2　注浆段高及注浆压力设计

注浆段高的划分是根据岩性、钻孔涌水量、打钻及排水设备能力等综合考虑，现按一个注浆总段高两段注浆设计，见表1。

注浆段高划分及注浆压力表　　表1

序号	起止深度(m)	段高(m)	注浆压力(MPa)	备　注
1	140～195	55	3.9～4.9	注单液水泥浆液
2	195～245	50	4.8～6.1	

注浆压力为工作面表压力，前期封堵大裂隙注浆取低值，后期针对小裂隙注浆取高值。

2.3 注浆孔数设计及布置

根据各含水层的水文地质条件、井筒特征、类似工程的施工经验计算出含水层的注浆孔数。

注浆孔的孔数按下式计算：

$$N = \pi(D - 2A)/L$$

式中：D——井筒净径，4.0m；

A——注浆孔与井壁距离，为0.5m；

L——注浆孔间距，取1.5m。

计算得 $N \approx 7$ 个。

注浆孔设计为7个，均匀布置。注浆孔分两组交替施工，1号、3号、5号、7号孔为第一组，先行施工，封堵大的裂隙。2号、4号、6号孔为第二组，封堵细小裂隙，并兼作注浆质量检查孔。检查注浆效果为各孔扫孔后，无出水作为注浆结果的检查依据，不再设计专门的检查孔。

2.4 钻孔角度设计

$$\alpha = \arctan(S + A)/H$$

式中：α——钻孔在径向上与竖直轴线的夹角；

S——终孔位置在径向上超出荒径的距离，取1.5m，终孔孔间距3.68m；

A——注浆孔与井壁距离，为0.5m；

H——注浆段高(终孔深度)，108m。

计算得：$\alpha = 1.38°$

为保证各注浆孔的方位、角度，在施工之前由技术人员现场用坡度规与三角函数垂线法来确保方位、角度。

2.5 孔口管长度设计

孔口管长度 L：

$$L = \frac{\lambda p d_0}{4 f \tau}$$

式中：λ——超载系数，取1.3；

p——注浆终压，取6.1MPa；

d_0——孔口管外径，0.108m；

f——工作条件系数，取0.7；

τ——管材与混凝土或水泥结石的粘着强度，0.14MPa。

计算得出 $L = 2.2$m，孔口管高出混凝土面0.7m，考虑到埋入底板0.5m，设计孔口管总长为5m。

孔口管为 ϕ108×6mm 无缝钢管，孔口管上部焊接法兰盘，连接注浆阀。

2.6 混凝土止浆垫设计

2.6.1 混凝土止浆垫选型

混凝土止浆垫设计成单级平底型，混凝土强度等级为C40，配合比按照试验室试配实验结果进行，另加水泥重量3%的混凝土早强减水剂。

2.6.2 混凝土止浆垫厚度计算

混凝土止浆垫厚度 B_n：按下式计算：

$$B_n = P_0 r/[\sigma] + 0.3r$$

式中：P_0——混凝土止浆垫注浆终压，$P_0=6.1\text{MPa}$；

$[\sigma]$——混凝土允许抗压强度，取 20MPa；

r——井筒荒半径，2.6m。

计算得混凝土止浆垫厚度 $B_n=1.57\text{m}$。

参照《建井工程手册》的经验值及工作面预注浆经验，混凝土止浆垫厚度设计为 3m。止浆垫底部井壁周圈用风镐刷出倒锥形，底边超出 1m。

2.7 注浆材料、浆液类型及配比设计

注浆材料选择 P.O.425 普通硅酸盐水泥，存放日期不超过 3 个月。水玻璃模数 2.8～3.4，浓度 38～40Be′。浆液类型为单液水泥浆和双液浆，根据施工时的需要选择单液浆及双液浆。浆液配制见表 2 和表 3。浆液浓度选择见表 4。

单液水泥浆配制表 表 2

水灰比	水泥用量(kg/袋)	水(L)	浆液体积(m^3)
0.6∶1	1 100/22	660	1.026
0.75∶1	950/19	712	1.029
1∶1	750/15	750	1.000
1.25∶1	650/13	812	1.029
1.5∶1	550/11	825	1.008
2∶1	450/9	900	1.050

双液浆配制表 表 3

水灰比	水泥用量(kg/袋)	水(L)	40 波美度的水玻璃(L)	浆液体积(m^3)
0.6∶1	1 100/22	630	30	1.026
0.75∶1	950/19	682	30	1.029
1∶1	750/15	727	22.5	1.000
1.25∶1	650/13	790	22.5	1.029
1.5∶1	550/11	810	15	1.008
2∶1	450/9	885	15	1.050

每次注浆的初始浓度，根据压水试验测定的单位钻孔吸水量选择，见表 4。

浆液起始浓度选择表 表 4

单位钻孔吸水量[L/(min·m)]	水泥浆浓度(水∶灰)	单位钻孔吸水量[L/(min·m)]	水泥浆浓度(水∶灰)
3.3	3∶1	9.0	1∶1
5.0	2～1.5∶1	11.13	0.75∶1
7.0～8.0	1.5～1.25∶1	>15	0.6∶1

每个钻孔注浆时，初注用浓浆，复注时逐渐降低浆液浓度。但每次注浆时，一般先稀后浓，当浆液在裂隙沉析、充填时，若压力不升进浆量也不减时，应逐渐加大浓度。反之，若压力上升快，减量也快，此时，为保证足够的注入量，应依次降低浆液浓度。每更换一次浆液浓度，一般持续 20min。

3 预注浆施工工艺[6-7]

3.1 注浆管的埋设

注浆管采用 ϕ108 无缝钢管加工而成，外焊与 4in(约 10cm)高压球阀配套的法兰盘，全长 5.0m，埋固 4.3m，外露 0.7m，以便于高压球阀和注浆三通盘的安装。注浆管管身绕焊 ϕ6.5mm的钢筋，以增加注浆管与混凝土的摩擦力。为防止注浆管偏斜，先将岩石底板用风镐向下挖出深度不小于 500mm 的孔窝，用压风吹净孔窝内岩粉。在井壁上打锚杆将注浆管稳固好。混凝土水泥砂浆配比为：水∶水泥∶砂＝0.7∶1∶0.5。

3.2 浇筑止浆垫

孔口管埋设结束后开始浇筑混凝土止浆垫。地面严格按照混凝土的配比进行搅拌，拌好的混凝土用 1.2m^3 底卸式吊桶在井口搅拌站接料，然后提升下放到工作面，风动振捣器分层振捣。为防止工作面出水对混凝土施工质量产生影响，考虑添加适量减水剂及早强剂。

4 设备选型

4.1 钻机选型

选用 MK－3 型煤矿用全液压坑道钻机。一次推进行程 1.5m，适用钻孔深度 150m，最大给进速度可达 0.43m/min，最大给进力 25kN，最大起拔力 36kN。钻杆直径 ϕ50mm，长 1.5m/根。

4.2 注浆泵选型

选用日本大和钻探公司生产的 HFV－C 型液压驱动注浆泵，该注浆泵注浆压力最高达 21 MPa。

5 注浆孔的施工

注浆钻孔采用 2 台 MK－3 型液压钻机，配 ϕ50mm 钻杆，ϕ90mm 钻头施工。钻进过程中应定期、定时的观测钻孔水量的变化，当钻孔涌水量小于 10m^3/h 时，一次钻至终孔深度，然后提钻注浆；当钻孔涌水量大于 10m^3/h，停止正常钻进，进行提钻注浆，然后再扫孔、钻进，直至满足终孔深度的要求。

每次成孔之后，应仔细观测注浆孔的水量、水温、水压、水色、水味及携带物质，详细地记录数据，以便分析水源。

6 注浆作业[8]

6.1 注浆设备试运转

注浆设备及管路安装完毕后，必须进行试运转，注浆系统要满足最大注浆压力和流量的要求。经试运转及耐压试验，设备应无异常响声。

6.2 壁后注浆施工

水玻璃浓度稀释为 30～40Be′，单、双液浆的使用条件和水泥浆的初始浓度，根据注浆前压水量来确定，当压水量大于 250L/min 时，水泥浆∶水玻璃为 1∶1；当压水量小于 250L/min 时，水泥浆∶水玻璃为 1.25∶1；当水泥浆小于 180L/min 时，水泥浆：水玻璃为 1.25∶1～1.5∶1。

6.3 工作面注浆施工

6.3.1 作业程序

注浆作业程序为,接通输浆管路→压水试验→注浆→定量压清水→冲洗输浆管路→拆洗注浆泵→扫孔或钻进。

6.3.2 压水试验

注浆前进行压水试验,冲洗岩石裂隙中的充填物,提高浆液结石体与岩石裂隙面的粘结强度及抗渗能力,并根据泵压及注入量,进行钻孔吸水量的测定。

压水试验时,尽可能采用大泵量。压力值控制在本段注浆终压,一般压水时间为20min。精确测量、记录压水段高、流量和压力,主要用来检查泵和吸排管路的畅通情况。同时加压,用清水冲洗岩石裂隙的泥质充填物和孔内岩粉,提高浆液与裂隙面的粘结程度及抗渗透性,使注浆达到最好的效果。

6.3.3 注浆压力的调整

在注浆过程中,注浆压力有初期、正常及终压三个阶段的变化。当初始浓度确定后,根据注浆压力变化情况要及时地控制泵量,调整浆液浓度。使注浆压力平缓地升高,避免出现较大波动,直至达到注浆终压,并稳定20min以上。

注浆初始,如吸浆量大于吸水量的80%,可调浓一级配比,反之则调稀。如注浆压力持续30min不变可调浓一级配比。各注浆孔注浆量见表5。

各注浆孔注浆量 表5

注浆孔编号	1	2	3	4	5	6	7
注浆水泥量(t)	58	15	52	13	48	12	47

7 结语

该立井用于矿区井下喷浆砂石料的输送。如果井壁涌水得不到有效治理,就会在放喷浆砂石料过程中产生泥石流,危害安全生产。在冬天喷浆砂石料遇水易冻结,造成喷浆砂石料井堵塞,影响矿山正常生产。采用工作面预注浆技术,使立井工作面涌水量由9.6m^3/h下降为0.5m^3/h,取得很好的治理效果,获得了成功的经验,可供同类矿山工程借鉴。

参考文献

[1] 王五松,陈丽娟.某矿主回风井垮塌原因分析与修复技术研究.有色金属(矿山部分),2010,62(6):9-11.

[2] 吴运杰.建井工程手册.北京:冶金工业出版社,2004.

[3] Y. S. Tian, W. Zhang. Engineering geological chara cteristics and rheological properties of rock mass in Jinchuan Nickel Mine. In: Proc. 8thCong. Inter. Soc. On Rock mechanics. A. A. Balkema, 1995:9-12.

[4] Bruneaua G. Tylerb D. B. Hadjigeorgioua J, et al. . Influence of faulting on a mine shaft a case study: part Ⅰ-background and instrumentation [J]. International Journal of Rock Mechanics and Mining Sciences, 2003, 40(1): 95-111.

[5] Bruneaua G, Hudymab M R, Hadjige orgioua J, et al. Influence of faulting on a mine

shaft a case study: part Ⅱ-numerical modeling [J]. International Journal of Rock Mechanics and Mining Sciences, 2003, 40(1): 113-125.

[6] 陈丽娟,王五松.长锚索在竖井浅部加固中的应用.有色金属(矿山部分),2011,63(3):16-18.

[7] 蒋树屏.岩土锚固技术研究与工程应用.北京:人民交通出版社,2010.

[8] 陈仲杰,杨金维.金川矿区深部高应力碎胀蠕变岩体支护对策.金属矿山,2005,343(1):18-22.

邻近软弱浅基建筑物条件下深基坑支护设计与施工

邹　海[1]　张启军[2]　孟宪浩[2]　刘　笛[2]

（1. 山东银座置业有限公司　2. 青岛业高建设工程有限公司）

摘　要　在紧邻软弱浅基建筑物条件下，深基坑开挖的支护一般采用内支撑方案安全可靠，但造价高、工期长。在青岛银座工程中采用了新颖的双排旋喷桩＋钢管桩复合支护模式，在施工过程中对锚杆施工工艺进行了大胆创新，获得了极大成功，为该类地质条件及环境条件下探索了一种新的支护模式。

关键词　双排旋喷桩＋钢管桩　注浆加固　双套管锚杆　旋喷自进式锚杆

1　前言

由于城市化进程的加快，市区拟开挖基坑不可避免临近建筑物、构筑物及地下管线，对于既有软弱浅基建筑物的保护难度尤其大。青岛银座中心基坑东侧位于旧河道位置，地层以淤泥流沙为主，地下水位高，由于城市化的需要河道上修建了暗渠和上部建筑，基坑开挖必须要保证暗渠和建筑物的安全运行。该基坑的支护难度在青岛市业内被公认为最大。

该基坑创造性的采用了双排旋喷桩＋钢管桩、基础注浆加固、双套管锚杆、劈裂注浆、旋喷自进式锚杆组合支护技术，其中双排旋喷桩＋钢管桩以及旋喷自进式锚杆均为首次使用的新技术。基坑施工及运行期间周边位移均控制的非常小，周边建、构筑物及管线安全运行。与内支撑方案相比较，该方案工期大大缩短，造价大大降低，取得了良好的经济效益及社会效益。

2　工程概况

本项目场区北邻漳平路，南邻香港中路，西邻南京路与市南家乐福相望，西北侧紧邻已建成的山东路外贸厅老干部高层住宅，东邻云霄路美食街。周边比较重要的建筑物主要为山东外贸厅老干部高层住宅，为筏板基础。该项目拟建一座综合型商场，两座商务写字楼。

工程建筑设计室内坪标高±0.00＝4.60m，地下3层，现状地面标高4.6m，基底标高－13.6m，基坑开挖支护深度约18.2m。

场区东侧距离云霄路美食街3层酒店用房约4 m，该楼房为柱下独立基础，基础埋深约3.4m，以细砂～中砂为持力层，酒店下方为21m×2.8m暗渠，距离地下室外墙7.1m。

3　工程地质与水文地质

3.1　工程地质条件

场区地层第四系厚度约5.9～14.5m，基岩为花岗岩及各种岩脉，岩体构造受区域断裂构造控制，各地层描述如下：

第①素填土：该层广泛分布于场区，层厚0.50～4.10m，稍湿，松散～稍密。

第②层细砂～中砂：该层分布较广泛，厚度0.50～4.60m，湿～饱和，中密～密实。

第②1层含黏性土细砂～粗砂：厚度0.40～3.50m，湿～饱和，松散～稍密，以细砂为主。

第⑤层粗砂～砾砂：该层广泛颁于场区，层厚0.60～0.90m，饱和，中密～密实。

第⑤1层含淤泥质土中粗砂：分布于第⑤层上部，层厚0.30～2.10m，饱和，松散～稍密，以中粗砂为主，含约10%～30%淤泥质黏性土。

第⑩层含有机质粉质黏土：该层分布较广泛，层厚0.40～2.40m，软塑～可塑。

第⑪层粉质黏土：该层分布较广泛，层厚0.30～3.80m，可塑，具中等压缩性。

第⑫层粗砂 ～砾砂：该层分布较广泛，层厚0.40～3.60m，含少量黏性土。

第⑬－1层含黏土砾砂～角砾：主要分布于场区东部，层厚0.40～2.90m，湿，密实。

第⑭层强风化带：揭露厚度0.70～8.50m，中粗粒结构，块状构造，为极破碎的极软岩，岩体基本质量等级Ⅴ级。

第⑮层中等风化带：揭露垂直厚度0.70～8.50m，构造节理及风化裂隙较发育。

第⑯层微风化带：揭露垂直厚度0.60～.70m，节理不发育，岩芯完整，坚硬。

3.2 水文地质条件

场区地下水较丰富，主要为第四系孔隙潜水及承压水和基岩裂隙水。潜水主要赋存于第2层细砂～中砂及第⑤层粗砂～砾砂中。承压水主要赋存于第12层粗砂～砾砂中。该层的承压水与基岩裂隙水水力联系明显，受季节影响，地下水水位年变幅1.0～2.0m。

4 基坑支护设计

4.1 方案论证

该基坑方案讨论阶段有多套方案供选择，多次组织专家对方案进行了论证，代表性方案及论证意见如下：

(1)内支撑方案。该方案安全性高，但造价高，土石方开挖运输困难，施工工期长，青岛本地设计施工几乎没有经验，因此该方案初期比选时即未被选用，后期发生冲击成孔工艺不允许采用，使该方案更加没有可行性。

(2)灌注桩桩锚支护方案。灌注桩采用冲击嵌岩桩，桩间旋喷止水，二次高压注浆锚杆锚固。该方案造价适中，土石方开挖方便，施工周期短，青岛本市设计施工经验丰富，初期选用该方案。灌注桩施工过程中由于采用冲击工艺，振动大，临近的云霄路酒店阻挠不让施工，无法实施。

(3)有嵌固深度的复合桩锚支护方案。采用双排旋喷桩砂土层加固止水、打设双排钢管桩入岩嵌入基底弥补旋喷桩抗剪强度不足的弱点。采用花管注浆对云霄路酒店基础及暗渠基础进行加固，土层采用扩大头锚杆提供足够锚固力。专家论证结果是采用此方案。

4.2 支护设计参数

钢管桩设计两排，矩形布置，间距0.75m，排距1.0m，旋喷桩及钢管桩布置见图1、图2：

预应力锚杆设计层距2.0m，依据《建筑基坑支护技术规程》(JGJ 120—99)按桩锚进行计算，计算桩身内力见表1，等效钢管配筋见表2。

桩身内力取值 表1

内力类型	弹性法计算值	经典法计算值	内力设计值	内力实用值
基坑内侧最大弯矩(kN·m)	712.12	661.88	783.33	783.33
基坑外侧最大弯矩(kN·m)	940.08	602.89	1 034.09	1 034.09
最大剪力(kN)	742.06	418.38	1 020.33	1 020.33

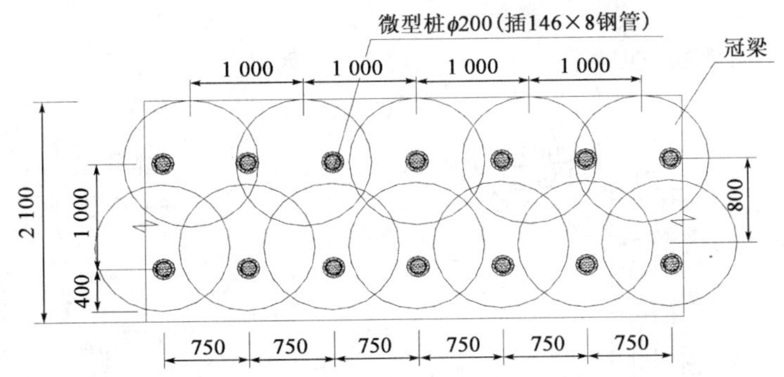

图1 旋喷桩、钢管桩平面布置图(尺寸单位:mm)

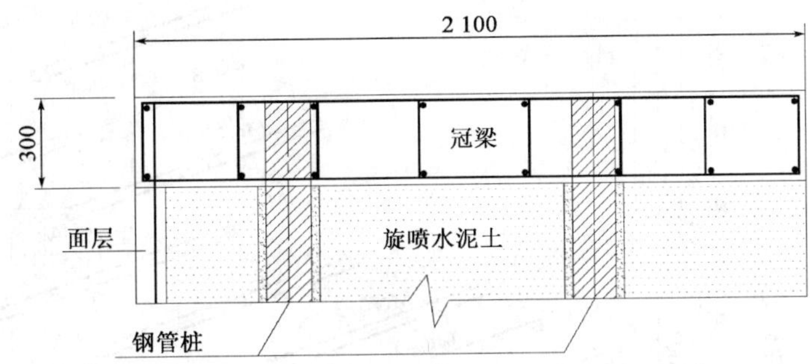

图2 桩顶剖面图(尺寸单位:mm)

桩身配筋表　　表2

选筋类型	级别	实配值	实配(计算)面积(mm^2 或 mm^2/m)
纵筋	HPB235	4根 φ146×8钢管	13 866[12 897]

最大剪力验算:

双排钢管桩受剪承载力:$3\,468mm^2 \times 4 \times 125N/mm^2/1\,000 = 1\,732kN > 1\,020.33kN$ 满足要求。

局部承压验算:

淤泥部位锚杆最大受力680kN,局部承压荷载:$700 \times 1\,000/(400 \times 400) = 4.4MPa$

砾砂部位锚杆最大受力850kN,局部承压荷载:$850 \times 1\,000/(400 \times 400) = 5.3MPa$

旋喷桩最低抗压强度不小于4.5MPa,满足要求。

根据等效计算支护设计剖面图见图3。

5 施工技术要点

(1)旋喷桩质量控制要点

垂直度控制在1.0%以内,控制关键阶段就在引孔钻机就位时。首先要选择稳定性好的钻机,实践表明应采用300型以上工程钻机,钻机就位应采用水平尺调整垂直度,在钻进过程中亦应随时检查调整。

旋喷工艺选用两管法,对于含淤泥地层,两管法的强度明显优于三管法。

由于对旋喷桩桩身强度要求高,通常淤泥层强度较差,施工时要求对淤泥层采取复喷工艺。

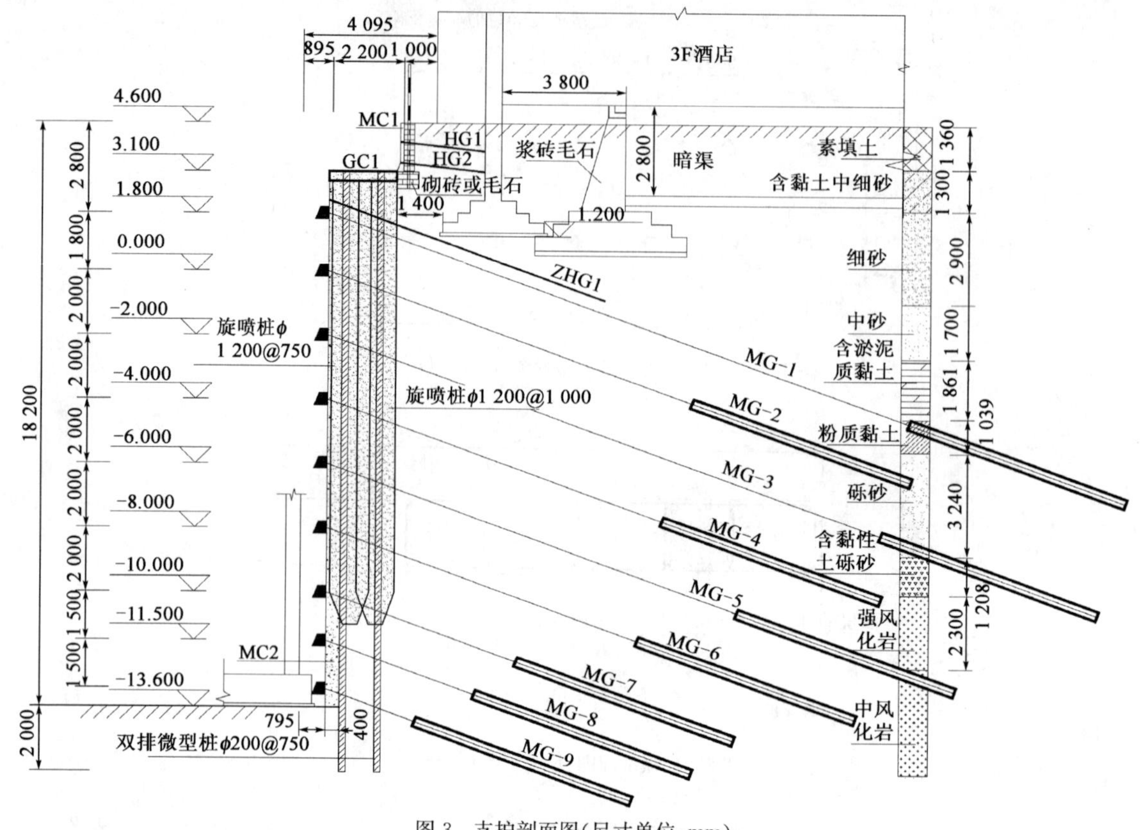

图 3 支护剖面图(尺寸单位:mm)

(2)建筑物基础花管注浆加固

在基坑内打斜管至建筑物基础底部,采用压力渗透注浆对其基础进行加固,压力注水泥浆,水灰比 0.6～0.8,注浆压力不大于 0.5MPa。注浆前,注浆部位的围墙要做临时支撑,以避免突发围墙倒塌。施工时密切观测坡顶及围墙变形,一旦发现地面、侧壁等部位裂缝偏移或冒浆,立即停止注浆。

(3)双套管锚杆

场区地层淤泥及砂层厚度大,地下水位高,环境条件不允许锚杆钻孔大量流沙造成建筑物下沉。锚杆施工采用国内最先进的双套管成孔技术,套管内出渣,成孔完毕在套管内放索,注浆后再拔套管。

(4)旋喷自进式锚杆

由于地下水位高,水量丰富,在双套管锚杆机施工第 4、5 层锚杆时,换钻杆时流沙充满套管无法钻进,遇到了施工技术难题。为此,经施工技术人员研发,采用了旋喷自进式锚杆工艺,前段设置自行制作的逆止阀装置,可以阻止卸钻杆时外侧沙土的进入,确保了建筑物不因流沙而下沉。

6 基坑监测情况

6.1 监测内容及布置

本工程按基坑监测等级一级进行监测,监测内容包括基坑坡顶水平位移、垂直沉降、地下水位观测、周边地下管线监测、周边构、建筑物沉降观测、锚索应力观测、钢管桩应力监测。

6.2 监测数据分析

基坑监测结果见图 4～图 9。

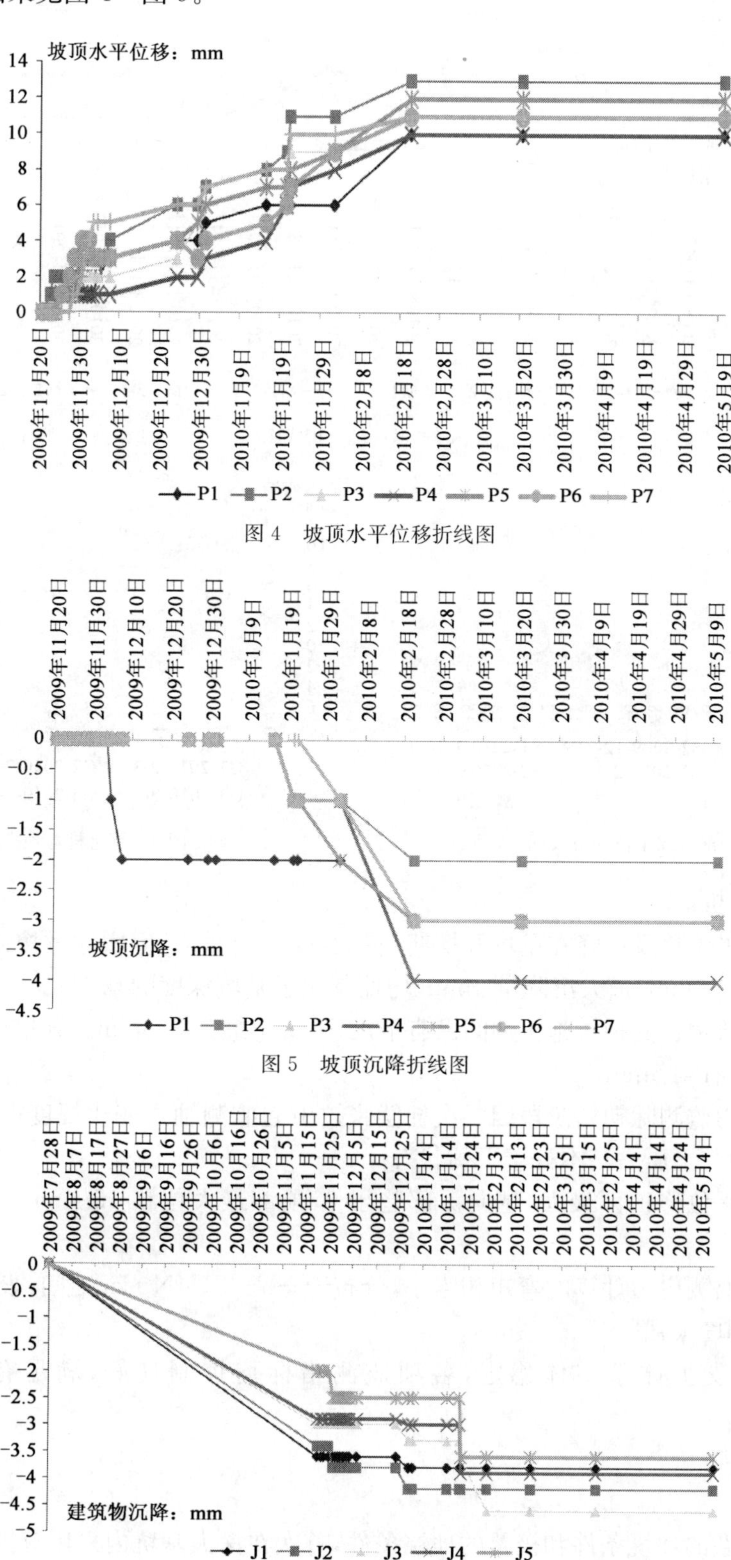

图 4　坡顶水平位移折线图

图 5　坡顶沉降折线图

图 6　建筑物沉降折线图

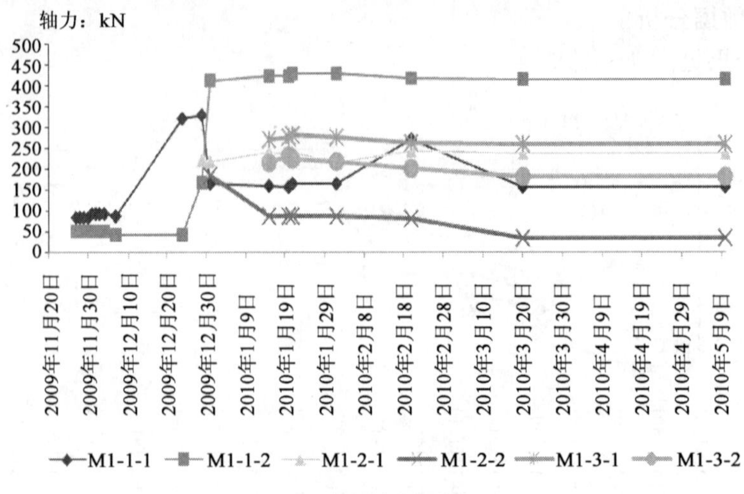

图 7　锚杆轴力折线图

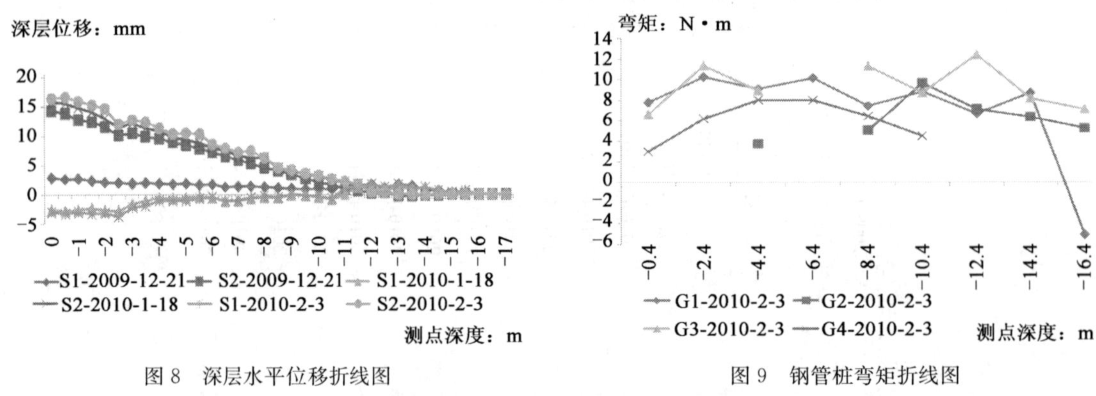

图 8　深层水平位移折线图

图 9　钢管桩弯矩折线图

监测数据分析：

(1)坡顶水平位移及沉降在基坑开挖期间基本成比例增加，但增加量控制得很好，最终坡顶水平位移最大 13mm，最大沉降量 4mm，均控制在了基坑深度的 0.1%。

(2)坡顶建筑物在支护桩施工期间已有下沉，下沉量最大 3.6mm。开挖期间控制理想，最终最大下沉量仅有 4.6mm。

(3)锚杆轴力监测除初始阶段因二次补偿张拉引起监测轴力变化幅度很大外，均较平缓，说明锚杆预应力与土压力基本处于平衡状态。

(4)深层水平位移顶部最大，越向深部趋于 0，顶部最大位移 16.4mm，亦在基坑深度的 0.1%以内。

(5)钢管桩监测应力计算的弯矩相当小，分布于−5～12.4N・m 之间，表明双排旋喷桩＋双排钢管桩的刚度很强。

监测表明，支护体系整体稳定，各项监测指标均控制良好，满足有关规范及标准要求。

7　结语

(1)针对复杂的环境条件和极差的地层条件，首次在深大基坑内采用双排旋喷桩＋双排钢管桩代替大直径灌注桩，取得了成功。该方法最大的优点是无振动，施工时对临近建筑物无影响，同时基坑变形更小。该工程的成功，扩展了桩锚支护适用的条件。

(2)对于流沙严重的地层其锚杆成孔施工是支护的关键，一般采用双套管钻进技术即可解决。本项目由于水位高、水量大，双套管钻进技术仍不能全部解决。经试验，采用旋喷自进式锚杆完全可以解决无流沙作业。

(3)该项目底部均为岩石，为控制基坑变形，中风化以下花岗岩未采用普通爆破方法，而是采用液动锤破碎开挖，确保基坑变形控制取得了巨大成功。

高压旋喷桩在填海垃圾场中的应用

何洪波　李绍才　钟　雪

（中铁隆工程有限公司）

摘　要　通过青岛地铁北客站C1区(以下简称C1区)围护结构高压旋喷桩止水帷幕的施工，从旋喷桩的参数确定、施工准备、过程控制等方面进行了论述，并分析了易出现的问题及解决措施，总结了在填海垃圾场施工高压旋喷桩的一些经验。

关键词　明挖基坑　填海垃圾场　高压旋喷桩

1　前言

本文结合青岛地铁北客站C1区明挖基坑围护结构高压旋喷桩止水帷幕的施工，着重论述在填海垃圾场内施工高压旋喷桩的施工工艺和质量控制措施。

2　工程概况

青岛地铁一期工程(3号线)火车北站为地铁3号线、8号线及1号线的换乘站。

C1区为地铁1号线出入段明挖区间，位于车站南端。设计基坑长度287.24m，标准段宽度为11m，最大宽度30.9m，基坑最小开挖深度为15m，最大开挖深度为25m。

2.1　工程地质概况

本项目施工范围内地质状况以人工杂填土、黏土、流纹岩为主。

2.2　水文地质状况

(1)地下水分布

地下水赋存方式主要为第四系松散岩类孔隙潜水和块状基岩裂隙水两类。第四系松散岩类孔隙潜水的含水层主要赋积于人工弃填土和海相沉积之含砂类土层中，与胶州湾海水贯通，并和胶州湾海水有一定的水力联系，水位随季节和潮汐的潮起潮落变化显著，含水量亦极为丰富。块状基岩裂隙水主要赋存于基岩中，包括风化裂隙水和构造裂隙水。

(2)地下水侵蚀性

根据取样水质试验资料，地下水对混凝土结构微腐蚀，但对钢筋混凝土中的钢筋及钢结构具中等腐蚀～强侵蚀。

2.3　工程布置

C1区围护结构采用钻孔灌注桩＋桩间、桩后高压旋喷桩止水帷幕＋内支撑体系，其中，高压旋喷桩有两种类型：高压旋喷桩止水帷幕ϕ1 000@750，共布孔823个；桩间高压旋喷桩ϕ600@1 500，共布孔443个，桩长10.39～12.93m，桩底进入强风化岩层1～2m。止水帷幕对潜水含水层和承压含水层起隔渗止水作用，又增强桩的支护效果。

3 高压旋喷桩在填海垃圾场的施工

3.1 高压旋喷桩试桩

据初步设计的相关资料，本工程高压旋喷桩分别穿过建筑垃圾和生活垃圾等杂填土、粉质黏土、淤泥质土、软黏性土及含砂层。在如此复杂的不均匀地层中进行高压旋喷桩止水帷幕施工在国内还没有成熟经验可供借鉴，为达到深基坑止水帷幕安全、可靠的目标，针对填海垃圾场复杂的地质情况，在现场进行了高压旋喷桩试验，以确定钻进与旋喷过程中高压旋喷桩水灰比、水泥掺量、注浆流量、喷嘴直径、转速、提升速度、注浆压力、水泥浆比重等技术参数。

高压旋喷桩试验结果表明，在生活垃圾层中，ϕ1 000@750 的高压旋喷桩咬合部位存在渗水、漏水的风险，难以达到止水帷幕效果，为保证深基坑止水帷幕的安全有效，建议在围护结构钻孔桩与高压旋喷桩间增设一排 ϕ600 钻孔灌注素混凝土桩或采取其他加强措施，一方面形成排桩，增强止水效果，另一方面，防止桩间淤泥、垃圾涌向基坑。

3.2 填海垃圾场高压旋喷桩施工

高压旋喷桩施工工艺流程详见图 1。

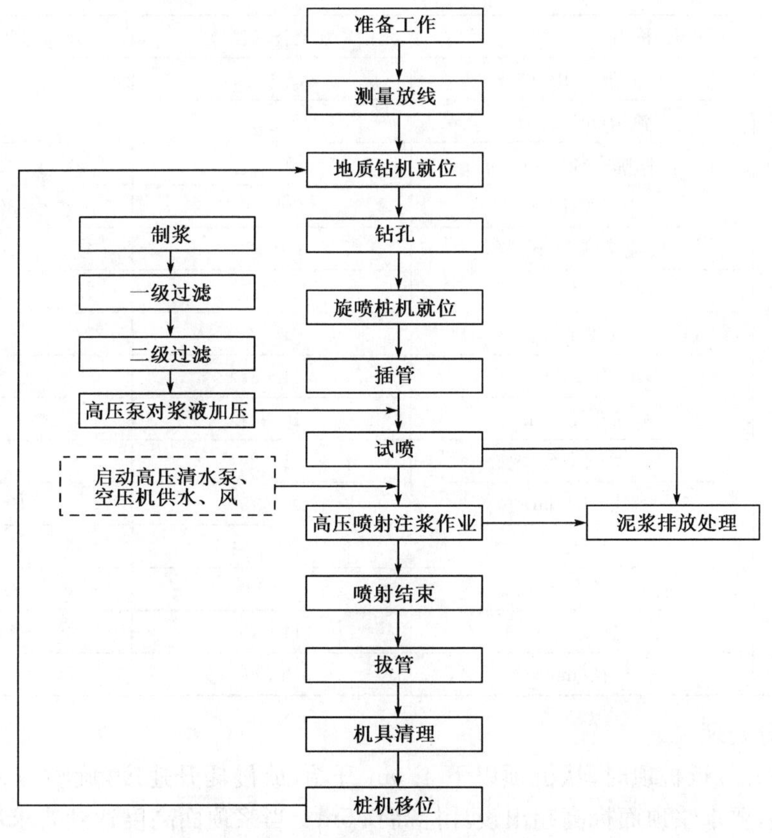

图 1 高压旋喷桩施工工艺流程图

(1)钻孔

采用射流成孔，成桩后固结体满足设计桩径要求（分别为 ϕ600 及 ϕ1 000 两类桩），桩位中心偏差不大于 50mm，垂直度偏差不大于 1.5%.

(2)制浆

桩机移位时，即开始按实验确定的浆液进行配料，水：水泥＝1：1，配料时材料称量误差不超过±5%。拌制水泥浆要求：首先将水加入桶中，再将水泥和外掺剂倒入，开动搅拌机搅拌10～20min，而后拧开搅拌桶底部阀门，放入第一道筛网(孔径为0.8mm)，过滤后流入浆液池；然后通过泥浆泵抽进第二道过滤网(孔径为0.8mm)，第二次过滤后流入浆液桶中，待压浆时备用。水灰比过大，则稠度大，流动缓慢，喷嘴易遭堵塞，增加排除故障时间，影响施工进度；稠度过小，对强度有影响。根据实施情况，可掺入2%的早强剂。

(3)旋喷桩机就位、插管

移动旋喷桩机到指定桩位，将钻头对准孔位中心，同时整平钻机，放置平稳、水平，钻杆的垂直度偏差不大于1.5%。就位后，首先进行低压(0.5～1MPa)射水试验，用以检查喷嘴是否畅通，压力是否正常。

(4)注浆

喷浆管下沉到达设计深度后，接通高压水管、空压管，开动高压清水泵、泥浆泵、空压机和钻机，并用仪表控制压力、流量和风量。高压泥浆泵压力增到施工设计值后，先坐底喷浆30s。旋喷桩施工主要技术参数参考表见表1。

高压旋喷桩施工技术参数参考表 表1

项目名称		规范技术参数	施工过程中技术参数
压缩空气	气压(MPa)	0.5～0.7	0.6～0.7
	流量(m^3/min)	0.5～2.0	3～6
	喷嘴孔径(mm)	1～3	2
水	压力(MPa)	20～30	30～40
	流量(L/min)	80～120	100～120
	喷嘴孔径(mm)	2～3.2	2.8
	喷嘴个数	1～2	2
水泥浆	压力(MPa)	1～3	2～3
	喷嘴孔径(mm)	10～14	12
	喷嘴个数	1～2	2
	流量(L/min)	100～150	100～150
注浆管	水灰比	(0.5～1)∶1	1∶1
	提升速度(cm/min)	7～14	7～10
	旋转速度(r/min)	11～18	11～15
	外径(mm)	75,90	90

(5)桩头部分处理

当旋喷管提升接近桩顶时，从桩顶以下1.0m开始，放慢提升速度，旋喷数秒后再向上慢速提升至桩顶面，要求浆顶面标高超出设计标高0.5m。当浆顶面高度达到要求后关闭高压泥浆泵，将旋喷浆管旋转提升出地面，关闭钻机。

(6)重复喷浆、搅拌

在生活垃圾与淤泥质土结合面及遇到漏浆时，为保证桩径，须按相关技术参数重复喷浆、搅拌，直至喷浆管提升至停浆面，关闭高压泥浆泵，将旋喷浆管旋转提升出地面，关闭钻机。

(7)清洗

向浆液罐中注入适量清水，开启高压泵，清洗全部管路中残存的水泥浆，直至清洗干净。

(8)移位

钻机移位按打桩顺序进行:ϕ1 000mm 桩型按“1→3→2→5→4→6”顺序钻孔,即钻孔时中间需要间隔1根桩钻孔;ϕ600mm 桩型按围护桩之间空隙布置依次施工。

3.3 填海垃圾场高压旋喷桩质量控制

3.3.1 高压旋喷桩施工质量通病及防治措施

高压旋喷注浆加固地基或防渗止水,都是隐蔽工程,虽在施工时不能直接观察到它的成桩质量,但可以通过施工过程中的各工序操作、工艺参数和浆液比重等因素的实际执行情况和土层的各种反应(冒浆量大小和冒浆浓度、冒浆的通道位置、土开裂状态等),来控制高压喷射注浆的质量。将高压旋喷桩施工质量通病及防治措施归纳如表2。

高压旋喷施工质量通病及防治措施　　表2

序号	质量通病	原因分析	防治措施
1	断桩	喷射注浆施工不连续,再次施工时,接头处搭接长度不够,甚至没搭接	应保证搭接长度不小于0.1~0.2m
2	缩径或桩径偏小	土层密实度偏大;喷射压力偏小;提升速度过快;喷射过程中出现故障等	切实把握地质分层资料,对密实程度大的土层制定详细的喷射工艺措施和参数
3	注浆管喷嘴或管道堵塞	水泥浆过滤网孔径过大;水泥浆比重过大	施工前彻底检查和清洗注浆管路与注浆泵体;严禁使用过期结块水泥;加强水泥浆液的过滤;严格控制浆液比重
4	喷浆压力骤降或上升	注浆泵工作不正常;吸浆管进浆不正常;注浆管有泄漏或堵塞;压力控不好	检查泵体及管道;熟练操作人员技能
5	孔口大量冒浆	注浆管密封不严,接头处损伤;土层密实度大,浆液切割土体范围小;喷嘴尺寸大	检查注浆管各接头;分析工程地质资料
6	成桩桩头凹穴	浆液吸水后收缩或过早停止注浆	二次注浆或补灌水泥浆
7	桩间咬合率差	孔位偏差大;钻孔倾斜偏差大;桩体直径不均匀;桩间间隙大	保持孔位准确,钻孔垂直,桩体成桩搭接良好
8	桩体形状上粗下细	入地深度深,土层上松下密;地质分层不均匀	注浆施工时结合地质柱状图采用相应的施工工艺和注浆参数

3.3.2 填海垃圾场高压旋喷桩施工质量控制措施

(1)正式开工前应认真作好试桩工作,确定合理的施工技术参数和浆液配比。

(2)旋喷过程中,冒浆量小于注浆量的20%为正常现象,若超过20%或完全不冒浆时,应查明原因,调整旋喷参数或改变喷嘴直径。

(3)钻杆旋转和提升必须连续不中断,拆卸接长钻杆或继续旋喷时要保持钻杆有10~20cm的搭接长度,避免出现断桩。

(4)在旋喷过程中,如因机械出现故障中断旋喷,应重新钻至桩底设计标高后,重新旋喷。

(5)制作浆液时,水灰比要按设计严格控制,不得随意改变。在旋喷过程中,应防止泥浆沉淀,浓度降低。不得使用受潮或过期的水泥。浆液搅拌完毕后送至吸浆桶时,应有筛网进行过滤,过滤筛孔要小于喷嘴直径1/2为宜。

(6)喷射注浆作业完成后,由于浆液的析水作用,一般均有不同程度的收缩,使固结体顶部出现凹穴,要及时用水灰比为1.0的水泥浆补灌。

(7)由于填海垃圾场地质情况比较复杂。因此,针对不同地质土层的特征,要采取相应措施来注浆完成。特别对生活垃圾层和淤泥质黏土层，需适当放慢提升速度和旋转速度或提高旋喷压力等。

(8)在不改变旋喷技术参数的条件下，对成桩效果较差的生活垃圾层和淤泥质黏土层做重复注浆(喷到顶再下钻重喷该部位)，从而加大固结体的直径或长度并提高固结体强度。

(9)整个喷射注浆作业分为3个阶段，注浆管下到设计孔深时，先坐底喷浆30s以上，而后再匀速提升，自下而上注浆，注浆过程中需随着地质情况的变化采用不同的注浆参数控制成桩质量。最后从桩顶以下1.0m开始，放慢提升速度，旋喷数秒后再向上慢速提升至桩顶面，要求浆顶面标高超出设计标高0.5m。

4 结语

高压喷射注浆法中旋喷法常用于建筑物地基处理中，是加固与改良地基土的一种方法，青岛地铁北客站C1区明挖深基坑在填海垃圾场复杂的地质情况下对高压旋喷桩止水效果进行尝试。高压旋喷桩具有设备振动小、噪声小、对邻近建筑物影响小等施工优点；高压注浆管喷射浆液，能形成具有一定强度的固结体防渗止水，在混凝土灌注支护桩间插空补缺，组成二者相结合的复合支护结构，维护基坑的安全。青岛地铁北客站C1区基坑开挖效果表明，在不同的地质条件下采用相应的施工参数和合理措施，可达到设计要求的施工质量。

参考文献

[1] 徐至钧.高压喷射注浆法处理地基，北京：机械工业出版社，2004.

[2] 张先文.高压旋喷桩质量控制浅析.甘肃科技，2007.

[3] 中华人民共和国行业标准.HG/T 20691—2006 高压喷射注浆施工操作技术规程.北京：中国计划出版社，2006.

复杂工程环境下高地下水位深基坑支护设计与施工控制要点

徐晓伟

（海军工程设计研究局）

摘　要　本文结合某实际工程论述在复杂工程环境及地下水位较高情况下，综合利用地下水控制技术、土钉墙技术、护坡桩技术、喷射混凝土技术，旋喷桩、旋喷预应力长锚杆技术等，确保基坑周围建筑物安全和基坑本身的结构安全。

关键词　高地下水位　护坡桩　土钉墙　旋喷预应力锚杆

1　工程概况

本工程是海淀区饮食服务公司风味楼重建工程，占地面积约 900m^2，地上 8 层，地下 1 层，钢筋混凝土框架结构，设计采用片筏基础。需要开挖的基坑东西长 34.1m，南北宽 25m，深 6.3m。

基坑北侧紧贴海淀图书城 5 号楼，该楼于 1992 年建成，地上 9 层，地下 2 层，钢筋混凝土框架结构，片筏基础，基坑深 10m，采用锚杆—护坡桩结构护坡。该楼的第一层在靠近本工程的基坑一侧，在地下室以上向外悬挑 3.0m，悬挑出的房间地面是素土夯实后做的地面，地面以下敷设有各种管线，对地面沉降变形敏感。基坑南侧紧挨着雪芹书画社 3 号楼，该楼于 1990 年建成，地上 3 层，没有地下室，基础为柱下独立基础，靠近风味楼一侧的基础埋深为 3.0～4.3m，基础底面 3.4m×2.4m，基础外边缘距外墙皮 1.0m。基坑东侧紧靠着平房区，距离坑边 2m 有一棵百年古槐树需要保护。与基坑西侧相临的是 15m 宽的步行街。

2　基坑场区工程地质与水文地质条件

工程地质条件：基坑场区地形较为平坦，场地地基表层为人工填土，下部均为第四纪冲、洪积成因的黏性土、粉土、砂类地层构成；拟建场地地面以下 15m 深度内的土层平均剪切波速 v_m ＝214.8～237.9m/s，场地土的类型为中软场地土。地层由上而下主要物理指标见表 1。

地层岩性及主要物理力学指标　　表 1

编号	土层名称	层厚(m)	岩性	颜色	密度	湿度	稠度	强度	c,φ 值 (kPa,°)	剪切波速 (m/s)
1—1	人工堆积层	1.5	房渣土	杂	中下	稍湿	—	较硬	—	214/182
1—2	人工堆积层	1.6	填土、黏质粉土—粉质黏土含砖头、灰渣	黄褐	中下	湿	—	较软	—	230/182
2—1	第四纪沉积层	1.6	粉质黏土、黏质粉土、砂质粉土	褐黄	中下—中密	湿—饱和	可塑—软塑	较软—中	16,8	230/194

续上表

编号	土层名称	层厚(m)	岩性	颜色	密度	湿度	稠度	强度	c,φ值 (kPa,°)	剪切波速 (m/s)
2—2	第四纪沉积层	1.0	粉质黏土、黏质粉土	褐黄	中密—中上	湿	可塑—硬塑	中—较硬	20,32	230/194
2—3	第四纪沉积层	1.0	黏质粉土—粉质黏土	褐黄白	中密—中上	湿—饱和	可塑—硬塑	中	42,20	230/194
3	第四纪沉积层	0.3	砂性粉土	褐黄	中密—中上	饱和	—	中—较硬	—	235/211
4	第四纪沉积层	6.2	黏质粉土—粉质黏土	褐黄	中密—中上	湿—饱和	可塑—硬塑	中	—	260/211
5	第四纪沉积层		黏土—重粉质黏土	褐黄	中密—中上	湿—饱和	可塑—硬塑	中	—	248/236

水文地质条件：勘察时实测水位埋深－5.32～－4.31m，局部地段由于受下水管道漏水的影响，实测地下水位为－2.52m。历年最高水位在1959年及1971～1973年间达到－2.5～－3.0m(包括上层滞水)，地下水对混凝土和钢筋无腐蚀性。

3 基坑支护设计

3.1 支护形式的选择

在基坑的东西两侧及东南角，地面超载较小，适宜采用土钉墙支护结构。由于基坑南侧雪芹书画社3号楼的独立基础的底标高在本基坑的坑底标高之上，为避免基坑开挖引起地面沉降，决定采用锚-桩结构刚性支护方案，限制边坡土体变形。在基坑的北侧，由于海淀图书城5号楼第一层在地下室以上向外悬挑3.0m，悬挑出的房间地面没有做钢筋混凝土地板，而是素土夯实后做的地面，地面以下有各种管线，管线对地面沉降变形敏感。为了防止由于基坑开挖引起5号楼的地面开裂和地面下的管线破裂，基坑的这一侧采用护坡桩支护结构。因为离5号楼的地下室比较近，护坡桩无法拉锚，决定利用5号楼悬挑梁引出拉筋与护坡桩顶部的冠梁拉接，起到拉锚的作用。为了区别，把桩顶拉锚的护坡桩称为A类桩，其余的通过腰梁拉锚的护坡桩称为B类桩。支护结构的平面划分见图1。为了保护基坑边缘，在基坑周边砌1.5m高、37厚的砖墙，高出地面0.5m。

3.2 支护设计

3.2.1 土钉墙支护设计

土体的抗剪强度较低，抗拉强度几乎可以忽略，但土体具有一定的结构整体性，可以存在使边坡保持直立的临界高度，在超过这个深度时，或者在地面超载、振动等因素的作用下，土体将发生突发性的整体破坏。土钉墙技术是土钉与土体构成复合土体，这是基于主动约束机制的结构。通过土钉的作用，不仅有效地提高了土体的整体刚度，而且弥补了土体抗拉、抗剪强度低的弱点，土体自身结构强度的潜力得到充分发挥。根据工程类比经验，确定土钉墙的支护参数为：土钉水平间距2m，垂直间距1m，梅花形布置。土钉采用ϕ25精轧螺纹钢，长度为7～9m，钻孔为ϕ120，与水平面夹角为15°，向下倾斜见土钉墙支护结构图2。土钉墙护壁采用100mm厚挂网喷射混凝土，喷射混凝土强度为C20，钢筋网为ϕ6，200mm×200mm。土钉抗拔力标准值按下式计算：

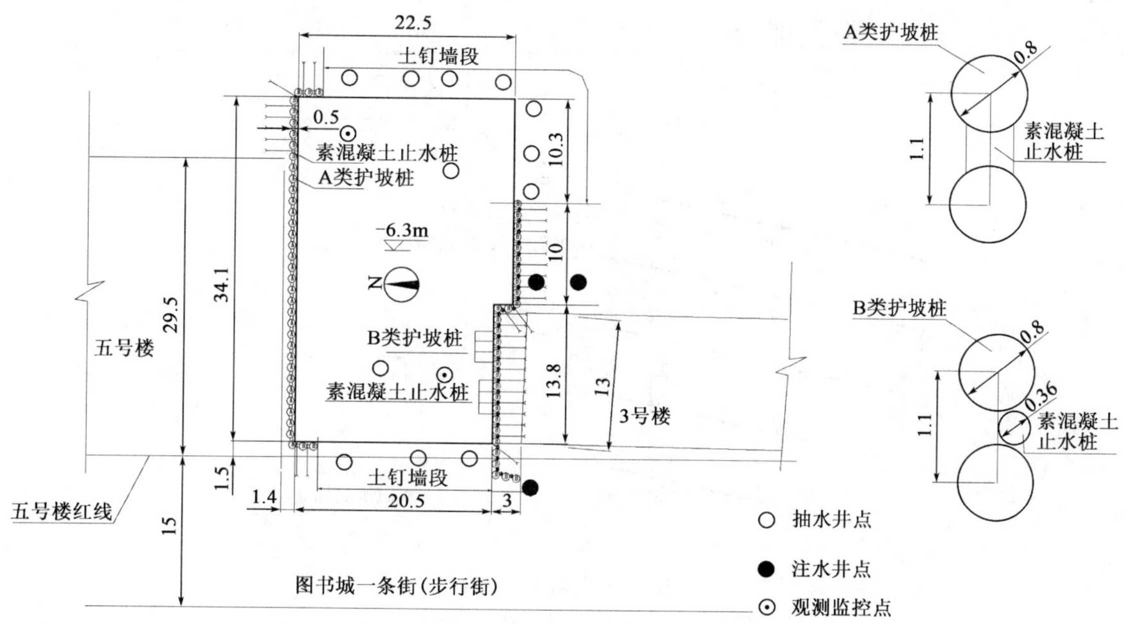

图1　支护结构平面划分图(尺寸单位:m)

$$T_{jk}=\eta e_{\mathrm{ajk}}S_{xj}S_{yj}/\cos\alpha_j$$

式中:T_{jk}——第 j 根土钉抗拔力标准值;

η——$K_{\mathrm{ai}}^0/K_{\mathrm{ai}}$,$K_{\mathrm{ai}}^0=\tan^2(\delta-\varphi)\cdot(1/\tan\delta-\tan\theta_{\mathrm{t}})$;

K_{ai}——计算点处主动土压力系数,$K_{\mathrm{ai}}=\tan^2\left(45°-\dfrac{\varphi}{2}\right)$;

δ——土钉墙破裂面与水平面的夹角;

φ——土的内摩擦角的加权平均值;

θ_{t}——土钉墙面与垂直面的夹角;

e_{ajk}——第 j 根土钉在破裂位置处主动土压力强度标准值;

S_{xj}——第 j 根土钉与相邻土钉的水平间距;

S_{yj}——第 j 根土钉与相邻土钉的垂直间距;

α_j——第 j 根土钉与水平面的夹角。

从上到下各排锚杆的设计受力值为:

第一排锚杆长度为 9.0m,最大拉力设计值为 94kN;

第二排锚杆长度为 8.0m,最大拉力设计值为 84kN;

第三排锚杆长度为 7.0m,最大拉力设计值为 73kN;

第四排锚杆长度为 7.0m,最大拉力设计值为 75kN;

第五排锚杆长度为 7.0m,最大拉力设计值为 92kN。

根据以上受力分析,锚杆的拉力比较均衡,说明采用的支护参数是恰当的。

3.2.2　护坡桩支护结构

在基坑西南角,即靠近 3 号楼地段,采用 ϕ800 间隔 1.1m 钢筋混凝土护坡桩,为加强护坡桩之间的横向联系,在桩的顶部设 500mm×800mm 的冠梁。由于 3 号楼的基础埋深为 −3.0m,为了保护 3 号楼基础,在 3 号楼基础以下 1m 的地方打锚杆,即在护坡桩的 −4.0m 处

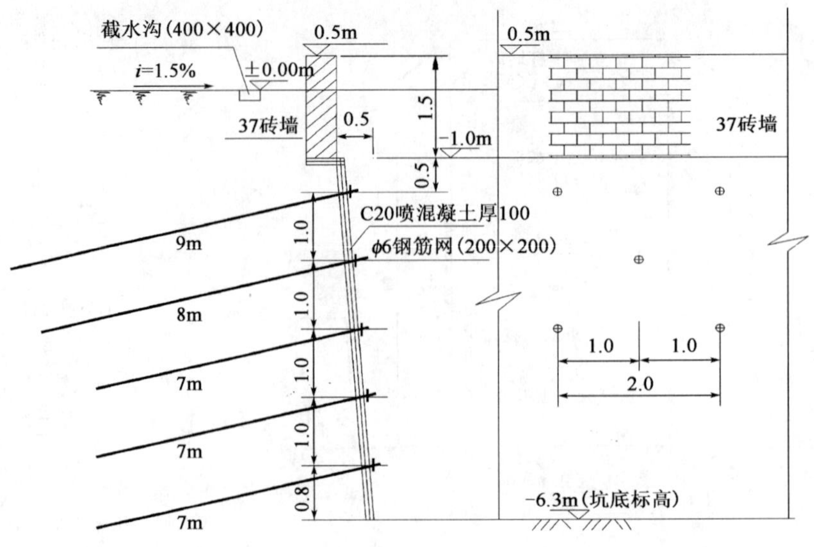

图 2　土钉墙支护结构图

用 25 号槽钢设一道腰梁,护坡桩所受的荷载主要是侧向土压力、水压力及锚杆的拉力。经用深基坑护坡桩设计软件计算(计算公式略),锚杆的计算内力为 173kN,锚杆的强度设计值取 310N/mm^2,锚杆的荷载分项系数为 1.25,锚固体与土的粘结强度分项系数为 1.30,锚杆水平间距 1.1m,采用 2ϕ25 长度为 17m 土层锚杆,锚固体直径 150mm,锚杆的锚固长度 12m,锚杆的自由段长度 5m,见图 3,图 4。

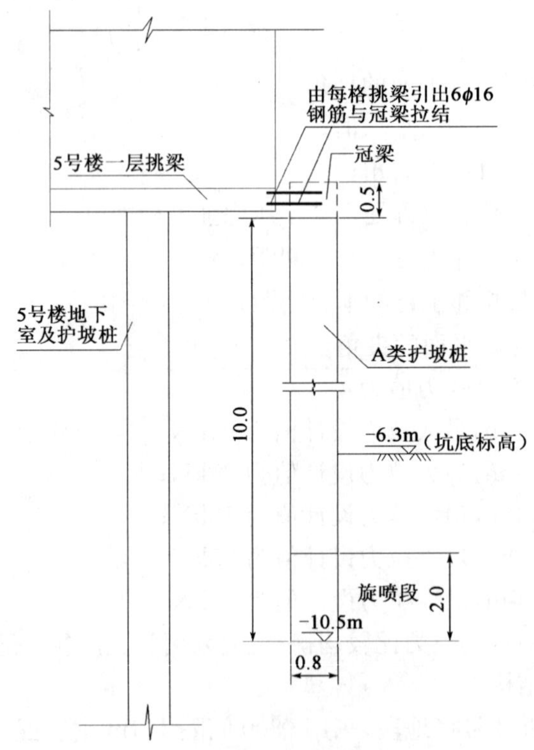

图 3　A 类桩与 5 号楼拉锚关系示意图(尺寸单位:m)

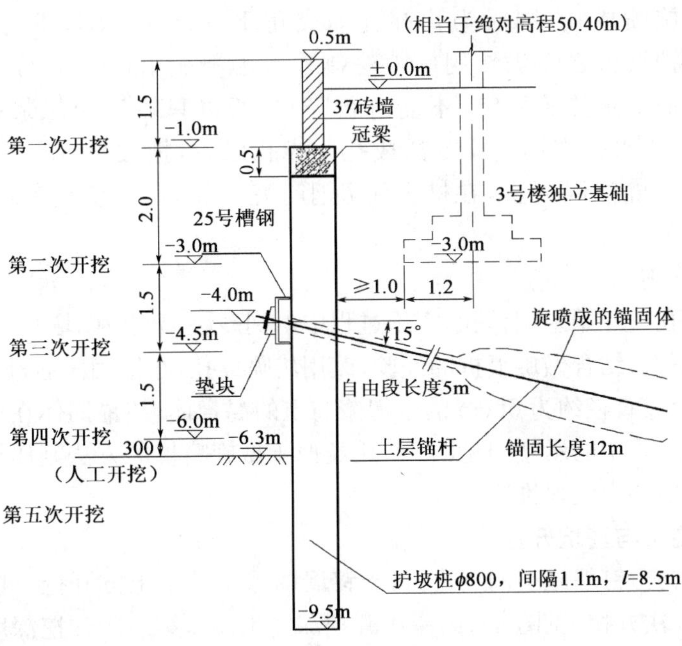

图4　B类桩与3号楼基础关系及拉锚示意图(尺寸单位:m)

3.2.3　基坑稳定性验算

稳定性计算采用瑞典条分法。经计算,其抗管涌安全系数为1.9,抗隆起安全系数6.1,整体稳定安全数1.7,符合有关规范要求。

4　基坑的地下水控制

根据场地工程地质、水文地质条件和周边环境情况,结合基坑的支护形式,采取降水、排水、截水、回灌等措施。

4.1　地下水的阻截、回灌措施

为了防止由于基坑开挖引起地面变形过大造成3号楼开裂,必须控制3号楼下面的地下水流失,保持地下水位的稳定。为此,在主护坡桩之间的外侧设ϕ360的素混凝土止水辅助桩,围绕3号楼基础形成U形截水帷幕,在U形截水帷幕内部设置3口补水井进行回灌,以补充由于附近降水引起3号楼下面的地下水位下降。同样为防止5号楼的地面变形,也要控制地下水的流失,在这一侧的护坡桩之间同样设置止水桩。

4.2　地下水的明排、降水措施

沿基坑边缘设置排水沟,进行有组织排水,防止雨水沿坑壁下渗或流入坑内。基坑开始开挖前必须进行降水,降水采用集水井点降水。根据场地情况设置6口集水井,降水深度维持在−9.0m以下。

5　基坑的施工技术

5.1　护坡桩施工

5号楼一侧的A类桩,由于受5号楼的基坑锚杆的干扰无法机械成孔,采用人工挖孔。但当挖到−8m时,由于地下水压力太大,人工挖孔封不住水,余下的1.5m无法人工成孔，经研究采用旋喷成孔，同时为弥补旋喷成孔质量上的缺陷，桩身延长 1m，即增加 1m 的锚固长度。护坡桩之间仍然用旋喷法制作素混凝土桩防水帷幕。3 号楼一侧的 B 类桩，由于要维持地下水位的稳定，不能进行降水，所以只能采用泥浆护壁、机械成孔方法。护坡桩之间的止水桩亦用同样方法成孔。成孔以后，把按设计要求绑扎好的钢筋笼放置到桩孔中，然后浇注混凝土，在桩头预留钢筋头。当一排桩浇注完成以后，在桩头浇注冠梁。

5.2 土层锚杆施工

护坡桩锚杆成孔一开始采用钻孔，实施过程中遇到砂层，又有水，塌孔严重，不能完成 17m 设计深度，经现场研究，结合做旋喷桩的经验，改用旋喷成孔，在锚固段通过加大旋喷压力扩大孔的直径，在孔内形成直径约为 50cm 的水泥浆与土的混合体，使锚固体在地层中有一定的嵌固作用。锚固体在地层中的示意图见图 4。用类似于做旋喷桩的方法制作护坡桩的锚杆系统在有地下水的砂层地层中值得推广。

5.3 土钉墙施工与基坑开挖

基坑开挖必须与土钉墙施工同步进行，土钉墙的施工紧跟土方开挖。根据本基坑深度和地质情况，基坑分 5 次开挖(见图 4)，第一次开挖深度 1.5m，第二次开挖深度 2.0m，第三次开挖深度 1.5m，第四次开挖深度 1.5m，第五次开挖深度 0.3m。第一次到第四次开挖采用机械开挖，为避免的超挖，最后一次 0.3m 的开挖采用人工开挖。每次机械开挖后，应人工修整坡面，坡面的平整度允许偏差为±20mm。

土钉采用强度为 25MPa 的水泥砂浆，其水灰砂比为 1∶0.45∶0.65。水泥砂浆的配合比必须准确，拌和均匀，随用随拌。注浆前应将孔内残留或松动的杂土清除干净。注浆时注浆管应插至距离孔底 25～50cm 处。孔口处设置止浆塞和排气管。

6 现场监控量测

重点监测 3 号楼的整体沉降、5 号楼的地面沉降，及基坑的周边位移观测。在 3 号楼和 5 号楼一侧的护坡桩的冠梁上分别布置 3 个桩顶水平位移观测点，在东西两侧的土钉墙边上分别设置 3 个水平位移观测点。3 号楼在开挖前基坑降水和补水过程中，每两天监测 1 次，经现场测试，沉降位移 0～3mm，护坡桩的水平位移 5～12mm，土钉墙的水平位移 7～14mm。基坑边缘的水平位移均小于控制的位移，3 号楼也没有发生沉降。

7 结语

复杂工程环境下深基坑支护设计与施工应综合考虑场地工程和水文地质条件、周边的环境条件、施工的机具、基坑侧壁位移的限制、地下管线保护、气象条件等因素。

应针对基坑周边不同保护对象采用不同的支护方式。土钉墙结构能充分利用土体介质本身固有强度，能够将土体荷载作为支护结构的一部分，具有安全、快速、经济的优点。但土钉墙在控制地下水位和边坡变形方面不如灌注桩可靠，因为需要放坡，所以不宜在空间受限场地采用。

基坑施工全过程应密切监控地下水位，确保地下水位在设计要求位置。针对基坑周围不同房屋类型不同的地下水位采取不同的控制手段。同时应建立可靠的现场量测监控体系，在施工各个阶段，及时反馈监控信息，实施动态控制。

参考文献

［1］ 侯学渊，刘建航．基坑工程手册．北京：中国建筑工业出版社，1997．

［2］ 黄强．深基坑支护工程设计技术．北京：中国建材工业出版社，1995．

［3］ 曾宪明，陈德兴，等．岩土深基坑喷锚网支护法原理 设计 施工指南．上海：同济大学出版社，1997．

［4］ 中国岩土锚固工程协会．岩土锚固工程技术．北京：人民交通出版社，1996．

钢质锚墩应用及施工控制

尹　衡[1]　车维斌[2]　康　东[1]　柏　东[1]

（1.四川准达岩土工程有限责任公司　2.中国水电第五工程局有限公司科研所）

摘　要　钢质锚墩具有工序少、材料用量少、占据空间小、施工便利、美观等优点，只要采取有效的施工控制，就能解决岩体岩面的承载问题，保证锚垫板与孔道轴线垂直及同心精度、回填砂浆（混凝土）的密实性，从而保证锚索的施工质量。

关键词　钢质锚墩　岩体岩面承载　锚垫板与孔口导向套管的焊接组装　同心度　垂直度　密实性　工序调整

1　钢质锚墩的应用

钢质锚墩，相对现浇（预制）钢筋混凝土锚墩而言，没有较大的混凝土墩头（台座），属钢质锚墩，台座厚度较薄。

受场地所限及美观要求（如四川长河坝电站厂内公路边坡部分锚索，为避免有混凝土锚墩侵占路面上部空间、美观），受结构构造限制[如四川长河坝电站左右芯墙部位锚索、四川水牛家电站左岸芯墙部位锚索，若采用现浇（预制）钢筋混凝土锚墩对混凝土压板结构产生影响，从而影响混凝土压板受力]，受空间位置限制（如四川溪洛渡、锦屏、长河坝等电站的厂房锚索），工程建设中越来越多地设计了钢质锚墩，吨位从 1 000kN 至 3 000kN。

由于钢质锚墩加工简单，简化了立模工序，减少了混凝土用量、材料运输量、节省了人工，降低了成本，得到了越来越广泛的应用。

但看似简单的钢质锚墩，若施工控制不当，也极易引发张拉异常，如锚墩内窜、断索、应力不正常、应力损失过大、不稳定等，从而使锚索张拉达不到设计吨位，不能满足设计要求。

2　钢质锚墩引发张拉异常原因

造成钢质锚墩张拉异常的原因，主要有以下几点：

（1）地层、岩体原因

地质缺陷存在，岩体本身承载力不够，而在施工前没有进行针对性的有效处理。

（2）施工原因

①锚垫板安装不正确。由于钢垫板笨重，若采取人工安装，在场地窄小的空间，加上焊接应力影响，又要求锚垫板与套管正交，偏差不超过 0.5°，施工控制具有相当的难度。

②M35 砂浆找平误差超规定，回填 M35 砂浆不密实。

同样，砂浆找平面与孔道轴线垂直，要求平整度小于 2mm，施工控制也具有相当的难度。

③插筋设置不合要求。如插筋的布置数量不够，角度不正确，受力不合理等。

3 改善岩体岩面承载力的措施

(1)岩体岩面承载力测量

进行弹模试验,采用回弹法,了解岩体岩面的承载情况,确定处理措施。

(2)增加承载面积

增加锚垫板面积,以增加岩体岩面承载面积。

(3)改善岩体岩面受力状况

①岩体岩面缺陷面处理:

a. 在锚垫板面积范围内,将强风化、松散、低强岩体清除掉。

b. 局部灌浆固结处理,如断层、软弱层穿过锚墩位置,固结处理的范围一般应大于锚垫板面积范围。

②设置钢筋片网,利用插筋分解部分受力。

a. 锚垫板面积范围内,强风化、松散、低强岩体无法彻底清除,在锚垫板面积范围内全部或者局部(锚垫板面积范围内局部软弱、缺陷部位)设置钢筋片网。

b. 沿锚垫板四周设置插筋,插筋与锚垫板焊接牢固。插筋方向与孔轴线方向尽可能一致,插筋深度根据岩体风化、松散情况确定,保证其最佳受力。

③利用孔口导向套管,承担部分锚墩基础受力,从而降低外锚墩基础承受的荷载,降低外锚墩基础受力被破坏的概率,保证锚索张拉、应力损失正常,保证锚索的锚固性能和永久性。

a. 锚索造孔,开孔采用大于设计锚索工作孔径 1~2 级开孔,尽可能钻进至较完整,或者承载力较大的岩体换径,依靠变径台阶对孔口导向管提供的端承力,降低外锚墩基础承受荷载。

b. 即使开孔不能钻至较完整的岩体,孔口导向管安装到一定深度(强风化、覆盖层、破碎岩体可以利用跟管套管做孔口导向管),利用孔口导向管与围岩的摩擦力、注浆后与浆液使孔口导向管与岩体粘结产生的粘结力,也可承担部分锚墩基础受力。

4 施工措施的调整

4.1 锚垫板与孔口导向套管的组装

(1)锚垫板与孔口导向套管在安装前,进行焊接组装。组装时应重点控制同心度和垂直度。

a. 同心度控制:

画线定位,使孔口导向套管与锚垫板高度同心,采用较厚管壁的孔口导向套管,套入锚垫板中心内焊接。

b. 垂直度控制:

孔口导向套管与锚垫板必须垂直,保证锚垫板与孔道轴线垂直正交,这是保证锚墩最佳受力,张拉正常,钢绞线受力正常、稳定、不断索等的前提。

垂直度的控制,首先要保证孔口导向套管与锚垫板相接的端面必须与孔口导向套管垂直;其次是要在孔口导向套管上画出多条母线,使直角尺一边与母线重合,一边紧贴锚垫板,确保孔口导向套管与锚垫板垂直。焊接时,对称点焊,及时矫正,避免焊接时热变形对垂直度的影响。

(2)增设加强筋板。在孔口导向套管与锚垫板焊接连接处增加加强筋板。加强筋板可以增加孔口导向套管与锚垫板的连接强度,特别是导向套管套入锚垫板中心内焊接时,能保证连接强度;可以降低锚垫板的厚度,减轻重量,降低钢材用量,提高锚垫板的抗压强度。

钢质锚墩的优势之一就是台座厚度较薄，占据空间小，在优化掉螺旋筋后，加强筋板的设置就比较常见。

4.2 机械定位安装锚垫板与孔口导向套管

(1)锚垫板与孔口导向套管进行焊接组装后，保证了锚垫板与孔口导向套管同心、垂直精度。但焊接组装后采用人工安装难度更大。

加工专用送板(管)定位器，利用钻机送板(管)不仅可以降低劳动强度，减少安全隐患，而且安装迅速、定位精准。即使开孔角度(倾角、方位)存在误差(在设计、规范要求的范围内)，由于钻机送入孔口导向套管深入锚孔导向(长度应大于 1m)，钻机固定在原来造孔时位置，使孔道轴线与导向套管轴线重合，从而保证了锚垫板与孔道轴线垂直及同心精度，消除了量测及孔口焊接误差。

钻机送入孔口导向套管与锚垫板焊接组件，并利用钻机临时定位固定，贴着锚垫板、顺孔道轴线钻设插筋孔、安装插筋、焊接锚垫板插筋，安全、可靠、快捷、牢固，最大可能地保证了锚垫板与套管正交(与孔道轴线垂直)，偏差不超过 0.5°的要求。

(2)工序调整

按照常规工序，锚墩的制作安装一般在下索注浆后。为了最大限度利用孔口导向套管与围岩的摩擦力，注浆后与浆液使孔口导向管与岩体粘结产生的粘结力、变径台阶对孔口导向管提供的端承力，保证孔口导向套管与锚垫板焊接组件顺利下入及锚垫板与孔道轴线垂直及同心精度，锚墩的制安的部分工作(插筋安设、焊接、锚垫板与孔口导向管的安装)需调整到索体安装注浆前，岩体岩面承载力测量、岩体岩面缺陷面处理在锚墩的制安前必须先期实施。索体安装注浆后，要对污染的岩面进行清理。

①锚墩先期部分安装，后下索。即在下索前进行孔口导向套管与锚垫板焊接组件的下入，钻插筋孔、安装插筋、焊接锚垫板插筋。要注意的是孔口导向套管、锚垫板开孔尺寸与预应力钢绞线、锚具组件体及锚具的尺寸要相配合。

②先下索，锚墩后期安装。要注意的是避免孔口导向套管与锚垫板焊接组件的下入对钢绞线的损伤。

4.3 砂浆(混凝土)密实性控制

采用上述工艺，可以取消 M35 砂浆找平工序，完全避免了因找平工序平整度误差导致找平面与孔道轴线垂直误差及找平面与锚垫板间砂浆不饱满、不密实问题。

对锚垫板与岩面之间的空隙，采用 M35 砂浆回填，缺陷、空隙较大的部位也可以增加钢筋片网、回填 C35 细石混凝土，混凝土一般为一级配，网格尺寸应与之适应。砂浆、混凝土应振捣密实。

本工序在索体安装注浆安装后进行。

5 结语

钢质锚墩因其工序少、材料用量少、占据空间小、施工便利、美观等优点，得到越来越广泛应用，只要采取有效的施工控制，就能解决岩体岩面的承载问题，保证锚垫板与孔道轴线垂直及同心精度、回填砂浆(混凝土)的密实性，从而保证锚索的施工质量。

喷射混凝土技术探讨

王军民

（北京市市政工程研究院）

摘　要　本文简要介绍喷射混凝土主要的施工工艺，比较了各工艺的特点。重点对速凝剂的组分、机理及现状进行分析，提出混凝土配合比设计原则。结合实际工程，总结影响混凝土质量的可能原因，探讨了引起喷射混凝土耐久性降低的主要因素。

关键词　喷射混凝土　施工工艺　混凝土质量

1　施工工艺介绍

目前，喷射混凝土技术主要有四种施工工法：干喷、潮喷、湿喷、混喷。

干喷是指将水泥、集料、速凝剂（只能是粉料）的干混合料经过搅拌，借助风压和管道输送到喷嘴，在喷嘴的前端让其与高压水混合喷出的一种喷射混凝土施工方法。该工法使用的机械结构简单，机械清洗和故障处理容易，但存在高回弹、高粉尘、低工效，施工环境差、成本高的问题。由于加水是由喷嘴的阀门控制，水灰比控制比较难，直接影响混凝土质量。目前使用量最大。

潮喷是指将水泥、集料、少量水（水灰比通常为0.25～0.35）经过搅拌，借助风压和管道输送到喷嘴，在喷嘴的前端再次加入剩余水和速凝剂混合喷出的一种喷射混凝土施工方法。该工法工艺流程和使用机械与干喷一样，但回弹率小，粉尘浓度可以明显降低。目前施工现场大量采用此工法。

湿喷是指将水泥、集料、水经过充分搅拌，借助风压和管道输送到喷嘴，在喷嘴的前端和速凝剂混合喷出的一种喷射混凝土施工方法。该工法混凝土质量容易控制，且回弹率小、粉尘量少，但存在喷射机械要求高，机械清洗和故障处理比较麻烦，混凝土拌和物停放时间不得超过30min，有输送混凝土管道堵塞影响正常作业的风险。属于应推广的工法，但对于喷层较厚的软岩和渗水隧道，不宜使用湿喷。

混合喷射又称水泥裹砂造壳喷射，它是将部分砂加部分水拌湿，然后加入全部水泥强制搅拌造壳，然后第二次加水和减水剂拌和成SCE砂浆，将另一部分砂、石子和速凝剂强制搅拌均匀，然后分别用砂浆泵和干式喷射机压送到混合管混合后喷出。混喷使用的主要机械设备与干喷基本相同，混凝土质量较干喷好，粉尘和回弹率大幅度降低。但使用机械数量较多，机械清洗和故障处理很麻烦，适合于混凝土量大和大断面工程中。

由于喷射工艺不同，喷射混凝土强度也不同，一般干喷和潮喷只能达到C20，而湿喷和混喷能达到C30～C35。

2 喷射混凝土原材料选择和配合比设计

2.1 原材料的选择

2.1.1 速凝剂

喷射混凝土与普通混凝土的区别最主要的是必须使用速凝剂，所以速凝剂的性能成为影响喷射混凝土质量的关键因素。

速凝剂的主要成分是硅酸钠、碳酸钠或铝酸钠类、氟硅化钠、氟硅化锌、氟硅化镁等。目前国内的有机类速凝剂，主要是三乙醇胺、二乙醇胺、甲酸钠等。液体速凝剂主要成分是可溶盐类，如铝酸钠、碳酸钠等。这类碱性速凝剂有较强的刺激，施工人员应做好防护。

速凝剂的主要作用就是加速水泥凝结硬化，提高早期强度。速凝剂加速水泥凝结硬化的机理主要是与水泥的矿物组成有直接关系，速凝剂产品的开发研究也主要集中在如何加速C_3A、C_3S和石膏的溶解水化等方面，所以在选择使用速凝剂时，一定要注意与水泥的适应性。在使用速凝剂之前，应做与水泥的相容性试验及水泥净浆凝结效果试验，初凝不应大于5min，终凝不应大于10min。

在喷射混凝土中如何加入速凝剂，由施工工艺条件来确定。干喷施工时，水泥、集料和粉状速凝剂一起加入搅拌，经过压缩空气运送时就可将它们搅拌均匀。粉状速凝剂也可用于湿喷，但须在喷嘴处以压缩气流形式加入，不能直接加到湿式喷射机或泵内。液体速凝剂在喷射时先溶解于水中，在干喷时用水适量稀释后，借助水泵或风压在喷嘴处加入，因而易于做到使速凝剂掺入均匀。使用液体速凝剂，施工现场需要配置液体储液桶等容器，要增加液体流量计量设备。

掺加速凝剂的喷射混凝土，由于水泥用量较普通混凝土多，砂率也大，干缩比普通混凝土要大。混凝土的一些其他性能也降低，如强度、抗渗性、弹性模量。氯盐速凝剂还引起钢筋锈蚀的发生，缩短构筑物的使用寿命。

2.1.2 其他材料

水泥应优先选择普通硅酸盐水泥，当遇含有较高可溶性硫酸盐或其他腐蚀介质的地层或地下水地段时，应使用抗硫酸盐水泥或其他特种水泥。

集料的选择除符合国家有关标准规定外，粗集料粒径不宜大于16mm，这主要与混合料输送管道直径、喷嘴尺寸、喷射厚度等有关。至于集料的碱活性问题比较复杂，要根据支护层是临时还是永久性结构，以及水泥、外加剂等碱成分综合考虑。

当工程需要掺加掺和料时，掺加量应通过试验确定，掺加掺和料后的喷射混凝土性能必须满足设计要求。

水不应含有影响水泥正常凝结与硬化的有害杂质，不应使用污水、pH小于4的酸性水、硫酸盐含量按SO_4^{2-}计超过水质量1%的水及海水。

随着湿喷工艺的推广应用，其他外加剂如减水剂、膨胀剂也在喷射混凝土使用。采用其他类型外加剂时，也应做相应的性能试验和使用效果试验。

2.2 混凝土配合比设计

喷射混凝土的配合比设计必须满足设计强度、耐久性、经济性和喷射工艺的要求，并通过试验确定具体参数，同时结合现场的喷射试验效果调整工艺参数。

湿喷混凝土水泥用量不宜小于400kg/m³，混凝土坍落度宜为8～12cm。混喷混凝土水泥用量宜为350～400kg/m³，砂率55%～70%，裹砂砂浆内的含砂量宜为总用砂量的50%～75%，裹砂砂浆内的水泥总用量宜为水泥总用量的90%，砂浆内宜掺高效减水剂。

3 喷射混凝土质量的影响因素

影响喷射混凝土质量的主要因素有地质构造条件、喷射工艺、混凝土原材料质量、混凝土配合比、喷射前的准备工作、喷手的作业水平、后期的养护等。衡量的主要质量指标有混凝土强度、渗漏性、开裂、厚度等。经济性指标有回弹率，环保性指标为粉尘浓度。

3.1 混凝土强度的影响因素

水泥是影响混凝土强度的最关键因素，水泥的品种和强度等级直接影响混凝土强度。与普通硅酸盐水泥相比，矿渣硅酸盐水泥和火山灰硅酸盐水泥的早期强度明显要低。对于追求早期强度的隧道工程，应选用普通硅酸盐水泥或特种早强水泥。

水泥单方用量直接决定混凝土 28d 的强度值。水泥品种、强度等级及单方水泥用量直接影响施工成本。

单方用水量决定混凝土强度。干喷和潮喷用水量很难控制，湿喷由于用水量提前计量搅拌，混凝土质量要好得多，所以在尽可能的情况下，应优先选用湿喷工艺。

液体速凝剂的性能相比于粉状速凝剂，应用技术还不很成熟，加之掺量大、价格高、对工人身体有刺激等，目前属于推广阶段。其实，液体速凝剂对施工环境粉尘浓度的影响不明显，它的优点是在混凝土中分散更均匀，施工中更容易计量。

速凝剂的性能必须与工程实际使用的原材料经过相容性试验验证和筛选。在施工现场不能直接使用基准水泥检验的结果，一定要经过现场适应性检验。

将回弹的浆料作为喷射的原材料使用，现场却经常发生。这些材料如何处理也值得探讨。

喷射混凝土试块的制作有国家和行业规定的标准方法。制作方法的不同严重影响混凝土试块的强度。

标准规定，采用立方体试块做抗压强度试验时，加载方向必须与试块喷射成型方向垂直，而实际做抗压强度试验时，根本分不出喷射成型方向。试块制作人员应该在试块上用箭头标明喷射成型方向，否则，试验结果没有代表性。

实体喷射混凝土强度除了与上述因素有关外，与喷射搅拌设备的计量精度，特别是与速凝剂的计量误差关系很大。另外，喷手的操作水平也是影响喷射混凝土强度的关键因素之一。

与普通混凝土一样，喷射混凝土也需要保湿保温养护，由于喷射混凝土不带外模，养护方法有别于普通混凝土。当环境温度低于 5℃时，严禁喷射施工。

3.2 混凝土密实性影响因素

喷射混凝土不同于普通混凝土，不能用辅助方式提高密实性，进而提高强度和抗渗性等。只能通过优选原材料、优化混凝土配合比、调整喷射操作参数、改善喷射工艺、提高操作手的水平等措施来提高喷射混凝土的密实性，如调整砂率、湿喷、螺旋式喷射、喷距和角度的调整等。操作手要根据实际情况制定合理的方法，这需要操作手有很好的经验。

分层喷射时，后一层喷射应在前一层混凝土终凝后进行，若终凝 1h 后再进行喷射时，应先用风水清洗喷层表面。

4 喷射混凝土耐久性的影响因素

喷射混凝土耐久性主要有渗漏、裂缝、钢筋锈蚀、碳化收缩、碱集料反应、周围介质腐蚀、冻融等。对于隧道或地下工程而言，周围处于潮湿或有水环境，碳化收缩、碱集料反应和钢筋锈蚀是可能发生危害的主要诱因。

在潮湿条件下混凝土暴露在大气 CO_2 中，既引起物理又引起化学作用。由于表面的碳化作用可能促使龟裂开展。同时混凝土的碳化降低系统的 pH 值，这使得钢筋易于锈蚀。

碱集料反应，从发生的机理来看，分为碱硅酸盐、碱碳酸盐、碱硅酸等三大类。预防要从三个方面入手：水、碱（环境碱和混凝土自身碱）、集料活性。对于喷射混凝土所处工程特点，水是没法解决的，只能从筛选集料活性（不仅是活性 SiO_2、还有活性碳酸盐岩）、控制混凝土总碱量、掺加活性混合材料等方面着手进行合理的预防措施。

渗漏主要是裂缝和密实性差引起的。工程上开始采用添加膨胀剂来提高密实性，这类似以前普通混凝土提高抗渗性要加膨胀剂的技术路线。随着混凝土技术的不断发展，用掺和料取代膨胀剂同样可以达到提高密实性的效果。其实，好的膨胀剂的作用不仅是提高抗渗性，还可以减少收缩。优质掺和料不仅可以提高密实性，还可以提高混凝土后期强度。

钢筋锈蚀应该是引起带筋喷射混凝土最危险的原因。工程界解决钢筋锈蚀的措施多、技术也很成熟，应该借鉴。

5　结语

（1）喷射混凝土施工工艺的选择要根据工程条件及特点综合考虑，既要考虑经济性、又要保证混凝土质量和环保要求。

（2）要严格原材料的选择，特别是集料的含泥量和泥块含量，严禁使用回弹的混凝土二次喷射。

（3）要根据喷射施工工艺来选择粉状速凝剂或是液状，速凝剂一定要用工程用水泥进行适应性和凝结试验验证。选用其他外加剂或掺合料时，一定要进行适应性试验。

（4）设计喷射混凝土配合比时，既要满足强度设计要求，又要考虑耐久性和经济性。

（5）一定要按照规定的方法制作试块，保证试验结果的代表性。

（6）喷射混凝土耐久性降低往往是两个或多个因素综合作用造成的，要结合具体工程制定科学合理的预防和补救措施。

四、边坡加固与滑坡治理

扩孔锚索及其在某边坡治理工程中的应用

徐国民[1]　李文平[1]　周建明[2]

（1. 西南有色昆明勘测设计（院）股份有限公司　2. 云南省玉溪市国土资源局）

摘　要　在软弱岩土介质中，扩孔锚索可以获得较高的承载力，具有较好的应用前景。基于抗剪强度理论，本文就扩孔锚索的力学机制进行阐述。工程实践证明，扩孔锚索运用于填方边坡治理工程是可行的。

关键词　扩孔　锚索　抗拔力　边坡治理

1　引言

锚索结构一般由内锚头、自由段和外锚头三部分组成。内锚头又称锚固段，是锚索锚固在稳定岩土体内提供拉拔力的根基。外锚头是锚索借以提供张拉力和锁定的部位。自由段是连接内、外锚头的构件，也是张拉力的承受者。一般而言，锚索是由钻孔穿过软弱岩层或滑动（潜在滑动）面，把内锚头锚固在稳定的岩体中，然后通过外锚头进行张拉锁定获得锚固力，从而解决不稳定地质体的稳定性问题。

扩孔锚索的锚固段直径大于常规锚索，能缩短锚固段长度，提高锚索承载力，有效地解决软岩或土层中锚索锚固段较长且承载力不高、可靠性差的问题。

2　关于扩孔锚索

2.1　扩孔锚索的分类

按锚固段形态大致可分为：扩大头锚索，仅是对锚索端部有限范围内的孔径进行扩大；分段扩孔锚索，将锚固段分成若干段，按一定间隔分段扩孔；整段扩孔锚索，对整个锚固段进行扩孔；等径扩孔锚索，锚固段扩孔直径基本同径；异径扩孔锚索，分段按不同直径扩孔。

按成孔原理大致可分为：爆炸扩孔，在钻孔底端装上炸药，引爆后把孔端炸扩成扩大头；机械扩孔，采用扩孔钻头切削土体或软岩使孔径扩大；水力扩孔，采用高压旋喷技术扩大孔径形成扩大头或扩大径；压浆扩孔，在软弱土层中采用二次注浆或双层管双栓塞注浆法来扩大孔径。

2.2　扩孔锚索的有关力学问题

扩孔锚索主要应用于土层中，有条件的软岩中也可使用。

直观地看，扩孔锚索的承载力由两部分组成，一部分为锚固段浆柱体与孔壁岩土体间的摩阻力，另一部分为位移方向锚固体端部岩土体提供的端阻力。其实质是依靠锚固体周围岩土介质的抗剪强度发挥作用来提供锚索的抗力，也就是说，在其他条件一定的情况下，扩孔锚索的承载力由介质的抗剪强度决定。

2.2.1　关于土体的抗剪强度

土既非理想的弹性体，也非理想的塑性体，而是一种弹塑性变形材料，其应力、变形、屈服与破坏关系是比较复杂的。按照库仑定律，抗剪强度与剪切面上的法向应力成正比，其物理本质是土颗粒间相互滑动摩擦及镶嵌作用产生的阻力，大小由土颗粒的大小、表面粗糙度和密实度等决定。黏性土的抗剪强度由两部分组成：一部分是摩擦力，与法向应力成正比；另一部分为黏聚力，由黏土矿物颗粒间通过水膜接触，相互吸引和胶结形成。

库仑定律对土体的抗剪强度描述为：土体发生剪切破坏时，将沿着其内部某一曲面（滑动面）产生相对滑动，而该滑动面上的切应力就等于土的抗剪强度。

无黏性土的抗剪强度为 $\tau_f = \sigma \cdot \tan\varphi$

黏性土的抗剪强度为 $\tau_f = \sigma \cdot \tan\varphi + c$

式中：τ_f——抗剪强度；

σ——剪切滑动面上的法向应力；

c——黏聚力；

φ——内摩擦角；

$\tan\varphi$——内摩擦系数；

$\sigma\tan\varphi$——内摩擦力。

莫尔在库仑早期理论研究的基础上提出了莫尔强度理论，即莫尔—库仑强度理论，相关描述为：在应力的作用下，土的破坏属于剪切破坏，并沿一定的剪切面产生剪切。当沿该剪切面上的剪应力增大到达极限值时，该单元土体就沿该剪切面发生剪切破坏。在莫尔极限平衡应力圆中，土单元体剪切破坏的发生，取决于作用于剪切破坏面上法向应力与土作用所产生的剪阻力，而不决定于施加的剪应力。将剪应力是否达到抗剪强度（$\tau=\tau_f$）作为破坏标准的理论称为莫尔—库仑破坏理论。研究莫尔—库仑破坏理论如何直接用主应力表示，这就是莫尔—库仑破坏准则，也称土的极限平衡条件。

2.2.2 扩孔锚杆的土力学机理

扩孔锚杆的承载力，是指锚杆锚固体所能够承受的极限拉拔力。它由锚固段锚固体与土体摩擦力及扩大头端部阻力两部分组成，也就是说锚杆承载力的大小取决于土体的抗剪强度，当受力超过极限平衡状态，土体发生剪切破坏时，锚杆承载力也就随之丧失。

由前述强度理论分析可知，一般地，已知 $\sigma_1=\gamma h$ 及实测内摩擦角 φ、黏聚力 c，依据莫尔—库仑理论，我们就可以求得锚杆所在土体剪切滑动面上的法向应力 σ 及抗剪强度 τ 。土体作为锚固体的介质，对其强度水平的认识，是至关重要的。

2.2.3 扩孔锚杆受力分析

一般认为，其受力过程可分为三个阶段。

第一阶段：弹性受力阶段。锚杆受力较小时，锚固段侧壁承受摩阻力，扩大端不受力或受力较小。扩大头端阻力为弹性土压力。此时锚杆力学性能由锚固段摩阻力决定。相当于静止土压力阶段。

第二阶段：过渡阶段。当锚杆受力超过摩阻力峰值，侧阻力达到极限时，锚固体开始位移，扩大端部阻力逐渐增大，扩大端前土体受压，形成局部塑性区。此时锚杆力学性能由扩大端前土体的压缩性能决定。其特征是位移曲线出现一个拐点，扩大端处位移处于弹性阶段，压缩区土体强度由莫尔圆控制。

第三阶段：塑性区阶段。当锚杆受力继续增大时，锚杆向前发生较大位移，塑性区的土体不断被压密，扩大头的阻力随之增加，锚杆位移趋于稳定。锚固力得到提高的同时，土体塑性范围扩大并连通，结束弹性阶段开始进入塑性阶段。

当锚杆受力继续加大，在土体中产生的剪应力达到抗剪强度（$\tau=\tau_f$）时，土的极限平衡形成，土体可能产生剪切破坏，锚固力随之衰减乃至丧失。

2.2.4 扩孔锚索的抗拔力计算

在理论研究与工程实践的基础上，人们总结了多种计算方法。

(1)基于莫尔强度理论推导的抗拔力计算公式

①钜联扩大头锚杆抗拔力 T 计算公式

$$T = T_1 + T_2 + T_3$$

其中：$T_1 = \pi d l_d \tau_f$；$T_2 = \pi D l_D \tau_{fD}$；

$$T_3 = \pi D^2 \tan\alpha(\sigma\tan\varphi\cos\alpha + \sigma\sin\alpha + c\cos\alpha)/6$$

式中：d——非扩大锚固段直径；

l_d——非扩大锚固段长度；

τ_f——钻孔侧壁摩阻力；

D——扩大段直径；

l_D——扩大头锚固段长度；

τ_{fD}——扩大段钻孔侧壁摩阻力，$\tau_{fD}=1.2\tau_f$；$\alpha=45°-\varphi/2$；

σ——约束核锥面上的正应力；

φ——土体内摩擦角；

c——土体黏聚力。

另一表达式为：

$$T_{uk} = \pi d l_d f_{mg1} + \pi D l_D f_{mg2} + \pi(D^2 - d^2)P_D/4$$

式中：f_{mg1}——普通锚固段注浆体与地层间的粘结强度标准值，kPa，取值同钻孔灌注桩桩侧摩阻力特征值 q_{sia}；

f_{mg2}——扩大头注浆体与地层间的粘结强度标准值，kPa；取值同钻孔灌注桩桩侧摩阻力特征值 q_{sia}；

P_D——土体作用于扩大头端面上的抗力强度值，压缩区土体强度由 $\sigma_1=\gamma h$，$\sigma_2=\sigma_3=k_0\gamma h$ 莫尔圆控制；

其余符号意义同前。

②基于抗剪强度理论的陈良奎教授推荐计算公式

$$P_u = \pi D L_a C_u + \pi(D^2 - d^2)N_c C_{ub}/4 + \pi d l \tau_a$$

式中：P_u——锚杆极限抗拔承载力；

L_a——扩大头长度；

C_u——锚固段土体不排水抗剪强度；

N_c——扩大头承载力系数；

C_{ub}——扩大头近端土层不排水抗剪强度；

l——非扩大锚固段长度；

τ_a——非扩大锚固段摩阻力；

其余符号意义同前。

(2)基于边坡规范的锚杆抗拔力计算公式

$$N_a = r_Q\pi(D l_D + d l_d)f_{rb} + r_a\pi(D^2 - d^2)P_{cr}/4$$

式中：r_Q——荷载分项系数；

f_{rb}——粘结强度；

r_a——地基承载力分项系数；

P_{cr}——扩大段近端土层地基承载力，近似采用临塑荷载公式计算；

l_D、l_d——锚固段长度；

其余符号意义同前。

$$P_{cr}=N_q rd+N_c C \qquad (d\text{ 为介质深度})$$

$$N_q=(\cot\varphi+\varphi+\pi/2)/(\cot\varphi+\varphi-\pi/2)$$

$$N_c=\pi\cot\varphi/(\cot\varphi+\varphi-\pi/2)$$

(3)基于抗拔桩理论的锚杆抗拔力计算公式

$$T_{uk}=\sum\lambda_i q_{sik} u_i l_i+\lambda_z \pi(D^2-d^2)q_{pzk}/4$$

式中：T_{uk}——抗拔极限承载力标准值；

λ_i——抗拔系数；

q_{sik}——第 i 层土的极限侧阻力标准值；

λ_z——与注浆工艺有关的端阻力系数；

q_{pzk}——与深度有关的极限端阻力标准值；

u_i——锚固体周长；

l_i——第 i 段锚固体长度；

其余符号意义同前。

以上公式，其理论依据都是明确的，采用哪种计算方法，需视实际情况而定。

3　工程应用

3.1　工程概况

某物流港工程建于以填方为主的填、挖整平区。建设内容包括标准厂房建设、电子商务物流项目、货物堆场、办公楼、宿舍楼等。

场地原始地形为低丘缓坡，跨越两个山脊及一条冲沟，冲沟走向近南北向，沟宽约 100m，深约 25m，沟口由泉水形成水塘。场地整平后，在南侧、西南角及水塘周围形成 10～17m 高不等人工边坡。其中，2 号填方边坡长度 353m，边坡垂直高度为 6～12m；3 号填方边坡长度 281m，边坡垂直高度为 2～8m；4 号填方边坡长度 362m，边坡垂直高度为 12～17m。填方边坡安全等级为一级。

3.2　地质条件

据钻探揭露，场地内土(岩)层主要有第四系填土(Q^{ml})、沼泽相沉积(Q^{h})粉质黏土、残坡积(Q^{el+dl})黏性土及红黏土；下伏上第三系茨营组(N_2)泥质砂岩。各土(岩)层特性如下：

①素填土：松散，湿。成分以可塑～硬塑状黏性土为主，夹含少量碎石。为新近填方，厚度 0.40～20.7m。

②-1 耕植土：松散、稍湿。成分以可～硬塑状黏性土为主。厚度 0.30～0.60m。

②粉质黏土：软～可塑，饱和，中～高压缩性。为冲沟内水塘沉积物。厚度 1.10～2.50m。

③黏土：可～硬塑，饱和，中压缩性。厚度 1.30～15.80m。

③-1 粉土：稍～中密，稍湿～湿，中压缩性。厚度 1.30～4.90m。

③-2 次生红黏土：可～硬塑，饱和，中压缩性。复浸水特性为Ⅰ类。厚度 1.40～9.70m。

④黏土：可～硬塑，饱和，中压缩性。厚度 1.0～18.7m。

④-1 粉土：稍～中密，稍湿～湿，中压缩性。厚度 2.5～5.0m。

④-2 红黏土：可～硬塑，饱和，中压缩性。复浸水特性为Ⅰ类。厚度 0.4～20.7m。

⑤全风化～泥质砂岩：散体状结构，薄层状构造，岩石极破碎，岩芯呈硬～坚硬黏性土状。节理发育，为极软岩，岩体基本质量等级为Ⅴ，夹薄层褐煤。厚度 1.5～35.5m。

⑤-1 强风化泥灰岩：散体状结构，中厚层状构造，岩石破碎，岩芯呈碎石状，节理发育，差异风化明显，岩石坚硬程度为软岩，岩体基本质量等级为Ⅴ。厚度 6.8m。

各土(岩)层主要物理力学指标见表 1。

岩土层主要物理力学指标建议值表 表 1

层号	土(岩)名称	天然重度 γ(kN/m³)	黏聚力 c(kPa)	内摩擦角 φ(°)
①	素填土	18.6	20.0	8.0
①-1	耕植土	17.5	18.0	7.5
②	粉质黏土	19.1	25.0	8.0
③	黏土	19.3	30.0	9.5
③-1	粉土	20.2	8.0	20.0
③-2	次生红黏土	18.5	32.0	9.5
④	黏土	19.3	35.0	9.5
④-1	粉土	19.3	9.0	22.0
④-2	原生红黏土	18.7	35.0	12.5
⑤	全～强风化泥质砂岩	19.1	50.0	15.0
⑤-1	强风化泥灰岩			

地下水埋深 0.50～22.00m，冲沟沟口有上升泉出露并形成“龙潭”。场地浅部为孔隙水，仅局部赋存有上层滞水，下伏基岩内裂隙水较丰富。

3.3 锚索设计

边坡治理采用锚索抗滑桩板墙，设计所需锚固力较大，因稳定基岩埋藏深，且为极软岩，若采用普通锚索，锚固段可能会较长，需做成荷载分散型锚索，因而，只好选择状态较好的黏性土作为锚固地层。为节约工作量并在有限锚固段长度范围内获得较大锚固力，锚索设计为全锚固段等径扩孔锚索，锚固段孔径 400mm，二次注浆，设计锚固力为 600kN 左右。锚固力计算采用如前所述的基于边坡规范的锚杆抗拔力计算公式进行。代表性支护结构见图 1、图 2。

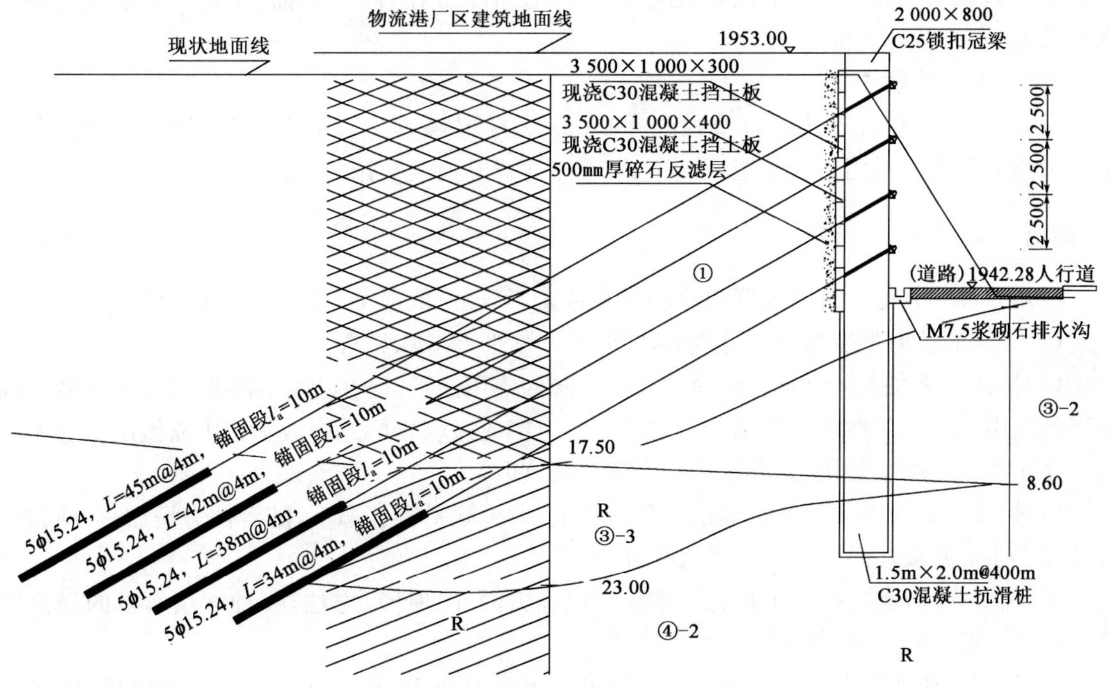

图 1　2 号边坡治理 G-I 段 7-7′剖面图(尺寸单位：mm)

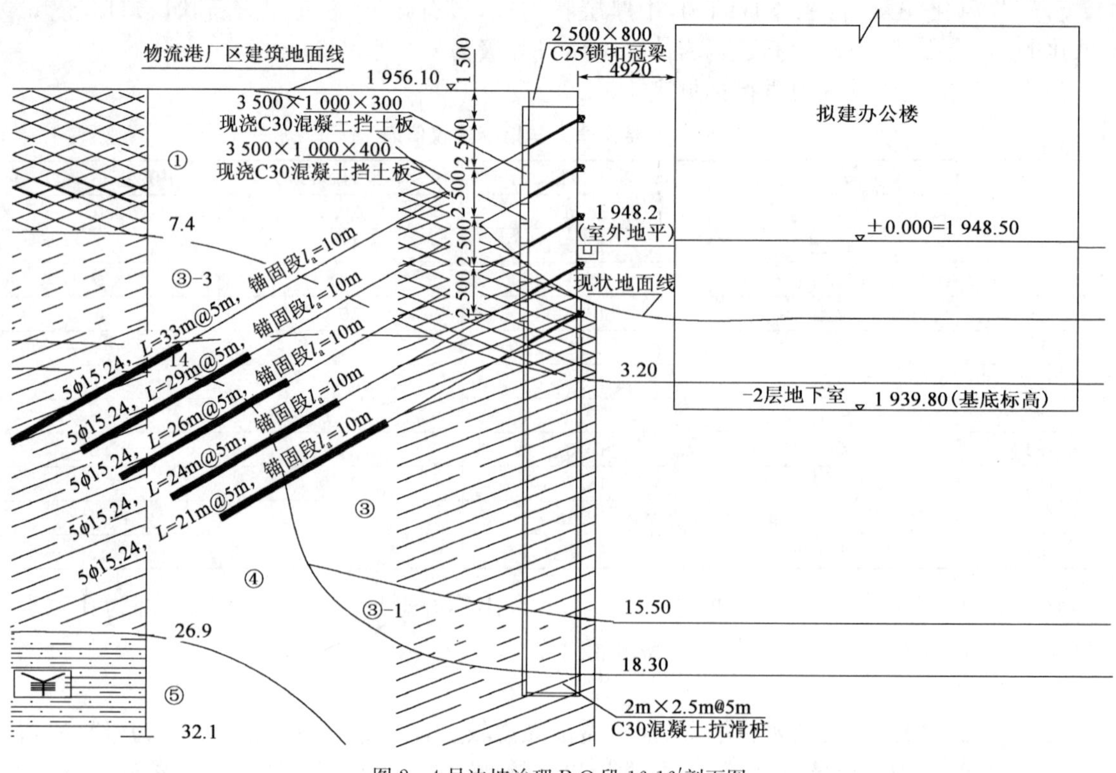

图 2　4 号边坡治理 P-Q 段 16-16′剖面图

3.4　工程施工

成孔设备采用无锡金帆钻凿设备股份有限公司生产的扩孔锚索钻机。先以常规孔径成孔至将近设计孔深，之后采用扩孔钻头扩大锚固段直径，然后下锚、注浆。注浆工艺为二次注浆。

3.5　工程效果

经开挖检验，扩孔段浆柱体直径在 400mm 以上，锚索基本试验及工程锚张拉表明，实际锚固力均大于设计锚固力。本工程已于 2001 年建成并投入使用，边坡运行效果良好。

4　结语

(1)实践证明，基于抗剪强度理论的扩孔锚索，其理论依据可靠，抗拔力有保障。

(2)土体的抗剪强度参数十分重要，需实测与实践经验相结合。

(3)扩孔锚索在土体及软岩锚固中具有广阔的应用前景，已在边坡、基坑、抗浮等众多工程中得到应用。但永久性工程特别是锚固段位于土层或极软岩层的边坡工程中需慎用。考虑到岩土介质特性及锚索的使用年限问题，安全系数宜取大一些。

(4)扩孔锚索的破坏机理在理论上是清晰的，但极限平衡状态下，随着拉力增加，孔壁和扩大端部土体谁先破坏尚需进一步实践来证明。

(5)基于强度理论，提出了扩孔锚索设计锚固力的几种计算方法，哪种方法所得的理论值与实际更接近，还需更多的实践总结。

(6)与锚固体埋深有关的正应力是不是可以无限地使用，其深度的拐点何时出现，也需进一步探索。

参考文献

[1] 中国建筑科学研究院. JGJ 94—2008 建筑桩基技术规范. 北京:中国建筑工业出版社,2008.

[2] 重庆市设计院. GB 50330—2002 建筑边坡工程技术规范. 北京:中国建筑工业出版社,2002.

[3] 陈希哲. 土力学地基基础. 北京:清华大学出版社,2004.

[4] 曾庆义. 钜联扩大头锚杆技术//建设部信息中心深基坑支护技术专题研讨会资料. 2012.

压力分散型深孔预应力锚索在500m级复杂地质高陡边坡加固治理中的应用

李正兵[1]　罗建林[1]　蒋学林[2]

（1.中国水电七局有限公司　2.锦屏建设管理局）

摘　要　在高山峡谷进行水电开发中，高边坡的治理是影响水电工程建设的关键技术问题之一。高边坡的治理措施中，预应力岩锚最为常用。本文以锦屏水电工程左岸500m级复杂地质高陡边坡治理为例，介绍了压力分散型锚索的施工，包括遇到的难题和处理措施等，破坏性试验、监测资料分析与评价。对3年多的监测数据分析表明，压力分散型锚索设计科学，施工方法合理和质量可靠，所取得成功经验对类似工程边坡的研究及治理有一定的参考价值。

关键词　复杂地质条件　高陡边坡　压力分散型

在高山峡谷的西南地区进行水电开发中，高边坡的治理成败是影响水电工程建设安全、进度、投资及营运安全的关键因素之一。高边坡的治理措施中，以预应力岩锚最为常用。而压力分散型预应力锚索作为锚固技术的新类型和岩土工程的主要技术手段，因其适应性强、受力性状良好、防腐性及耐久性好，在水电工程复杂地质高边坡治理中得到了大规模应用。其应用实例如：云南小湾电站堆积体高边坡、四川紫坪铺水利枢纽水工隧洞进出口边坡、二滩水电站坝肩边坡、金沙江溪洛渡电站坝肩高边坡治理等，其中以锦屏一级水电站大坝左岸500m级复杂地质高陡边坡应用压力分散型长锚索进行锚固治理最为典型。

1　西南地区水电工程枢纽区高边坡治理概述

我国西南地区水利资源蕴藏丰富，由于西南地区特殊的区域地质构造，水电工程面临的高边坡问题是工程建设各方必须深入研究并加以系统治理。经调研和统计分析，西南地区水利水电工程复杂地质条件高边坡治理主要采取削坡减载、截排水、预应力岩锚系统加固、锚喷支护等措施。尽管锚索受力结构有差异，但因其良好的适应性和经济性，在加固中往往起到关键作用。

西南地区典型水利水电工程边坡特征及处理措施见表1。

西南地区典型水利水电工程高边坡基本特征及处理措施统计表　　表1

序号	工程名称	边坡所处部位	边坡基本要素		岩体结构和地质构造	主要加固措施
			坡高(m)	开挖坡比		
1	二滩水电站	2号尾水渠边坡	145	1∶1～1∶0.25	块状玄武岩	20～40m深、2 000～3 000kN锚固(普通拉力型)
2	小湾水电站	左岸下游边坡	400	1∶0.65～1∶0.25	块状角闪斜长片麻岩(蠕滑拉裂)	20～70m深、1 000～3 000kN锚索加固(拉力型、压力分散型)

续上表

序号	工程名称	边坡所处部位	边坡基本要素		岩体结构和地质构造	主要加固措施
			坡高(m)	开挖坡比		
3	紫坪铺水利枢纽	水工隧洞进出口边坡	155	1∶1～1∶0.5 1∶0.2～直立坡	中、细砂岩、煤质页岩和泥页岩	30～70m深、1 000～3 000kN锚固(拉压复合型)
4	溪洛渡水电站	缆机平台边坡	250	1∶0.5～1∶0.3	致密状玄武岩、角砾集块熔岸	40m～50m深、1 500～2 000kN锚固(拉力型、压力分散型)
5	锦屏一级水电站	左岸坝肩及雾化区高边坡	550	1∶0.5～1∶0.2	砂板岩、大理岩(倾倒变形、深裂缝及地质构造多)	60～80m深、2 000～3 000kN锚固(压力分散型)

从表1可以看出,高边坡加固治理的主要措施仍以预应力锚固为主,压力分散型锚索在地质条件较为复杂的高陡边坡治理中应用越来越广泛。

2 锦屏一级水电站左岸高边坡概况

锦屏一级水电站位于四川省凉山彝族自治州盐源县和木里县境内,是雅砻江干流中下游水电开发规划的“控制性”水库梯级。

大坝为世界第一高混凝土双曲拱坝,最大坝高305.0m,库容77.6亿m^3,装机容量360万kW。大坝左岸自然边坡坡高2 500m以上,开挖边坡超过500m,治理难度极大。

锦屏一级水电站左岸边坡工程规模大,工程技术条件复杂,自然谷坡高陡,地应力水平较高,岩体卸荷强烈,并发育有断层、层间挤压带、深部裂缝,场地地质条件复杂。其开挖边坡最大高度达到550m级(EL.1 580m～EL.2 130m),且左岸坝头变形拉裂特征明显,f42－9断层构成了左岸坝头变形拉裂岩体的下游边界和底滑面。坡体前缘发育的f5、f8断层,f42－9断层上盘发育SL44－1松弛拉裂带,这些构成了控制边坡变形稳定的重要地质边界。同时,边坡表层及浅层的岩体卸荷拉裂,形成“似板状”的反向坡结构,岩体破碎、砂板岩软弱结构面强烈风化、节理裂隙发育且卸荷拉裂和回弹错动。

从锚索钻孔所揭示的岩层地质条件来看,在采用风动冲击回转钻进后,钻孔过程中遇到塌孔、漏风、掉块及埋钻的情况突出,锚索孔需要多次反复处理才能成孔;从孔内录像资料来看,受节理、裂隙发育影响,锚索孔孔壁掉块极其严重,孔内漏风严重,造成孔内积渣过多,需反复扫孔处理,历时最长的钻孔处理达50余天。锚索施工难度极为突出。

3 压力分散型锚索结构设计

3.1 锚索设计结构及参数

锚索采用压力分散型全防腐预应力锚索结构,设计参数见表2。

锚索设计参数统计表 表2

序号	设计荷载(kN)	孔深(m)	孔径(mm)	钢绞线根数	锚固注浆体设计强度(MPa)	锚墩混凝土设计强度(MPa)
1	1 000	30～50	130	7根	35(7d)	35(7d)
2	2 000	40～80	165	12根	35(7d)	35(7d)
3	3 000	60～80	180	19根	35(7d)	35(7d)

锚索采用的预应力筋为 ϕ15.24mm，强度为 1 860MPa 的低松弛高强度无粘结钢绞线。施工前对钢绞线材质和力学性能进行检验，钢绞线的破断力达到 271.8kN。

3.2 锚索束体结构图

锚索束体的细部结构见图 1。

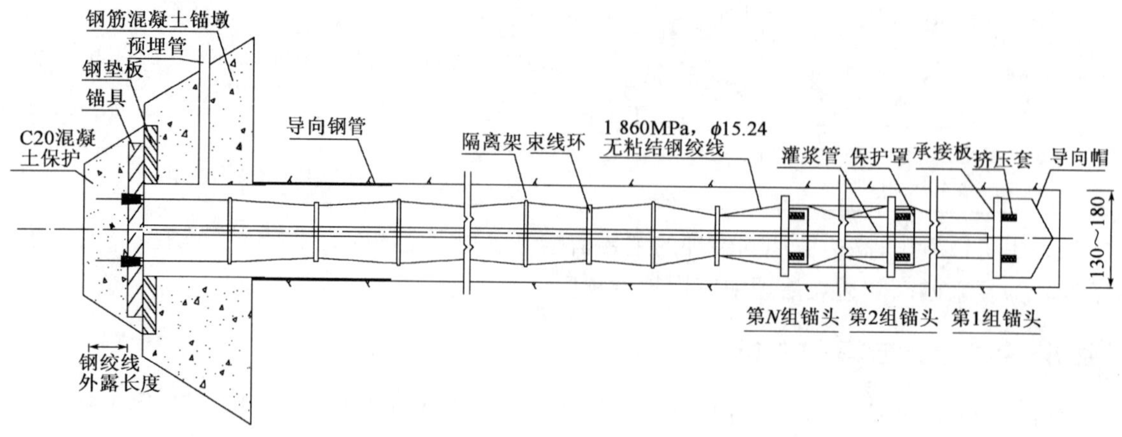

图 1 压力分散型预应力锚索结构图(尺寸单位:mm)

3.3 压力分散型锚索设计分布

锦屏一级水电站大坝左岸 550m 级高陡边坡预应力锚索共布置近 5000 束。锚索为压力分散型无粘结预应力锚索。锚索间排距沿开挖坡面 4m×4m、5m×5m、6m×6m 布置，其中按 4m×4m 布置锚索居多；支护吨位有以 2 000kN、3 000kN，L=60m(或 80m)锚索居多。锚固工程量超过 6×10^{8}kN·m。被覆式锚固结构见图 2。

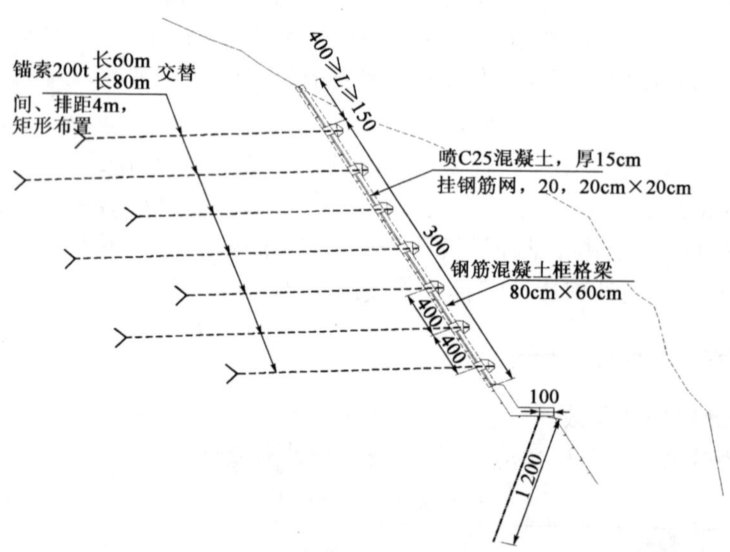

图 2 被覆式锚固体系设计剖面图(尺寸单位:cm)

4 锚索施工工艺与主要技术方案

4.1 锚索造孔工艺

锦屏一级水电站左岸高边坡在强卸荷、倾倒拉裂破碎岩体条件下，超长锚索成孔问题是施工技术难题中最关键的制约环节，关系锚索施工能否正常和实现对高边坡有效地锚固治理。

通过锚索钻孔试验及大规模锚索钻孔施工，总结出锦屏一级水电站左岸高边坡复杂地质条件下锚索钻孔工艺流程，见图3、图4。

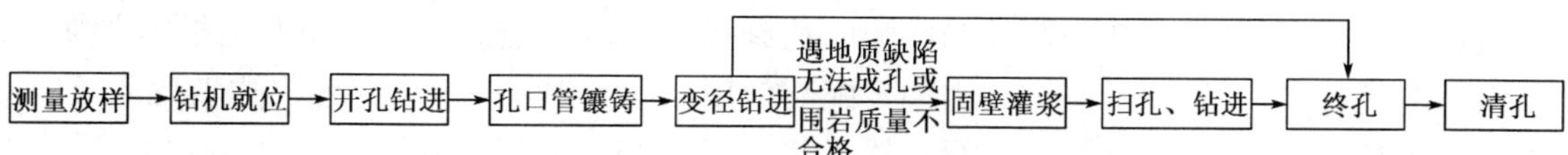

图3　全液压钻机紧跟开挖面锚索造孔施工工艺流程图

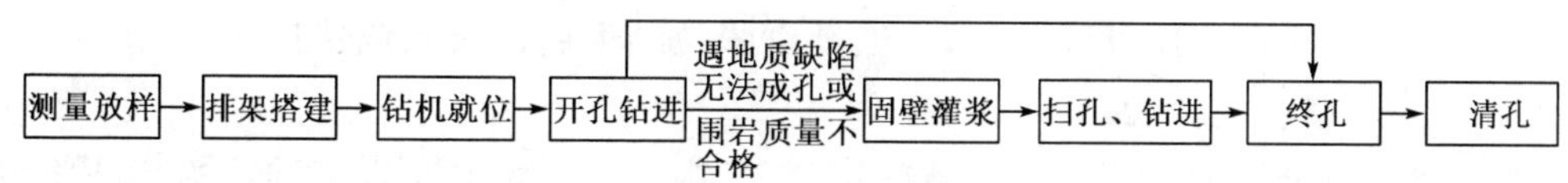

图4　轻型锚固钻机排架上锚索造孔施工工艺流程图

4.2　锚索造孔纠偏工艺

锚索孔开孔时采用地质罗盘、自制三角重锤仪及全站仪等器具，严格控制钻具的倾角及方位角。为提高锚索钻孔精度，在锚索钻孔施工中采用了镶注孔口管的方式。

防斜纠斜措施：开孔应严格控制钻具的倾角及方位角，当钻进20～30cm后应校核角度，在钻进中及时测量孔斜并采用扶正器、导正加强肋及反吹装置及时纠偏。在纠偏防斜措施中，我们根据现场工程地质条件和实际钻孔状况，应用钻孔弯曲半波长计算原理，有针对性地克服影响钻孔弯曲的因素，以孔口导向管、导正与扶正装置、钻杆、反吹排渣装置及冲击器合理配置来改善钻具本身挠度，使钻头沿着设计孔道轴线完成凿岩成孔过程，以便满足或接近锚索孔道孔斜偏差要求。

合理的钻进参数应根据施工区域所处工程地质条件和岩石特性来决定。经过若干组试验，得出锦屏左岸高边坡锚固钻孔施工一般应符合“中等钻压、慢转速、平稳风压”的操作要求，造孔进尺效率为3～5m/h，风压稳定在1.0～1.2MPa时，冲击频率为18次/s，转速为18～23r/min比较合理。钻压大小以孔内钻具的总重量为参考值，在钻进过程中应不断调整相关参数。

4.3　锚索束体制作及安装工艺

为避免PE套破损，钢绞线转运的沿途增设ϕ50mm聚乙烯管，钢绞线从聚乙烯管中穿过。同时减小隔离支架、束线环。缩小隔离支架、束线环间距，均由2.0m调整为1.5m，减少索体与孔壁的摩擦。改进隔离架结构体型，即由方形改进成腰鼓形，便于索体顺利下索。安装前，采用钻杆或专用的吹孔返渣装置进行清孔，并在转弯部位加橡胶垫、钢管等物件，避免PE套受损。锚索入孔时避免半径小于3m、大角度、剧烈弯曲。向孔内推送锚索时，送索人员口号一致、用力要匀，防止在推送过程中损伤锚索配件和钢绞线PE套，并不得使锚索体转动。

4.4　锚索孔注(灌)浆施工技术

4.4.1　注(灌)浆配合比设计

锚索灌浆水泥采用P.O42.5R普通硅酸盐水泥。

锚索破碎岩体固结灌浆针对不同地质条件选用水灰比为1∶1～0.45∶1水泥浆液，当遇到宽大裂隙、吸浆量较大孔段采用砂浆进行回填。

锚索束体安装完成后孔道灌浆选用水灰比为0.38∶1(减水剂掺量为1%)水泥浆液。

4.4.2　注(灌)浆施工工艺与方法

当钻进发生漏风、掉块及卡钻时，采用对破碎岩体固结灌浆的方式进行处理。锚索孔固结及孔道回填灌浆采用孔口封闭、下入灌浆管进行有压循环灌浆或无压预注浆。

4.5 锚索张拉施工技术

4.5.1 锚索张拉工艺要求

锚索张拉必须在注浆体强度及锚墩强度达到设计要求后进行。张拉机具(油顶、油泵、压力表)设备完好,且千斤顶及压力表需率定配套使用。由于锦屏一级电站左岸边坡地质条件复杂,锚索张拉采取间歇张拉的方式进行,锚索初期张拉按设计值的 90%进行控制,14d 后按设计值的 110%进行补偿张拉,然后根据锚索监测数据分析,满足设计要求后进行封锚保护,不满足设计技术要求进行二次补偿张拉,二次补偿张拉结束后进行封锚保护。

4.5.2 锚索张拉过程控制

锚索张拉实行分级分组单根张拉方式:先将分组钢绞线编号予以清理,绘制每束锚索每组分布顺序图,再确定张拉顺序。先进行钢绞线预紧,预紧力为 $0.25\sigma_{con}$,再逐级加载到初始张拉荷载,经稳压后锁定。14d 后再进行补偿张拉,即 $0\rightarrow m_i\sigma_{con}\rightarrow m\sigma_{con}$(稳压 10～20min 后锁定;$m$ 为超载安装系数,其值为 1.1;σ_{con} 为设计张拉力),张拉分级系数 m_i 为 0.25、0.5、0.75、0.9、1.1;对每一级张拉荷载,每根钢绞线分别进行张拉,张拉顺序按组(张拉段长度相同的钢绞线为一组)进行。所有钢绞线张拉完毕后须再次按原顺序循环张拉至少 1 次。

张拉加载及卸载应缓慢平稳,加载速率每分钟不宜超过 $0.2\sigma_{con}$,卸载速率每分钟不宜超过 $0.1\sigma_{con}$。

5 锚索破坏性试验

5.1 破坏性试验目的

为了验证设计采用的压力分散型预应力锚索设计参数的合理性、锚索结构对锦屏普斯罗沟坝址左岸高边坡复杂地质条件的适应性,研究锚索破坏性试验中锚固单元体极限承载状况及锚索破坏特征,探求压力分散型锚索锚固体系的安全度,优化施工工艺与方法,指导左岸高边坡大规模的锚固工程施工,在锦屏一级水电站左岸高边坡分别进行 1 000kN、2 000kN 及 3 000kN 级锚索的破坏性试验。

5.2 锚索破坏形态

本次试验锚索共 3 束,全部张拉断裂共计 38 根钢绞线,均属于预应力筋破断型破坏,锚固段滑移及承载体被压破碎而使锚索丧失承载能力的现象均未发生。钢绞线断裂的基本现象是:破坏型锚索在极限状态时,锚索钢绞线在张拉过程中,在没有显著征兆的情况下突然发生压力下降,整根钢绞线随之断裂。锚索断裂位置一般在有夹片刻痕且刻痕较深的部位首先断丝,继而该钢绞线其他钢丝因钢绞线整体受力面积突然减小,在有刻痕的部位发生断裂,个别钢丝存在颈缩现象(塑性破坏)。从锚索单根钢绞线断裂后观察均符合上述断裂规律。

5.3 锚索的安全系数

根据钢绞线实测极限荷载(P_u)和锚索设计荷载(P),可算出试验锚索的安全储备。安全系数 K_0 按以下公式计算:

$$K_0 = P_u / P$$

通过公式可算得 1 000kN、2 000kN 及 3 000kN 级锚索单根钢绞线的安全系数和整束锚索的平均安全系数。1 000kN、2 000kN 及 3 000kN 级锚索整体平均安全系数分别为 1.87、1.64、1.74。

5.4 材料强度使用系数

锚索钢绞线破坏时的材料强度使用系数(ξ),主要反映的是锚索预应力钢绞线在破坏时,能被使用的程度,其计算公式按下式计算:

$$\xi = \eta P_u / P_m (\eta \text{为实测锚固效率,取 } 0.95)$$

它与束体结构、锚索施工工艺、预应力钢绞线受力的均匀性等因素有关,本次试验的材料强度使用系数均较高,1 000kN、2 000kN 及 3 000kN 级锚索整体平均材料强度使用系数分别为 0.932、0.956、0.959。

通过预应力锚索现场破坏性试验过程和结果的分析判断,结合对锚索承载体承载力计算验证,充分表明工程施工中采用的锚固材料和锚固构件满足设计和规程要求,并对锦屏一级水电站左岸高边坡强卸荷岩层有很好的适应性。

6 锚固治理的效果评价

6.1 锚索测力计监测成果分析

大坝左岸边坡锚固工程按锚索设计总数的 5%布置测力计。测力计安装数量及锚索测力计监测成果见表 3。

锦屏一级水电站大坝左岸高边坡锚索测力计监测成果统计一览表　　表 3

序号	吨级(kN)	安装数量(支)	设计锁定要求	实际安装锁定吨级(kN)		实际最小锁定值与设计要求的比例(%)	备注
				最大值	最小值		
1	1 000	32	$0.97\sigma_{con} \leqslant T \leqslant 1.05\sigma_{con}$	1 141.7	896.0	89.6	
2	2 000	134		2 209.1	1 714.1	85.7	
3	3 000	76		3 366.0	2 808.2	93.6	

从表 3 可以看出,锚索测力计安装后的锁定吨位都超过了 $0.85\sigma_{con}$,但部分未达到 $0.97\sigma_{con}$。

6.2 边坡岩体深部变形监测

EL.1 650m 以上开挖边坡多点位移计监测成果表明,监测部位岩体总体趋向临空方向位移,位移量一般在 5.00mm 以下,已基本趋于稳定,位移变化过程见图 5。受下部边坡开挖的影响,EL.1 885~1 960m 开挖边坡部分监测部位岩体位移呈增大趋势,但变化速率很小,一般在 0.05mm/d 以下。

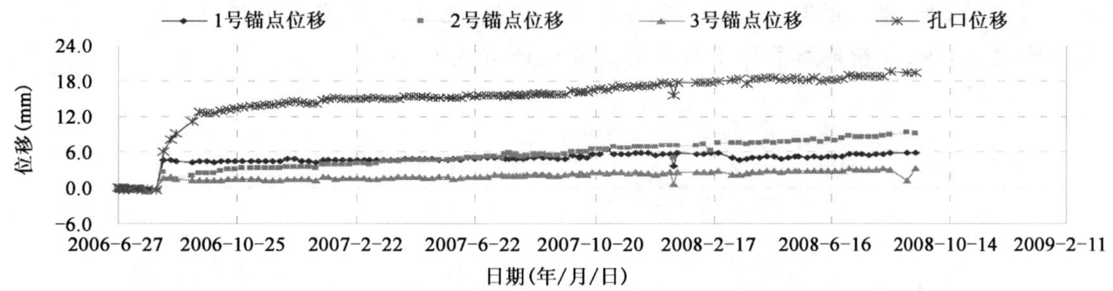

图 5　左岸边坡 EL.1991.20mM43 位移变化过程线

6.3 边坡锚杆应力监测

EL.1 580m 以上开挖边坡锚杆应力计监测成果表明,监测锚杆基本处于受拉状态,锚杆拉应力一般在 50MPa 以内。EL.1 960m 以上开挖边坡监测锚杆应力相对较小,锚杆应力均在 50MPa 以下。目前监测锚杆应力仍呈缓慢增加趋势,但变化速率较小,一般在 0.58MPa/d 以下,其变化过程见图 6。从锚杆受力状态来看,锚固范围内岩体基本趋于稳定。

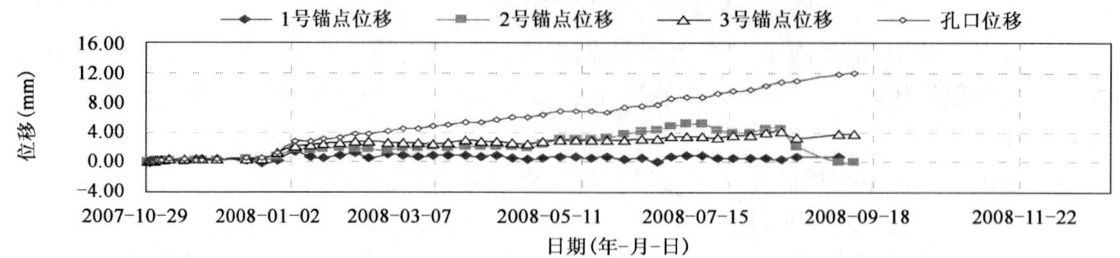

图 6　左岸边坡 EL1 885.95mR312 锚杆应力变化过程线

6.4　治理后的边坡场景

锦屏一级水电站大坝左岸高边坡治理后的场景,如图 7 所示。

图 7　左岸 500m 级高边坡锚固场景图

7　结语

本文通过对西南地区典型高陡边坡治理进行统计分析,并以锦屏一级水电站大坝左岸 500m 级复杂地质高陡边坡的锚固治理为实例,通过采用压力分散型锚索及其相应的施工工艺方法,对大坝左岸高边坡施加5 000余束、6×10^8kN·m 的预应力岩锚,实现了对边坡的加固治理。锚索破坏性试验表明,压力分散型锚索结构合理、适应性强,满足左岸边坡工程地质条件和锚固治理的需要。

目前锦屏一级水电站拱坝混凝土已浇筑到 150m 左右,通过工程边坡近 3 年的安全稳定运行表明,锚索结构合理、施工措施和工艺方法得当,成功实现对复杂地质高陡边坡的加固治理,可作为类似边坡加固治理借鉴参考。

参考文献

[1]　周建平. 中国典型工程边坡·水利水电工程卷. 北京:中国水利水电出版社,2008.

[2]　程良奎,等. 岩土锚固. 北京:中国建筑工业出版社,2003.

[3]　苏自约,等. 岩土锚固技术的新发展与工程实践. 北京:人民交通出版社,2008.

[4]　阳恩国,等. 复杂地质条件下岩石高边坡设计与施工. 2007.

某矿山箕斗竖井边坡治理工程预应力锚索施工

李才琴　王旭峰

（西南有色昆明勘测设计（院）股份有限公司）

摘　要　本文结合工程实例，对预应力锚索的施工工艺流程与过程控制的施工技术要点以及常见问题的处理方法进行了总结。

关键词　边坡　预应力锚索　施工工艺　过程控制

1　工程概述

昆钢大红山铁矿1号铜矿带箕斗立井边坡工程防治位于云南省玉溪市新平县嘎洒、老厂、新化三个乡镇的交界部位，边坡处于曼岗河小木桥北侧的斜坡地带。治理段总长度约为158m，其中东西向边坡预应力锚索治理长度约为86m，南北向及东西向边坡锚杆喷锚支护长度约为72m，边坡高度约10～32m，按1∶0.3从上至下放坡分层开挖。

2　工程地质条件及边坡支护设计

2.1　工程地质条件

工作区为低山地貌，地势北高南低，坡度为20°～40°，局部大于60°，斜坡总体向南倾，治理范围内高程为690.728～776.257m，相对高差约86m。根据钻孔揭露及工程地质调查，斜坡总体坡向为170°及90°，自然坡度20°～40°，局部约80°，总体下缓上陡，地表植被一般为杂木和灌木，植被破坏严重。拟建场地整平标高706～720m，场地整平开挖后，将形成最高约32m的高陡边坡，边坡岩（土）体主要由上覆第四系坡残积层碎石土、粉质黏土含碎石、角砾及下伏三叠系干海子组（T3g）板岩夹炭质板岩、砂岩、煤线组成，岩层产状为262°∠13°。其中三叠系干海子组上部的板岩夹有薄煤层（或煤线），厚度小于1m，沿走向、倾向延伸不连贯。在强风化层中，由于差异风化，局部板岩夹层风化呈土状形成软弱夹层，遇水软化后强度很低，故其对边坡的稳定性极为不利。根据边坡工程地质条件、环境条件，综合各种因素考虑，该边坡工程采用预应力锚索地梁、钢筋混凝土挡土板锚固支挡和锚杆喷锚网支挡并辅以坡顶截水、坡底排水等措施进行综合防治。

2.2　边坡支护设计

边坡防治（A～B、C～D段）采用预应力锚索地梁进行锚固支挡，预应力锚索水平间距为4.0m，垂直间距为3.0m，锚索单根长16～30m。预应力锚索锚筋为9ϕ15.24钢绞线，锚固段长度均为10m，孔径ϕ130mm，与水平面夹角为30°，设计单根锚索承载力为1000kN，锚索间用锚索地梁连接。锚梁间用钢筋混凝土挡土板进行封闭，见图1、图2。

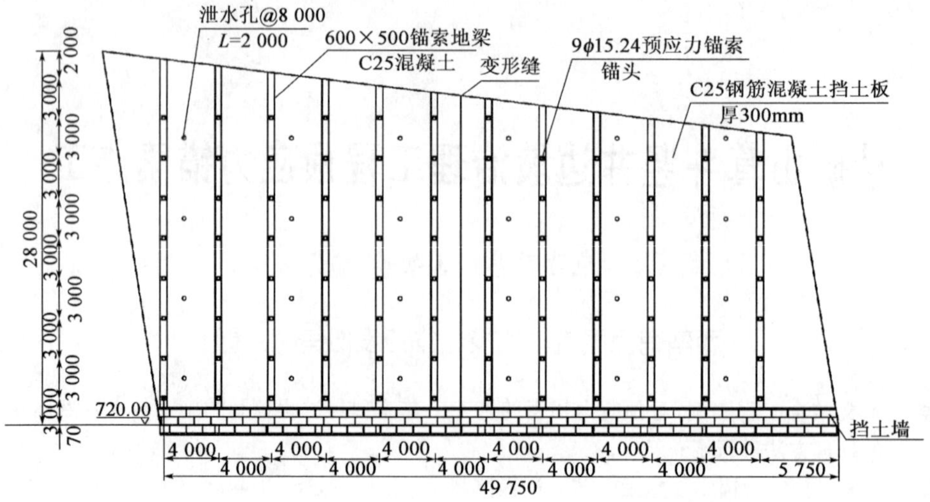

图1 箕斗立井边坡工程防治 C～D 段正立面图(尺寸单位:mm)

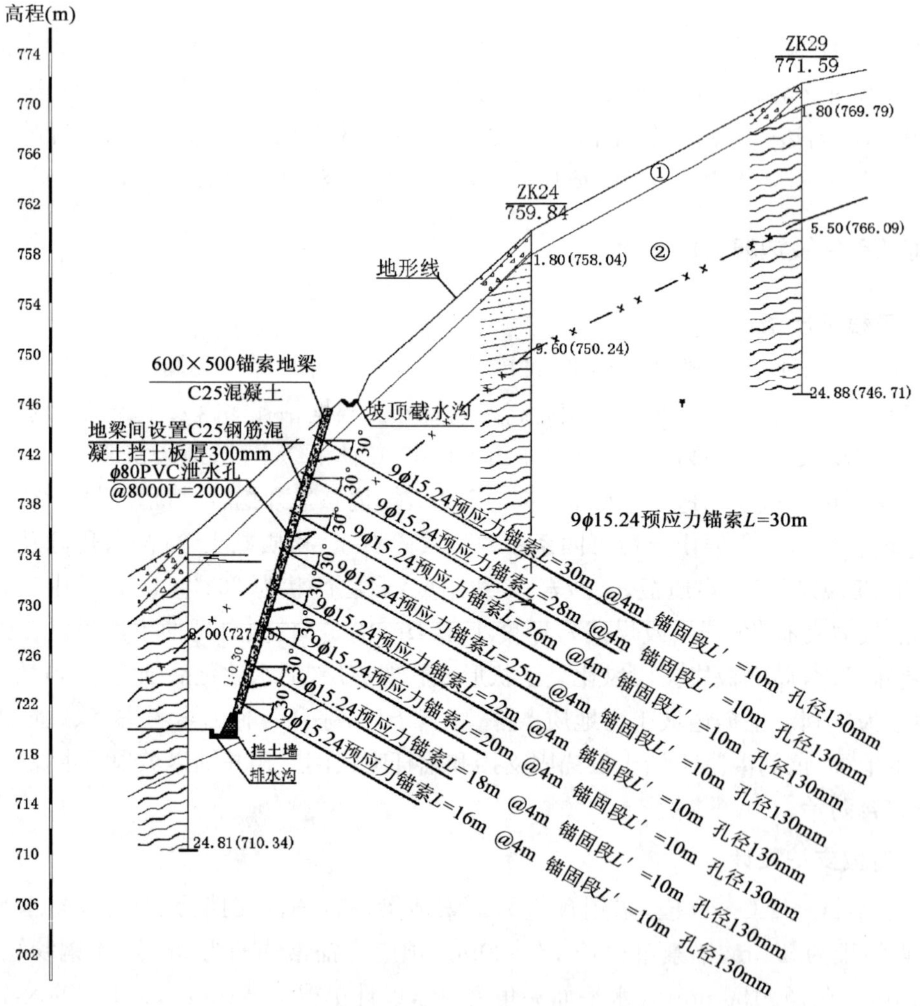

图2 箕斗立井边坡 C～D 段工程防治工程剖面图

3 锚索施工技术要求

3.1 材料及设备选用

预应力锚索设计形式为:锚索设计锚固力 1 000kN,每束锚索由 9 根钢绞线组成,采用高强度、低松弛钢绞线。钢绞线直径为 ϕ15.24mm,强度为 1 860MPa,锚具采用 QM15V。

3.2 造孔施工

(1)造孔前,用全站仪按设计图纸所要求的位置进行定位,并作标识,开孔偏差按不大于10cm 控制。搭设承重平台,造孔使用钻机(YG—70)进行风动干钻法施工,锚索孔倾角 30°,钻孔孔径 ϕ130mm,其中锚固段长度不小于 10m,孔斜误差不得大于孔深的 1%,孔径误差不得大于孔径的 3%,孔位误差±20cm,孔深误差±20cm。

(2)锚索成孔采用干钻成孔技术,若遇岩层破碎,易产生塌孔、卡钻等异常情况,采用跟管钻进或注浆处理等措施,禁止采用湿作法以确保边坡岩体地质条件不被恶化和保证孔壁的粘结性能。为满足锚固要求,锚固段造孔时,不得采用泥浆等有碍结合强度的护壁造孔,如需要护壁时,可采用水泥浆护壁。成孔后应将孔内岩粉、碎屑及积水排出,保持孔内干燥及孔壁的干净粗糙。

(3)严格按照设计图中锚索间距、倾角、高程进行施工。当地形条件限制无法施工时,应会同监理、设计人员拟定新孔位,在未征得设计单位同意时,不得自行变更设计。

(4)孔位偏差:钻孔深度应满足锚固段的有效长度及安全储备并有不小于 0.5m 的预留深度。如钻孔时发现锚固段地层差于设计资料时,应及时通知监理工程师和设计单位,以便确定是否增加孔深或采用其他特殊措施来满足设计要求。

(5)在高边坡或场地受限处施工时,搭设满足相应承重能力的脚手架。

(6)钻孔结束后,采用高压风冲洗钻孔将孔内石渣、粉尘吹出,复核孔深,验收合格后,做好钻孔保护。在钻孔过程中详细记录钻孔进尺、钻进速度、岩粉性状等。

3.3 锚索制作施工

(1)编索制束:锚索编制前对钻孔实际长度进行测量,根据终孔长度(L_1),按锚索长度 $L=L_1+1.5m-0.5m$ 下料组装锚索。用电动切割机切割钢绞线,再将导向尖锥、扩张环、紧箍环等元件组装起来。

钢绞线加工长度严格按照锚索参数确定,张拉段长度大于 1.2m,将下好料并通过除锈、防锈处理的钢绞线及进、回浆管平行堆放于工作平台上,并按孔深分组编号标识加以区别。逐根检查锈蚀情况,有锈蚀的全部清除,用干净棉纱擦干,保证钢丝上无油膜存在,以确保钢绞线与水泥浆胶结体之间有牢固粘结力。

(2)钢绞线下料[3]:根据造孔深度,并考虑混凝土垫墩厚度、千斤顶长度、工具锚和工作锚的厚度要求计算下料长度。对于监测锚索,其下料还需考虑锚索测力计厚度。下料前检查钢绞线表面,剔出受损伤的钢绞线,钢绞线下料使用砂轮切割机或气割截断切割,但必须避免烧伤钢绞线,要求切口整齐无散头现象,锚固段的钢绞线必须剥除 PE 套并清除油脂。

(3)锚固段范围内,每隔 1m 穿一个对中支架,两对中间支架用 12 号铅丝捆扎,使之形成枣核状。同时应将止浆塞按锚固段长度固定,并将导向帽、进浆管、排气管正确安装,进浆管用直径 20mm 尼龙管、排气管可用直径 20mm 或 6mm 再生塑料管,进浆管应伸入至距孔底20cm 处,回浆管安放至止浆塞处即可。自由段每隔 1m 绑扎一道铅丝,绑扎时应保证钢绞线平行,不得交叉,最后在锚索头套上导向帽。

(4)用人力将锚索抬起塞入钻好的锚孔中，若遇塌孔锚索未下至设计深度时，必须将其拔出，重新用钻机清孔，然后再下锚，直到满足设计要求为止。下锚过程中不应损伤锚索的防护。

锚索制作完毕后应妥善存放，并登记、挂牌，标明锚索编号、长度等。存放点要求防潮、防水、防锈、防污染。

3.4 锚索安装

锚索制作及钻孔工作结束验收合格后，采用人工辅以机械安装锚索。下索前先校对锚索编号与孔口编号是否相符；将编制好的锚索人工运至孔口，并将其送入孔内，必要时辅以手动“葫芦”配合，锚索安装时曲率半径不得小于3m，以防损坏锚索结构。安装过程中，锚索结构损坏的应予更换，并保证进浆、回浆和充气等设备完好。

3.5 锚固灌浆

(1)锚索注浆采用孔底灌浆，孔口返浆的施工工艺。锚固灌浆必须在锚索入孔后24h内完成。灌浆材料选用P.O42.5级普通硅酸盐水泥，水灰比0.4～0.45，水泥浆强度等级≥M30。用搅拌机搅拌均匀，随拌随用，一次搅拌水泥浆应初凝前用完，并严防石块、杂物混入，使浆液从孔底上升至溢出孔口，为保证浆液饱满，待第一次注浆初凝后，进行二次补浆，压力>2MPa。在砂浆未完全固化前，严禁拉拔和移动锚索，注浆完毕后，将灌浆管拔出。灌浆后7d内严禁在距锚索20m范围内进行震动强的施工作业。

(2)锚索注浆时，等待锚孔水泥浆面稳定后才停灌，不稳定时，继续缓慢加压注浆，不稳定不得停灌。为给锚索张拉提供依据，注浆时对每一批预应力锚索的灌浆浆液取样做抗压强度试验。

3.6 锚索张拉

(1)张拉准备：在内锚固段灌浆14d后方可进行张拉[4]。张拉前须对张拉设备进行标定，标定时千斤顶、油管、压力表和高压泵连接好，在压力机上用千斤顶主动出力的方法反复三次，取平均值，绘出千斤顶出力(kN)与压力表指示压强曲线，作为锚索张拉的依据。标定时千斤顶的最大出力应高于锚索超张拉时的值。

张拉使用ZB4-500型高压油泵。预张拉使用YCQ25Q型千斤顶，压力表型号Y－150，最大荷载值255kN，精度等级1.6级。整体张拉使用YCW250B型千斤顶，压力表型号Y-150，最大荷载值2 480kN，精度等级1.6级。

(2)锚索张拉操作：张拉采用限位张拉自行锚固的方式施工。张拉操作步骤：先安装测力计，再安装锚板、夹片、限位板、千斤顶及工具锚，最后锚索张拉锚固。在张拉时，先采用穿心式小千斤顶对锚索进行单根预张拉一次，以提高锚索各钢绞线的受力均匀度，单根预拉力为20kN。然后换大千斤顶，再将9根钢绞线一起分级张拉至设计超张拉荷载时锁定。

整体张拉：整体张拉分5级，其张拉力分别是设计张拉力的10%、30%、70%、90%、105%(即为100kN、300kN、700kN、900kN、1050kN)。根据标定的大千斤顶荷载与压力值关系及回归方程$Y=0.022\,9X+0.607\,2$，其对应的油压表读数分别为2.90MPa、7.48MPa、16.61MPa、21.22MPa、24.65MPa。

每级张拉完毕及升级前均应测伸长值并记录，张拉持荷时间不小于2min。稳定5min直至压力表无返回现象方可锁定。若预应力损失过大，须进行整体拉张与重新锁定。锚索张拉实测伸长值不得大于理论伸长值的10%；小于5%，锁定时钢绞线回缩量不大于5mm或荷载损失不大于5%。施工中应做好准确记录。

在张拉过程中，采取以张拉力控制为主，伸长值校核的双控制操作方法。在每级张拉力持荷稳定时，量测钢绞线的伸长值，当钢绞线的实际伸长值大于理论计算伸长值10%或小于5%时，应暂停张拉，查明原因采取措施予以调整后，方可继续张拉。施工时以压力表读数为准采用伸长值校核。用下式计算伸长值：

$$\Delta L = P/A \times L/E$$

式中：P——张拉力，kN；

A——钢绞线截面积，mm^2；

E——钢绞线弹性模量；

L——钢绞线受力长度，为自由段、外镦头和千斤顶之和。

3.7 封孔灌浆及锚头保护

锚索张拉合格后，及时进行孔口段封孔灌浆，封孔灌浆压力及注浆材料与孔内相同，水灰比为0.40～0.45，灌浆压力为0.3～0.5MPa。注浆24h后，从锚具外端量起100mm的钢绞线，使用砂轮切割机将工作锚具外超长部分钢绞线截除，截除后的钢绞线留存长度不得小于50mm。最后按设计要求浇筑混凝土对外锚头及钢绞线进行保护。

4 施工中遇到的问题及解决方法

(1)在锚索张拉时，发现实际伸长值有几次比理论伸长值偏大(在规范和设计要求内)，原因主要是未考虑单根张拉千斤顶的出缸与开始受力时的差量。锚索实际伸长值应等于油缸伸长值减去单根张拉千斤顶的出缸与开始受力时的差量或直接测量钢绞线的变形情况。

(2)测力计读数值与千斤顶出力差值的影响因素及处理办法：现场施工时锚垫板与锚索轴线垂直度总存在一定的偏差，因此引起测力计偏心受压，而产生测试误差。根据测力计的工作原理，测力计的率定系数是测力计均匀受压时测力计中所有应变计应变平均值与压力的线性回归系数。若在测力计偏心受压时，仍按仪器率定系数计算，将产生一定的计算误差，且测力计测试力与千斤顶出力误差随张拉力增大。经分析研究，按每支应变计的率定系数分开计算应力，然后取平均值，减小了测力计计算误差。

由于测力计安装偏斜等原因，钢绞线与测力计产生摩擦引起测试误差，对这种情况采取了使用退锚器退出夹片重新安装的解决办法。

5 结语

(1)在施工中计划周详，合理调配非常重要。由于施工地点大多交通不便，如果安排不合理、准备不充分就会事倍功半。

(2)不管是地质勘察还是锚索施工，钻具和钻机同样重要，钻机的能力要求在选型时已作了充分考虑，到了工地主要是钻机性能要稳定，而钻具能力尤为重要，孔内事故的处理要远比打孔麻烦得多。

(3)预应力锚索施工，目前由于其锚固吨位大，施工效果好、可靠性高等特点而得到了广泛应用。在施工过程中必须抓好质量控制工作，特别是严格工序验收制度，上道工序不合格严禁进入下道工序。要确保锚索施工处于全过程受控状态，同时在管理上、技术上做好相应的预防措施。

参考文献

[1] 西南有色昆明勘测设计(院)股份有限公司. 昆钢大红山铁矿1号铜矿带箕斗竖井边坡治理预应力锚索施工技术要求. 2007.

[2] 西南有色昆明勘测设计(院)股份有限公司. 大红山铁矿1号铜矿带开拓箕斗竖井井口场地及边坡岩土工程勘察报告.

[3] 苏自约,陈谦,徐祯祥,等. 锚固技术在岩土工程中的应用. 北京:人民交通出版社. 2006.

[4] 宋茂信. 高油压系列预应力张拉设备研制. 2000.

高填方区新型快速锚固技术的探索与应用

徐国民　李文平

（西南有色昆明勘测设计（院）股份有限公司）

摘　要　本文介绍直立高填方区边坡治理工程中应用的一种新型、快速锚固技术的研发过程，阐述了预应力混凝土管水平向快速锚索的力学原理及其构造、特性，并结合工程案例，介绍了新型锚索的实施过程及技术要点。

关键词　高填方　边坡　新型锚索　快速锚固

1　前言

边坡治理工程设计与工程实施中，常常会遇到一些特殊情况，特殊问题的解决，常常需要一些特别的工程技术手段，因此，解决问题过程的本身就意味着必须去思考一种新型的工艺技术方法。

在本文所涉及的项目中，采用抗滑桩板墙与新型快速锚固技术组合，解决直立高填方边坡的快速治理问题，其中，抗滑桩板墙是成熟可靠的工艺技术，快速锚固技术则是国内外尚无先例的、需要本项目解决的关键技术问题。

2　研发背景及技术思路

2.1　研发背景

在较大范围的高填方区，常常会遇到这样的情况：一是用地紧张，没有分台放坡填筑的条件，需直立或近乎直立填土；二是填方高度大，边坡安全等级高，对支护结构要求高，挡墙等常用支挡方法满足不了填方边坡稳定要求，需实施锚固支护结构；三是填土范围较宽，不具备使锚索锚入填土后侧稳定地层的条件；四是工期紧，实施常规锚索无法满足工期要求。

在上述情况下，对锚索性能提出了如下要求：一是锚索起始工作时间必须与填土施工同步，快速张拉锁定，即做即用；二是锚固段需置于填土中，且需提供较大吨位的锚固力；三是锚索在填土中是近水平向分布的。

在这样的背景条件下，常规锚索不能满足上述需求，必须考虑使用一种新型锚索，以满足锚固力、施工速度等方面的要求。

2.2　技术思路

根据以上情况，我们构思出了一种能实现快速锚固的新型锚索，即预应力钢筋混凝土管式荷载转换分散型锚索。这种锚索完全位于填土中，利用生产周期很短的预应力钢筋混凝土管作为锚固段，制作成压力型锚索，埋入填土层中即可张拉锁定，实现快速锚固。荷载分散型锚索有压力分散型和拉力分散型两种，所谓荷载转换分散型锚索就是压力分散型转换为拉力分散型的荷载分散型锚索。

3 快速锚索的工作原理及结构构造

(1)快速锚索工作原理:通常意义上讲,锚索(锚杆)是通过外端固定于坡面,另一端锚固在滑动面以内的稳定岩土体中。穿过边坡滑动面的预应力钢绞线(钢筋),直接在滑面上产生抗滑阻力,增大抗滑摩擦阻力,使不利结构面处于压紧状态,以提高边坡岩土体的整体性,从而从根本上改善边坡的力学状态,有效地控制岩土体的变形和位移,达到使边坡稳定的目的。简言之,就是利用抗拔力所发挥出的作用来抵抗滑坡(边坡)下滑力,属于主动防护体系。新型锚索的工作原理和一般锚索大致相同。

(2)结构构造:由钢绞线、锚头、自由段钢套管、预应力钢筋混凝土管、承压板、基槽及填筑混凝土、灌注水泥浆硬化体等组成,见图 1、图 2。

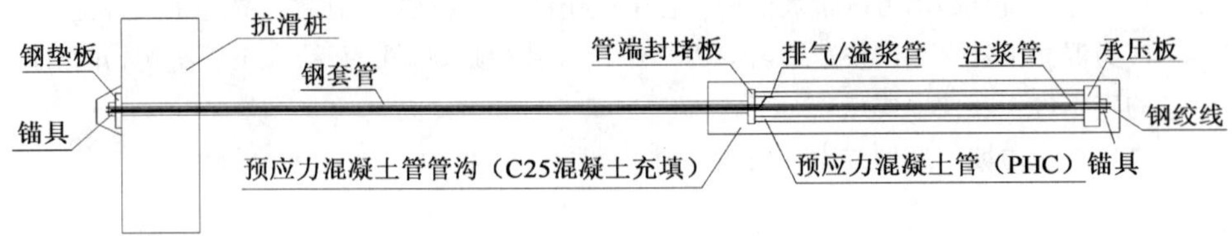

图 1　单锚固段快速锚索构造示意图

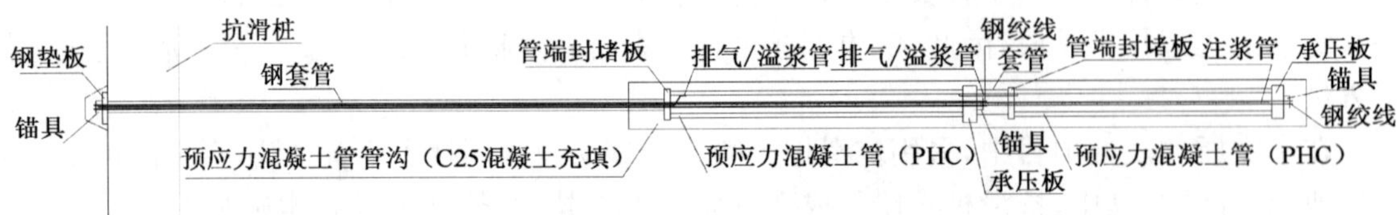

图 2　多锚固段(分散型)快速锚索构造示意图

4 快速锚索的制作方法

常规锚索的工艺流程是:钻孔—锚索制作与锚索安装—锚固孔注浆—锚墩制作—锚索张拉锁定—封孔注浆及外部保护。

新型锚索的工艺流程是:填土至第一排锚索设计高程—开挖基槽—安装锚索结构—继续填土至下一设计控制高程—张拉锁定—注浆—补浆—封锚—填土至下一排锚索制作高程—循环施工。

5 新型锚索的理论支撑

5.1 理论支撑

(1)土力学理论:边坡稳定性分析计算采用常用的土力学理论计算模型,很容易计算。

(2)支护结构力学计算:桩锚支护体系、锚固体系等已有成熟的理论计算模型,容易计算出结构内力、锚固力、整体稳定性等。

(3)锚固段可靠性:通过边坡力学分析,可以将锚固段设置于危险滑移(破裂)面以外的稳定的填土区域,理论上是可行的。

5.2 锚索抗拔力计算

(1)摩擦力法:将锚固段视为一段桩体,按《建筑桩基技术规范》计算桩的抗拔极限承载力标准值,并将其看作是锚索抗拔力。

$$U_K = \sum\lambda_i q_{sik} u_i l_i$$

式中：U_K——抗拔极限承载力标准值；

u_i——破坏表面周长，对于等径圆形截面 $U=\pi d$；

q_{sik}——第 i 层土体的抗压极限侧阻力标准值；

λ_i——抗拔系数。

(2)粘结强度法：据《建筑边坡工程技术规范》(GB 50330—2002)，按照地层与锚固体粘结强度特征值计算锚杆轴向拉力标准值和设计值：

$$N_{ak} = \xi_1 \pi D l_a f_{rb}$$

$$N_a = r_Q N_{ak}$$

式中：N_{ak}——锚杆轴向拉力标准值；

ξ_1——锚固体与地层粘结工作条件系数，永久性锚杆取 1.0；

D——锚固体直径；

l_a——锚固段长度；

f_{rb}——地层与锚固体粘结强度特征值；

N_a——锚杆轴向拉力设计值；

r_Q——荷载分项系数，可取 1.3。

(3)抗剪强度法：《岩土工程治理手册》(林宗元，辽宁科技出版社，1993)中的计算式：即按照土的物理力学性质及锚杆埋深与注浆工艺等计算锚杆轴向抗拉力。

$$P = \pi D L_m (k_c \gamma h \tan\varphi + c)$$

式中：P——锚杆设计拉力；

D——锚固段直径；

L_m——锚固段总长度；

γ——锚固段上覆土体的平均重度；

h——锚固段中点埋深；

k_c——土压力系数，一次注浆 $k_c=0.5$，二次注浆 $k_c=1.0$；

φ、c——锚固区土体的内摩擦角和黏聚力。

或者按照土层的抗剪强度计算锚杆的极限抗拔力：

$$T_u = \pi D L_e t$$

$$\tau = c + k_0 \gamma h \tan\varphi$$

式中：T_u——极限抗拔力；

L_e——锚固段长度；

τ——锚固段土体的抗剪强度；

k_0——锚固段孔壁的土压力系数，一般取 1.0。

(4)《岩土锚杆(索)技术规程》(CECS 22:2005，中冶集团建筑研究总院)法：按下式计算锚固力设计值：

$$N_t = \pi D L_a f_{mg} \Psi / K$$

式中：N_t——锚杆或单元锚杆的轴向拉力设计值；

D——锚杆锚固段的钻孔直径；

L_a——锚杆锚固段长度；

f_{mg}——锚固段注浆体与地层间的粘结强度强度标准值；

Ψ——锚固长度对粘结强度的影响系数；

K——锚杆锚固体的抗拔系数。

对于压力分散型锚杆锚固段注浆体的承压面积按下式验算：

$$K_p N_t \leqslant 1.35 A_p (A_m / A_P)^{0.5} \eta f_c$$

式中：K_p——单元锚杆锚固段注浆体的局部抗压安全系数，取 2.0；

N_t——单元锚杆的轴向拉力设计值；

A_p——单元锚杆承载体与锚固段注浆体横截面的净接触面积，即毛受压面积扣除孔道面积；

A_m——锚固段注浆体的横截面面积；

η——有侧限锚固段注浆体的强度增大系数，由试验确定；

f_c——锚固段注浆体的轴心抗压强度标准值。

6 新型锚索的技术要点

(1)注浆问题：必须采取特殊手段(注浆管、排气管、封堵等)使预应力混凝土管内的水泥浆充填饱满。

(2)防腐问题：包括承压板、自由段、锚头等必须做好防腐。

(3)应力损失问题：必须确保锚固段和自由段在一条直线上，张拉锁定最好在锚固段沟槽回填水泥砂浆初凝后进行。

(4)承压板的强度、预应力混凝土管的强度必须满足应力计算要求，承压板上的锁定装置必须牢靠。

(5)对前、后锚固段的连接部位应有措施确保从底部返回的浆液和空气畅通进入到前端。

(6)严格控制填土质量，确保填土的抗剪强度，控制填土变形和不均匀变形，防止因填土变形给锚索带来的损伤和应力损失。

(7)在锚索构造上，需采取技术措施，使之在快速张拉锁定后，通过注浆由压力分散型锚索转换成拉力分散型锚索。

7 新型锚索的优点与应用前景

7.1 新型锚索的优点

一是工期很短。一根常规锚索从开始到张拉锁定封锚需要一个月左右的时间，而这种新型锚索可以即做即用，安装完成后，有一定厚度上覆填土即可张拉锁定，从制作安装到锁定封锚只要 3 天左右时间，可以大大缩短工期。二是这种锚索操作直观、简单，全部在肉眼可控的地面完成操作。作为锚固段使用的预应力混凝土管(PHC)可以在预制管厂定制且从生产到投入使用周期很短，从开挖沟槽、预应力混凝土管吊装、管周水泥砂浆充填、承压板及拉筋安装、注浆设施安装到张拉锁定等工艺操作都很便捷。三是可以实现大吨位锚固力的需求，锚固体直径及锚固段长度可以根据需要灵活掌握。就锚固段直径而言，可以做到常规工艺所不及的大直径锚索锚固，也很容易制作多段锚的荷载分散型锚索；四是可以让锚固段置于填土区域，不必将锚固段设置于填土后的良好地层中，大大减少自由段长度，从而可以在大面积填方中使用锚索；五是这种锚索提供的锚固力大，从而使大面积直立高填方边坡的治理及其稳定性要求容易得到满足，满足建设用地的需求。

7.2 应用前景

基于以上特点，新型锚索为直立高填方边坡治理提供了一种新型、实用的快速锚固方法，在工期紧、用地紧、填方面积大、填方高度大、设计锚固力大的直立边坡，特别是需要快速锚固的高填方边坡中具有应用优势。

8 新型锚索的工程应用

8.1 工程概况及场地条件

某水泥厂工程建设于由斜坡经挖填整平而成的台阶状场地上，其中电力设施——总降系统位于 1 766m 建筑平台上，其下为 1 744m 建筑平台。总降系统前沿边坡所在地段填土前斜坡原始标高为 1 740m 左右。

斜坡场地原始坡度为 10°～25°，1 744 平台至 1 766 平台间高差 22m。1 766 平台西段边坡全由填方组成，累计填土厚度最大达 26m。由于用地原因，填方边坡以直立坡为主。填土料为来自挖方区的全～强风化玄武岩、石灰岩碎块石及其残、坡积土。

8.2 原设计与工期

最早拟采用斜锚式锚索桩板墙，但要锚固到稳固地层中难以实现，故原设计采用的支护结构形式为墩式锚拉桩板墙，由于桩板墙后为大范围的厚大填土，要采用斜锚将锚索置于稳定地层中的难度较大，故原设计采用了墩式水平拉锚，将锚墩置于稳定区域的填土中，利用填土的强度提供锚固力(图 3)。

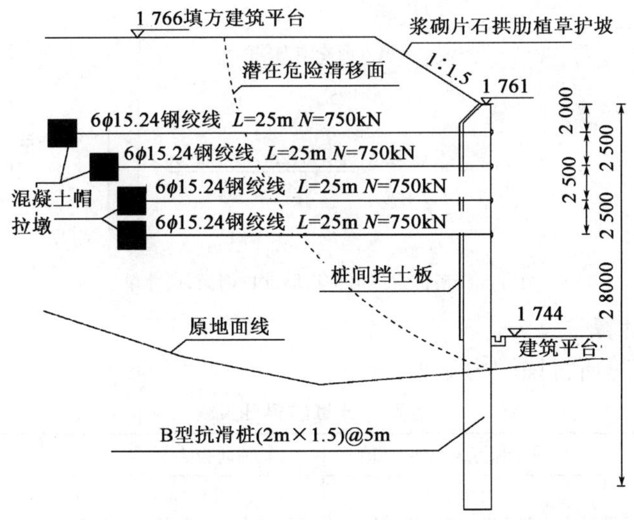

图 3 填方区水平墩式锚拉抗滑桩板墙支护剖面图(尺寸单位:mm)

支挡桩施工完成后，由于总降系统建设工期要提前完成，建设方要求 22m 高的场地填方必须在一个月左右时间以内完成，但仅 4 排拉锚之锚墩龄期一项就不可能满足工期要求(需 4 个月左右)，因此，必须想出一种即做即用，不误填土施工、满足工期和锚固力要求的快速锚固方法。

8.3 设计变更

预应力混凝土管可厂内快速生产，从生产到使用只需 3～5d 时间。将锚索用承载板与预应力混凝土管连接在一起制作成锚固系统埋在压实填土中，即可成为压力型锚索，这种锚索结构施工安装方便快捷，可以实现快速锁定，几乎不影响填土施工速度。基于上述思考，决定将原设计的墩式拉锚改为预应力混凝土管式锚索，待填土填到设计标高时进行锚索安装。

8.4 新型锚索的构造

本工程原设计锚墩抗力为 750kN，经计算，改为预制管锚索后，若采用 ϕ50 预应力混凝土管替代原锚固体，锚固段长度需要 20m，可用两节 10m 长的预制管制作成压力分散型锚索。

锚固段设于经计算的最危险潜在滑移面之后1.5m之外，钢绞线自管内穿过，两个承载板分别与两节预制管的尾部相连。为便于填土碾压，自由段设钢管外套并预置注浆管。为便于注浆及防腐，承载板及预制管端头均用快速凝结混凝土封包。

之所以先做成压力分散型锚索，是为了解决工期问题，即先安装好预制管锚索，当填土填到下一排锚索安装标高时即可锁定本排锚索。在完成压力分散型锚索的锁定后，通过预置注浆管注浆，注浆后便可形成对土层适应性更好的拉力分散型锚索，也使锚索的防腐更可靠。为了便于浆液充填饱满，锚索安装时，做成内倾3°～5°的倾角。填方区新型锚索抗滑桩板墙支护剖面见图4。

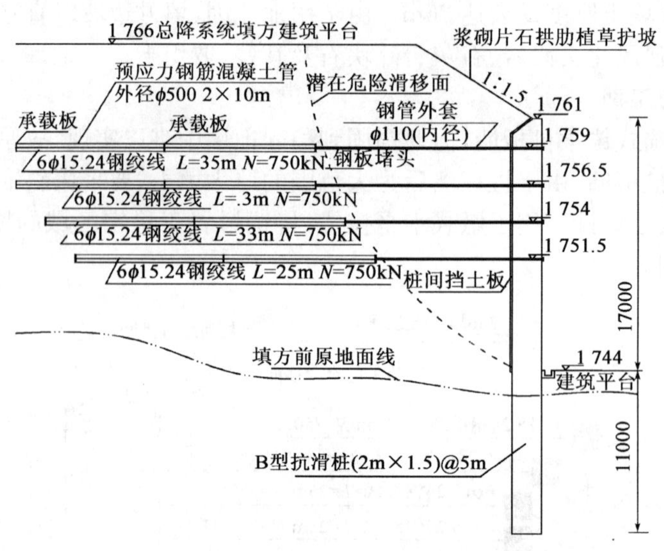

图4 填方区新型锚索抗滑桩板墙支护剖面(尺寸单位:mm)

8.5 锚固力的计算

采用不同方法计算所得锚固力见表1。

锚固力计算结果(kN) 表1

计算方法	抗拔极限承载力标准值	轴向拉力标准值	轴向拉力设计值
桩基规范法		704	
粘结强度法		785	
抗剪强度法		801	
技术规程法	1 570		785

8.6 预制管锚索抗拔力的取舍

从计算结果可以看出，采用桩的极限抗拔力计算所得的值最小，而采用粘结强度和抗剪强度计算所得的锚固力要大一些。

根据预制管预应力锚索的实际工作情况，认为采用以抗剪强度计算所得的锚固力作为抗拔力设计值是有一定可靠度的。本工程锚固力设计计算取$\varphi=12°$，$c=15\text{kPa}$，有可以借鉴的经验数据为依据。本工程取锚索拉力设计值为750kN。

8.7 内锚段的基本受力状态、受力形态的转换

本工程对锚索的要求是即做即用，没有注浆凝结的时间，根据锚索通过传力板与预制管连接后即可受力的特性，将锚索做成压力型，即内锚段的基本受力形式为压力型。

根据计算，提供设计锚固力的锚固段总长度需要 20m，根据相关规定，将锚固段分为 10m 长的两段形成压力分散型锚索。

最初形成的压力分散型锚索的内锚段是无粘结式的。通常认为，粘结式内锚段工作可靠、耐久性好，因此，在安装锚索时，将锚索按拉力分散型锚索预置，待锚索处于工作状态后进行注浆，这样，压力分散型锚索就转为拉力分散型锚索。

8.8 工程实施

(1)工艺流程：分层填土至设计高程—开挖沟槽—铺垫 C20 水泥砂浆—安装预制管—安装锚索及注浆系统—管周充填 C20 水泥砂浆—分层填土至一定高度张拉锁定—锚索注浆及封锚头等—分层填土至下一设计高程并重复以上步骤实施下一排锚索。

(2)实施效果：本工程采用了 4 排即做即用型水平向预制管预应力锚索，实现了锚索的快速工作，经过张拉，锚固力均超过设计要求，22m 的高填方，总工期用了 35d，达到了预期目的。经张拉，锚索承载力全部满足设计要求。

8.9 需要注意的几个问题

(1)压实度与锚固力

一般情况下，对于作为地基土使用的压实填土，根据拟建场地的特性不同，压实系数的要求不同，但一般要求其压实系数 $\geqslant 0.94$，以使填土达到足够的强度，确保填土层中锚索的锚固力，同时防止填土变形给锚索造成的损伤。

(2)锚索注浆与防腐

注浆的效果影响锚固力与防腐，因此注浆也是锚固工程至关重要的环节。设计为 3°左右倾斜并设排气管。此外，锚索底部、两节管桩接头部位、锚固段与自由段交替部位、锚索与挡土桩的衔接部位，必须采取辅助措施，确保不漏浆和最终使钢绞线都在浆体的握裹之中。

9 结语

(1)预制预应力管锚索这种新型的锚索结构可以解决大范围的厚大、直立高填方边坡的抗滑桩板墙的快速锚固问题，可以实现常规锚索无法实现的锚固问题。

(2)预应力管锚索在解决快速填土与锚固之间在工期上的矛盾方面具有明显优势。

(3)实践证明，通过对锚固段构造形式的改进，还可大大缩短锚固段的长度来获得相同锚固力，但必须合理选择管沟的尺寸及其填筑材料。解决了预制管和管周混凝土的握裹力问题，管径还可以缩小。

(4)由于填土工期短、速度快，填方压实度控制不好，势必会产生较大工后沉降，为了控制沉降和不均匀变形，可在填土中设置土工格栅。

(5)工程检验证明，这种新型、快速锚索是可靠的，对边坡安全是有保障的。

参考文献

[1] 徐国民，李四全，等. 富民水泥厂边坡治理施工图设计. 西南有色昆明勘测设计(院)股份有限公司，2007.

[2] 中华人民共和国国家标准. GBJ 10—89 混凝土结构设计规范. 北京：中国建筑工业出版社，1989.

[3] 中华人民共和国国家标准. GB 50330—2002 建筑边坡工程技术规范. 北京：中国建筑工业出版社，2002.

[4] 林宗元，等. 岩土工程治理手册. 沈阳：辽宁科技出版社，1993.

全粘结钢筋锚杆在某边坡支护工程中的应用

钟家声　马秋柱　和曙泉　高秉勋

(西南有色昆明勘测设计(院)股份有限公司)

摘　要　本文通过工程实例介绍了全粘结型钢筋锚杆在云南某市大型浮雕墙边坡支护工程中的应用，结合其工程特点介绍锚杆的施工工艺、施工机具选型和质量控制要点。

关键词　全粘结型　钢筋锚杆　施工工艺

1　概况

思茅市位于云南省西南部，是我国有名的"茶城"，其盛产的普洱茶以其天然的生长环境和浓郁的茶香享誉海内外。为迎接思茅撤地设市，提高城市建设水平，打造"茶城"文化品牌，市政府拟在茶城大道西侧南北向的路堑边坡部位，建造一组民族大团结浮雕工程。

民族团结浮雕设计总长55m，高10m，用花岗岩材料分块雕刻，然后组合挂贴在10m高近直立的钢筋混凝土墙上。浮雕两侧辅以人工瀑布和茶叶造型为之陪衬。为满足浮雕总体设计的要求，需对97.70m长，15～16m高的边坡作开挖设计，并进行支护施工。

2　工程地质条件

场地原是低矮的山丘，在修建茶城大道时，经开挖形成路堑边坡，坡顶较为平坦；上面建有思茅一中的网球场和生活水塔，水塔高20m，距坡边缘15m，场地30m范围内无其他建筑物。

勘察资料显示，该边坡主要由残积黏性土和全～强风化的泥岩、粉砂质泥岩及泥质粉砂岩组成，其地层岩性条件如下：

(1)黏土：褐红色、橘红色，局部杂灰绿色条带，湿～很湿，硬塑～坚硬状态，埋深0～11.7m，大量分布在边坡中上部。

(2)粉质黏土：褐红色，很湿，可塑～硬塑状态，埋深10.1～13.5m，由粉砂质泥岩风化而成，主要分布在边坡下部。

(3)泥质粉砂岩：灰褐色、强风化。从已开挖的边坡部位可观测到其产状为240°，倾角25°，主要在北端坡底出露。

各土层物理力学指标见表1。

各土层物理力学指标　　表1

层　号	岩土名称	天然含水率 w(%)	天然密度(g/cm³)	黏聚力 c(kPa)	内摩擦角 φ(°)
①	黏土	32.8	1.88	58.13	12.90
②	粉质黏土	30.8	1.90	56.8	12.40

3　工程设计

根据浮雕景观的总体设计要求和现场岩土工程地质条件，经对边坡稳定性进行反复验算，为保证坡顶设施和浮雕的安全,作下述工程设计。

(1)边坡开挖设计

根据景观设计要求及坡体现状,边坡开挖按下述设计方案进行:

从坡顶往下 5.0m 范围内按 1:1 放坡,5～15m 段按 85°进行开挖。

(2)边坡支护设计

从安全可行、经济合理的角度出发,考虑支护杆件的耐久性和防腐蚀等因素,经认真研究对比,采用成孔非预应力钢筋锚杆结合钢筋混凝土墙(挂浮雕用)的综合支护方案。

坡顶向下 5m 段,自上而下布设 3 排成孔砂浆锚杆,长 2.0m,垂直间距 1.5m,水平间距 2m,锚杆孔径≥100mm,倾角 15°,采用 25mmⅡ级螺纹钢筋制作而成。在 5m 以下,布设 7 排锚杆,锚杆用 28mmⅡ级螺纹钢筋制作,每隔 1.2m 焊制一道导正架,锚杆长度情况如下:

第一排:16m;第二排:15m;第三排:14m;第四排:12m;第五排:10m;第六排:8m;第七排:7m。

锚杆与孔之间压注水泥砂浆,浆液材料采用 P.O42.5 普通硅酸盐水泥,水灰比为 0.6。

在坡壁面上挂设 6.5@200mm×200mm 的双向钢筋网片,用 12mm 的螺纹钢加强筋与锚杆头连接,然后在网片上喷射厚度不小于 100mm 的 C_{20} 细石混凝土面层封闭,配合比为水泥:砂:瓜子石=1:2:2(重量比)。

(3)坡体泄水孔设计

为及时排导坡体中的地下水,减小地下水对边坡稳定的影响,在坡面布设 3 排泄水孔,其水平孔距 4.0m,垂直孔距 5.0m,孔深 6m,孔径≥100mm。排水管采用 75mmPVC 管,上半部打 12mm 进水孔,管外用无纺型土工布包裹并用铁丝均匀缠绕,暗埋在喷锚层下。

(4)浮雕基础墙设计

根据装饰单位提供的浮雕制作资料,对浮雕基础墙的设计为:墙基础厚 650mm,地面高 0.6m,基础埋深 1.0m、墙体厚 300mm,高 9.0m,长 55m,C_{20} 混凝土、配筋采用 12@200mm×200mm 双向钢筋网,加强筋采用 16mm 螺纹钢,在结点处与 28mm 锚杆连接。

为了挂贴浮雕,在墙体中预埋 50mm×100mm 厚 6mm 的钢板,埋设尺寸:水平间距1.0m,垂向间距 0.7m(设计概况详见图 1)。

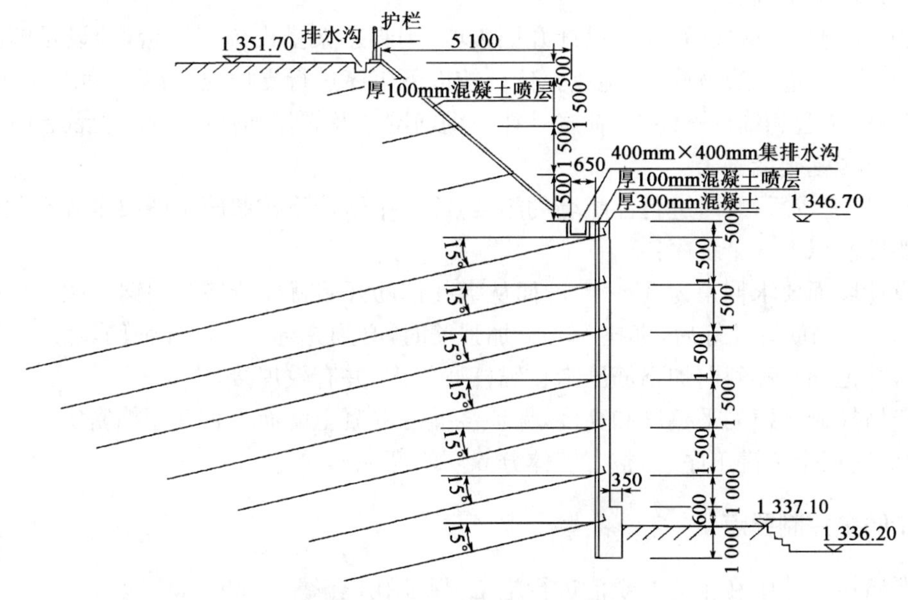

图 1 浮雕基础墙设计剖面图(尺寸单位:mm)

4 工程施工

4.1 施工机具选型

在边坡支护工程施工中，锚孔的成孔难易、快慢是影响工程质量、工期和施工成本高低的重要因素。在类似土质的边坡支护工程中，过去的锚杆孔施工多采用100型地质钻机，但使用该成孔机械存在以下几方面的不足：

(1)由于地质钻机多采用取芯钻进，工效低。

(2)钻进中需要加水进行降温润滑，但在边坡施工中加水会影响边坡稳定和成孔质量。

(3)地质钻机比较笨重，在高空施工平台上搬迁难度和辅助工作量大。

为了在工期内完成施工任务，降低施工成本，经对比并结合工程特点选择了两台衢州红五环科工贸有限公司生产的“五环牌”HQJ100型潜孔钻机。该机稍重的动力站和较轻的工作站分离，两站间用高压油管连接，便于在边坡上搬迁和成孔作业。

随机配备的潜孔锤在该土质边坡中无法使用，经多次试验，对钻具和成孔工艺进行了改进。用42mm钻杆1.0m，用钢板焊制螺旋，螺距80mm，前端焊接钻头，后端用变径接头与ϕ60mm的潜孔钻杆丝扣连接；钻头采用三角棱锥形，锥度控制在35°～40°之间，棱间夹角60°，棱上镶嵌合金，棱间为通风孔，选用VY—12/7空压机送风排渣。采用该施工方法大大加快了成孔速度，平均每个台班施工8～10个孔，累计进尺150m以上，解决了施工中成孔的难点问题。改进的钻具见图2。

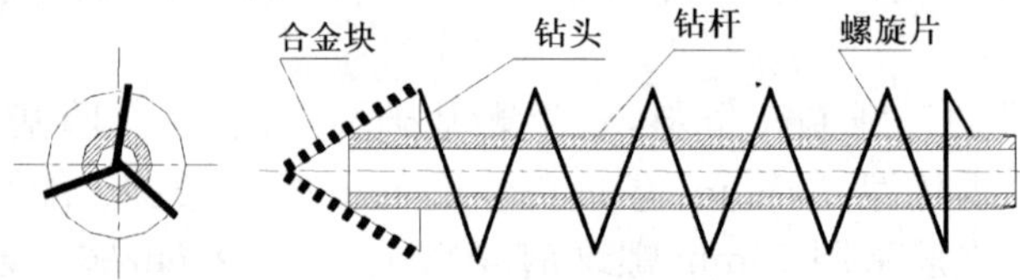

图2 改进的钻具图

4.2 边坡支护施工

边坡成孔的难题解决后，便按设计开挖边坡，用脚手架搭设施工平台，铺设足够的木板以保证施工安全，并进行边坡修整、施放孔位。按以下工序进行支护施工：钻机就位调整→成孔、清孔→安放注浆管和锚杆→注浆、补浆→挂设钢筋网片及焊接加强筋→喷射混凝土面层封闭。

4.3 浮雕基础墙施工

边坡支护完成后，及时进行浮雕墙的施工，施工中除严格按照施工图要求和有关规范进行外，还主要控制以下3个工序：

(1)设计墙面要求仰角为3°～5°，因而从绑扎钢筋开始就要严格控制钢筋倾斜角度。

(2)12mm网筋绑扎好后，绑扎16mm加强筋时，必须先绑扎斜向加强筋，然后再绑扎水平向加强筋，并把网片和斜向加强筋压卡在锚杆弯勾内，并有效焊接。

(3)严格控制支模的平整度和高度，保证浇灌的混凝土墙面平直并振捣密实。

控制好这三个关键工序后，整个墙体分6层浇灌完毕。

5 施工中质量控制要点

(1)严格按设计图和相关的规范进行施工，保证孔位偏差≤50mm。

(2)整平钻机机座并加以固定，保证锚孔倾角误差值≤2°。

(3)锚孔施工达到设计深度后，必须进行清孔，使孔底残渣厚度≤50mm。

(4)锚杆制作时，严格按间距 1.2m 一道焊制导正支架，安放时保证锚杆居中。

(5)锚孔压浆时，必须采用孔底压入法，以确保砂浆连续饱满，在喷射混凝土面层前严格检查注浆情况，发现问题及时补灌。

(6)浮雕墙钢筋绑扎时，加强筋与锚杆焊接牢靠，浇筑混凝土时，严格振捣，保证墙体与边坡形成一个整体。

6 质量评述

(1)本工程严格使用合格的钢材、水泥、砂石等原材料，把好工程质量第一关。

(2)加强现场施工管理，混凝土施工严格按配合比进行配料。经现场监理人员见证随机取样，在思茅市质量监督站试验室检验，混凝土强度达到设计要求。

(3)边坡支护及浮雕墙完成后，整个外观质量良好，经建设方、监理方和质监站检查合格，予以验收。

7 结语

(1)由软质岩石风化形成的土质边坡，由于风化程度不同，其破坏面多是不连续、不规则的结构面，对此类边坡可采用非预应力钢筋锚杆进行支护。

(2)在边坡支护工程中，选择适合的成孔机械和可行的施工工艺，往往能够达到事半功倍的效果。

参考文献

[1] 中华人民共和国行业标准. JGJ 94—94 建筑桩基技术规范. 北京：中国建筑工业出版社，1995.

[2] 苏自约，闫莫明，徐祯祥. 岩土锚固技术与工程应用. 北京：人民交通出版社，2004.

预应力锚索挡墙在水库库岸防护中的应用

何　平　万　军　李文晏　李小榜

（云南华昆国电工程勘察有限公司）

摘　要　本文结合某水电站库岸防护堤滑坡情况，提出预应力锚索与混凝土挡墙结合使用的处治方案，它能较好地传递锚索的强大作用力，提供较大的挡护力，工后变形观测及实际运营情况表明，加固效果合理有效。

关键词　预应力锚索挡墙　处治方案　验算　设计

整治滑坡关键在于减少滑坡推力，增大抗滑阻力，以达到提高滑坡整体稳定性的目的。国内外常用的工程措施有：排水（包括地表水和地下水）、改变边坡几何形状（削坡减载、回填压脚）、支挡结构、改变滑带土层性状等。对于大多数体积不大的中小型滑坡或没有足够空间条件改变滑坡几何形状的滑坡，通常采用抗滑支挡结构物稳定滑坡。在常用的滑坡整治工程抗滑结构物中，主要有抗滑挡墙、抗滑桩、预应力锚固、预应力锚索桩以及各种组合抗滑结构等[1-4]。

在以抗滑桩为代表的轻型抗滑支挡结构出现以前，重力式抗滑挡墙曾经是整治滑坡的主要抗滑结构。重力式抗滑挡墙具有就地取材、造价低、施工简单等特点而备受重视。但普通重力式抗滑挡墙主要依靠自身的重量产生的摩擦阻力来抵抗滑坡推力，因而挡墙的截面尺寸必须足够大，因而导致抗滑挡墙工程量大、施工开挖量大、抗滑能力有限等局限性，只能用于中小型滑坡的整治。为了改变普通重力式抗滑挡墙受力不合理，适用范围小的局限性，预应力锚索加抗滑挡墙的组合抗滑结构若用于整治滑坡，可充分发挥预应力锚固技术和普通重力式抗滑挡土墙这两种抗滑结构的优点，是有效整治滑坡技术的最佳组合[5]。

1　工程概况

工程区位于澜沧江中下游河段右岸澜沧县境内沿江一带，属某水电站库尾段，地形较平缓，靠近江边岸坡坡度20°～35°，地表普遍分布第四系覆盖层，组成物质以黏土及砂土类为主，厚度一般10～20m，土层结构松散，为松散介质岸坡，受暴雨及江水冲刷影响，已发生表层塌滑现象。在水库蓄水后或蓄水过程中，库水的长期浸泡、库水位的涨落及波浪的淘蚀将破坏河谷岸坡的自然平衡条件，造成水文地质条件、岸坡营力因素发生变化，改变了岸坡的稳定条件，因此库岸再造是必然的，见图1。初步判断边坡破坏模式为第四系物质组成的岸坡牵引式的坍塌破坏，并考虑潜在滑面深入下伏基岩，使之影响范围逐步扩大，可能危及部分居民的安全。因此，为确保该库段村庄的安全，需要采取必要的防护措施。

工程区地震动峰值加速度为0.113g，设防烈度Ⅶ度。

图1　工程区全景

2　库岸防护方案

本文仅阐述上勐矿村里程 K0＋073.76m～ K0＋136.76m 边坡高陡段防护方案设计情况。该区段边坡高度 7～10m，土层结构松散，以边坡自稳能力较差，单纯挡墙加固的工程量较大且稳定性不能得到保证，因此考虑 600kN 预应力锚索与 C15 毛石混凝土挡墙组合的防护体系。锚索间距 4.0m，长度 25～30m，伸入基岩，并在挡墙上方设置浆砌石护面墙，防护墙上方设置截水沟，为增强地基承载力和抗剪能力，在挡墙底部设置两排 ϕ900、长度 4.0～11.0m 高压旋喷桩，并在桩体内插入 3ϕ25 钢筋，见图 2、图 3。

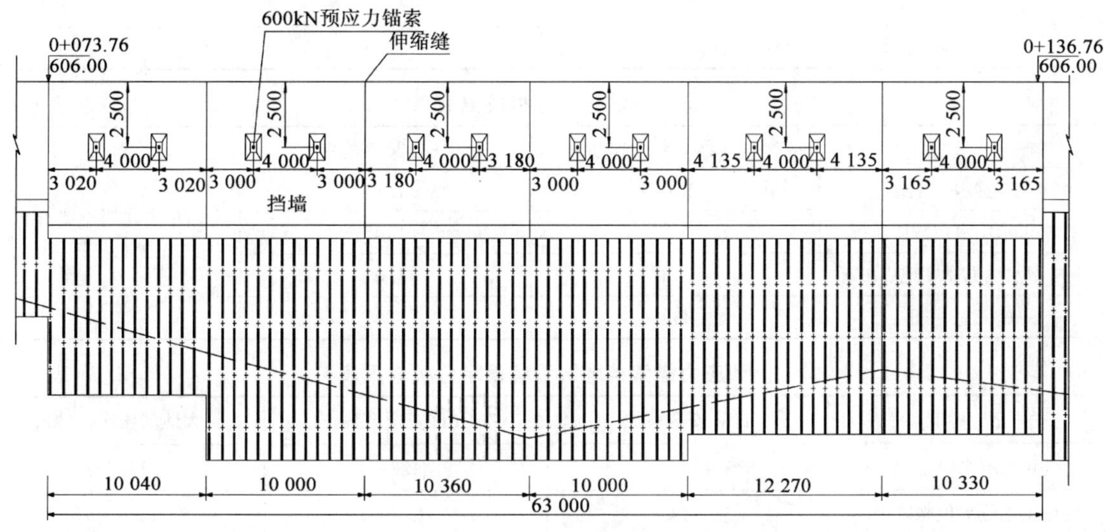

图2　锚索立面布置(尺寸单位:mm)

3　处治方案验算

预应力锚索挡墙在滑坡推力荷载或土压力荷载作用下，应满足抗滑、抗倾覆、抗剪以及地基稳定性等方面的要求。

根据确定的防护方案，采用二维刚体极限平衡法，按圆弧形滑面验算在各种工况下边坡的整体稳定性、挡土墙稳定性及旋喷桩复合地基承载力。计算所用参数见表 1，计算成果见表 2、表 3、表 4。经验算，采取预应力锚索挡墙之后，边坡的整体稳定性、挡墙的抗滑移、抗倾覆均能满足规范要求，复合地基承载力 274kPa 大于最大地基压应力，也能满足要求。

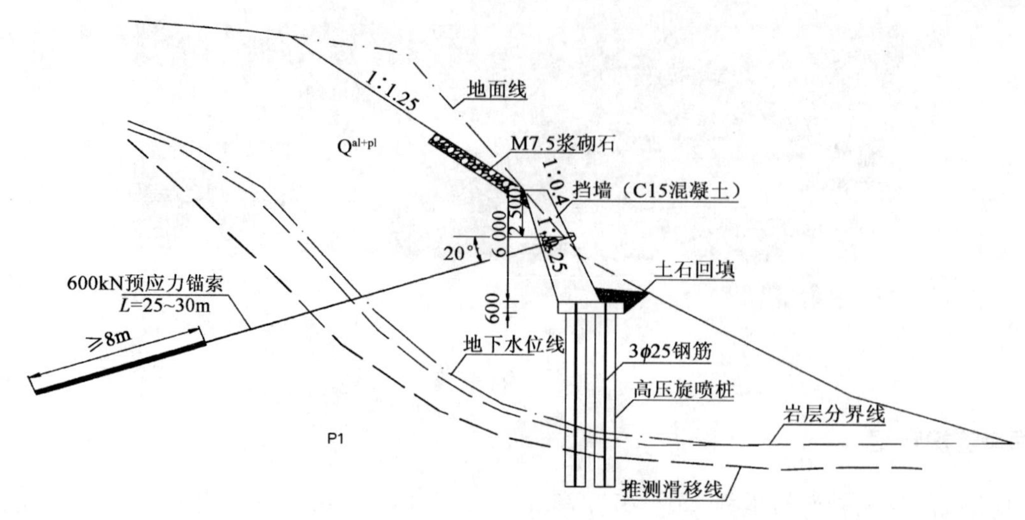

图3 锚索布置剖面示意图(尺寸单位:mm)

岩、土体物理力学参数 表1

编 号	土层名称	φ(°)	c(kPa)	天然重度(kN/m³)	饱和重度(kN/m³)	地基承载力 f_k(kPa)
1	黏土、粉质黏土	13.8	32.5	19.4	23.68	140
2	含砾黏土	14.7	33.0	19.3	23.51	180
3	全风化基岩	20.0	32.2	19.5	23.70	250

边坡稳定分析成果表 表2

工 况	计算安全系数	允许安全系数	处理方式
正常蓄水位工况	1.24	1.15	重力式挡土墙＋旋喷桩＋锚索
校核洪水位水位骤降工况	1.12	1.05	
正常蓄水位＋Ⅶ度地震工况	1.1	1.05	
施工完建期	1.1	1.05	

预应力锚索挡墙抗滑移稳定分析成果表 表3

工 况	计算安全系数	允许安全系数	最大地基压应力(kPa)
正常蓄水位工况	1.506	1.2	212.693
校核洪水位水位骤降工况	1.283	1.05	133.520
正常蓄水位＋Ⅶ度地震工况	1.305	1.05	173.893
施工完建期	1.905		234.503

预应力锚索挡墙抗倾覆稳定分析成果表 表4

工 况	计算安全系数	允许安全系数
正常蓄水位工况	3.639	1.45
校核洪水位水位骤降工况	2.523	1.35
正常蓄水位＋Ⅶ度地震工况	2.964	1.35
施工完建期	3.506	

4 工程处治效果

施工前在挡墙后方设置了系统的变形观测点，施工期间及加固处治完毕后一段时期进行变形观测。观测结果表明：挡墙后面边坡观测点在张拉锁定前，一直处于外倾和沉降变形状态；张拉后，挡墙后边坡变形趋于稳定；锁定后至今，经过三个雨季的运营考验，该段边坡和挡墙处于稳定状态，运营状况良好，见图4。

图4 工程区处治后全景

5 结语

(1)上述工程的设计概况及后期运营情况表明，预应力锚索挡墙处治滑坡工程效果良好，能够充分发挥锚索和挡墙的各自优势，相比于抗滑桩，可节约工程造价20%以上[5]，拓展了挡墙的应用范围。

(2)岩土锚固是一项应用范围极其广泛的技术，随着科技进步，各种新工艺、新技术、新设备、新理论不断涌现，作为生产建设单位，在以现有规范规程的基础上，联合运用各种锚固措施，发挥各自优势，是一项有意义的工作。同时，应发挥主观能动性，加强实验和现场观测，对岩土体力学机理进行积极探索，努力推动锚固技术的大发展。

参考文献

[1] 夏雄，周德培. 预应力锚索地梁在加固边坡中的应用实例. 岩土力学，2002，23(2)：242-245.

[2] 晏鄂川，唐辉明. 工程岩体稳定性评价与利用. 武汉：中国地质大学出版社，2002.

[3] 骆银辉，何建华，胡斌. 松散滑坡治理中坡体结构与强度重要性. 岩石力学与工程学报，2004，23(7).

[4] 何思明，王成华，乔建平. 预应力锚索群锚效应研究：理论与建模. 中国科学，E辑技术科学，2003，33(增刊)：101-109.

[5] 何思明，田金昌，周建庭. 预应力锚索抗滑挡墙设计理论研究. 四川大学学报，2005，37(3).

复杂地层古滑坡稳定性分析及处理措施研究

宁　宇[1]　孙怀昆[1,2]　冯业林[1]　夏菲菲[1]

（1. 中国水电顾问集团 昆明勘测设计研究院　2. 河海大学 岩土工程研究所）

摘　要　复杂地层古滑坡堆积体的参数确定及处理措施选择是边坡稳定治理中的重点和难点。本文以特定工程为例，应用工程类比及极限状态反演的方法确定边坡岩土体力学参数，采用有限差分方法对边坡进行数值模拟并与现场勘测结果进行对比验证参数的合理性，在分析边坡的可能破坏模式的基础上提出了边坡的处理原则，并对处理方案进行优化设计，确定了边坡治理方案。采用强度折减方法及点安全系数法对推荐方案进行稳定性及可能破坏模式分析，治理成果表明所选择的处理措施能满足稳定性要求并且工程费用较低，分析方法和边坡治理措施可为类似的滑坡堆积体提供参考。

关键词　古滑坡　稳定性　有限差分　强度折减法　点安全系数法

1　引言

本文以镇雄电厂场区边坡为例，从滑坡边界确定、滑体成因分析、滑体力学参数选取、破坏模式研究及工程措施优化等方面系统的研究该类边坡的分析方法及过程，为类似工程的稳定性分析及工程治理措施选择和优化提供一定借鉴。

华电镇雄电厂新建 2×600MW 机组工程位于云南省东北部、昭通市东部镇雄县塘房乡的白鸟村及小擢魁村，东部为泼机河上游的白鸟河水系，南面为镇雄至塘房、以勒镇公路。场地为电厂厂址台地东部边缘边坡，自然地面标高约 1 525～1 560m，西高东低，相对高差约 35m。东侧坡脚紧邻白鸟河，西侧地势较高处为 20°左右的斜坡地，东侧为白鸟河的一级阶地，坡度较陡，为 35°～60°。

由于工程布置需要，边坡上部需要进行堆高填平。从 2008 年 12 月 15 日以来，随着上部堆载的加大，边坡产生明显的位移。2009 年 5 月 30 日连续降雨，边坡位移和下沉量进一步加大，坡脚土体隆起明显，新集镇新砌筑的河堤挡墙局部垮塌。

2　滑坡成因分析

从现场踏勘结合地质资料综合分析可将滑坡成因分为以下 4 个方面：

(1)边坡为复合型古滑坡体

从平面地形图及现场查勘看，公路以上边坡滑动拉裂的位置“圈椅状”地形现象明显。边坡中部出露串珠状沼泽泉，常年渗水不断，地形上有多级明显弧形后沿坎，为典型的滑坡地貌，但自然地表无地裂等滑坡迹象。因此判断该边坡为一复杂的由多次、多级滑坡组成的一复合型古滑坡体。

(2)坡体物质成分复杂、力学性差

边坡场地土主要由第四系坡洪积型、残积型黏性土、碎石以及下伏二叠系上统龙潭组的砂岩、泥岩夹少量煤层组成，基岩埋藏深度 0～25m，表层局部有 1m 左右的杂填土或根植层。

控制边坡稳定性的坡洪积层厚度较大且土质极为不均，主要组成物质为含碎石(角砾)粉质黏土，黏土呈层状、透镜状分布其中，其中部分黏土层为软塑、可塑状态，其物理力学性差、强度低。

(3)坡体地下水位较高

“圈椅”状地形中部的地下水埋深均在地表下 1～2m。临时进场公路上下游有明显的地下水出露，可以判断人工填土以下的坡体基本饱和。

(4)上部填土是坡体复滑的诱因

由于坡体范围基本饱和，土体组成物质力学指标较低，加之地下水的作用，在填土前已处于极限稳定状态，坡顶填土加荷后，坡体失稳下滑。

3 边坡岩土体力学参数分析

镇雄边坡体物质组成较为复杂，根据地质条件和岩土体力学参数，将地层进行简化分区，主要分为以下几层：(1)人工堆积层：Q_4^s(杂填土)；(2)坡洪积层：Q_4^{sl+pl}(黏土、粉质黏土、含碎石粉质黏土、碎石及块石)；(3)残积层：Q_4^{el}(含碎石粉质黏土、碎石及碎煤层)；(4)二叠系地层：P_2(煤层、砂岩、泥岩及砂岩、泥岩互层)。地层剖面见图 1。

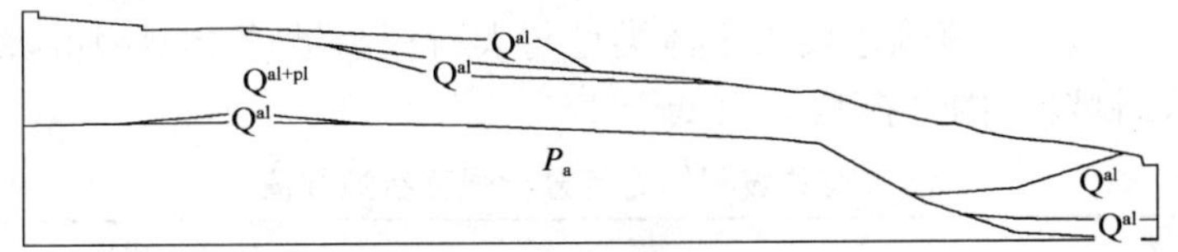

图 1 地层简化后剖面图

坡洪积层强度参数室内实验值 $c=10\sim32$ kPa，$\varphi=8.5°\sim29°$，参数离散性大，取值困难。而合理的边坡岩土体力学参数取值是预判边坡继续填土及后期水塔施工稳定性的基础条件。因此需要采用合理的参数取值方法来获得相应的地质力学参数。

由于各层岩土体结构分布极不规则，试验确定岩土体参数难以有较好的代表性，而且滑坡后岩土体力学参数发生了较大变化，此时采用原试验参数进行计算将不符合实际，较为合理的方法是采用工程类比和极限状态反演的方法综合取值。

3.1 工程类比

根据地质资料及现场勘察分析，滑动主要发生在坡洪积层，边坡并未形成贯通的滑面。结合勘测及地质资料分析表明坡洪积层地质力学特性是影响边坡稳定性的主要因素。

该边坡以前曾有多次滑动，边坡处于极限平衡状态，可通过坡面倾角类比其他工程确定滑体参数。日本学者[1]从滑体土抗剪强度与滑坡斜面坡角(滑坡前缘剪出口与后缘顶部连线的坡角)的相关性方面进行了统计分析，得出由粗细颗粒混合组成的崩积、坡积体滑带土抗剪强度参数与滑坡斜面坡角具有明显的相关性，其统计分析成果见表 1。

粗细颗粒混合组成的坡积体滑面抗剪强度参数 表 1

滑坡斜面坡角 θ(°)	统计实例数	滑面抗剪强度参数值		相关系数
		φ(°)	c(kPa)	
<10	46	<9.0	5.8	0.941
10～15	132	14.8	3.4	0.951
15～20	127	20.7	0.4	0.935

续上表

滑坡斜面坡角 θ(°)	统计实例数	滑面抗剪强度参数值		相关系数
		φ(°)	c(kPa)	
20～25	95	23.6	4.4	0.941
25～30	40	27.9	4.0	0.930
＞30	27	30.0	7.3	0.944

吴香根[2]通过对12个工程滑坡滑带参数的比较总结，得出滑带土摩擦角与倾角经验公式：

$$\varphi = 0.8550\beta + 0.4786 \tag{1}$$

镇雄滑坡堆积体滑带土倾角平均为8°～15°，代入公式算得综合内摩擦角 φ 为7.3°～13°。

3.2 堆积体组成物质力学参数类比

由边坡岩土体物理性质及物质组成，类比国内有关坡积体稳定分析强度参数。坡洪积层物质以冲洪积物为主，主要组成物质为含碎石(角砾)粉质黏土，大部地段混有5%～15%不等的碎石及角砾，局部含量可达30%左右，黏土呈层状、透镜状分布其中，部分黏土层为软塑、可塑状态，土质极为不均。

类比类似工程，见表2，镇雄边坡岩土体类型与大石板滑坡体类型相似，由于含石量偏低，强度应低于大石板滑坡体，内摩擦角 φ 值低于12°。

国内有关坡积体稳定分析强度参数取值 表2

堆 积 体	c(kPa)	φ(°)	岩土体特征描述
千将坪	23	20	黏土夹碎石，碎石最大粒径1.5m，前缘卵石3～10cm
三峡库区云阳	26.3	13.3	粉砂黏土夹碎砾石，粉砂岩，长石砂岩，粒径0.2～2cm，含石量20%
两家人	30～50	28～30	冰碛物为主，碎块石夹孤石，含砾石粉土，含石量25%～35%
	15～20	18～20	碎块石夹块石，堆积物，含砾石粉土，含石量25%～35%
大石板	25	13.2	残坡积层，黏性土夹碎块石，含石量25%～35%

3.3 参数类比小结

通过工程类比的方法初步认为坡洪积层岩土体黏聚力取值为5～15 kPa，内摩擦角取值为6°～12°。因此可采用极限平衡方法将力学参数确定在该范围内进行反演分析。

3.4 极限状态反演

镇雄边坡整体处于蠕滑状态，认为在边坡上部堆载产生滑动时，滑坡体处于极限平衡状态，采用二维极限平衡方法反演确定坡洪积层岩土体力学参数，分别对4个典型剖面进行参数反演。

采用极限平衡方法进行计算，在取值范围内变化强度参数，可得到不同的边坡稳定性系数，从而获得强度参数与安全度之间的关系。

假定边坡稳定性系数分别为0.95、1.00，根据强度参数与安全度之间的关系可确定出 c 和 φ 的线性方程，不同剖面将得到不同方程，边坡强度参数为多个方程联立的方程组所求得的最优解：

(1) $F_s = 0.95$

16-16′剖面：$\varphi = -0.3369c + 13.8301$

18-18′剖面：$\varphi = -0.3188c + 11.8886$

20-20′剖面：$\varphi=-0.4010c+10.2953$

24-24′剖面：$\varphi=-0.5139c+12.3973$

在此采用麦夸特优化算法（Levenberg-Marquardt）求该组方程，所得结果为：$\varphi=7.93°$，$c=10\text{kPa}$。

（2）$F_s=1.00$

16-16′剖面：$\varphi=-0.3427c+14.5956$

18-18′剖面：$\varphi=-0.3179c+12.4901$

20-20′剖面：$\varphi=-0.4012c+10.8454$

24-24′剖面：$\varphi=-0.4898c+12.7912$

联立方程组，求解矛盾方程组的最优解，所得结果为：$\varphi=8.31°$，$c=10\text{kPa}$。

3.5 综合参数取值

综合考虑二维稳定性反演成果、设计院试验值及国内外相似案例取值，镇雄电厂边坡坡洪积层 Q_4^{sl+pl} 强度参数建议值为：$\varphi=8.00°$，$c=10\text{kPa}$。

4 滑坡机理非线性数值模拟

在选定了岩土体力学参数的基础上，采用有限差分方法对滑坡机理进行分析并通过与现场勘查成果进行对比验证所选参数的合理性。

4.1 计算剖面及参数

选取计算剖面见图1，计算参数见表3。

边坡岩土计算参数　　表3

岩土体分区	天然重度（kN/m^3）	饱和重度（kN/m^3）	变形模量 E(GPa)	泊松比 μ	抗剪强度	
					c(kPa)	φ(°)
Q^{sl+pl}	20.0	21.0	0.07	0.315	10	8
Q^4	18.5	19.5	0.07	0.315	20	10
Q^{el}	19.5	20.5	0.07	0.315	20	23
Q^{al}	17.5	18.5	0.07	0.315	0	27
p_2	23.0	24.0	0.10	0.300	100	28

注：除 Q^{sl+pl} 外，其余参数由地质给定。

对该剖面不同状态下的应力及变形状态进行数值模拟，通过分析塑性区开展的位置、发展趋势和变形量的大小，进而分析边坡的破坏机理和所选变形及强度参数的合理性。

4.2 计算结果分析

由于本边坡变形状态缺乏可靠的监测数据，因此变形状态在该研究中不作重点分析，仅作为趋势分析之用，文中不再列出。

将塑性区分布（图2）与实际勘测的剖面拉裂缝及地质推测滑面示意（图3）对比。边坡填土位置拉塑性区及近河拉剪塑性区位置与实际地勘结果位置吻合较好，且可能的破坏模式也与地质推测的滑动形式相吻合。因此，目前所采用的参数是合理可行的，能够反映边坡目前所处的状态。

同时，从计算结果可知：边坡塑性区未完全贯通，目前边坡所产生的位移是局部滑动，未形成贯通的滑裂面，若进一步填土则边坡可能形成大面积贯通塑性区，发生整体失稳。

图 2　塑性区分布图

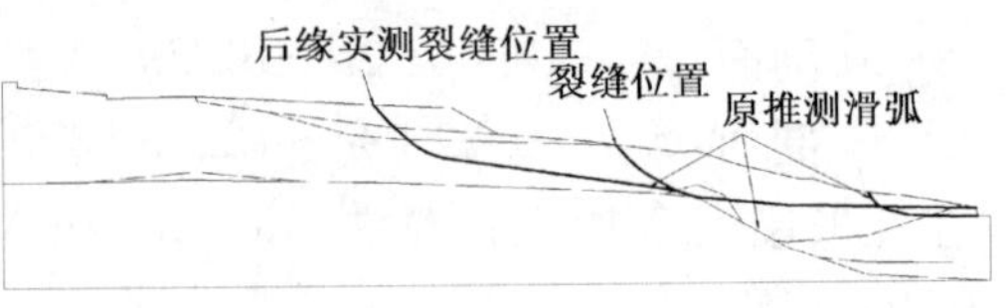

图 3　剖面实测拉裂位置及推测滑面示意图

4.3　边坡极限状态分析

采用强度折减法对该剖面边坡进行计算，进一步分析其可能的破坏模式(图 4 和图 5)。

当折减系数为 1.1 时，坡表出现多处拉屈服区并与坡洪积层 Q^{sel} 内的剪切屈服区贯通。从边坡剪应变增量图可以明显看出，边坡出现了明显的滑动面，最危险滑弧位于坡洪积层，形成圆弧形滑动面。

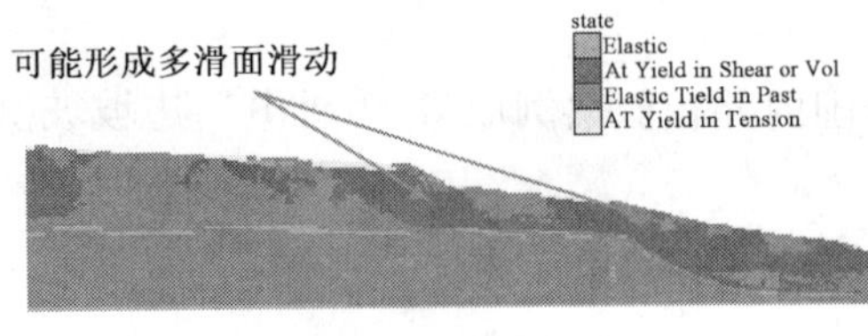

图 4　极限状态边坡塑性区分布图

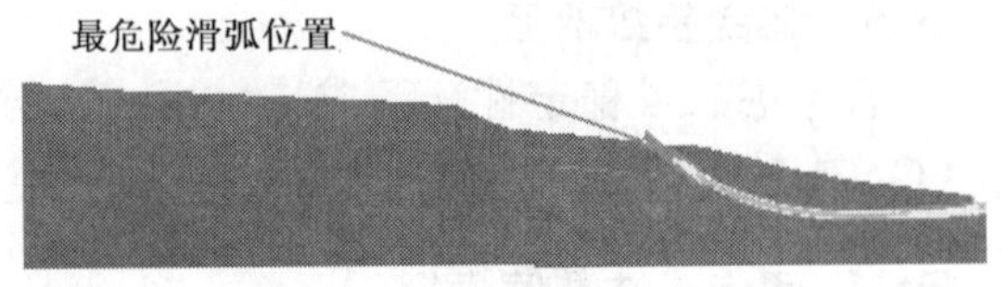

图 5　边坡最危险滑弧

通过有限差分分析可知，坡体底部及后缘首先发生塑性变形，形成以坡脚部位为剪出口，上部填土区为后缘拉裂的贯通塑性区。破坏形式为多滑面推移式滑动。当近河堤边坡发生破坏后，边坡以该部位为剪出口，进而发生更大规模的滑动破坏。

5　工程处理措施选定及优化

边坡一般通过地表排水、地下排水、坡体防护、坡顶清方、坡脚加载、边坡加固支挡等措施进行综合治理。对土质边坡坍塌的防治应遵循标本兼治的原则，以治本为主：要立足于增强边坡的自身稳定性，控制土体物理力学性质的恶化，严格控制影响坍塌的各类因素的不利组合。在条件限制或自身稳定无法满足的前提下再考虑采用外部支挡措施提高边坡的整体稳定性。

具体来讲，土质边坡加固主要包括以下两类：

(1)提高坡体自身稳定性。主要为降低地下水(地面防水、地下排水)和改变坡形(削头压脚等)，此类措施应优先采用。

(2)当没有条件采取上述工程措施或采取了上述措施后安全系数仍达不到允许数值时，需要采用抗滑加固工程措施对边坡进行加固。

常用的抗滑加固工程措施包括坡面保护措施(如喷混凝土、贴坡混凝土、钢筋笼、砌石、土工植物和植被覆盖等)、浅表层加固措施(锚杆、挂金属网、混凝土格构等)、深层加固(抗滑桩、抗剪洞、锚固洞、预应力锚索)，对土质边坡还可设置支挡结构(锚杆挡墙、贴坡挡墙、重力式挡墙、扶壁式挡墙等)。

5.1　加固措施方案研究与拟定

从典型剖面极限平衡分析(图 6)，可看出当边坡施工完成后安全系数 $F_s \leqslant 1.30$ 的滑弧位置较深，且滑弧位置分布较广，若仅在某一位置采取抗滑措施则有可能从其他位置滑出。同时从有限差分分析的塑性区分布(图 4)也可以看出该边坡是一个深层多滑面滑坡体，对边坡某一处进行支挡只能提高支挡上部的安全度，而下部边坡仍有可能失稳。

本工程顶部为人工填土场地，属功能性需要，不能采用坡头减载的增稳方式；坡体属深层多级多滑面滑坡体，难以通过浅表层措施加固达到稳定安全标准。根据其破坏模式，应该通过提高土体本身的力学性质及改变坡形，从增强边坡的自身稳定能力的角度考虑工程处理措施。因此，将坡体抗剪强度较低的土体换填为强度较高的土体，并配合一定的压脚措施是较好的处理方法。

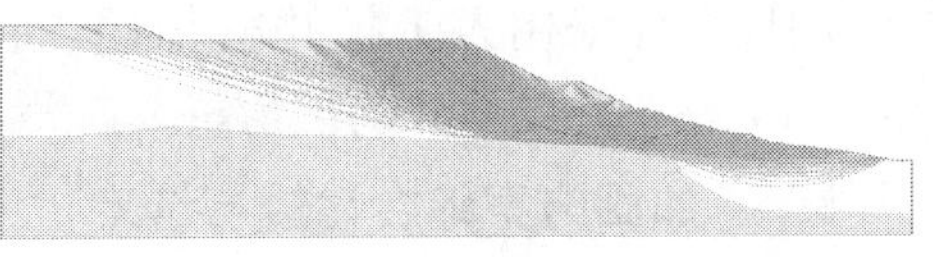

图 6　安全系数 F_S<1.30 的危险滑弧位置

改善边坡岩土体力学性质的具体方式可采用开挖换填和振冲碎石桩置换：开挖换填即将坡积层土开挖置换为碾压堆石，提高边坡的力学性质，增加边坡的稳定性；振冲碎石桩即经过计算在边坡所需位置设置碎石桩，对边坡岩土体进行置换，同时增加其抗剪能力。

根据以上分析，结合本工程地基土特点，拟定以下两个加固处理方案进行深入比较。

方案 1：碎石桩结合碾压堆石压坡方案：系统截排水措施＋局部振冲碎石桩＋碾压堆石压坡

方案 2：抗滑桩方案：系统截排水措施＋抗滑桩

5.2　加固方案分析

(1)振冲碎石桩方案

该方案特点是边坡加固以回填堆石压坡增稳为主，辅以振冲碎石桩置换，提高坡体自身稳定性，增加坡体的抗剪能力，并在坡脚阻滑段结合河堤治理增加压脚措施，进场公路路基在压坡碾压堆石填筑上形成，具体方案见图 7。

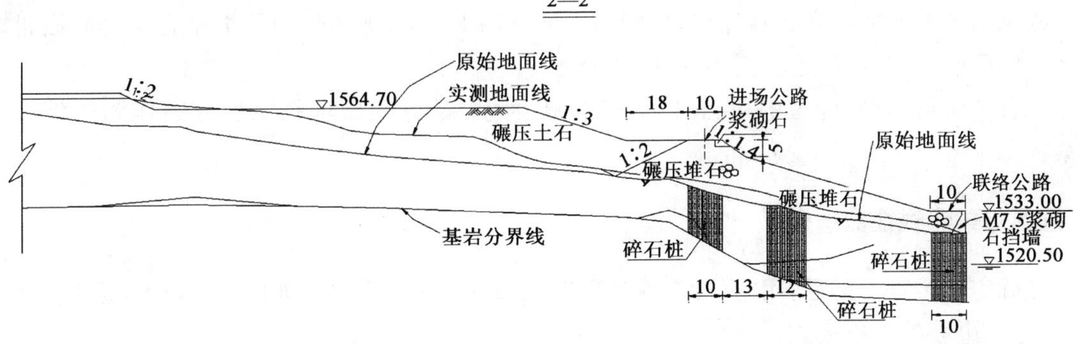

图 7　边坡处理方案剖面图(方案 1)(尺寸单位：m)

(2)抗滑桩方案

该方案特点是边坡加固以抗滑桩支护为主，抗滑桩设置在滑体中部位置，坡脚结合河堤治理增加压脚措施，进场公路路基由浆砌石挡墙形成。抗滑桩方案剖面布置见图 8。

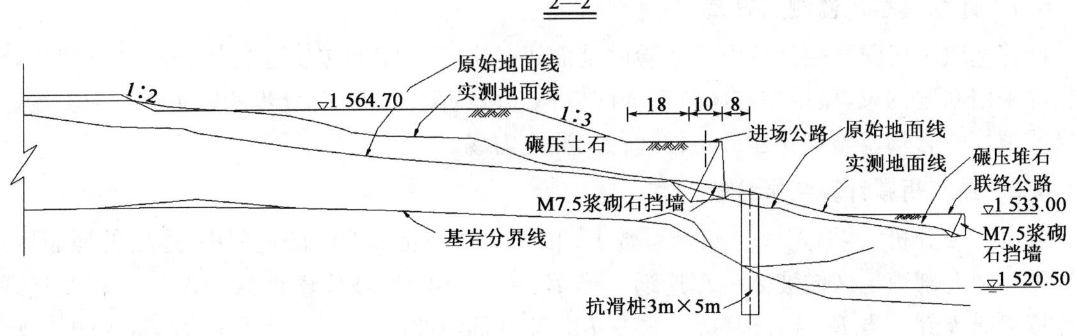

图 8　边坡处理方案剖面图(方案 2)(尺寸单位：m)

边坡设计采用人工挖孔桩加固，抗滑桩布置在进场公路下游侧，布置一排断面尺寸为3m×5m、桩中心距5m的抗滑桩。抗滑桩总数48根，桩长20～45m。

5.3 加固方案综合比较与选定

本文主要从工程可靠性、施工可行性及经济性三方面进行对比，选定最优方案。

(1)可靠性

分析结果表明，方案1在不同工况下安全系数均能满足规范安全系数1.30的要求，而采用目前的抗滑桩设计方案，在正常运用工况下边坡的安全系数仅能达到1.15。

因此，从安全性看，碎石桩方案和碾压堆石压坡方案优于抗滑桩方案。

(2)施工的可行性

两个方案不存在难以解决的重大技术难题，技术上均可行。但各方案各有优缺点：人工挖孔抗滑桩孔深最深达45m，而碎石桩孔深一般在25m左右。由于抗滑桩孔深较深，边坡地下水位较高，且坡体仍在蠕滑，地下施工作业风险较大，而方案1均为地面开阔场地施工，风险较小。

从施工的可行性角度考虑，碎石桩方案和碾压堆石压坡方案要优于抗滑桩方案。

(3)经济性

抗滑桩的主要材料为钢筋混凝土，而碎石桩和碾压堆石的主要材料为碎石料，目前设计安全系数为1.15的抗滑桩方案在材料费用方面的投资已高于方案1。

根据两个方案的投资估算比较，抗滑桩方案6 313万元，碾压堆石压坡结合振冲碎石桩方案3 189万元～3 472万元，方案1有明显优势。

综合考虑可靠性、施工的可行性、经济性等因素，推荐碾压堆石压坡方案作为边坡治理方案。

6 推荐方案非线性数值模拟

在确定了推荐方案后，用“强度折减法”和“点安全系数法”对处理后的边坡稳定性进行分析，并分析边坡的失稳模式。

目前强度折减法中判断岩土体失稳破坏的标准通常有：迭代求解的不收敛性、广义剪应变贯通、塑性区的范围及其连通状态、岩土体内某点的位移与折减系数的关系曲线的突变等[3-5]。

采用的基于带抗拉莫尔-库仑屈服准则的点安全度，与计算采用的力学本构一致，其结果可以与强度折减法计算结果相互验证[6]。

6.1 计算模型及监测点设置

计算选取了极限平衡计算中最危险的剖面进行分析。模型按实际岩体分区进行建立，模型底部采用固定约束，模型左右两侧对横向位移进行约束。计算时分步考虑了初始应力场、边坡目前填筑应力场及施工完建后正常运行工况应力场。

6.2 强度折减计算结果分析

强度折减分析成果见图9。折减系数K_s由1.100增至1.300的过程中，边坡的屈服区逐渐从坡脚和上部填土区向坡体中部连通。当$K_s=1.300$时，坡体塑性区大面积开展并连通，但计算仍能收敛。当$K_s=1.330$时，坡表亦出现大量塑性区，且计算不再收敛，认为边坡丧失了整体性。

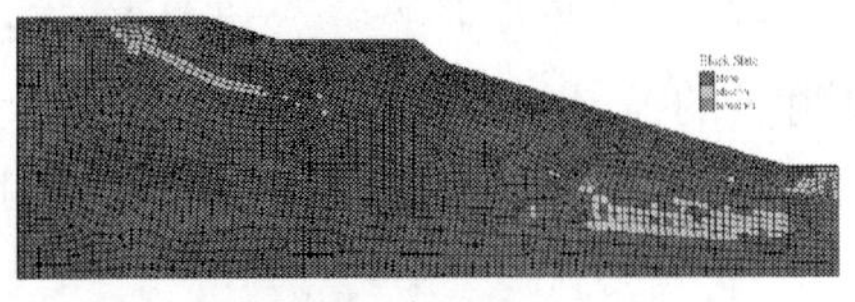

折减系数1.240

折减系数1.280

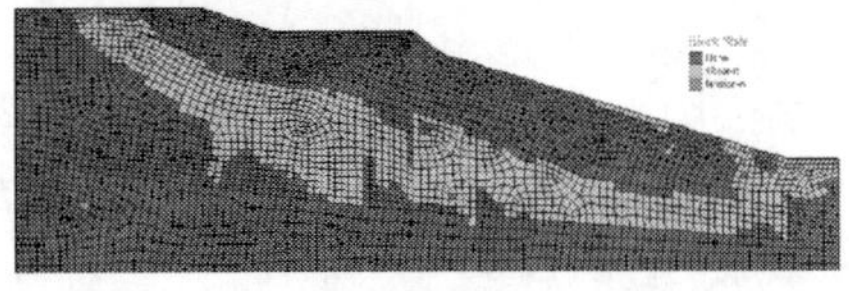

折减系数1.300

折减系数1.330

图 9　塑性区随折减系数变化图

从边坡剪切应变增量图(图 10)可以清晰地判断边坡的滑坡范围及最危险滑弧位置。当折减系数为 1.330 时边坡出现了明显的滑动面,最危险滑弧位于坡洪积层,形成明显的圆弧形滑动带。

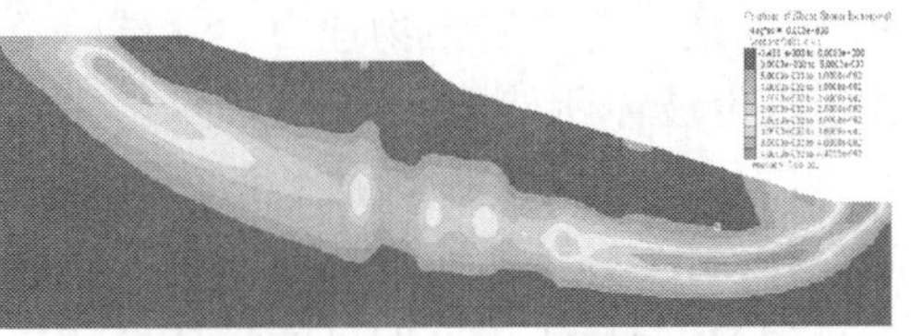

图 10　剪应变增量(折减系数 1.330)

从图 11 可以看出,当折减系数为 1.300 时,边坡监测点位移开始发生明显的变化。当折减系数为 1.310 时,位移突变更加明显。当折减系数为 1.330 时,边坡计算不收敛,位移值不收敛。

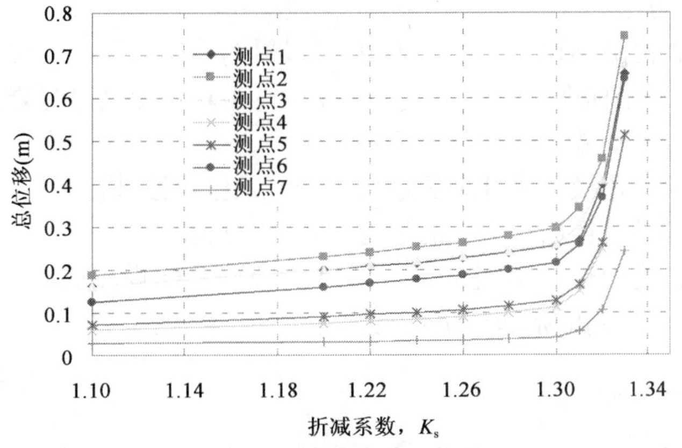

图 11　监测点位移随折减系数变化曲线

6.3　点安全系数分析

从图 12 可以看出边坡坡洪积层部位岩土体安全系数较低,为 1.000～1.200。碎石桩部位的点安全系数较高,该部分岩土体有效阻止了坡洪积层的滑动,提高了边坡的整体稳定性。

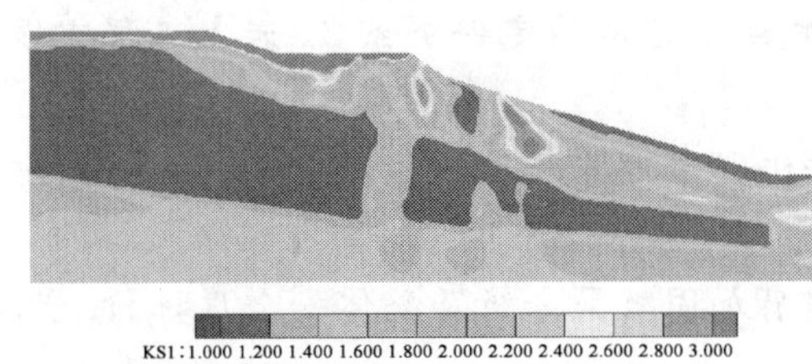

图 12　点安全系数图

6.4　边坡非线性分析小结

采用“计算不收敛”、“位移突变”及“塑性区开展贯通”3 种不同的安全度判据对强度折减方法计算结果进行了分析,同时采用点安全系数法对边坡稳定性进行了评价,综合认为边坡安全系数为 1.300～1.330。采用推荐的碾压堆石压坡方案处理后,边坡稳定性较好,稳定性系数满足规范要求。

通过非线性分析可知镇雄电厂边坡是一个以推移式破坏为主的复合破坏模式:坡脚土体出现隆起开裂,河岸挡墙错动坍塌,坡顶填土出现明显的拉裂缝,错台明显,边坡出现向下推动滑移趋势。当边坡蠕动变形到一定程度时,形成贯通的滑裂面,最终边坡失稳。其滑移过程可分 3 个阶段:

(1)坡体前缘出现前缘隆涨裂缝,坡体中后缘出现张拉裂缝。

(2)变形扩张,滑动面逐渐在边坡中部连通。

(3)滑动面贯通,滑体滑移。

7 结语

(1)通过对已有地质勘察资料的分析,确定了边坡的滑坡的规模、范围和边界条件。结合现场勘查及实测资料分析了边坡滑坡的主要成因。

(2)结合室内岩土物理力学性试验及工程类比,界定了坡洪积层的岩土体力学参数范围,并根据滑坡体所处极限平衡状态,采用极限平衡方法反演了滑坡体的力学参数。

(3)通过有限差分方法数值模拟,对边坡的滑坡机理及滑坡模式进行了分析,并与现场勘测进行对比,验证了所选参数的合理性。

(4)在分析了边坡的可能破坏模式后,结合边坡岩土体力学性质拟定了加固处理方案。通过稳定性计算对不同处理方案进行了优化设计。

(5)从安全性、施工条件、经济性等对边坡处理方案进行了的综合比较,确定了碾压堆石压坡方案作为边坡治理方案。

分析表明,镇雄古滑坡堆积体属深层多滑面滑坡体,难以通过浅表层措施加固或在某位置设置抗滑桩达到稳定安全标准。对该类边坡采用改变坡形及提高自身岩土体力学性质的方法进行处理,才能达到较好的效果。

(6)采用有限差分数值模拟对处理后边坡的变形及稳定性进行了进一步的分析。通过“点安全系数”及“强度折减法”得出了边坡的稳定性系数,分析了边坡的失稳模式。

目前,工程治理已完成近 3 年,上部厂房及相关设施已建设完成并开始发电,相关的监测表明,治理后边坡稳定,采用的措施经济可行。

参考文献

[1] 申润植(日),滑坡防治理论与实践.李妥德译.北京:中国铁道出版社,1996.

[2] 吴香根.工程滑坡滑带土抗剪强度与地形坡度的关系.地质灾害与环境保护,2000,11(2):145-146.

[3] Griffiths D V,Lane P A. Slop stability analysis by finite element. Geotechnique,1999,49(3):387-403.

[4] 赵尚毅,郑颖人,时卫民,等.用有限元强度折减法求边坡稳定安全系数.岩土工程学报,2002,24(3):343-346.

[5] 赵尚毅,郑颖人,邓卫东.用有限元强度折减法进行节理岩质边坡稳定性分析.岩石力学与工程报,2003,22(2):254-260.

[6] 宁宇,徐卫亚,郑文棠.白鹤滩水电站拱坝及坝肩加固效果分析及整体安全度评价.岩石力学与工程报,2008,27(9):1890-1898.

山地建筑"基坑式"高边坡支护工程实践

王贤能　张领帅

（深圳市工勘岩土工程有限公司）

摘　要　在山地建筑中，有一种特殊的边坡支护结构被称为"基坑式"边坡支护结构，在基坑开挖期间作为临时支护措施，在建筑物使用期间又作为永久性支护结构。因支护结构紧邻地下室外墙，支护结构的变形需要严格控制，否则因支护结构变形而产生的侧向压力会导致地下室外墙产生过大的变形甚至开裂。本文介绍了一个"基坑式"边坡支护结构的设计和监测结果，在持续暴雨期间因坡体内地下水排泄不畅，支护结构变形剧增，导致地下室附属结构产生变形、损坏。

关键词　山地建筑　"基坑式"高边坡　支护结构变形

1　引言

在山地地区进行建筑工程开发时，因建筑物置于斜坡上，位于地势较高侧基坑开挖深度深，而位于地势较低侧基坑开挖深度浅。基坑全部回填后，地势较高侧的土压力大于地势较低侧的土压力，使地下结构工程承受不平衡土压力。这种土压力分布模式比较难确定，是主动土压力、静止土压力，还是潜在滑坡的推力，这种情形下，基坑支护结构具有双重功能，在基坑开挖、地下结构施工期间作为基坑支护结构措施，在地下结构施工完成、基坑回填或部分回填后则作为边坡支护结构，文中将这种支护结构命名为"基坑式"边坡支护结构。

对于单纯的基坑支护结构，基坑回填后就完成了其临时支护结构的功能。对于单纯的建筑边坡支护结构，其使用年限与建筑物使用年限一致。在使用年限内，边坡支护结构是允许产生一定变形的，即使发生大变形或者破坏时，一般情况下也有较宽敞的空间去实施维护检修工作。但是，对于"基坑式"边坡支护结构，边坡若发生微小的变形则将产生极大的推力而导致地下结构变形或开裂，而且因空间狭窄，维护检修工作很难实施。这种"基坑式"边坡在设计计算时，也存在很多的不确定因素。在使用过程中，需要长期观测，密切关注变形发展趋势，否则凭理论计算和工程经验难以保证边坡的绝对安全。

2　某高陡"基坑式"边坡的基本概况

建设场地位于深圳盐田区大梅沙海滨浴场北部的菠萝山南麓缓坡地带，原始坡度为15°～35°，局部较陡，原为荔枝林，拟建多排别墅，地势较高处拟建多层或高层住宅。建设场地北侧用地红线外斜坡上早期修筑了浆砌石排洪渠。排洪渠修建时，弃土直接就近堆放在渠外侧斜坡面上，渠内侧开挖出的岩土质边坡采用挂钢丝网护面喷草灌籽绿化。

拟建的 8 号楼位于排洪渠下方的斜坡上，见图 1，其南侧原始坡面高程为 49.23～53.27m，北侧排洪渠顶路面高程 72.38～75.66m，坡度约 20°，建设期间南侧场地平整时修筑了临时道路。8 号楼西侧为拟建的 4 号别墅，分为 4 个小台阶依山而建，别墅南侧规划道路高程 49.90m，别墅及北侧庭院地面高程 50.65～62.10m。8 号楼设一层地下室，地下室占地面积约 2 266m²,呈矩形状,东西长约 93m,南北宽约 23m。建筑物±0.00 相当于绝对高程56.0m,地下室底板底面高程 42.4m、顶板面高程 46.2m;负一层与正一层之间为架空层,层高 9.8m。

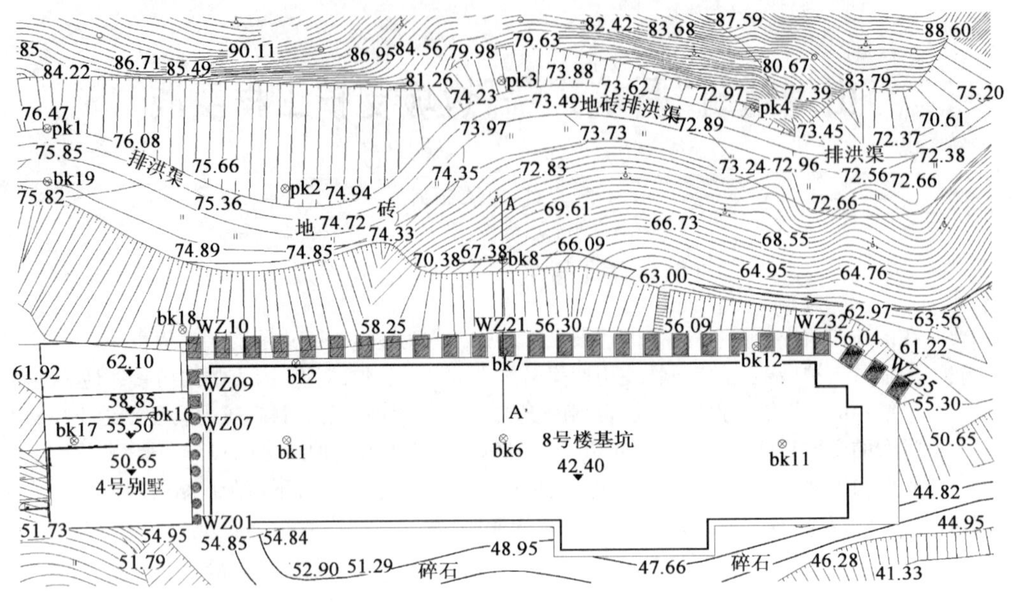

图 1　基坑支护平面示意图

根据前期基坑支护设计方案,北侧基坑在高程 56.0～62.1m 以上按 1∶1 削坡,坡高 6.6～12.8m,采用锚杆(索)格构梁支护结构,起边坡支护功能。该高程以下至基坑底垂直开挖深度 13.6～19.7m,采用 ϕ1 200@2 000 挖孔桩与 3～5 道预应力锚索联合支护结构。从坡顶到基坑底,基坑深度达 20.5～32.5m。

上部边坡支护结构施工后,考虑到基坑北高南低,地下室南北向承担的土压力不对称,地下室南侧东侧全埋,西侧北侧基坑只回填至高程 46.2m,建设单位提出西侧北侧基坑支护结构需按永久性边坡支护结构设计。但原西侧北侧垂直段桩锚支护结构当做基坑支护结构设计,如果作为永久性边坡支护结构,其安全储备低,支护结构应加强。拟加强的思路是:加大排桩尺寸、加密预应力锚索,排桩拟嵌固在中～微风化岩中。根据已有的详勘资料,拟设排桩桩位区段内的钻孔均未揭露到中～微风化岩中,存在强风化深槽,于是提出了进行补充勘察工作。

2.1　场地地层岩性

根据补充勘察资料和野外地质调查,排洪渠内侧斜坡上分布有较多的孤石、滚石,渠内侧边坡勘探点用潜孔锤水平钻进,其表层为坡洪积含碎(块)石黏性土,在水平深度 3～19m 揭露到中～微风化粗粒花岗岩。

排洪渠以下斜坡面及建设场地范围内的主要地层岩性有:

(1)素填土层(Q^{ml}):主要成分为含碎(块)石黏性土、砾质黏性土,由早期排洪渠弃土、边坡削方弃土堆填而成,松散状态,层厚 0.5～7.2m。

(2)含碎(块)石黏性土(Q^{dl+pl}):褐黄色,稍密～中密,碎块石主要成分为中、微风化粗粒花岗岩,棱角状,直径变化大,从 2cm 到数米不等,层厚 1.6～7.6m。分布在高程 56.0m 以上斜坡上。

(3)砾质黏性土(Q^{el}):褐红、褐黄、灰白色,可塑～硬塑,约含 20%～25%的石英砾,由粗粒花岗岩风化残积而成,局部夹球状中、微风化粗粒花岗岩,层厚 4.2～22.0m。

(4)燕山期粗粒花岗岩(J_3ty):本次勘察揭露全、强、中、微风化四个风化带。全风化粗粒花岗岩,层厚3.10～19.30m;强风化粗粒花岗岩,层厚12.8～30.3m;中风化粗粒花岗岩,层厚0.50～3.90m;微风化粗粒花岗岩未揭穿。

本次勘察结果显示:场地内砾质黏性土、全风化花岗岩、强风化花岗岩总厚度较大,累计平均达45.1m。排洪渠到排桩之间的斜坡带,中风化岩层顶板陡倾(见图2),倾角达到56°～60°。在地下室范围内岩层面转为平缓,但埋深依然很深,中风化岩面高程3.21～8.19m。若从基坑底起算,中风化岩埋深34.2～39.2m,也即排桩若要嵌固在中风化～微风化岩体内,则排桩嵌入坑底以下35～40m,嵌固深度太深。

2.2 基坑(边坡)支护结构及排水措施

基坑上部边坡已按原设计方案施工,仅对下部垂直段基坑(边坡)支护结构重新设计。由于边坡岩土层变化大,采用Morgenstern-Price法进行稳定性分析,搜索潜在最危险滑动面,计算得到剩余下滑力和下滑倾角,然后利用理正商业软件进行桩锚式挡墙计算。

基坑北侧总长124m,分为西段和东段,桩冠梁顶高程分别设为58.85m、56.0m,基坑直立段高度相应为16.45m、13.60m,计算得到剩余下滑力约2 560kN/m,下滑倾角约31°,采用2.0m×3.0m矩形挖孔桩,中心距4.2m,桩嵌入坑底深度分别为16.3m、14.0m。西段设6道预应力锚索,东段设5道预应力锚索(见图2),锚索布设在排桩上,在高程50.5m两排桩间增加1根锚索。锚索锚固力设计值420～850kN,采用4～7束ϕ15.24钢绞线,锚索总长度20～35m,锚固段长度15～20m,并以进入中～微风化岩体不大于6.5m为控制标准。在高程50.5m、45.5m处设通常腰梁,桩间浇筑厚300mm C25混凝土板。

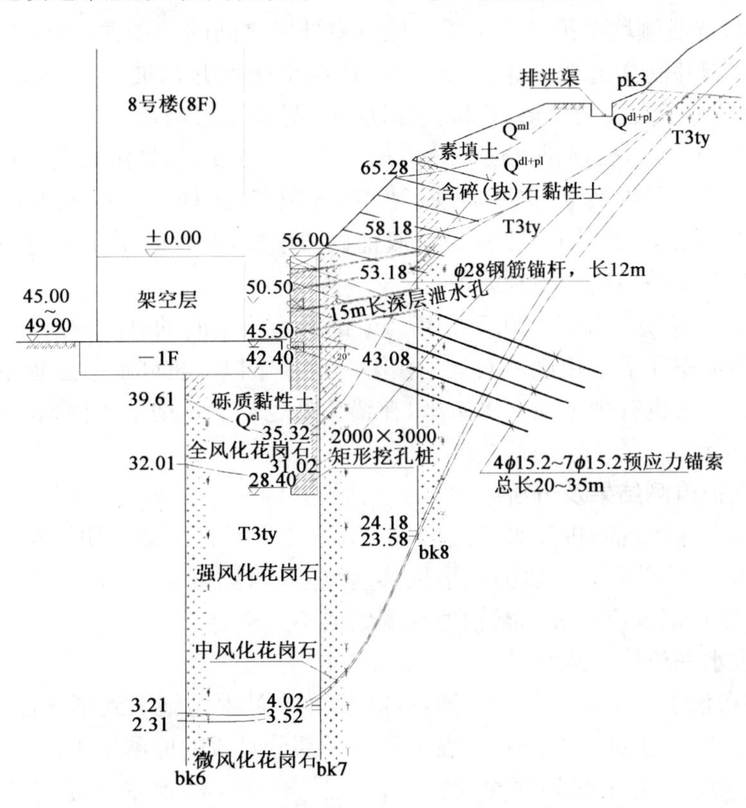

图2 “基坑式”边坡支护剖面图(A-A′)

基坑西侧紧邻待建的4号别墅，该侧基坑边长仅24m，基坑深度8.1～16.1m，在浅基坑区段采用ϕ1 200圆形挖孔桩悬臂支护结构，与北侧过渡段按两个台阶逐步上升，采用ϕ1 500圆形挖孔桩和边长为1.5m、1.8m的方形挖孔桩与预应力锚索联合支护结构，桩间浇筑厚250mm C25混凝土板。

在基坑排桩之间设4～5道长15m仰斜式深层泄水孔，西侧设1～5道长8～15m仰斜式泄水孔。泄水孔仰角10°，置入直径100mm的土工塑料盲管。基坑北侧坡顶设置排水明沟。沿基坑底四周设置碎石滤料排水盲沟，从地势较低的东南角导出自流。

3 基坑支护结构变形分析

该基坑于2007年11月下旬开挖到底，2008年土建结构施工到建筑物±0.00位置。基坑支护结构已施工完成，但坡体中的深层泄水孔仅施工了下部两排，第一道腰梁以上的深层泄水孔暂未施工。在2008年6月持续暴雨期间，该基坑发生了较大的变形。

3.1 “黑色6月”的持续降雨

2008年6月，深圳市出现了6次暴雨、大暴雨过程，共有9天出现了暴雨以上降雨，其中6天为大暴雨，而且6次过程中有4次的过程雨量超过300mm。本月全市降雨量高达1 386mm，1个月的降雨量占平均年降雨量1 900mm的70%，降雨量之多、暴雨之频、雨势之大、持续时间之长，为有气象记录以来50多年所罕见。

3.2 基坑施工巡查及支护结构变形特征

在2008年6月13日至14日大暴雨之后的6月16日，基坑北侧西端第3根排桩冠梁顶的锚头封锚体脱落，7月7日重新张拉锁定封锚。

6月20日，基坑西侧坑壁第二道腰梁与地下室外墙之间的防爆井(砖砌结构)开始出现裂缝，北侧中段的防爆井同样出现裂缝；7月4日，这两个防爆井均被严重挤压变形破坏。这表明基坑支护结构发生了较大的变形，直接挤压防爆井导致变形破坏。

7月1日巡查时发现，坡顶排洪渠渠壁出现开裂。7月5日，排洪渠内侧边坡坍塌，塌方体夹有大量的块石，堵塞了排洪渠，渠壁出现了约8cm裂缝，致使渠道内的水直接灌入坡体内。7月6日，施工单位迅速采取措施，在渠道沟底铺设防水布，并及时泵排渠内积水，防止渠内水渗入坡体内，减轻对支护结构的不利影响。

7月4日巡查时发现，在高程50.5m、45.5m的两道腰梁间的桩间深层泄水孔出现严重涌泥涌水，大量泥沙堆积在下道腰梁顶面上。在第一道腰梁以上桩间混凝土板中预留的孔眼(深层泄水孔暂未施工)中也有少量地下水渗出，在锚头处也有少量地下水渗出。第一道腰梁底部局部区段出现微裂纹。

3.3 基坑支护监测结果及分析

施工期间，一直连续观测桩顶水平位移，在2008年6月持续暴雨期间及7月上旬，加大了监测频率，同时在北侧腰梁上增加了水平位移监测点、西侧桩顶增加了水平位移监测点。但是，因施工损坏，桩身钢筋应力和锚索轴力观测数据不完整。

(1)北侧桩顶水平位移观测结果

基坑北侧共布设了8个水平位移观测点，2007年8月中旬施工到第三道锚索时开始首次观测。同年11月30日基坑开挖到底。表1列出了部分时段的监测结果。

从表1中得知，基坑开挖到底至2008年5月31日，桩顶水平位移增加量仅3.6～8.1mm，累计位移量为7.2～15.1mm。6月持续暴雨期间，5月31日至7月1日桩顶水平位移增加量也不大，为 3.0～8.1mm，累计位移量为 13.6～19.9mm。暴雨过后，7 月 1 日坡顶排洪渠开裂，地表水向土体渗入，桩顶位移量明显增加，7 月 1 日到 7 月 8 日位移增加量为 16.4～28.4mm，平均增加量为 21.5mm，累计位移量达 31.7～47.7mm，表明地表水渗入坡体内对支护结构的影响相当明显。如果将暴雨前(5 月 31 日)与暴雨后(7 月 8 日)比较，则桩顶位移累计增加量为 21.3～32.6mm，平均增加了 25.7mm。万幸的是，7 月 8 日以后各项监测指标趋于平稳，渡过了危险期。

表 1

北侧基坑桩冠梁顶水平位移观测结果

监测点＼时间	2007.11.30	2008.5.31	2008.6.7	2008.6.14	2008.6.18	2008.6.29	2008.7.1	2008.7.3	2008.7.4	2008.7.5	2008.7.8
SF1	10.5	14.2	14.2	14.4	16.5	16.7	17.2	20.6	25.2	27.9	35.5
SF2	8.7	14.5	14.7	14.8	16.5	16.5	17.8	19.6	24.9	29.7	41.7
SF3	9.7	13.9	13.8	14.1	16.8	17.9	19.9	22.0	28.3	32.7	43.7
SF4	10.3	15.1	15.3	15.5	15.5	19.8	19.3	24.0	29.3	32.9	47.7
SF5	4.0	12.1	12.6	13.0	13.0	16.7	16.3	21.7	28.1	30.0	35.9
SF6	6.5	11.4	11.6	11.8	11.8	12.9	14.6	20.4	24.0	26.7	34.4
SF7	5.7	12.1	12.4	12.5	14.0	15.6	13.6	19.5	25.3	29.8	35.7
SF8	3.6	7.2	7.2	7.3	9.4	15.3	15.3	17.6	22.4	23.6	31.7

(2)8 号楼北侧腰梁位移增加

鉴于 7 月 4 日排桩间泄水孔涌泥涌水，在北侧第一道腰梁(高程 50.5m)上增设了 3 个水平位移监测点，到 7 月 8 日为止的 5 天时间内，腰梁水平位移量为 15.4～25.5mm，平均值为 20.4mm；而同期桩顶位移增加量为 7.8～18.4mm，平均值为 12.3mm，表明桩身中部的水平位移略大于桩顶水平位移。

(3)8 号楼西侧新增加桩顶位移观测点

8 号楼西侧(即 4 号别墅侧)，暴雨前，4 号别墅已建成，基于该侧下方的防爆井被挤坏，特在本侧桩顶增加水平位移观测点。7 月 3 日到 7 月 8 日 6 天时间内，水平位移量达 13.1～26.7mm，平均值为 19.5mm，表明在持续暴雨后及排洪渠地表水渗入坡体后造成了位移增加，但也与该侧局部取消了桩间锚索有关。

(4)锚索轴力及钢筋应力变化情况

在持续暴雨期间及暴雨过后，剩余的 8 个锚索轴力观测点的轴力几乎未变化，实测轴力为 182.6～361.2kN，平均值为 305kN。桩身钢筋应力变化也不大，最大拉应力为 16.11MPa，最大压应力为 28.04MPa，远未达到钢筋的设计强度，表明支护结构安全状况良好。

4 结语

(1)“基坑式”边坡支护结构隐蔽性更强，维护检修不方便，如果发生变形破坏，其危害性更大。因此，这类边坡支护结构应有足够的安全储备。

(2)“基坑式”边坡最好选取刚度大、变形小的支护结构，如桩锚结构或者桩撑结构。如使用预应力锚索，施加的预应力不宜太大，因为不利于锚索的长期作用。如条件许可或者创造条件采用桩撑结构，确能保证长期稳定。

(3)“基坑式”边坡支护承受的土压力若按主动土压力理论计算，土压力偏小。若要保证支护结构“零”变形，可按静止土压力理论计算，但会增加工程投资。目前土压力取值有两种算法：一是取主动土压力与静止土压力的中值，二是搜索潜在的最危险滑动面后计算剩余下滑力。本文实例即选用后一种方法。

(4)对于“基坑式”边坡在使用期间，水平位移控制值取多少，这需要深入研究。若按深圳地区基坑规范[1]，桩锚结构桩顶水平位移控制值为 0.3%h(h 为基坑深度)与 40mm 的较小值，对于文中实例若只计垂直段坑深，则桩顶位移控制值为 40mm，实测位移为 31.7～47.7mm，表明桩顶位移得到了严格控制。但是如文中提到的防爆井，与地下室外墙和排桩直接接触，桩顶位移只增加了 5.1～10.4mm 就被挤压损坏了，这也表明，支护结构与地下结构外墙之间只能回填轻型柔性材料，起缓冲作用。

(5)地下水对基坑、边坡的不利作用是众所周知的。正如前文中提到的实例，因地下水排水不畅，导致桩顶水平位移平均增加了 25.7mm。因此，对于“基坑式”边坡，地下水的疏导更显重要，深层泄水孔、盲沟都是实用的技术措施。

参考文献

[1] SJG 05—2011 深圳市基坑支护技术规范.

金安桥水电站 B2、B20 崩塌堆积体稳定性分析及工程处理措施研究

王　昆　崔小东

（中国水电顾问集团昆明勘测设计研究院）

摘　要　云南省金沙江金安桥水电站坝址下游 240～960m 处，分布有 B2、B20 两处崩塌堆积体，方量大且距离坝轴线较近。通过地质勘察、试验及稳定性分析认为，虽然天然状态下其稳定性较好，但在暴雨及地震工况下，部分地段稳定性差，存在失稳可能。同时施工开挖以及大坝泄洪雾化亦会对其稳定性产生影响。通过失稳模式的判别以及稳定性分析，对该堆积体采取针对性的工程处理措施，使其稳定满足安全控制标准，保证了工程施工及运行安全。

关键词　崩塌堆积体　稳定性分析　处理措施

1　概述

金安桥水电站位于云南省丽江市的金沙江中游河段上，由碾压混凝土重力坝、河床坝后式厂房及右岸溢洪道等建筑物组成。最大坝高 160m，总库容 9.13 亿 m^3，总装机容量2 400MW。B2、B20 两个崩塌堆积体位于坝轴线下游金沙江左岸岸坡，整体属巨型崩塌堆积体，其稳定性对金安桥水电站施工公路和部分永久水工建筑存在极大的安全威胁，是金安桥水电站重大工程地质问题之一。

2　区域地质环境

两堆积体地处扬子准地台西部边缘丽江台缘褶皱带内，为经向、纬向、青藏滇缅印尼歹字型中部（北西向）和北东向 4 种构造体系复合部位。工程区主要受近南北向和北东向的构造控制，区域地质构造背景十分复杂。构造应力作用方式近于水平，主压应力方向为北西—南北向，与该段金沙江河谷流向一致。在这种应力环境下岸坡容易产生平行坡面的拉张应力，造成高陡河谷岸坡的松弛变形。

区内地层岩性为二叠系上统玄武岩组上段（$P_2\beta^3$）：坚硬的玄武岩、火山角砾熔岩及相对软弱的凝灰岩夹层。岩层总体平行河谷，产状近 SN，W∠12°～30°，B2、B20 崩塌堆积体所处的坝址左岸为岩层缓倾坡外的顺向坡。复杂的区域构造环境以及单斜河谷地貌的顺坡向岩层条件为崩塌堆积体的形成创造了必要的条件。

3　堆积体形态及结构特征

两堆积体整体分布于坝轴线下游 240～960m 的金沙江左岸岸坡上。B2 与 B20 之间以 9 号冲沟为界，靠上游侧为 B2，被 7 号、9 号两条冲沟挟持。B20 崩塌堆积体位于坝轴线下游 450～960m。根据堆积厚度的显著差异，从平面上将 B20 崩塌堆积体分为两个区域：靠下游侧

堆积较厚的主体区域为A区，A区与B2崩塌堆积体之间则为堆积稍薄的B区。

3.1 B2崩塌堆积体

B2崩塌堆积体位于7～9号冲沟之间，分布高程1 360～1 500m，平面分布长约250m，宽约200m。堆积体两侧边界处的7号、9号冲沟沟底已有基岩出露，其崩塌源为其后侧的玄武岩基岩陡壁。

根据勘探成果，B2堆积体的垂直厚度一般为15～30m，具四周薄，中、后部厚的特点。而堆积体与t_{1c}凝灰岩夹层之间，受下伏凝灰岩夹层的影响，岩体产生蠕滑拉裂，形成一松动岩体。松动岩体下部以凝灰岩夹层为界，垂直厚度一般为10～30m，最厚35m左右，松弛底界呈凹透镜状，中间厚四周薄。初步分析确定堆积体工程量约$52\times10^4m^3$，下部松弛岩体工程量约$32\times10^4m^3$，总计体积为$84\times10^4m^3$。

B2崩塌堆积体的物质组成如下：上部为10～17m厚的砾质土夹碎块石，密实；下部为块石、碎石夹黏质粉、砂土及大块石，中等密实。松动岩体成因为：底面沿t_{1c}产生蠕动，在卸荷的共同作用下，岩体被拉裂变形，属蠕滑拉裂模式，岩体由表部向下，松弛张裂变形逐渐减弱。浅部的松动岩体呈干砌石状，岩块明显位移变形；中部岩体松弛张裂，节理裂隙发育，部分岩块架空；下部岩体总体完整，间隔发育充填次生泥、岩屑的卸荷、拉张裂隙。松动体底界面(t_{1c})在1 360m高程出露，见图1。

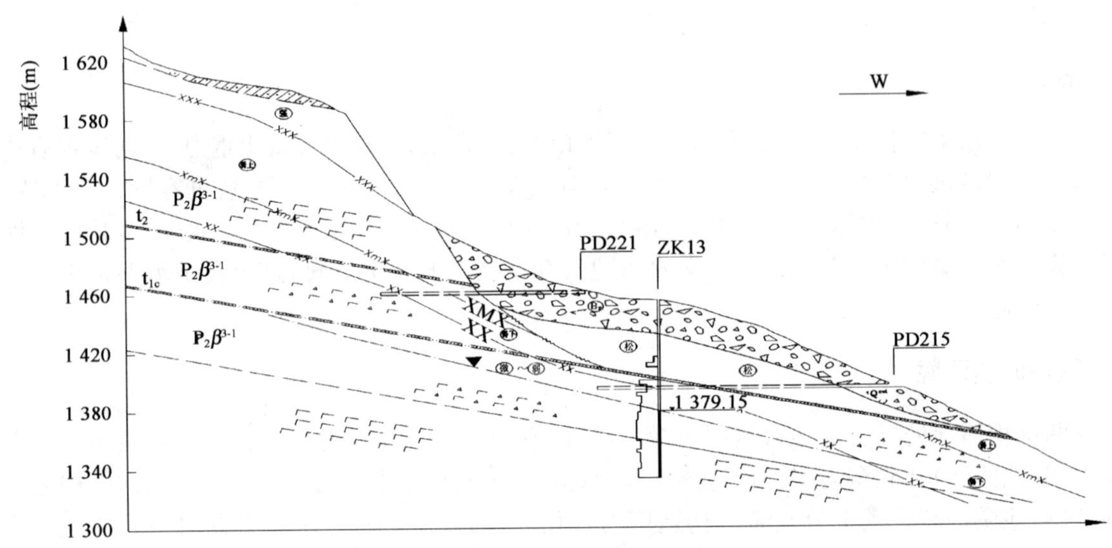

图1 B2崩塌堆积体工程地质剖面图

3.2 B20崩塌堆积体

B20崩塌堆积体位于金沙江左岸9号冲沟下游，呈条带状顺山坡分布，其上游与B2崩塌堆积体相接，前缘高程1 360m，向下游逐渐斜插至江边；后缘高程1 500m左右，其上为高30～50m的基岩陡崖。地貌形态明显，长(顺山坡方向)约560m，宽200～250m，体积约$226\times10^4m^3$。据3个平洞、5个钻孔揭露，堆积体底界总体上受t_{1c}凝灰岩控制，堆积物主要由玄武岩大块石和碎石土组成，较松散，局部有架空现象，具有上游薄下游厚、前缘后缘厚的特点。根据堆积体的分布高程、堆积物厚度及形态特征大致以ZK255为界将B20堆积体分为A、B两个区。

A区：位于ZK255下游侧，堆积体地貌形态明显，平面长(顺山坡方向)约400m，宽约250m，为B20主体区，前缘直至江边，堆积物厚度30～60m，体积约$150\times10^4m^3$。堆积物主要由玄武岩块石、碎石夹黏质粉、砂土及大块石组成，堆积体中等密实，局部松散架空。崩塌堆积体与下伏基岩接触面受 t_{1c}、t_2 凝灰岩夹层的控制，底界面形态为两层凝灰岩夹层剥蚀而成的缓倾坡外的阶梯状斜面。底界面平缓地段，与下伏基岩接触面为全、强风化凝灰岩，具软化、泥化现象；两层缓倾凝灰岩斜坡平台之间，界面较陡，为崩塌堆积体与下伏基岩直接接触，基岩一般呈弱风化，完整性较好。表部除平硐开挖受爆破振动及开挖扰动，硐口坍塌外，自然状态下处于稳定状态。虽然堆积体底界接触面凝灰岩经风化、泥化后，抗剪强度较低，但其倾角较缓(13°～17°)，小于凝灰岩软化、泥化层的内摩擦角。两层凝灰岩平台间，崩塌体与下伏完整的弱风化玄武岩接触底界面较陡，抗剪强度略高，见图 2。

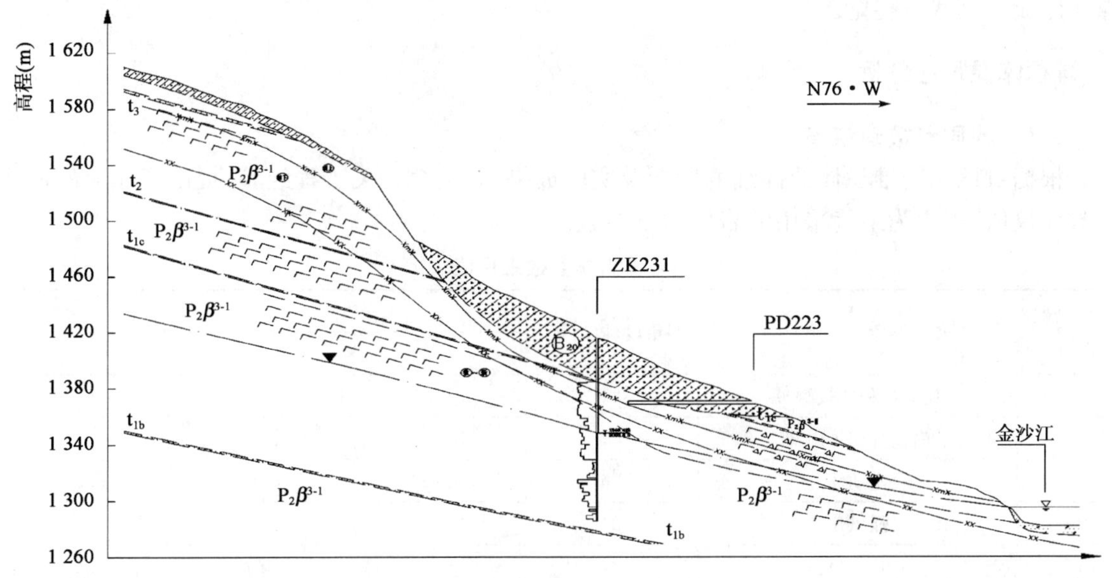

图 2　B20 崩塌堆积体 A 区工程地质剖面图

B 区：位于 A 区上游并与 B2 相接，顺河向长 240m，宽 200m，前缘 1360m 高程以下至江边为基岩岸坡，堆积物厚度 25～31m，体积约 $76\times10^4\mathrm{m}^3$。物质组成主要为坡、崩积混杂堆积，由于其厚度不大，且地形平缓，加之组成物质紧密，其稳定性较好，见图 3。

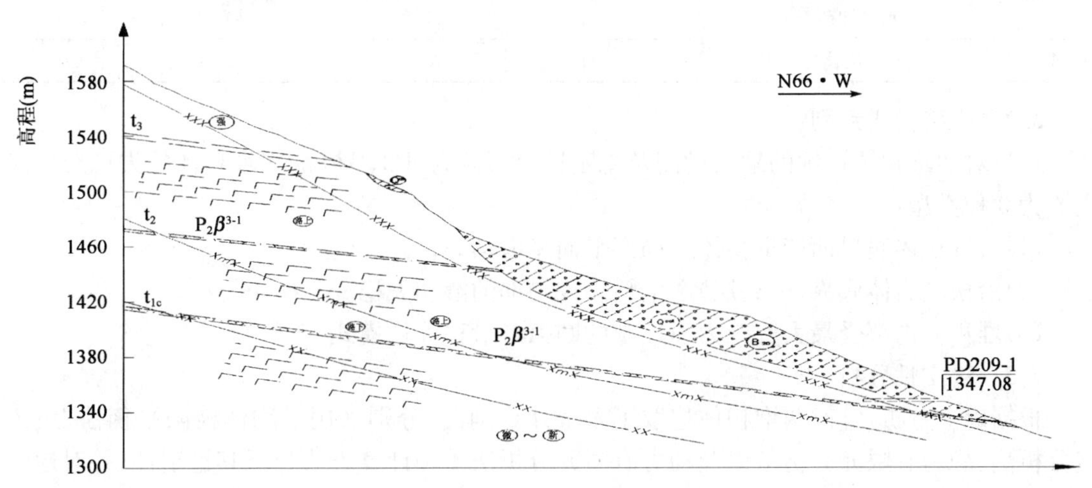

图 3　B20 崩塌堆积体 B 区工程地质剖面图

4 成因机制分析

由于这两处崩塌堆积体所处的金沙江左岸边坡为一缓倾坡外的顺向坡，地层岩性为坚硬的玄武岩、火山角砾熔岩夹3层相对软弱的凝灰岩夹层。随着金沙江河谷的不断下切，凝灰岩夹层受到风化剥蚀，不断软化、泥化，使上部坚硬岩层部分悬空。加之上部玄武岩体内发育顺河向的缓倾角玄武岩流层面和陡倾角卸荷裂隙，岸坡岩体在卸荷作用下，底部凝灰岩夹层发生压缩变形，顶部岩体受拉开裂。随着裂缝的逐步加长、加深，上部岩体拉应力增加，裂缝发展加快，并伴随产生新的裂缝，岩体最终脱离原始岸坡崩落下来，在其下部形成了崩塌堆积体，其后缘亦形成了玄武岩陡壁。

5 堆积体稳定性分析

5.1 地质参数建议值

根据对该崩塌堆积体的详细的勘探及实验成果，并结合相关工程经验，提出了相应的地质参数建议值，表1为最终采用的岩体力学参数。

岩体力学参数采用值　　表1

岩体类型		湿重度(kN/m³)	f'		c'(MPa)
			φ	$\tan\varphi$	
1	崩塌堆积体接触带	24	28.8°	0.55	0.05
2	崩塌堆积体内部	24	36.9°	0.75	0
3	松动体	25	35.0°	0.70	0.2
4	强风化	24	26.6°	0.50	0.1
5	弱上风化	27	39.69°	0.83	0.4
6	弱下风化	28	47.7°	1.10	0.65
7	浅表部凝灰岩夹层	24	19.3°	0.35	0.03
8	弱风化下带及以下凝灰岩夹层	24	26.6°	0.50	0.09
9	一般节理	24	36.8°	0.75	0.2
10	水平卸荷裂隙	24	21.8°	0.40	0.015
11	全、强风化凝灰岩	24	20.3°	0.37	0.04

5.2 失稳模式判别

通过对两堆积体详细的地质勘测及稳定性分析认为：B2、B20崩塌堆积体的失稳滑移模式主要为3种类型：

(1)沿堆积体底界面产生整体或局部平面型滑动失稳。

(2)沿松动岩体底界(t_{1c}夹层)产生整体或局部的滑动失稳。

(3)堆积体内部受最大剪应力面控制的圆弧形滑移失稳模式。

5.3 稳定性分析

根据以上分析，针对两堆积体选取了多个计算剖面，分别采用了刚体极限平衡法、块体稳定分析法、静力有限元分析法以及动力有限元分析法4种计算方法分析其稳定性，并对地质参数进行了反演分析研究。

根据稳定性分析结果，B2、B20崩塌堆积体在天然状态下的各种滑动模式的安全系数均大于1.0，总体稳定状况较好。1996年2月3日发生在丽江的7级地震，对工程区的影响烈度达Ⅷ度，两堆积体没发生变形失稳迹象亦可反映其自身稳定状态。

但按刚体极限平衡法计算结果，B2堆积体在高程1 380m以上(凝灰岩夹层t_{1c}在边坡的出露高程)部位在暴雨工况和地震工况下，安全系数介于0.95～1.1之间；B20堆积体在暴雨工况和地震工况下，A区沿凝灰岩夹层t_{1c}整体滑动的安全系数为1.0左右；B区沿t_{1c}夹层整体滑动安全系数为0.96～1.09。因此这些位置存在失稳的可能。

6 工程处理措施

根据上述对边坡失稳模式判别以及多种分析方法的结果，对该堆积体采取了下列处理措施：

(1)对堆积体后缘进行削坡减载，并利用堆积体上通过的多层公路，将各层公路间堆积体按1∶1.2～1∶1.5的坡比开挖，边坡开挖范围控制在堆积体底界，不触及堆积体下的松动体。在堆积体和松动体开挖表面设置系统锚杆、挂网和喷混凝土支护，边坡排水沟上方设排水孔。

(2)边坡顶部堆积体开挖后，对其后缘存在失稳破坏可能的强风化临空岩体进行超前加固。B2堆积体后缘基岩陡崖共布置130根3 000kN级锚索；80根1 000kN级锚索；B20堆积体后缘基岩陡崖共布置90根3 000kN级锚索；203根1 000kN级锚索，满足了边坡的稳定要求。为防止局部掉块需进行系统锚杆、喷素混凝土支护，局部位置采取挂网喷混凝土支护。

(3)边坡顶部开挖轮廓以外设截水沟拦截坡顶来水，基岩面布置ϕ76@6m×6m排水孔，孔深6m。考虑到凝灰岩夹层具滞水作用，且饱水后力学指标将显著降低，为降低边坡和山体内的孔隙水压力在此部位布置3层排水洞，排水洞每层高差50m，排水洞内布置30m深排水孔，排水洞一直延伸到下游崩塌堆积体以外。

(4)堆积体支护处理措施完成后，在其表面设置了多处表面变形监测点，监测其在工程建设以及运营期间的变形。

7 结语

(1)B2、B20崩塌堆积体位于金安桥水电站坝址下游左岸岸坡，工程量巨大，距离坝轴线较近。通过大量的地表测绘以及勘探、试验工作，认为，虽然天然状态下其稳定性较好，但在暴雨及地震工况下，局部存在较大模规失稳的可能，会对施工公路以及部分永久水工建筑物的安全运行造成影响。

(2)针对其可能的失稳模式采取了针对性的处理措施：对堆积体后缘进行削坡减载；对堆积体坡面以及后缘基岩陡坡进行系统支护处理；完善了堆积体内部及外围的地表、地下排水措施后，两堆积体稳定性满足安全控制标准。

(3)目前工程整体已建设完工，并于2011年3月第一台机组并网发电。多年的变形监测以及地表巡视表明：经过系统的工程处理措施处理后，该崩塌堆积体目前无任何变形迹象，已经处于稳定状态。

云南某水电站软弱岩质边坡的失稳机理及处治措施

张万奎　王文远　王　昆

（中国水电顾问集团昆明勘测设计研究院）

摘　要　本工程边坡分布于澜沧江岸坡上，边坡岩体主要为千枚状泥质板岩，岩性软弱。岩层为顺坡向反倾坡内，属软弱岩质边坡，地质条件复杂。为解决边坡施工过程中出现的倾倒崩塌和变形开裂问题，对边坡的工程地质条件进行了深入的研究，逐步认识到了边坡岩体特有的水理性质及对边坡稳定的巨大影响，基本认清了软弱岩质边坡的变形失稳机理及破坏模式，为边坡的综合治理提供了针对性的治理措施和依据，并取得了很好的效果，并为其他类似的工程提供借鉴经验。

关键词　软弱岩质边坡　失稳机理　锚固

云南某水电站位于澜沧江干流上，电站装机容量 1 900MW，拦河大坝为混凝土重力坝，最大坝高 203m。工程采用全年围堰挡水隧洞泄流的导流方式，在坝址右岸布置两条导流隧洞，两条隧洞出口相连布置，出口边坡为同一边坡。该导流洞出口边坡长度约 380m，分布高程为 1 467～1 588m，最大边坡高度约为 120m，共设 5 条马道。边坡开挖坡比：1 492m 高程以上为 1∶1～1.5，以下为 1∶0.5。边坡开挖及支护施工过程中，多次出现了开裂变形现象，并造成局部边坡失稳，给下部工程施工带来了不利影响。为确保工程的安全顺利施工，对导流洞出口边坡的变形原因及失稳破坏模式进行较深入的分析，并据此制定了具有针对性的综合治理措施。方案实施后，经过半年多的跟踪监测，导流洞边坡已趋于稳定。

1　边坡地质概况

边坡上部覆盖厚 15～30m 的坡、崩积层（Q^{dl+col}），主要物质成分为粉质黏土混碎石、块石；中部分布厚 5～10m 的冲、洪积层（Q^{al+pl}），主要物质成分为砂、卵砾石，局部夹有粉细砂层。下伏基岩为侏罗系中统花开左组（J_2h^1）紫红色千枚状泥质板岩，岩石主要由泥质和石英粉砂组成，构成泥质粉砂结构。泥质（绢云母）含量约占 88%，石英含量约占 10%，方解石含量约占为 2%，粒度为 0.02～0.06mm。由于重结晶（变质）作用，泥质大部分重结晶呈显微鳞片状，定向排列，呈千枚状构造。岩体平均湿抗压强度为 11.95MPa，属软弱岩类。该岩类为导流洞出口边坡的主要组成物质，边坡属软弱岩质边坡。

边坡区位于科登涧同斜倒转向斜的东翼，黄登同斜倒转背斜的西翼，岩层近顺河展布，产状为 N10°～20°E，NW∠60°～80°。与山坡近平行，陡倾坡内。工程区物理地质作用强烈，主要表现为板岩的倾倒蠕变、岩体风化及岩体卸荷等。倾倒蠕变岩体分布深度基本与强风化底界深度一致，一般层厚 20～40m，局部可达 60m。岩体风化以均匀风化为主，弱风化岩体层厚一般为 30～50m。强卸荷岩体底界深度一般与倾倒变形岩体底界一致。弱卸荷岩体底界一般位于弱风化岩体底界附近。

导流洞出口边坡部位地下水位埋藏较深，最高边坡开口线附近约为 70m，一般为 25～

50m，至澜沧江边与江水衔接。地下水主要为基岩裂隙水，在覆盖层中局部分布有上层滞水，常沿堆积物底层和基岩的交界面上渗出。区内的千枚状泥质板岩片理发育，岩体透水性具有各向异性的特征，沿片理方向岩体透水性较强，特别是倾倒蠕变岩体透水性为中等～透水；与片理垂直方向，透水性相对较弱。

2 边坡稳定性分析及支护方案设计

考虑到导流洞出口边坡为临时边坡，基本组合采用正常运行工况，偶然组合工况主要考虑泄洪雾化及天然暴雨工况。稳定分析采用二维刚体极限平衡法，计算程序采用陈祖煜院士编制的 EMU 软件。计算所采用的岩体物理力学参数来源于试验及工程经验类比，见表 1。

导流洞出口边坡岩体物理力学参数表 表 1

岩体类别	天然重度（kN/m^3）	饱和重度（kN/m^3）	抗剪强度	
			c'(MPa)	f'
崩、坡积层	18.5～19.5	19～20	0.03～0.04	0.4～0.5
冲、洪积层	18.5～19.5	19～20	0	0.5～0.6
倾倒蠕变岩体（强风化板岩）	22～23	23～24	0.07～0.08	0.5～0.7
弱风化板岩	24.3～25.5	24.5～25.7	0.5～0.7	0.7～0.9

根据边坡稳定计算结果，整体边坡在正常工况及暴雨工况下，不加锚固措施的情况，计算安全系数不满足允许安全系数要求；考虑 11 排锚索进行锚固的情况下，计算安全系数可满足允许安全系数要求，边坡整体是稳定的。计算成果见表 2。

导流洞出口边坡稳定分析计算成果表 表 2

部　　位	滑面	计算工况	安全系数	允许安全系数	备　　注
导流洞出口边坡（不加锚索工况）	滑块一	正常运行	1.092	1.15	滑面高程范围 1 492.0～1 580.0
		暴雨	0.975	1.10	
导流洞出口边坡（加锚索工况）	滑块一	正常运行	1.239	1.15	滑面高程范围 1 492.0～1 580.0
		暴雨	1.130	1.10	

根据以上计算分析成果，在坡面 1 492m 以上，边坡深层支护采用锚拉板和系统锚索支护，C25 钢筋混凝土锚拉板，厚 50cm，在每台马道开挖高程设永久缝。钢筋不过缝。垂直于马道方向，每 15m 设施工缝，钢筋过缝；每 30m 设永久缝，钢筋不过缝。分别在高程 1 585m、1 580m、1 575m、1 565m、1 560m、1 555m、1 545m、1 535m、1 530m、1 525m、1 515m、1 502m 及 1 497m布置了 13 排 1 800kN 级预应力锚索，间排距 5m×5m 。边坡浅层支护采用挂网喷锚支护，在锁口及坡脚位置布置两排锚筋桩 3ϕ32@2m×2m，$L=9.0$m。同时设置系统排水孔 ϕ110，$L=6$m/12m，@5m×5m，上仰 10°，交错布置；并在靠近冲沟一侧增加 4 排 ϕ168 系统排水孔，上仰 5°，孔深 60m，间距 5m。

设计支护方案在计算成果基础上进行了加强，并同时考虑了临时防护、锁口及防排水措施，总体看较为稳妥，但实际实施过程中，边坡仍然多次出现了变形破坏问题。

3 边坡变形破坏现象

导流洞出口边坡开挖施工过程中，边坡上部分布的坡、崩积层及中上部分布的冲、洪积层局部均出现过不同程度的滑移破坏现象。其破坏形式较为明确：坡、崩积层厚度较大，但通常滑移范围及厚度均有限，多表现为土层内部的滑动，其破坏面基本上为圆弧形；冲、洪积层分布厚度不大，与下伏基岩的接触面一般与山坡地形坡度一致，其滑移深度一般触及基岩面，主要破坏形式为界面滑动。边坡工程中，浅表覆盖层的局部变形破坏较普遍，多表现为牵引式滑移失稳，其破坏形式均属"脱壳"式圆弧形。工程上一般主要采用间接加固的方式，如削坡减载、排水降压等，再辅以一定的直接加固措施。与上部覆盖层滑移失稳相比，导流洞边坡下部岩体的变形破坏过程及形式更为复杂多变。

3.1 边坡开裂

边坡开挖后，为截排边坡上游冲沟流水，方便下部施工，将排水系统设置在边坡 1 530m 马道上。冲沟水经 1 530m 马道的临时排水渠下泄，该排水渠未埋设止水片，水经由施工缝向坡内渗漏。2010 年 9 月下旬，马道上的排水渠产生下沉，渗水将高程 1 530m 以下的边坡局部冲垮；临时排水渠与锚拉板结合部位出现裂缝，高程 1 550m 锚拉板水平结构缝沉降 3～7cm。2011 年 1 月，高程 1 527m 部位的排水孔渗水突然加大，高程 1 550m 至高程 1 530m 的马道锚拉板局部拉裂，其宽度一直呈增大趋势，裂缝最大宽度达 0.5m。截至 2011 年 1 月 14 日，导流洞出口侧面边坡已下挖至高程 1 492m，高程 1 530m 以上支护及高程 1 530m 至高程 1 510m 坡面锚拉板混凝土浇筑全部完成。

分析认为，边坡开裂部位分布厚度较大的倾倒蠕变板岩，岩层近平行坡面，陡倾坡内。地表水的入渗以及地下水排泄不畅造成了边坡岩体的弱化，且其水压力对逆向坡岩层产生了较大的力矩，导致了边坡变形开裂。下部边坡发生的倾倒崩塌及沉降对上部边坡形成牵引作用，引起了上部岩体倾倒变形的范围逐步加大，加剧了边坡的变形和开裂。

3.2 岩体崩塌

导流洞出口边坡普遍存在岩体快速倾倒蠕变现象。岩体的倾倒蠕变多次导致了边坡的崩塌失稳。边坡开挖临空后，高程 1 492m 马道普遍出现向临空面的逐级快速倾倒拉裂，见图 1、图 2。当岩层倾倒至一定程度后，就产生小范围的岩体逐级崩塌现象。局部坡段，甚至出现较为集中的小规模垮塌。

图 1 边坡岩体逐级崩塌

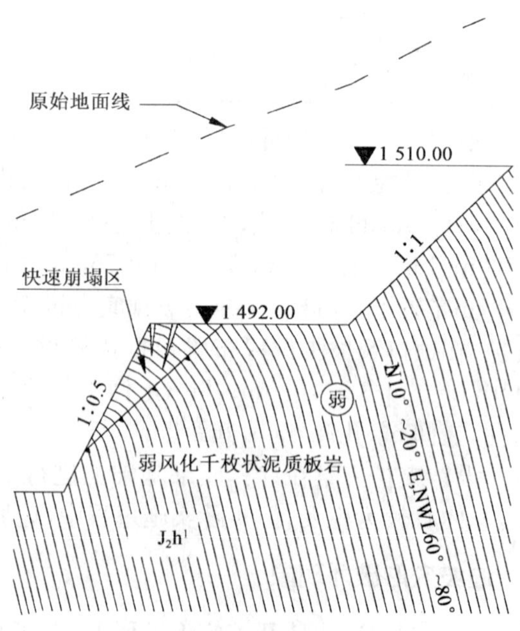

图 2 边坡岩崩塌示意图

分析认为,该部位边坡岩体为薄片状板岩,岩性软弱,走向与坡面近平行,岩层倾倒蠕变后自稳条件差。边坡开挖暴露后,由于侧向约束解除,在施工用水及雨水的浸泡下加速了泥质板岩的泥化软化,并在片理之间水的压力作用下,边坡原陡立岩层快速向临空面倾倒变形,最终导致边坡岩体的倾倒崩塌失稳。

4 边坡变形失稳机理

4.1 影响因素

导流洞出口边坡稳定性的影响因素主要包括地层岩性、地质构造、水文地质条件及综合因素引起的岩体倾倒等。几种影响因素中,岩体饱水后的物理力学指标降低,对边坡稳定条件影响极大。

(1)岩性特征:开挖边坡分布的基岩为千枚状泥质板岩,黏土矿物含量高,具有以下两个明显的特性:①崩解:千枚状泥质板岩中富含亲水性矿物,边坡开挖后,坡面暴露岩体因为含水量的变化,引起岩体体积的变化,从而导致沿片理向临空面的崩解。②软化、泥化:边坡分布的千枚状泥质板岩黏粒含量高,具软化、泥化的特性。岩体开挖遇水后快速软化,并可能导致岩体成为软塑状,具有了土的特征。

(2)构造影响:边坡开挖没有揭露Ⅲ级以上结构面,也没有揭露倾向坡外的中缓倾角不利结构面,边坡的稳定条件不受构造因素制约。但边坡走向与岩层片理面近平行,岸坡结构为陡倾坡内的逆向坡,岩层一般呈薄片状,为岩体快速倾倒的基础。

(3)水的作用:边坡岩体为千枚状泥质板岩,板岩中黏土矿物含量较高,具有明显的亲水性。水的作用可导致岩体的物理力学特性较大削弱,极大地影响了边坡的稳定条件。岩体结构面主要为片理面和顺层挤压带,地下水向临空面方向排泄不畅,其水压力可对岩层产生明显的弯矩作用。

(4)岩体倾倒:侧向边坡部位正常岩层是陡倾坡内的,但高程 1 492m 以上边坡开挖揭露的岩层多已倾倒,局部岩层呈近水平状。倾倒蠕变岩体多数极为破碎,呈松散结构,边坡稳定条件差。岩体的倾倒,主要表现为变形体内部岩体在弯矩作用下,坡体前缘向临空方向发生倾倒,并逐渐向坡内连续发展,岩体内部沿早期构造成因的片理面发生层与层之间的剪切蠕滑错动。由于倾倒受控于层间的相互错位变形,故表现为岩层依次连续倾倒,无倾角突变现象发生,其力学性质属塑性连续变形类型。随着倾倒蠕变的进一步发展,岩体内逐渐产生缓倾坡外的张性剪切破裂,并表现出显著的切层发展现象,具有快速倾倒的特征。

这一现象在边坡高程 1 492m 马道岩体开挖后表现得特别明显,边坡开挖揭露的岩体基本呈弱风化,陡倾山里,倾倒蠕变不明显。但经过约 15d 的暴露后,岩体均发生较大的改变,岩层倾倒折断导致边坡发生崩塌。

4.2 边坡变形破坏模式

根据前期勘察、施工揭露及施工过程中的变形破坏现象分析,导流洞出口边坡分布的千枚状泥质板岩,岩层为薄片状,原始状态下陡倾山内,岩性软弱,水理性差,遇水软化、泥化明显。原始河床山坡分布的岩体本身具有倾倒变形的特征。其倾倒变形的特征通常受控于边坡所在区域的特殊地质构造环境,不仅与边坡内部的地层结构及其物理力学性质相关,还与外界因素作用存在密切关联。倾倒变形边坡正是在这种双重因素的作用下,以一定的方式发展演化。因此,倾倒变形破坏的机理是动态、变化和发展的,而不是静止的。

本工程边坡案例中,当原始河谷被开挖后,首先改变了边坡的坡度,当开挖坡比陡于边坡岩体能够承受的坡度时，必然发生变形破坏。本工程导流洞边坡倾倒崩塌集中在1 492m马道以下，跟下部开挖边坡变陡为1∶0.5应有一定关系；其次，边坡开挖暴露后，失去了侧向约束，接触的空气环境、水环境等影响因素发生了改变，加速了岩体倾倒变形，当倾倒至一定程度后，即可导致倾倒型崩塌失稳，并可进一步牵引上部岩体倾倒，从而产生逐级的渐进型变形失稳。

从边坡上锚拉板的裂缝来看，大部分为下部锚拉板沉降，导致其沿施工缝脱空。高程1 530m马道处排水渠边墙与上部锚拉板脱空就属于此种情况。发生裂缝的锚拉板未出现明显的水平错动，底部也未发现剪出口，因此判断边坡未形成滑面。边坡累计变形较大，如为整体滑动，则边坡顶部应该出现小规模的裂缝，但边坡上部均未出现裂缝，因此可以判断边坡未产生整体的深层滑动。对于高程1 530m马道及附近边坡，地表水的入渗以及地下水排泄不畅造成了边坡岩体的弱化，且其水压力对逆向坡岩层产生了较大的力矩，是导致边坡变形开裂的主因。但下部边坡发生的倾倒崩塌及沉降对上部边坡形成了牵引作用，并引起了上部岩体倾倒变形的范围逐步加大，加剧了边坡的变形和开裂。

根据以上分析，可以判断导流洞出口边坡未形成整体的深层滑动面，边坡变形主要原因是由于下部边坡开挖过陡以及开挖暴露时间过长、截排水措施不完善等外部因素引起的。失稳模式主要表现为倾倒型崩塌失稳，并可进一步牵引上部岩体倾倒，从而产生逐级的渐进型变形失稳。

5 边坡处治措施

(1)针对高程1 492m马道倾倒崩塌突出问题，在下边坡增设两排锚索，坡面采用C25混凝土锚拉板，板厚50cm；锚索采用1 800kN级锚索，$L=30\text{m}\sim50\text{m}$，间距5m，锚索下倾35°。

(2)地表水的入渗以及地下水排泄不畅直接导致了本工程边坡1 530m高程处马道变形开裂。采用内外均顾的方式，先将1 530m排水渠引离边坡，完善截水系统，避免地表水的入渗。然后，在边坡上增设40～60m深的排水盲沟管，将坡体内积水排出，降低水压力。

(3)边坡千枚状泥质板岩由于开挖暴露，易失水崩解、泡水软化泥化，要求加强施工过程控制。开挖暴露后及时封闭，并采用分段分台开挖，开挖完成一段就及时支护，支护完成后才可进行下一段开挖。

6 结语

导流洞出口边坡的地质条件在前期勘测阶段已基本掌握，对可能发生的与顺坡向反倾角软弱岩质边坡相关的工程地质问题也有所预见，开挖揭露后，也采取了较为保守的锚拉板和系统锚索支护。但是，对于千枚状泥质板岩失水崩解、饱水软化、泥化并导致快速崩塌的特性及对边坡的稳定影响认识不足，施工过程中对地表水的截排也不够重视，导致了开挖边坡倾倒型崩塌失稳和已支护边坡变形开裂等问题。通过软弱岩质边坡所揭示的变形失稳机理以及对所引起工程地质问题的分析处理，证明在软弱岩质边坡治理过程中，锚固是基础，但对地表水和地下水的截排、施工过程控制同样重要。

小湾水电站3号山梁部位边坡治理

叶光明　冯汉斌　刘东勇

（中国水电顾问集团昆明勘测设计研究院）

摘　要　小湾水电站枢纽区河谷深切，岸坡陡峻，边坡体型复杂，风化卸荷等工程地质条件复杂，潜在失稳模式复杂多样。通过对小湾水电站3号山梁部位边坡成功治理，从边坡岩体结构特征和边坡要素分析边坡变形破坏机理，有针对性地进行加固支护。经多年运行及边坡监测表明，边坡处于稳定状态，为工程安全运行提供了有力保障。

关键词　小湾水电站　边坡　支护　监测

1　工程概况

小湾水电站坝址位于澜沧江中游河段、云南省南涧县和凤庆县交界处。电站总装机4200MW，总库容 $150\times10^{8}m^{3}$，最大坝高294.5m。

本文所述边坡位于坝址区右岸3号山梁部位，主要是坝基、进水口、缆机等开挖边坡，开挖体型复杂，以岩质边坡为主，属永久边坡。边坡开口线至河床坝基高近600m，属超高边坡。坡比一般1:0.25～1:1，开挖体型如图1所示。根据边坡开挖体型，将边坡分为A区、B区边坡；A区边坡正下方为与大坝相接的高程1245m平台，上游为电站进水口布置地段；B区边坡正下方为右岸高缆下游端缓坡平台，缓坡平台高程1 330～1 360m。

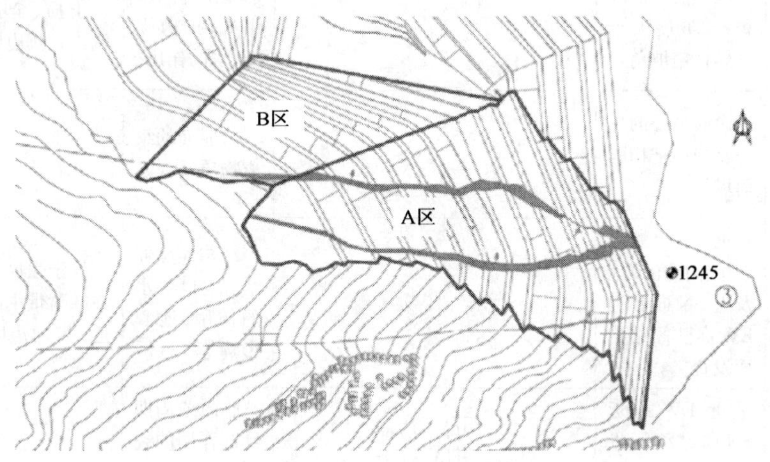

图1　右岸3号山梁部位边坡

2　工程地质环境

枢纽区河谷深切，相对高差达1000余米，两岸岸坡陡峻，局部直立。工程开挖部位位于3号山梁，自然山坡平均坡度35°～45°。分布的地层主要为时代不明的中～深变质岩系（M）及第四系（Q）。变质岩层主要岩性为黑云花岗片麻岩和角闪斜长片麻岩，均夹薄层状片岩。主要构造线方向近东西，岩层呈单斜构造，横河分布，陡倾上游。该地段发育 2 条Ⅲ级结构面，Ⅳ级结构面主要为小断层(f)、挤压面(g_m)，产状主要为走向近 EW、陡倾 N 和走向近 SN、陡倾 E 或 W。Ⅴ级结构面发育，按产状可分为 4 组：①顺片麻理发育陡倾角节理组，产状为 N70°～90°W、NE∠75°～90°，大部分闭合、无充填，在浅表部位延伸长度一般 3～6m，在微风化～新鲜岩体中延伸长度一般 2～3m；②顺河向陡倾角节理组，产状为 N20° E～N10° W⊥，在强风化带和弱风化带上段岩体中普遍张开，在断层附近和强卸荷带中充填物常为高岭土，延伸长一般 2～3m，最长可达 10 余米；③顺坡中缓倾角节理组(倾向河谷)，产状为 SN、E∠30°～50°，在微风化～新鲜岩体中多闭合、短小，在卸荷带中常形成岸边剪切裂隙或剪切带，多张开、充填次生泥，延伸长度一般 3～7m，最长可达 30 余米；④顺坡中缓倾角节理组(倾向冲沟)，产状为N30°～50°W，NE∠30°～45°，主要分布于 B 区边坡。该部位强风化岩体底界水平埋深一般小于 30m，弱风化岩体底界水平埋深一般小于 60m，在角闪斜长片麻岩分布地段局部分布有全风化岩体，其厚度一般小于 15m。卸荷作用强烈，强卸荷岩体底界水平埋深一般小于 20m，卸荷岩体底界水平埋深一般小于 60m。地下水位垂直埋深一般 20～95m。3 号山梁上游侧，浅部陡倾岩层存在向临空面大椿树沟侧产生倾倒、折断现象，片麻理产状变化明显，倾向下游，部分为倾倒呈中倾角，倾倒岩体中局部有架空现象。

3　边坡变形破坏机理

根据边坡岩体地质结构特征、边坡要素以及它们之间的关系，类比天然山坡地貌形态和已开挖工程边坡的变形破坏形式，边坡主要的变形破坏形式见表 1。

边坡破坏形式　　表 1

岩土类型	变形破坏形式	形成条件	示意图	影响稳定的主要因素	可能产生的工程部位	备注
均质边坡	圆弧面滑动	坡体为松散堆积物，坡度大于自然稳定坡角		岩土体物质组成、抗剪强度、水的作用	土质、全强风化岩质边坡	岩土体强度起控制作用
岩质边坡	平面型塌滑	倾向坡外的单一软弱面被切脚而塌滑	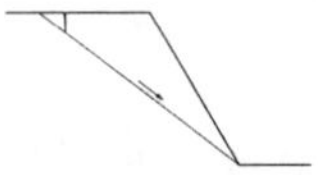	软弱面的组成物质及强度		岩体结构面强度起控制作用
	扩展式平面型塌滑	近 SN 向顺坡向中缓倾角节理及近 SN 向和近 EW 向陡倾结构面发育		结构面延伸情况、性状、水的作用、地震影响等	处于强风化强卸荷带中的近 SN 向边坡	
	倾倒型崩塌	近 EW 或近 SN 向结构面发育(切割呈层状)且边坡与之近平行陡开挖		临时或周期性起作用的裂隙水压力、地震或爆破产生的震动力等		
	楔形体滑动	两组结构面切割形成楔形体，交线倾向坡外	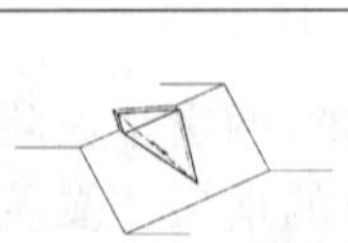	结构面的组成物质及强度		

(1)圆弧面滑动破坏:存在于均质边坡中,边坡岩土物质均一,其破坏面通常是圆弧型或似圆弧面型的,一般发生于松散层中,如第四系、全风化岩体,主要见于边坡开口线部位。

(2)平面型塌滑破坏:存在于岩质边坡中,顺坡中缓倾角节理裂隙与边坡走向平行或接近平行,倾向坡外且倾角小于边坡坡角,边坡开挖切脚后以该结构面为底滑面产生的滑动变形破坏现象。

(3)扩展式平面型塌滑破坏:存在于A区岩质边坡中,边坡的变形主要受"两陡一缓"三组结构面控制,其中以近SN向顺坡中缓倾角结构面控制作用为主。该组结构面受改造作用在强风化、强卸荷岩体中延伸相对较长,发育间距小;在弱风化、卸荷岩体中延伸相对较短,发育间距大。开挖后,边坡的变形破坏形式主要为以近SN向中缓倾角结构面为底滑面、近EW向陡倾角结构面为侧滑面、近SN向陡倾角结构面为后缘拉裂面的小型平面型滑动破坏,主要表现为在边坡马道附近及边缘的岩体塌滑。由于其下部连续陡开挖,边坡高陡,坡体应力松弛变形,随时间推移和外部地质营力等作用,可能产生折线型和阶梯状滑面的平面型塌滑破坏,尤其是在强风化、强卸荷岩体中更易发生。对于扩展式平面型塌滑破坏,通过对最深滑面、台阶高度、台坎间距、中缓倾角结构面倾角主要因素的确定,A区边坡概化模型见图2。

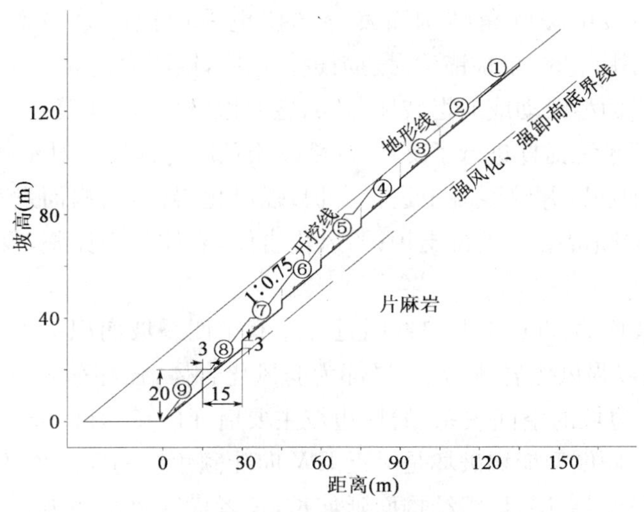

图2 A区边坡概化模型

(4)倾倒型崩塌破坏:层状岩体(同组结构面发育且延伸长,将岩体切割呈层状)走向与边坡走向近平行,且层状岩体中起控制作用的结构面陡倾坡内。在自重应力作用下,层状岩体向最易变形的方向产生变形,如:下部为软弱层(在上部层状岩体自重应力作用下能产生压缩变形)、临空面,最终导致层状岩体倾倒拉裂变形而产生崩塌破坏的现象,主要见于B区边坡风化卸荷岩体中。

(5)楔形体滑动破坏:楔形体是由两个(走向与边坡呈一定夹角)坡内相交的结构面与开挖临空面组成的,两结构面的交线倾向坡外,楔形体沿交线倾向方向产生滑动破坏(交线倾角很陡时坠落)的现象。

4 边坡支护措施

A区边坡走向N22°～28° W、N6° E,以N22°～28° W为主,边坡开口线最高高程约1 510m。B区边坡走向N59°～71° W,边坡开口线最大高程约1 525m。

边坡开挖坡比采取上缓下陡的原则。在高程 1 465m 以上，开挖坡比为 1∶1。A 区边坡高程 1 350m 以上坡比主要为 1∶0.7，以下则主要为 1∶0.3。B 区边坡高程 1 425m 以上坡比主要为 1∶0.5，以下则平均为 1∶0.35，最陡为 1∶0.1。

A 区边坡为岩质边坡，边坡岩体开口线附近为强风化岩体、强卸荷岩体，下部以弱风化岩体、卸荷岩体为主。根据结构面与边坡的空间关系，边坡主要潜在的变形破坏型式为平面型滑动或崩塌破坏，随边坡下部陡开挖，坡体浅部应力松弛变形，潜在由多个相邻滑移型崩塌破坏演变为扩展式平面型塌滑破坏，尤其在强风化、强卸荷岩体中。其次潜在沿近 SN 向陡倾角结构面产生的倾倒型崩塌破坏，由于 SN 向陡倾角结构面一般延伸较短，一般形成破坏的规模较小。断层带宽度较大的结构面发育一条，沿断层带潜在产生小规模的圆弧形滑动；局部结构面组合可形成小型楔形体破坏。强风化、强卸荷岩体主要分布于高程 1 380m 以上及边坡南侧近边坡开口线附近。

边坡开挖后，扩展式平面型塌滑破坏型式对边坡稳定最为不利，此类破坏型式规模大，其主要存在于强风化、强卸荷岩体中，因此，强风化、强卸荷岩体的稳定决定了边坡的整体稳定。对此在强风化、强卸荷岩体分布地段，边坡采用预应力锚索进行支护，锚固深度深入到弱风化、卸荷岩体内。局部顺坡中缓倾角结构面发育部位也采用预应力锚索加固处理。在高程 1 370m以上边坡共采用了 280 余根锚索对边坡进行加固，锚固力达 358 000kN。

此外，边坡潜在平面型滑动或崩塌破坏、倾倒型崩塌破坏，其规模小，破坏深度浅，但分布广泛，整个边坡采用了系统锚杆进行了支护，局部采用预应力锚杆。对于破碎岩体，如断层带、节理密集带，采用挂钢筋网并喷混凝土进行支护；强风化岩体，结构面发育，岩石块度相对较小，也采用挂钢筋网并喷混凝土进行支护；弱风化岩体，岩体较为完整，仅采用喷混凝土进行支护。

B 区边坡，除边坡顶部、近边坡开口线附近分布有第四系坡崩积层为均质边坡外，其余为岩质边坡。岩质边坡以强风化岩体为主，局部为弱风化岩体，强卸荷岩体分布于高程 1 445m 以上。根据结构面与边坡的空间关系，岩质边坡主要潜在的变形破坏形式为：平面型塌滑破坏、倾倒型崩塌破坏。倾倒型崩塌破坏是沿近 EW 向陡倾角结构面产生的，在强风化岩体中，片岩夹层易风化形成软弱夹层，该组结构面延伸长，长者横穿整个边坡，其规模大。均质边坡潜在圆弧形滑动破坏。此外，还存在楔形体滑动破坏，规模一般较小。

对强风化、强卸荷岩体及局部揭露的以延伸较长的中缓倾角结构面为底滑面的块体采用锚索支护，对坡面上揭露的宽度较大断层带、节理密集带等破碎岩体采用锚拉板支护，锚固深度深入到弱风化、卸荷岩体内。边坡共采用了 360 余根锚索对边坡进行加固，锚固力达 472 800kN。此外，整个边坡采用系统锚杆进行支护。岩质边坡以强风化岩体为主，边坡采用挂钢筋网并喷混凝土进行支护。

此外，在边坡开口线外布设有截水天沟，以拦截山坡水流。地下布置有 4 层排水洞以降低边坡体内地下水位，降低地下水对边坡稳定的影响。

5 锚固效果

A 区、B 区边坡均布置了表面观测点、测斜孔、多点位移计、锚索测力计、水位观测孔，监测结果显示边坡均处于稳定状态。

A 区监测成果表明该区边坡的表面变形监测点变形较小，变形趋于平稳，测斜孔和多点位移计反映的深部变形变化平稳，无异常突变，监测锚索荷载变化正常，日常巡视检查未发现异常情况。典型监测曲线见图 3、图 4。A 区边坡经支护处理后，处于稳定状态。

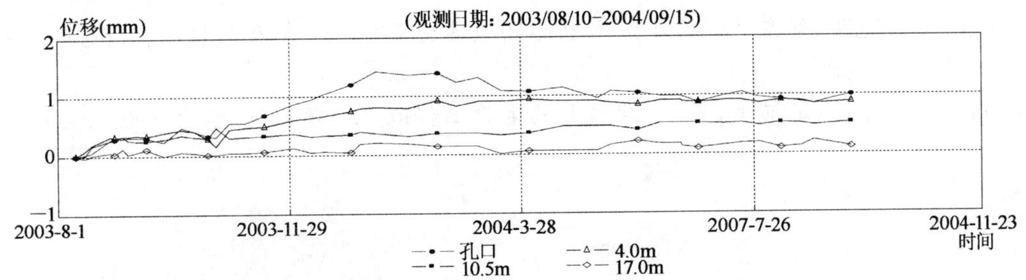

图 3 C2B-2Ⅲ-M-05 多点位移计各深度位移—时间曲线

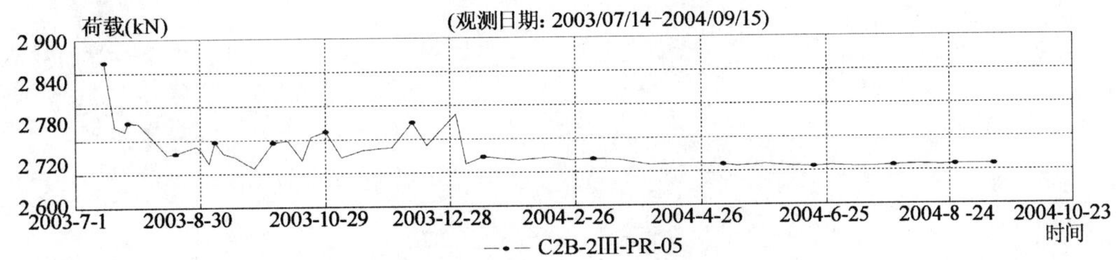

图 4 C2B-2Ⅲ-PR-05 锚索测力计荷载—时间曲线

B 区监测成果表明该区边坡的表面变形监测点变形较小，变形趋于平稳，测斜孔和多点位移计反映的深部变形变化平稳，无异常突变，监测锚索荷载变化正常，日常巡视检查未发现异常情况。典型监测曲线见图 5。B 区边坡经支护处理后，处于稳定状态。

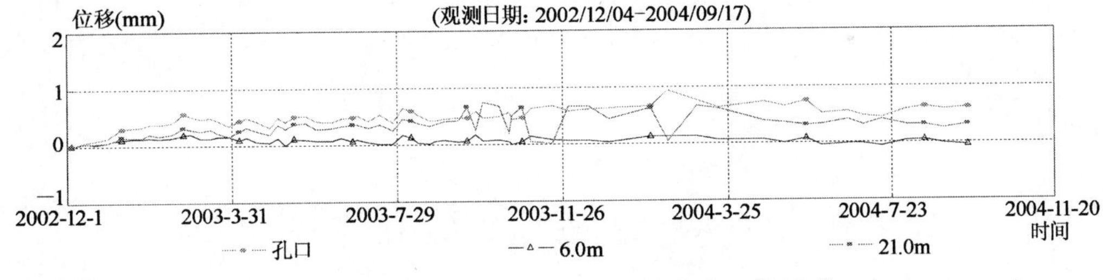

图 5 C2B-1B-M-01 多点位移计各深度位移—时间曲线

6 结语

(1)在支护措施中，深层支护与浅层支护相结合，有效控制了深部变形与浅表变形。

(2)对不同工程地质条件的边坡，采取不同支护措施进行边坡支护。对潜在深层变形破坏采用深层支护，对浅层变形破坏采用浅层支护。对强风化岩体一般采用锚索进行深层锚固，对弱风化岩体一般仅采用系统锚杆进行浅层支护。

(3)对水的影响，采取了外堵内排、堵排兼顾的措施。外对边坡采用喷混凝土进行封闭并设截水天沟，避免降水及坡面流水渗入坡内；内设排水洞，降低地下水水位。

(4)边坡经相适应的边坡支护措施治理后，边坡处于稳定状态，为工程安全运行提供了有力保障。

参考文献

[1] 邹丽春,王国进,汤献良,等.复杂高边坡整治理论与工程实践.北京:中国水利水电出版社,2006.

[2] 汤献良,叶光明,刘东勇,等.小湾水电站高边坡变形破坏机制及工程治理.武汉大学学报(工学版),2008.

[3] 汤献良,刘东勇,冯汉斌,等.小湾水电站主要工程地质问题评价.水力发电,2009.

向家坝水电站边坡预应力锚索施工质量控制实例

徐永明

（武警水电第六支队）

摘　要　向家坝水电站高边坡地质条件较差，且有煤层及废弃采空煤洞分布，高处陡崖还可能形成潜在的不稳定块体。通过采用预应力锚索加固山体边坡，对不稳定危岩施加正应力和抗滑阻力，提高了边坡岩土的整体性和稳定性，而锚固工程的施工质量是高边坡稳定的关键。结合具体施工过程，本文简要介绍预应力锚索施工的质量控制要点。

关键词　预应力锚索　施工技术

1　工程概述

向家坝水电站是金沙江流域水利资源梯级开发的最后一级水电站。右岸高程380m混凝土生产系统是向电站主体供应混凝土的重要辅助设施，其土建工程划分为Ⅰ、Ⅱ区。Ⅰ区位于右坝头缓坡段，与上坝交通洞、缆机受料平台相接，沿380m高程顺坡带状布置。Ⅰ区上部EL430m以上陡崖边坡设置预应力锚索进行加固，共81束，分上下两排布置，锚索孔间距为4m，排间距在9.65m左右，个别孔位进行过调整。

2　地质评价

右岸高程380m混凝土生产系统Ⅰ区位于右坝头附近的T33缓坡地段，地形坡20°左右，场地南北两侧分别为T34岸组和T32-6亚组的砂岩形成的NW向陡崖。T33岩组为薄～中厚层状中细砂岩、细砂岩、粉砂岩夹泥质粉砂岩、粉砂质泥岩和泥岩含线（层），泥质类软岩、较软岩等约占20%。其中：有7层成层较好的煤，单层厚度5～20cm，除上部2层煤外，其他各煤层均有废弃煤洞分布，煤洞采空区上部岩体有一定松弛变形。T34岩组为灰白色厚至巨厚层状中细～中粗粒砂岩，在地表形成陡崖。T32-6岩组主要为厚至巨厚层状砂岩，夹少量泥质粉砂岩、粉砂质泥岩和泥岩等软弱岩石。

区内无较大断层发育，岩层倾向下游偏坡内，产状为60°～80°/SE∠15°～20°。上部陡崖可能形成沿层面的潜在不稳定块体，因此需对陡崖高边坡潜在不稳定块体进行锚固。

3　锚索结构

Ⅰ区陡崖锚索为1 500kN级端头锚无粘结式预应力锚索，长度35m，方位角220°，仰角5°，基本垂直坡面布置。锚索的主体结构为：10根ASTM A416－94规格7ϕ5无粘结钢绞线，钢绞线外带D148钢套管。锚索单束总长为36.8m，内锚固段长度为7m，张拉段长度为28m，结构见图1，截面构造见图2。

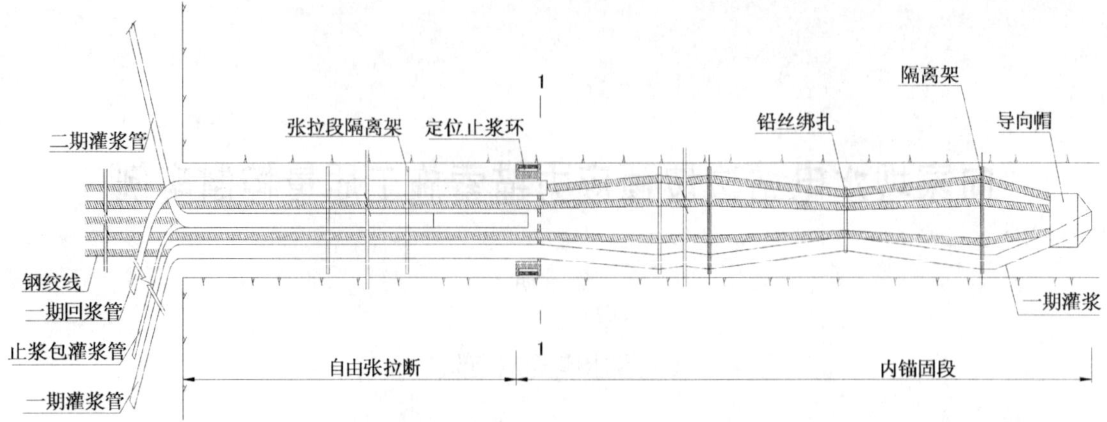

图 1　1 500kN 无粘结式预应力端头锚索结构示意图

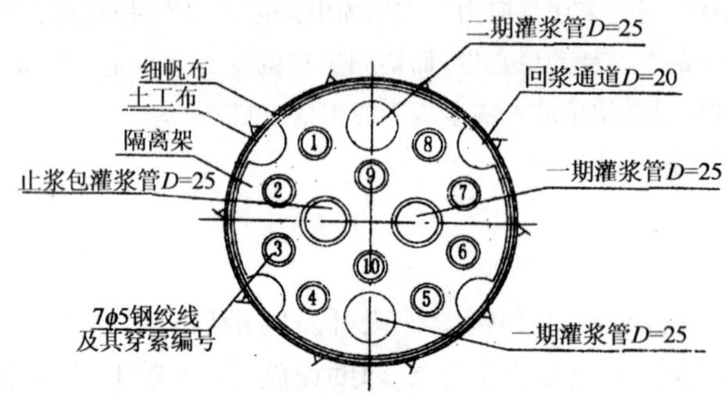

图 2　1-1 截面构造图(尺寸单位:mm)

4　施工工艺流程

预应力锚索施工工艺流程见图 3。

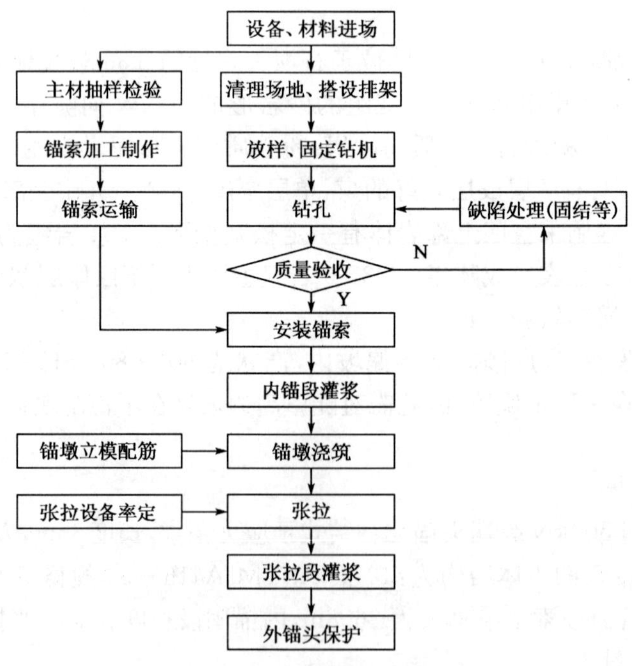

图 3　预应力锚索施工工艺流程

5 施工质量控制过程

5.1 测量放样、钻孔

测量放样使用瑞士徕卡 TC1700 型全站仪，利用大坝坐标系的控制点精确测放锚索开孔孔位，同时放好钻孔前、后的方位点。

钻孔设备选用 DKM-1 型潜孔冲击钻机，采用气动潜孔锤冲击回转全面钻进工艺，成孔孔径为 135mm。为满足设计精度要求，对钻机进行了研制和改进，钻杆上增加导向扶正器，消除钻进过程中钻头下沉引起孔斜误差过大的现象。

根据测量定位点调整钻机位置，加固钻机保证不发生轴向位移，使钻机压力均匀分散于建基面。开钻时采用低风压、钻进 50cm 后调整至正常风压和转速。钻进过程中观察岩粉颜色并记录，随时检查钻机位置和钻杆方位角、水平角、孔斜误差，根据钻杆长度控制钻孔深度。

钻孔过程中遇到断层破碎带和裂隙密集带，出现钻进不回风、塌孔、卡钻等现象时，及时上报并会同监理、设计工程师研究判定，采取扫孔、固灌后扫孔钻进、锚索孔加深等措施处理。

钻孔完成后进行简易压水试验，试验压力不小于 0.32MPa，栓塞位置在钻孔内 3m 左右，透水率能满足设计要求不超过 10Lu，方可进行灌浆，否则需要进行处理，直到满足要求。

5.2 锚索制作与安装

钢绞线、锚具夹片等锚索施工主材均按照规范要求进行抽样检测，检验合格方准使用。

锚索制作安排在高程 450m 平台编索棚内进行。编索前由技术人员按设计图纸要求发放编索通知单，施工人员按要求先把钢绞线、灌浆管、充气管等下好料放在编索平台上编制。编索完成后经过检查验收，对应锚索孔号登记并挂合格牌，入库存放。

穿索主要采用人工推送，穿索时要求索体曲率半径不小于 3m，严禁索体旋转，必须始终保持锚索在孔内平顺有序地进入，灌浆管、充气管不被挤压和扭曲。穿索到位后，对止浆环气囊进行充气检查，对进回浆管和外露钢绞线长度进行检查。

5.3 内锚段灌浆

内锚段灌浆在灌浆前必须再次检查止浆环充气压力（大于灌浆压力的 1.5 倍）。浆材为 M50 水泥净浆，采用 UBJ－2 型挤压式灰浆泵，灌浆压力为 0.2～0.4MPa，回浆管出浓浆后孔内吸浆量大于理论吸浆量，回浆比重大于或等于进浆比重，且进浆和回浆量基本一致时开始并浆，压力为 0.3MPa，并浆 30min 后结束灌浆。

5.4 锚墩浇筑

内锚段灌浆结束待浆液初凝后，即可把一期进回浆管从孔口切除。先清理孔口建基面，按要求绑扎钢筋，再装承压钢垫板与孔口套管。安装时用水平尺检查校正承压钢垫板与钻孔轴线必须垂直，钢套管与钻孔轴线必须重合，再按设计尺寸立模。锚墩混凝土设计强度等级为 C40，浇筑时采用 0.35m^3 混凝土搅拌机拌料，人工运料，使用插入式软轴振捣棒振捣密实，浇筑完毕后及时洒水养护。

5.5 张拉

张拉设备选用 YCW220-100、YCW400g 两种型号的千斤顶，在张拉前需进行配套标定。当内锚段浆体和墩头混凝土达到设计强度后进行张拉，开始用 YCW220-100 千斤顶对钢绞线逐根进行预紧，单根预紧吨级 50kN，然后用 YCW400 千斤顶按预张拉→600kN→1 000kN→1 400kN→1 540kN（超张拉）进行整体张拉，除最后一次张拉要求静载持续 30min 外，其余各级加载均持续 5min，张拉完成后进行锁定。预应力张拉应做好过程记录，见表 1。

预应力锚索张拉记录表 表1

序号	压力表读数(MPa)	实际张拉力(kN)	实际伸长值 L_1(mm)		理论伸长值 L	伸长值偏差(%)	稳压时间(min)
			加载测值	稳压测值			
1-1	12.2	600	36	34	31.45	8.1	5
1-2	21.2	1 000	78	75	70.13	6.9	5
1-3	30.1	1 400	129	127	120.24	5.6	5
1-4	33.2	1 540	140	136	130.15	4.5	30

锚索张拉完毕锁定后，会产生一定的应力损失，需要补偿张拉的锚索应根据设计要求及监理工程师的指示进行。对于有补偿张拉要求的锚索，在张拉锁定后 7d 左右进行，补偿张拉的张拉力为超张拉力。本工程预应力锚索的超张拉力规定为设计承载力的 1.15 倍，即 1 725kN。

5.6 锚索张拉段灌浆

张拉完毕后进行张拉段封孔灌浆，灌浆前先检查二次灌浆管路是否畅通，采用 M35 水泥净浆，张拉段灌浆压力控制在 0.2～0.3MPa，灌浆结束标准与内锚段一致。

5.7 封锚及外锚头保护

张拉段灌浆结束终凝后，用手持砂轮切割机将锚板外多余的钢绞线切除，切口位置至锚板的距离不小于 50mm，锚头作永久防锈处理。二期混凝土浇筑之前，对混凝土墩面进行凿毛，并将工作锚、钢绞线及垫座清洗干净，然后立模浇筑 C40 混凝土，对外锚头进行保护。

6 质量控制重点

(1)对钢绞线、锚具、水泥、外加剂等重要材料要求“三证”必须齐全。优良的材质是保证锚索施工质量的前提条件，本工程使用的是贵州钢绳集团有限公司生产的 1 860N/mm^2 级无粘结预应力钢绞线、柳州永固路桥预应力锚具有限公司生产的 79～84HRA 规格锚具、湖南石门特种水泥有限公司生产的 P. O42.5 水泥、上海麦斯特公司生产的 RP-26R 缓凝高效减水剂。这些材料均按进货的批次及数量进行了取样检验，检验结果满足国家标准及设计要求。

(2)钻孔是质量控制的第一环节，孔位、孔向、孔斜、孔径、孔深等参数必须确保在允许误差范围之内，否则会对锚固力学效果产生不利影响。经统计，本工程锚索孔开孔偏差最大 9cm，最小 3cm，平均 5.5cm；孔斜和方位角偏差最大 1.5°，最小 0.6°，平均 1.0°；各项指标完全满足《右岸高程 380m 混凝土系统一期工程预应力锚索施工技术要求》。施工成孔干净、无粉尘，个别孔在钻进中因遇到岩层裂隙造成孔内漏风，致使排粉能力下降，给钻进造成困难，施工中采用分段或全孔段固壁灌浆二次扫孔的方法给予了较好的解决。

(3)内锚段灌浆是否密实有效，是决定张拉是否成功的关键环节，应重点控制浆液的拌制及灌浆压力的调节。本工程施工中共检测浆液比重 162 次，均在 1.98 以上，水泥净浆试件 7d、28d 抗压强度均满足设计要求。严格控制灌浆结束标准：并浆压力 0.3MPa，并浆 30min，孔内不再吃浆，且实际进浆量大于理论进浆量，回浆密度大于进浆密度。

(4)张拉是预应力锚索施工的重要环节，应按技术要求分级张拉，全过程严格监控，并对应做好详实细致的原始记录。五级张拉必须在同一工作时段内完成，否则需卸荷后再重新依次张拉。本工程施工中 11 号锚索因与邻近区域爆破时间段冲突，张拉进行到第二级时被迫中断，事后对该束锚索完全卸荷，然后重新开始进行了二次张拉，经量测记录，每一级荷载伸长值和稳压时的变形量均达到了规定要求。

7 结语

预应力锚索施工专业技术性较强，属于隐蔽工程，工序多，且多为交叉作业，过程控制非常重要。在金沙江向家坝水电站右岸陡崖预应力锚索施工中，质量控制贯穿于施工全过程，对每一道工序的严格检查和关键点的精细管理，确保了优良的施工质量。向家坝工程安全监测中心变形监测反馈的数据显示，该施工部位高边坡运行正常，锚固工程稳定可靠。

岩土锚固工程高边坡排架设计施工要点及控制

尹　衡[1]　车维斌[2]　康　东[1]　柏　东[1]

（1. 四川准达岩土工程有限责任公司　2. 中国水电第五工程局有限公司科研所）

摘　要　根据岩土施工高边坡排架特点，介绍排架设计、施工、编制、论证、验收、管理要点及控制办法。

关键词　高边坡　排架　设计　施工

1　引言

岩土施工高边坡排架有异于普通施工脚手架，了解和掌握其设计、施工要点，并进行有针对性的有效控制，是保证其安全的关键。笔者参加过四川准达岩土工程有限责任公司承揽的云南小湾、四川长河坝、水牛家电站等多个100m以上高边坡正常及抢险施工，现将经验总结，与同行分享。

2　岩土施工高边坡排架设计、施工基本程序

收集技术资料，初拟排架施工方案，确定排架设计参数→排架设计及排架施工方案编制→专家论证，监理工程师审批→技术交底→排架搭设→排架验收→（使用过程）排架巡视检查及维护→排架拆除。

3　岩土施工高边坡排架设计

3.1　技术资料收集

（1）资料收集范围及内容

①收集合同、招标文件等，了解施工的工期、强度。

②收集施工组织设计等，了解施工使用的机具、人员、材料、工艺等。

③收集设计文件等，了解边坡岩层特点、地基承载力、技术要求等。

④收集气象等资料，了解施工地基本风压，恶劣气候（暴风雪、暴雨、雷击等）。

（2）资料收集作用

岩土施工高边坡排架设计前资料的收集，对排架的设计、施工极其重要。根据收集的技术资料，可以明确为满足设计要求，确保工期，施工必须保证的强度，必须采用的机具、工艺，参与施工、管理必须配备的人员、材料，从而确定施工荷载；确定对排架的基本要求（如机具、下索、下锚杆等对排架宽度要求等）；知晓工艺（如采用水钻、灌浆对卸荷面的劈裂等致使排架的不安全因素增加）对边坡稳定性的影响；知晓断层、裂面、卸荷带等不利地质缺陷对排架安全的影响；知晓恶劣气候对排架施工安全的影响，从而采取相应的安全措施等。

3.2　确定排架设计参数原则

排架必须满足施工需要，确保安全，这是确定排架设计参数的前提。

(1)排架满足施工要求原则

《建筑施工扣件式钢管脚手架安全技术规范》(JGJ 130—2001,J84—2001,2002版)(以下简称《脚手架规范》)列举了常用脚手架设计尺寸,但由于边坡施工的工况异于普通脚手架,因此,更多的是参考类似工程脚手架的设计尺寸,如使用机械对排架宽度、作业高度的要求,锚索施工编索、下索对排架作业的要求,施工部位对排架高度、施工荷载的要求等。

设计的排架高度、排数、采用的构配件、立杆的步距(步)、间距、纵距(跨)、横距等均应满足满足施工要求。

(2)排架满足安全要求原则

排架的参数通过验算、调整,最终必须满足《脚手架规范》的规定,主要有以下几项:

①纵向、横向水平杆等受弯构件的强度和连接扣件的抗滑承载力。

②立杆的稳定性。

③连墙杆的强度、稳定性和连接强度。

④立杆地基承载力。

(3)排架施工层荷载传递关系

岩土施工高边坡排架,由于施工机械安装特点,一般采用施工层荷载传递关系:脚手板上荷载→横向水平杆→纵向水平杆→立杆。

(4)插筋连墙件提供的锚固力

钢材与水泥浆之间比水泥浆与孔壁间的粘结强度大近1倍,所以钢材同水泥浆的握裹力一般不起控制作用。插筋连墙件的握裹力类似锚杆,一般不必计算插筋连墙件同水泥浆的握裹力,而常采用钢材同水泥浆的握裹力来对锚固段长度进行校核,并通过现场拉拔试验进行验证。

在校核插筋连墙件深度时,按照计算公式选取的安全系数是针对单根插筋连墙件。对于岩土施工高边坡排架整体插筋连墙件的布置、数量也要考虑一定的安全富余。

特别要注意的是,需进行处理的高边坡其岩面破碎、软弱、风化严重,岩体缺陷明显,插筋连墙件围岩的级别一般较低,而胶结材料同孔壁粘结力的大小是受围岩控制的,插筋连墙件容许的粘结强度要根据围岩的级别、插筋的方向、受力等选取安全系数。

3.3 排架设计计算

(1)典型及特殊剖面的选择

选择典型剖面且必须具有代表性,这是自然(环境)边坡排架设计异于常用规整脚手架最显著特性。由于坡面的不规整,典型剖面可以选择多条,典型剖面的条件劣于其他位置,如坡度陡于其他位置、搭设位置最高、承受荷载最大等,根据典型剖面验算合格的排架,其他位置更偏于安全;多个典型剖面的选择,也可以使排架在不同的区域采用不同的设计。

特殊剖面代表安全隐患较大的区域,如边坡垮塌成倒悬,或者强卸荷、拉裂等区域。这些区域一是要在排架的设计、搭设上做针对性的安全措施、处理,如利用系统锚杆卸载、特殊柔性连墙杆设置、自上而下悬空架搭设等;二是作业施工时必须采取相应的安全控制措施,如强卸荷、拉裂区域,严格控制水钻、控制灌浆的劈裂、增加连墙杆的设置、施工荷载应随锚固后边坡条件改善逐步增加(严格控制前期施工设备数量、人员)等。

(2)常规设计计算

按《脚手架规范》规定:脚手架的承载能力应按概率极限状态设计法的要求,采用分项系数设计表达式进行设计。计算取值及计算方法遵循《脚手架规范》,需要进行强度、承载力、稳定性计算。

①强度计算：

a. 纵向、横向水平杆等受弯构件的强度；b. 连墙杆的强度及连接强度。

②稳定性计算：

a. 立杆的稳定性；b. 连墙杆的稳定性。

③承载力计算：

a. 立杆地基承载力；b. 连接扣件的抗滑承载力。

设计计算过程、取值、结果一般以附件《脚手架设计计算书》反映，多个典型剖面的选取，在多个附件中反映。

(3)有限元复核

对设计计算进行有限元复核，其基本原理就是在结构分析中，当由荷载产生的位移足以使结构的几何形状发生显著改变时，就必须考虑结构的几何非线性问题与结构稳定问题。

采用有限单元法分析结构的稳定性问题，就是通过引入结构的几何非线性建立由弹性刚度矩阵[K]和结构经过一次变位后得到的几何刚度矩阵[KG]组成总刚度矩阵[K]+[KG]。

3.4 岩土施工高边坡排架方案编制

方案编制内容包括：

(1)工程概况、边坡的地质构造及岩层特点；

(2)主要编制依据；

(3)危险源识别及监控：①事故类型，②引发事故的主要原因；

(4)安全技术设计：①一般规定，②构造要求；

(5)施工的要求：①施工准备，②地基与基础，③搭设，④拆除；

(6)脚手架工程质量检查与验收：①材质要求，②检查与验收；

(7)脚手架工程安全管理与日常维修；

(8)脚手架工程应急预案：①目的，②应急领导小组及职责，③应急反应预案。

4 监理工程师审批与技术交底

岩土施工高边坡排架方案是危险性较大的工程安全专项施工方案，按照规定，应进行专家论证审查，并按论证审查意见进行修订调整。修订调整后的方案由编制人、审核人、施工企业技术负责人签字后，报送监理单位专业监理工程师和总监理工程师签字审批同意后方可实施。

施工单位根据审批同意的方案进行详细的安全技术交底，交底人员包括排架搭设人员和排架上所有的施工作业、管理人员。

5 岩土高边坡排架施工

5.1 排架搭设作业程序

坡面清理→脚手架基础放样(铺放木垫板或垫石、插筋)→脚手架搭设→设置连墙杆→设置剪刀撑、抛撑、斜支撑→铺装作业层跳板→马道搭设→设置脚手架安全防护设施(安全护栏、安全网)→整体验收。

(1)坡面清理

多数情况，坡面岩石情况较为破碎，在进行高边坡排架搭设之前，首先视坡面岩石情况进行排险，将破碎岩石予以清除，以防止出现岩石塌方脱落危及施工安全的现象。

(2)基础处理

为确保脚手架立柱不发生滑移，在脚手架立柱位置布设抗滑插筋，插筋为 $\phi28$，$L=1.0$m，入岩 0.8m，再将钢管立柱套在插筋上，见图 1。

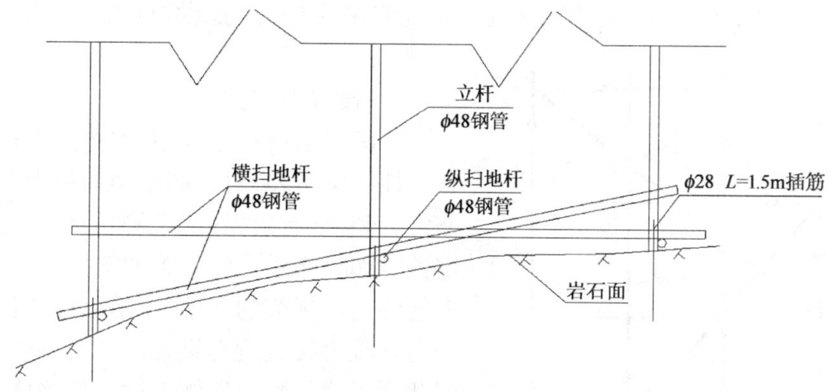

图 1 脚手架底部剖面图

(3)搭设

①放置纵向扫地杆后，自端部起依次向两边竖立(第一根)立杆，底端与纵向扫地杆扣接固定后，装设横向扫地杆并与立杆固定(固定立杆底端前，应吊线确保立杆垂直)。

②每边竖起 3～4 根立杆后，随即装设第一步纵向平杆(与立杆扣接固定)和横向平杆(小横杆，靠近立杆并与纵向水平杆扣接固定)、校正立杆垂直和平杆水平使其符合要求一。

③按 40N·m 力矩拧紧扣件螺栓，形成构架的起始段。

④按上述要求依次向前延伸搭设，直至第一步架立圈完成。交圈后，再全面检查一遍构架质量和地基情况，严格确保设计要求和构架质量。

(4)设置连墙件

①岩土施工高边坡排架常采用两类连墙杆：一类连墙杆为柔性连墙杆。柔性连墙杆采用 $\phi22$～28mm 钢筋锚杆及 $\phi10$～12mm 钢筋做拉筋连接排架与岩壁。施工时先用风钻造孔，入岩 1.1m，再灌砂浆(M20～M30 高强度等级水泥砂浆)进行锚固、下钢筋锚杆，锚杆外露0.4m，采用 $\phi10$～12mm 钢筋焊接在立杆上，焊接时与同一小横杆连接的 3 根立杆均连接，焊接钢筋长 1～3m。连墙杆与岩石面连接大样图见图 2。

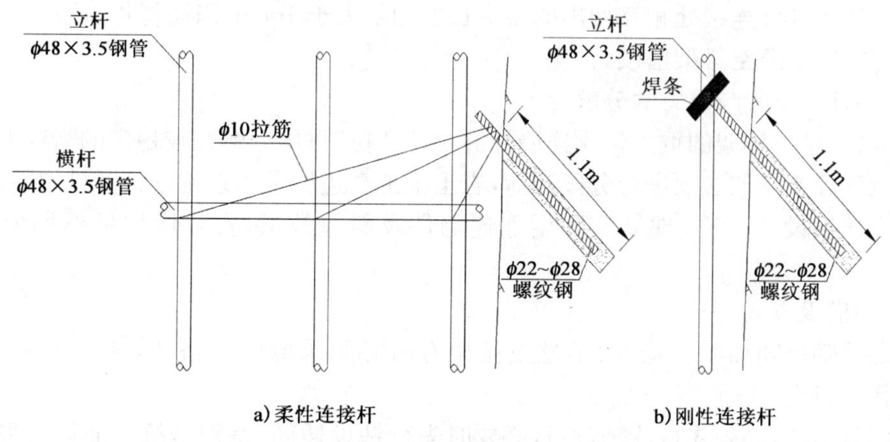

图 2 脚手架搭设过程的连墙杆大样图

②另一类连墙杆为刚性连墙杆。刚性连墙杆采用 ϕ22～28mm 钢筋及外径 48mm、壁厚 3.5mm 的钢架管做连接杆连接排架与锚杆，入岩深度 1.1m，外露 0.4m，灌注 M20～M25 高强度等级水泥砂浆进行锚固，钢筋锚杆与立杆或者斜撑采用帮条焊接（帮条钢筋直径 22mm，焊接长度 10d）连接；用于与斜撑相连插筋，钻孔安装方向应与斜撑杆方向一致，与水平面成 45°夹角。

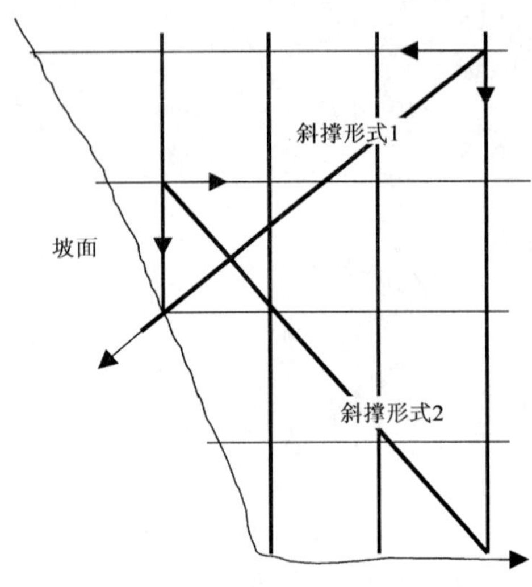

图 3　脚手架搭设过程的斜撑

（5）设置斜支撑

在脚手架搭设过程中，斜撑对于提高脚手架的整体性非常重要，对于脚手架的传力及整体稳定性非常有利，能有效保证脚手架的结构受力及整体稳定性。如果脚手架没有施加斜撑，虽然在结构受力上能够满足规范的要求，但是立杆的稳定性及结构受力均较为接近规范要求的上限，安全保证较小，因此为了确保脚手架施工过程的整体安全稳定，需增设斜撑，见图 3。

（6）铺装跳板、搭设马道、设置安全防护设施

人行爬梯，爬梯采用“之”字形搭设，装设作业层间横杆、铺设脚手板和装设作业层栏杆、挡脚板，并采用安全网对脚手架进行封闭围护措施。

（7）杆件搭接

①大横杆、剪刀撑搭接长度不少于 100cm，且应等间距设置 2～3 个旋转扣件固定，端部扣件盖板边缘至搭接纵向水平杆杆端的距离不应小于 100mm。进、出口边坡脚手架立杆采用扣件搭接，搭接长度不少于 100cm，应采用 2～3 个旋转扣件固定，端部扣件盖板的边缘至杆端距离不应小于 100mm。相邻立杆接头不得设于同步内，立杆接头与中心节点相距不大于 50cm。所有立杆的接头均错落布置。立杆的垂直偏差不应大于架高的 1/300，并同时控制其绝对偏差值：

架高≤20m 时，绝对偏差值不大于 50mm；

20m<架高≤50m 时，绝对偏差值不大于 75mm；

架高>50m 时，绝对偏差值不大于 100mm。

②脚手架各杆件连接处相互伸出的端头长度均要大于 10cm，以防杆件滑脱。

5.2　悬空、半悬空排架搭设

（1）连墙杆的设置与重力的分解

①悬空、半悬空排架的重力依靠连墙杆的“撑”、“拉”作用分解在较稳定的岩壁上。

②若设计计算排架必须进行分段卸荷，岩土施工高边坡常用系统锚杆对排架整体加固，分段卸荷。应根据设计计算、现场实际增加连墙件及斜撑数量，实际增加量不得少于设计计算量。

（2）排架搭设方式

排架必须随搭随加固。悬空、半悬空排架有时必须采取倒悬搭法，即异于常规（从下往上），从上往下搭设。

采用倒悬搭法，必须先行清理危石，必要时先行钻设插筋（特别是抗滑插筋），采取上部固定，下部延伸，步步为营进行搭设。常采用 ϕ16mm 钢绳柔性拉锚连墙件，与排架外侧立杆、大

小横杆结合部用绳卡固定，拉锚绳与水平面成上倾45°角。岩壁锚固端采用ϕ16mm钢绳锚杆，锚杆长度1.0m，与拉锚钢绳绳卡固定连接。绳卡固定每端不少于3道，绳卡固定方式必须符合相关规范要求。

排架施工人员必须配备安全带、安全绳，安全绳应该固定在稳定的边坡位置。

6 岩土高边坡排架施工的验收、管理、拆除

岩土高边坡排架施工的验收、管理、拆除同普通脚手架。

6.1 材质要求

(1)钢管：内外表面锈蚀的深度之和不大于0.5mm，表面应平直光滑，不应有裂纹、分层、压痕、划道和硬弯；立柱钢管的弯曲3～4m长时，不大于12mm，4～6.5m时不大于20mm；各种杆件在其端部1.5m长度内弯曲偏差不大于5mm，钢管端面切斜的偏差需在1.7mm范围之内。

(2)扣件：铸铁不得有裂纹、气孔，不宜有疏松、砂眼或其他影响使用性能的铸造缺陷，并应将外观质量的粘砂、浇冒口残余、披缝、毛刺、氧化皮等清理干净。

(3)扣件与钢管的结合面必须严格整形，应保证与钢管扣紧时接触良好。当扣件夹紧钢管时，开口处的最小距离应不小于5mm。

(4)扣件活动部位应能灵活转动，旋转扣件的两旋转面间隙小于1mm；扣件表面应进行防锈处理，扣件螺栓不得滑丝。

(5)马道板：宽30cm，长度250cm或300cm，不得有开裂和腐朽。

所有用于排架施工的构配件、材料等都应该满足《脚手架规范》的要求。

6.2 检查与验收

严格按照《脚手架规范》、《建筑施工安全检查标准》(JGJ 59—99)相关条款及项目进行检查，填写验收记录单，并由施工单位主要负责人、安全员、监理工程师签字后，排架方能使用。

6.3 日常维护安全管理

(1)3m高以上部分的脚手架，外侧必须设1m高的护栏杆和20～30cm高挡脚板(杆)或挡脚网，顶排的防护栏杆不得少于两道，高度分别为1.3m和0.9m。

(2)脚手架封顶时，靠边坡立杆应低于建筑或边坡50cm，外侧立杆应高出边坡1.3m，并作防护栏杆。

由于排架上部山体岩石裸露、破碎，在每段排架顶部均应满铺两层竹夹板，竹夹板交错放置。

(3)脚手架的靠边坡一侧的立杆距边坡不得大于20cm，大于20cm时，必须铺设绑扎结实的脚手板，但不得有探头板。

(4)脚手架水平人行通道必须用脚手板(厚度5cm)或竹夹板铺设，每块脚手板或竹夹板两侧用铅丝捆绑，宽度不得小于60cm，脚手板缝隙在3cm以下。作业平台必须设置栏杆扶手及挡脚板。脚手板必须捆绑牢靠、结实，板的搭接长度不得小于20cm，而且不得在悬空处搭接。

(5)脚手架必须设上、下通道(即爬梯)。爬梯成“Z”形搭设，坡度不得大于60°。

(6)作业平台必须分操作平台、材料堆放平台，不得混淆。操作平台、材料堆放平台必须用大于5cm厚的脚手板铺放，平台四周设挡脚板和1.2m高的防护栏杆，并在外侧及底部3m处悬挂安全网，临空面设防护栏，三个面挂安全网，以保证施工人员安全。架上不准堆放成批材料，零星材料可适当堆放，但架上不准堆放活动材料，如扣件、钢管、钢筋等。

(7)脚手架在使用时,作业层施工荷载不得超过计算允许荷载。在使用过程中,禁止随意拆除脚手架的基本杆件、整体性杆件、连接紧固件和连墙件。

(8)脚手架搭设完毕后,需对施工区进行封闭管理,紧急出口外留唯一上下通道,并派专人看守,对上下排架人员进行检查,严禁无关人员进入。

(9)每班施工前必须对脚手架扣件、立杆及拉结点进行例行检查,确认无松动、变形、断裂后,方可进行施工,并填写检查记录表和当班记录人。作业过程中发现有不安全的情况和迹象时,应立即停止作业,进行检查,待问题解决后方能恢复正常作业,发现有异常和危险情况时,应立即通知所有架上人员撤离。

(10)每步架的作业完成之后,必须将架上剩余材料物品移走。

(11)夜间照明不足不得架上作业,雨天、大风、雷电天气不得架上作业。

6.4 排架的拆除

(1)排架拆除前制定拆除方案,并对对拆架人员进行技术、安全交底,交底要有记录。交底内容要有针对性,拆架子的注意事项必须讲清楚。

(2)架子拆除程序由上而下,剪刀撑、拉杆不得一次性全部拆除,要求杆拆到哪一层,剪刀撑、拉杆拆到哪一层。

(3)拆架人员必须系安全带。拆除过程中,应指派一个责任心强、技术水平高的工人担任指挥,负责拆除工作的全部安全作业。

(4)拆下来的脚手杆要随拆,随清,随运,分类,分堆,分规格码放整齐。要有防水措施,以防雨后生锈,扣件要分型号装箱保管。

(5)严禁在夜间进行架子搭拆工作,未尽事宜工长在安全技术交底中做详细的交底,施工中存在问题的地方应及时与技术部门联系,以便及时纠正。

(6)连墙件应在位于其上的全部可拆除杆件都拆除之后才能拆除,在拆除过程中,凡已松开连接的杆配件应及时拆除运走,避免误扶和误靠已松脱连接的杆件。

7 结语

岩土施工高边坡排架,广泛用于挂网、喷护、锚杆、锚筋束、锚索、监测等多种边坡支护、监测施工中。在边坡综合治理、加固施工中,遵循由表及里、由潜至深、先表层封闭、后深部处理原则,排架也可利用已施工的锚杆逐步加固,随着边坡的支护稳定趋好,逐步增加作用于排架的荷载,这对边坡施工期的安全、排架的安全是非常必要的和有效的。

参考文献

[1] 汪正荣,朱国梁.简明施工计算手册(3版).北京:中国建筑工业出版社,2005.

[2] 《建筑施工手册(第四版)》编写组.建筑施工手册(4版).北京:中国建筑工业出版社,2003.

[3] 中华人民共和国行业标准.JGJ 130—2001,J84—2001 建筑施工扣件式钢管脚手架安全技术规范.北京:中国建筑工业出版社,2002.

上海世茂天马深坑酒店深坑边坡支护设计

白彦光　庞有超　翟金明

（总参工程兵科研三所）

摘　要　采矿废弃土地的开发利用是当前的一个难点，废弃土地作为建设用地开发利用将涉及多方面岩土工程技术的应用，本文通过上海松江天马山镇横山采石坑开发中深坑边坡支护设计，介绍岩土锚固技术在其中的应用。

关键词　废弃土地　岩质高边坡　锚索　锚杆

目前，中国因矿产资源开发等生产建设活动，挖损、塌陷、压占等各种人为因素造成破坏、废弃的土地约达2亿亩，约占中国耕地总面积的10%以上，但大多数未得到及时复垦利用。将废弃土地作为工程建设用地使用，一方面可增加建设用地供给，缓解建设用地紧张的局面，同时也是开发利用废弃土地的一种途径。

上海松江天马山镇横山采石坑的开发利用即为一典型案例。下面以深坑边坡支护设计为例，介绍岩土锚固技术在废弃土地开发中的应用。

1　工程概况

1.1　工程简介

横山采石坑于1950年开始石料开采工作，2000年停止采石，采石坑面积约为36 800m²，坑深约70m，长280m，宽220m左右，见图1。上海世茂新体验置业有限公司拟开发利用该采石坑，在坑内建一酒店，酒店主体建筑依深坑边坡而建，主体建筑基础落于坑底，顶部搭建于坡顶基础上，坡顶有裙房。为确保酒店正常使用，需要对边坡进行支护加固，首先要确保边坡整体稳定，其次坑底有建筑物和人员活动，要保证建筑物和人员活动范围内坡面不出现落石。由于主体建筑顶部搭建于坡顶基础上，主体建筑范围内的边坡在地震作用下坡顶与坡脚的最大相对位移要控制在一定范围（小震时≤18mm，大震时≤120mm）。

图1　采石坑鸟瞰图

1.2　地形地貌

工程场地大部分地势平坦，其地貌属于上海地区四大地貌单元中的湖沼平原与天马山剥蚀残丘边缘两种类型。

1.3　地层结构

(1)坡顶覆盖层

①填土层：场地内除明浜（塘）地段外均有分布，层底标高3.77～－3.28m，厚度0.60～

6.40m。色杂，松散，上部由黏性土夹少量碎石、砖块及木屑等组成，土质不均。

②浜填土层：场地内明浜（塘）及暗浜地段分布，层底标高 2.10～−1.37m，厚度 0.20～2.40m。暗浜地段上部主要由黏性土夹少量碎石、砖块及木屑等组成，底部为灰黑色淤泥，含有机质及腐殖质，土质差。

③灰黄～蓝灰色黏土（②）层（Q_{34}）：属滨海～河口相沉积，场地内大部分地段分布，层底标高 1.61～−2.37m，厚度 0.30～2.20m。湿，可塑，含氧化铁斑点及泥钙质结核，属中等压缩性土。

④灰色黏土（③）层（Q_{24}）：属滨海～浅海相沉积，场地内大部分地段分布，层底标高 −0.19～−17.62m，厚度 0.90～18.10m。湿，软塑，含少量有机质，属高等压缩性土。

⑤暗绿～草黄色黏土层（Q_{24}）：属河口～湖沼相沉积，场地内大部分地段分布，层底标高 −1.88～−26.61m，厚度 0.70～15.00m。稍湿，硬塑，含铁锰质结核及氧化铁斑点，属中等压缩性土。

⑥灰色黏土层（Q_{14}）：属滨海～沼泽相沉积，场地内局部分布，层底标高 −26.47～−31.85m，厚度 2.70～6.40m。湿，可塑～软塑，含有机质、少量泥钙质结核及半腐植物根茎，属高等压缩性土。土层物理力学参数见表 1。

土层参数表 表 1

层号	土层名称	静探 P_s 平均值（MPa）	抗剪强度（峰值）		地基承载力值	
			c(KPa)	φ(°)	设计值 f_d(kPa)	特征值 f_{ak}(kPa)
②	灰黄～蓝灰色黏土	0.67	18	16.0	90	70
③	灰色黏土	0.55	15	15.0	70	55
④	暗绿～草黄色黏土	3.55	45	18.5	140	110
⑤	灰色黏土		16	16.5	85	70

（2）岩体

由于场地内岩性较为单一，自上而下可分为全风化安山岩、强风化安山岩、中风化安山岩、微风化安山岩。各风化带特征如下：

①全风化安山岩：结构基本破坏，但尚可辨认，有残余结构强度，夹残积土，部分区域与上覆盖层相互混杂。

②强风化安山岩：含斜长石、角闪石、辉石、黑云母等，结构大部分破坏，风化裂隙很发育，矿物成分显著变化，岩体较破碎，遇水易松散，岩体类别为Ⅳ类。

③中风化安山岩：含斜长石、角闪石、辉石、黑云母等，结构部分破坏，延节理面有方解石、黄铁矿等次生矿物，风化裂隙发育，岩体被切割成块，破碎部分有色变，岩体类别为Ⅳ类。

④微风化安山岩：含斜长石、角闪石、辉石、黑云母等，局部呈绿色、结构基本未变，可见原生柱状节理，节理面有渲染或略有变色，岩体类别为Ⅲ类。岩体物理力学参数见表 2。

岩体物理力学参数表 表 2

岩石名称	风化分带	干燥密度（g/cm³）	静三轴试验		单轴抗压强度（MPa）	抗拉强度（MPa）
			c(MPa)	φ(°)		
安山岩	强风化	2.30～2.34(2.32)				
	中风化	2.34～2.75 (2.45)	7.5～11.5(9.3)	31.4～38.1(33.1)	21.6～34.9(27.6)	5.11～7.87(6.30)
	微风化	2.37～2.66(2.57)	7.6～13.6(11.2)	21.1～36.0(31.4)	24.0～45.4(33.5)	4.40～8.64(6.90)

1.4 地质构造

岩体中主要发育有三组节理，包括二组竖向节理和一组水平节理。边坡出露4条走向近于东西向的断层，倾角较大。

1.5 水文地质

采石坑与地表水无直接水力关系，坑内积水主要由大气降水补给，与地下水也无明显的补给关系，坑壁岩层内垂直裂隙受到的水流冲击与补给入渗均很微弱。

坑外浅部土层中的地下水属于潜水类型，稳定水位埋深在0.60～2.60m之间。

2 支护设计

2.1 边坡稳定性分析

(1)变形破坏现状

采石坑边坡开挖距今约60年历史，地面调查表明，目前边坡整体稳定，但由于边坡受裂隙切割，特别是受近似外倾结构面的影响，少量的不稳定岩块沿近似外倾裂隙面产生滑移或掉块，边坡顶部覆盖层时有滑落现象。降雨量较大时，边坡岩壁上掉块现象更为严重。

(2)结构面赤平投影(组合)分析

根据结构面赤平投影分析，采石坑东坡、北坡属稳定结构，楔体较稳定；东北坡、西坡属基本稳定结构，楔体处于基本稳定状态；南坡属基本稳定状态，但发生塌落及掉块的可能性较大。

(3)极限平衡分析

勘察单位采用sarma法定量分析，分析表明边坡滑动面近于直线型滑动面，边坡破坏形式为浅表破坏，没有深部滑动面。

(4)有限元计算分析

采用ABQUS通用非线性有限元软件，通过强度折减法确定滑动面和稳定安全系数，其中屈服准则的选取Drucker-Prager准则。计算结果见表3。

无支护有限元法计算结果 表3

状态	无断层模型			
	岩体最大水平位移值(mm)	岩体最大垂直位移值(mm)	坑顶与坑底岩体水平相对位移(mm)	安全系数指标
天然状态	7.4	5.3	3.50	1.75
小震状态	2	7.0	6.0	1.55
大震状态	3	90	90	1.25
状态	有断层模型			
	岩体最大水平位移值(mm)	岩体最大垂直位移值(mm)	坑顶与坑底岩体水平相对位移(mm)	安全系数指标
天然状态	8.5	6.6	4.99	1.60
小震状态	2.5	10.0	9.0	1.34
大震状态	3.5	130	130	1.18

以上分析表明，在静力及小震状态下边坡整体稳定，坡顶和坡脚最大相对位移满足主体建筑设计要求，但存在局部不稳定块体。在大震作用下边坡不稳定，坡顶和坡脚最大相对位移超出主体建筑设计允许范围。

2.2 边坡支护设计

(1)支护设计要达到的目的

根据勘察结论和计算分析结果,本边坡支护要达到两个目的:一是要确保在平时和地震时边坡整体稳定。坑底有建筑物和人员活动,要保证建筑物和人员活动范围内坡面不出现落石。二是支护结构要控制地震作用下的边坡坡顶和坡脚的最大相对位移,使其小于主体建筑所允许的最大相对位移。

(2)设计思路

对既有边坡的稳定性控制一般采用卸荷和支挡两种手段,同时尽量达到既经济合理又方便施工及提高工效的目标。支挡方式有主动支挡和被动支挡,被动支挡如抗滑桩、抗滑混凝土键,重力式挡墙等,主动支挡有支撑、锚杆(预应力锚杆)、预应力锚索等。

边坡工程采用综合防治是目前工程界的共识。在进行支护的同时控制对边坡稳定不利的因素,可以起到事半功倍的效果,其中最主要的是防排水。因为水的存在使岩土体强度降低,长期还对边坡有侵蚀作用,所以做好防排水是边坡支护治理的重要内容。

综合分析,本边坡支护设计采用的手段有:预应力锚索控制深层滑动和地震时的坡顶变形;锚杆支护控制坡面浅层滑动;喷射混凝土保护坡面面层,但因为景观上的考虑只在坡顶土层强风化层以及坡底蓄水位之下坡面使用,其他部位坡面防护视实际情况而定。对于坡面破碎无法彻底清除的部位安装主动防护网防护,主动防护不适用时采用喷射混凝土。对于断层破碎带进行固结注浆加固。喷射混凝土的部位设置排水管排水,坡顶排水由业主结合整体工程安排,原则是严禁地表水沿坡面流下和渗入边坡中。在主体建筑与坡面之间建议业主设置被动防护网。

(3)设计参数

在基本设计方案确定后,先确定支护结构的初步参数,然后用有限元计算分析有支护条件下的边坡稳定和位移,通过试算最终确定支护结构参数。

根据深坑地质条件、使用要求,边坡支护分为 12 个区。1～11 区支护采用锚索+锚杆+挂网喷射混凝土支护,断层破碎带固结注浆,局部安装主动防护网。12 区断层两侧沿断层在坡面的延伸方向各施工两列预应力锚杆,只在 F4 断层破碎带固结注浆。局部不稳定块体视实际情况施工预应力锚杆+挂网喷射混凝土。支护剖面见图 2。

①预应力锚索采用无粘结自由锚索。设计钻孔直径 ϕ110～170mm,设计预应力 750～1 750kN,设计总长 15～35m,其中自由段 5～27m,锚固段 8～10m,钢绞线采用 UPS15.20—1 860高强低松弛无粘结钢绞线,组合为 6～12ϕ^{s}15.2。锚索防腐采用双层防护结构,为避免钢筋混凝土锚墩在坡面上影响景观,采用厚 50mm 厚钢板作为锚墩,见图 3。

②预应力锚杆钻孔直径 91mm,锚杆材料采用 ϕ25 精轧螺纹钢,锚杆防腐保护等级采用 I 级双层防护,自由段防腐采用喷环氧树脂,涂防腐油脂,套 PE 管,PE 管两端外绕扎工程胶布固定。锚杆结构见图 4。

③普通锚杆钻孔在中风化和微风化地层直径 91mm,在土层和强风化岩层钻孔直径 150mm,坡底锚杆采用 ϕ22 螺纹钢筋,坡顶土层和强风化层锚杆采用 ϕ32 螺纹钢筋。

④挂网喷射混凝土强度等级为 C20,钢筋网 ϕ6.5@200mm×200mm,施工范围为边坡顶部土层和强风化层,坑内湖水位以下坡面,坑底基坑挖后的坡面。

⑤断层破碎带采用固结注浆加固,注浆钻孔顺断层走向施工,沿断层面在坡面上的出露线布置,间距 3.0m,钻孔下倾 15°～25°,钻孔直径 170mm,孔深 20.0m。

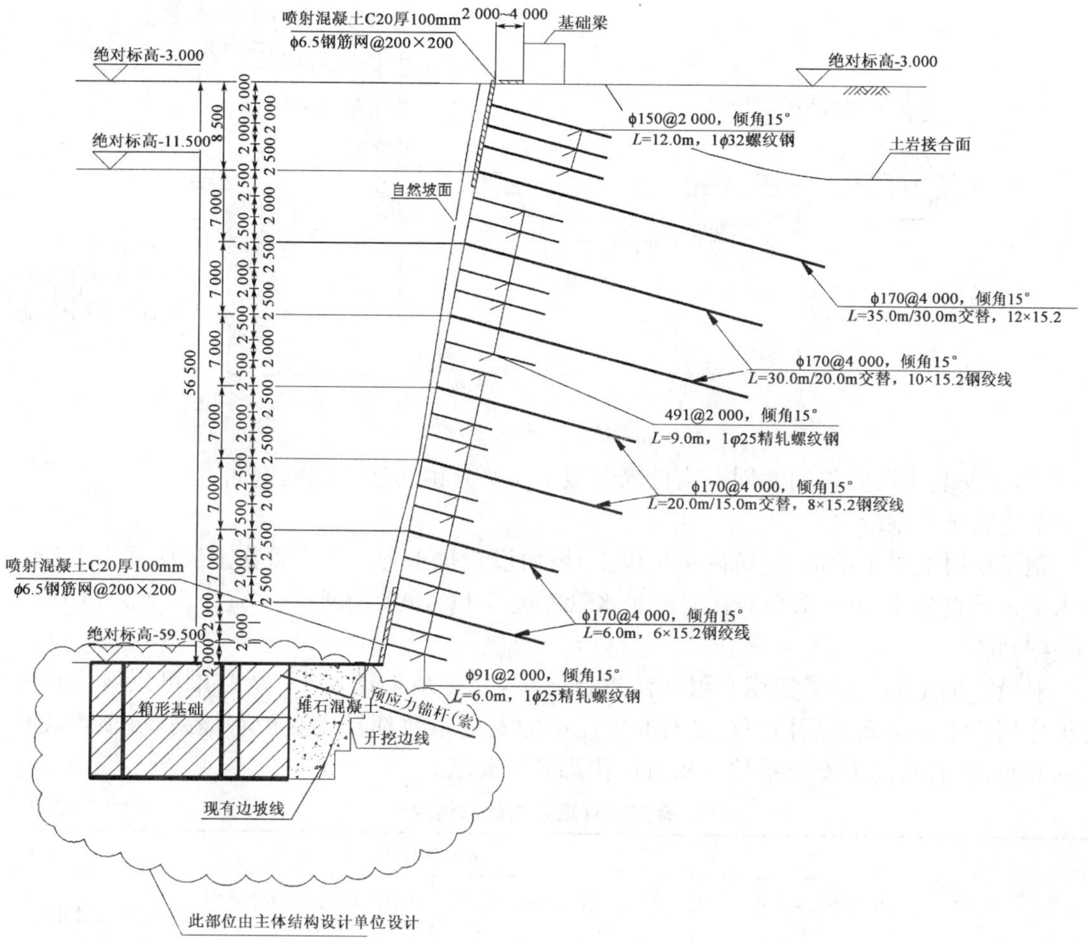

图2　支护剖面图(尺寸单位:mm)

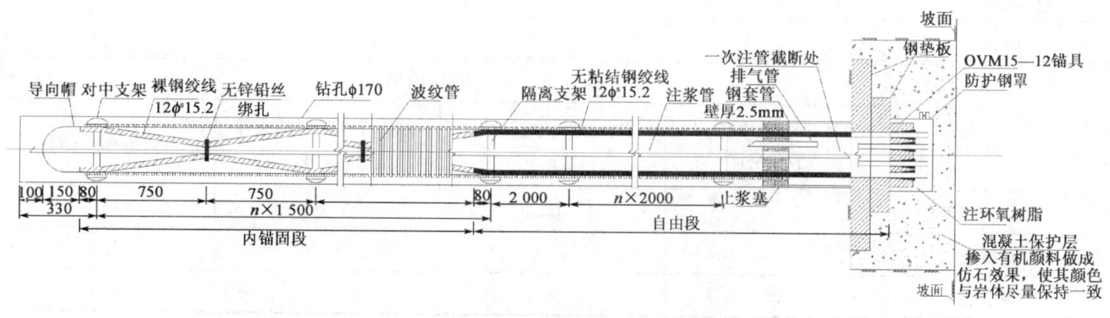

图3　锚索结构详图(尺寸单位:mm)

⑥主动防护网主动防护系统是以柔性钢绳网系统防护边坡节理发育、密集破碎,发育有崩塌落石的部位,用于防止落石(飞石)的发生。其纵横交错的 $\phi16$ 纵、横向支撑绳与锚杆相联结,4.5m×4.5m 或 2.5m×4.5m 网格内铺设一张 4m×4m 或 4m×2m 的支撑绳构成的每个 DO/08/300 型钢绳网,每张钢绳网与四周支撑绳间用缝合绳缝合联结并进行预张拉。该张拉工艺能使系统对坡面施以一定的法向预紧压力,从而提高表层危岩体的稳定性,并在钢绳网下铺设小网孔的 SO/2.2/50 型格栅网,阻止小尺寸岩块的塌落。主动防护网安装利用周围锚

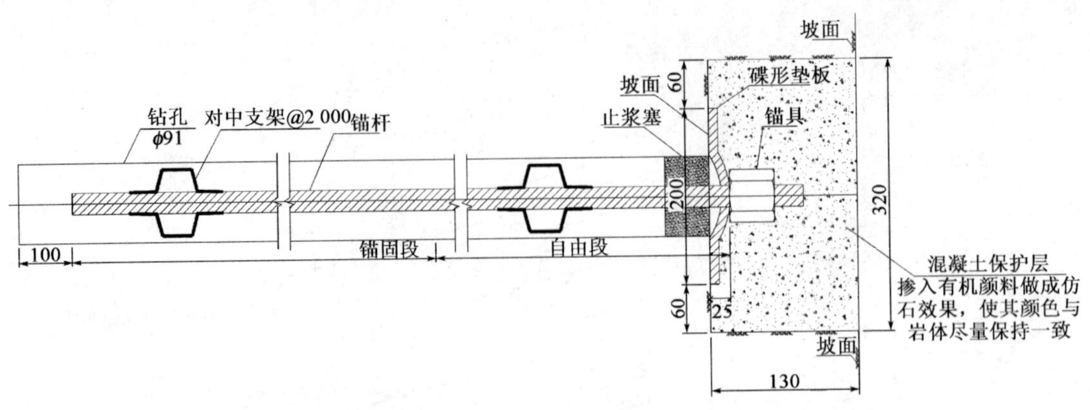

图4　锚杆结构详图(尺寸单位:cm)

杆，在需要安装主动防护网的周围锚杆锚垫板下压 ϕ10 钢筋环穿挂网钢绳。

⑦边坡排水系统

施工喷射混凝土的部位(坑内水位以上)坡面设置排水管。排水管在土层深度为1.0m，间距水平×垂直为1.5m×1.5m，在岩层排水管深度5.0m，间距水平×垂直为4.0m×6.0m。

(4)验算

对最终确定的支护参数用有限元法进行验算，计算结果见表4。从结果可以看出在考虑支护作用后不论是无断层模型还是有断层模型的安全系数都较无支护有提高，坑顶坑底相对位移减小，所有状态下安全系数及相对位移都满足要求。

有支护有限元法计算结果　　表4

状　态	无断层模型			
	岩体最大水平位移值(mm)	岩体最大垂直位移值(mm)	坑顶与坑底岩体水平相对位移(mm)	安全系数指标
天然状态	5.5	4.4	3.02	2.15
小震状态	2	3.5	3.0	1.94
大震状态	3	21	20	1.45
状　态	有断层模型			
	岩体最大水平位移值(mm)	岩体最大垂直位移值(mm)	坑顶与坑底岩体水平相对位移(mm)	安全系数指标
天然状态	6.0	6.2	3.84	1.95
小震状态	2.5	5.5	5.0	1.82
大震状态	3.5	50	50	1.41

3　结语

上海世茂天马深坑酒店作为上海地区采矿废弃土地开发利用的一种新模式，创意独特，备受建筑界的关注；其独特的投资方向也受到金融房地产业的关注。但该项目中的深坑边坡高度大，岩体类别Ⅲ～Ⅳ级，节理裂隙发育并发育数条断层，坑内建筑物结构特殊，地震条件下顶底相对位移的允许值较苛刻。深坑边坡的稳定和动载下的位移控制成了该项目的关键，因此更受到众多岩土工程界人士的关注。总结整个设计过程有以下体会：

(1)该边坡加固目的特殊，既要保证稳定，又要控制动载下的位移，同时对景观的要求很高，设计难度大，但在明确各种岩土加固技术的作用原理的基础上，合理选择和组合应用锚索、普通锚杆、预应力锚杆、挂网喷射混凝土、挂主动防护网、固结灌浆、防排水措施等技术手段成功达到了工程要求的设计目的。

(2)采用了钢板锚垫墩，并将锚头嵌入坡面中既便于锚头保护，又最大限度地维持了原坡面景观。

(3)在确保边坡稳定和满足动载下对相对位移要求的基础上，根据景观需要，在一些技术细节上做了妥协，但这些妥协是否得当还有待进一步探讨。

参考文献

[1] 中国土地矿产法律事务中心. 低碳发展与土地复垦政策法律研究报告. 2010.

[2] 车爱兰，等. 上海世茂天马深坑酒店工程深坑边坡长期稳定性评价——计算分析. 2010.

[3] 陈祖煜，汪晓刚，杨健，等. 岩质边坡稳定分析——原理·方法·程序. 北京：中国水利水电出版社，2005.

[4] 陈祖煜. 土质边坡稳定分析——原理·方法·程序. 北京：中国水利水电出版社，2003.

[5] 郑颖人，赵尚毅，张竹渝. 用有限元强度折减法进行边坡稳定分析. 中国工程科学，2002，4(10)：57-78.

超高密度电阻率法在边坡治理工程中的应用

杨伟俊　王建松　刘庆元　高和斌

（中铁西北科学研究院有限公司深圳南方分院）

摘　要　在某边坡的治理工程中，采用超高密度电阻率法探测技术对边坡工程及水文地质条件进行探测，通过分析电阻率断面等值线图推测富水带、坡体地层及分布特征，同时结合钻孔资料及现场监测数据，找到引起边坡坡体变形的主要因素，为分析坡体变形机理并采取相应的工程措施提供了关键性资料。

关键词　超高密度电阻率法　变形机理　边坡治理工程

1　前言

1.1　工程概况

某高速公路边坡在施工中频繁出现边坡坍滑变形，大规模的滑坡发生 3 次。该边坡经刷方减载后，主要采取了如下治理工程措施：锚索框架梁、锚索地梁、锚固桩板墙、抗滑桩、抗滑桩桩板墙、片石混凝土挡土墙、浆砌片石（支撑渗沟）拱形骨架植草以及六棱砖植草等。

最近的一次调查中发现变形迹象，包括：桩板墙墙身开裂，坡脚碎落台受挤隆起开裂，路基靠坡侧排水沟开裂，平台开裂，吊沟开裂错开，拱形骨架开裂，浆砌片石护面墙墙身开裂等。

1.2　工程及水文地质条件

边坡地貌为低山风化剥蚀斜坡地貌。山坡自然地形较缓，自然山坡上植被茂盛，以灌木为主。斜坡脚与山区阳河 1 级阶地分界明显。

该人工边坡共分为 9 级，四级坡顶有一因卸载形成的大平台，平台最大宽度约 30m。堑顶后缘山坡坡度约 20°，植被茂盛。该边坡在高速公路施工期间频繁出现边坡坍滑变形，大规模的滑坡发生 3 次，该里程段存在引起边坡发生变形甚至滑坡的不利因素较多。

据区域地质资料和地质勘察揭示的岩土层特征，勘探区地层岩性较为简单，主要分布有第四系人工堆积层第四系（Q_4^{ml}）、坡残积层（Q_4^{el+dl}）及石炭系下统孟公坳组灰岩（C_{ly}^{m}），局部穿插方解石岩脉。

该边坡所在区域属中亚热带湿润性的季风气候，年平均降雨量 1 500～1 900mm。降雨集中在 2～7 月，占全年降水量的 60％。

2　超高密度电阻率法物探分析

为进一步查明边坡所处工程及水文地质条件，采用超高密度电阻率法进行探测分析。

2.1　超高密度电阻率物探探测原理

超高密度电阻率法是在高密度电阻率法基础上发展起来的，其以岩、土体的导电性差异为物理基础，通过观测和研究人工建立的地下稳定电流场的分布规律从而达到解决地质问题的目的。相比较高密度电阻率法，超高密度电阻率法智能化程度高，采用自由无限制的任何四极的组合方式来采集数据，可采集到几十倍于高密度电阻率法所采集的数据，结合使用非常先进的国际领先的数据处理软件—2.5维反演软件，可以实现数据的快速采集和微机处理，改变了电阻率法勘探的传统工作模式，大大地提高了工作效率。结合地质挖探等资料能更客观地定性和半定量地对岩土体灾害的位置及其发育程度做出判定，以满足勘察的需要。

2.2 横剖面分析

本次超高密度电法物探共设置了5条横剖面。Ⅰ-Ⅰ′，Ⅱ-Ⅱ′，Ⅲ-Ⅲ′，Ⅳ-Ⅳ′及Ⅴ-Ⅴ′剖面的位置与原勘察钻孔剖面重合，以起到验证并补充完善先期地质勘察工作的作用。

(1)剖面Ⅰ-Ⅰ′：电阻率曲线起伏较大，物性层位清晰，有一定规律，能够反映边坡内部情况及地下水分布情况。阻值变化范围较大，在钻孔zk1-3两侧位置电阻率很低，形成区域较大的富水带，且根据钻孔资料揭示处于微风化灰岩层，推测该区域节理裂隙很发育及岩层破碎，部分区域有小型但彼此相连的溶蚀存在，造成地下水彼此连通汇集于此而使得该区域呈现低电阻率(图1)。

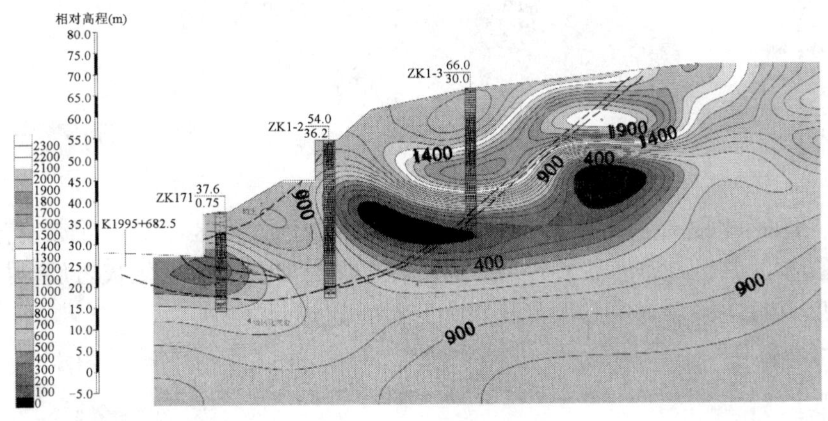

图1 Ⅰ-Ⅰ′电阻率剖面图

(2)Ⅱ-Ⅱ′剖面：电阻率起伏范围较小，多集中于650～950Ω·m之间，电阻率曲线陡立区域反映出岩土层起伏较大，与钻孔所揭示的岩土层界面基本吻合，较好地反映了边坡内部的地质结构情况。相比较剖面Ⅰ-Ⅰ′，剖面Ⅱ-Ⅱ′低阻区域较少，富水规模很小。ZK2-2与ZK2-3之间区域内下部两侧电阻率有较大变化且电阻率等值线切向方向基本平行，说明该区域为粉质黏土与灰岩的岩土界面，且切线方向为65°左右，岩土分界面较陡(图2)。

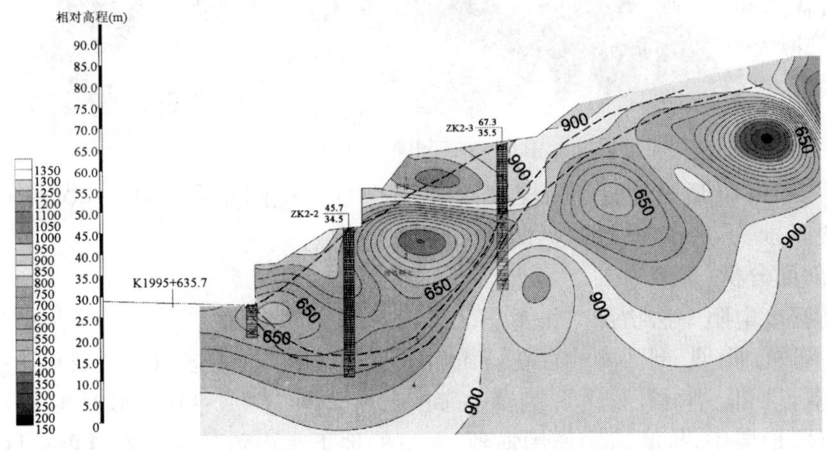

图2 Ⅱ-Ⅱ′电阻率剖面图

(3)Ⅲ-Ⅲ′剖面:阻值变化范围大概在250～650Ω·m之间,钻孔ZK3-2附近有一异常高阻区,岩层完整并且较为密实。结合Ⅰ-Ⅰ′、Ⅱ-Ⅱ′剖面分析,由Ⅲ-Ⅲ′剖面至Ⅰ-Ⅰ′剖面方向区域内富水带增大,Ⅲ-Ⅲ′剖面至Ⅳ-Ⅳ′剖面方向区域内富水带增大(见图3)。

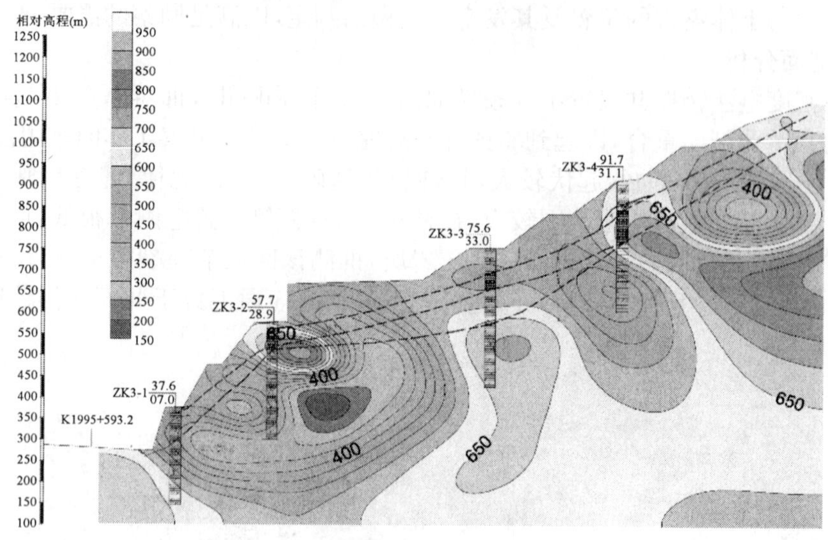

图3　Ⅲ-Ⅲ′电阻率剖面图

(4)Ⅳ-Ⅳ′剖面:电阻率起伏范围较大,大部分区域处于低阻区,3处富水带有连通的趋势。结合钻孔揭露,推测该区域富水带规模较大,富水带位置都处于微风化灰岩层,推测本区域岩层溶蚀很强烈,并且溶蚀形成的孔洞规模较大且彼此连通(见图4)。

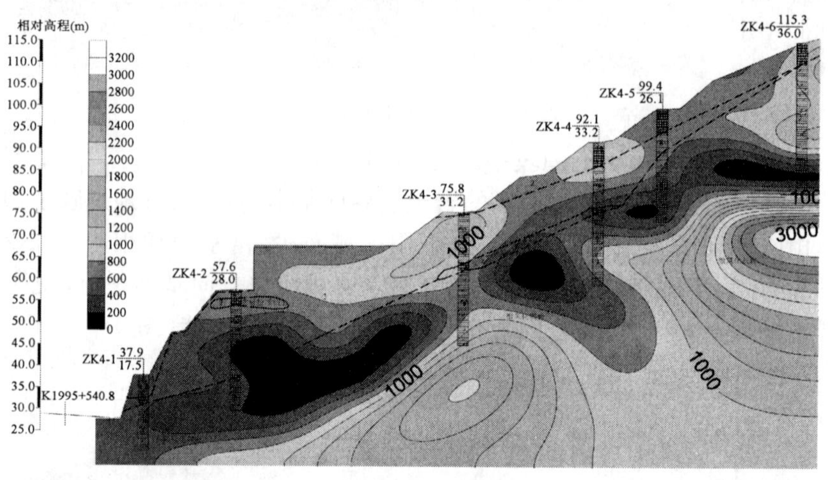

图4　Ⅳ-Ⅳ′电阻率剖面图

(5)Ⅴ-Ⅴ′剖面:电阻率起伏范围较小,绝大部分区域电阻率在450～700Ω·m之间,无非常明显的异常区,地下水作用较弱(见图5)。

2.3　纵剖面分析

本次超高密度电阻率法物探共设置了2条纵断面。

(1)1—1′剖面:Ⅲ-Ⅲ′剖面两侧存在范围较大低阻区域,推测这两个区域富含地下水,富水带底部呈W型,Ⅲ-Ⅲ′剖面正好为两侧富水带的分界,左侧富水带位于粉质黏土地层中,右侧富水带位于灰岩地层中,推测岩溶作用强烈,大量的地下水由坡顶往下在这两处区域汇集。该纵剖面电阻率图见图6。

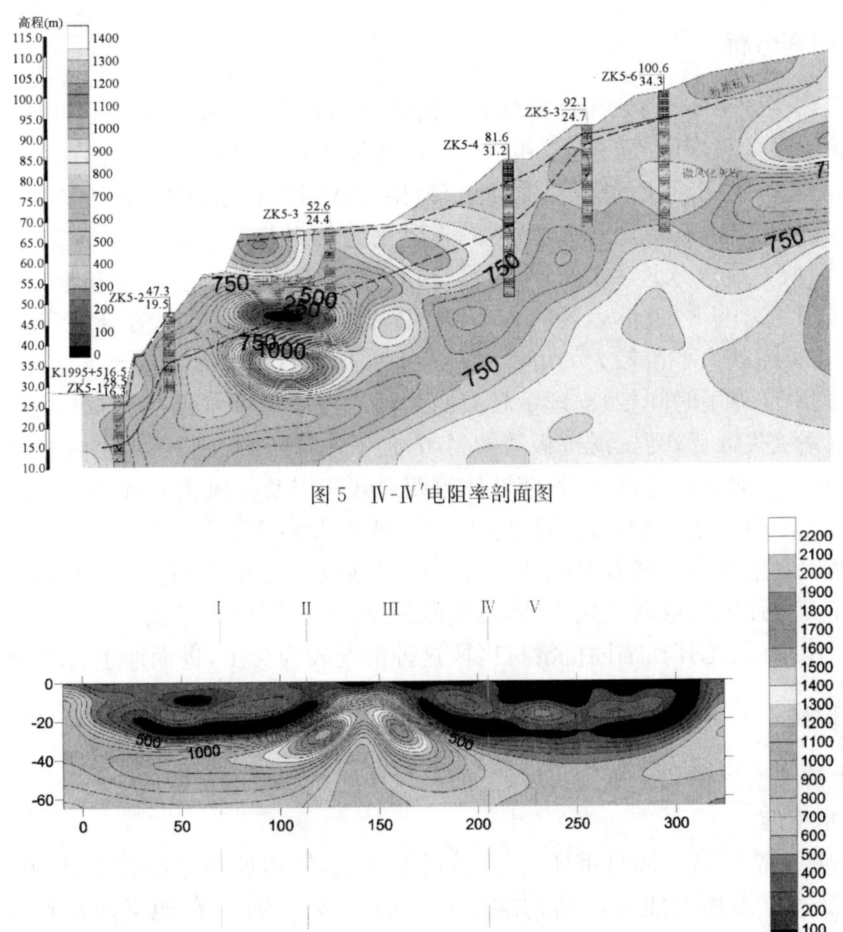

图 5　Ⅳ-Ⅳ′电阻率剖面图

图 6　1-1′纵剖面电阻率图

(2)2-2′剖面:与 1-1′剖面类似,电阻率范围变化很大,Ⅲ-Ⅲ′剖面两侧存在范围较大的低阻区域,推测这两个区域富含地下水,但相比较 1-1′剖面,富集程度较弱,Ⅲ-Ⅲ′剖面正好为两侧富水带的分界线,两侧区域富水带位于灰岩层,推测两区域岩层裂隙发育且岩溶作用强烈,大量的地下水由坡顶往下流经这两处区域,部分集聚起来,形成富水带。2-2′纵剖面电阻率分布见图 7。

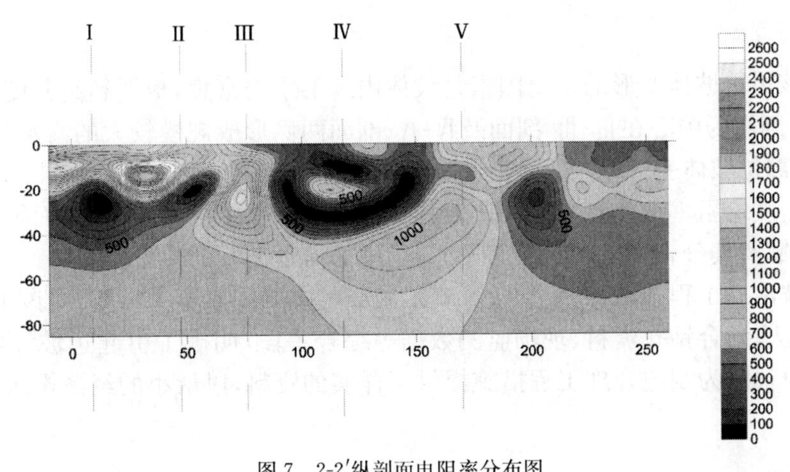

图 7　2-2′纵剖面电阻率分布图

3　边坡变形机理分析

根据以上物探成果解释、钻孔资料及边坡监测变形数据，该边坡的变形机理如下：组成坡体的岩性为第四系残积层（粉质黏土）和中～强风化泥灰岩，边坡上部风化层较厚，坡体岩层破碎，节理裂隙发育。第四系残积层（粉质黏土）为相对软弱结构层，构成该边坡软弱带，为边坡发生蠕动变形依附结构面（带）。组成坡体的强风化泥灰岩节理裂隙发育，为富水层及过水通道，而中风化泥灰岩则含水性和透水性差，为相对隔水层，受地下水长期浸泡后形成软弱带。在边坡卸荷作用的影响下，坡体表层的节理裂隙逐渐张开，有利于地表雨水的下渗。边坡堑顶及四、五级边坡间卸载大平台较大的汇水面积及平缓地形有利于地表雨水下渗，从而补给坡体地下水，而粤北地区降雨时间较长、雨量较大的气候为边坡地下水的补给提供了丰富的来源。边坡深部排水系统失效后，受抗滑桩板墙的封闭，地下水从堑顶及卸载大平台补给后难以从坡面排泄，大部分只能向下渗透排泄，致使坡体第四系残积层及强风化泥灰岩长期受雨水浸泡强度降低。尤其在Ⅰ-Ⅰ′剖面及Ⅳ-Ⅳ′剖面所处位置地下水大量富集，形成很大的静水压力作用于抗滑桩板墙而发生变形。随着时间的推移坡体岩性逐步恶化，原有的锚索锚固段由弱风化或微风化岩体变成强风化或弱风化岩体，锚固段强度降低，因锚索较高的预应力拉拔作用，锚固段强度进一步降低，尤其在锚固抗滑桩区段这种情况较为突出，进而产生边坡变形病害。

4　工程加固措施

针对以上边坡变形机理分析，制订以下的工程措施对边坡进行加固。

4.1　排水措施

地下水的富集造成岩土体自重加大，抗剪强度降低，使边坡稳定性较差，同时受支护结构阻挡，地下水静水压力加大使支护结构承受较大的荷载。为此，在地下水富集区域，尤其是Ⅰ-Ⅰ′剖面及Ⅳ-Ⅳ′剖面所处位置打设排水孔疏排地下水，降低坡体地下水位、静水压力，减小坡体自重及提高岩土体的抗剪强度，进而提高边坡体的稳定性。

4.2　锚索加固措施

在地下水的浸泡作用下，锚索锚固段强度降低，造成锚索预应力部分损失较大，采用预应力补偿技术恢复锚索预应力，同时在Ⅰ-Ⅰ′剖面及Ⅳ-Ⅳ′等变形较大的部位增设锚索，提高支护结构的承载能力。

5　结语

（1）造成该边坡坡体变形的主要因素是坡体内地下水的富集，根据超高密度电阻率法物探成果，以Ⅰ-Ⅰ′剖面为中心在Ⅲ-Ⅲ′剖面及Ⅳ-Ⅳ′剖面两侧形成规模较大的富水带，现场的监测数据也表明该部位坡体变形较大。

（2）超高密度电阻率法是目前一种比较先进的电法勘探手段，电阻率断面等值线图能有效的揭示富水区域及其分布特征，在该工程的应用中取得了良好的效果。

（3）在边坡治理工程中，找到引起边坡变形破坏的主要因素至关重要，在该工程中，利用超高密度电阻率法，结合钻孔资料、现场监测数据等综合手段，明确了引起边坡坡体变形的主要因素及其分布特征，为制定合理工程措施提供了详实的资料，以最小的经济投入取得了最大的治理效果。

一处锚固边坡变形原因分析及防护对策

王建松　聂　标　刘庆元　高和斌

（中铁西北科学研究院有限公司深圳南方分院）

摘　要　广东境内某高速公路右侧路堑锚固边坡最大切深92m，该边坡在施工过程中发生过多次大规模的滑坡。运营期日常巡查发现该边坡出现平台开裂、抗滑桩外倾致使坡脚碎落台受挤隆起开裂、吊沟开裂错动以及坡面渗水等。根据边坡补充地质勘察和锚索工后应力检测等，研究了该边坡的变形机理。在此基础上，对边坡进行了稳定性分析和评价，从而有针对性地提出了边坡稳定的改善措施，为支护工程设计提供了重要依据。

关键词　锚固边坡　工后检测　变形机理　工程治理

1　引言

近年来，随着高速公路在山区的飞速发展，边坡工程越来越多，部分边坡的挖深超过百米。国内外已有部分边坡因建设期治理不妥当而引起滑塌失稳等情况，运营期边坡失稳问题已逐步引起各方重视。本文通过对广东境内某锚固边坡利用工后补充地质勘察和锚索工后应力检测等手段研究边坡变形机理，并进行稳定性分析和评价，从而有针对性地提出加固处理措施，为支护工程设计提供了重要依据。

2　工程概况

边坡最大坡高92m，该边坡共分为9级，第一级边坡高6～10m，坡率1:0.3；第二级边坡高5～10m，坡率1:0.5～1:1.5；第三级边坡高10m，坡率1:0～1:1；第四级边坡高10m，坡率为1:0.5～1:1；第五、六、七及八级坡高8m，坡率均为1:1.25；第九级坡高8m，坡率为1:1.75。四级坡顶有一因卸载形成的大平台，平台最大宽度约30m。堑顶后缘山坡坡度约20°，植被茂盛。

该边坡在施工中频繁出现边坡坍滑变形，大规模的滑坡出现三次。该边坡经刷方减载后，主要的治理工程措施有：锚索框架梁、锚索地梁、锚固桩板墙、抗滑桩、抗滑桩桩板墙、片石混凝土挡土墙、浆砌片石（支撑渗沟）拱形骨架植草以及六棱砖植草等。

3　边坡病害情况

该边坡的变形主要表现在抗滑桩及锚固桩桩身开裂、桩板墙墙身开裂、坡脚碎落台受挤隆起开裂、框架梁部分横梁及竖梁贯通开裂、平台开裂、吊沟开裂错动、排水沟开裂、拱形骨架开裂拱起、坡面渗水、浆砌片石护面墙开裂以及锚斜托开裂或渗水等病害现象，较为典型的病害情况见图1。

4　工程地质、水文地质条件

该边坡规模较大，在建设期，对该边坡采取以钻探为主要勘探手段，查明该边坡的地层岩性、地质构造和水文地质条件等。同时采用超高密度电法勘探查明边坡软弱带的深度、规模、形态特征等，分析边坡的变形机理，从而更好地评价边坡变形体的稳定性，判断边坡变形体的发展趋势，为边坡病害体的整治决策提供可靠的地质依据。

图 1　碎落台拱起开裂

该边坡为低山风化剥蚀斜坡地貌。山坡自然地形较缓，自然横坡 30°～45°。山坡上植被茂盛，以灌木为主。据区域地质资料和地质勘察揭示的岩土层特征，勘探区地层岩性较为简单，主要分布有第四系人工堆积层（Q_4^{ml}）、第四系坡残积层（Q_4^{el+dl}）及石炭系下统孟公坳组灰岩（C_{ly}^{m}），局部穿插方解石岩脉。其中在 K151＋918 处发育一断层，断层产状 175°∠35°，断层破碎带宽 4.2m。受断层及岩脉侵入体的影响，灰岩节理及片理化发育，溶蚀较严重。受断层及花岗岩脉侵入体的影响，节理发育，溶蚀现象较发育工点内地表人工填筑土层较厚，因碎块石土含量较大，透水性好。此外堑顶山坡地形平缓，坡度 15°左右，植被较发育，地表径流条件差，地表水容易渗入坡内，补给地下水，水位水量受季节控制，雨季地下水丰富。边坡坡体强风化，泥灰岩节理裂隙发育，局部溶蚀现象严重，可形成裂隙含水带及过水通道。由于原有的深层排水孔已失效及桩板墙对坡面的封闭，使坡体中地下水不能及时排出，从而抬高静水压力。3～4 月份该地区历经较长降雨后钻孔中地下稳定地下水位线大多处于孔口下 10～30m 之间，稳定地下水位线位于第 1 层及第 2 层岩层附近。

地质钻孔资料揭示，该边坡的一、三级边坡的既有抗滑桩的嵌岩深度存在明显不足，且三级边坡抗滑桩部位的锚索锚固段均位于第四系的粉质黏土层中。经过近 10 年的运营，原有的深层排水孔已失效，加上一、三级坡面桩板墙对既有地下水通道的改变，使坡体中地下水不能及时排出，从而抬高了静水压力。边坡的土体性质逐步恶化，锚索锚固力必然存在不同程度的衰减。

5　锚索工后应力检测情况

本次锚索结构专项检测对出现封锚混凝土开裂、锚头渗水以及锚斜托开裂等病害迹象的锚索结构进行工后工作状态检测。对其余外观表现正常的锚索结构按照 1%的频率进行随机抽检，合计共抽检 83 孔锚索结构的工后应力状态[1]，并选取 10 孔仍能正常使用的锚索进行预应力补偿；同时对应力检测结果为锚索应力损失的锚索选取 20 个进行安全储备检测，以判定锚索锚固段强度能否满足设计要求。在实际检测过程中，根据应力检测情况，动态调整了锚索应力补偿的数量,最终对13孔仍能正常使用的锚索进行了应力补偿。

锚索工后应力检测的典型曲线见图2,其检测结果汇总见表1。

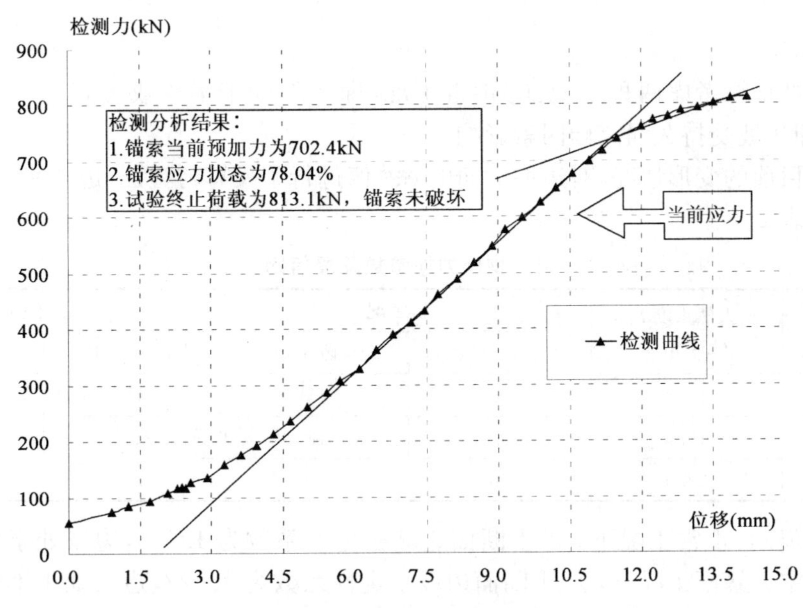

图2 锚索工后应力检测典型曲线

83孔锚索当前应力检测结果汇总表

表1

序　　号	检测结果	数　　量	百分比	小　　计	工作状态类别
1	应力损失	31	37.35%	44.58%	正常工作状态
2	应力增加	6	7.23%		
3	应力不足	44	53.01%	55.42%	非正常工作状态但未失效
4	应力超限	2	2.41%		

检测结果表明,该边坡锚索结构预应力不足现象明显,锚索当前应力出现异常的比例较大。该边坡进行锚索应力检测的83孔锚索中处于非正常工作状态但未失效的占55.42%。

锚索应力检测结果表明,由于抽检锚索中有多数锚索出现预应力不足情况,虽然抽检锚索有部分出现明显的应力增加甚至超限现象,但抽检锚索当前平均应力值明显低于设计应力。另外,锚索设计拉力取值明显高于当前锚索结构的设计取值标准,锚索结构长期处于高应力状态,存在失效的可能。

6 边坡稳定性分析

边坡稳定性的定量计算主要是在合理确定计算断面和计算参数的基础上,通过数值分析计算,定量评价该边坡的稳定现状及其发展趋势。

(1)计算断面的确定

为了分析计算边坡的稳定性,选取与地质钻孔相符合的主断面作为计算断面。基于该路堑高边坡的坡体结构条件与坡体变形特征,结合其变形现状及其发展趋势,进行数值模拟计算分析。潜在滑动面的判断主要基于该边坡的变形情况,二级平台裂缝(已封闭裂缝再次开裂、下挫)作为已形成潜在滑动面的后缘。滑坡剪出口主要参照坡面变形位置及坡面岩体顺层的产状参数确定。

(2)计算参数的确定

根据目前边坡的稳定性情况，反算其 c、φ 值，并结合地质勘察资料相互验证，确定岩土物理力学参数。

(3)计算结果

本次稳定性计算考虑两种工况：①正常工况，即边坡处于旱季或无其他不利因素影响。②暴雨工况，即边坡受持久强降雨因素影响。

根据边坡目前的变形情况，对边坡滑面的 c、ϕ 值进行了反算与验证，边坡稳定性反算得到的强度参数见表 2。

岩土物理力学参数反算指标 表 2

岩土层名称	天然重度 γ (kN/m^3)	正常工况		暴雨工况	
		黏聚力 c(kPa)	内摩擦角 φ(°)	黏聚力 c(kPa)	内摩擦角 φ(°)
填筑土	18.0	20	15	18	13
粉质黏土	19.0	8	18	6.5	17
中风化灰岩	22.0	30	40	28	38

计算结果显示：正常工况下，Ⅰ-Ⅰ断面边坡稳定性系数为 1.125，边坡处于欠稳定状态，局部趋于不稳定。暴雨工况下，Ⅰ-Ⅰ断面边坡稳定性系数为 1.022，边坡处于不稳定状态，极大存在滑移的可能，需要进行加固处理。

7 边坡变形原因分析

根据边坡变形现状、边坡工程地质条件及防护工程结构等分析，边坡发生变形主要原因如下：

(1)边坡岩土体中第四系坡残积层由灰岩风化残积而成，层厚较大。下卧的强风化泥灰岩节理裂隙极发育，为富水层；中风化泥灰岩透水性较差，为相对隔水层。上部第四系坡残积层以及强风化泥灰岩长期受水浸泡而形成软弱带夹层，钻探揭露部分灰岩风化成土状，基本保持原岩结构，含水率较高、质软、强度低，这是边坡发生蠕动变形的地质基础。

(2)边坡开挖后，随着边坡应力的自我调整，卸荷裂隙进一步张开，地表水容易下渗，并软化坡体内岩层，造成原有的弱风化甚至微风化岩体进一步风化成强风化或弱风化，使得原有的锚索锚固段强度降低，致使锚固工程效果减弱，部分锚索应力出现衰减现象，尤其是锚固抗滑桩的锚索出现较大的应力不足。

(3)堑顶自然山坡地形较缓，植被较茂盛，加上边坡四级与五级坡面间存在一大平台，汇水面积较大，地表径流条件较差，地表水容易下渗补给坡体地下水，恶化坡体稳定条件。

(4)边坡地处粤北地区，年平均降雨日期约 180d，尤其雨季连续的强降雨天气，易诱发边坡蠕动变形。

(5)坡体内原有的深层排水孔失效，边坡广州端一、三级边坡采用抗滑桩板墙支挡，封闭使坡体地下水不能顺畅排出，抬升坡体地下水水位，坡体内静水压力增加，地下水长期浸泡软弱带，孔隙水压力上扬，降低其抗剪强度，恶化坡体稳定条件。

(6)补充地质勘察资料显示，一、三级抗滑桩的锚固段基本处于土层中，持续降雨导致边坡水压力加大，土体含水率提高，强度降低，致使一级边坡抗滑桩的桩前土抗力不足，一级抗滑桩出现了较大外倾变形，从而导致二、三级边坡开裂。

8 边坡变形机理分析

从以上边坡变形原因分析，结合变形现状和性质以及锚索应力检测结果，该边坡的变形机理为：组成坡体的岩性为第四系残积层（粉质黏土）和中～强风化泥灰岩，边坡上部风化层较厚，坡体岩层破碎，节理裂隙发育。第四系残积层（粉质黏土）为相对软弱结构层，构成该边坡软弱带，为边坡发生蠕动变形依附结构面（带）。组成坡体的强风化泥灰岩节理裂隙发育，为富水层及过水通道，而中风化泥灰岩则含水性和透水性差，为相对隔水层，受地下水长期浸泡后形成软弱带。在边坡卸荷作用的影响下，坡体表层的节理裂隙逐渐张开，有利于地表雨水的下渗。边坡堑顶及四、五级边坡间卸载大平台较大的汇水面积及平缓地形有利于地表雨水下渗，从而补给坡体地下水，而粤北地区降雨时间较长、雨量较大的气候为边坡地下水的补给提供了丰富的来源。边坡深部排水系统失效后，受抗滑桩板墙的封闭，地下水从堑顶及卸载大平台补给后难以从坡面排泄，大部分只能向下渗透排泄，造成坡体第四系残积层及强风化泥灰岩长期受雨水浸泡，致使强度降低。随着时间的推移坡体岩性逐步恶化，原有的锚索锚固段由弱风化或微风化岩体变成强风化或弱风化岩体，锚固段强度降低，因锚索较高的预应力拉拔作用，锚固段强度进一步降低，尤其在锚固抗滑桩区段这种情况较为突出，进而产生边坡滑坡变形病害。

9 边坡稳定性发展趋势分析

该边坡主要采用锚索框架梁、锚索地梁、锚固桩板墙、抗滑桩、抗滑桩桩板墙、片石混凝土挡土墙、浆砌片石（支撑渗沟）拱形骨架植草以及六棱砖植草等护面工程防治措施，并结合边坡仰斜排水，较大地改善了边坡的受力状况和提高了边坡的稳定性。

经过 10 年的运营，边坡排水系统效果减弱甚至失效，边坡变形现象反映了该高边坡处于蠕动挤压变形阶段。蠕动挤压变形具有间歇周期性，其蠕动变形量与边坡地下水位变化、连续强降雨以及锚索受力的改变密切相关。边坡坡面变形现象及锚索检测结果显示：该边坡的碎落台、一、二及三级（特别是抗滑桩区段）平台存在裂缝且部分裂缝在修补加固处理后再次开裂，另有部分裂缝为近期内所发展的新裂缝；边坡广州端的一、三级坡面的抗滑桩及锚固桩身局部开裂；部分框架梁的横梁或竖梁开裂；三级坡面浆砌片石挡墙开裂；一、三级坡面吊沟局部下错开裂；平台截水沟局部沟身横向开裂或竖向开裂；二、三及四级坡面部分地梁纵向开裂；拱形骨架开裂拱起严重；部分位置锚斜托及封锚混凝土开裂；坡面局部渗水严重。

此外，该边坡地表汇水面较大，加上边坡中间位置处发育有一断层，存在畅通的地下水通道的可能，边坡既有深部排水系统基本失效，故桩板墙及边坡多处渗水。此外，抗滑桩区段岩层多为第四系残积层（粉质黏土），经地下水长期浸泡，强度降低，致使抗滑桩局部出现外倾变形现象。该区域边坡处于不稳定状态，其余位置未见明显变形，故该边坡为基本稳定，局部处于不稳定状态。

受外界环境因素的影响，特别在粤北地区雨季持续强降雨条件下，结合稳定性定性、定量计算分析，认为边坡变形发展趋势可能是：随着地表雨水入渗，坡体或场区地下水位抬升变化，继续软化边坡岩土或岩体软弱面（带），以及坡体应力状态的进一步调整和变化，恶化坡体稳定条件，加剧坡体继续向前蠕动挤压，锚索失效可能性逐步加大。此外，抗滑桩的嵌岩深度有限，桩前土体经地下水长期浸泡致使强度降低，抗滑桩将会出现更大程度及更大范围的外倾。坡体变形逐渐向整体边坡滑坡变形方向发展和扩大，并可能导致坡体发生滑塌及坍塌，对高速公路的正常运营及行车安全造成威胁。

10 防护对策及处理措施

根据边坡目前的稳定性状况，边坡处于临界稳定状态，如遇暴雨或其他条件诱导很可能出现沿潜在滑动面滑动甚至更大范围滑动。因此，该边坡需进行加固处理。主要工程措施如下：

(1)对一级坡面抗滑桩出现外倾的变形区段采用拉压复合型预应力锚索进行加固。

(2)对三级边坡浆砌片石挡墙存在开裂区段采用锚杆格梁进行加固。

(3)针对边坡平台存在补缝后又再次开裂的情况，对抗滑桩区段平台采用低压注浆进行加固以提高平台密实度。

(4)鉴于边坡抗滑桩间桩板墙渗水严重，在一、二及三级边坡抗滑桩区段增设仰斜排水孔以排出坡体内积水，同时对边坡既有排水系统进行修复。

11 结语

(1)地下水对边坡的影响较为显著。长时间的连续降雨往往使地表水大量下渗，增加土体重度并增加下滑力，同时改变土体的力学性能，降低土体抗滑力。又因为抗滑桩之间桩板墙施工人为改变既有地下水通道和既有深层排水设施的失效及地下水位的提高，再加上抗滑桩的嵌岩深度有限，桩前土体经地下水长期浸泡致使强度降低，诱发边坡局部失稳。

(2)计算表明，边坡在天然状态下基本处于稳定状态，但是由于既有深部排水设施等失效及平台修复后再次开裂等，在集中降水作用下，伴随着降水下渗，坡体的稳定系数下降，边坡处于不稳定状态，存在着滑移的极大可能。

(3)根据该边坡工程地质条件及影响边坡失稳的主要因素，对边坡失稳区段采用增设锚固工程＋深部排水＋平台注浆加固等综合治理措施可以较大程度地提高坡体的稳定性，确保线路的安全运营。

参考文献

[1] 王建松，朱本珍，廖小平，等. 锚固工程质量及长期安全检测新技术在公路建设中的应用. 公路交通科技(应用技术版)，2010(3).

[2] 聂彪，王建松，等. 路堑边坡锚索结构工后应力状态浅析. 公路交通科技(应用技术版)，2010(5)：62-64.

某滑坡演化泥石流解析及其防治工程探讨

徐凌霄　李俊宏　李文平　徐国民

（西南有色昆明勘测设计（院）股份有限公司）

摘　要　本文就某滑坡演化泥石流的相关方面进行了阐述，就滑坡—泥石流的防治工程问题进行了探讨。滑坡演化泥石流并不罕见，桩墙坝作为拦挡坝在滑坡—泥石流防治工程中却不多见，作者试图在此做一点有益的探索。

关键词　不稳定斜坡　冲沟　滑坡　泥石流　防治工程

1　引言

在沟谷地带，滑坡引发泥石流是一种较特殊的链式地质灾害。弄清其形成机理、正确估计其发展变化趋势，对治理工程是至关重要的。拦挡和排导是泥石防治的常用工程措施，拦挡工程又以砌体为多见，但在某些特殊情况下，常用手段是不适用的，需要考虑其他手段。

2　概况

某水泥厂石灰石矿山剥离表层产生的弃渣，堆放于无名冲沟后缘上方的自然斜坡上，形成弃渣不稳定斜坡。无名冲沟沟床坡度较陡，2011 年 10 月 5 日，在降雨激发下，弃渣不稳定斜坡产生滑坡。由于渣堆斜坡较陡，加之滑坡前缘为一断层带形成的陡壁，滑坡势能较高，在滑坡物质冲击下，无名冲沟上段继而产生高速滑动。由于大气降雨形成地表汇水及冲沟后缘岩溶泉的共同参与，滑坡演化为泥石流，一路下泄冲出沟口，冲毁、掩埋农田，造成滑坡泥石流灾害。

本滑坡—泥石流灾害的危害，直接表现为滑坡演化泥石流而产生的危害。经测量，冲出沟口的泥石流方量接近 $2\times10^4\mathrm{m}^3$，冲毁、淤埋农田约 10 600m^2（16 亩）。此外，泥石流还阻断了沟口的乡村道路、排水沟以及过沟谷的山路。

滑坡后的堆渣斜坡仍然没有达到稳定状态，沟床内遗留有较多的固体松散物，且仍有缓慢蠕滑迹象，极有可能再次暴发滑坡—泥石流。

3　滑坡泥石流基本特征

3.1　堆渣斜坡及冲沟基本特征

产生滑坡—泥石的区域，属构造侵蚀中山地貌，山体斜坡及沟谷地形，有一逆断层分布，在平面位置上，以断层为界，上方（断层下盘）为山体斜坡，原始地面自然坡度 15°～30°，出露石灰岩。下方（断层上盘）为无名冲沟，冲沟后缘止于断层，为一高 8～10m 的陡壁，陡壁下部有一岩溶泉涌出，沟床下伏基岩为泥质粉砂岩夹泥岩（具变质作用）。

3.1.1　不稳定斜坡基本特征

不稳定斜坡由矿山弃渣形成，堆渣高度 20～50m，渣堆坡度 30°～40°，斜坡长度＞100m，组成物质为矿山剥离产生的石灰岩块石、片石、碎石，并夹杂红黏土，自然堆弃，未经压实处理，估算弃渣总方量在8万m^3以上。渣堆斜坡具备滑坡条件，滑坡产生前，斜坡就已经产生了变形开裂现象，也曾试图对其进行工程治理，并拟定了治理方案，但未加以实施。

3.1.2 冲沟基本特征

无名冲沟长520m，沟宽30～50m，平面形态呈U形，沟壁斜坡高度5～15m，沟床纵坡坡度35%～55%。沟床表层分布第四系含碎石黏性土及泥质粉砂岩残积土，土层厚度一般1～3m，下伏泥质粉砂岩夹泥岩，浅部以全～强风化为主，强风化层厚度>10m，呈碎石土及碎裂岩块状，强度低，属软弱岩层。冲沟汇水面积较小，约0.075km^2。据访，该冲沟之前没有过泥石流史，但在其上方有弃渣不稳定斜坡的情况下，结合冲沟地质环境背景条件（物源、沟床形态、水动力条件等），其暴发泥石流的基本条件具备。

3.2 滑坡基本特征

3.2.1 不稳定斜坡滑坡机制

渣堆体前部位于冲沟后缘的断层陡壁一带，作为堆渣基床的自然斜坡陡峻，陡壁坡度为60°～70°。渣堆中上部堆积厚度大，堆积坡度较陡，基床为石灰岩斜坡，表层分布少量红黏土。由于堆渣加载过大，具备产生推移式滑坡的基本条件。

滑坡诱因：滑坡产生期间为连续降雨天气，降雨入渗，一是增加了堆渣体的自重；二是使弃渣中的红黏土软化，导致堆渣的整体抗剪强度降低；三是使渣堆基床处于饱和状态，由于渗透性差异，入渗雨水汇集基床上形成饱水带。由上述情况可知，降雨是滑坡产生的直接诱因。

滑坡时程：由于后缘堆渣过高，在应力作用下，中、上部渣体向前推移，产生推移式滑坡。前缘地带基床陡峻，临空高度较大，存在重力牵引及后方推动双重力的作用。中上部渣体斜坡率先变形，接着是前缘陡壁地带产生崩塌式滑移，紧接着，在临空高度加大的情况下，由于堆渣体量大、势能高，加上滑床积水和软化红黏土的润滑作用，滑坡便急剧启动，高速下滑。

滑坡类型：牵引—推移复合型高速滑坡。

3.2.2 沟床上游段滑坡机制

沟床表层分布第四系含碎石黏性土及泥质粉砂岩残积土，下伏泥质粉砂岩夹泥岩表面坡度20°～30°，土岩结合面构成最危险的潜在滑移面。由于冲沟后缘常年涌水的岩溶泉的存在，土岩结合面本身就处于长期湿润状态，在降雨作用下，沟内土体饱和，土岩结合面处于湿滑状态，沿该结合面的滑动可以说是一触即发。在堆渣滑坡体的冲击下，沟床滑坡迅速启动，上部滑落的渣体推着沟床物质不断向下快速滑移。由于沟床上游表层分布有红黏土，有降雨形成的地表径流，加之覆盖其上的堆渣体是高速滑落下来的，且滑坡物质中夹杂有红黏土，因此，在产生整体高速滑动的同时，浅部的滑动速度又高于近滑床地段，于是形成了沟床上游段的叠瓦状滑坡。

3.3 泥石流基本特征

3.3.1 滑坡演化泥石流

从前述情况可知，①沟床内本身有一定的可移动固体物源量；②上部堆渣滑坡为泥石流提供了更多的可移动物量；③降雨以及岩溶泉形成的地表汇水和地下径流，为泥石流的启动提供了水动力条件；④沟床纵坡较陡。在水和可移动固体物质的共同参与下，自冲沟中上游开始，滑坡逐渐演化为泥石流。

滑坡—泥石流演化简图见图1。

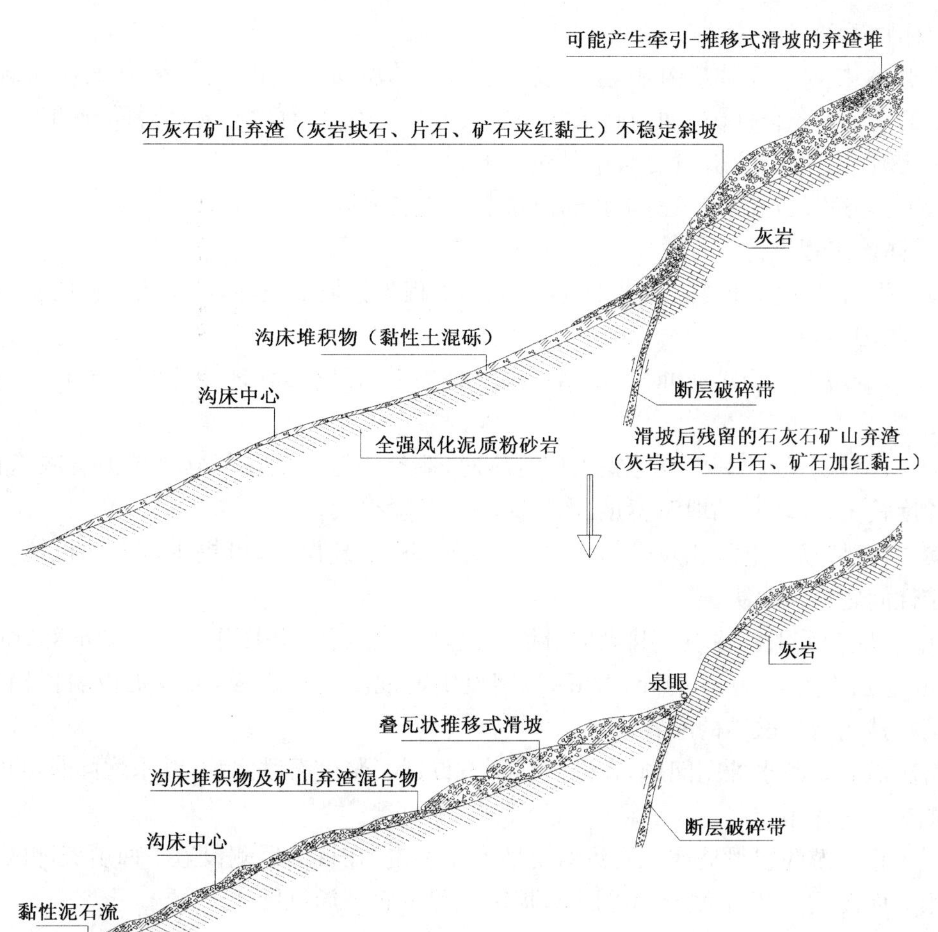

图1　滑坡泥石流演化图

3.3.2　*泥石流主要特征*

固体物质：堆渣滑坡产生的松散物质和沟床堆积物的混合物。

泥石流类型：沟谷型黏性泥石流。

流速：由于有冲沟后缘高速滑坡提供的动能，所以，其流速高于一般的黏性泥石流。

4　防治工程设计

4.1　防治工程的关键问题

防止滑坡—泥石流的再次启动，消除和减轻其潜在危害是防治工程要达到的目的，关键问题之一是要使渣堆斜坡稳定；二是降低冲沟活动性，使沟内松散堆积层处于稳定状态；三是阻止沟床堆积物滑坡。稳定渣堆斜坡可以通过坡面整理、减缓坡度来实现，稳定沟床是问题的关键。

经勘察钻孔揭露，滑坡—泥石流之后，沟内风化岩面以上的松散堆积层厚达6m左右。松散层可能产生沿土岩结合面的滑动，在水的参与下，滑坡仍然可能演化为沟谷型泥石流，再次形成滑坡—泥石流。

4.2　防治思路

稳坡：通过对堆渣斜坡的整理，使堆积坡度降缓，达到自然稳定状态，消除因滑坡增加冲沟内松散固体物质的目的。

截排水：①修建坡面截水沟，阻止大气降水形成的坡面汇流进入冲沟，从而削弱滑坡—泥石流启动的水动力条件；②对冲沟后缘的岩溶泉水实施引流，解决土界结合面长期处于湿润状态的问题；③在沟内设置排水盲沟，排泄地下水。

固沟床：通过设置拦挡工程，阻止沟内松散堆积层滑坡。

4.3　防治工程设计

除设计堆渣斜坡整理及截排水工程外，关键工程为拦挡工程，即本防治工程的主体工程。

(1)拦挡坝主坝

经计算，滑坡推力为1 050kN/m，滑面最深处为土岩结合面(现状地面下6m)。坝型比选方案有二：

方案一，浆砌石坝。其优点是施工相对简便，造价相对较低。但其抵抗力有限，筑坝时基坑开挖深度较大，如若基础埋深不足，产生溃坝的风险很大。

方案二，桩墙坝。造价相对较高，但其可以嵌入稳定地层中，可提供较大的抵抗力，抗滑、抗倾稳定性问题容易解决。

经比选，推荐采用桩墙坝。共设抗滑桩8根，桩身截面尺寸采用1.5m×2m及2m×2.5m两种，桩长分别为12m、16m、18m、20m，桩间设钢筋混凝土挡土板，形成桩板墙拦挡坝，坝后有一定的拦挡沟内松散物的库容。

为解决溢流口跌水冲刷问题，在溢流口下方设计了浆砌石跌水坎，跌水坎同时也可起到增强桩墙抵抗力的作用。

为了防止上游浅层滑坡或泥石流对桩墙产生冲击，在桩墙后侧设置了回填缓冲区。

主坝立面图见图2，主坝剖面见图3，坝区工程平面布局见图4。

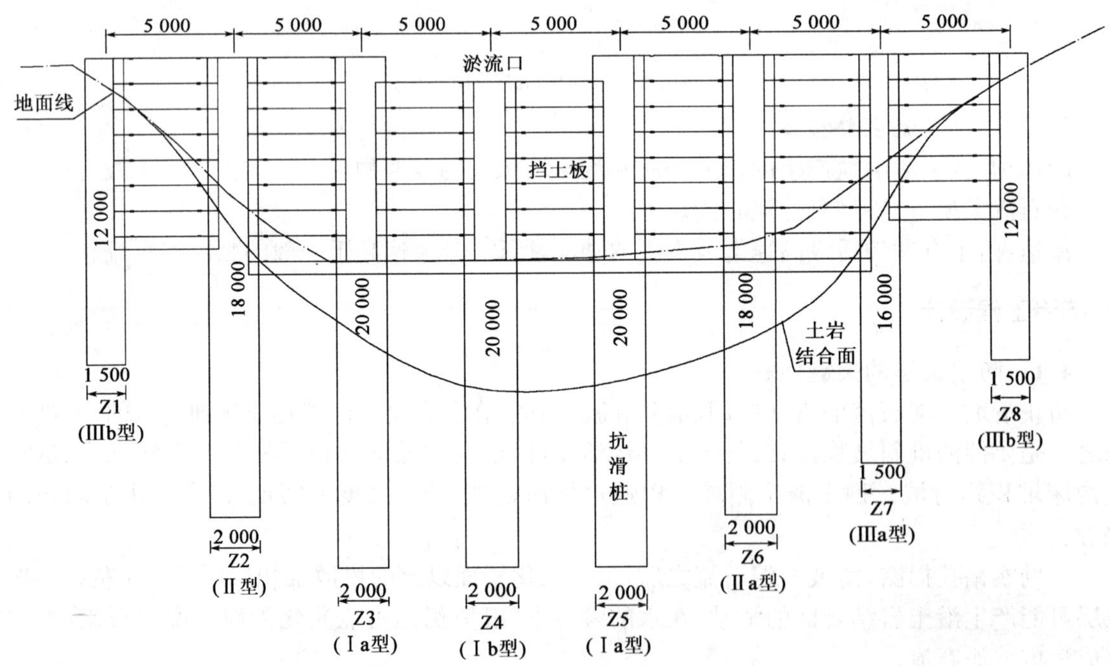

图2　主坝—桩墙正立面图(尺寸单位：mm)

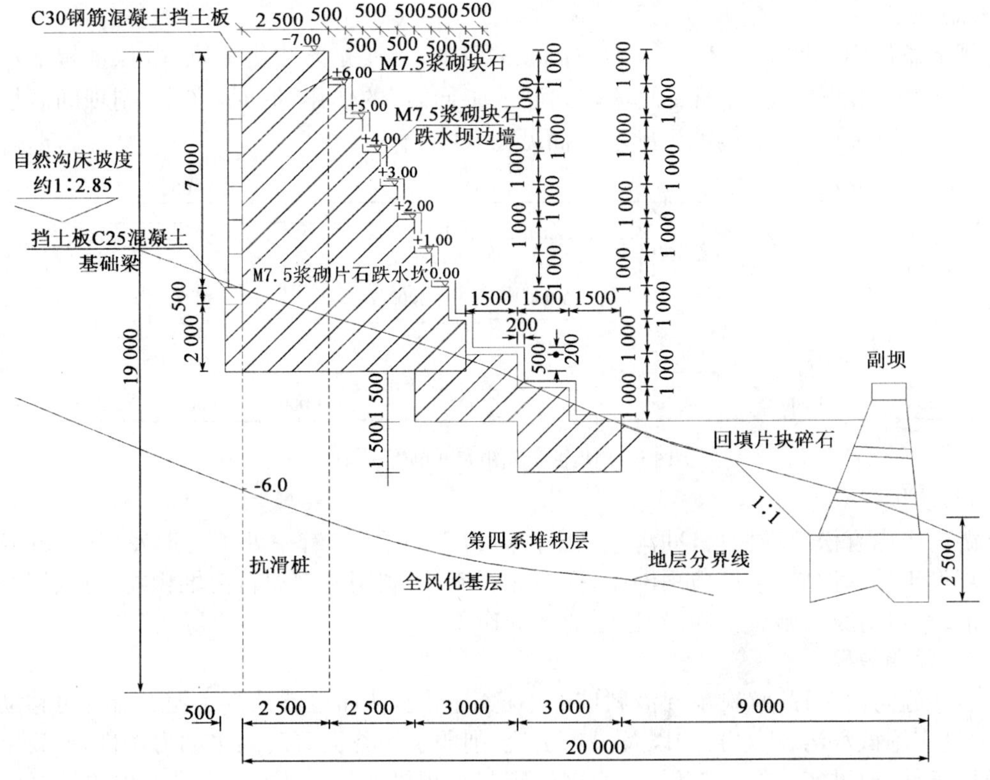

图 3 主坝区工程剖面图(尺寸单位:mm)

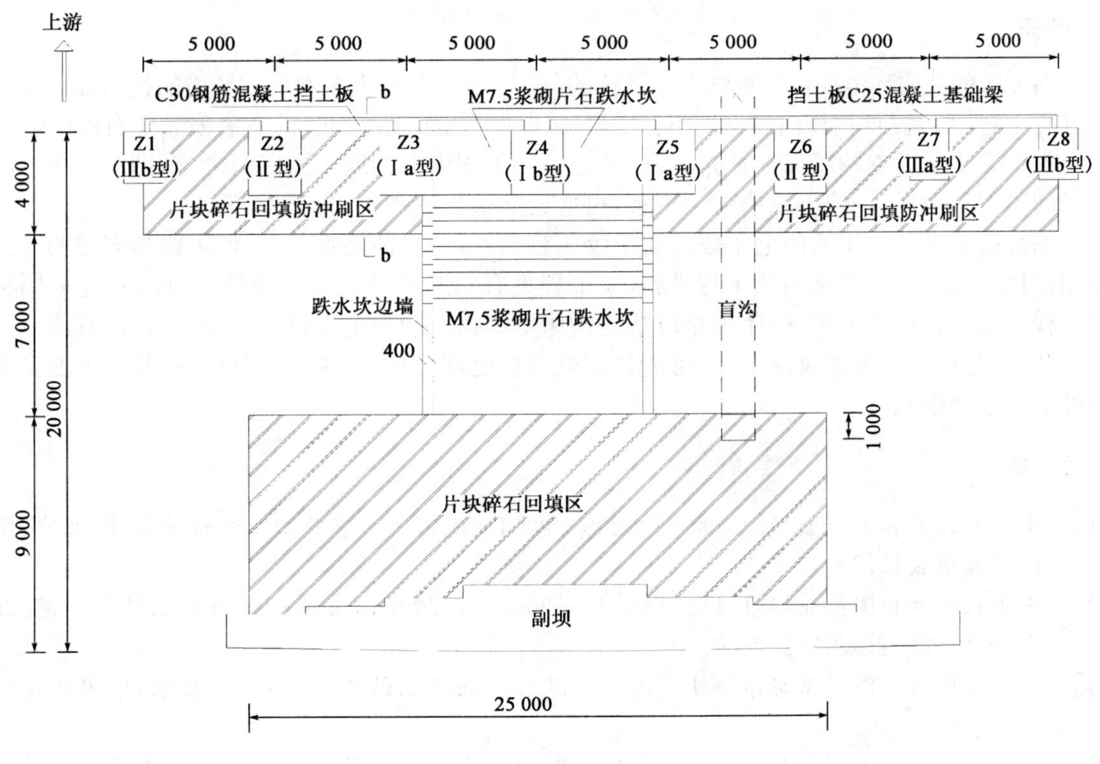

图 4 主坝区工程平面布置图(尺寸单位:mm)

(2)副坝

主坝下游侧沟床坡度为27.5°。设置副坝的目的,主要是防止沟床刷深,保证桩前被动区土体的稳定性。筑坝后进行坝后回填,起到“人工回淤”的作用,同时,在主、副坝间表层抛填片、块石,防止水流的冲刷、掏蚀。副坝立面见图5。

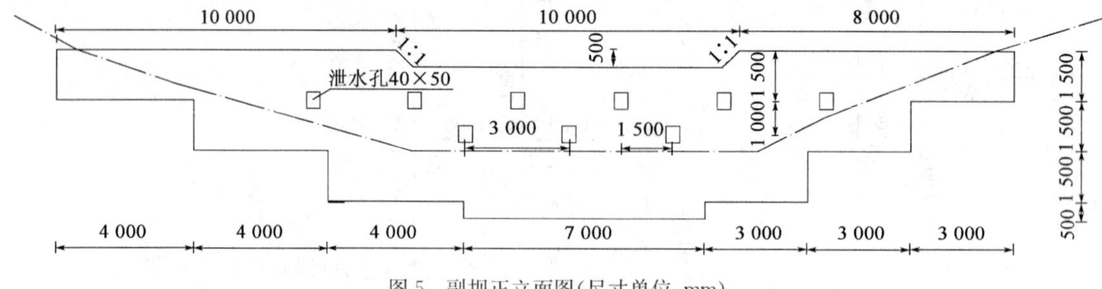

图5　副坝正立面图(尺寸单位:mm)

(3)谷坊坝

下游沟床内有松散堆积物,冲沟左岸距沟口为30m左右,有一处于变形发展阶段的滑坡,将谷坊坝设于冲沟沟口,它可稳固沟床,拦挡泥石流,可利用清理泥石流堆积物,将其回填在沟内滑坡前缘,对滑坡实施压脚,起到稳定滑坡的作用。

4.4　预期效果

通过实施防治工程,解决了弃渣斜坡的不稳定问题,从而也就减少了泥石流的可移动固体物质;通过实施截水沟、排水盲沟以及泉水引流,削弱了沟谷泥石流的水动力条件,改善了沟床地质环境条件;通过实施拦挡工程,对稳固沟床起了积极作用。因此,防治工程的较好效果是可以期待的。

5　结语

斜坡区的地质环境往往是脆弱而又敏感的,在一些情况下,人为对地质环境的扰动破坏又是不可避免的,关键是如何事前预见到不良后果,采取保护地质环境和防止灾害发生的有效措施。

灾害发生后面临的局面往往是非常被动的,除了积极主动地采取应对措施,别无选择。就本滑坡—泥石流而言,若不采取防治工程,可能还会造成进一步的灾害性后果。

综合措施是最常用的防治手段。就防治工程而言,针对性是唯一的,但手段是多样的。排导和拦挡是泥石流治理常用的工程措施,本工程没有实施排导泥石的条件,因而,只能采用拦挡工程。从某种意义上讲,桩墙坝是以防止沟床堆积物滑动为主要目的,兼顾拦挡泥石流。

此外,若桩墙坝做得再高一些,可能拦挡效果会更好,但要解决高悬臂桩的问题,可能要采取桩上锚索等措施。

参考文献

[1]　中华人民共和国行业标准.DZ/T 0239—2004　泥石流灾害防治工程设计规范.北京:中国标准出版社,2004.

[2]　中华人民共和国行业标准.DZ/T 0219—2006　滑坡防治工程设计与施工技术规范.北京:中国标准出版社,2006.

[3]　中华人民共和国国家标准.GB 50010—2010　混凝土结构设计规范.北京:中国建筑工业出版社,2010.

[4]　中华人民共和国国家标准.GB 50003—2011　砌体结构设计规范.北京:中国建筑工业出版社,2001.

某新建地铁车站深基坑施工监测及数值模拟研究

崔玉萍[1]　孙玮泽[2]　董　军[2]　董　飞[2]　徐祯祥[3]

（1. 中交路桥技术有限公司　2. 北京建筑工程学院土木与交通工程学院
3. 中国铁道科学研究院）

摘　要　基于对某地铁车站深基坑进行的现场监测及所收集的监测数据，分析了其桩顶水平位移、桩体变形、支撑轴力及地面沉降的变化情况，进一步使用 Flac 3D 有限差分软件对现场监测内容进行了数值模拟。数值模拟分析结果与现场实测数据对比，结果基本吻合。现场监测数据与数值模拟研究结果表明：该车站基坑采用围护桩加内支撑的支护形式能够有效地控制深基坑变形及地表沉降，从而达到确保深基坑和临近建筑物、周边管线等安全的要求。

关键词　基坑监测　桩体测斜　桩体水平位移　支撑轴力　沉降　数值模拟

1　引言

随着我国城市高层建筑的发展和地铁建设的日益兴起，地下空间的布局渐趋复杂，并不断向大而深的方向发展，深基坑的施工、支护和施工监测越来越受到人们的关注和重视。近年来，基坑工程信息化施工受到了广泛的重视。为保证工程安全顺利地进行，在基坑开挖及结构构筑期间开展严密的监测是很有必要的。本文通过对采用围护桩加内支撑这种支护形式的深基坑进行数值模拟监测以及实测数据分析，证明按上述方法对该基坑支护是可行的，同时也为考虑施工因素的深基坑设计提供依据。

2　工程概况

北京某深基坑位于欢乐谷公园东侧，呈南北走向，北段为大面积绿化带，南段为欢乐谷公园停车场。基坑长约 226m，扩大端与标准段宽度分别为 24.6m 与 21m，深度为 16m，基坑安全等级为一级。主体基坑围护结构采用 ϕ800@1200mm 的钻孔灌注桩，基坑施工时进行了桩间止水，内支撑采用 ϕ609 的钢管支撑，竖向设 3 道，支撑水平间距为 3m，基坑平面内一般采用对撑，在端部和角部采用斜撑。

本工程地质条件较复杂，各层岩土物理力学指标见表 1。本场地赋存 3 层地下水，分别为潜水、层间滞水及承压水，在整个施工过程中降水与止水效果较好，因此，地下水对本工程影响不大。

岩土层的物理力学参数　　表 1

岩土名称	厚度(m)	天然密度(g/cm³)	泊松比	黏聚力(kPa)	内摩擦角(°)
粉土	2	2.01	0.25	20	26
粉质黏土	3.6	1.98	0.3	30	18
粉细砂	2.2	2.05	0.35	0	32

续上表

岩土名称	厚度(m)	天然密度(g/cm³)	泊松比	黏聚力(kPa)	内摩擦角(°)
粉质黏土	3.2	2.02	0.3	38	19
粉土	1	2.08	0.25	32	29
粉细砂	2	2.05	0.35	0	40
粉质黏土	5	1.97	0.3	35	18
粉土	6.5	2.08	0.25	25	28

3 基于现场监测与数值仿真结果的对比分析

本工程将基坑开挖过程中各监测点的实测数据与采用有限差分软件 Flac 3D 对该基坑进行三维开挖过程模拟所得的监测数据进行对比分析[5-6]。

模型计算区域侧边界距坑壁大于 2 倍坑深，底边界则自坑底往下取 30m。由于灌注桩嵌固深度为 6m，因此，所取计算深度 30m 应是足够的。在模型中，岩土层采用实体单元模拟，喷混凝土采用壳单元模拟，支撑、冠梁及围檩采用梁单元模拟，基坑周边围护桩采用桩单元进行模拟。综合考虑计算机容量和计算精度，坑外部分的网格划分得相对较稀。对于各层土体采用莫尔—库仑本构模型。在模拟过程中分为 4 个施工步，第一工况为开挖到第一道围檩底部，第二工况为开挖到第二道围檩底部，此时第一道支撑已架设完毕；第三工况为开挖到第三道围檩底部，此时第二道支撑已架设完毕；第四工况为开挖到基坑底部，此时第三道支撑也以架设完毕。

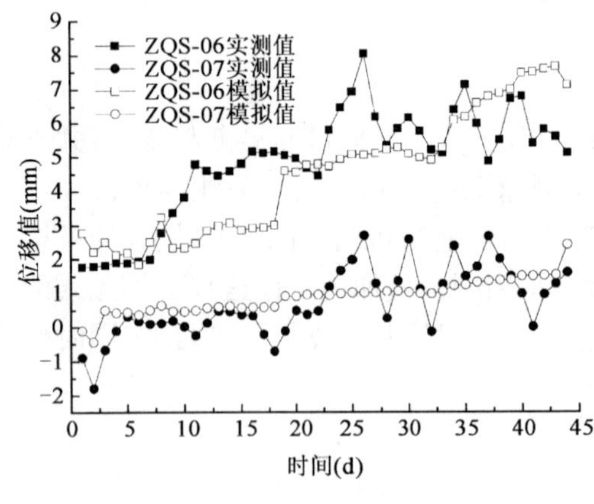

图 1 ZQS-06、ZQS-07 桩顶水平位移

3.1 桩顶水平位移

桩顶水平位移是基坑工程中最直接的监测内容，通过监测桩顶位移，对反馈施工工序，并决定是否采用辅助措施以确保支护结构和周围环境安全具有重要意义。同时桩顶水平位移也是桩体测斜数据计算的起始依据。现场监测数据以及数值模拟所得监测结果对比见图 1。

桩体测斜测点 ZQS-06、ZQS-07 分别位于基坑东南侧主体基坑与南扩大端交汇处和基坑南扩大端正中处。由图 1 可知，桩顶水平位移随开挖深度的增加而增加，测斜点 ZQS-06、ZQS-07 在开挖过程中最大桩顶水平位移分别为 8.3mm 和 2.6mm，最大值的差异性与基坑周边存在施工堆载有关。最大桩顶水平位移与坑深之比为 1.0%，属于较低水平。其最大位移满足基坑等级为一级所规定的围护结构不大于 H 的 0.2%，且不大于 30mm 的限值[7]。这说明围护桩加钢支撑支护形式起到了良好的支护作用。

数值模拟与实测结果的差异性表明，实际的基坑是一个空间结构，存在三维的约束效应，加之实际假定的计算条件与实际条件存在着差异性及施工过程和岩土参数的变异性都会对最终结果造成影响。

3.2 桩体测斜

桩体测斜是确定基坑围护体系变形和受力的最重要的观测手段，桩体测斜现场监测值与模拟值见图 2、图 3。

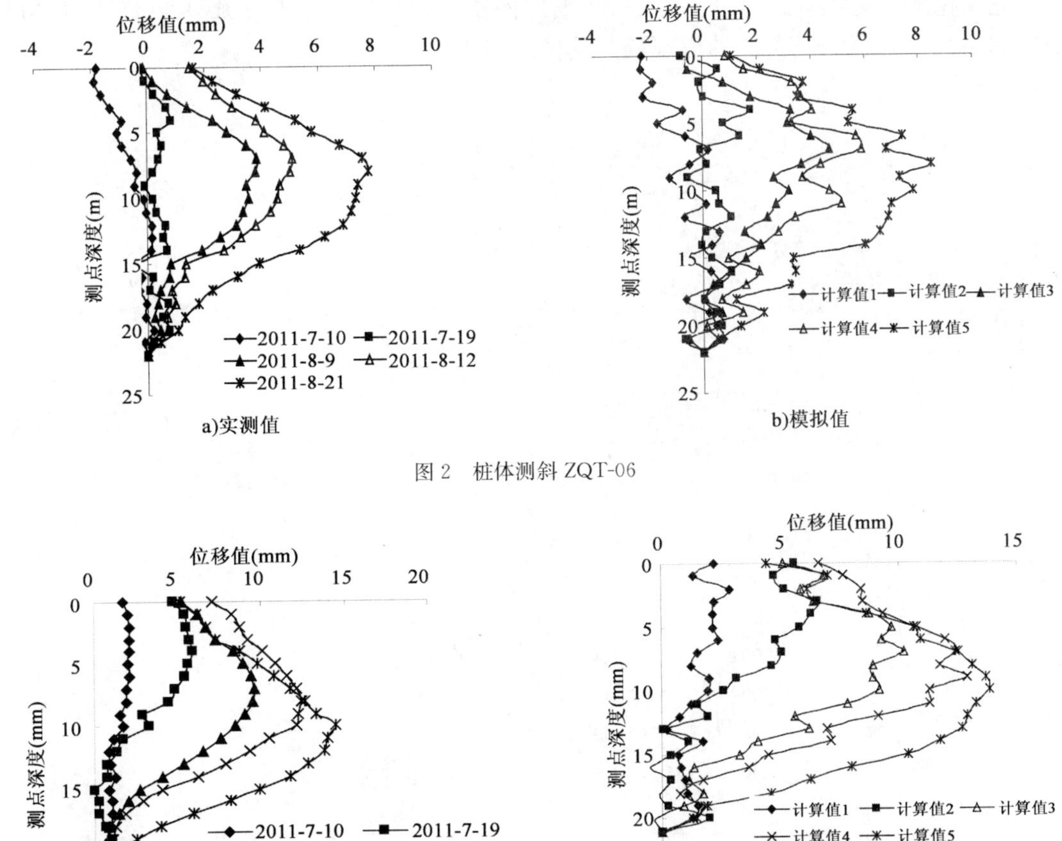

图 2　桩体测斜 ZQT-06

图 3　桩体测斜 ZQT-07

桩体测斜测点 ZQT-06、ZQT-07 分别位于基坑东南侧主体基坑与南扩大端交汇处和基坑南扩大端正中处。上述两测点图 2 和图 3 中图 a)为真实监测数据，根据需要选取了其中的 5d，如图所示；图 b)为根据模拟计算中相应工况下的计算数据绘制的桩体测斜图。图 b)中计算值 1～5 分别对应图 a)中自 7 月 10 日至 8 月 21 日数据。图中所示数据，正值表示向基坑外偏移，负值表示向基坑内偏移。

在上述两个桩体测斜实测数据图中，桩体变形呈先增大再减小，至桩底部位移值为 0。桩体变形最大值从初始的靠近桩顶 1/3 处至后来的靠近桩体中部，这与随着施工过程的进行相应支撑的架设和基坑开挖所引起的卸载以及施工过程中支撑轴力变化有关。其中，在监测初期测斜点 ZQT-06 中的桩顶部分出现了向基坑内偏移位移值，这与支撑轴力初始轴力的设置以及基坑东侧施工堆载有关。

图 b)中的模拟计算所得的桩体变形图与实测值相比，其趋势较为一致，但是由于土体参数、支撑参数、围护桩参数以及基坑附近堆载与实际中的各向参数的差异导致了模拟值所得的桩体变形值相比，有数值上较大的落差，缺少相应的桩体变形所应有的连贯性。

3.3　支撑轴力

基坑外侧的侧向水土压力由围护桩及支撑体系所承担，当实际支撑轴力与支撑在平衡状态下应能承担的轴力不一致时，将可能引起围护体系失稳，因此，在整个施工过程中对支撑轴力的监测是很有必要的。支撑轴力现场监测值与模拟值见图 4。

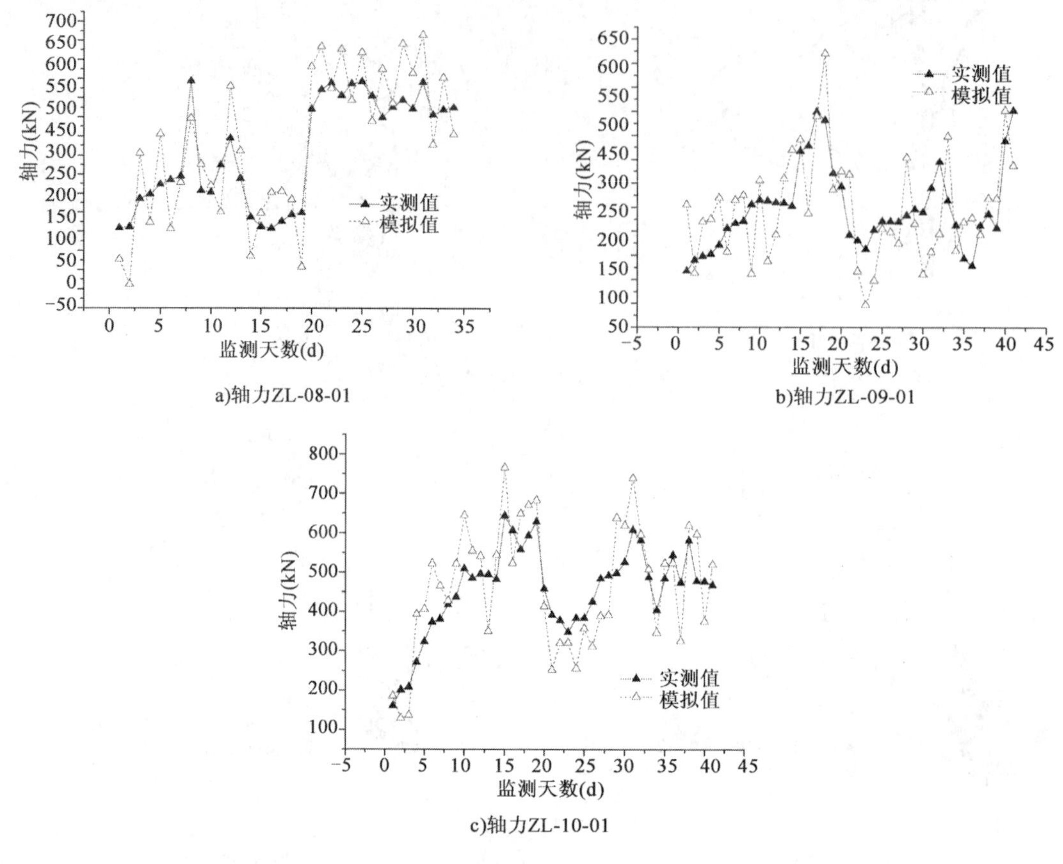

图 4 支撑轴力监测图

轴力监测点 ZL-08-01、ZL-09-01、ZL-10-01 均为第一层钢支撑轴力，分别为基坑扩大端与主体基坑交汇处横撑、扩大端西南角与东南角斜撑。

图中的实测数据显示：对于横撑，最大轴力为 522.4kN，出现在累计监测的第 21 天，而相应的模拟计算中最大轴力为 664.86kN，出现在累计监测的第 31 天，在模拟监测范围的后期计算所得轴力出现大值且有较大波动。对于扩大端两角部的斜撑而言，由于二者所处位置的相似导致其变化趋势较为相似，其中位于东南角的 ZL-10-01 最大轴力为 607.27kN，大于位于西南角的 ZL-09-01 监测值 502.3kN。出现角撑轴力差异的原因主要为在施工现场，基坑东侧为钢筋加工区，有较大堆载，在基坑西侧则没有较大堆载。

用实线表示监测时段内轴力的实测值，用虚线表示对应工况下的模拟计算值。比较上述两种曲线，实测值曲线较模拟值曲线更为平顺，数值落差变化较小，但总体趋势二者较为吻合。造成此种误差的原因主要在于模拟计算过程没有考虑施工场地基坑附近地表堆载的变化以及模拟计算过程中采用的土体属性与实际土体属性之间的差异以及模拟计算中未考虑地下水对基坑的影响，同时还有实测中轴力计放置截面与模拟中设置轴力监测点的不同等。

3.4 周边地表沉降

基坑工程的施工将会引起周边地表的下沉，从而导致临近建筑物、地下管线及电缆破坏，而造成巨大的损失。因此，对基坑周围土体的移动必须严格地控制。

地表沉降现场监测值与模拟值见图 5。地表监测点 DB-05-17、DB-05-08 分别位于基坑扩大端东西两侧。由图 5 可知，周边地表沉降随开挖深度的增加而持续下沉，其中测点 DB-05-17 出现了隆起现象，这是因为基坑开挖是一种卸载过程，由于地层损失，导致土体应力重分布，这样不可避免会引起基坑部分土体的回弹变形，此变形不仅影响基坑自身的围护体系，而且对拟建的建筑物都产生较大影响。但此测点最大隆起量仅为 1.4mm，且呈现整体下沉趋势，不会对基坑安全性造成影响。测点 DB-05-08 的最大沉降位移为 −3.3mm，远小于规范规定的基坑深度的 0.15%。可以看出，由于支护体系设计的合理性，在基坑开挖过程中，不会对周边地表产生影响。由于东西两侧堆载程度不同，在这种偏载作用下，导致了两侧点沉降的差异性，但总体沉降趋势是一致的。通过与实测数据比对也验证了模型模拟的正确性。

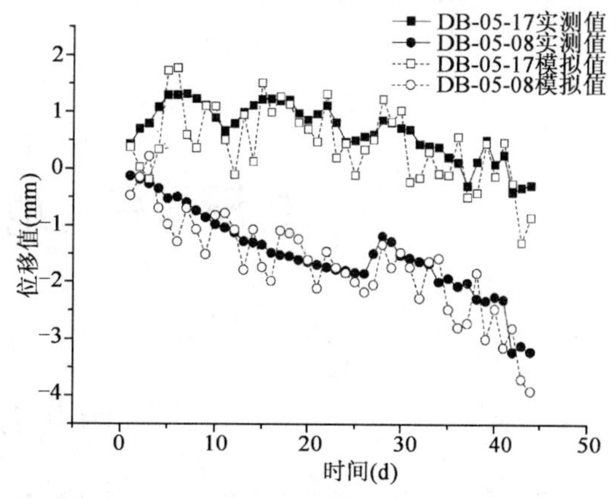

图 5　DB-05-17、DB-05-08 地表沉降—时间曲线图

4　结语

（1）监测结果表明，内支撑支护方式是一种可循环利用、施工便利的有效支护方式，基坑桩顶水平位移最大值为 8.3mm，其位移值相对较小，这也验证了这种刚性支护方式能够提供大于围岩发生破坏的最小松动压力的支护抗力，从而确保了基坑周围建筑物、周边管线及基坑自身结构的安全性。

（2）不同的测点其实测值存在着明显差异性，这是因为不同区域堆载的变形性所致，在这种偏载的作用下，导致其测点值存在差异。但趋势是符合规律的，即桩顶水平位移及地表沉降随开挖深度的增加而增大，桩体测斜随开挖深度的增加而呈现中间大两头小的“弓”形曲线，支撑轴力围绕着设计轴力上下浮动，其突变值发生在临近支撑拆撑瞬间。

（3）应用 Flac 3D 有限差分软件进行数值模拟分析表明，采用此支护方式使支护结构整体受力较好，变形量小，满足规范要求，其桩顶水平位移、桩体测斜、支撑轴力以及地表沉降模拟结果与实测结果规律一致。

（4）模拟值与实测值存在误差的主要原因为基坑是一个空间结构，存在三维的约束效应，模拟计算过程中没有考虑基坑附近地表堆载的变化以及地下水的影响，同时实测中轴力计放置截面与模拟中设置轴力监测点的不同，加之实际假定的计算条件与实际条件存在着差异性及施工过程和岩土参数的变异性都会对最终结果造成影响。

参考文献

[1]　Terzaghi K. General Wedge Theory of Earth Pressure, Transctions. ASCE, 1943.

[2]　Peck R B. Earth Pressure Measurements in Open Engineering. ASCE, 1943.

[3]　Clough G W, Duncan J M. Finite Element Analyses of Retaining Wall Behavior. ASCE, Vo1. 97 SM. 12, 1971.

[4]　张明聚，宋二详. 土钉支护的三维非线性有限元研究. 工程力学增刊，1998(A03).

[5]　陈育民，徐鼎平. FLAC/FLAC 3D 基础与工程实例. 北京：中国水利水电出版社，2008.

抗浮锚杆在地下室维护中的应用

王贤能

(深圳市工勘岩土工程有限公司)

摘　要　合理选取抗浮设防水位是地下结构工程抗浮设计的一个关键。遗憾的是，在发生上浮事故的工程实例中，多数是因为抗浮设防水位取值偏低造成的。本文较详细地介绍了深圳某住宅小区地下室上浮变形特征、原因浅析，以及采用预应力锚索作为维护加固措施的设计参数及施工过程中遇到的难题。

关键词　抗浮设防水位　变形特征　预应力锚索　地下室维护加固

1　引言

近年来，在深圳地区有多个工程在施工期间或者使用过程中发生过上浮，如红岭中学初中部扩建工程，需新建一层地下车库(纯地下车库，地面为学生活动区)，在地下室底板结构面上的垫层未浇筑、顶板面上的覆土未施工的情况下基坑先期回填，在2008年4月的一场暴雨后，地下车库发生了较严重的上浮事故。某活动中心大楼拆建工程，设两层地下室，抗浮设防水位取东侧地势最低的水塘塘堤顶高程作为设防水位，投入使用后在西侧地势较高侧的地下室二层底板面上出现微裂缝，地下水从裂缝中外渗。诺德国际花园位于大南山北麓，设一层地下室，2008年6月塔楼即将封顶时，发现在纯地下室区域出现地下室底板上浮现象，随即在底板中凿孔释水减压作为应急处理措施，地下水从孔眼中汩汩涌冒，稳定水头高度大于300mm。某技术学院新建教学楼，场地位于山间谷地内，设一层地下室，紧邻新建的校园内景观湖蓄水后，地下室结构出现轻微上浮现象。

在导致地下结构上浮的各种原因中，抗浮水位取值偏低是一个最突出的因素。特别是有的房地产开发商，为降低工程投资，要求勘察单位更改勘察报告中提出的抗浮设防水位；有的勘察技术人员甚至以枯水季节钻孔内最高水位作为抗浮设防水位。除此之外，当然也有设计和施工的原因。

2　某住宅小区地下室上浮变形特征及原因浅析

某住宅小区位于深圳市福田区一小山丘南侧缓坡上，地下室占地面积约19 500m^2，呈矩形状，东西长约162m南北宽约122m，由4栋34层塔楼和1栋3层幼儿园组成，见图1所示，统一设3层地下室。地面上无塔楼范围的地下室面积约9 000m^2，其中有6 000m^{2}位于塔楼围合的核心区域内(含幼儿园建筑下1 500m^2)。

场地岩土层主要为坡残积粉质黏土、混合花岗岩各风化带。地下室底板主要坐落在粉质黏土层中，部分坐落在全风化岩体中。地下室一柱一桩，人工挖孔桩基础，兼做抗拔桩，地梁下布设了抗浮锚杆。本项目于2004年8月竣工。

2.1 地下室上浮变形特征

在前期使用过程中，只有个别处出现墙板裂缝和底板渗水点等少数质量问题，其余均正常使用。

2006年6月，在地下二层、地下三层的部分加气混凝土砌块隔墙上出现微裂缝，维修人员使用高强度砂浆进行了修补。2006年9月，在已修补过的隔墙上再次出现裂缝，裂缝宽度最大达3～5mm，防火卷帘门两端较为严重。随后裂缝继续扩展，最大裂缝宽度达5～12mm，人防区域的部分剪力墙也出现裂缝。之后，在地下室中部进行了上浮量测量，测量结果表明，中部隆起量相对两端高出大于100mm。

2006年10月，在地下三层相继发现个别柱头与梁交接处出现裂缝；柱脚附近的底板出现板面裂缝，呈45°角度向板中心延伸。

2008年8月，在车道入口侧壁接近地面处有地下水渗出。地下室底板面裂缝加大，呈现从柱底45°方向向板中延伸并有贯通的趋势。在地下三层无塔楼和有塔楼交接处附近的框架梁两端不仅有竖向裂缝，而且出现了明显的同方向的45°斜裂缝，相连的柱端有明显的水平裂缝，其相邻的墙体上的45°斜裂缝也严重开裂，并且同一位置的构件的裂缝在地下二层、地下一层均出现相同情形。

2.2 地下室上浮量实测

2008年底，鉴于地下室上浮问题已影响到地下车库的正常使用，建设单位拟进行加固维护。在加固处理前，委托测量单位在地下室各层的梁底布设了水准点，进行绝对高程测量，各测点位置见图1。

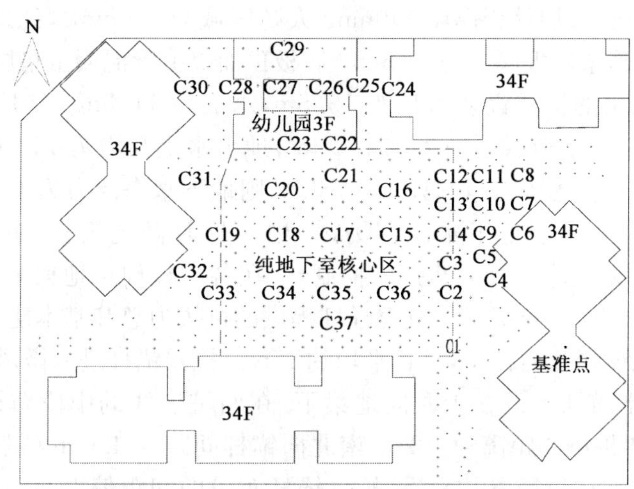

图1 某住宅小区地下室平面图及上浮量观测点布设图

Cl～C37-地下室各层楼板梁底的上浮量观测点

测出各层梁底各测点的绝对高程后，以东南角塔楼下未变形柱梁底高程为基准点，两者差值即为各测点的上浮量，表1列出了测量结果。表1中的“第一层”测点指的是地下室顶板梁底的各观测点，“第二层”测点指的是地下一层楼板梁底的各观测点，“第三层”测点指的是地下二层楼板梁底的各观测点。需要说明的是，考虑到施工误差和大楼建成后自身沉降的原因，本次上浮量计算未以梁底设计高程作为背景值。

地下室各层梁底上浮量(相对值,mm)　　表 1

测点号	C1	C2	C3	C4	C5	C6	C7	C8	C9	C10	C11	C12	C13	C14	C15	C16	C17	C18	C19
第一层	4	57	112	−21	−1	35	30	17	35	103	71	147	203	178	331	262	301	266	103
第二层	10	30	112	12	10	95	20	19	84	91	182	170	196	155	262	253	311	261	104
第三层	30	102	109	74	18	13	−54	−9	−34	20	1	117	107	72	194	185	238	177	62
测点号	C20	C21	C22	C23	C24	C25	C26	C27	C28	C29	C30	C31	C32	C33	C34	C35	C36	C37	
第一层	176	205	30	71	−17	26	0	−5	137	−5	−25	12	33	71	159	202	166	114	
第二层	146	158	39	4	−13	4	−9	9	−19	−59	−23	14	67	65	160	207	164	89	
第三层	94	137	−82	−14	−97	−94	−96	−73	−89	−150	−106	−85	−80	68	180	44	176	−50	

从表 1 中得知,纯地下室核心区中部的各测点上浮量较周边各测点的上浮量都要大,如 C15、C16、C17、C18、C20、C21、C34、C35、C36 等测点。地下室顶板(即地下一层顶板)梁底上浮量最大点位于 C15 点,相对值为 331mm;地下一层楼板梁底上浮量最大点位于 C17 点,相对值为 311mm;地下二层楼板梁底上浮量最大点也位于 C17 点,相对值为 238mm。从表中还可以得知,位于幼儿园下方各测点(编号为 C22～C30)的上浮量均比纯地下室范围内各测点的上浮量小。

2.3　地下室上浮原因浅析

建设场地北高南低,用地红线内场地高程约 16.08～18.76m。北侧用地红线范围外为自然小山体,已开辟为社区公园。自然山体高程为 24.38～36.68m,坡面平缓,平均坡度约为 6°,原为荔枝林。场地与公园山体交界处建有一挡土墙,墙高 5～8m。

建筑物±0.00 相当于绝对高程 18.6m,地下室底板底面绝对高程为 4.0m。地下室顶板厚度 200mm,地下一层、二层楼板厚度 140mm(人防区域为 220mm),纯地下室核心区地下室底板厚度为 350mm,其余底板厚度为 550mm,底板顶面以上素混凝土垫层厚 300mm。

原施工图设计采用的抗浮设防水位为 15.5m,水头为 11.5m。纯地下室区域柱间距为 15.4m×8.1m,各中柱承受荷载范围为 124.74m^2,地下水上浮力为 14 345.1kN,此范围内地下室各层结构自重及地面覆土自重共计 10 078kN,则地下水净浮力为 4 267.1kN。设计采用抗拔桩和抗浮锚杆共同承担地下水净浮力,一柱一桩兼做抗拔桩,单桩抗拔力设计值为 1 260kN(抗拔桩抗拔力设计值由钢筋强度控制)。在各中柱周边地梁下布设 6 根抗浮锚杆,单锚抗拔力设计值 500kN。抗拔桩与抗浮锚杆提供的抗拔力总和基本能平衡地下水净浮力。

抗拔桩桩端进入微风化岩体中,桩长平均约 15m。抗浮锚杆进入微风化岩体中 2～3m,平均长度约 18m。抗浮锚杆布设在东西向地梁下,在两桩连线的中段布设 3 根锚杆(间距为 1.5m),边缘锚杆距离桩中心距离为 6.2m,南北向锚杆间距为 4.05m(最大间距达 8.1m),共布设 234 根锚杆。从上述设计参数来看,抗浮锚杆布设的间距偏大,特别是在南北向间距达 8.1m 的区域,也正是地下结构上浮量最大的区域(观测点 C15、C17、C18、C19 一线)。根据观测结果,地下室各层最大上浮量达到 311～331mm,这么大的上浮量,已导致抗浮锚杆失效[1],甚至抗拔桩的主筋也可能被拉断。

在车道入口侧壁接近地面处已有地下水渗出,说明地下水位比较高。2008 年 12 月,在沿地下室周边外围布设了 10 个水位观测孔,根据地下水位观测结果,地下水位埋深 1.01～2.56m,地下水位 15.59～17.11m,平均水位为 16.60m。因正值枯水季节,所测得的地下水位偏低,在雨水季节地下水位会有上升。本次水位观测到的最低水位为 15.59m,高于施工图设计阶段的抗浮设防水位 15.50m，因此，可以判定原抗浮设防水位取值偏低。

3 预应力锚索抗浮加固设计

因地下结构上浮造成了结构损伤，需采取抗浮加固措施，同时也应对结构损伤部位进行修复。经多次认真论证，采用在地下室底板下增设预应力锚索作为抗浮加固措施。

在加固设计前，首先应确定合理的抗浮设防水位。因地下室南北向宽度为 122m，地下水由北向南渗流，在缓坡上不宜采用统一的抗浮设防水位，否则会增加维修费用。经慎重研讨，纯地下室核心区（含核心区）以北区域抗浮设防水位取 18.4m，以南区域取 16.4m。

预应力锚索锚固体直径 150mm，注浆采用强度不低于 M30 水泥浆灌注，二次注浆工艺。地下室底板底面以下至中风化岩面段设为自由段，自由段长度不小于 5m。锚固段以进入中风化岩体大于 7m 或进入微风化岩体大于 4m 作为控制标准，锚索总长为 15～20m。锚筋使用 6 束 ϕ15.24 高强度低松弛钢绞线制作。单锚抗拔力特征值为 750kN，锁定值为 400kN。

仍以纯地下室核心区中柱为例，在单根中柱承受的荷载范围内，地下水净浮力为 7 884.56kN，则需布设 11 根预应力锚索。预应力锚索布设在柱子围合区域内的地下室底板以下且应避开地梁。按等腰三角形（梅花形）布设，东西向间距为 5.0m，南北向间距为 1.75～2.30m，单锚作用面积平均为 11.34m^2。幼儿园北部区域按四边形布设，东西向间距为 4.0m，南北向间距为 5.0～5.25m。按此原则，共布设 560 根预应力锚索，见图 1 中阴影部分所示。

为不减小地下三层的净空而影响地下车库的使用，预应力锚索须锚固在地下室钢筋混凝土底板顶面的素混凝土垫层中。首先应在垫层中凿一 800mm×800mm、深 300mm 的坑槽，然后在坑槽内施工预应力锚索，注浆体养护期满后经检测合格后方可张拉锁定封锚。锚索封锚是一个重要环节，需做好封锚体的防水措施。在坑槽底锚头处安放一块 20mm 厚钢板，规格为 300mm×300mm，截掉钢绞线张拉段，然后用 C25 混凝土（抗渗等级 S8）封闭锚头。封锚混凝土分两期浇筑，先期以锚头为中心浇筑一 350mm×350mm 厚 150mm 的“馒头状”混凝土体，养护期满后在混凝土表面（以及坑槽内其余底面）先后抹（铺）20mm 厚 M10 水泥砂浆找平层、2mm 厚硅橡胶涂料防水层、0.5mm 厚塑料薄膜保护层，后期再用 C25 混凝土将坑槽全部浇满。

4 预应力锚索抗浮加固施工

预应力锚索施工是一种常规的岩土锚固工艺，在本项目中也遇到些特殊问题。

本地下室地下三层层高 4.25m，净空约 3.5m，成孔机械需改装。本工程采用地质钻机成孔，需要改装钻机塔架；成孔直径 150mm，也不是常规地质钻机成孔直径，这些小问题都容易解决。在较高承压水条件下，从地下室底板以下钻至中风化岩层顶面段的类土层容易塌孔，为解决此问题，专门加工了钢套筒作为护壁措施。

因地下室底板上浮，在底板底面与地基土间因上浮空鼓形成的空隙中封存了大量的地下水，且地下室建成后改变了地下水渗流路径，在预应力锚索开孔时，大量的高压水直接涌冒。因此，在正式施工前，在地下室底板上布设了 6 口减压井。在前几口井刚凿穿地下室底板后，地下水涌冒高度达 1.0～2.0m，随后水压力逐渐衰减。在施工期间，减压井一直有地下水涌出，施工现场用软管导水，见图 2a)，就近导入集水井内再抽排。

锚索成孔注浆养护期满后，在坑槽底部安防钢垫板、张拉锁定截除多余的钢绞线后，此时发现部分锚头有水珠沿钢绞线末端滴出，或呈湿润状态，或从坑槽底与钢板、钢板与锚具之间的缝隙中渗出，甚至在浇筑了“馒头状”的封锚混凝土后也有地下水渗出。因此，解决锚头渗水问题成了一个难题，经试验多种堵漏办法后，摸索到了一种适用的堵漏方法，见图2b)，即采用速凝型“金汤水不漏”牌封堵材料，这是一种无毒无害、吸收国内外先进技术开发的高效防潮、抗渗、堵漏材料，也是极好的粘结材料。

施工过程中选择了28根锚索安装了轴力计，拟对锚索轴力进行长期观测，见图2c)。测得锚索初始轴力值为242.8～587.8kN，平均值为384.2kN。监测频率3～5d一次。1个月后锚索轴力值为203.26～567.36kN，平均值为350kN，表明锚索预应力值损失不大，较稳定，可以进行下步结构损伤部位的修复工作了。

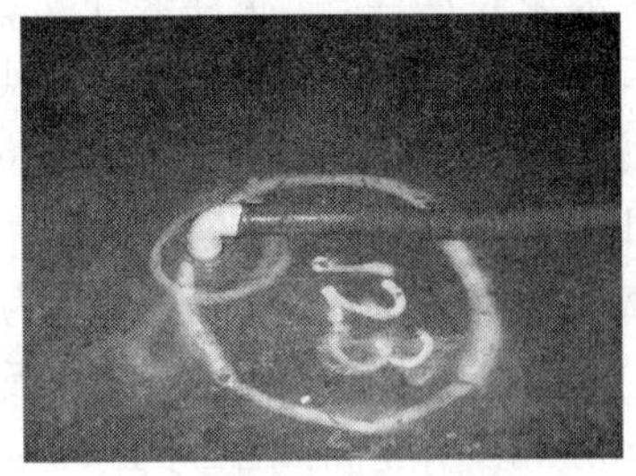

a)底板上布设的减压排水孔

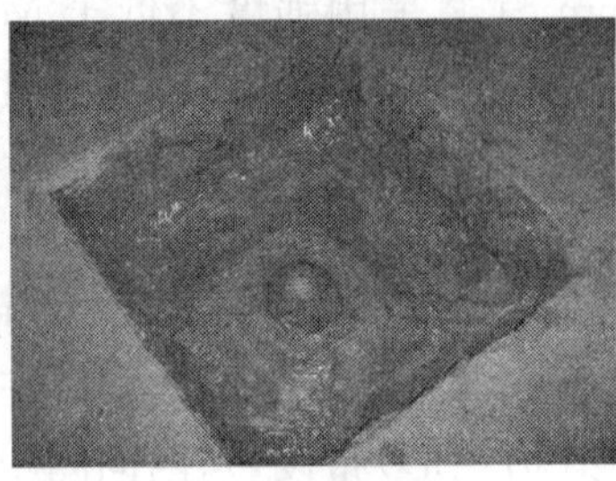

b)锚头堵漏

c)锚索轴力观测计安装

图2 预应力锚索施工过程中的部分照片

5 结语

地下结构工程的抗浮设计有两个方面最重要：一是抗浮设防水位的选取，二是抗浮技术措施的选取。关于抗浮设防水位的选取主要依靠该地区地下水长观资料和勘察技术人员的经验。在深圳地区因开发建设晚、开发规模大、建设速度快，主管部门不重视等原因，至今也未建立地下水长观系统，所以抗浮设防水位不得不依靠勘察技术人员的职业素养和经验，可是，有的勘察技术人员甚至不明白抗浮设防水位的概念，所提出的抗浮设防水位难免不合理。抗浮技术措施的选取也很重要，特别是几种抗浮技术措施联合使用时，更应弄明白其共同作用机理，特别是位移协调原则。

参考文献

[1] 王贤能，唐雪云，代军.抗浮锚杆试验的位移性状分析//深圳市地质学会2001学术年会论文集.武汉：中国地质大学出版社，2002：125-130.

钻孔桩结合旋喷桩在深基坑支护工程中的应用

刘肖伟[1]　刘　猛[1]　刘利伟[2]

（1. 大连开发区华宇岩土工程公司　2. 东煤地质局沈阳钻探机械研制中心）

摘　要　结合工程实例，阐述了钻孔灌注桩结合旋喷桩在深基坑止水帷幕支护工程中的成功应用，对类似工程具有借鉴作用。

关键词　钻孔桩　旋喷桩　深基坑　止水帷幕

1　概述

钻孔桩结合旋喷桩在沿海地区深基坑止水帷幕支护工程中的应用收到了良好的效果。下面以大连某工程深基坑止水帷幕支护工程为例阐述其应用及分析。

1.1　工程地质概况

场地地层自上而下为：

(1)杂填土层厚 5.00～11.90m，层底标高－5.60～2.30m。

(2)淤泥质土层厚 0.70～6.60m，层底标高－9.33～1.00m。

(3)砂卵石层厚 1.90～10.70m，层底标高－11.90～－6.45m。

(4)强风化板岩揭露层厚 0.30～5.00m，揭露层底标高－12.18～－7.50m。

(5)中风化板岩揭露层顶埋深 6.80～19.50m，揭露层顶标高－12.18～－6.50m。

(6)中风化石英岩揭露层顶埋深 6.60～7.40m，揭露层顶标高－9.53～－8.92m。

1.2　地质构造

场地内未发现活动断层，该场地地质构造属于大连古老东西向倒转背斜的北翼，基岩为中震旦系桥头组石英岩夹板岩。受莲花构造的影响，岩体较破碎，构造节理裂隙极发育。

1.3　地下水情况

(1)松散岩类孔隙水

勘察期间，场地内所有钻孔均见有地下水。地下水主要赋存于杂填土层中下部和砂卵石层中，属第四系孔隙潜水，略带承压性。容水性、给水性、透水性好，涌水量大，地下水稳定水位埋深 3.00～6.90m。场地基坑已开挖，水位变化幅度不大，标高－500～1.94m。

(2)层状板岩、石英岩裂隙水

此类地下水主要分布在基岩顶部中风化硬脆性石英岩层及板岩层间隙与构造裂隙之中，裂隙多张开性，裂隙分布不均，容水性、给水性、渗透性较弱，涌水量较小。

1.4　工程概况

拟建项目规划总用地面积 10 857m^2，地上共 51 层，地下 3 层，结构形式为框筒劲性混凝土结构，基坑开挖深度 18～19m。

基坑支护止水帷幕结构形式采用支护钻孔桩结合旋喷桩＋锚杆（预应力管式锚杆）＋网喷

混凝土的支护形式。

基坑降水采用管井降水与基坑内明排相结合的方式。

2 深基坑支护施工

2.1 支护钻孔桩及冠梁施工

(1)支护桩采用机械成孔灌注桩,桩径1.0m,间距1.6m,沿基坑周边布设一圈。

(2)桩长除满足进入基坑底面以下3m外,还应满足进入中风化岩面不小于2m。

(3)桩施工按设计配制钢筋笼及灌注商品混凝土。

(4)桩身混凝土采用水下导管灌注工艺。

(5)支护桩采用间隔式施工,在灌注混凝土24h后进行临桩施工。

(6)冠梁是锁住支护桩头的,应将支护桩头浮浆凿除清理干净再行施工。

2.2 旋喷桩施工

(1)旋喷桩在支护桩间布设,主要起止水作用。

(2)旋喷桩施工是先用工程钻机钻孔,再用高压注浆泵,通过安在钻杆端部的特殊装置,向周围土体喷射高压水泥浆,对周围土体进行切割搅拌,使一定范围内的土体结构遭到破坏,并强制与水泥浆混合搅拌成水泥土体,钻杆边旋转边提升,最终形成旋喷桩。

(3)旋喷桩施工直径0.8m,施工深度至中风化岩面。

(4)旋喷桩采用的参数:喷嘴直径2.5mm,注浆压力大于26MPa,旋转速度18~25r/min,提升速度不大于25cm/min,水灰比为1:1。采用P.O 32.5普通硅酸盐水泥,返浆试块强度不小于3.5MPa。

(5)旋喷桩施工质量控制要满足有关验收规范要求。

2.3 预应力管式锚杆施工

(1)淤泥层及砂砾层位易塌孔,故采用管式锚杆施工。

(2)管式锚杆是采用专用锚杆钻机直接将地质钻杆植入地层内,钻头及钻杆均布设了出浆眼,通过钻杆中心注浆至孔底,水泥浆与钻杆及钻头一起形成锚杆。

(3)预应力管式锚杆钻头直径为ϕ150mm,采用ϕ50mm地质钻杆,壁厚6.5mm,极限抗拉强度标准值为570MPa。

(4)管式锚杆锚固段底端设置两根花管,孔眼直径2 mm,间距300mm,交错布置。

(5)管式锚杆锚固段与自由段交界处设置止浆装置。

(6)管式锚杆接头应进行特殊处理,以确保等强度连接。

(7)管式锚杆钻头前端应设置导向装置,钻头叶片直径不小于150mm。

(8)管式锚杆布设间距1.6m,位于两根支护桩中间,旋喷桩的中心。旋喷桩为纯水泥浆与土搅拌的水泥土体,可以钻进。

(9)锚杆的长度、倾角及每层的位置按设计要求施工。

(10)锚杆注浆采用纯水泥浆,强度等级M30,并掺入一定量的外加剂。

(11)锚杆腰梁采用普通热轧槽钢,注浆体强度达到24MPa方可进行张拉。

基坑支护结构局部平面示意图见图1,局部剖面示意图见图2。

2.4 挂网喷射混凝土施工

(1)在支护桩间帷幕立面采用网喷混凝土施工,控制悬臂渗水。

(2)网喷混凝土前,先把坡面不稳定碎块、残土清理干净。

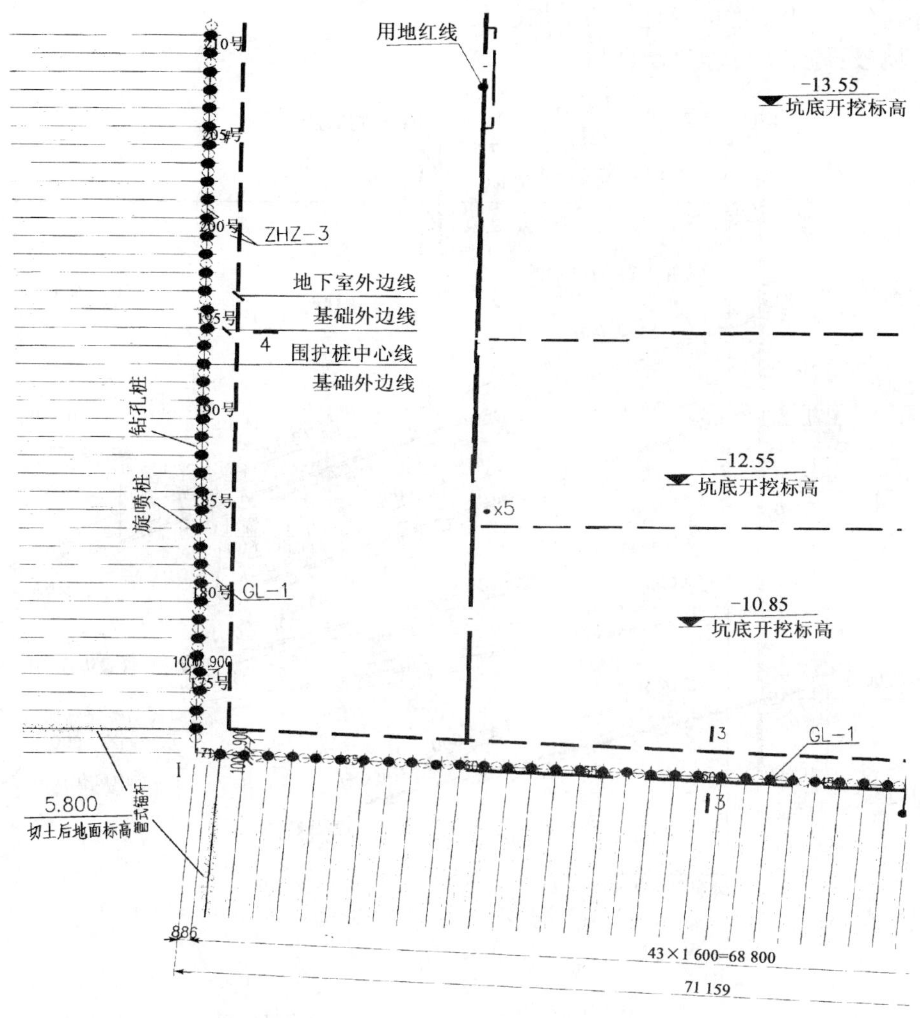

图1 基坑支护结构局部平面示意图(尺寸单位:mm)

(3)钢筋网采用ϕ6.5mm@200mm×200mm,喷射混凝土强度等级为C20,厚度100mm。

2.5 基坑降水

(1)基坑降水采用降水井及基坑底边布设排水盲沟进行降水。

(2)本工程共设28口降水井,井径0.8m,井深至基底以下5m,沿基坑顶周边均匀布设。

(3)排水设备采用潜水泵,排水量大于80m^3/h,扬程大于30m。

(4)施工中先施工支护桩,后施工降水井,降水井与支护桩位置错开布设。

(5)基坑底周边排水系统采用排水盲沟或排水管道。

2.6 基坑监测

(1)基坑工程施工前,由建设单位委托具备相应资质的第三方对基坑工程实施现场监测,检测单位编制监测方案,监测方案经建设、设计、监理等单位认可,必要时还需要市政道路、地下管线、人防等有关部门协商一致后方可实施。

(2)监测分阶段实施

第一阶段:施工前,场地内至少设置3个稳固的基准点,各监测项目在基坑支护前测得稳定的初始值(不少于3次的稳定值的平均值)。

第二阶段:施工开始至基坑回填。

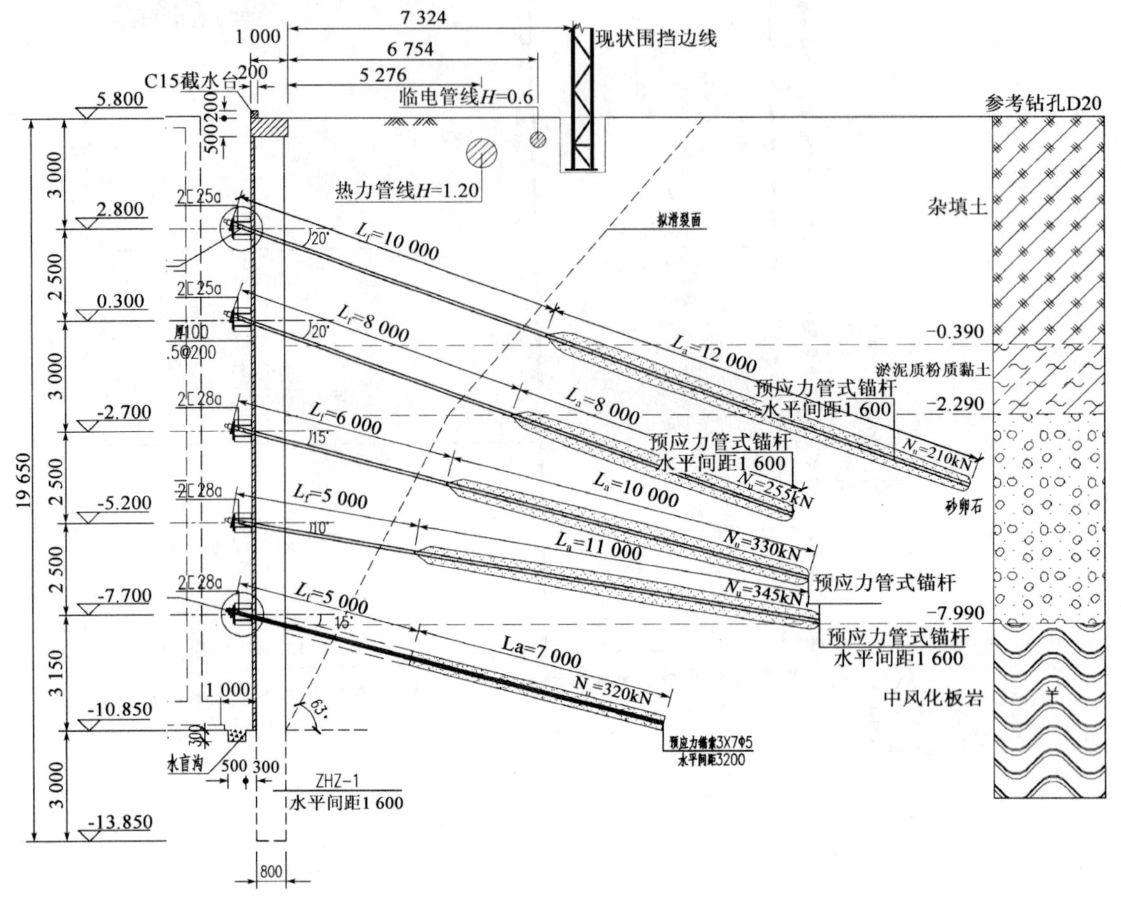

图2　基坑支护结构局部剖面示意图(尺寸单位:mm)

参考文献

[1]　余志成,施文华.深基坑支护设计与施工.北京:中国建筑工业出版社,1999.

[2]　李继业.试述建筑基坑支护工程安全性影响因素.中国西部科技,2007(8):49.

综合防渗支护系统在深基坑工程中的应用

李明星

（西南有色昆明勘测设计（院）股份有限公司）

摘　要　本文工程实例针对复杂的地质条件及环境条件，应用由止水截砂帷幕（深搅桩及高压旋喷桩地下连续墙）、降水井和土钉墙组合而成的综合防渗支护系统，对深基坑的开挖进行有效的支护，克服了高水位、厚层流砂、软土、挖深大及地下障碍等问题，取得良好效果。

关键词　深基坑　流砂　软土　地下障碍物　高压旋喷桩　土钉墙

1　引言

深基坑开挖施工，对坑壁进行支护，不仅要面对场地水文、工程地质的复杂性，还要充分考虑极其有限的场地条件下施工的可行性和难度，同时，还须保证周围建（构）筑物的安全。因此，深基坑支护方案的适宜性、安全性及经济性，是业主确定设计及施工方案的主要依据。

2　工程概况

文贸大厦位于昆明市中心，东风西路东侧，其北部百余米为人民中路，是一座集办公、金融为一体的综合性高层建筑。主楼地上 15～25 层，地下 2 层，基坑开挖边长 224m，开挖深度 9.19～10.75m。基坑西侧紧靠东风西路人行道。东风西路原为老护城河填平而成，填土下有厚层淤泥分布。人行道下分布有密集的电缆沟、自来水管、煤气管及下水道等地下管网。基坑南侧 2～8m 处为一幢 6 层砖混楼房及一幢 2 层瓦房；基坑东侧 5～10m 处为富春大厦（其基坑采用土钉墙支护），部分地段土钉杆侵入到本场地基坑范围内，造成地下障碍；基坑北侧为东风百货大楼。场地平面形态及地上、地下环境条件见图 1。

场地在地貌上属古滇池湖积相沉积盆地中部、五华山斜坡堆积地貌前缘。地面东高西低，地势西倾，地面高差 1.60m。根据勘察报告，在基坑工程范围内主要分布杂填土、第四系冲湖积相软黏土、粉质黏土、粉土及粉砂等，各土层埋深、厚度及主要物理力学指标见表 1。

各土层主要物理力学指标表　　表 1

层号	土层名称	埋深（m）	层厚（m）	土的状态	天然重度 γ（kN/m³）	内摩擦角 φ（°）	黏聚力 c（kPa）	承载力标准值 f_k（kPa）
①	杂填土	0	1.20～5.60	松散	18.5	10.0	10.0	
$②_1$	含砾粉质黏土	1.20～5.60	0～3.10	可塑	18.3	5.4	17.5	100
$②_1^a$	黏土	3.40～5.10	0～2.50	软～可塑	18.0	3.0	18.9	110
$②_2$	粉砂及粉土	3.60～6.20	1.50～7.60	中密	19.5	3.7	11.0	130
$②_2^a$	黏土粉质黏土	4.80～13.50	0.40～5.90	可～软塑	18.7	2.0	17.4	140
$③_1$	粉质黏土夹黏土	11.50～15.10	4.20～10.00	可塑	19.2	14.8	21.4	200

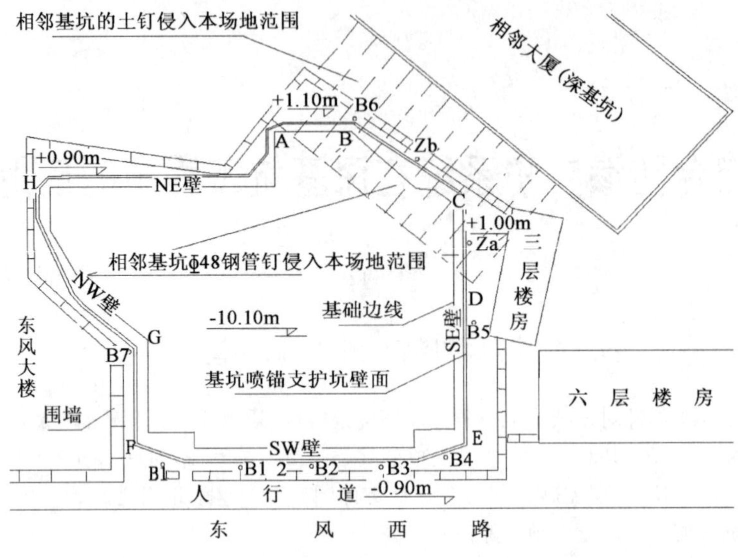

图1 文贸大厦深基坑环境条件图

场地内地下水属第四系孔隙型潜水，地下水位埋深0.50～1.60m，①层杂填土、②1含砾粉质黏土、②2层粉砂及粉土为场地内主要透含水层。在开挖深度范围内，②2层粉砂及粉土最大厚度6.0m，基坑开挖涌水量987m^3/d，在15m深度范围内的粉砂、粉土均为液化土。

3 深基坑防渗支护方案设计思路

3.1 地下水、流砂的防渗治理

场地内地下水位浅，埋深0.5～1.6m，在基坑开挖深度内有厚层粉砂、粉土，若只采用井点降水，则不能排除局部由于水位较高，基坑开挖时流砂涌水，而引起坑壁垮塌的可能。因此，宜采用止水截砂帷幕进行防流砂止水，同时，为减小坑壁内的静水压力，在帷幕内外适当设降(集)水井。

止水帷幕的建造，可采用注浆、深搅桩及旋喷桩等，根据场地特点及工法效用，以深搅桩帷幕为主。在东侧部位，由于地下有相邻场地土钉墙侵入的钉杆形成地下障碍，无法施工深搅桩，在这些地段采用高压旋喷桩形成止水帷幕。

3.2 基坑支护形式

该基坑开挖范围几乎占满整个场地，部分地带开挖边线已接近围墙或周围的建筑，局部地带开挖边线已超出围墙范围紧靠人行道，因此，局部结构设计不得不有所调整。基坑无放坡开挖条件，只能垂直开挖。在昆明地区，基坑支护的类型较多，有重力式、排桩式、桩锚结合式及土钉墙等。从场地条件及经济、适用、安全几方面比较，确定采用土钉墙支护形式，其特点是不受场地条件限制，造价较低，工期较短并可与基坑同步开挖分层进行。

4 止水防渗帷幕及土钉墙支护设计

4.1 深搅桩止水帷幕设计

深搅桩帷幕对地下水形成阻隔作用，同时防止因基坑挖深后产生水头差而引起坑壁、坑底涌砂的不良现象(图2)。深搅桩连续施工，互相搭接成厚度为400～500mm的地下连续幕墙，与支护结构形成统一的支护体系。桩径500mm，桩心距300mm，相邻两桩搭接厚度200mm。

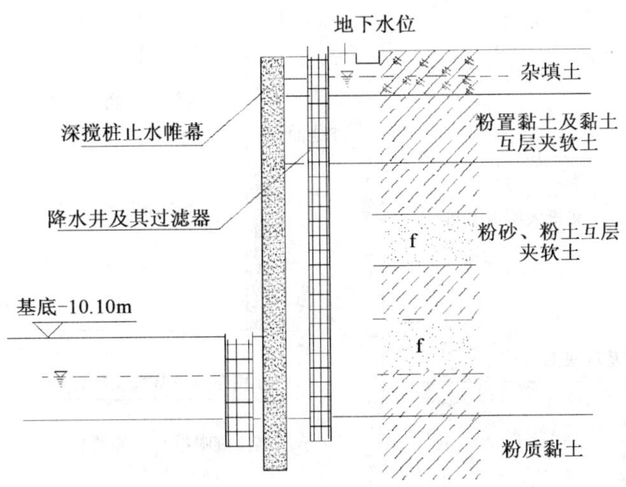

图 2　深基坑止水防渗体系结构图

根据隔水层的埋藏深度，设计桩长 13～16m，桩端进入隔水层的长度按下式确定：

$$L = 0.2h_w - 0.5b \quad (1)$$

式中：h_w——作用水头；

b——帷幕厚度。

取 h_w=8.0m，b=0.4m，则 L=1.40m。

在靠东风西路坑壁部位，设两排深搅桩，以提高该部位的防渗能力和安全稳定性。

4.2　旋喷桩截水(砂)帷幕设计

在基坑的东壁，即 ABCD 地段，见图 1 及图 3，由于相邻建筑深基坑施工的土钉杆侵入该地段形成地下障碍，无法施工深搅桩，因此，采用技术可行的旋喷桩形成截水(砂)帷幕。旋喷桩即为在连续不停的提升过程中旋转高压喷射水泥浆液，形成圆柱状水泥土固结体，固结体间相互交接形成连续防渗帷幕。设计桩径 D=1.0 m，桩距 L=0.80m，按两排桩布设，桩端进入隔水层中不小于 1.4m，桩长 14m。相邻两桩交圈厚度(见图 4)按下式计算：

$$e = 2\sqrt{R_0^2 - (L/2)^2} = \sqrt{D^2 - L^2} \quad (2)$$

式中：e——交圈厚度，m；

R_0——旋喷桩半径，m，$R_0 = D/2$

L——桩间，m。

4.3　降(集)水井的设计

采用降(集)水井排降含水层中的地下水、较深部位的承压水及局部帷幕漏水，确保基坑内地下水位控制在基底深度以下不小于 0.50m，同时防止涌砂，减少基坑壁静水压力，提高坑壁土体的抗剪强度。在坑壁内外各布设降水井 6 个，共 12 口，井深 14m，直径 ϕ600mm，采用钻机成井，其内下置 ϕ400mm 的钢筋笼骨架过滤器，并与井壁间形成反滤层，见图 2。

4.4　土钉墙(喷锚支护)设计

土钉墙(喷锚支护)技术是在坑壁内设置一定长度和分布密度的土钉杆，并由钢筋网喷射混凝土面层，将土钉杆头连接，与土体共同作用，弥补土体自身强度的不足，即形成以增强边坡土体自身稳定的、主动制约机制为基础的复合边坡土体—自承支护体系，达到基坑支护的目的。土钉墙的设计，主要确定土钉长度 L，土钉孔直径 d_n，土钉布设密度即土钉行列间距 S_x、

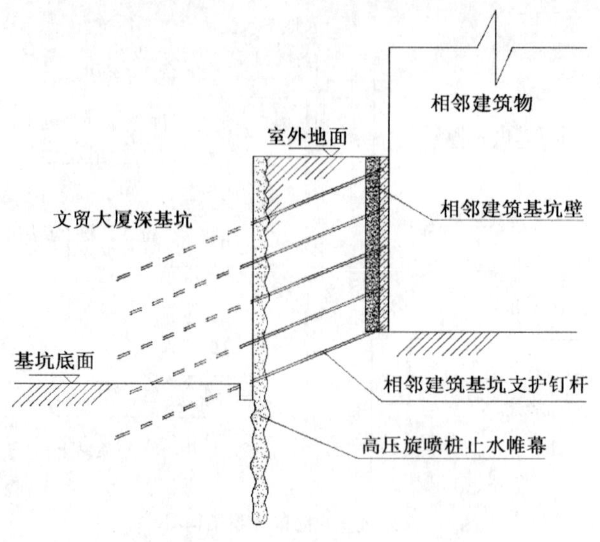

图 3 高压旋喷桩止水帷幕应用情况剖面图

S_y 及钢筋网喷射混凝土面层的结构，并进行土钉墙稳定性验算。

(1)土钉长度确定按下式计算：

$$L = mH + S_0 \quad (3)$$

式中：m——经验系数，取 0.7～1.0；

H——土坡高度，m。

基坑开挖深度 9.19～10.75m，超挖 0.6m，设计基坑开挖深度 9.79～11.35m，根据土钉埋深，设计土钉长 7～13m。

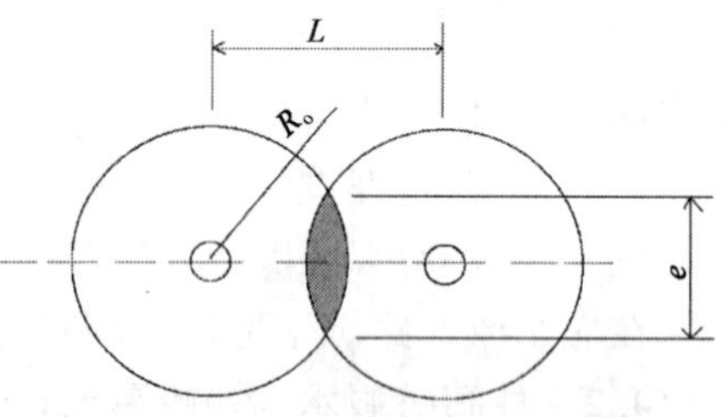

图 4 高压旋喷桩交联圈截面图

(2)土钉孔直径 d_n

土钉杆采用气功潜孔锤击入式钢管，管径 ϕ48，管壁上焊角钢倒刺及注浆孔，以灌浆压力为 0.5～1.0MPa 压注水泥浆后，形成土钉杆有效直径 d_n=80～100mm，土钉杆抗拉强度取钢管抗拉强度值 f_y=290MPa。

(3)土钉杆行列距按以下平衡式确定：

$$S_x \cdot S_y == K_1 d_n L \quad (4)$$

式中：K_1——压力注浆系数，取 1.5～2.5；

S_x——土钉行距，m；

S_y——土钉列距，m。

计算取值：k_1=1.5，d_n=0.08m，L=12m，设 $S_x = S_y$，则 $S_x = S_y$=1.2m，即土钉行列距取 1.2m，土钉倾角 15°～20°。

(4)钢筋混凝土面层

土钉在坑壁上的露头由 ϕ16 钢筋联焊，并挂上钢筋网片，规格 ϕ6.5@200×2，见图 5。喷射混凝土厚度不小于 100mm，采用细石混凝土，P.O42.5 水泥，混凝土配比：水泥∶砂∶细石＝1∶2∶2，强度等级 C20。

(5)土钉墙稳定性计算

土钉墙稳定性即安全系数的计算，采用边坡稳定性分析圆弧滑动条分法。根据施工期间不同开挖深度及基坑底面以下可能滑动面，确定可能滑动弧面圆心，按条分法计算滑裂面上下滑力矩与抗滑力矩之比，得出坑壁稳定安全系数 $K_p(a)$。

$$K_p(a)=\frac{\sum C_i L(a)+\sum W(a)\cos\alpha(a)\tan\varphi_i+\sum P(b)}{\sum W(a)\sin\alpha(a)}\cos\beta(b)$$

式中：(a)——集合 (i,j,k,m)；

(b)——集合 (i,j,k,l)；

i——圆心搜索时 x 坐标循环变量；

j——圆心搜索时 y 坐标循环变量；

k——计算高度次数循环变量；

m——滑动体小土条数量循环变量；

l——土钉层数循环变量；

C_i——土的黏聚力；

φ_i——土的内摩擦角；

$L(a)$——滑动圆弧长度；

$W(a)$——小土条质量；

$\alpha(a)$——滑动面切线与水平面之间的夹角；

$\beta(b)$——土钉轴线与土钉相交滑动处切线间夹角；

$P(b)$——土钉某位置的能力。

由于土条划分较多，计算由微机完成，计算结果为 $K_p(a)=1.3\sim1.5$，表明土钉长度、密度设计合理，坑壁是稳定的。在靠东风西路一侧的坑壁，由于地下有密集的管网，且坑外地质条件较复杂，因此，对土钉杆长度、分布密度均采取了增加措施，杆长 7～18m，间距 1.0～1.2m，见图 6。土钉参数及其分布情况见表 2。

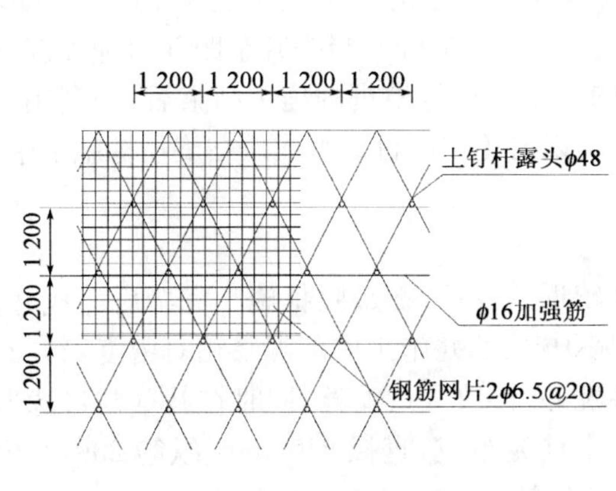

图 5　土钉墙与钢筋混凝土面结构图

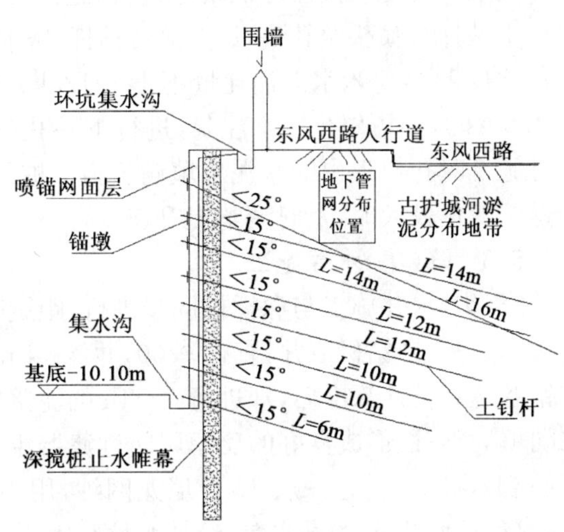

图 6　土钉墙支护结构图(局部)

5　防渗支护体系的施工

5.1　深搅桩止水(砂)帷幕施工

(1)桩位测放：在基坑开挖面以外 300mm 为深搅桩轴线位置，桩位按此轴线测放，并进行认真复核。

(2)桩机就位:桩机就位时,认真调平机身,保持钻杆铅直,钻头严格对准桩位中心。

(3)采用三喷三搅成桩工艺,固化剂为 P. O42.5 硅酸盐水泥,掺入比 20%、水灰比 0.5~0.6。施工中随时检查钻杆铅直度,确保相邻两桩有效搭接宽度不小于 200mm,并注意检查搅拌钻头直径,使成桩直径为 ϕ500mm。

(4)相邻两桩一般在同一天内连续施工,完成桩间搭接,不同时间段或不同机施工的桩,在搭接处多加 1~2 根桩,确保这些部位不出现搭空现象。

(5)深搅桩的施工共完成 639 根,总延米 9 237.5m,无一漏桩、断桩现象。

土钉参数及其分布情况表 表 2

土钉行(层)序		土钉位置		倾角(°)	各坑壁土钉杆长度 L(m)及列数 n									
		高程	标高		SE 壁		SW 壁		NW 壁		NE 壁		NE 浅坑	
		(m)	(m)		L	列(n)	L	列(n)	L	列(n)	L	列(n)	L	列(n)
Ni	N1	1 890.50	−1.2	10	12	37			10	46	7	39	7	11
	N2	1 889.30	−2.6	10	11	37	9	45	10	46	7	39	8	11
	N3	1 888.10	−3.8	10	12	37	10	45	10	46	11	39	8	11
	N4	1 886.90	−5.0	15	12	37	10	45	10	46	11	57	8	11
	N5	1 885.70	−6.2	15	12	37	10	45	11	46	11	57		
	N6	1 884.50	−7.4	15	13	37	13	45	13	46	12	57		
	N7	1 883.30	−8.6	20	13	37	14	45	14	46	13	57		
	N8	1 882.10	−9.8	30	13	37	13	45	13	46	13	57		

5.2 旋喷桩的施工

旋喷桩的施工按两序次跳越进行,施工工艺为先按 ϕ110 钻孔至 14m 孔深,然后在孔内放置二重钻杆及喷头至孔底,即可旋转钻杆,压水注浆,并向上匀速提升,提升速度小于0.2m/min,水灰比按 1:1,每米水泥消耗量不小于 120kg,喷射压力为 20MPa。当提升至距孔口地面深度为 1.5m 时,即可停止压水注浆,进行下一孔(桩)的施工。在每根桩的施工结束后,均利用下一桩施工时孔口返出的水泥浆填满已施工桩的钻孔,以避免空心桩的形成。在旋喷桩施工中,当返浆变化较大时,及时调整提升速度。

5.3 降(集)水井施工

降(集)水井施工与深搅桩同步进行,距旋喷桩较近的井位,在旋喷桩施工完毕后才成井。采用 XY−2 型钻机成井,直径 ϕ700,井深 14m,泥浆护壁,钻井施工中的泥浆相对密度≥1.2。在钻井达到设计深度后,即进行 3~4h 的泥浆置换洗井,再放入过滤器,同时在井壁与过滤器之间填满碎石,形成良好的反滤层。过滤器主要由钢筋笼组成,直径 ϕ400mm,纵筋 20ϕ12,内箍筋 ϕ12@500,外包一层 40 目尼龙网纱,用 10 号铁丝按@100 捆扎。共完成降(集)水井 12 孔,内置扬程 20m 的潜水泵,经抽水检验表明,井内过滤效果良好,水质较清,无流砂现象。

5.4 土钉墙(喷锚支护)施工

(1)工艺流程:分层土方开挖→受喷面修平→土钉杆定位、击入土钉钢管 ϕ48→灌注水泥浆→挂钢筋网片→土钉杆露头与加强筋联焊→喷射混凝土面层→进入下一循环施工。

(2)各层土开挖深度与各行(层)土钉杆设计标高一致,分层分段同步进行。基坑土方开挖与喷锚支护按 7~8 层从上而下顺序推进。每一标高层位挖出一段,喷锚支护一段,至该标高层挖完。其上坑壁支护施工基本完成,然后再进行下一层的挖方,喷锚支护施工。

(3)将土钉杆按设计倾角15°～20°击入坑壁土体中。在钢管内直接压注水泥浆，注浆压力0.5～1.0MPa，浆材采用P.O42.5硅酸盐水泥，水灰比0.5，加入0.03%的三乙醇胺。水泥注入量≥30kg/m。

(4)钢筋网按ϕ6.5@2×200的规格制作，网片制成长4～6 m，宽1.2～1.5 m。挂网时，网片间搭接宽度不小于150mm，配置加强筋ϕ16@1200，与土钉杆外露节点焊接，按土钉杆梅花形布设的特点，加强筋连接成等腰三角形或棱形状，形成良好的整体强度。

(5)喷射混凝土面层强度等级为C20，配合比：水泥∶砂∶细石＝1∶2∶2，水灰比0.5，混凝土喷层厚度100mm，覆盖住钢筋及网片。

(6)基坑开挖时，在坑顶部设置了11个变形观测点，每一层开挖及喷锚施工时，均进行变形观测，当局部变形较大时，增加观测次数，对于有明显变形、坑壁顶部出现裂缝的部位，监测裂缝的发展情况，并采取相应的加强措施。

(7)在基坑开挖施工中，局部地段根据施工情况进行了设计调整。在基坑的东南角部位，由于按分层挖方而挖深过大，超过土体自立高度，引起坑壁开裂变形，因此，在此部位适当加长、加密了土钉杆，确保了坑壁的稳定。在SW壁(靠东风西路)，由于坑壁以外土质变差，并由较大的车流量形成动荷载的影响，因此在该壁采取了加强措施，除土钉杆长度及分布密度增加外，加强筋由原设计的ϕ16调整为ϕ25，虽然该壁在施工初期出现了一定范围的变形裂缝，但通过采取加强措施后，控制住了裂缝的进一步发展。

6 基坑支护效果评价

基坑开挖施工于1997年12月初开始，至1998年8月坑内基础桩施工结束，历时近9个月，坑壁没有发生变形失稳破坏，保证了坑内振动沉管灌注桩顺利施工及箱型基础的施工。其间，基坑经历了罕见的暴雨季节，在距基坑仅数百米远的多个基坑均产生了严重失稳破坏的情况下，该基坑却是完好无损，表明基坑支护取得了显著效果。

7 结语

(1)由止水截砂帷幕、降(集)水井及土钉墙(喷锚支护)组成的综合防渗支护体系，在文贸大厦深基坑工程中的应用表明，该方案切实可行，安全可靠，经济合理，成功地解决了文贸大厦深基坑开挖深度大、粉砂粉土层厚度大、地下水位浅、基坑周围地上及地下环境条件复杂的难题。

(2)分层超挖易引起坑壁土体的过量变形位移，因此，加强施工的有序性、严格控制分层开挖深度和开挖段长，是避免基坑变形位移过量乃至失稳的有效措施。

(3)坚持变形观测反馈信息的施工法，是土钉墙施工的重要保证措施之一，它使定性的观察结果量化，目的性更明确。

(4)基坑支护作为一种临时措施，有一定的风险，但也有可挖掘经济潜力的一面，这是当前提高市场竞争力的有效方法，而挖掘经济潜力，实际上是技术、经验、管理及相关人员素质等诸方面最佳综合作用的结果。

参考文献

[1] 成都理工学院东方岩土勘察公司.文贸大厦工程地质勘察报告.1996.

[2] 地基处理手册.北京：中国建筑工业出版社，1988.

[3] 黄运飞.深基坑工程实用技术.北京：兵器工业出版社，1996.

[4] 中华人民共和国行业标准.JGJ 120—99 建筑基坑支护技术规程.北京：中国建筑工业出版社，1999.

玉水金岸3号地块项目地下车库桩锚结构基坑工程

李　琦[1]　徐建彬[2]　李象范[3]

（1. 上海思筑建筑规划设计有限公司　2. 江苏苏南建设集团有限公司　3. 同济大学）

摘　要　本文介绍在复杂地层中采用型钢水泥桩墙与土层锚杆支护的深基坑工程，重点是锚杆与支护桩墙的变形协调及砾砂地层中钻孔成锚的经验教训。

关键词　桩—锚结构　基坑围护　型钢水泥土桩　土层锚杆

1　基坑概况

项目位于玉溪市北片区16号路东侧，4号路西侧，包括五栋高层和一栋五星级酒店。基坑面积达42 000m²，深度9.9～10.8m。周边全部为城区道路，道路下有管线，有一定环境保护要求。

玉溪市北片区为玉溪坝子，属盆地河流堆积地貌，地下水位埋置较浅，场地位于玉溪南北向山间盆地段冲、洪积地层上，属冲、洪积地貌单元。地层浅部为粉质黏土，中部为中砂、砂砾、卵石，在开挖面处为黏土。浅部、深部弱透水性小，中部透水性良好。与基坑设计施工相关的地层参数，见表1。

地层物理力学参数　表1

土层层号	土层名称	含水率 w(%)	重度 γ(kN/m³)	抗剪强度(建议值)	
				黏聚力 c(kPa)	内摩擦角 φ(°)
①	杂填土	—	18.0	10	5.0
②	耕土	—	17.0	13.2	2.4
③	粉质黏土	22.1	20.3	40.0	8.0
$③_1$	粉质黏土	27.2	19.8	32.4	7.4
④	中砂	—	21.0	5.0*	19.6
⑤	砾砂	—	21.5*	5.0*	32.4
$⑤_1$	卵石	—	22.00	2*	38.0
$⑤_2$	黏土	27.9	19.6	42.8	9.9
$⑤_3$	黏土	25.1	19.9	35.3	9.9
$⑤_4$	中砂	—	20.4	5	19.7

2　基坑围护设计

2.1　设计原则

根据项目周边环境保护要求、开挖深度以及地层土质情况，依据《建筑地基基础施工质量验收规范》(GB 50202—2002)和《建筑支护技术规程》(JGJ 120—99)，本基坑确定为二级基坑。

由于基坑面积很大(42 000m^2 以上)，与周边道路相距很近，无放坡条件，必须采用板式结构支护。可采用钻孔灌注桩，也可采用型钢水泥桩墙，但由于地层有中粗砂及砾石，必须有可靠的隔水措施，隔水帷幕与板式支护结合起来的方法，即型钢水泥桩墙，在三轴水泥搅拌桩内插 H 型钢作为承载结构。

由于基坑几何尺寸很大，采用内支撑围护桩是不现实的，结合地层工程力学性质，采用锚杆(索)，从背后拉住支护桩是合适的，也比较经济、可靠。

地面以下 3.0m，即为颗粒很粗的砾砂类地层，透水性强，含水丰富，除了采用有效的隔水措施外，基坑内的降、排水措施是十分必要的。

如果降、排水过程引起周边地下水流失过多，将可能引起周边道路沉降，设计还考虑了回灌措施。

2.2　基坑围护设计

采用型钢水泥桩墙＋土层锚杆(索)在昆明、玉溪等地层的已有工程经验，但经过比较，最后确定基坑方案为：

(1)3ϕ850mm 三轴水泥土搅拌桩，长度 23.0m。虽达不到不透水层，但满足地下水抗渗流的要求。

(2)HN700×300×13×24 焊接 H 型钢，通过调整间距满足不同深度基坑不同受力要求。对于开挖深度 9.9m 的 A-A 剖面，型钢间距 1.2m，对于开挖深度 11.1m 的 B-B 剖面和临近局部深坑的 C-C 剖面型钢间距调整为 0.9m。

(3)采用土层锚杆竖向布置取决了以下因素：

①使 H 型钢弯曲应力较小；

②将锚杆布置在适当的位置——既容易成孔，锚杆又具有较大拉拔力；

③土层锚杆材料采用 3 束 1×7 高强钢绞线(1 860N/mm^2)，每束抗拉能力为 260kN，每根锚索极限抗拉力为 780kN/根。采用 1.6 的系数，则材料的设计承载力为 780kN/1.6＝487.5kN/根。

该基坑的平面布置图见图 1。基坑支护结构典型剖面图见图 2。

(4)锚杆设计

按开挖步序，计算每一工况围护桩的内力分布及锚杆(索)支撑力，按所有工况的内力及锚杆拉力的最大值(即包络图)取值。计算显示围护桩最大弯矩 $M_{max}=406.57\text{kN}\cdot\text{m}$，第一排锚杆支撑力标准值为 400kN/根。第二排为 300kN/根。按以上数据进行锚杆设计，各类稳定性系数均在规范要求的范围之内。

①自由段长度计算：

自由段长度穿过滑移面 1m，滑移面夹角 $45°-\dfrac{\varphi}{2}$，φ 取加权值 20°；

则 $L=H\cdot\tan\left(45°-\dfrac{20°}{2}\right)=10\times\tan35°=7.0\text{m}$；

锚杆处滑移面 $L=\dfrac{7\times7}{10}=4.9\text{m}$，取 5.0m。

锚固段长度：锚杆倾角 15°，则锚固段应处于⑤层砾砂和⑤$_4$ 粉细砂地层中，采用 180mm 锚头钻孔，锚固段直径为 180mm。

计算中先假定锚固段长度，再复算承载力，验算是否满足支桩承载力要求。

②锚固段与地层之间的摩阻力取值，见表 2。

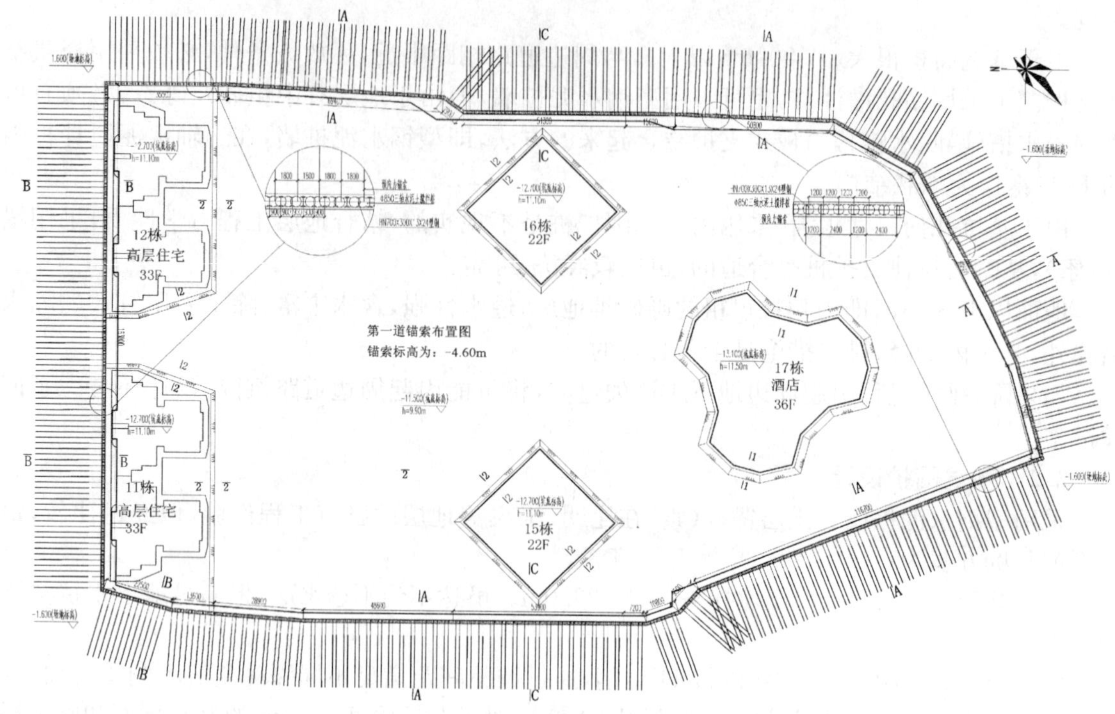

图 1　围护平面布置图

锚杆锚固段摩阻力取值比较(单位:kPa)　　表 2

地层 / 来源	⑤砾砂(浅)	$⑤_4$ 粉细砂	⑤砾砂(深)
CECS 22:2005 表 7.5.1-2	150～250	70～125	150～250
勘察报告滇 GK2010～156P27 表	90	42	90
计算值	52.24	$\frac{39.51}{41.79}$	$\frac{79.82}{84.41}$
试验值	由基本试验确定		

在以上表列数值中，取小值作为设计依据，以保证安全。经过慎重比较，第一排锚杆采用勘察报告提供值，第二排锚杆取计算值 $\tau=c+\gamma h\tan\delta$(采用两次注浆工艺)作为锚固段长度及抗拔力计算依据。

3　施工

(1)型钢水泥土桩墙施工

以砂性为主的地层中，透水性强，能否形成隔水帷幕是工程成败之关键，以往的工程经验是采用高压旋喷桩技术进行帷幕施工。高压喷射注浆法与地层的依赖性很强，相互搭接可靠性差，一般情况很难形成理想的隔水帷幕。三轴水泥土搅拌桩采用机械搅拌和高压水气流相结合，对于地层适应性很强，且采用三套一工艺后，形成无缝的连续水泥桩体，具有较好的密水性。

(2)锚杆施工

土层锚杆施工的关键是钻孔和压力注浆。钻孔的机具和工艺必须依地层而改变，以适应不同地层要求。本项目上部、下部为黏性土和粉细砂，中部为砾砂，还含有较大的孤石和漂石，

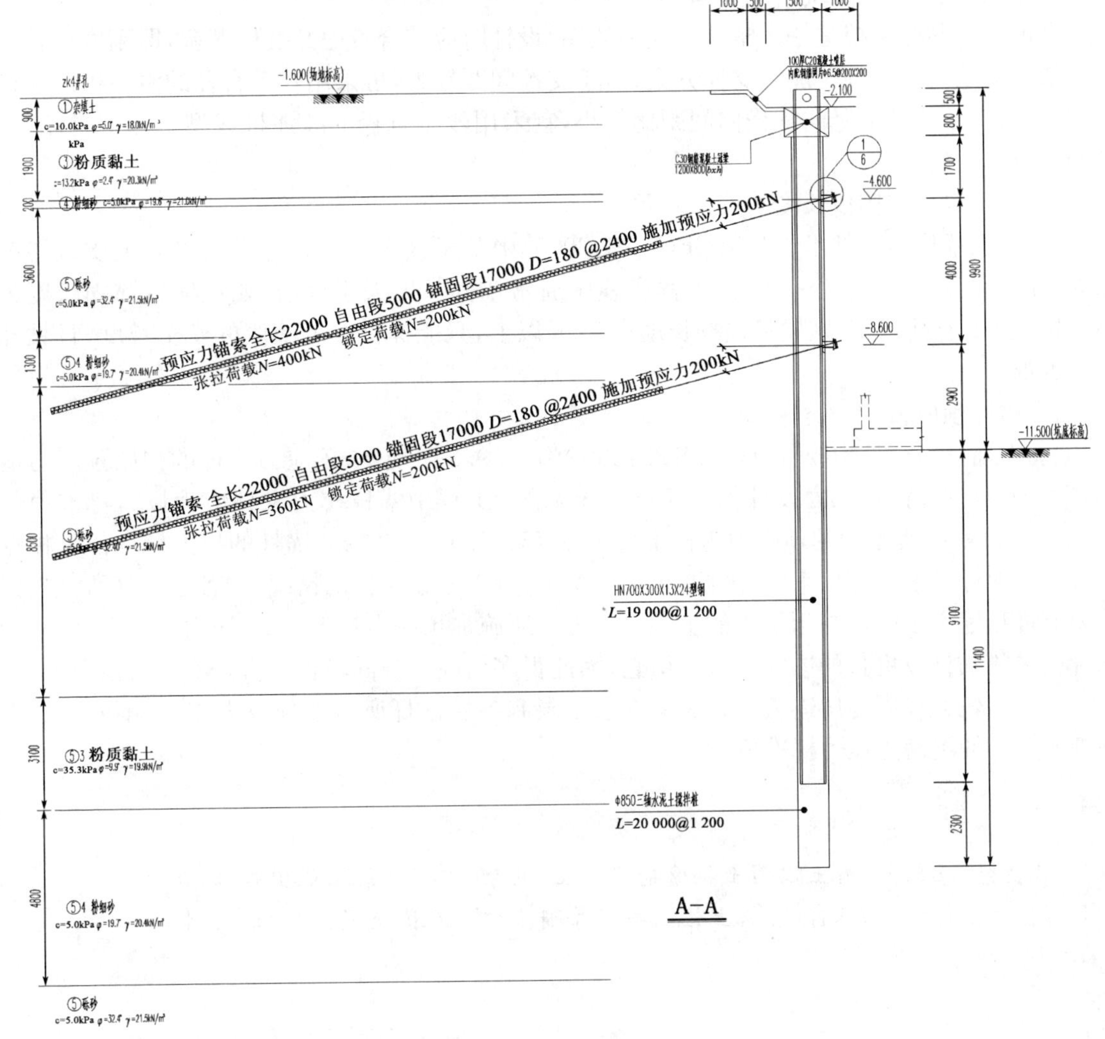

图 2　典型剖面图

所以上层锚杆施工比较顺利，施工效率也比较高。但第二排锚杆处于砾砂地层中，钻孔十分困难，基本都会出现坍孔现象。一旦坍孔，后继的锚杆插入和注浆都无法控制。后改为套管跟进钻孔，也常遇到卡钻，动弹不得。经过对地层的仔细观察分析，调整锚杆的位置，尽量避开砾砂地层，这是锚杆支护的一大优点，调整后不必强调在同一水平面上（内支撑要求必须在同一水平面上），因为锚杆是单独受力，空间作用不明显，只要保证各剖面是安全的，不必顾及相邻剖面。

4　几个问题的讨论

本项目采用桩—锚支护体系是成功的，但也有一些问题值得思考及讨论：

(1)采用型钢水泥桩墙，还是钻孔灌注桩的比较

在工程中采用型钢水泥桩墙和钻孔灌注桩排桩，要考虑安全性、经济性及对周边环境的影响。一般施工期较短时，型钢水泥桩墙比较经济，但刚度小于钻孔灌注桩。变形较灌注桩大，对周边环境影响大于灌注桩。但地质条件较好时，型钢水泥桩墙也能满足环境保护要求。

（2）支护桩与支护系统的刚度谐调问题

支护桩与锚杆系统是一个整体的受力体系，设计时应综合考虑其变形谐调，即刚度比较一致。如果采用灌注桩围护加内支撑方案，由于支撑间距较大，可采用较大直径的灌注桩。在桩锚方案中，由于锚杆的竖向和横向间距比较小，宜采用较小直径的灌注桩或型钢水泥桩墙，以使刚度协调一致。

（3）关于锚杆锚固段长度的设计问题

在《岩土锚杆（索）技术规程》（CECS 22:2005）中基于预应力分布考虑给出了土质地层中锚固长度的合理长度为 6～12m。工程实践中通常锚固长度大于该值，如本项目锚固长度为 13～17m。更有甚者，个别项目锚杆长度达 40m 以上，只能提供一个虚假的安全长度，且钻孔十分困难。

（4）锚杆预应力

《岩土锚杆（索）技术规程》（CECS 22:2005）第 7.9.2 条规定，预应力锚杆的初始预应力值（锁定拉力），宜为锚杆拉力设计值 0.75～0.90 倍。工程中锚杆拉力设计值为拉力标准值的 1.6 倍，所以实际所施加的预应力为标准值为 0.75×1.6=1.2 倍。锚杆的拉力标准值是根据主动土压力标准值计算出来的，因此，很多情况下，存在着超张拉的情况，即各层锚杆所预加预应力值之和远大于围护桩所承受的主动土压力。所施加预应力越大，水土压力就越大，就必须配置更多的锚杆或更长的锚固段来平衡它，因此很多情况下锚固段长度不是实际所需要的，而是人为施加较大预应力所造成。解决的办法是限制各层锚杆所施加预应力之和，不要超过围护桩所承受的主动土压力标准值。

参考文献

［1］ 程良奎，李象范. 岩土锚固土钉喷射混凝土. 北京：中国建筑工业出版社，2008.

［2］ 闫莫明，徐祯祥，苏自约. 岩土锚固技术手册. 北京：人民交通出版社，2004.

旋喷桩锚支护在常州润华环球中心基坑中的应用

赖允瑾[1]　杨　春[2]　雷秋生[3]

（1. 同济大学地下建筑与工程系　2. 江西省地质工程（集团）公司
3. 江苏省纺织工业设计研究院苏州分院）

摘　要　旋喷桩锚是近年来兴起的一种土层锚杆（索），特别适应于传统锚杆（索）不易成孔的淤泥质地层和饱和粉性土层。这种土层锚索施工技术经过改进后可以进行回收。和传统锚索相比，具有施工便利、承载力较高的优点。和土钉墙结合成复合支护，可以使土钉支护的基坑开挖深度提高。和SMW工法结合，可以使成本降低，因此很受工程界欢迎。本文介绍了旋喷桩锚技术在常州润华环球中心基坑的应用，包括设计、施工和监测方法等内容。

关键词　旋喷桩锚　深基坑　土层锚索　土钉墙　SMW工法

1　引言

旋喷桩锚是近年来兴起的一种土层锚索结构，它采用水平旋喷桩的施工工艺进行成桩施工，同时在旋喷桩初凝前植入锚索结构（包括锚头及锚索），在旋喷桩达到设计强度后施加预应力加以锁定。对于淤泥质土层和粉性土层，如采用传统钻孔施工工艺施工近似水平的锚索，往往因为塌孔而失败，采用套管法工艺施工导致成本增加。旋喷桩桩锚正是针对传统钻孔的一种改进，因而在基坑工程中得到广泛的应用。

旋喷桩桩锚的优点是：①适用于各种软土，不需担心成孔的问题；②承载能力比传统施工的锚索高而且稳定。

旋喷桩桩锚应用于锚索/土钉复合支护工程中，可以使土钉墙支护能力得到提高。据报道，采用锚索/土钉复合支护的基坑开挖深度可达20m。旋喷桩桩锚也常应用于锚索＋支护桩组成的桩一锚支护系统，作为支护桩的锚拉结构。

旋喷桩桩锚在江苏省常州市常州润华环球中心基坑中具体应用情况。①锚索/土钉复合支护结构；②锚索－SMW复合支护结构。通过现场锚索的拉拔试验，验证了旋喷桩桩锚的可靠性。实践表明，在软塑和硬塑土层，以及紧邻河道的土层，旋喷桩桩锚具有相当可靠的承载力和施工可行性。

2　工程概况

2.1　基坑概况

常州润华环球中心基坑位于江苏省常州市武进区，基坑呈梯形。东侧邻近湖塘河，南侧临延政路，西侧靠常武路，北为加油站。基坑挖深为9.95m、11.05m和16.25m不等。基坑支护形式采用3种：①在挖深为9.95m和11.05m的区域且远离湖塘河一侧采用旋喷桩桩锚/土钉复合支护形式；②在挖深为9.95m和11.05m的区域且紧邻湖塘河一侧采用旋喷桩桩锚—SMW复合支护结构；③在挖深为 16.25m 或以深的区域采用钻孔灌注桩+2 道钢筋混凝土支护。

由于基坑分区进行施工，一期施工是开挖深度为 9.95～11.05m 的区域，二期是开挖深度为 16.25m 区域。本文主要讨论一期基坑。

基坑剖面见图 1。

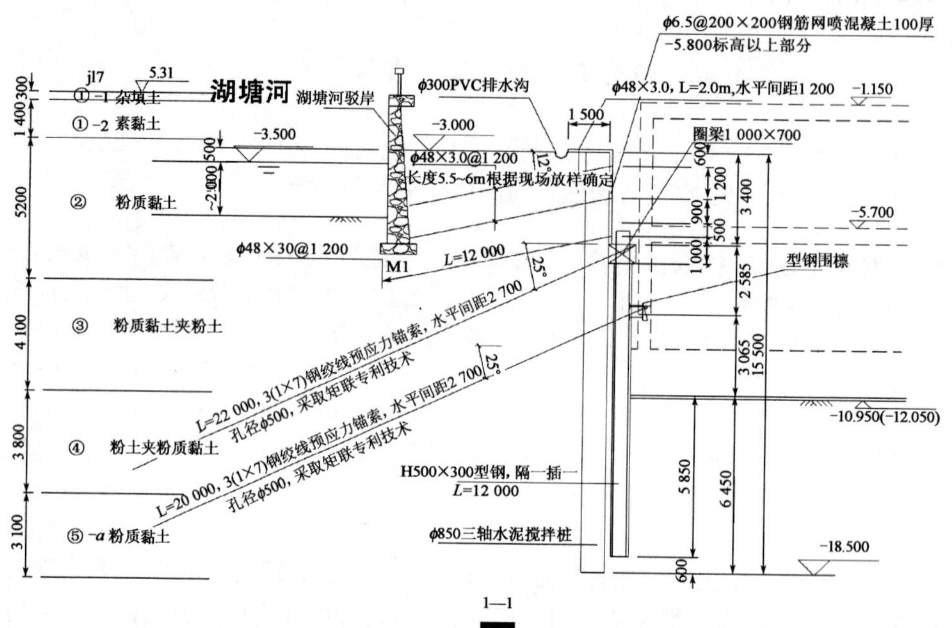

⑤ 粉质黏土

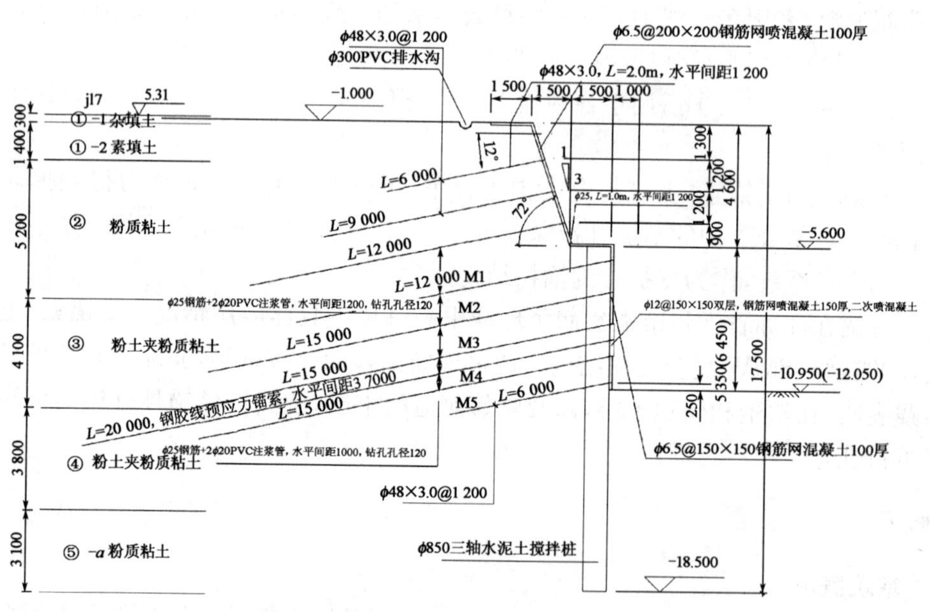

2—2

⑤ 粉质粘土

图 1 基坑剖面(尺寸单位：mm)

2.2 地质概况

场地现地形基本平坦，经过平整后，地面高程在4.60m左右(黄海高程)。基坑所在土层以第四系为主。勘察深度内覆盖层主要为黏性土，夹有砂性土，层次较多，呈交错沉积或互层状。本基坑范围内分布如下土层：①－1层杂填土、①－2素填土、②粉质黏土、③粉质黏土夹粉土、④粉土夹粉质黏土、⑤－a粉质黏土、⑤粉质黏土、⑤－a粉质黏土、⑥粉质黏土、⑦粉土、⑧黏土、⑨粉质黏土、⑩粉质黏土。

基坑范围内各层土的物理力学指标见表1。

土层主要物理力学指标　　表1

土层序号及名称	重度(kN/m³)	抗剪强度峰值	
		c(kPa)	φ(°)
①-1杂填土	18.5	6	15
①-2素填土	19.6	20	12
②粉质黏土	20.1	30.3	15.3
③粉质黏土夹粉土	19.6	17.5	18.2
④粉土夹粉质黏土	19.5	10.5	24.4
⑤-a粉质黏土	19.8	28	12
⑤粉质黏土	20.4	45.9	16.1
⑥-a粉质黏土	19.3	30.0	12.4
⑥粉质黏土	20.2	36.8	18.3
⑦粉土	19.4	9.3	23.4
⑧黏土	18.2	18.4	9.2
⑨粉质黏土	20.1	40.1	14.0

基坑范围内地下水情况为：浅层填土层以潜水为主，③层和④层为第一承压水层，⑦层为第二承压水层。根据计算，第一承压水层对基坑有影响，而第二承压水层对基坑无影响。

3 旋喷桩桩锚

传统的土层锚索做法是先在土层中钻孔，然后安装锚索，进行初始重填注浆；待初始注浆终凝后进行二次注浆；待二次注浆达到设计强度后进行分级张拉，最后锁定。传统土层锚索对于黏性土层容易成孔，这种做法是可行的，但对于含有粉性土或者淤泥质土的情况，必须采取套管方法协助成孔。

针对上述情况，国内有些单位提出了高压旋喷桩的桩锚施工工艺，称为旋喷桩锚施工技术。该技术采用高压旋喷进行钻进，并搅拌土体形成水泥土桩，在旋喷钻进同时植入钢绞线及锚碇钢板。高压旋喷桩锚见图2。

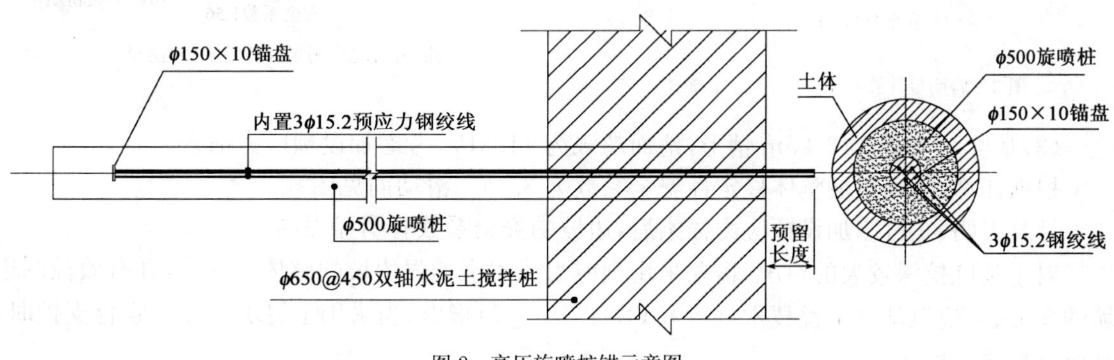

图2　高压旋喷桩锚示意图

这种技术可以解决传统锚索在淤泥质土层和饱和粉性土层施工时难以成孔的难题，同时通过加固土体及增加锚固体直径，提高锚索的拉拔力。

这种锚索容易回收，必要时可以采用回收工艺，这样可以消除其成为地下障碍物的风险。

旋喷桩直径为500mm，水灰比0.5～0.7，采用P.O42.5普通硅酸盐水泥。锚索采用3股钢绞线（公称直径15.24mm，标准强度1 860MPa）。

4 基坑支护设计与计算

4.1 土钉+旋喷桩预应力锚索的设计计算

根据《建筑基坑支护技术规程》（JGJ 120—99），土钉支护的基坑开挖深度不宜大于12m，本基坑开挖深度为11.05m，局部集水坑位置达到12.55m，土钉支护深度几乎达到临界深度。为此在土钉支护的基础上增加了1～2道预应力锚索。

考虑到②层粉质黏土为不透水层，进行二次土方开挖基坑。第一次开挖至−5.60m，然后施工搅拌桩止水帷幕和工程桩；最后开挖至基坑底。这样可以节省部分搅拌桩以及工程桩钻孔深度。

土钉围护则分两部分进行：

①基坑开挖深度为4.6m情形，地面超载为20kPa；

②基坑开挖深度为6.45m情形，地面超载为112kPa，本地面超载已包括−5.60m以浅的覆土重量和地面超载重量。

采用同济启明星软件分别对土钉墙支护和土钉墙+预应力锚索联合支护情况进行了计算。

预应力锚索采用旋喷桩桩锚，桩锚直径500mm，桩锚长度20m。

(1)基坑开挖至−5.6m情形，地面超载为20kPa，根据计算，得到边坡整体稳定性安全系数为2.13。滑动面见图3。

(2)基坑开挖至−12.05m情形，地面超载为112kPa，不考虑预应力锚索。

根据计算，得到边坡整体稳定性安全系数为1.56。滑动面见图4。

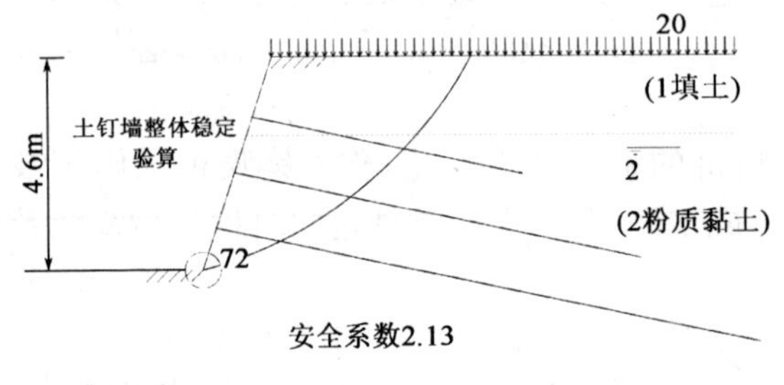

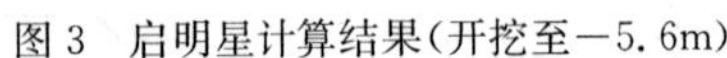

图3 启明星计算结果（开挖至−5.6m）

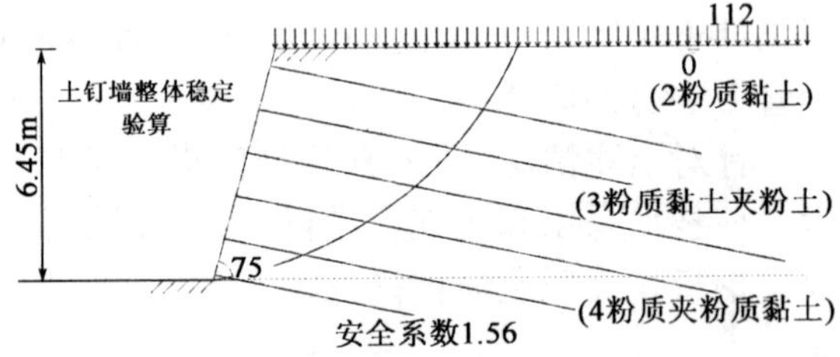

图4 无锚索情况启明星计算结果（开挖至−12.05m）

(3)基坑开挖至−12.05m情形，地面超载为112kPa，考虑加设预应力锚索。

根据计算，得到边坡整体稳定性安全系数为3.54。滑动面见图5。

计算表明，土钉墙加设预应力锚索后，边坡的安全系数有明显提高。

对于基坑挖深较大的情况，需要采用预应力锚索来加强边坡的整体性安全，并有效控制边坡的变形。《建筑基坑工程技术规范》（YB 9258—97）指出，当采用土钉墙+锚索联合支护时，基坑开挖深度可达18m。

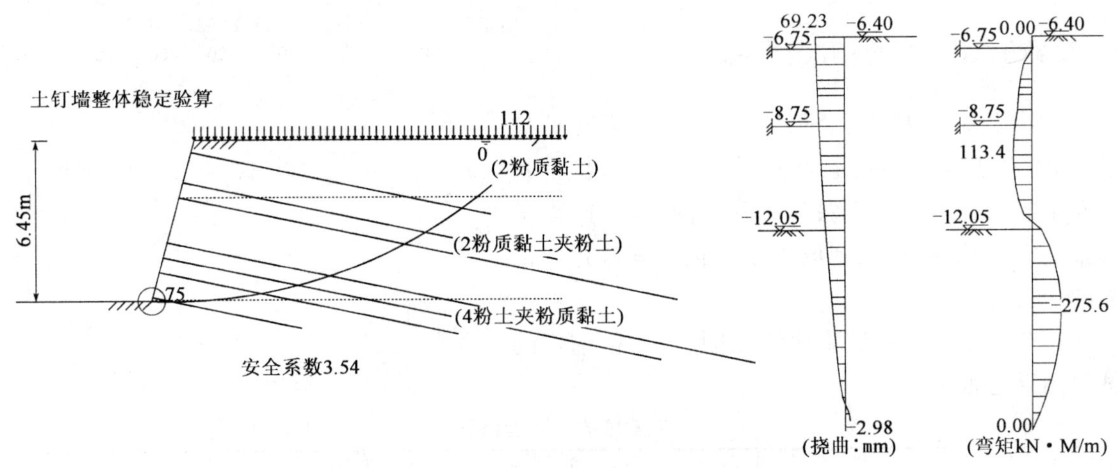

图5　有锚索情况计算结果(开挖至－12.05m)

4.2　旋喷桩预应力锚索＋型钢搅拌墙的设计计算

原设计沿湖塘河一侧也采用土钉墙＋预应力桩锚。但是,由于施工时,土钉成孔出现塌孔,土钉钻孔与河道水系相通,出现止水帷幕开裂,局部坍塌。

为此采用锚索－SMW复合支护结构。

SMW工法采用型钢H500×300,隔一插一(中心间距0.9m),长度12m,入土深度为5.85m。二道锚索,锚固点分别位于－6.75m和－8.75m,锚索间距2.7m。

采用规范建议的弹性地基梁计算模型进行计算,得到型钢搅拌墙的变形和弯矩以及锚索的拉力。

计算得到第一道锚索和第二道锚索的设计拉力分别为:83kN/m和123kN/m。按锚索间距2.7m计算,可知第一道锚索的设计值为224kN和332kN。

5　高压旋喷桩锚的施工

对于土钉墙＋锚索支护的区段,采用高压旋喷桩施工时应紧跟土钉分层开挖的程序进行,防止出现超挖现象,确保基坑安全。围檩采用钢筋混凝土材料,截面为高×宽＝500mm×600mm。附近的护坡面层加厚至150mm,面层喷混凝土分2～3次喷射。

对于SMW工法＋高压旋喷桩锚的区段,圈梁为钢筋混凝土结构,截面为高×宽＝500mm×600mm。围檩采用双拼42a工字钢。

高压旋喷桩锚施工1周后,锚索张拉锁定前进行了拉力为2kN的预张拉,目的是消除钢绞线的缠绕,确保其顺直。

4周后,高压旋喷桩锚水泥养护达到28天养护强度后,进行预应力张拉和锁定施工。施工时,采用三次分级张拉,第一次张拉值为设计值的50%,第二次为设计值的75%,第三次为设计值的100%,最后在设计值的75%处锁定。

之所以在设计值的75%处锁定而不是在设计值的100%处锁定,是考虑到桩锚锚固区土层的蠕变效应。众所周知,应力水平越高,流变越加明显,锚索的预应力损失越大,锚固体变形越大。

根据基坑工程内支撑预应力施加的经验,预应力一般控制在设计值的50%～80%为宜。因此本工程的SMW工法＋高压旋喷桩锚索的锚索锁定荷载为设计值的75%。

6　旋喷桩预应力桩锚的试验结果

在软土地层中采用 SMW 工法＋锚索支护技术，锚索施工质量直接影响其承载力高低，也是基坑安全的关键。为了确保基坑开挖前，确知旋喷桩桩锚的实际承载力，在现场选取 3 根锚索进行了锚索的拉拔力试验。

其中 1 根锚索的试验曲线见图 6。3 根锚索的试验结果见表 2。

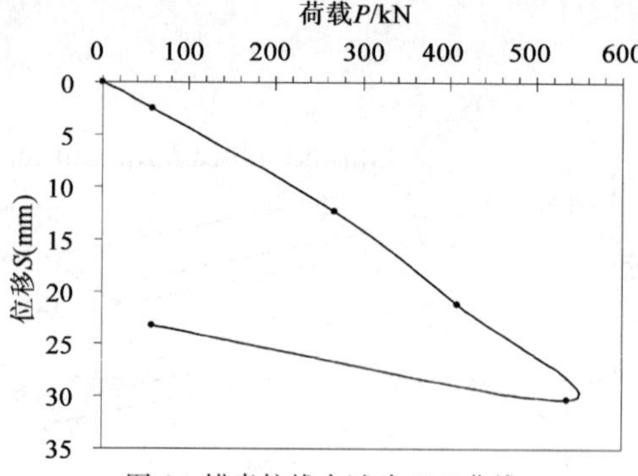

图 6　锚索拉拔力试验 P-S 曲线

锚索拉拔力试验结果　　表 2

锚索编号	锚索长度 (m)	拉拔最大荷载 (kN)	试验总位移 (mm)	回缩量 (mm)	承载力 (kN)
锚索 1	20m	536.7	30.76	7	＞536.7
锚索 2	20m	494.4	20.01	4.3	＞494.4
锚索 3	20m	494.4	13.12	6	＞494.4

试验结果表明，旋喷桩桩锚的承载力均在 494kN 以上。对照设计值，可知各锚索的抗拉安全系数为：第一道在 2.2 以上，第二道在 1.61 以上，满足设计规范的要求。

试验还表明，3 根锚索拉拔力试验值离散性不大，说明高压旋喷桩锚的承载力较为稳定。

7　结语

(1)对于 10m 以上的土钉墙，采用 1～2 道高压旋喷桩锚，可以提高边坡的安全度，减少边坡的变形。

(2)对于采用 SMW 工法的锚拉支护结构，采用高压旋喷桩锚，可以代替内支撑结构，桩锚的拉力需要通过现场试验和张拉锁定严格控制。

(3)考虑到高压旋喷桩锚锚固土体的流变特性，锚索的锁定荷载不能太高，一般控制在设计值的 50%～80%为宜。

(4)高压旋喷桩锚的质量取决于高压旋喷桩的施工质量，搅拌与喷浆的均匀性、水泥的掺入量等因素十分关键。此外，锚索及锚碇板的植入质量也很重要。为了确保工程安全，必须进行一定比例现场拉拔试验。

参考文献

[1]　周予启，刘卫未，刘芳. 旋喷锚桩在软土地区超大深基坑中的应用. 施工技术，2012.

[2]　江苏省建设厅. 苏 JG/T 033—2009　高压喷射扩大头锚杆(索)技术规程. 江苏科学技术出版社，2009.

[3]　中国工程建设标准化协会标准. CECS 22：2005　岩土锚杆(索)技术规程. 北京：中国计划出版社，2005.

[4]　中华人民共和国国家标准. GB 50330—2002　建筑边坡工程技术规范. 北京：中国建筑工业出版社，2009.

[5]　陈肇元，崔京浩. 土钉支护在基坑工程中的应用. 北京：中国建筑工业出版社，1997.

复合锚杆桩加固既有结构桥桩的沉降影响研究

严　宽

（北京市市政工程研究院）

摘　要　为了研究复合锚杆桩的地面加固措施对暗挖隧道所下穿的既有结构稳定性的贡献，在考虑各桥桩的结构形式相同、洞内措施相同的条件下，本文根据距离隧道结构外轮廓的垂直距离及是否进行地面加固，分组对桥桩的沉降监测数据进行比对分析后得出结论，作为该类工程项目的经验总结，供同行参考。

关键词　暗挖隧道　复合锚杆桩　最大累计沉降值

1　工程概况

丰北桥位于北京市丰北路与西四环相交处，为互通式立交桥，由南北向的四环主路桥、丰北路上东西向的西主线桥、东主线桥等三座主桥，和南向东的1号匝道桥、南向西的2号匝道桥、西向南的3号匝道桥、北向东的4号匝道桥、东向北的5号匝道桥和四环主路上跨的6号、7号匝道桥等七座匝道桥组成。新建地铁14号线的大井站—丰台北路站的暗挖隧道区间多次侧穿丰北桥桩，区间结构与丰北桥桩最近处净距为0.85m。丰北桥是丰北路与西四环相交的节点立交，地理位置异常重要，因此丰北桥的安全评级为一级风险源。受施工影响最大的桥段有：东主线桥、1号匝道桥、4号匝道桥、5号匝道桥。上述4座桥均于2005年建成，施工前检测，无明显结构性病害，均属B类桥，结构状态良好。

暗挖隧道区间沿线地面下46.0m深度范围内的松散沉积层中，主要分布1层地下水，地下水类型为潜水。潜水主要赋存于标高23.74～40.34m以下的砂、卵石层中，区间隧道基本处于潜水位以上。为确保施工的顺利进行，保证区间隧道施工中的桥桩稳定，在距隧道结构外轮廓10m范围内的桥桩，除采取洞内措施外，还对该部分桥桩采取相应的地面加固和保护措施。在地面桥梁承台四周采取地面复合锚杆桩加固地层（简称桩加固），将桥桩周围土体加固和改良，以不降低原有侧摩阻为目的，并在隧道内对桥桩底部土体实施注浆加固，增大桩端承载力。

2　地面加固施工情况

地面加固施工详细做法是根据设计要求，在桥桩周围以800cm的间距施打ϕ150mm的复合锚杆桩对原有桥桩进行加固，其深度到达暗挖隧道开挖外轮廓底部，从而进一步维护结构稳定，减少绝对沉降量。复合锚杆桩执行先内后外的施工原则，并跳做钻孔，严禁相邻的两根桩同时施工。复合锚杆桩平面布置见下图1。

暗挖隧道区间下穿丰北桥桥区原施工设计中，涉及桩加固施工共计28处。由于现场交通流量大、线路繁忙，部分位置无法进行占路施工，最终只完成14处。具体情况见表1。

复合锚杆桩施工加固情况　　表 1

序号	桥梁编号	桥桩编号	桩长(m)	复合锚杆桩完成孔数(根)	距隧道结构距离(m)	最大累计沉降值(mm)	数据比对组
1	1 号匝道桥	1—4 轴	22.259	51	1.59	—3.54	①
2		1—5 轴	21.949	31	1.55	—2.67	①
3	2 号匝道桥	2—7 轴	22.797	42	6.84	—0.58	③
4		2—8 轴	22.853	52	10.02	—1.37	⑤
5		2—9 轴	22.936	未施工	3.85	—3.37	②
6		2—10 轴	22.942	52	11.02	—1.14	⑤
7		2—17 轴	23.283	未施工	5.70	—4.41	③
8		2—18 轴	23.205	未施工	2.23	—4.55	②
9	3 号匝道桥	3—0 轴	22.753	35	2.84	—2.37	②
10		3—1 轴	22.814	72	5.56	—2.1	③
11		3—2 轴	22.9	72	8.09	—1.25	④
12		3—3 轴	22.986	72	8.85	—1.57	④
13		3—4 轴	23.063	61	7.51	—1.47	④
14		3—5 轴	23.145	69	1.79	—0.06	①
15		3—6 轴	23.263	未施工	3.29	—3.11	②
16	4 号匝道桥	4—7 轴	22.864	64	1.99	—1.86	①
17		4—8 轴	23.156	未施工	10.71	—2.56	⑤
18	5 号匝道桥	5—4 轴	22.4	61	3.42	—0.06	②
19	6 号匝道桥	6—1 轴	22.603	未施工	7.11	—2.33	④
20	7 号匝道桥	7—2 轴	22.517	未施工	7.33	—2.01	④
21		7—3 轴	22.517	未施工	7.41	—2.84	④
22	西四环主路桥	四—51 轴	22.027	未施工	4.50	—2.95	③
23		四—52 轴	24.127	未施工	7.18	—2.47	④
24	东主线桥	东—0 轴	20.383	未施工	1.87	—4.62	①
25		东—1 轴	22.308	未施工	9.39	—3.13	⑤
26		东—2 轴	22.672	未施工	10.97	—3.6	⑤
27		东—3 轴	20.258	未施工	3.66	—2.87	②

3　数据比对分析

为了研究复合锚杆桩的地面加固措施对暗挖隧道所下穿的既有结构稳定性的贡献，在考虑各桥桩的结构形式相同、洞内措施相同的条件下，根据距离隧道结构外轮廓的垂直距离及是否进行地面加固，分组对桥桩的沉降监测数据进行比对分析。

本次比对分析共分为①～⑤组，详细分组情况见表 1，各桥桩分组后的时—沉曲线见图 2～图 6。

对监测数据进行统计可知，第①组～第⑤组，已完成桩加固的桥桩平均最大累计沉降值分别为—2.03mm、—1.21mm、—1.34mm、—1.40mm、—1.54mm，未完成桩加固的桥桩平均最

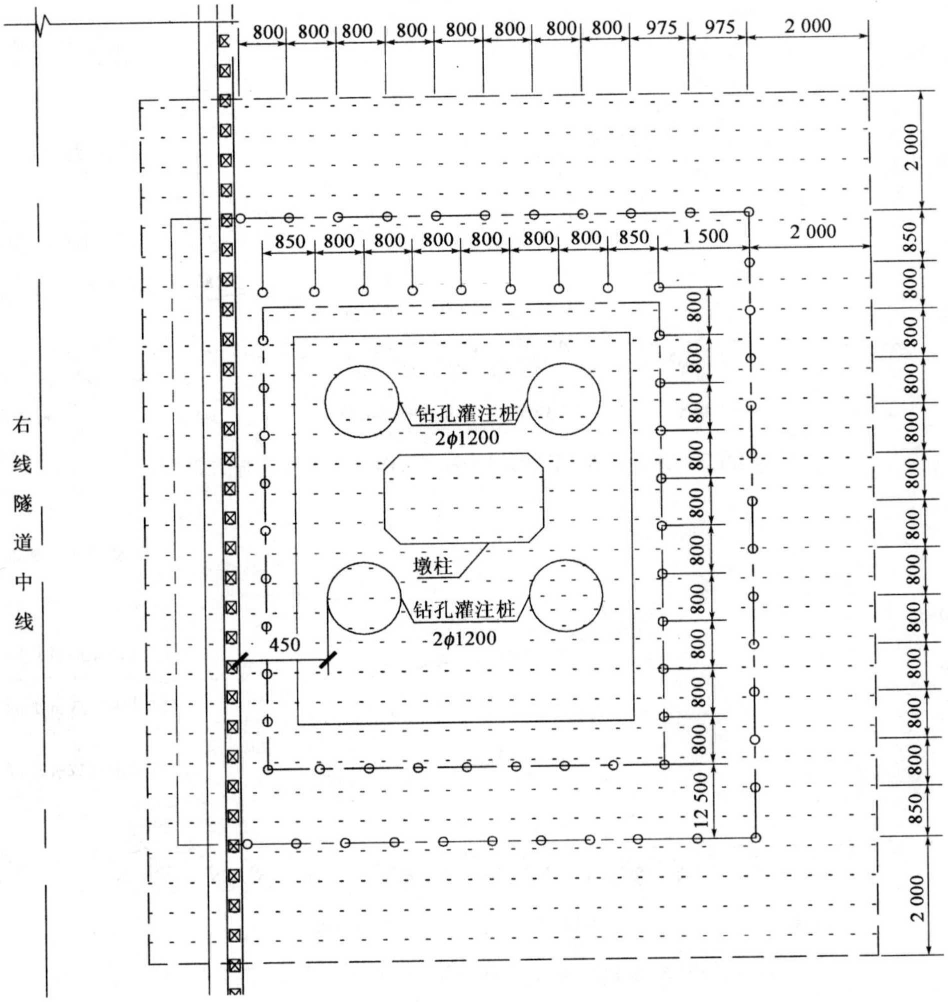

图 1　复合锚杆桩平面布置(尺寸单位:mm)

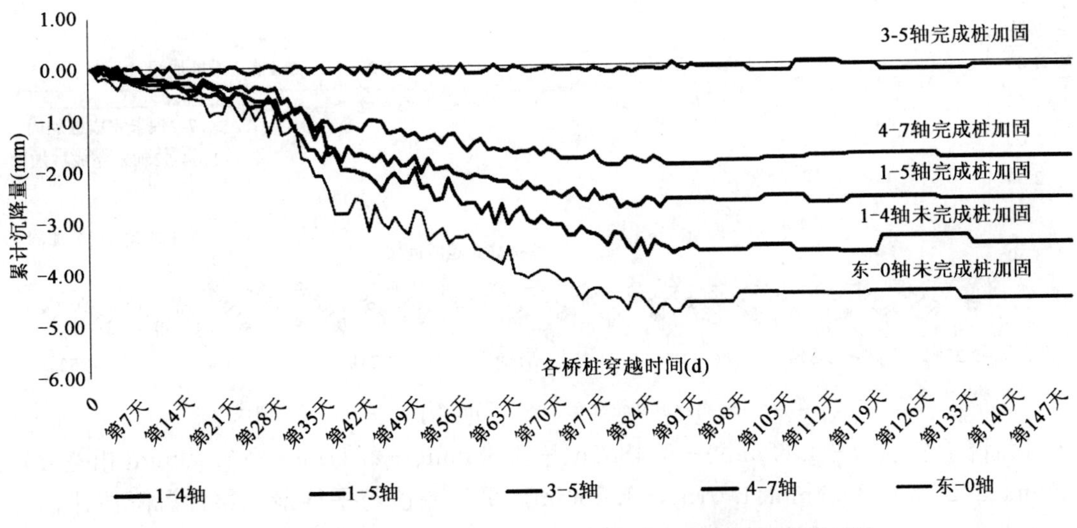

图 2　第①组(距离隧道外轮廓 1.55～1.99m)时间—累计沉降值曲线图

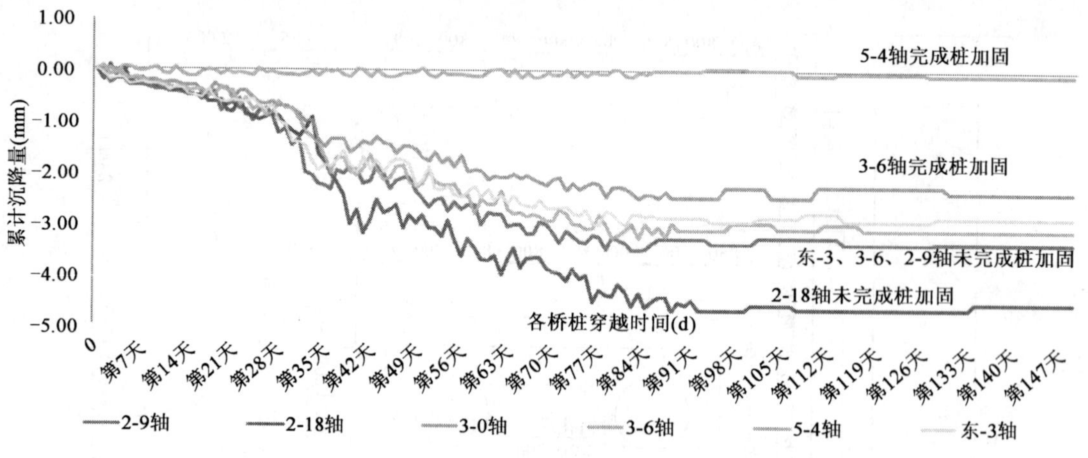

图3　第②组(距离隧道外轮廓 2.23～3.85m)时间—累计沉降值曲线图

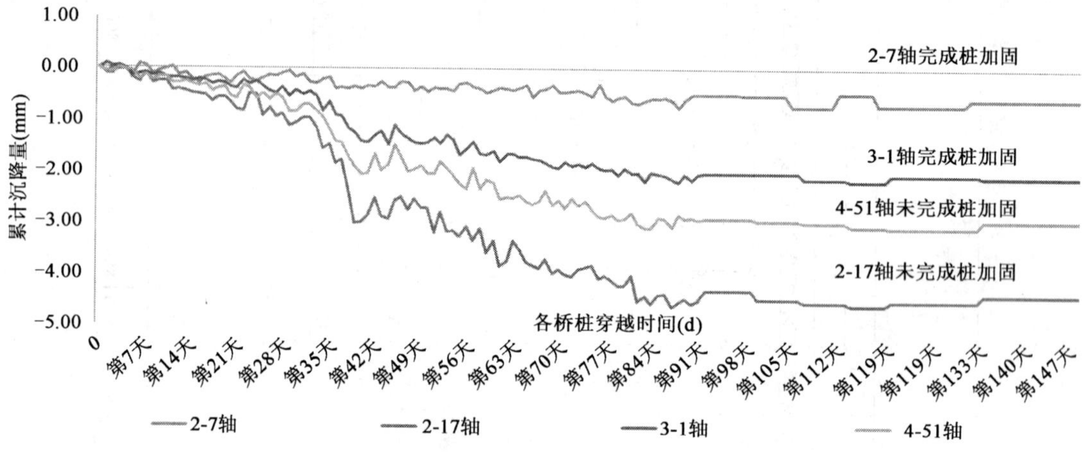

图4　第③组(距离隧道外轮廓 4.50～6.84m)时间—累计沉降值曲线图

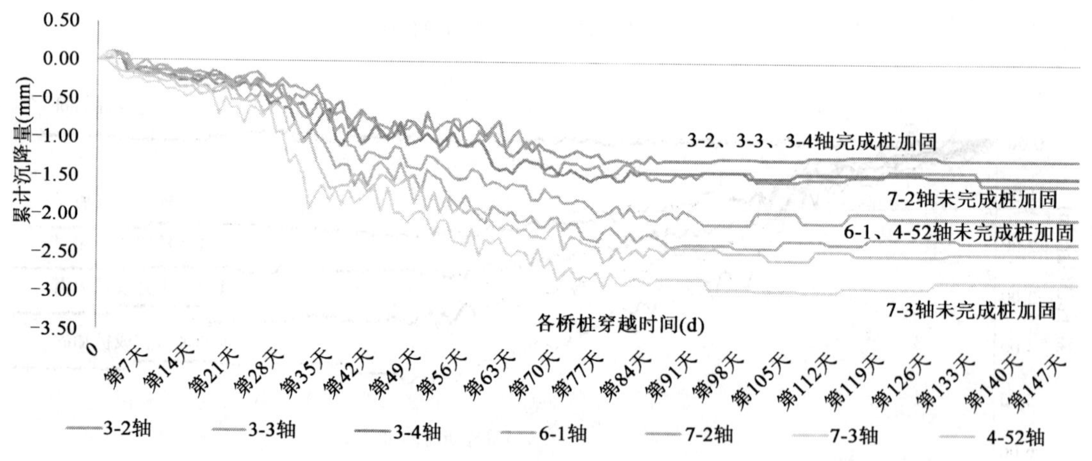

图5　第④组(距离隧道外轮廓 7.11～8.85m)时间—累计沉降值曲线图

大累计沉降值分别为－4.62mm、－3.48mm、－3.68mm、－2.41mm、－3.10mm，相差分别为2.59mm、2.27mm、2.34mm、1.01mm、1.56mm。平均差值与平均最大累计沉降值比值分别为:50.3%,41.9%,63.6%,65.2%,56.1%。

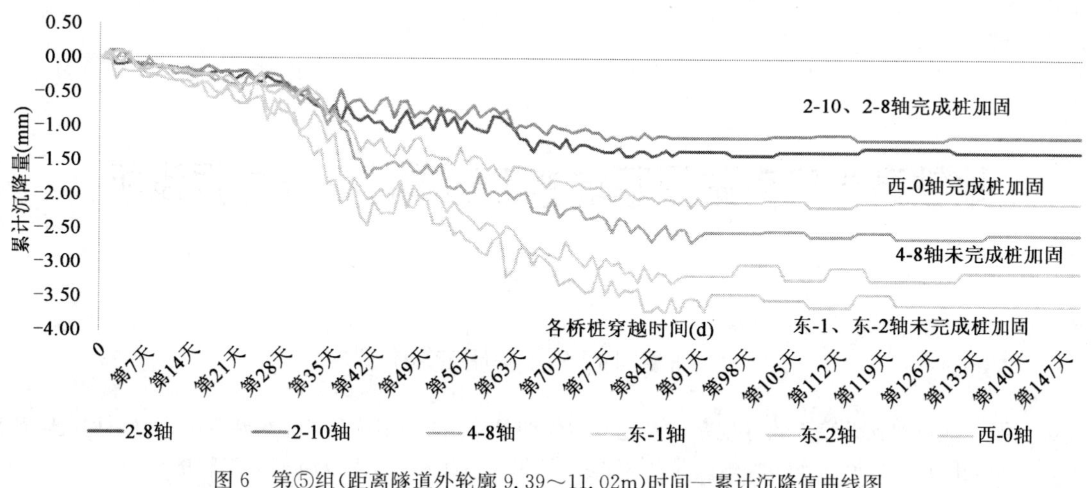

图 6　第⑤组(距离隧道外轮廓 9.39～11.02m)时间—累计沉降值曲线图

4　结语

(1)在地层条件较好的情况下,开挖地层损失小。在较好的完成洞内保护措施以后,进一步采用地面复合锚杆桩加固地层的方式,对于控制桥桩的沉降,效果较明显,甚至能达到"零"沉降(如 3-5 轴、5-4 轴)。

(2)评估单位给出的大井站—丰台北路站桥桩沉降控制总量为 15mm。在距离暗挖隧道区间外轮廓仅 10m 范围内的既有结构,开挖面远离桥桩影响范围且监测数据趋于稳定时,仅采用双排超前小导管加固、隧道与桥桩之间土体采取径向注浆加固,洞内格栅间距适当加密等洞内措施后,仍然可以对桥桩的沉降进行较好的掌控,确保暗挖隧道区间侧穿既有结构的安全。

(3)对于穿越风险大、交通位置重要、沉降控制要求高、安全储备要求严格的既有结构,采取地面复合锚杆桩加固地层结合洞内措施的方式,能获得很好的效果。反之,对于安全要求不高的既有结构,出于经济上的考虑,在充分做好洞内保护措施以后,同样可以在穿越中达到较好的沉降控制。

参考文献

[1]　中华人民共和国行业标准. JGJ 8—2007　建筑变形测量规范. 北京:中国建筑工业出版社,2007.

[2]　中华人民共和国地方标准. DB 11/490—2007　地铁工程监控量测技术规范. 2007.

[3]　徐祯祥,钟巧荣. 地铁穿越工程中位移监测与安全分析//岩土锚固技术研究与工程应用. 北京:人民交通出版社,2010.

地铁高米店南站受基坑施工影响的沉降数据浅析

赵江红

（北京市市政工程研究院）

摘　要　通过对比北京大兴绿地基坑开挖对地铁四号线高米店南站区间、车站及出入口结构沉降数据的预估数据与实际监测数据，分析模拟结果与实测数据，为以后相关工程的支护方法、监测方法、预估模拟方法的选择提供参考。

关键词　基坑　地铁车站　预估沉降　沉降监测

1　工程概况

绿地基坑项目位于大兴区，西南角为地铁四号线高米店南站，3 号出入口向东出地面，2 号出入口向南出地面。基坑宽约 52.80m，长约 306.6m，基坑开挖深度 13.3m，采用桩锚支护、三排桩支护。基坑距地铁大兴线右线主线最近距离约为 13.13m，距地铁高米店南站 3 号出入口约 2m，距地铁高米店南站 2 号出入口约 4.24m。

基坑施工所影响的地铁大兴线高米店北—高米店南区间隧道，采用暗挖法施工，隧道断面形式为双洞马蹄形断面。区间隧道顶埋深 7.613m，区间隧道底埋深 16.410m。高米店车站主体结构为两层，地下一层为站厅层，地下二层为站台层。

2　工程地质及水文地质情况

本工程场地地层自上而下依次砂质粉土填土、黏质粉土填土、粉质粉土—黏质粉土、粘质粉土—砂质粉土、粉质黏土—黏质粉土、细砂—中砂、黏质粉土—砂质粉土、粉质黏土—黏质粉土、细砂—中砂、卵石—圆砾，岩土力学参数见表 1。根据勘察报告，水位埋深较深，对基坑工程影响较小。

各地层物理力学指标　　表 1

地层名称	ρ (g/cm^3)	e	I	c (kPa)	φ(°)	Es (MPa)	桩极限侧阻力 (kPa)	桩极限端阻力 (kPa)	承载力标准值 (kPa)
①砂质粉土填土、黏质粉土填土层	1.90			(10)	(10)		—	—	—
②粉质粉土—黏质粉土	1.96	0.64	0.31	20	25	5.9	40～50	—	90～100
③黏质粉土—砂质粉土	1.96	0.62	−0.03	26	27.8	10.4	50～60	—	160～180
③$_1$ 粉质黏土—黏质粉土	1.97	0.69	0.54	34	9.2	6.5	50～60	—	140～160
④细砂—中砂	(1.98)			0	35		50～60	—	220～260
⑤$_1$ 黏质粉土—砂质粉土	1.94	0.64	−0.13	18	32.5	26	60～70	—	280～300

续上表

地层名称	ρ (g/cm³)	e	I	c (kPa)	φ(°)	Es (MPa)	桩极限侧阻力 (kPa)	桩极限端阻力 (kPa)	承载力标准值 (kPa)
⑤粉质黏土—黏质粉土	1.99	0.61	0.13	26	27.8	14.1	55～65	—	200～240
⑤$_1$ 黏质粉土—砂质粉土	1.94	0.64	−0.13	18	32.5	26	60～70	—	280～300
⑥$_1$ 细砂—中砂	—	—	—	—	—	—	—	—	210～230
⑥卵石—圆砾	—	—	—	—	—	—	—	—	500～600

3 基坑支护方案设计

基坑深 13.3m，普通部位采用护坡桩加锚杆(土钉)支护。本工程的几个主要风险部位分别采用以下支护方式：

地铁 2 号出入口采用 ϕ800 护坡桩，桩长 18.8m(嵌固 5.5m)，混凝土强度等级为 C30，加 3 排内支撑：采用 ϕ609 焊接钢管(其中第一排支撑标高为−2.5m，第二排支撑标高为−6.0m，第三排支撑标高为−9.5m)，护坡桩冠梁为 1 000mm×800mm，C30 混凝土，同时桩间挂钢板网，横向压 ϕ16@1500 钢筋。

地铁 3 号出入口、区间及风道附近基坑深度为 13.30m，支护方案外侧双排桩、内侧单排桩+内支撑支护形式，护坡桩桩径 800mm，内侧桩间距 1.2m，外侧双排桩间距为 1.5m，排距 4.8m，桩长 20.8m(嵌固深度 7.5m)，内支撑、冠梁、桩间挂网同 2 号出入口。

4 工前预估变形

4.1 采用方法与建模

根据拟开挖基坑与既有地铁大兴线的相对位置关系，考虑车站主体变形缝、区间相对位置、开挖影响范围，得到本工程预估范围，见图 1。

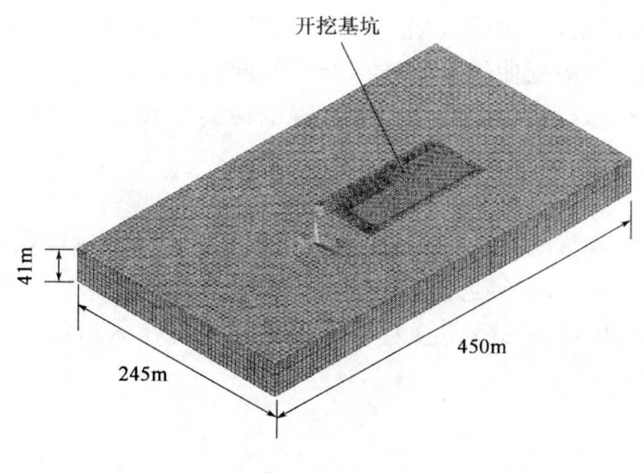

图 1 评估范围示意图

本工程考虑到施工引起的沉降和护坡桩变形均与地层关系密切，采用地层—结构模型进行变形和应力分析，同时采用荷载结构模型进行内力分析和承载力验算。本次计算变形及应力分析采用 ANSYS 软件计算。对拟开挖基坑施工步骤采用三维地层结构模型模拟分析基坑开挖施工引起的既有地铁变形及应力变化。

由于本项目基坑长度比较大，考虑基坑土体开挖和荷载的影响范围，采用 3 个模型来模拟此次施工对地铁大兴线高米店南站和区间及风道的影响。这个 3 个模型分别是：车站地层结构模型、区间二维模型、风道及区间地层结构模型。根据设计，施工工序分 8 步，基坑土体分 7 次开挖至坑底设计标高，第 8 步为施加上部荷载。

4.2 沉降预测

(1)车站主体结构竖向变形最大值为 1.502mm，发生在车站东侧端部。

(2)2 号出入口通道竖向变形最大值为 2.232mm，发生在靠近基坑一侧。

(3)3 号出入口通道竖向变形最大值为 2.232mm，发生在远离车站一侧。

5 地铁监测与监测结果

5.1 监测对象、监测点布置

根据评估报告，对地铁的监测范围为基坑开挖影响的区间隧道、车站北端、2 号、3 号出入口。依据相关规范、评估报告及类似工程经验，在受力薄弱点、结构关键部位重点布置监测点，监测点间距 5～10m，其余部位监测点间距 10～20m。

5.2 监测仪器及测量方法

根据设计，该沉降监测采用 DiNi12 精密水准仪及因瓦尺。水准基准点联系按照国家一等水准测量的要求进行。沉降监测点按国家二等水准测量的标准进行。每周进行一次基准网联测。按五固定即固定观测人员；固定观测仪器；固定观测水准尺；固定观测路线；固定观测方法的原则进行监测工作以保证监测数据的准确。采用后前前后的方法确保监测的精度。

为保证既有地铁在基坑施工过程中的运营安全，对既有地铁区间隧道及车站结构采用自动化及人工监测两种监测手段，对车站附属结构采用人工监测方式。

在基坑开挖施工过程中，按“分段开挖、分段监测”的原则进行监测，即根据基坑分段开挖的不同步骤，对受施工相应影响的区间隧道及车站部位，外延适当的范围，进行重点监测。

5.3 监测数据分析与处理

每次监控量测工作结束后，原始数据经过审核、消除错误和取舍之后，进行数据分析。监测数据积累到足够丰富时，根据曲线形态选择合适的函数，对监测结果进行分析和预测。对监控量测结果进行回归分析，以预测该测点可能出现的最终位移值和预测既有地铁结构变位的安全性，据此确定适应性。

5.4 监测结果

(1)车站主体结构竖向变形最大值为 0.61mm，发生在车站东侧快到端部的位置。

(2)2 号出入口通道竖向变形最大值为 1.43mm，发生在靠近基坑一侧。

(3)3 号出入口通道竖向变形最大值为 1.37mm，发生在出入口结构变化较大的中部靠近基坑一侧。

6 结语

通过沉降实测数据可以看出，本基坑工程对车站主体及各附属结构的影响未超过界限值，本工程所采用的各种支护方式作用较明显。

通过沉降实测数据与模拟预估数值比较得出：从极值出现的部位上看，与预估的基本吻合。从极值上看说略有差别。可见，数值模拟能基本上反映出地铁车站及各附属结构所受影响，但在量值上还是略有差别。

在以后的工程中，应当加强设计、评估、施工、监测相关各方的互动。通过加强信息沟通，用动态监测数据信息来调整施工工序、验证设计结果，从而保证施工安全顺利进行。

参考文献

[1] 中华人民共和国国家标准. GB/T 12897—2006 国家一、二等水准测量规范. 北京：中国标准出版社，2006.

盾构机吊装阶段采用预应力锚索控制基坑变形分析

王光明　翟永山　萧　岩

（北京市市政工程研究院）

摘　要　深基坑工程在地铁建设中应用越来越广，由于施工已经造成基坑一定变形，所以盾构下井工况对基坑稳定影响较大，需要做专项方案设计。本文应用有限元分析结果，采用预应力锚索补强技术有效控制基坑变形。

关键词　预应力锚索　结构　数值计算　基坑

1　引言

近年来，我国正在进行大规模市政设施的建设，大型市政工程施工及大量地下空间的开发，必然会有大量基坑的产生。基坑工程向大深度方向发展，基坑开挖面积大，给支撑体系统带来较大的难度。深基坑施工周期长、场地狭小，降雨、重物堆放等都对基坑的稳定性不利。

在地铁区间隧道采用盾构法施工情况下，基坑除作为车站结构施工的围护结构外，还要兼作盾构吊装竖井。重达百吨的盾构机和吊车荷载对基坑安全必然会造成一定的影响，甚至使基坑变形超过设计限值，因此吊装荷载对基坑稳定性能的影响应引起足够重视。

2　盾构吊装荷载

吊盾构机的吊车一般采用300t汽车吊，个别情况下采用履带式吊机。城市环境一般采用轮式汽车吊。常用技术参数为吊车自重84t，配重120t，支腿下垫2.5m×2.5m钢垫板。盾构机的分块质量与尺寸见表1。

盾构机分块一览表　　表1

分　块　号	名　　称	吊装质量(t)	宽(mm)	高(mm)	长(mm)
1	刀盘	29	6 180	1 960	6 180
2	盾构机机头	95.2	6 140	2 646	6 140
3	盾构机机身	91.5	6 140	3 150	6 140

分析表明吊装最不利位置时，吊车荷载共计160t将集中作用在一个吊车支脚上。这个荷载远大于一般基坑围护结构设计对地面活荷载的要求。

3　某工程概况

北京某地铁深基坑深16.5m。地层由粉质黏土、中砂、细砂层构成，参数见表2。该基坑剖面图见图1。

地层参数表 表 2

层 号	地 层 名 称	天然重度 γ(kN/m³)	黏聚力 c(kPa)	内摩擦角 φ(°)
①1	杂填土	19.0	—	15
①	粉质黏土填土	19.0	15	10
②	细砂	19.0	—	26
②1	粉质黏土	19.5	20	10
②2	砂质粉土	20.0	9	24
②3	中砂	19.5	—	30
③	细砂	19.5	—	30
③1	粉质黏土	20.0	23	8
③2	砂质粉土	20.5	15	28
③3	粉质黏土	19.4	27	7
③4	砂质粉土	20.0	12	29

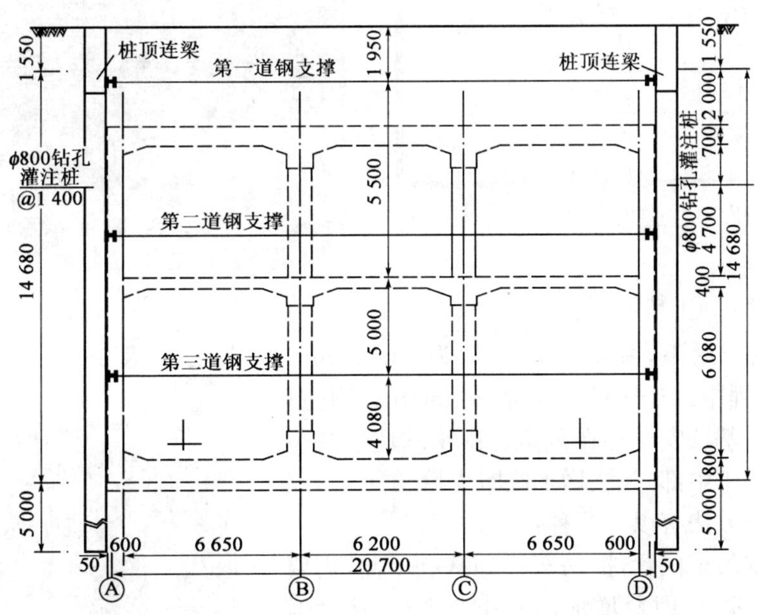

图 1 基坑剖面图(尺寸单位:mm)

基坑开挖施工阶段基坑围护结构的实测变形曲线见图 2。具备吊装条件时围护结构已变形 20.5mm,接近于设计控制值 30mm 最大限值。为研究吊装过程对基坑稳定性的影响,需要对基坑进行三维模拟计算。

4 盾构吊装计算

计算模型见图 3、图 4、图 5。根据吊车及盾构机参数,考虑最不利工况,单脚最大压力

2 300kN,动载放大系数为 1.4。维护桩直径 1m,间距 1.5m。力的单位:kN,长度单位:m。计算边界:基坑边缘各 30m,深桩底 10m。

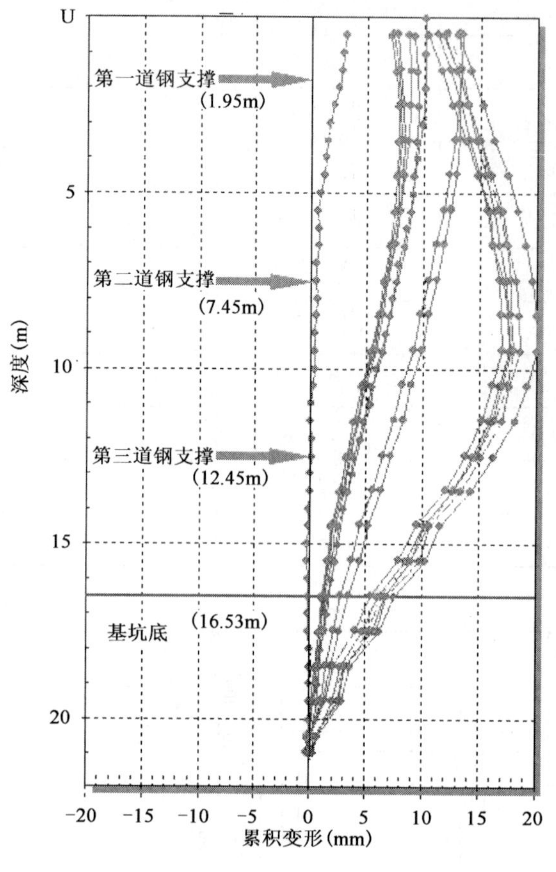

图 2　围护桩变形曲线

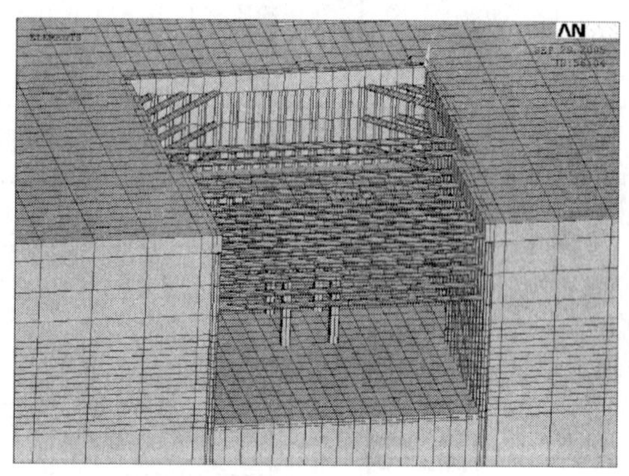

图 3　地层模型

图 4　有限元模型

在吊车荷载作用下,基坑变形增量为 11.37mm。叠加基坑开挖过程中已产生的变形量 20.5mm,已超过基坑变形允许值,基坑安全存在危险。由于基坑吊装位置在基坑一侧,位于中部,无法增加临时支撑。

经研究,解决方法有以下两种:

(1)重新调整吊车位置,把吊车移到基坑一侧,需要增加一台吊车作业,同时会增加吊臂作业半径,从而增加吊车的不安全性。

(2)加强围护结构,最优的方式是增加预应力锚索。依靠锚索施加预应力约束周边土体,减少基坑变形量。根据经验选取预应力锚索参数,见表 3。

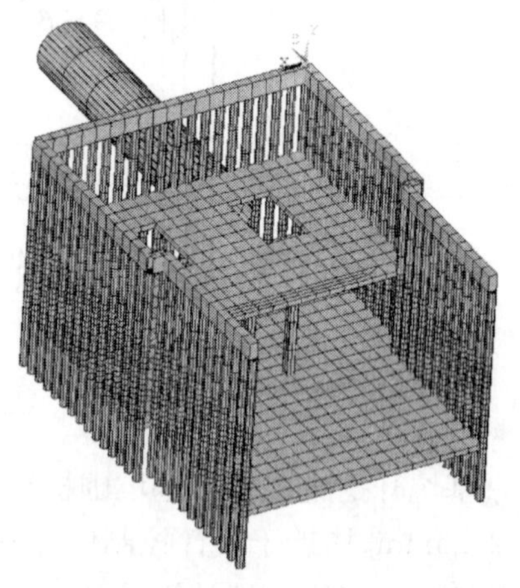

图 5　基坑围护结构

在增加预应力锚索加固的情况下,基坑侧水平位移 6.5mm。钢支撑附加最大轴力97.95kN,锚索轴力最大值为 386kN,表明基坑安全可以得到有效保证。

锚索参数表　　表3

计 算 参 数	深度(m)	角度(°)	自由段(m)	锚固段(m)	总长(m)	钢绞线根数
第一道	2	25	10	10	20	3
第二道	6	25	5	15	20	4
第三道	10	25	5	15	20	4

5 基坑变形监测

为实测基坑在盾构吊装时基坑变形情况，在基坑周边增设变形测点。实测基坑变形新增3.2mm，较理论计算值小。锚索轴力实测为351kN，说明在盾构机吊装阶段，采用土体锚索加固基坑围护结构效果良好。

6 结语

(1)预应力锚索作为支护体系有效控制基坑变形，属主动加固，可与其他支护形式配合使用。

(2)锚索设计强度一般宜采用材料极限强度的60%左右，使之具有一定的安全储备。

(3)由于地层实际参数与计算参数存在一定的差异，实际应用时必要时应进行监测锚固力。

参考文献

[1] 中华人民共和国行业标准. JGJ 120—99　建筑基坑支护技术规程. 北京：中国建筑工业出版社，1999.

[2] 中国工程建设标准化协会标准. CECS 22:2005　岩土锚杆(索)技术规程. 北京：中国计划出版社，2005.

双叶片螺旋锚及其在桅杆锚固工程中的应用

赖允瑾[1]　吴永清[2]

（1. 同济大学土木工程学院地下建筑与工程系　2. 江西地建基础工程有限公司）

摘　要　螺旋锚是一种可以提供相当承载力的抗拔结构，由于其施工简便，提供反力及时，在电力输电塔、抢险工程中得到推广使用，其中双叶片螺旋的承载力比单叶片承载力在同等情况下有所提高。本文针对双叶螺旋锚的设计计算、加工及安装，以及工程应用作了介绍。工程应用表明，螺旋锚技术具有很大潜力，特别是结合注浆技术，其抗拔承载力会得到较大提高。

关键词　螺旋锚　锚杆试验　注浆　抗拔力

1　引言

螺旋锚以其施工方便、承载力可以立即发挥以及成本低廉的优点，在抢险工程及工期要求紧张的工程中得到工程师们的青睐。最初主要用于地质静力触探试验的反力装置，后来逐渐应用于电力输电塔、建筑物基础以及边坡治理等工程中。

螺旋锚主要由锚头、锚叶和锚杆等部件组成。根据螺旋锚的受力及长度要求，螺旋锚叶片有单叶片、双叶片和多叶片类型。双叶片螺旋锚见图 1。

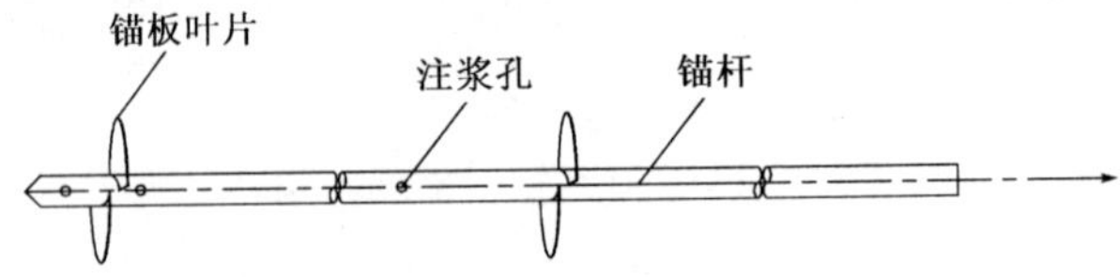

图 1　螺旋锚构造示意图

对于重复使用的螺旋锚，不允许注浆，但对于永久性螺旋锚，可以在其端部叶片以上进行注浆，以提高其抗拔能力，见图 2。

螺旋锚的应用需要解决其设计、加工和安装方面的关键技术问题。设计方面需要解决承载力计算的理论和计算公式；加工方面需要解决螺旋锚叶片、锚杆的制作问题，以满足安装和使用的要求；安装方面需要研制轻巧便利的下锚机械。

2　双叶片螺旋锚承载力的计算

螺旋锚承载力计算公式的建立是基于螺旋锚破坏的试验基础上的。目前主要有两种类型：

(1)假定破坏面为圆锥形面，见图 3；

(2)假定破坏面为对数螺线锥面(图略)。

对于双叶片螺旋锚，当锚叶间距大于 3～4 倍锚叶直径时，各锚叶可视为独立工作。承载力可以视为两个大圆锥体土体重量与两圆锥面摩阻力垂直分量之和，即图 3 中 AMNDA 所包土体重量＋锥面 AMND 摩阻力垂直分量＋锥面 BEFC 摩阻力垂直分量。当锚叶间距小于

3～4倍锚叶直径时，两锚叶之间的土体不能形成锥面剖坏面，而近似为柱面。因此承载力可以视为上叶圆锥体土体重量与上叶圆锥面摩阻力垂直分量及柱面摩阻力之和，即图3中BEMNFCB所包土体重量＋柱面EMNF摩阻力＋锥面BEFC摩阻力垂直分量。

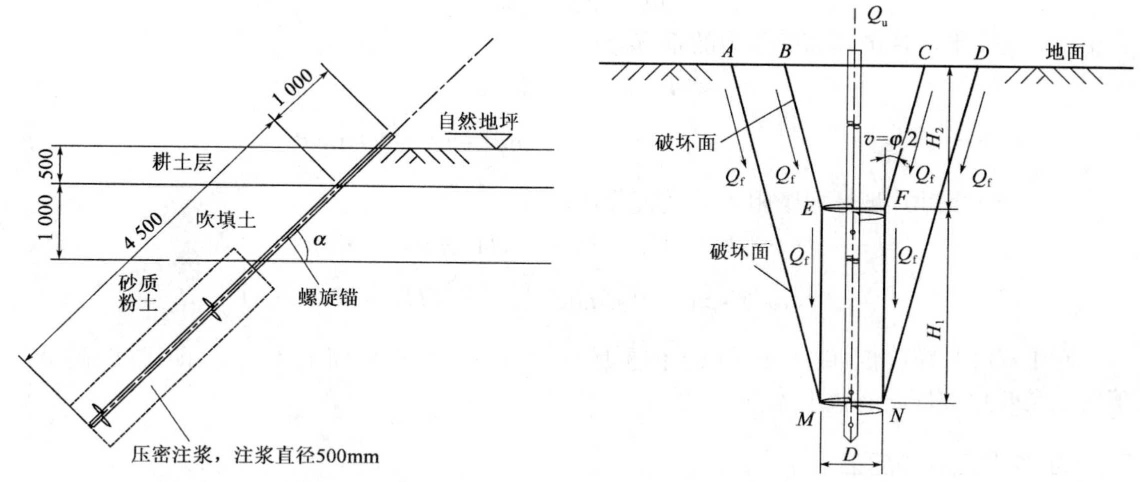

图2　螺旋锚注浆加固示意图(尺寸单位：mm)　　图3　圆锥形破坏面

根据Mohr-Coulomb准则，破坏面的剪应力为

$$\tau = c + \sigma \tan\varphi \tag{1}$$

式中：τ——破坏面剪应力，kPa；

c——土的黏聚力，kPa；

φ——土的内摩擦角，(°)；

σ——破坏面上的正应力，kPa，

$$\sigma = K_n \gamma \cdot y\cos\theta \tag{2}$$

K_n——侧压力系数；

θ——破坏面与铅垂线的夹角，(°)，一般取$\theta=\frac{\varphi}{2}$；

γ——土的重度；

y——破坏面上任意一点距离叶片的距离。

于是可以得到圆锥破坏面摩阻力的垂直分量计算公式为：

$$Q_p = \pi\cos\theta \cdot \int_0^H \tau \cdot (D + 2y\tan\theta)\mathrm{d}y \tag{3}$$

式中：D——叶片直径，m；

H——叶片至地面的距离，m；

其余参数意义和前述定义的一致。

对式(3)积分后得：

$$Q_p = \pi\cos\theta(D \cdot H + H^2 \cdot \tan\theta) + K_n \cdot \gamma \cdot \pi\cos^2\theta \cdot \tan\varphi\left(\frac{D}{2} + \frac{2}{3}H\tan\theta\right) \tag{4}$$

破坏面所包的土体重量为：

$$W_s = \gamma \cdot H\left(\frac{4}{3}H^2\tan^2\theta + \frac{2}{3}D \cdot H\tan\theta\right) \tag{5}$$

于是，螺旋锚的抗拔承载力计算公式为：

$$Q_u = Q_p + W_s \tag{6}$$

对于图 3 所示的双叶螺旋锚，考虑两锚叶独立工作，此时 Q_p 为 Q_{p1}、Q_{p2} 两部分之和，即

$$Q_p = Q_{p1} + Q_{p2} \tag{7}$$

式中：Q_{p1}——上叶片破坏面摩阻力的垂直分量；

$$Q_{p1} = \pi\cos\theta(D \cdot H_2 + H_2^2 \cdot \tan\theta) + K_n \cdot \gamma \cdot \pi\cos^2\theta \cdot \tan\varphi\left(\frac{D}{2} + \frac{2}{3}H_2\tan\theta\right) \tag{8}$$

Q_{p2}——下叶片破坏面摩阻力的垂直分量。

$$Q_{p2} = \pi\cos\theta[D \cdot (H_1 + H_2) + (H_1 + H_2)^2 \cdot \tan\theta] + K_n \cdot \gamma \cdot \pi\cos^2\theta \cdot \tan\varphi\left[\frac{D}{2} + \frac{2}{3}(H_1 + H_2)\tan\theta\right] \tag{9}$$

对于双叶片螺旋锚，破坏面所包土体重量只能取下叶片破坏面土体重量，即式(5)的 W_s，事实上是叶片破坏面所包土体。

3 双叶片螺旋锚的加工

螺旋锚的加工主要根据安装力矩确定。叶片参数的确定主要包括叶片直径、叶片厚度以及叶片导程等参数的确定。对于双叶片螺旋锚，还包括叶片间距及叶片的相对旋转角相位差的确定。锚杆参数确定包括锚杆直径及其壁厚及锚杆接长方式的确定。

文献[1]推导了单叶螺旋锚(一个导程)的安装扭矩(T)与螺旋锚向下运动的垂直力(F)的关系：

$$T = F\tan(\psi + \lambda)\left[\frac{D^3 - d^3}{3(D^2 - d^2)}\right] \tag{10}$$

式中：T——安装扭矩；

F——螺旋锚向下运动的垂直力，与螺旋锚的抗拔力基本成线性关系；

$$\psi = \arctan\left(\frac{p_0}{\pi D}\right) \tag{11}$$

p_0——导程；

D——螺旋锚叶片直径；

$$\lambda = 0.6\varphi$$

d——螺旋锚杆直径。

因此，根据式(10)确定的关系，可以选择螺旋锚的加工参数。

需要注意的是，对于双叶螺旋锚，叶片间距和相位角之间必须保证一定的关系，使得上叶片能够和下叶片的旋进轨迹相同；同时叶片相位角应保持整数关系，不致使两叶片间产生相互抵消的力。

对于需要接长的螺旋锚，如果是永久性锚杆，相邻杆连接接头可以采用螺纹接头，也可以采用销孔连接。如为回收锚杆，则只能采用销孔连接方式。

4 螺旋锚的现场安装

螺旋锚下锚安装一般都依赖于机械设备。对于双叶片螺旋锚，其安装扭矩较大，尤其需要扭矩较大的下锚机。下锚机除了必须满足安装扭矩的要求外，还需要根据场地条件，配备行

走、定位以及调节锚杆倾角的装置。

对于场地条件较差，需要人工移动就位时，应该研制体形较小、重量较轻的机架结构。但安装扭矩和机架重量及体型往往是相互矛盾的。所以，为了配合达到提供足够安装扭矩，可以考虑拆卸式的配重及零部件。

5 工程实例

5.1 工程概况

某桅杆工程位于上海市崇明岛，桅杆高度32m，按16级台风进行设计。为了确保桅杆稳定，在桅杆四周设置内外圈两道地锚缆索，平面布置均按120°角分布，见图4(图中只示出拉力计算简图，未示出其余侧地锚)。场地内类似桅杆有100余个。

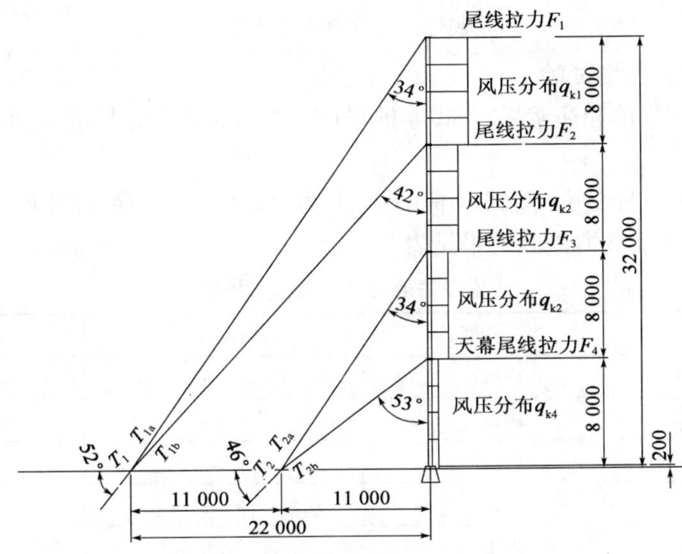

图4 桅杆地锚示意图(尺寸单位：mm)

根据设计，内圈地锚倾角(与水面夹角)46°，设计承载力为34kN；外圈地锚倾角(与水面夹角)52°，设计承载力为51kN。

原地锚采用埋置式重力锚，由于埋置深度浅，地锚力不够，导致每年台风季节地锚移位、桅杆折断的事故。为此需要对原地锚进行重新设计和安装。

针对场地要求和工程要求，提出了螺旋锚方案。

5.2 地质情况

根据地质报告，地锚埋置深度内的土层为①$_1$层耕土(1m厚)、①杂填土(1～3m)、②$_3$层粉砂夹砂质粉土。土层力学参数见表1。

土层力学参数表 表1

土层名称	重度	抗剪强度(峰值)	
	(kN/m^3)	c(kPa)	φ(°)
杂填土	18.8	4	33.0
粉砂夹砂质粉土	18.5	2	34.0

5.3 设计计算

设计采用双叶螺旋锚，螺旋锚叶片直径360mm，叶片钢板厚度8mm，叶片间距1 500mm，

锚杆采用 $\phi 76\times 8$mm 钢管。内锚长度 4 500mm，外锚 5 500mm，采取两节锚杆。考虑本工程的地锚为永久性地锚，采取后注浆技术以提高其抗拔力。

地锚加工图见图 5。

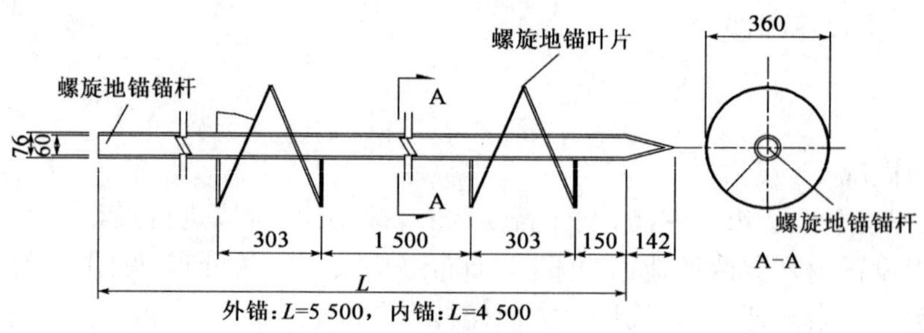

图 5　地锚加工示意图(尺寸单位：mm)

5.4　地锚抗拔力现场试验

针对内外锚在注浆前和注浆后(28d 养护强度)的实际拉拔情况，各选取了 3 根锚杆进行拉拔试验。

试验时，未注浆锚杆的最大试验荷载暂定为 71.6kN，注浆锚杆的试验荷载暂定为 170.3kN。注浆前土锚承载力试验结果见表 2。

土锚注浆前的承载力试验结果　　表 2

序　　号	类　　型	试验值(kN)	设计值(kN)
1	内锚	64.5	34
2	内锚	43.4	34
3	内锚	57.5	34
4	外锚	68.1	51
5	外锚	57.5	51
6	外锚	53.9	51

试验表明，内外锚长度不同，但承载力并无特别的差异。试验曲线表明，锚杆的回弹变形较小，残余变形较大。试验值大于设计值，内锚最小安全系数为 1.28，外锚最小安全系数为 1.13，尚未达到设计规范要求的 1.8。

注浆后锚杆 C1(内锚)的试验曲线见图 6。

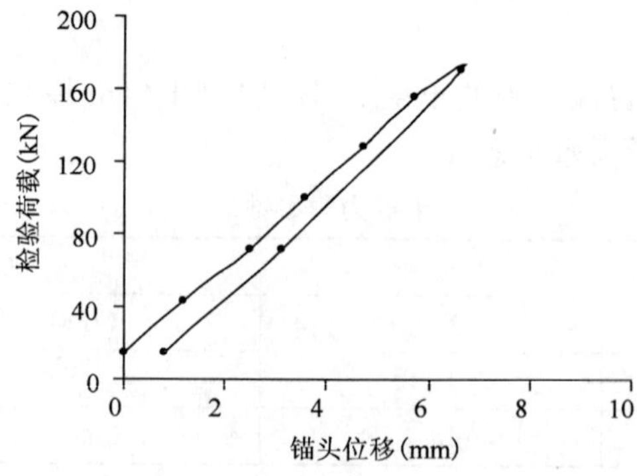

图 6　螺旋锚现场试验曲线(注浆后)

6 根内外锚注浆后的拉拔力试验结果见表 3。

土锚注浆前的承载力试验结果 表 3

序号	类型	试验值(kN)	设计值(kN)	变形(mm)	回弹(mm)
1	内锚	170.3	34	5.34	1.90
2	内锚	170.3	34	5.62	5.10
3	内锚	170.3	34	6.62	5.80
4	外锚	170.3	51	6.16	5.40
5	外锚	170.3	51	6.88	5.10
6	外锚	170.3	51	6.16	5.78

试验表明,注浆后内外锚的拉拔力有明显的提高,试验曲线呈显著比例关系,说明极限承载力将高于最大加载值。试验同时表明,地锚长度不同,承载力并无特别的差异。试验曲线表明,注浆后的锚杆的回弹变形相当显著,说明目前的加载处于弹性阶段。内锚最小安全系数大于 5,外锚最小安全系数大于 3.34,超过设计规范要求的 1.8。

试验表明,对于粉性土地层,注浆因素对螺旋锚的承载力的影响是十分显著的。

6 结语

(1)螺旋锚是一种施工便利的抗拔力结构,具有立即提供抗拔力的突出优点,且在下锚过程中即可从安装扭矩中预测其抗拔力的大小。

(2)当叶片间距大于 3~4 倍叶片直径时,从螺旋锚的承载力计算公式可知,双叶螺旋锚的承载力将比单叶锚有所提高。

(3)螺旋锚的加工和安装取决于土层性质、现场条件及安装扭矩多种因素,需要综合考虑。

(4)对于永久性土层锚杆,采取后注浆技术,可以大幅度的提高螺旋锚的承载力。

参考文献

[1] 汪滨. 螺旋锚技术及其在工程中的应用. 北京:中国水利水电出版社,2005.

[2] 中国工程建设标准化协会标准. CECS 22:2005 岩土锚杆(索)技术规程. 北京:中国计划出版社,2005.

[3] 王杰,孙海峰,等. 双锚片螺旋锚极限抗拔承载力研究. 沈阳建筑大学学报(自然科学版),2008,24(1):54-57.

击入式钢管土钉在黄漫滩地区深大基坑工程中的应用

王建成[1]　王伟男[2]　张　伟[2]　张治华[1]

（1. 北京市机械施工有限公司　2. 北京建工集团有限责任公司）

摘　要　根据徐州市奥体中心工程深大基坑实际，选用击入式钢管土钉墙支护方案，取得了在黄泛高漫滩地区厚度较大的软土层进行土钉墙支护结构设计、施工等方面的经验。本文根据工程实例的应用，讨论土钉墙在软土地基应用中存在的问题，并提出了相应的解决办法。

关键词　土钉支护　软弱土层　设计计算　技术措施　施工质量检测

1　工程概况

1.1　概述

徐州市奥体中心工程位于徐州市新城区张屯村东，小韩村西，赵武村南侧，总建筑面积23万 m^2，拟建建筑物包括体育场、地下商业广场、地下车库、游泳跳水馆、综合训练馆及球类馆。其中地下商业广场地下一层（局部地上一层），开挖深度9.40m，集水坑、电梯井局部开挖11.00m。基坑平面呈半弧形状围绕体育场东看台，南北长约390m，东西宽110m，平面面积约3.9万 m^2。呈不规则多边形。

基坑西侧距体育场东看台浅基础承台约2.8m，北、东、南侧距施工现场环路约30m。

1.2　工程地质条件

基坑支护范围内的地基土自上而下依次为①表土，松散，以粉土为主，厚度0.2～1.0m；②粉砂，湿～很湿，稍密，摇震感应迅速，软～可塑，常年处于水位干湿变化带，厚度0.3m～1.50m。③粉土夹粉质黏土，湿～很湿，稍密，摇震感应迅速，厚度0.9～2.6m。④黏土，软～可塑，厚度0.80～5.40m。其中夹有很湿、稍密、摇震感应迅速、软～可塑的粉土及粉质黏土。⑤粉土，过渡性土层，很湿，稍密，摇震反应迅速，厚度0.3～2.8m。⑥粉土，很湿，中密，摇震反应迅速，黏粒含量较多，厚度2.70～8.40m。⑦黏土，可塑，局部软塑，稍密，分布较稳定，厚0.5～3.4m，含有粉土夹粉质黏土夹层；⑧黏土，可硬塑，土质渐硬，局部会有少量砂姜。

钻孔揭示场区内地下水位埋深−1.5m。

岩土工程勘察报告显示，本工程场地地貌单元类型为黄泛高漫滩，存在厚度较大的软土层。

1.3　软土土层性质特点

（1）软土层土体强度往往较低，开挖支护过程中，易发生坍塌。由于土的强度低，土钉与土体之间的摩阻力小，土钉与土体难于形成整体，加固效果差。

（2）软土土层黏聚力 c、内摩擦角 φ 值低，含水率 w 值偏高，土钉与土层黏结力 τ 值偏低，从而导致土钉抗拔力也相应降低。

（3）软土具有流变性，土体支护变形与基坑开挖过程中应力重分布导致的短期变形有关，故需在较短时间内进行支护，否则短期变形的位移量过大。

(4)软土具有触变性，其在未被破坏之前呈固态特征，一经扰动，即转化为稀释流动状态。

(5)软土地层一般含水率高，水的作用一直是造成基坑支护工程事故的主要原因。

(6)软土中成孔易产生缩孔和塌孔，往往难以成孔。

2 支护结构设计

2.1 降水方案的选择

水是造成基坑支护工程事故的主要原因之一，由于土钉支护的主动支护原理，水的作用更为明显，因此施工前降水是关键因素。徐州地区土层渗透系数较小，降水通常采用轻型井点、多级轻型井点方法降水，轻型井点使用于降水深度小于6m的基坑，多级轻型井点降水深度可达到6～10m，但需要基坑周围有足够的空间进行多级放坡。本工程基坑开挖深度9.4m，且基坑周围因拟建体育场、球类馆、综合训练馆等其没有足够空间进行多级放坡，故采用"管井降水方法"。

根据岩土工程勘察报告提供的各土层渗透系数及场区内3口民井(井深约15m，井内径0.40m)抽水试验数据，确定管井降水设计参数如下：

降水井深16m，间距6m，降水井井孔直径600mm，井管内径300mm、外径400mm，管井沿土钉墙上口外1.50m布置(局部视现场实际情况调整)。基坑内部布置疏干井，疏干井间距20m。

2.2 支护方案的选择

鉴于土钉支护在软土地基应用中存在的问题，徐州地区3～4m以内的浅基坑，一般采用放大坡，不采用任何超前加固措施，直接挂钢筋网片喷射混凝土支护。开挖深度为4～5m，地层为渗透性较小的粉质黏土地层，基坑外降水不会引起地层显著沉降时，通过轻型井点降水后进行两级放坡挂钢筋网片喷射混凝土支护，其他情况基坑深度在5m以上采用复合土钉墙支护，但深度不超过7m。

本工程地处黄泛高漫滩地区，存在较厚软土层，本工程基坑深度9.40m。根据周围环境，无法采用多级放坡支护，而且工程工期非常紧，若采用复合土钉墙或其他支护形式必将拖延工期，增加造价。土钉墙支护结构能够与土方开挖同步进行，它具有工期短、造价低等优点。本着施工进度快、安全、经济、可行的原则，结合徐州地区类似基坑工程的设计及施工经验，考虑软土土层支护特点，选择采用"击入式钢管土钉"支护结构，可有效解决软土地层特殊性质带来的局限及问题。

2.3 钢管土钉支护的计算

钢管土钉设计计算与常规钢筋土钉基本相同，由于钢管土钉注浆效果较差，不能形成像常规钢筋土钉注浆理想状态的柱状体，很难形成稳定的锚固体。但钢管相对于普通钢筋土钉来说，具有更高的刚度、强度，更大的横断截面积，更好的抗剪切能力，在击入钢管的同时对土体有一定的挤压效应，因此在一定程度上弥补了钢管土钉注浆形成锚固体效果差的缺陷。

钢管土钉设计计算时，抗拉承载力设计值应根据实验确定，在不具备试验条件的情况下，可以在常规钢筋土钉计算基础上采用经验公式：

$$T_{uj} = k(l/r_s)\pi d_{nj} \sum q_{nik} l_i \tag{1}$$

式中：k——注浆效果系数，根据注浆效果经验值可取0.7～1.0；

r_s——土钉抗拔力分项系数，取 1.30；

d_{nj}——第 j 根土钉锚固体直径，一般取钢管外径；

q_{nik}——土钉穿越第 i 层土体与锚固体极限摩阻力标准值；

l_i——第 j 根土钉在直线破裂面外穿越第 i 层稳定土体内的长度。

钢管土钉整体稳定性计算、面层计算与常规钢筋土钉计算方法相同。

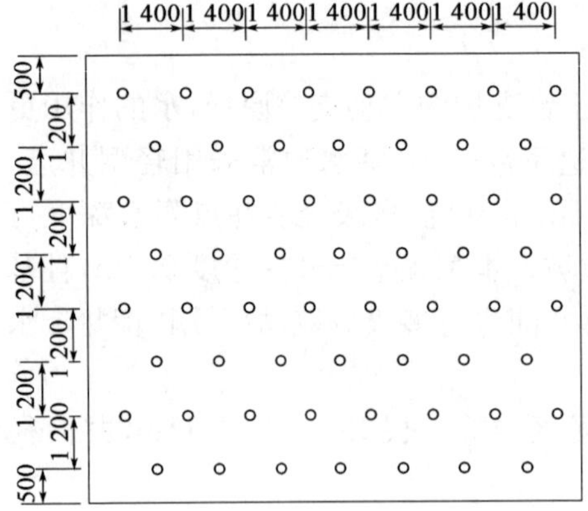

图 1 土钉墙正立面图(尺寸单位:mm)

本工程计算过程中，注浆系数 K 取 0.8，计算地下商业广场（挖深 9.4m 剖面）土钉墙支护设计参数如下：

采用 1∶0.5 放坡土钉墙。土钉采用全长击入式注浆钢管。钢管土钉长 $L=6.8\sim11.8$m，钢管规格 $\phi48$、壁厚 3.5mm 脚手钢管，每 500mm 间距设置扩大头；土钉倾角 $\alpha=10°$，水平间距 1.4m，竖向间距 1.2m，梅花形布置；钢筋网为 $\phi6.5$@200 双向，面层喷射厚度为 80～100mm。混凝土强度等级为 C20，锚固体为纯水泥净浆，抗压强度为 M15，注浆采用二次压力注浆工艺。土钉墙立面图、剖面图和土钉节点图，分别如图 1～图 3 所示。

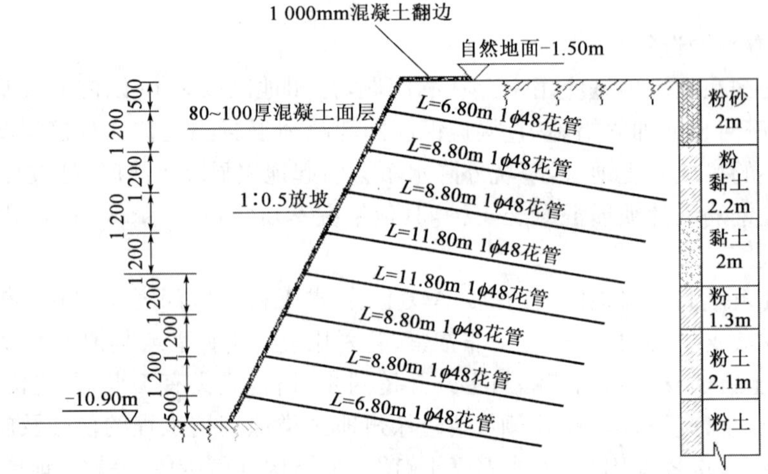

图 2 土钉墙剖面图(尺寸单位:mm)

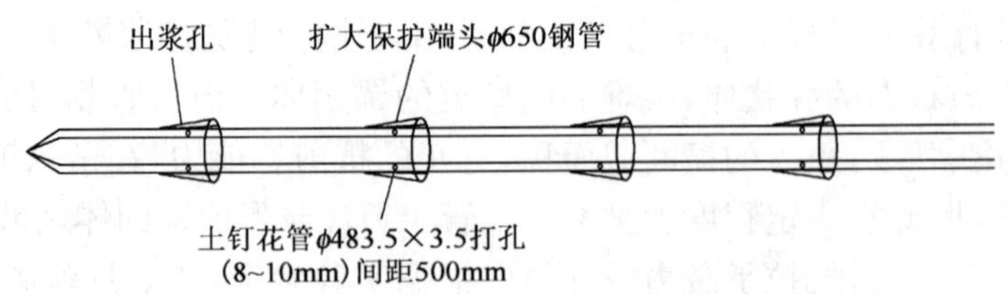

图 3 钢管土钉节点图

各层土钉受拉荷载值和抗拔验算见表 1，基坑开挖至各阶段土钉支护结构整体稳定性分析结果见表 2。

土钉受拉荷载值和抗拔验算 表1

编号	竖向间距(m)	长度(m)	水平间距(m)	受拉荷载(kN)	抗拔承载力(kN)	满足系数
1	0.5	6.8	1.4	20.2	70.5	2.792
2	1.2	8.8	1.4	19.8	64.2	3.593
3	1.2	8.8	1.4	29.9	114.9	3.074
4	1.2	11.8	1.4	32.4	139.5	3.443
5	1.2	11.8	1.4	25.1	145.1	4.635
6	1.2	8.8	1.4	33.7	119.3	2.832
7	1.2	8.8	1.4	48.8	116.3	1.906
8	1.2	6.8	1.4	49.6	92.2	1.487

施工各阶段土钉支护结构整体稳定分析结果 表2

工　况	未施工	第1道	第2道	第3道	第4道	第5道	第6道	第7道	第8道
基底高程(m)	−1.5	−2.5	−3.7	−4.9	−6.1	−7.3	−8.5	−9.7	−10.9
开挖深度(m)	0	1.0	2.2	3.4	4.6	5.8	7.0	8.2	9.4
安全系数		1.420	1.536	1.442	1.412	1.425	1.331	1.306	1.344

土钉支护破裂面形态为上部垂向、下部弧形剪切，上部土体以倾倒变形为主，下部土体以剪切变形为主，同时破裂面具有随深度增加向基坑内收敛的特点，故中上部土钉长度可长些，而下部土钉可短些。

计算过程中，考虑第4、5道土钉需要穿过粉土、粉土夹粉质黏土等软弱土层，其土体强度低，钢管土钉与土之间摩阻力较小，为能够形成有效锚固体，满足抗拔力要求，故此处土钉较长。

3 支护结构施工

击入式钢管土钉支护，施工过程与常规钢筋土钉施工过程基本相同。

基坑降水施工→测放边线→基坑分层分段开挖(深度均1.2m，分段为20～30m)→修整边坡→制作、击入钢管土钉(风动潜孔锤击入)→配制水泥净浆→一、二次注浆→布放钢筋网，泄水孔→焊加横竖向加强筋→喷射混凝土→养护，重复以上工序至基坑底。

土钉墙施工前应进行降水，防止因土层内水的作用使得坑壁应力增加，坡体沉降、位移增大。降水井施工过程中严格控制成孔、下井管、回填滤料、井管四周黏土封井、洗井的质量，确保降水井良好的透水性。

4 击入式钢管土钉支护在软土地基中施工技术措施

击入式钢管土钉因在软土层施工，施工过程需解决软土对土钉施工的制约，故施工过程中采取的技术措施不同于常规钢筋土钉。

(1)软土土层开挖，为保持边坡稳定，设计计算过程中，要考虑适当降低每层的开挖高度。本工程从通常1.5m改为1.2m，并沿边坡分段跳挖。有效地解决软土土体强度低，土体支护前易坍塌的问题。

(2)解决土钉在软土地基成孔难的问题。本工程采用全长击入式注浆花管，花管制作时用ϕ48脚手钢管，在钢管上面按一定间距钻小孔洞，小孔的上边焊上ϕ650钢管，形成扩大头，既可以防止在击入过程中泥土将花管堵住，又可以增加钢管与周边土体的摩阻力。击入过程采用风动潜孔锤施工，施工速度较快，可有效控制因软土流变性导致开挖后卸荷应力重分布后的短期变形，控制坡体产生过大位移量。

(3)软土地基中土钉支护质量取决于土钉施工质量，击入式钢管虽能解决成孔问题，仍需要注浆质量合格，才能加固土体，将危险滑移面的主动区的土体改良。

因击入式会导致土钉外露端头损坏，施工过程中土钉外露150mm，在设置止浆塞之前，将端部外露损坏部分截掉，以保证止浆塞密闭。

本工程采用二次注浆工艺，及时插入注浆管，用止浆塞封闭，然后开始注浆。第一次注浆压力控制在0.5MPa左右，间隔时间不大于2.0h进行第二次注浆，压力不小于1.5MPa，稳定时间应大于1min，以保证注浆充盈度。

击入式注浆土钉适用于成孔困难的软弱土层中，如果注浆量足够多，在同等地质条件下，可获得比钻孔注浆土钉更高的抗拔力。

(4)黄泛高漫滩地区，地下水位极为丰富，软弱土层含水率较大。本工程施工所涉及土层以粉土，粉土夹粉质黏土层为主。该土层富含水，且饱水性强，故采取了降水措施，但开挖后仍有部分游离水从坡面渗出，该部分如果处理不好，可带出大量颗粒，使开挖面受扰动并可能发生坍塌。遇到此类情况在坡面设置泄水管，采用0.5～0.8m长的ϕ25mm塑料管，做成花管并缠密目尼龙纱网。

(5)软土土层因土方开挖扰动，转变为稀释流动状态，引起坑壁应力增加，位移、沉降增幅较大。

为保证基坑的安全，该层花管在原基础上增加锥形扩大头(ϕ650钢管)及溢浆孔，经多次压力注浆，形成有效锚固体。对于稀释流动比较严重部位，在该层顶部施工超前花管对上层土层进行注浆处理。

在修理边坡编钢筋网片时，出现稀释流动情况，采用当地常用的建筑用毛竹片封挡。

将面层接头处修整完毕后，将毛竹片嵌入上层甩出的钢筋网片下，采用"T"型钢筋(长度800～1 000mm)将毛竹片钉入土体内，编网后毛竹片被T形钢筋和钢筋网片固定，具有一定强度，起挡土渗水的作用，使稀释流动的土体得到固定。

5　施工质量检测

5.1　土钉抗拔试验

土钉坑拔力为土钉设计中的主要参数。抗拔力试验是判定土钉施工质量是否合格的标准。本工程分别于第三层与第五层，各做一组土钉抗拔试验，第三层试验土钉长8.8m，采用二次注浆工艺，第五层试验土钉长11.8m，采用二次注浆工艺施工。在土钉完成7d后进行抗拔试验(未破坏性试验)。试验结果表明第三层土钉张拉至72kN锁定，其位移6.6mm；第五层土钉张拉至94kN锁定，其位移量为6mm。这说明土钉与土体结合良好、抗拔力满足设计要求，且二次压力注浆能较好地改善土体结构，提高了土体抗剪能力及土钉抗拔力，加固了原位土体，土钉位移量减小，限制了土钉墙体及原位土体变形。

5.2　土钉应力监测

基坑支护过程中，土钉承受墙体自身的侧向土压力及未加筋区域土体产生的侧压力，当土钉受力超过设计允许值时，将导致支护失稳，因此对土钉受力状态进行监测。土钉应力监测曲线图见图4。

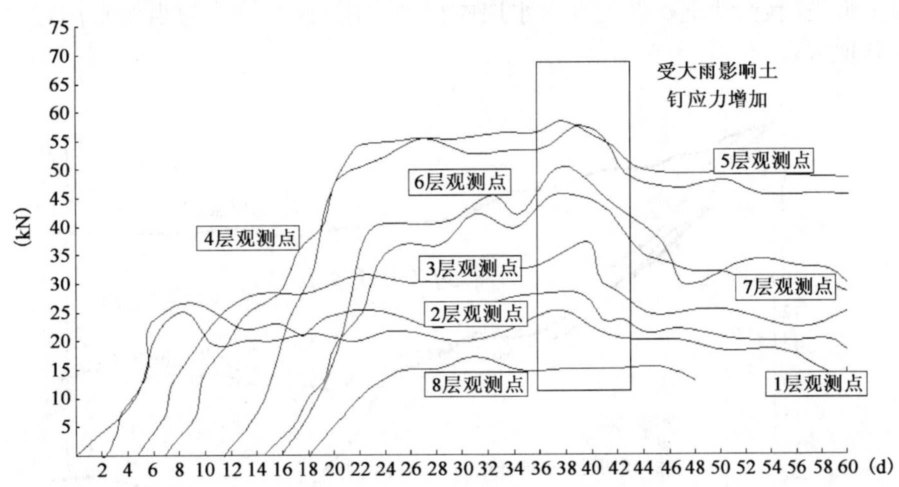

图 4　土钉应力监测曲线图

土钉受力监测在土钉每断面每层埋设应力计，采用 SXP-3 型弦式频率测定仪进行测定。实测结果表明，开挖过程中至支护结束，上部各层土钉应力将趋于稳定，中下部(4～5 层)土钉应力较大，其值为 55～60kN，其余较小，其值为 25～40kN，施工期间土钉最大拉力 66kN，未超过预警值，故土钉墙整体受力安全，其稳定性满足设计与施工要求。

5.3　沉降点位移观测

为确保基坑支护安全，在土方开挖土钉墙施工过程中，要对土钉墙翻边处位移及周围地面沉降进行观测。依据监测相关标准在基坑周围布置观测点，重点部位为开挖跨度较大的南、北、东三方向。

从位移观测结果可以看出，土钉墙上口水平位移具有在跨度方向上中间大，两端小的特点。两端位移一般为 6～10mm，中间为 14～20mm，变化值为开挖深度的 0.14%～0.21%。降雨对土钉墙上口位移影响明显，水平位移增加量加大。随着雨水下渗并沿泄水管排出后，坡顶位移逐渐恢复。降水井降水作用使得水平位移量逐渐变小，降水后土体重新固结。土钉墙坡顶位移曲线见图 5。

根据沉降观测报告得出，在距离上口线 1 倍挖深范围，地面沉降较大为 15～30mm，最大处 29mm，1 倍挖深的外围之外地面沉降较小，一般为 5～11mm。

通过土钉抗拔力试验，沉降、水平位移监测结果显示本工程支护体系安全、稳定，满足后续施工要求。

6　结语

(1)黄漫滩地区各土层渗透系数不一，较深大基坑降水可采用“管井降水”方法，施工过程中严格控制从成井到抽水过程中各工序质量，最终可以达到理想的降水效果。

(2)采用击入式钢管土钉不需要预先成孔，从根本上解决了土钉成孔困难问题，使得土钉支护在黄泛高漫滩地区软土层中得到应用。

(3)二次压力注浆工艺可以较好地改善土体结构，提高土体抗剪强度及土钉拉拔力，减少土钉位移，可控制土钉墙体变形。

(4)采用超前花管注浆、毛竹片封挡布设排水管的方法，可以解决软土土层触变性、流变性引起的原土流失问题，使支护结构在含水层中得到应用，且毛竹片为当地常用建筑材料，成本远远低于其他方式。

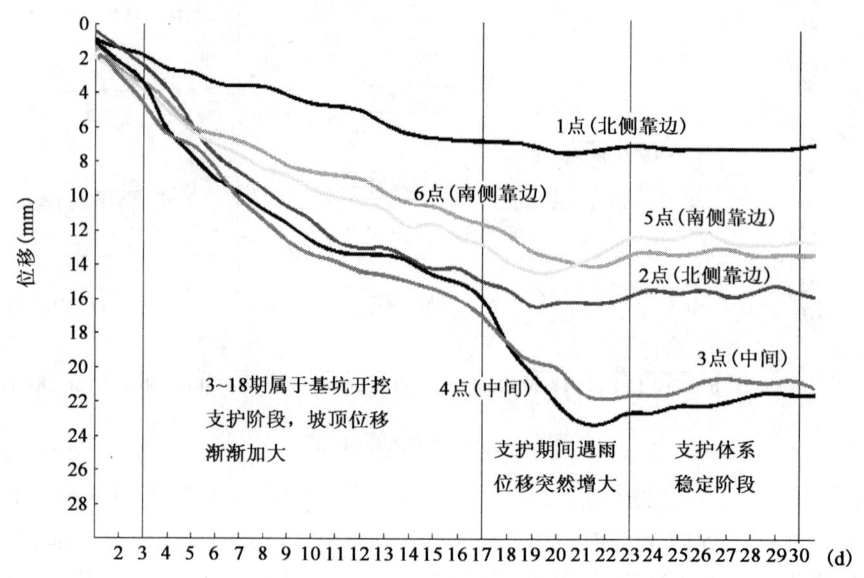

图5 土钉墙坡顶位移曲线图

击入式钢管土钉支护克服了常规钢筋土钉在软土土层中使用的局限性，在黄泛高漫滩厚度较大的软土地区，只要做好设计计算、合理选取土钉参数，采取适宜、有效的技术措施，保证施工质量，土钉墙支护同样可以在此类土层深大基坑中得到应用。

参考文献

[1] 中国建筑标准设计研究院. 建筑基坑支护结构构造(11SG814). 北京：中国计划出版社，2011.

[2] 中华人民共和国行业标准. JGJ 120—99 建筑基坑支护技术规程. 北京：中国建筑工业出版社，1999.

[3] 张健. 新型土钉墙技术在基坑支护工程中的应用. 江苏地质，2011(4)：221-224.

[4] 郑坚. 软土地基土钉支护的若干问题及对策. 工程勘察，2004(6).

[5] 张仰钦. 基坑钢管土钉支护技术讨论. 福建建材，2012.

[6] 中国工程建设标准化协会标准. CECS 96：97 基坑土钉支护技术规程. 北京：中国建筑工业出版社，1998.

[7] 刘国彬，王卫东. 基坑工程手册(2版). 北京：中国建筑工业出版社，2009.

三门峡某综合楼深基坑支护设计与施工

翟金明　程守玉　李砚召　蔡庆华　徐国兴

（总参工程兵科研三所）

摘　要　通过三门峡某综合楼基坑支护的实例，详细介绍了该工程采用多种形式支护结构相结合的设计方法与基坑支护设计及施工要点，并总结了施工中需要注意的事项，以确保整个工程的安全完成，并达到理想的效果。

关键词　基坑支护　锚杆　锚索　钻孔灌注桩

1　工程概况

三门峡某综合楼位于三门峡开发区 209 国道和黄河路交叉口西北角，基坑平面呈不规则形状，南北长约 150m，东西宽约 110m。南侧紧邻一主要干道，西侧距 3 层民房 20m，北侧为一便道，在施工过程中封闭不予通行；东侧紧邻基坑边 8m 为一通道，紧邻通道外侧有一条下沉式国道，国道路面标高相对基坑顶标高有 8m 高差。

该工程主要由 3 幢 30 层高层住宅、2 幢 3 层裙房和地下车库组成。结合周边高程情况，基坑开挖深度为 19.4～22.0m。基坑安全等级为一级。

2　工程地质与水文地质条件

2.1　地质构造

拟建场地所在的大地构造位置为华北地台的南部，属于北秦岭地槽范围，其东北为吕梁地块，西北为陇东陕北地台，南有秦岭地轴，东部在秦岭地轴与中条山地块之间。场地位于燕山运动所造成的构造盆地内，北为汾河地堑，西为渭河地堑，东为黄河地堑和三门峡地垒。场地具有发生中强烈地震的地质背景。

根据湿陷性试验分析统计，本场地综合评价为Ⅱ级（中等）自重湿陷性黄土场地。湿陷性土体最大埋深 23.50m。地基土湿陷系数、自重湿陷系数从上到下随着埋藏深度的增加而减小；湿陷起始压力从上到下随着埋藏深度的增加而增大。

2.2　工程地质条件

根据勘察报告，各层土主要参数如表 1。

土层物理力学性能参数表　　表 1

土层序号	土层岩性	平均厚度 (m)	天然重度 γ (kN/m^3)	黏聚力 c (kPa)	内摩擦角 φ (°)
1	素填土	0.74	17.7	8.5	15
2	黄土状粉土	4.03	15.4	10.1	25.7
3	黄土状粉土	3.95	20	23	24.9

续上表

土层序号	土层岩性	平均厚度(m)	天然重度 γ (kN/m^3)	黏聚力 c (kPa)	内摩擦角 φ (°)
4	黄土状粉土	2.98	20	15	25
5	粉砂	2.62	19.5	0	30
6	黄土状粉土	5.24	18	21.2	25
7	黄土状粉土	4.14	18	20.3	23
8	粉土	4.08	18	20	22
9	细砂	1.57	18	0	20
10	圆砾	8.37	18	0	30

2.3 水文地质条件

地下水稳定水位埋深25.00～27.20m，地下水高程316.15～318.17m；地下水位季节性最大变幅约2.00m；主要含水层为第⑩层圆砾，地下水类型：第四系松散岩类孔隙微承压水；近3～5年最高地下水位按320.00m考虑，抗浮设防水位按321.00m考虑，其动态变化主要受大气降水、地下水径流和人为开采的影响。

3 基坑支护方案的选择

基坑整体开挖深度较深，土质情况较好，地下水对基坑开挖不产生直接影响，周边环境较复杂。西侧距离基坑约4m处施工单位新建了一栋2层办公室，南侧邻近一主要干道，且紧邻基坑边缘有一条市政电缆和2台配电箱需要保护。

根据周边环境和地质条件，按照确保安全的前提下尽量节约施工费用的原则，确定本工程的基坑支护方案为：南侧采用桩＋锚索支护结构，有配电箱处沿配电箱在坡顶设置5根ϕ48长3m竖向花管并注浆；东侧有一定的放坡条件，采用上部土钉墙＋下部桩锚复合支护结构形式；北侧也有一定的放坡条件，故也采用同东侧一样的支护结构形式；西侧由于设置有出土坡道，沿出土坡道下降趋势，根据不同基坑内外侧深度分别选择了不同的支护结构形式。

4 基坑支护设计

4.1 设计参数的选取及计算

基坑开挖计算深度选取：南侧20.5m，东侧与北侧22m，西侧21m。地面附加荷载选取：南侧距离基坑上口3m处为围挡，紧邻黄河西路，车流量一般，设计荷载取为30kPa。东侧距离基坑上口约8m位置有一条通道，设计荷载取为：基坑顶部均布荷载15kPa与距离基坑顶部2.7m位置以外取大小为20kPa作用宽度为5m相结合的荷载组合。北侧取值与东侧相同。西侧设置有出土坡道，坡顶设计荷载为15kPa，出土坡道顶面设计荷载为60kPa。

4.2 支护结构设计

南侧：上部2.5m直立开挖采用土钉墙进行支护，－2.5m以下采用ϕ900@1 500mm钻孔灌注桩，灌注桩长度19～29m。配置16根Φ25钢筋，混凝土采用C30商品混凝土，坡面挂网ϕ6.5@250mm×250mm，喷射C20混凝土，平均厚10cm，并设置5道预应力锚索。为保证基坑整体稳定性，减小基坑开挖产生的变形，在中间区段局部设置了双排桩予以加强。典型支护形式详见图1。

东侧和北侧：上部 9m 放 0.45 坡土钉墙，下部采用 ϕ800@1 600mm 钻孔灌注桩，配置 20 根Φ25 钢筋，混凝土采用 C30 商品混凝土，坡面挂网 ϕ6.5@250mm×250mm，喷射 C20 混凝土平均厚 10cm，并设置 3 道预应力锚索。典型支护形式见图 2。

西侧：该处设置有出土坡道，考虑到地下室建成后坡道用作地下室出入坡道，因此，在坡道内外两侧均进行了支护设计。基本支护形式为桩＋锚结构，根据不同位置分别选取了 5 种支护剖面。典型剖面图见图 3。

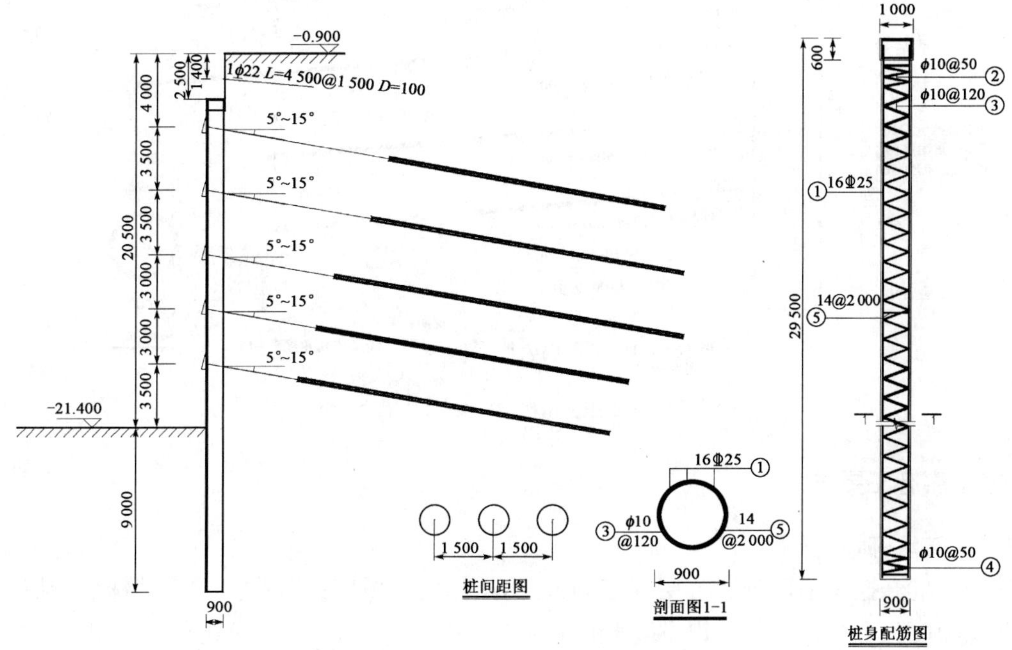

图 1　南侧支护类型典型剖面（尺寸单位：mm）

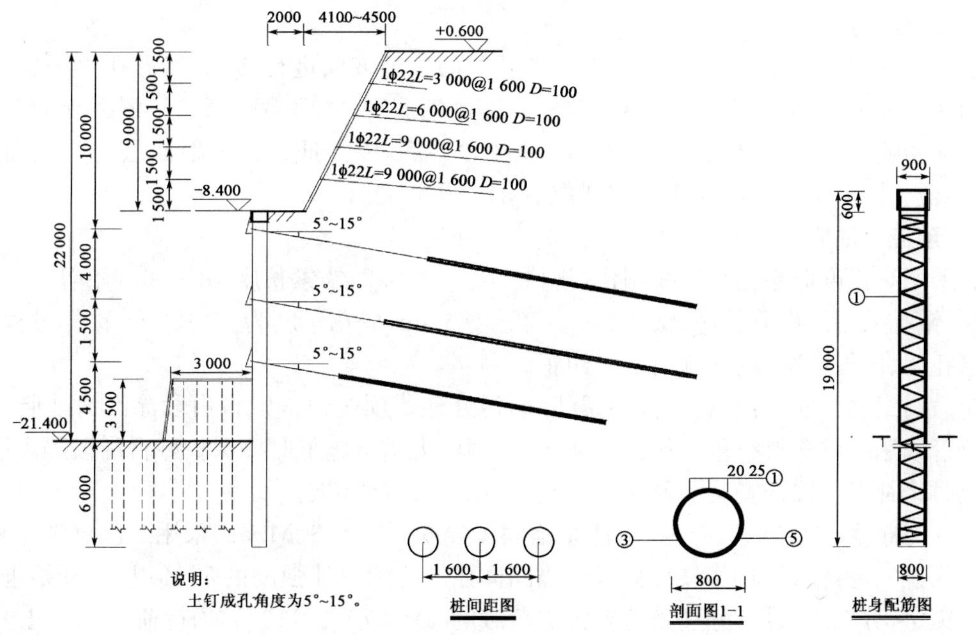

图 2　东侧支护类型典型剖面（尺寸单位：mm）

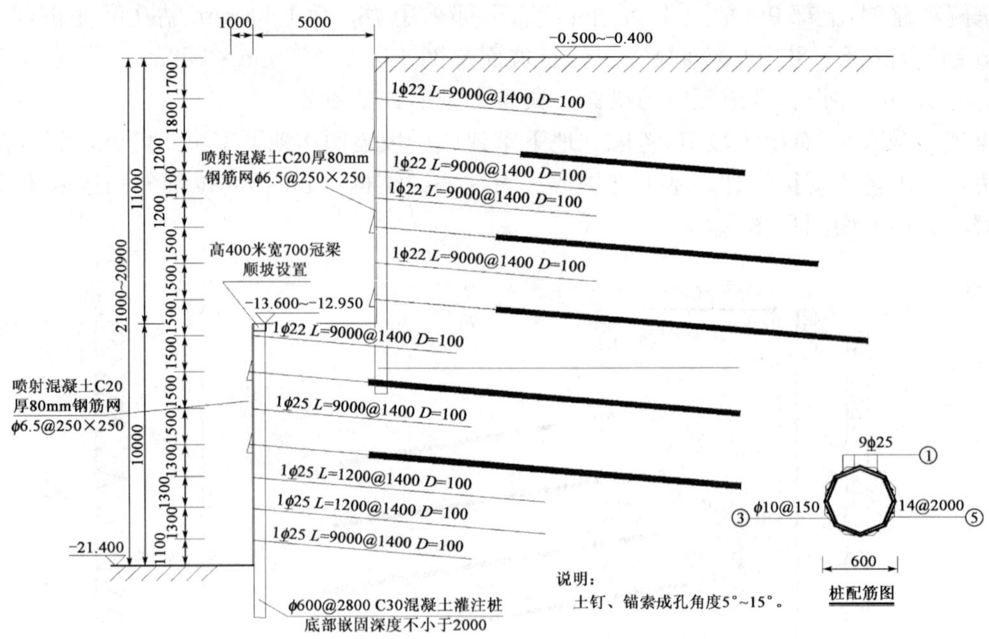

图 3　西侧支护类型典型剖面(尺寸单位:mm)

5　关键工序施工要求

5.1　基坑开挖

整个基坑开挖宜采取分段分层开挖的方式,不同的区段应按各区支护设计深度分层开挖,每层开挖深度为下排锚杆位置以下500mm为限。基坑开挖期间,基坑内的少量积水,可采用明沟加集水井的办法用潜水泵明沟排至坑外。开挖后的基坑应尽量减少暴露时间,及时清边检底,尽快进行基础施工。

5.2　喷锚支护

每层土开挖到位后,应用人工及时将机械开挖的边坡坡面进行修正,然后初喷一层,初喷厚度控制在40mm以内,接着施工锚杆(锚索),编制钢筋网,之后喷射第二层混凝土。二次喷射前应清除初喷面层上的浮浆和松散碎屑,并喷水湿润,以保证二次喷射面层与初喷面层可靠、牢固结合。以上全部工作应在开挖到位后24h内完成。

5.3　预应力锚索

锚索采用高强度低松弛钢绞线制作,规格为2～3ϕ15.2,锚索长度18～26m不等。

钻孔:钻孔采用干作业钻进,钻孔直径150～180mm,成孔角度为5°～15°。钻孔过程中应及时测量孔深、倾斜情况,发现倾斜及时纠正。

预应力锚索制作安装:安装前作除锈、除油污处理。预应力锚索自由段涂润滑油脂,外套塑料波纹管或用纤维塑料布包裹作为隔离层,在预应力锚索施工时要保护好自由段隔离层,破损后要及时修补。在锚杆安装前要检查清孔,孔中不得有残留土。

采用水泥净浆,水灰比0.4～0.5,注浆锚固体强度不小于30MPa。采用二次劈裂注浆。

锚索张拉锁定:锚索施工完成两周后,锚固体强度达到设计强度的75%以上,开始进行预加力张拉锁定,分三级张拉,分别张拉至锁定荷载的30%、75%、110%,均持荷5min,记录伸长量,并进行锁定。张拉时要严格测量伸长量,并做好记录。

5.4 钻孔灌注桩

钻孔灌注桩施工前，先清除桩位处的地下障碍物。成孔不允许有缩径、塌孔、孔斜现象，确保有效桩径为设计桩径。成孔时护壁泥浆比重控制在 1.05～1.15，出现塌孔现象时，控制在 1.1～1.15，清孔后的沉渣不得大于 200mm。混凝土强度等级 C30，浇筑水下混凝土时严格按照规范施工，混凝土的平均充盈系数为 1.19。

6 注意事项

(1)基坑监测。施工期间应对周边环境、基坑进行跟踪监测，实行信息化施工，由业主指定监测单位编写监测方案，并将监测方案抄送围护设计单位。监测报表须及时反馈围护设计单位及其他有关的单位，以及时采取相应的技术措施，调整施工速率和施工顺序，做到信息化施工。监测须由有资质的单位进行，施工单位应与监测单位密切配合，做好监测元件的安放和保护工作。本基坑支护工程等级为一级，监测项目有：支护结构(坡顶)的水平位移与竖向位移，周边建筑竖向位移、倾斜、水平位移，深层水平位移，预应力锚杆(锚索)内力，桩顶竖向位移、周边地表竖向位移等。沉降和位移观测应在基坑开挖前建好点，并进行首次原始数据的观测记录。

(2)坡底土方预留。在开挖过程中，为保证基坑稳定性，在场地许可的情况下坡底预留一定量的堆土，以提供基坑支护安全系数储备，有利于整个基坑安全。

(3)注意湿陷性黄土影响。因本场地平面上均具有湿陷性土，且湿陷性土体最大埋深 23.50m。为保证施工质量，在设计时对土体参数进行了一定的折减，并且在施工时密切注意土体变化情况。锚索(锚杆)采用二次劈裂注浆，以部分消除湿陷性引起的影响。

7 结语

土方施工与支护施工等紧密结合在一起，土方开挖坚持分层、分部、对称和先护后挖、护挖结合等。支护与挖土互为依存、互为前提，即挖土为支护创造空间，支护为挖土提供安全保障，所以挖土的控制是形成方案的主线条，必须注意挖土深度控制。在地下室施工过程中，把设计、施工、监测等结合在一起，严密组织、科学管理，确保了基坑的安全、质量，取得了较好的效益。在整个施工过程中，和监测单位保持密切联系，做到信息化施工，并采取了必要的应急预案和应急措施。该支护采用多种支护形式的组合，有利于节约支护成本，拓宽了深基坑设计的思路。

预应力锚索在深厚填土层中的应用

姜晓光　张　俊　冯申铎　杨志银

（中国京冶工程技术有限公司深圳分公司）

摘　要　本文以实际工程为例，介绍了预应力锚索在深厚填土层中的应用，并通过对比抗拔试验结果与规范建议值，强调了锚索基本试验的重要性。

关键词　预应力锚索　深厚填土　极限抗拔承载力

1　引言

预应力锚索广泛应用于基坑支护工程中，其抗拔承载力的取值为预应力锚索设计中的重点，设计时一般会避免将锚固段设置在填土等软弱土层中。但实际工程中，有时会遇到填土场地，其填土厚度达一二十米，锚固段不可避免地会设置在填土层（无法穿过填土层或穿过填土层成本较大），此时，抗拔承载力的取值将非常重要，应按规范[1-2]规定，进行基本试验。

2　工程概况

该工程由 4 栋塔楼组成，建筑面积 39 117m^2，基坑周长约 382m，基坑深度约 13～15m，其中基坑北侧为高约 10m 土坡，坑深约 25.9m，该侧填土层厚 20 多 m。基坑支护采用桩锚支护，支护桩直径 1.4m，间距 1.9m，桩间采用单管旋喷桩止水。

本场地所在区域原始地貌属剥蚀残丘和冲洪积阶地，场地内揭露地层包括：

①人工填土（Q^{ml}）层：由人工填土①-1（杂填土）和人工填土①-2（素填土）组成。

人工填土①-1：属杂填土，褐灰、褐黄等杂色，主要由黏性土混碎石、块石、砖块、混凝土块等建筑垃圾及少量生活垃圾等组成，稍湿～湿，松散状态。层厚 1.10～13.10m。

人工填土①-2：属素填土，褐红、褐黄等杂色，主要由黏性土混少量砂砾、碎石、块石等组成，偶见未完全分解植物层残骸，稍湿～湿，松散状态。层厚 0.50～17.20m。

②第四系冲洪积（Q^{al+pl}）层：由粉质黏土②-1、含有机质粉质黏土②-2 组成。

粉质黏土②-1：灰绿、浅灰等色，不均匀含砂颗粒 5%～30%，湿，可塑状态。摇震无反应，稍有光泽，干强度及韧性中等。层厚 1.50～6.40m。

含有机质粉质黏土②-2：深灰色，含有机质，略具臭味，不均匀混少量砂及碎石，很湿，软塑状态。摇震无反应，稍有光泽，干强度及韧性较高。层厚 2.00～2.60m。

③第四系残积（Q^{el}）砾质黏性土③：褐黄、褐红、灰白色，系由粗粒花岗岩风化残积而成，残留 20%～30%石英颗粒，湿～稍湿，硬塑状态。摇震无反应，土面稍有光泽，干强度及韧性中等。层厚 0.80～5.60m。

④其下为燕山晚期花岗岩。

3 预应力锚索设计施工参数

基坑北侧填土较厚，为了解锚索在填土层中实际效果进行了锚索抗拔力试验。对该侧剖面上部三排预应力锚索各取3根进行基本试验，其长度分别为36m、32m、28m，预应力锚索倾角15°，钻孔直径为150mm。其设计参数见表1。基本试验所在基坑剖面示意图见图1。

预应力锚索设计参数表 表1

序号	锚索编号	锚索长度(m)	自由段长度(m)	锚固段长度(m)	设计荷载(kN)	钢绞线数量及类型	材料标准强度(MPa)
1	1-168、1-171、1-174	36	16	20	300	4×7ϕ5～ϕ15.2	1 860
2	1-24、1-13、1-8	32	12	20	300	4×7ϕ5～ϕ15.2	1 860
3	3-172、3-164、3-155	28	10	18	350	4×7ϕ5～ϕ15.2	1 860

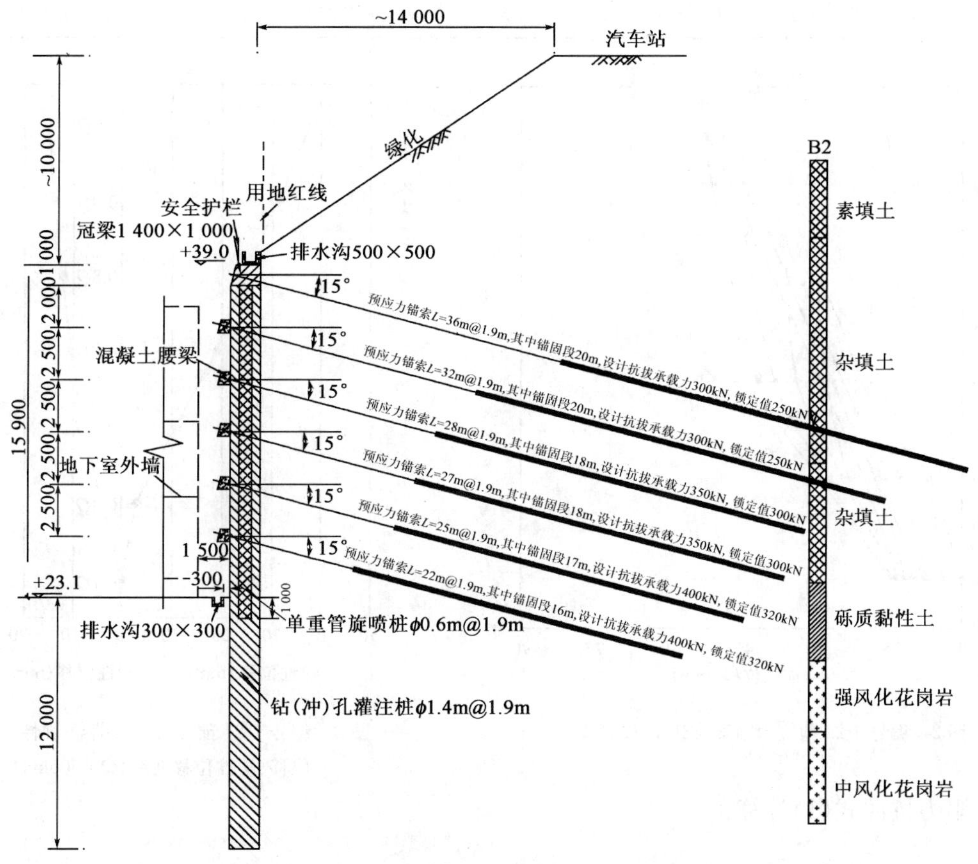

图1 基本试验所在剖面示意图(尺寸单位:mm)

4 抗拔试验结果及分析

预应力锚索抗拔试验结果见表2。编号1-24和3-164预应力锚索试验曲线分别见图2、图3和图4、图5。

预应力锚索抗拔试验结果 表 2

序号	试验锚索编号	锚索长度（m）	最大试验荷载（kN）	承载力检测值（kN）	允许弹性位移（mm）	试验区间总弹性位移（mm）	锚索极限承载力（kN）	摩阻力（kPa）
1	1-24	32	600	600	29.2～67.0	38.0	＞600	＞63.7
2	1-13	32	600	600	29.2～67.0	43.9	＞600	＞63.7
3	1-8	32	600	600	29.2～67.0	35.7	＞600	＞63.7
4	1-168	36	600	600	39.0～79.1	46.1	＞600	＞63.7
5	1-171	36	600	600	39.0～79.1	55.0	＞600	＞63.7
6	1-174	36	600	600	39.0～79.1	43.6	＞600	＞63.7
7	3-172	28	700	700	28.4～67.5	51.0	＞700	＞82.6
8	3-164	28	700	700	28.4～67.5	56.9	＞700	＞82.6
9	3-155	28	700	700	28.4～67.5	32.7	＞700	＞82.6

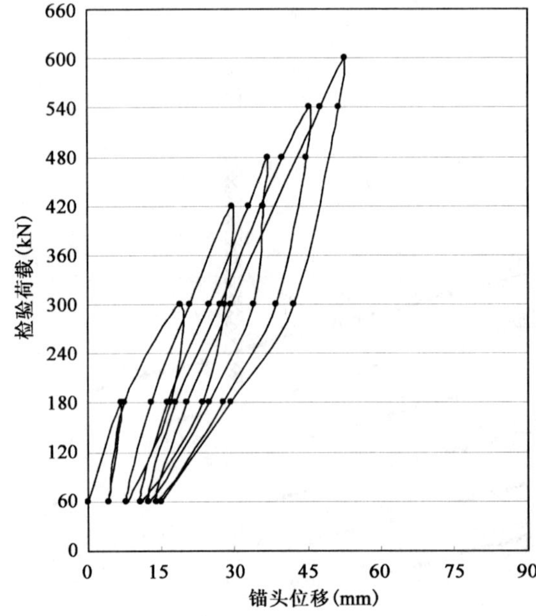

图 2 编号 1-24 预应力锚索荷载-位移曲线

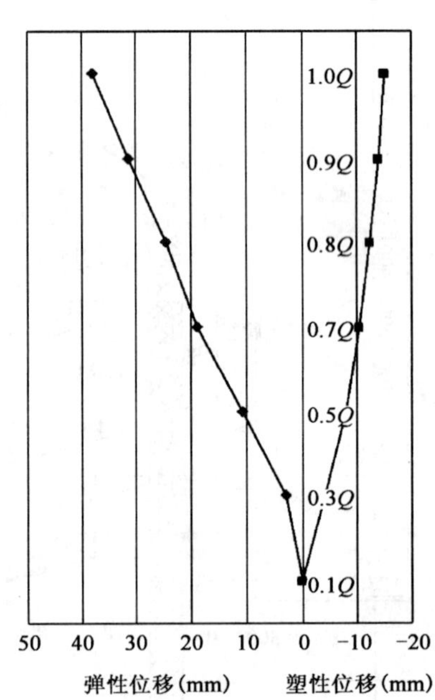

图 3 编号 1-24 预应力锚索荷载-弹性位移、塑性位移曲线（Q=600kN）

摩阻力按照式(1)计算：

$$q = \frac{Q}{\pi DL} \tag{1}$$

式中：q——摩阻力，kPa；

Q——预应力锚索抗拔力，kN；

D——钻孔直径，mm；

L——锚固段长度，m。

摩阻力计算结果见表 2。

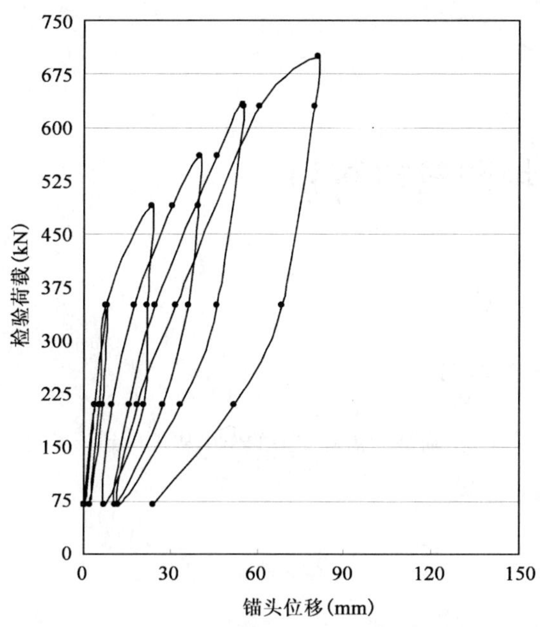

图 4　编号 3-164 预应力锚索荷载-位移曲线

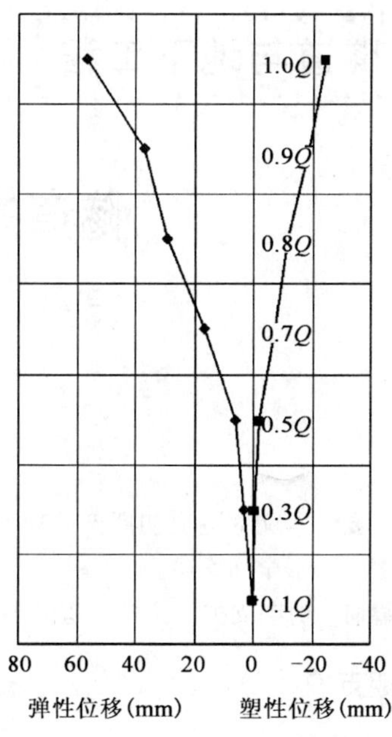

图 5　编号 3-164 预应力锚索荷载—弹性位移、塑性位移曲线(Q=700kN)

5　结语

实际工程中往往由于填土材料的随意和施工的无序，造成填土层的性状存在很大的差异。规范对填土的摩阻力建议值为 16～20kPa[1]、20～30kPa[2]，远小于本工程由试验得到的预应力锚索抗拔承载力计算的摩阻力，若不进行基本试验而直接采用规范建议值，将增加工程造价，造成极大的浪费。

但在实际工程中，有时业主为了赶工期而取消基本试验，这样做会造成因设计参数得不到及时反馈而增加工程造价或危害基坑安全。

参考文献

[1]　中华人民共和国行业标准. JGJ 120—99　建筑基坑支护技术规程. 北京：中国建筑工业出版社，1999.

[2]　中华人民共和国地方标准. SJG 05—2011　深圳市基坑支护技术规范. 北京：中国建筑工业出版社，2011.

六、隧道与地下工程

隧道的初期支护和超前防护

蒋中庸　刘昌用

（中铁隆工程集团有限公司）

摘　要　本文对隧道初期支护和超前防护的各种方法，特别是对锚杆支护的作用从机理到技术要点作了全面论述。

关键词　初期支护　锚杆　超前小导管　长管棚

1　初期支护

初期支护的作用是控制围岩的松弛变形，在爆破后及时为围岩提供支护抗力。由于初期支护有一定的柔度，在和围岩共同变形中使围岩自身也承受一部分荷载。从理论上说，在围岩发生松弛变形以前，晚作比早作受力小，但这松弛点是很难找准的，因此施作时间一般都讲"及时"。软弱围岩应尽快完成，在Ⅱ、Ⅲ级围岩可以落后开挖一个循环。

1.1　喷混凝土

喷混凝土是初期支护中必不可少的组成部分，可以和开挖面密贴，并及时为围岩提供主动支护抗力。同时对表层岩石有防风化、黏合、加固的作用，使表层破坏的岩石也部分能和喷混凝土承受荷载。由于要求有一定柔度，并不是越厚越好，厚度大，刚度大，在荷载大时反而容易开裂，一般以不超过25～30cm为宜。

1.2　锚杆

锚杆目前有3种形式，一是过去常用的全粘结式的砂浆锚杆；二是端点锚固的、带垫板、螺母的预应力锚杆，如楔缝式锚杆和树脂锚杆；三是现在常用的中空注浆锚杆，虽然也有垫板、螺母施加预应力，但不同于端点锚固的预应力锚杆，即张拉锚杆。

这三种锚杆的构造和杆体受力见图1。

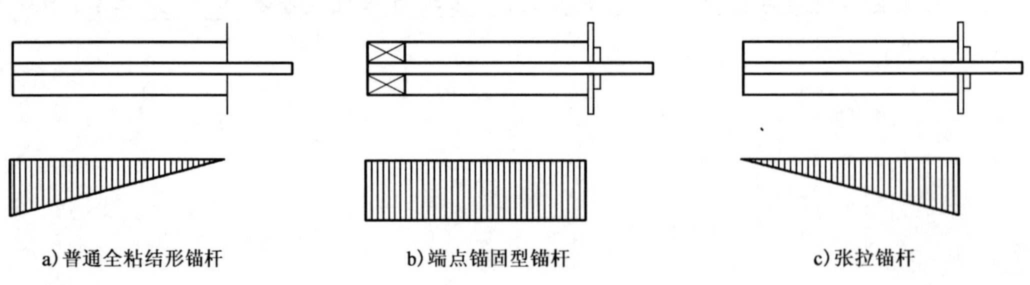

图1　锚杆构造和杆件受力

普通全粘结型锚杆是一种被动锚杆，当端部发生松弛变形，锚杆随拉伸给围岩提供支承抗力。

端点锚固型锚杆属主动锚杆，主动为围岩提供支承抗力。杆体除端部锚固外，其他部分无锚固剂，在尾部拧紧螺母施加预应力后，杆体受力为施加的预应力。这种锚杆很快就能给围岩提供支承抗力，但由于其他部位无锚固剂，杆体容易锈蚀，因此只能用于临时结构。

张拉锚杆是一种预加应力的全粘结型锚杆，也属主动锚杆，杆体受力是端体大，根部小，其锚固效果介于上述两种锚杆之间。这种锚杆为中空注浆锚杆，当成孔困难时则采用带钻头的自进式锚杆。

普通的全粘结型锚杆的施工方法是：成孔后先在孔内注入一定稠度的水泥浆，然后再插入杆体。现在多被药卷锚固剂所取代。锚固剂用硫酸铝盐水泥，超细水泥为主体制成的快硬水泥药卷，在使用前渗水后装入孔内，然后用电动或气动的旋转搅拌设备将端部加工成一字形的杆体送到孔体，使杆体进入药卷时能搅拌药卷并能充分拌和。

预应力中空锚杆的组合拱作用较好，端点可不设在松弛区外，设在拱部松弛区内同样能有较好的支承效果，因此锚杆较短。

中空锚杆是一种将杆体插入孔内后注浆的一种锚杆，在孔口应设有止浆塞和排气孔，以保证注浆效果。正确的施工方法是在堵口处设排气管，压浆至孔口排气管溢浆时再关闭排气孔加大压力，至设计压力维持 2min 后停止注浆。

1.3 钢筋网

钢筋网常用 ϕ6～8mm 钢筋，间距 15cm×15cm 或 20cm×20cm，钢筋网有加强喷混凝土，防止岩石、喷混凝土掉块的作用，可把锚杆之间的部分围岩径向力传到锚杆上，增加初期支护的柔性。在无钢架时钢筋网应固定在锚杆上。当有钢架时钢筋网应固定在钢架间的连接筋上，但钢筋网孔小，采用双层钢筋网时喷混凝土的回弹量大。

1.4 钢架

钢架在喷混凝土未达到强度前提供抗力；在初期支护中承受弯矩和部分拉力；增加初期支护的柔性，在围岩变形很大时而不破坏，对防塌有很大的作用。但是拱部钢架抵抗侧向抗力的能力很差，在有较大的侧压力情况下钢架很快被破坏。

钢架现采用型钢和钢筋格栅两种形式。型钢钢架常用 I16～I22 的工字钢格栅钢架有“8”字节和桁架形式两种。

工字钢钢筋加工简单，早期受力好，但用钢量大，在围岩一侧喷混凝土时容易形成空洞。当钢架间距较小时，为减小超前小管棚的仰角，常在工字钢的腰部钻孔通过，削弱了工字钢的承载能力。格栅钢架虽然加工复杂，早期受力条件较差，但可避免工字钢钢架的上述缺点。目前，以上两种钢架都在使用，是在一般情况下使用格栅钢架，在特殊条件下，如洞口段、塌方处理段和个别加强段，才使用工字钢钢架。

钢架施工的要点是：钢架加工质量符合要求；保证安装尺寸正确；拱脚、墙脚必须设在坚实的原状土上(必要时采用加固措施)；钢架间的连接螺栓采用等强设计，连接时上齐和拧紧螺栓，必要时采用帮焊钢筋加强。

2 超前支护和预加固

开挖前先对开挖面前方的围岩采取超前支护和预加固措施。

2.1 超前锚杆

超前锚杆的布置见图 2。

超前锚杆一般采用 ϕ22 螺纹钢，每一开挖循环设一次。

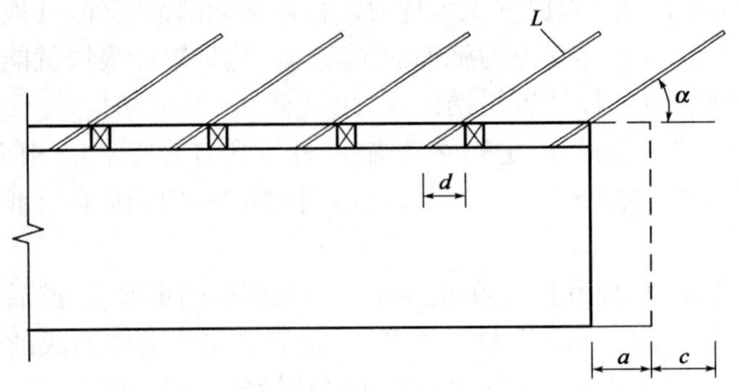

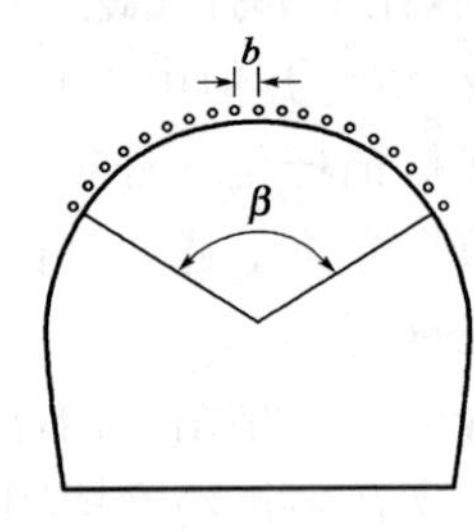

图 2　超前锚杆布置图

a-钢架间距；b-锚杆横向间距，一般为 20～40cm；c-锚杆进入未开挖段长度，按 100cm 计；α-仰角，一般为 10°～20°，有时可采用 45°；β-超前锚杆布置范围，一般为 120°；d-锚杆外露长度，一般为 20cm

当有钢架时，超前锚杆从钢架上（或腰部）穿过，后端以钢架作为支点。若无钢架时，则增设 ϕ22 的环向钢筋（用锚杆悬吊）作为超前锚杆后端的支点。超前锚杆全部安装完毕后，再按设计要求喷混凝土，以加强超前锚杆后端的支点。

20 世纪 80 年代初施工的大瑶山隧道全长 14 295m，在Ⅱ、Ⅲ类（Ⅳ、Ⅴ级）围岩中采用超前锚杆支护。以后由于小导管预注浆的推行，目前已很少使用。

2.2　超前小导管注浆

在 20 世纪 80 年代初期，衡广复线的张滩隧道首次成功地用超前小导管注浆处理塌方。由于能通过注浆加固围岩，其超前防护效果比超前锚固好。1985～1988 年施工的军都山隧道（长 8 460m），基本上采用的是小导管注浆超前防护。

超前小导管的布置和设计参数同超前锚杆，小导管采用外径为 ϕ42 的有缝钢管，注浆压力为 0.5～0.6MPa。当钢架的高度大和间距小时，小导管的仰角很难满足 10°～20°的要求。图 3 是 I16 钢架，间距为 75cm，喷混凝土厚 22cm 时的小导管实际施工位置，仰角达 22°。下一循环小导管距开挖顶面为 30cm，小导管两榀一设其高度为 60cm，三榀一设其高度为 90cm。

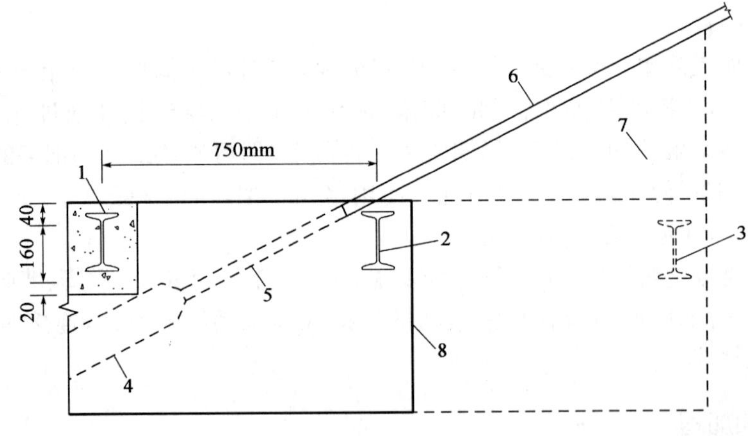

图 3　小导管实际施工位置示意

1-已喷混凝土的 I16；2-尚未喷混凝土的 I16；3-下一循环的 I16；4-顶进设备头；5-在顶进时的小导管；6-完成顶进的小导管位置；7-小导管下的三角地带；8-开挖面

小导管下三角地带的岩石，在爆破时往往因震动而脱落，如果其仰角大，则超挖数量就越大，小导管两榀钢架一设则超挖数量就更大；如果三榀一设，以图 4 为例，三角带的顶点高达

90cm,其超前防护的作用就更小了。由此可见小导管仰角大时,宜每榀钢架设置。

为减少小导管仰角,钢架间距宜不小于75cm,间距50cm。如果每次只允许架一榀钢架,由于炮眼浅,则炮孔的数量多,爆破设计和施工都很困难。采取一次爆破架设二榀钢架,这样往往增加了初期支护的时间,对施工安全不利。

小导管的长度,当小导管从钢架的顶上穿出时其长度按前述超前锚杆的长度计算方法计算。有时为了缩小小导管的仰角,采取了从钢架腰部穿过的方法。隔榀钢架设置小导管的示意图见图4。

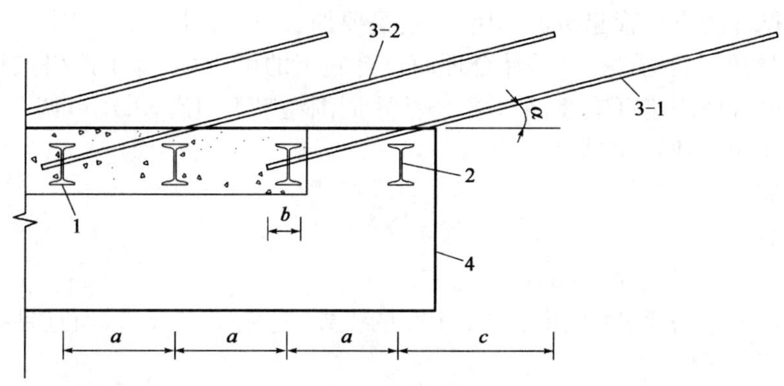

图4 小导管从钢架腰部穿过示意

由于小导管是从钢架腰部穿过的,在未喷混凝土段的小导管3-1号上方的土体已侵入开挖净空断面应挖出,在未喷混凝土端部起不到超前防护的作用,而是靠3-2小导管起超前防护作用。

二榀一设的小导管长度 L 为:

$$L=(3a+b+c)/\cos\alpha$$

式中:a——钢架间距;

b——小导管端部操作长度,一般为20cm;

c——小导管伸入为开挖土体长度,一般为100cm。

在仰角不大时,近似长度=3陪钢架间距+1.2m。

同理,当小导管从钢架腰部穿出时,如果施工无困难,应尽量采用隔榀钢架设置,以加快施工进度和减少小导管消耗量。

小导管施工方法和存在问题:

一般的施工顺利是放炮后先进行初喷→架设钢架→风钻凿孔→安装小导管→喷混凝土封堵孔口→注浆。

存在问题:

(1)设计不合理

如果设计超前管棚太短,起不到超前防护作用。如果设计太长,例如在Ⅴ级围岩中设计长4.5m,钻孔时容易卡钻,而且由于钻孔的弯曲和塌孔,有时又无法安装。

(2)加固地层的作用不明显

由于用喷混凝土堵口,注浆压力一般小于0.6MPa,如果压力大,浆液常从堵口处进入喷混凝土层。因此只有十分破碎带和砂、卵石地层才有明显的加固作用,对一般地层浆液只能将小导管周围的孔隙填满。

(3)施工不当时超前防护的作用不大

例如未按设计施工，仰角、间距和长度不符合设计要求。在Ⅴ级围岩中未配合环形开挖留核心，由于开挖正面失稳而造成超前小导管失效坍塌。注浆的泵量大，而小导管的进浆量小，泵量迅速升高，稳压的时间短，而停止注浆，加上孔内的空气Ⅴ效应，达不到注浆饱满的效果。注浆孔未设闸阀或停止注浆堵管不及时，注浆过多外流，同样可以造成注浆不饱满。由于小导管的横向间距小注浆不饱满和爆破时浆液未达到设计强度，在爆破时小导管施工的钻孔实际起到了预裂爆破的预裂孔作用，不但在下层小导管三角地带的土体脱落，而且上部也有部分脱落，而是靠上一循环的小导管起防护作用，这也是要加长小导管长度的原因。

克服上述问题的主要措施是：设计合理而且有施工的可行性；施工严格按设计施工；Ⅴ级围岩采用环形开挖，使用速凝浆液，采取措施防止周围注浆不饱满，采用可调泵量的注浆机，或者一机数孔(例如四孔)同时注浆。

2.3 长管棚

(1)设计参数

直径：ϕ75～159 钢管以 ϕ108 的用得最多。

长度：10～40m，由于管棚钻孔时有 1/100 的误差，管棚不宜太长，而且钻孔深，钻孔也困难，一般以 20m 最常用。

仰角：比设计坡度多 1°。

搭接：不少于 3m。

横向间距：根据地质条件和管棚的长度而定，一般为 30～60cm。地质条件差，应减少横向间距；施工的管棚长，考虑钻孔时的施工误差，应增加横向间距。

布置范围：拱顶 120°。

注浆压力：1～1.5MPa。

(2)钻孔和管棚安装

①工作室开挖：在洞内施工长管棚时要设钻孔工作室，工作室的尺寸要根据选用的钻机尺寸和管棚分段长度而定。工作室应在开挖上台阶时将开挖断面扩大成工作室，一般径向扩大 60～70cm，长 6.5～7.5m。第一环管棚工作室采用短管棚防护进行开挖形成，以后的管棚工作室可用长管棚防护进行开挖，但长管棚的坡度应进行计算，以保证下一工作室的顶部能用长管棚防护，见图 5。

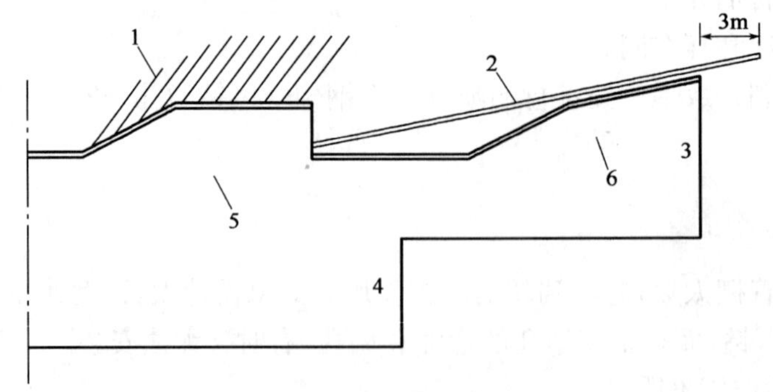

图 5 洞内长管棚工作室示意

1-短管棚；2-长管棚；3-上台阶开挖；4-下台阶开挖；5-第一个工作室；6-以后工作室

②钻孔：钻孔机械有地质钻机、管棚钻机和潜孔钻机。当孔深小于 15～20m 时可采用潜孔钻机。地质钻机钻进速度慢，但不易卡钻，在岩石破碎段宜采用。管棚钻机可冲击旋转或旋转钻进，而且钻进速度快。

在岩石破碎易卡钻地段可以跟管钻进。跟管钻进是在钻孔时同时顶入管棚钢管。由于要求钻孔直径大于钢管直径，可使用偏心钻头，钻孔时钻孔在孔中心，利用偏心的钻头扩大孔径，拔出时钻杆偏心而提出偏心钻头，也可以使用一次性钻头，成孔后钻杆反转而将钻头留在孔内。

由于偏心钻不多见，一次性钻头的成本太高，也可以采用前进式注浆的方法成孔（见后注浆部分），最后再安装管棚。为保证钻孔的精度，在钻孔前先安装导向架，在导向架上根据管棚间距、仰角设导向管。导向管内径比管棚外径大 2～3mm。导向管位置调整正确后焊在导向加上。

导向架一般长 1～2m，由 2～3 榀钢架组成。在洞口有明洞时，可用混凝土护拱包住导向架，如果无明洞，设护拱可能侵入洞内结构时则不宜设护拱。

为便于安装管棚，钢管一般为 6m 或 4m 的基本节，在头尾处配 2m 的短节，以便相邻钢管的接头错开。各节钢管可采用丝扣连接。

③注浆：为减少对围岩的挠动和保证注浆效果，一般应采用隔孔成孔、注浆。一轮孔成孔、注浆完毕后再进行第二轮孔的成孔和注浆。

④使用效果：长管棚一般采用全孔一次注浆，在孔口处进浆量大，孔底少，容易进浆处浆液注入量多，一般地段少，注浆不均匀，加上钢管影响注浆压力直接施加在孔壁上，大大影响注浆效果，因此管棚的注浆对加固地层的作用不大。

由于长管棚施工的误差，为减少超控，在长管棚下的土体有时还需要增设小导管注浆进行补充防护。

由于长管棚的造价高和施工速度慢，一般公路隧道在洞口施工 20m 的长管棚将费时一个月。在洞内施工由于要做工作室，工期更长，因此长管棚防护除在个别洞口使用外，在洞内很少使用。

2.4 预注浆

在山岭隧道预注浆可用于注浆堵水和加固地层（过溶洞段）。

(1)按注浆的范围分类：

①周边注浆：只在开挖轮廓线外一定范围注浆，常用于加固地层。

②全断面注浆：注浆范围出周边外，还在开挖断面内进行注浆，常用于堵水，见图 6。

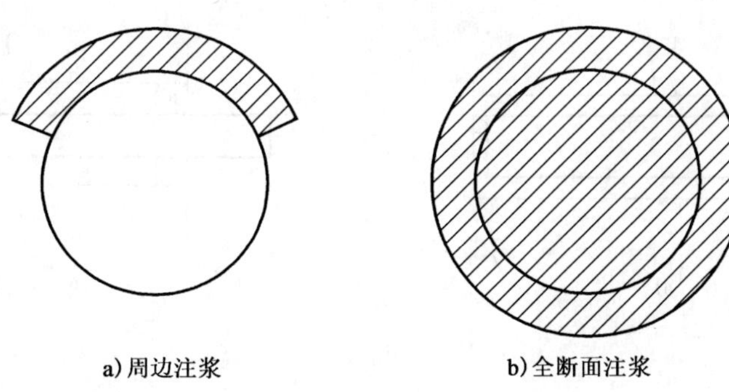

图 6　注浆范围示意

(2)按注浆方式分类：

①全孔一次注浆：一次成孔、一次注浆，其注浆效果不好。

②前进式注浆：其施工顺序见图7。

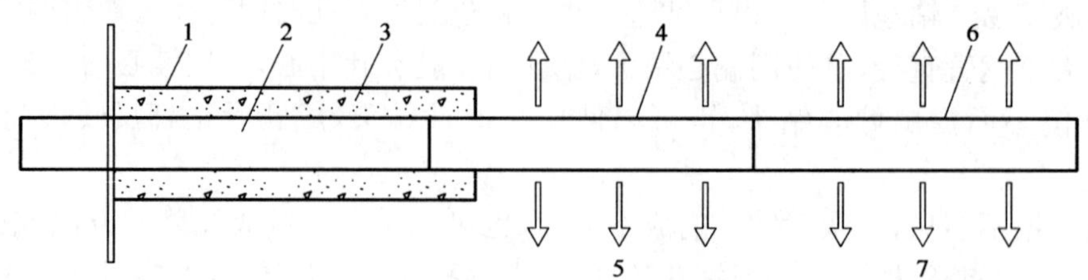

图7　前进式注浆示意图

1-凿孔；2-安装孔口管；3-注浆固定孔口管；4-向前钻孔；5-第一段注浆；7-第二段注浆

这种注浆方法可避免因塌孔而造成钻孔困难，每一次注浆段的长度根据地质情况而定，一般为4～7m。

这种注浆方法注浆均匀，由于孔口无钢管，造价比有钢管一次注浆的造价低、效果好，但施工的速度慢。

③后退式注浆：

a.采用地质钻机的后退式注浆：有可跟管和不跟管钻进，跟管钻进见图8。

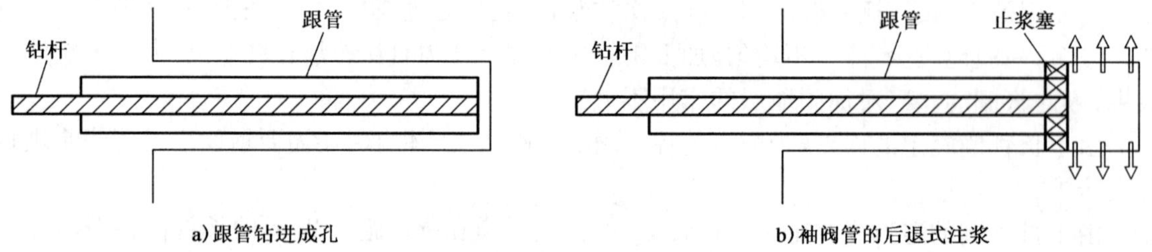

图8　后退式注浆施工顺序

跟管钻进成孔，见图8a)，然后拔出部分跟管和钻杆，利用钻杆和止浆塞进行第一段注浆，重复前述过程进行后退分段注浆，见图8b)。

b.采用袖阀管的后退式注浆，见图9：当不采用地质钻机注浆时，可采用袖阀管后退式注浆，仍以跟管钻进为例。跟管钻进成孔，见图9a)；拆入袖阀管拔出跟管并封堵水口见图9b)；拆入芯管并在袖阀管外注套壳料见图9c)；进行第一段注浆见图9a)；注浆芯管后退一段距离，进行第二段注浆，见图9c)。

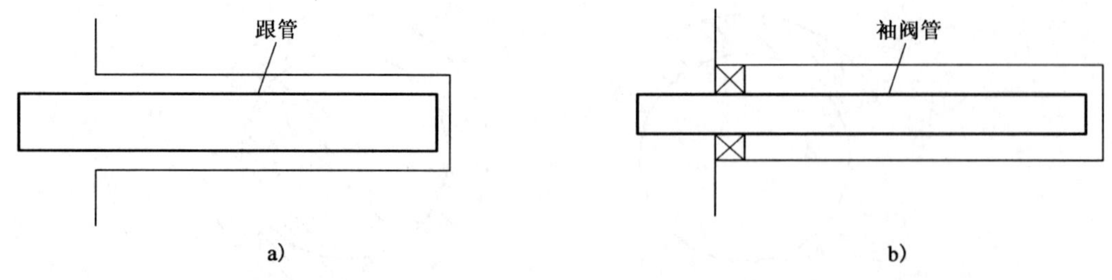

图　9

袖阀管为ϕ45～50mm塑料管。在管壁钻有小孔并套有橡皮，注浆时，压力顶开套在小孔上的橡皮而进入土体。在芯管前端注浆段的两端设有止浆塞。注浆时在注浆压力作用下涨开而止浆，使浆液在两止浆塞之间顶开袖阀管的袖阀而进入土体，起到分段后退注浆的作用。

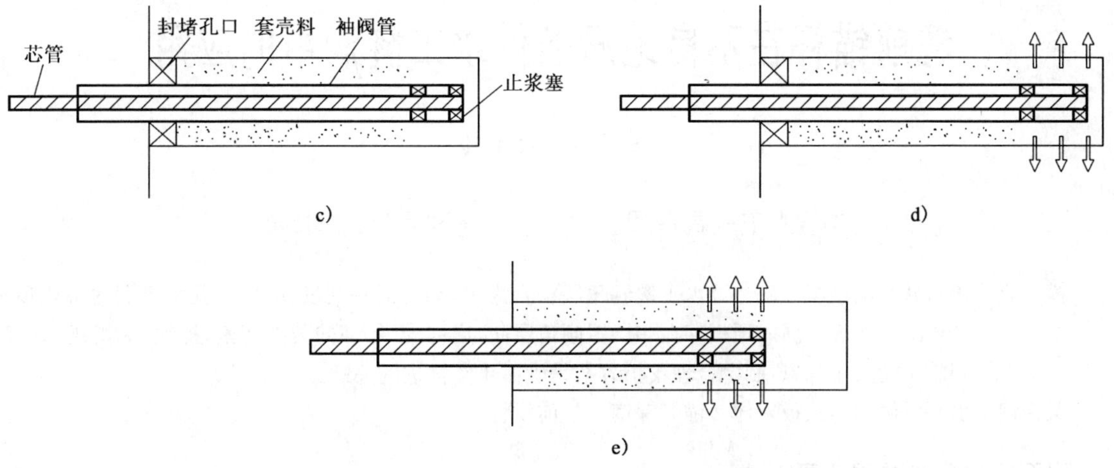

图9 有袖阀管后退式注浆工序示意图

超前锚杆在不良地质条件水工隧洞中的应用

王军林　梁继玲

（中国水电三局有限公司大西铁路客运专线指挥部）

摘　要　积石峡水电站坝区基本以水平缓倾角层状岩为主，局部泥夹层发育，以中孔泄洪洞龙头段顶板岩体最为代表。洞内顶板存在多层缓倾角层面，局部受纵、环向裂隙切割，掉块，塌滑现象是隧洞施工的安全隐患，制定合理支护方案是确保正常掘进的关键。

关键词　水平缓倾角　顶板岩体　锚固深度　超前锚杆

1　积石峡中孔泄洪洞地质概述

积石峡坝址区出露基岩主要为白垩系下统河群。岩层走向 NE24°～30°，倾 SE，倾角 11°～12°，在坝址区呈平缓皱曲，上坝址倾左岸偏下游。

中孔泄洪洞原勘探资料：基础位于砾岩、中细砂岩上，岩层产状 NE24°SE∠24°。断层不发育，陡倾角裂隙较发育，以 NNE、NNW、NEE 三组为主。软弱夹层发育有 3 条，均为碎屑夹泥层。基础岩石属弱～微风化，裂隙发育，岩体较破碎，属Ⅲ级岩体。

中孔泄洪洞洞挖揭露岩体：施工开始后，洞内项板部位存在 PJN19 和 PJN23 两条缓倾层面，局部受碎屑夹泥层填充，在设计顶板线与中孔泄洪洞的进口段中 0＋25.2－中 0＋52 及斜坡段中 0＋69－中 0＋94 均有交错，且层面之间存在各种长短不一、厚度不均的小层面，局部顺洞向裂隙和环向裂隙很发育，顶拱掉块，塌滑现象较为明显。

2　支护形式的选择

为保证中孔泄洪洞的施工期和安全，施工初期采用了全断面钢支撑加固。钢支撑加固虽然作用显著，但中孔泄洪洞的工期紧张，钢支撑支护工程量很大，且每榀钢支撑在顶拱以上需要设置拱上拱，安装后必须分多次进行喷混凝土施工，每增一榀前后最少需要 3 天，直接影响中孔的直线工期，且增设钢支撑投入大，不是最优方案。为解决这一问题，积石峡项目部专门组织人员进行专题研究，针对积石峡已揭露岩体如何支护进行深入探讨，发现如下：

(1)积石峡地质整体由缓倾角水平层状的泥质粉砂岩和砾岩组成，砾岩比例约为 40%，泥质粉砂岩约为 50%，软弱夹层约为 7%，其他占约为 3%。通过对比论证，其岩石强度以Ⅲ类为主。

(2)水平缓倾角层面经过现场实际量测有以下共性，厚度均为 0.5～1.8m。第一类是层面之间无软弱夹层，但层面之间的间隙过大，达到 0.15～0.6cm；第二类是层面之间无软弱夹层，设计顶板线穿过层面中间且距层面顶面不足 1.0m；第三类是层面内存在 0～30cm 厚的强风化软弱碎屑夹层，当层面距光爆层的距离不足 2.0m 或层面受纵、环向裂隙切割。这三种情况均会导致顶板光爆层滑落，严重掉块。

(3)缓倾角层面一般跨度较大，当岩体完整性较好时，岩体相对安全，但层面内存在顺洞向裂隙部位有可能造成不稳定，尤其是顺洞向裂隙出现在拱肩以上，岩体应力释放较快，极不安全。为解决这一矛盾，获得最优技术方案，本次仅选取中孔泄洪洞如下层面结构作地质断面：缓倾角层面平均厚度取 0.8m，倾角 15°，超前锚杆与洞顶锚固夹角为 30°(其他角度分析方法相同)，见图 1。

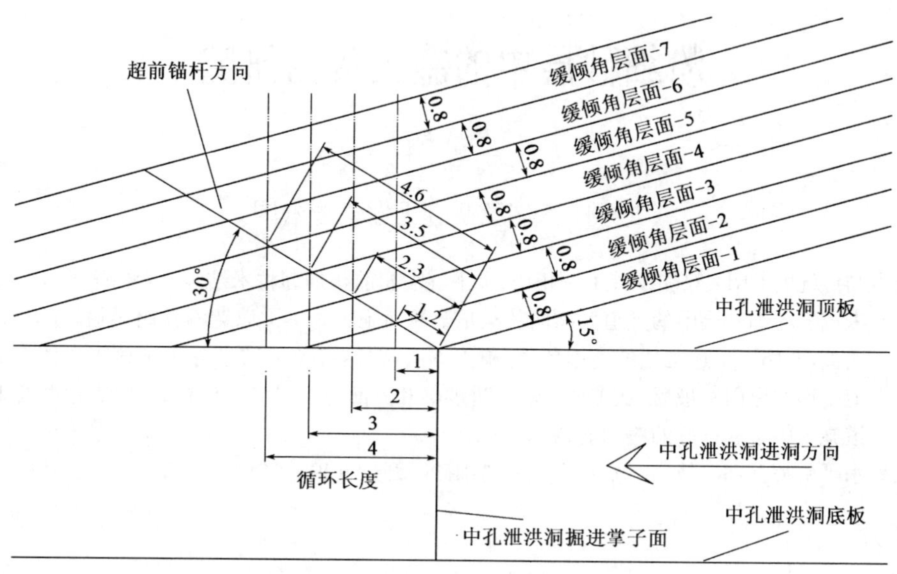

图 1　中孔泄洪洞洞身段地质分析断面图(尺寸单位：m)

超前锚杆选择原则：

①超前锚杆锚固深度大于爆破循环进尺对应的锚固斜长；

②超前锚杆长度达到下一层面时，穿入本层长度以大于本层厚度的 1/2～2/3 为宜；

③超前锚杆的纵向倾角不应大于 60°；

④超前锚杆的环向间距不应大于 0.8m；

⑤超前锚杆宜布置在拱部 120°夹角范围内。

综合以上超前锚杆选择的原则和积石峡隧洞缓倾角层面地质结构每循环进尺的不同要求，可以得出表 1 中所列参数值。

隧洞开挖与锚杆支护参数表　　表 1

缓倾角多层面顶板类型	一般构造直线段	一般构造圆弧段	复杂构造直线段	复杂构造圆弧段
循环进尺(m)	2.5～4.0	2.5～2.0	<2.0	<1.5
超前锚杆(m)	>5.5	>4.5	>4.0	>4.5
倾角度数(m)	30°～40°	35°～45°	40°～55°	45°～60°
锚杆环向间距(m)	0.8～1.0	0.5～0.8	0.5～0.8	0.3～0.5
锚杆纵环向间距(m)	0.3～0.5	0.2～0.3	0.3～0.5	0.2～0.3

注：圆弧段和直线段均指隧道中轴线线形，复杂构造指突泥、突水破碎、夹层。

经过多方面的比较，在积石峡水电站隧洞Ⅲ类围岩支护中主要选择 ϕ28、L＝4.5m、倾角 30°～45°和 ϕ22、L＝3.0m、倾角 30°～45°等规格的超前锚杆。根据每循环揭露围岩的状态及时调整超前锚杆的长度、间距、倾角等，优化使用了 150 多吨钢架，降低了成本，确保了工期，并在积石峡后续标段的隧洞开挖支护中到广泛应用。

水平旋喷预加固技术在富水未成岩粉细砂层中的施工应用研究

潘　威

（北京中铁瑞威基础工程有限公司）

摘　要　与传统的CRD、双侧壁等工法相比，水平旋喷超前预加固技术结合三台阶七步法可以实现富水未成岩粉细砂层中的隧道大断面甚至是全断面施工。本文以兰渝铁路桃树坪隧道出口工程为实例，介绍了上述工法的适用条件、施工方法，并结合监测结果分析了该工法能够有效控制隧道变形的原因。最后，从工期、成本、进度等几方面总结了该工法的优势所在，指出其在软岩隧道施工中有着良好的应用前景。

关键词　水平旋喷预加固技术　富水未成岩粉细砂　开挖支护　降水　监测

1　工程简介

桃树坪隧道位于新建兰州—重庆铁路 LYS－7 标段内，起止里程为 DK3＋435～DK6＋655，全长 3 220m，设计为双线单洞隧道。隧道断面 140 余平方米，进口段 DK3＋435～DK3＋873、出口段 DK5＋509～DK6＋655 位于 R＝4 500m 的曲线上，其余段落均位于直线上，隧道内线路分别为 3‰、12.8‰的单面上坡。隧道穿行于黄河高阶地下部，地势上隧道进口低、出口高，地形起伏大，相对高差达 200m 以上，最小埋深处仅 6m。地表上沟谷发育，下切较深，隧道下穿多个垃圾回填的浅埋沟谷、青兰高速、312 国道、厂矿企业、密集的居民区[1]。

2　主要施工难点

桃树坪隧道穿行于黄河高阶地下部，全隧道设计围岩为Ⅵ级。开挖揭示进出口及各斜井地层主要为未成岩富水粉细砂层（即饱和含水粉细砂层），其中夹杂有不连续卵砾石土地层。

第三系含水未成岩砂层，含水率 3.2%～24.2%，相对密度 2.63，孔隙比 0.38～0.42，黏粒含量 4%～10%，渗透系数 1.0×10^{-3}～3.5×10^{-4}cm/s。此结构层特点：呈砂状结构，成岩作用差，自稳能力差，无胶结，稍有扰动即成松散粉状结构，在富水时基本无自稳能力，呈流塑状，软化现象明显，极易发生溜塌，而且渗透系数小，地层中夹杂有钙质隔水板结层，降水效果难以达到理想状态。目前在施工的 7 个井口工区，其中 6 个工区的掌子面揭示地层为未成岩含水粉细砂层，施工难度和安全风险极大。

钻孔及开挖揭示上台阶为粗圆砾石层，夹杂粉细砂，原结构松散，无胶结，其中含有大量卵石，大小不一，稍有扰动即滑落。中下台阶主要为第三系泥质弱胶结粉细砂岩，呈砂状结构，散状分布，存在空腔，成岩作用差，原结构较松散，自稳能力差，无胶结，稍有扰动即成松散粉状结构，在富水时基本无自稳能力，呈流塑状，软化现象明显，极易发生溜塌。下台阶右侧部分为粉细砂钙质胶结层，局部里程出现[2-3]。下台阶以下极其富水，成孔后呈泉状涌出，降水作业抽水量 20～30m^3/h。

3 施工参数及方法

针对上述施工难点制订了相应的施工方案，即首先对之前的坍塌体进行回填加固，封闭掌子面后进行水平旋喷预支护，待预加固和预支护达到设计要求之后再进行隧道开挖。第一循环开挖基本原则为三台阶七步开挖法。

3.1 施工参数

第三系泥质弱胶结粉细砂岩段施工参数见表 1。

施工参数表 表 1

项　　目	支 护 参 数
水平旋喷	沿隧道开挖轮廓线布设水平旋喷桩，桩径为 60cm，桩间距为 40cm，桩长 15m，搭接长度 5m。拱部 180 度范围内埋设 ϕ89 钢管，δ=4.5mm
玻纤锚杆注浆	普通水泥单液浆，L=11m，孔间距 1.5m 梅花形布置，掌子面打设
喷射混凝土	全环 C30 早高强混凝土 33cm
钢拱架	全环 I25a 工字钢，钢架间距@50cm
超前小导管	ϕ42 超前小导管 δ=4mm，L=4～5m，环向间距 40cm，拱部 120°布置
初支后径向注浆	拱顶 120°范围设置 ϕ42 注浆小导管 δ=4mm，L=3.5m，间距 0.5m×0.8m
纵向连接筋	ϕ22 螺纹钢筋，环向间距 1m，工字钢腹板焊接套管，连接筋插入套管之中并焊接
钢筋网	ϕ8 钢筋，@20cm×20cm 网格
锁脚钢管	ϕ76 钢管 δ=5mm，L=8m，每榀打设 4 根，埋入旋喷桩之中，与拱架用钢板焊接
基底处理	20～80cm 厚的干拌料
施工方法	采用台阶法施工，必要时辅以临时仰拱，快挖快支，施工时应采用 5cm 的 C25 喷射混凝土及时封闭掌子面

3.2 施工方法

(1)三台阶七步预留核心土法

初始段过后，土石开挖采用三台阶预留核心土法，机械及人工风镐修整成型。三台阶开挖上台阶长度为 4～6m，开挖高度为 3.9m，每循环开挖进尺 0.5m，安装 1 榀拱架；中台阶开挖长度为 3～5m，开挖高度为 2.5m，每循环开挖进尺 1m，安装 2 榀拱架，中台阶左右两侧错开 2.5m；下台阶开挖高度为 6.9m，每循环开挖进尺 2.5m，安装 5 榀拱架。三台阶法施工工艺见图 1 和图 2。

(2)径向注浆

由于掌子面后方 7m 拱顶无旋喷桩，且之前拱架与管棚已严重变形下沉，因此此段开挖时存在较大风险，并且前两米由于后方二衬影响难以施作超前小导管，因此计划在已变形拱架和管棚下方先掘进 3m，创造工作空间后对上台阶前 2m 拱部进行径向注浆回填，然后再逐榀进行换拱处理。径向注浆见图 3。

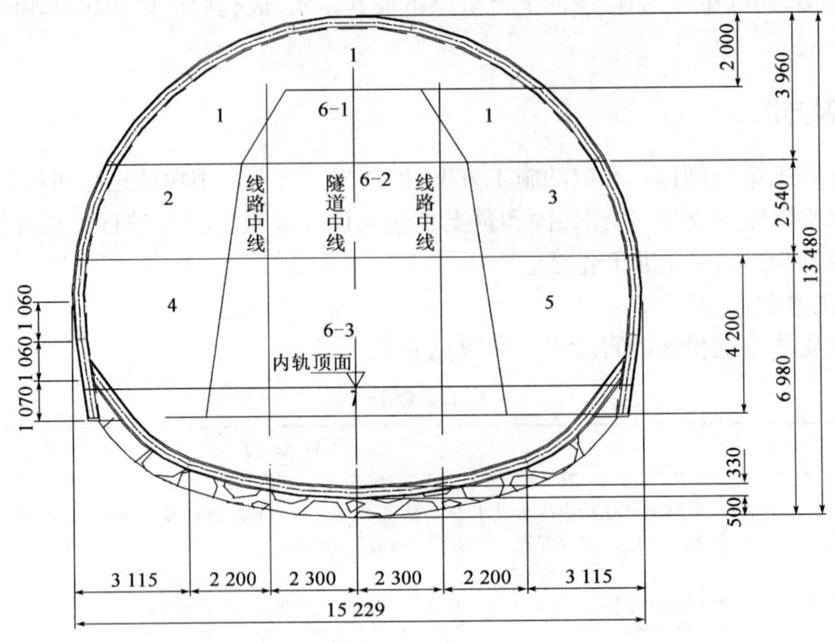

图 1　三台阶七步法施工工序横断面示意图(尺寸单位:mm)

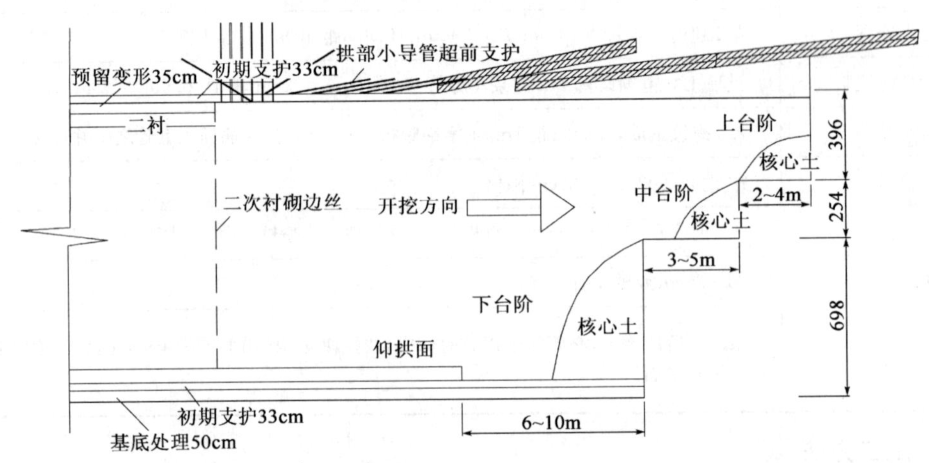

图 2　三台阶法施工工序纵断面示意图(尺寸单位:mm)

4　支护与开挖施工

4.1　超前支护

根据小导管的注浆效果,挑顶采用了“一次到位”的方式,直接向上“掏槽”至设计位置。自第四榀起,共打设两环超前小导管,两环相互搭接,并与拱顶旋喷桩搭接,隧道在超前小导管及旋喷桩的支护下,以“快挖、快支”为原则,每次开挖一榀,及时立拱锚喷。

4.2　粉细砂层开挖施工

粉细沙层中开挖遇水和流砂,自稳性非常差,极易形成空腔,并且遇水后变软,容易引起整体沉降,安全隐患非常大,必须采取超前支护并改良围岩才能保证开挖安全。立拱时在每榀拱架拱脚处加设托底槽钢以减小压强,并及时增设锁脚锚杆且注浆,中、下台阶加设锁脚旋喷桩以减缓沉降。在下台阶的开挖过程，边墙出现小规模流砂、塌方，致使上方钢架悬空，全部受力几乎都传递给了锁脚旋喷桩。通过实时监测发现，初期支护变形量均保持在允许范围内，证明锁脚旋喷桩起到了关键性的作用，保障了下台阶开挖施工的安全。

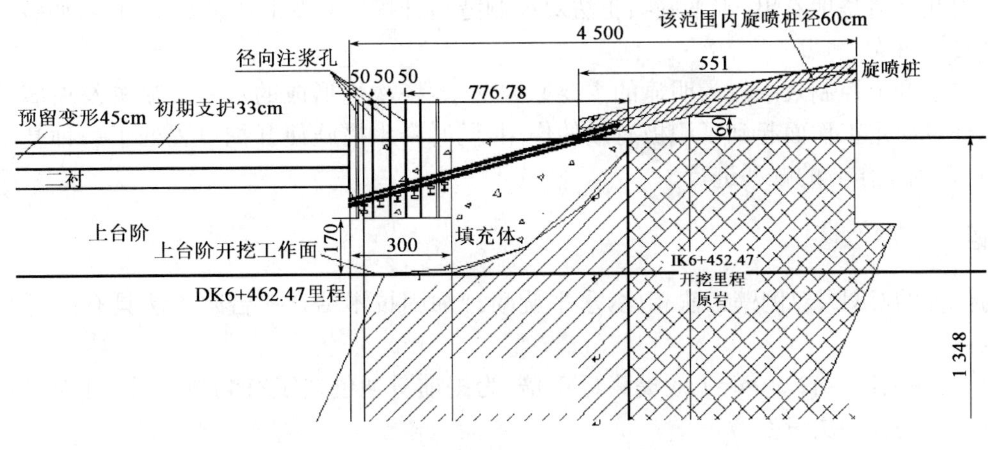

图 3　径向注浆示意图(尺寸单位：cm)

4.3　降水作业

在粉细沙层中施工时，降水显得尤为重要。水位降低后，砂的流动性将减弱，自然坍落度减小，且注浆浆液也更容易扩散。但由于第三系粉细砂粒径非常小，原状土又较密实，因此渗透系数不是很高，这就给降水作业带来了一定的困难。

本工程的水位在隧道拱顶以上 2m 左右的位置，施工中采用的降水方法主要有 3 种：垂直深井降水，超前真空深孔降水，轻型井点降水。这三种降水在此渗透系数较小的地层内都必须辅以真空泵形成负压才能将水向外抽排，而真空泵能否形成负压的关键在于整个降水系统的密封情况是否达到要求。降水作业时采取了三级密封措施：①在孔内管壁缠设海带，遇水后膨胀封堵孔壁；②在降水孔末端注双液浆封孔；③孔口外管路采用焊接或多重止水胶带封死。

5　监控量测

按照每断面设一组沉降监测点、两组水平收敛点进行监控量测，断面测点布置见图 4。

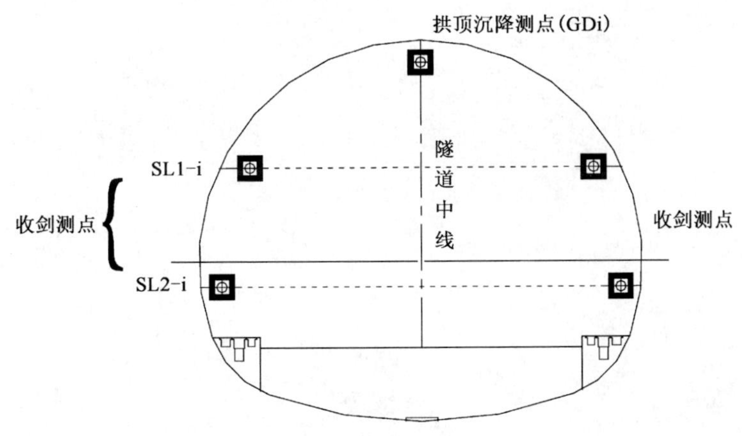

图 4　桃树坪隧道出口测点布置图

桃树坪隧道出口水平旋喷工法开挖后，经过对拱顶下沉和边墙收敛进行监测后发现，所有测点的月变化值均在 10mm 以内，而桃树坪隧道其他 6 个井口工区的拱顶下沉和边墙收敛的测点位移皆为 200～450mm，且个别工区出现过因变形和下沉过大而不得不进行换拱处理的情况。由此可清楚地看出，水平旋喷工法对控制隧道开挖后的变形效果非常明显，使隧道施工变得更安全可靠。

对隧道变形控制效果较为明显的主要原因在于：一次性形成的水平旋喷桩及玻璃纤维锚杆旋喷桩对稳定工作面起到了积极有效的作用，同时降水措施使开挖过程处于一种基本无水的状态，有利于作业的顺利进行。

6 结语

与传统的 CRD、双侧壁工法相比，水平旋喷预加固技术结合三台阶工法具有以下几个突出优点：

(1)工期大约节省 50%，工效提高近 1 倍，为提前贯通创造了有利条件，同时为斜井的增减提供了战略性的决策参考。

(2)节省人工约 50%，机械化程度提高近 1 倍，大大提高了隧道施工的人性化、科学化。

(3)省去了中隔壁、临时支撑等支护，减少了材料的浪费和二次拆除所消耗的人力物力。

(4)大大减小了隧道的沉降和收敛，从而提高了施工安全性和可行性。

与传统的施工工艺相比，在粉细砂等同类软岩隧道施工中采用水平旋喷预加固技术结合三台阶法开挖是最优选择，在软岩隧道施工中具有良好的推广应用前景。

参考文献

[1] 李国良. 桃树坪隧道试验段设计方案. 兰州：2010.

[2] 李世才，石光荣，伍军. 桃树坪隧道富水未成岩粉细砂预加固施工技术. 现代隧道技术，2011，48(2)：116-119.

[3] 李世才，刘仲仁，郑文筠. 桃树坪隧道富水未成岩粉细砂岩层施工技术探讨. 现代隧道技术，2011，48(2)：120-124.

牛栏江—滇池补水工程长输水隧洞特殊地质问题处理措施研究

李　云　朱国金　凌　云

（中国水电顾问集团昆明勘测设计研究院）

摘　要　牛栏江—滇池补水工程输水隧洞总长约104km，占整个输水线路总长90%，最长隧洞单洞长达36km，隧洞沿程地质条件复杂，85%为可溶岩区，且部分岩溶极其发育、富水，同时隧洞多次浅埋深穿越第三、四系不良地质区域，往往也是昆明附近人口较为密集的区域，交叉干扰多。本文对输水工程隧洞过复杂富水岩溶区、浅埋不良地质区等两种典型特殊地质问题的处理方案进行了深入研究，提出相应处理措施和对策。实践表明，提出的处理方案是行之有效的，可为其他类似工程设计提供参考。

关键词　长距离输水隧洞　复杂富水岩溶区　浅埋不良地质区

作为西部地区长距离引水工程的典型——牛栏江—滇池补水工程由德泽水库水源枢纽工程、德泽干河提水泵站工程及德泽干河提水泵站至昆明（盘龙江）的输水线路工程组成。输水线路总长度为115.8km，其中隧洞有10条，长104.23km，设计流量为23m^3/s。隧洞断面形式为马蹄形，最大开挖断面尺寸为5.4m×5.8m。

输水隧洞呈北东～南西向条带展布，地形起伏较为强烈，冲沟发育，河谷深切，地势总体两头高中间低，中部位于嵩明断陷盆地北部边沿，属第四系覆盖的盆地地貌，相对高差一般达450m。地层除三叠系、白垩系外，寒武系～第四系地层均有分布。工程区以可溶岩为主，约占80%～85%，岩溶形态以洼地、谷地、漏斗和落水洞为主，岩溶泉分布较普遍，有暗河发育，其中处于强富水区的约为45%。与此同时，输水隧洞浅埋穿越地势较低、较平缓的坝区，往往是地质条件较差的不良地质区，也是昆明附近人口较为密集区域，给隧洞施工带来巨大风险。

本文对牛栏江—滇池补水工程长输水隧洞过复杂富水岩溶区域和浅埋不良地质区域两种典型的特殊地质问题处理方案进行了深入研究，提出相应处理措施和对策。

1　隧洞过复杂富水岩溶区域处理措施

牛栏江—滇池补水工程长约104km的输水隧洞，有80%处于可溶岩地层中。岩溶较为发育，隧洞多次穿越富水岩溶区，隧洞涌水突泥情况时有发生，多处涌水量超过100m^3/h，较为典型的大五山隧洞6号施工支洞最大涌水量更是达到1 500m^3/h，大公山隧洞2、3号支洞间过潘所海段（长2 974m），为可溶岩区，岩溶发育。潘所海为季节性湖泊，汛期水面面积超过200×10^4m^2，最大水深约10m，库容估计大于1 000×10^4m^3。该湖泊在枯水期地表水（流量小于0.5m^3/s）全部经落水洞排走，汛期因地表水流量大于暗河排泄量，故会积水成湖。预测2号支洞最大涌水可能将1 548m^3/h。

鉴于本区段复杂的岩溶水文地质条件，以及输水线路不可避免的通过该区域，施工过程中可能存在涌水、突泥、岩溶漏斗塌陷等岩溶水文地质问题，该洞段可能存在较大的施工风险，同时可能影响潘所海水量。对隧洞过复杂富水岩溶区的工程措施进行了以下研究。

1.1 工程勘探和超前地质预报手段研究

工程勘探采用地质测绘、地质勘探钻孔以及地表物探相结合手段，从整体上把握复杂富水岩溶区的岩溶水文地质条件。地质勘探钻孔从点上直接揭露该钻孔处的水文地质条件，且可对物探成果进行校验，地表物探从线，并由线到面（纵横 7 条物探剖面线）对整个区段的水文地质条件进行全方位揭露。采用高密度电法和高频大地电磁测深法进行综合探测，地下水位埋深采用电测深法探测。

超前地质预测预报是保证岩溶隧道安全施工的重要环节，更是复杂岩溶隧洞施工的一个重要工序[1]。牛栏江—滇池补水工程复杂富水岩溶区隧洞施工过程中确定采取“长短相结合，物探与地探相结合”的综合超前地质预测预报体系。

综合超前地质预测预报体系中“长、物探”采用 TSP、探地雷达法，可探测掌子面前方 100m 左右范围水文地质条件，“短、地探”采用地质钻机近距离（30m）探测，钻孔探水是目前最为可靠的超前地质预测预报方法。

采取地质测绘、地质勘探钻孔以及地表物探相结合工程勘探手段和“长短相结合，物探与地探相结合”的综合超前地质预测预报体系，通过地下和地表、物探和地探测成果相互校验、相互印证，能保证岩溶隧道地质预测预报的准确度，为制定合理有效的综合处治措施提供可信的基础资料。

1.2 施工仿真研究

将过复杂富水岩溶区隧洞所涉及的地质区域作为一个整体，综合考虑所关心的各种地质信息（超前地质预报成果）和施工信息建立了大公山隧洞过潘所海段三维模型，见图 1。在所建立的三维模型的基础上，根据工程实际的需要进行相应的可视化分析，可由任意切面对三维模型进行剖切，得到三维的剖切实体图，见图 2，提取该剖面有关的水文地质信息和施工信息，据此提出该段的处理措施，提高了工程措施的针对性和有效性。

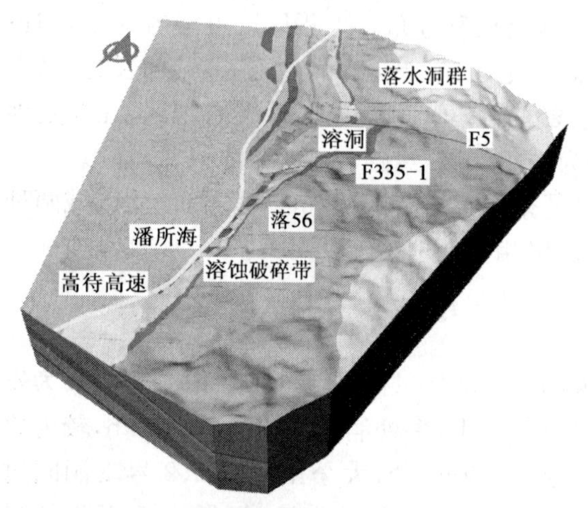

图 1 大公山隧洞过潘所海段三维模型

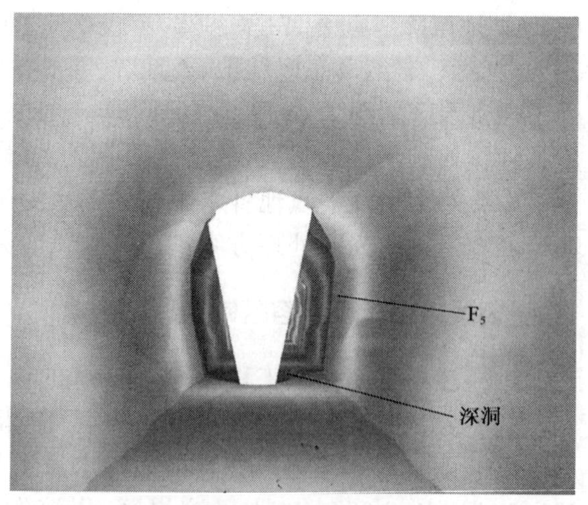

图 2 大公山隧洞过潘所海段某三维剖切实体图

1.3 工程处理措施

在对富水岩溶区复杂的岩溶水文地质条件下，隧洞施工期间，极易发生围岩失稳、涌水突泥等岩溶地质灾害，确定采取以下工程处理措施：①线路偏离措施：避免通过潘所海落水洞对隧洞的直接影响，线路在允许调整范围内尽量偏离岩溶特别发育区。②临界距离开挖措施：岩溶隧道突水存在临界距离，首先应采用综合超前地质探手段，查明岩溶的位置，然后，在临界距离外，实施超前预注浆加固等超前预处理措施；近距离穿越时，应减少爆破震动对围岩的扰动，确保隔水岩柱的稳定。③超前处理措施：针对岩溶隧道突水的关键部位，重点对需加强支护部位采用超前管棚支护、小导管补充注浆加固等措施。④涌水治理措施：对于可能地表水引入隧洞的落水洞考虑采取地表截水、隧洞封堵及强排等多种手段融合的治理方法。⑤加强支护措施：由于岩溶突水主要发生在开挖和初期支护两个环节，一次支护采用钢支承加强支护，对围岩条件差的地段考虑"二衬紧跟"，确保支护体系的及时和有效。⑥信息化施工措施：施工过程中加强对围岩变形、外水压力和支护结构应力、应变监测，根据监测成果反馈施工，进行信息化施工，确保施工安全。⑦施工安全措施：对断层带、水平溶洞发育段及浅埋段垂直岩溶（漏斗）发育段等易发生大规模涌水的施工风险控制段，隧洞开挖掘进爆破作业时，应将人员和设备撤离到支洞与主洞交叉口，保证人员和设备的安全。

2 隧洞过浅埋不良地质区处理措施

输水工程马路坡隧洞过冲沟、大公山隧洞过长冲河、大公山隧洞出口段过嵩待高速、大五山隧洞过对龙河 4 段均为浅埋不良地质区，隧洞最小埋深仅 16m，部分洞段穿越第四系坡积层、冲洪积黏土层，最大穿越距离达 250m 左右，隧洞上部有较大村庄群、高速公路以及水利管道设施等敏感建筑物，如图 3 所示，给该区域隧洞施工带来较大的风险。

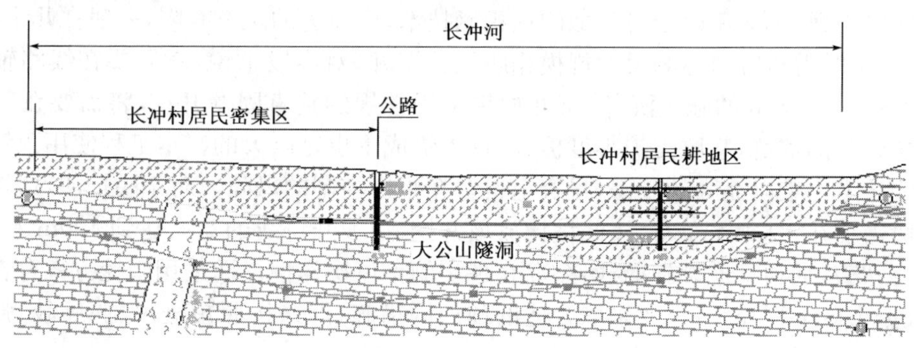

图 3 大公山隧洞过长冲河段纵剖面图

2.1 开挖方案

目前浅埋不良地质区隧洞的开挖方式主要有[2]：盾构法、顶管法、明挖法、暗挖法。以大公山隧洞过长冲河段为例，对开挖方案进行比较，见表 1。

大公山隧洞过长冲河段开挖方案比选表 表 1

项目	盾构方案	顶管方案	明挖方案	暗挖方案
技术性	对于软土隧洞，技术可行	尺寸大，顶进距离远，沉井施工难道大，技术上存在一定障碍	30～40m 高全软土边坡，开挖坡比放缓，技术是可行	30～40m 深覆盖层不良地质区中隧洞暗挖施工有成熟的施工经验和成功案例，技术可行
经济性	投入过大，经济不可行	投资大，且难以控制	投资适中，易控制	投资较大，易控制

续上表

项目	盾构方案	顶管方案	明挖方案	暗挖方案
安全性	盾构机自带平衡外压系统，不需爆破，对围岩没有扰动，及时进行管片装配，施工安全性高	不需爆破，对围岩没有扰动，涵体及时跟进，施工安全性高	土层为饱水软土，边坡高度30～40m，合适的开挖坡比和支护方式，可以保证边坡稳定安全	按照“管超前、弱爆破、短进尺、强支护”方式进行开挖支护，可满足施工安全
社会影响	不需爆破作业且对地表沉降控制效果好，对地表建筑物影响小	不需爆破作业且对地表沉降控制效果好，对地表建筑物影响小	需迁移长冲村近65%的人口，对当地社会影响极大	对隧洞顶部一定范围的建筑物存在影响，但采取控制爆破和合适的预加固措施，影响程度可控
工期影响	盾构机械制造周期较长，工期影响较大	沉井施工以及强溶蚀风化带中顶管顶进均有不可预见的工期风险，工期可控性差	工程施工时间最短，但前期大规模移民征地时间难以确定，工期存在不可控的风险	浅埋不良地质洞段开挖进尺较小，进度不快，但工期可控

根据表1可知，由于该浅埋软土段隧洞最长仅为250m，定制盾构机械，从经济性考虑采用盾构开挖方案显然是不合适的；顶管法在市政工程中穿越软土层应用较为广泛，但市政工程顶管的规模一般直径均在3m以内，断面均为圆形，对于本工程隧洞城门洞形（或马蹄形）断面尺寸规模在铁路工程、机场建设中有类似的顶箱涵技术，但顶进的距离有限，一般在几十米左右。同时，顶管施工时需布置与隧洞尺寸规模相匹配的沉井，对本段来说，就需要在线路轴线上布置一个深度达20～30m的施工沉井，沉井如果采用常规的垂直固壁开挖，将需要在软弱的土层中开挖如此深的基坑，基坑支护难度极大，且投资成本也是巨大的。本工程使用顶管施工方案存在一些技术上难以克服的障碍，投资上也存在难以控制的风险。对于明挖法，边坡稳定开挖坡比一般需要在1∶1.4左右，按此坡比放坡开挖，边坡开口线的宽度达到100m左右，涉及邻近村庄、公路及水利管道设施的迁移，存在现实的不可操作性。而采用暗挖方案存在一定的风险，但根据市政工程经验，只要采取合适的预加固措施，严格按照短进尺、弱爆破、强支护的要求进行施工，采用浅埋暗挖是可行的。

2.2 预加固方案

浅埋不良地质区隧洞可选择的预加固处理措施主要有超前管棚、超前固结灌浆、地表预灌浆、水平冻结法等[3]。大公山过长冲河软土段上覆土层为饱水含砾黏土，大公山出口段为饱水的全风化玄武岩，岩土体中渗流流速很小，仅在0.1m/d左右，故在这类岩土中采用冻结法预加固显然是难以奏效的。大公山隧洞过长冲河浅埋软土段含砾黏土，黏土含量较大，采用地表预注浆措施，其可灌性较差，吃浆量很小，进行地表预灌浆加固效果不明显；而大五山隧洞过对龙河段含砾黏土，沙砾含量较大，具有较好的可灌性。

综合以上分析，对浅埋不良地质区的预加固措施为：①马路坡隧洞过冲沟浅埋段、长冲河浅埋软土段采用超前大管棚＋超前注浆小导管方式；②大公山出口过嵩待高速公路段、大五山隧洞过对龙河段采取地表预注浆加固结合洞内超前大管棚＋超前小导管预加固方案。

2.3 施工对周围环境影响效应分析

浅埋不良地质区隧洞施工对周围环境的影响主要包括两个方面：一是开挖引起的地表沉降对建筑物的影响，隧洞开挖过程诱发地表变形或塌方引起地表建筑物不均匀变形，房屋、路面开裂、倒塌等。不良地质决定了本区域段隧洞施工过程中如果措施不当极易发生洞内围岩失稳、塌方。同时，由于隧道埋深浅，上覆松散岩层承重能力差，隧道内小塌方快速发展，很快会波及到地表，引起地表发生沉降，甚至连通地表演变为冒顶塌方，进而影响到邻近建筑物的安全。二是爆破所产生的震动对建筑物的影响。爆破作业产生地震波也将会对爆破区一定范围内的地表建筑物造成不同程度损伤。在埋深较浅的隧道中进行爆破施工，爆源距地面建(构)筑物往往较近，马路破隧洞过冲沟段爆源距保护目标(公路)仅有十几米，距大公山隧洞过长冲村部位也不到40m，此时，爆破震动问题将会显得愈加突出，增大了爆破施工难度和风险，措施稍有不当，产生的震动就有可能引起墙体、混凝土开裂，涂料脱落，门窗玻璃破裂，严重危及到建筑物的安全。过大的爆破震动还可能造成建筑物倒塌损坏，带来灾难性的后果。

在地面敏感建筑物下进行浅埋地下工程施工，在设计与施工中需要一个控制地表下沉的标准和爆破控制标准。目前，水利水电工程界对于浅埋隧洞开挖引起地表沉降还没有相关的控制标准，根据国内现有的一些城市地铁经验[4-6]和本工程实际，制定了浅埋不良地质区隧洞施工地表沉降和爆破作业安全控制标准(如表2所示)，以保证该区域施工不对地表环境产生较大损伤。

浅埋不良地质区地表沉降和爆破振动安全允许标准　　表2

隧　洞	保护对象	地表沉降控制标准(mm)	安全允许震速(cm/s)
马路破隧洞	机耕道路和渠道	40	2.0
大公山隧洞	长冲村土坯、砖房	30	1.0
	嵩待高速公路	30	1.5
大五山隧洞	水工管道、二级公路	35	3.0

3 结语

本文通过对西部地区长距离引水工程——牛栏江—滇池补水工程长距离输水隧洞过复杂富水岩溶区域和浅埋不良地质区域两种典型的特殊地质问题处理方案进行深入研究，提出了相应处理措施和对策。目前，工程已经基本完成了特殊地质条件洞段的开挖工作，根据监测资料，绝大部分洞段围岩变形在为5～10mm，并逐渐趋于稳定。实践表明，本文提出的长距离输水隧洞过复杂富水岩溶区域和浅埋不良地质区域两种典型的特殊地质问题处理措施是行之有效的，可为其他类似工程提供借鉴。

参考文献

[1] 刘招伟.圆梁山隧道岩溶突水机理及其防治对策.北京：中国地质大学，2004.

[2] 陈志荣.软土地基浅埋暗挖隧道性状分析.福州：福州大学，2005.

[3] 王志达.城市人行地道浅埋暗挖施工技术及其环境效应研究.杭州：浙江大学，2009.

[4] 张顶立，李鹏飞，侯艳娟，等.城市隧道开挖对地表建筑群的影响分析及其对策.岩土工程

学报,2010,32(2):296-302.

[5] 张鹏,谭忠盛.浅埋隧道下穿公路引起的路面沉降控制基准.北京:北京交通大学学报,2008,32(4):137-140.

[6] 崔可佳.浅埋城市隧道爆破施工对地表及邻近既有隧道振动影响的分析.重庆:重庆大学,2009,6:6-10.

复合加固措施在黄土地层大断面隧道施工中的应用

李小刚

（中铁隆工程集团有限公司）

摘　要　大管棚、袖阀管、小导管等加固措施广泛应用于地下隧道土体加固中，但在特殊环境下，如何确保开挖安全，三种加固措施同时应用在同一座隧道中并不多见，本文介绍西安黄土地层下某地铁大断面隧道，在开挖过程中采取复合加固措施，收到了很好的成效。

关键词　地铁隧道　黄土地层　大管棚　袖阀管　小导管

1　工程概况

西安市某地铁区间受交通疏解和洞内通风要求的制约，原设计的60m长明挖施工改为大断面暗挖施工。大断面净空尺寸为12.3m(宽)×11.7m(高)，设计采用CRD+台阶法开挖。由于隧道地处城市中心地段，周边高楼林立，车辆动静荷载较大，拱顶覆土仅6.5m，自上而下土质依次为城市路面结构层、杂填土、湿陷性新黄土、饱和软黄土、古土壤、老黄土、粉质黏土、中砂，隧道最大断面处(约1/2高度的临时横撑处)为古土壤与饱和软黄土的分界线。地下常水位线也位于饱和软黄土层，该饱和软黄土层土体含水率达到25%～30%，空隙发育，孔隙率达到48%。

上断面为饱和新黄土和湿陷性新黄土，自密性较差，遇水极易发生软化，如果不采取地层加固措施开挖，则极易造成掌子面坍塌、拱顶沉降和地表沉降过大、建筑物倾斜等灾害。为有效控制地面沉降和建筑物变形，保证洞内安全开挖，该隧道初支采取了复合超前加固措施，即洞口超长定向大管棚+袖阀管预注浆加固+超前小导管注浆加固的复合加固方式，见图1；相应加固参数见表1。

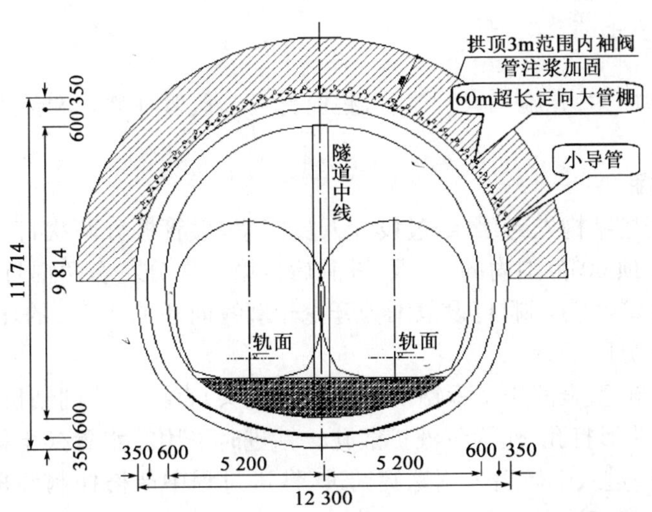

图1　隧道复合加固措施断面图(尺寸单位：mm)

超前加固类型及参数　　表1

加固类型	加固参数					
	管径×管壁(mm)	管长(m)	间距(m)	加固范围	浆液类型	作　用	备　注
大管棚	ϕ108×8.0	60	环距0.5	拱顶150°	1∶1水泥浆	防止拱顶土体发生大面积坍塌	无缝钢管,一次性定向打设
袖阀管	ϕ48×3.0	3	环距0.4 纵距0.4	拱顶150°	1∶1 水泥—水玻璃双液浆	防止软黄土层压缩形变,出现地面沉降过大	硬质PVC
小导管	ϕ42.5×3.5	3.5	环距0.25 纵距1.5	拱顶180°	1∶1 水泥—水玻璃双液浆	防止开挖轮廓线附近的土体小面积坍塌	无缝钢管

三种超前加固技术组成的复合加固措施在纵断面方向的分布见图2。

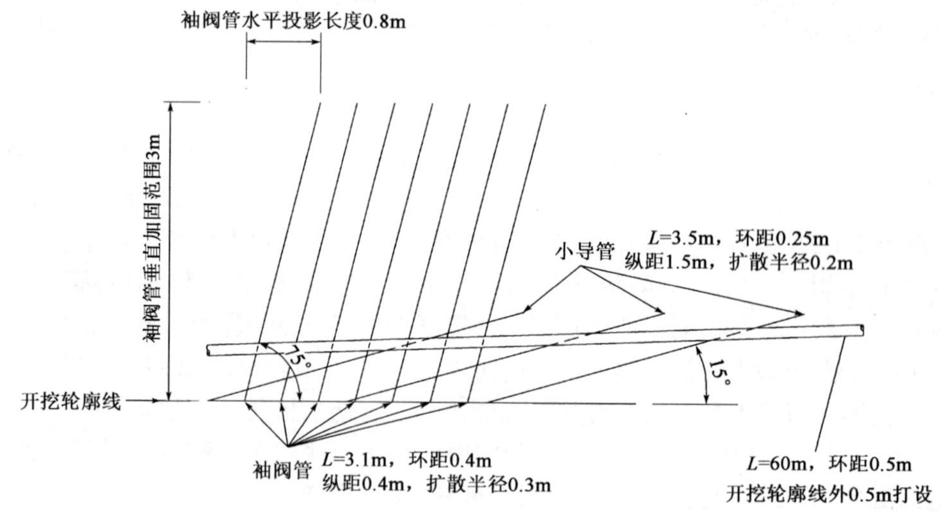

图2　复合加固措施纵断面分布示意图

2　工艺流程及技术要求

超前支护施工顺序为:先施工大管棚,再超前打设袖阀管注浆,小导管在开挖过程中超前打设。

2.1　定向大管棚

由于洞口处的明挖结构先封顶,经过设计人员同意,大管棚分两次打设,第一次打设明挖结构顶板以上隧道拱顶60°范围内的15根,进洞后再第二次分左右两幅打设剩余两侧位置的20根,管棚外插角按2°±1°控制,打设范围为开挖轮廓线向外扩0.5m的环向位置。

洞内打设大管棚见图3。

钻机采用MD—60型全液压工程钻机,管棚(及钻头)直接安装到钻机旋转钻杆上。管壁事先按间距10cm梅花形打孔,作为浆液扩散孔。钻进时采用注水置换土体,在洞口马头门围护桩处采用合金钻进,进入土体后采用螺旋钻进,钻进过程中严格控制仰角,发现偏离预定轨道随时纠偏。管棚全部打设完毕后,封口注浆。

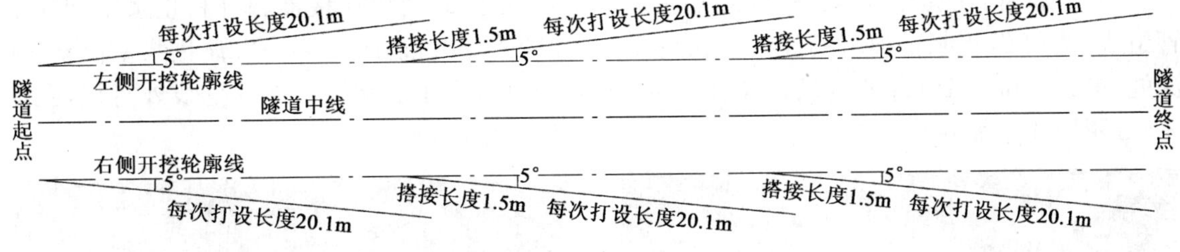

图 3　洞内管棚打设平面示意图

2.2　袖阀管

袖阀管采用分层劈裂注浆，是一种行之有效的对不良地层进行超前加固的方法。其工艺流程见图 4。

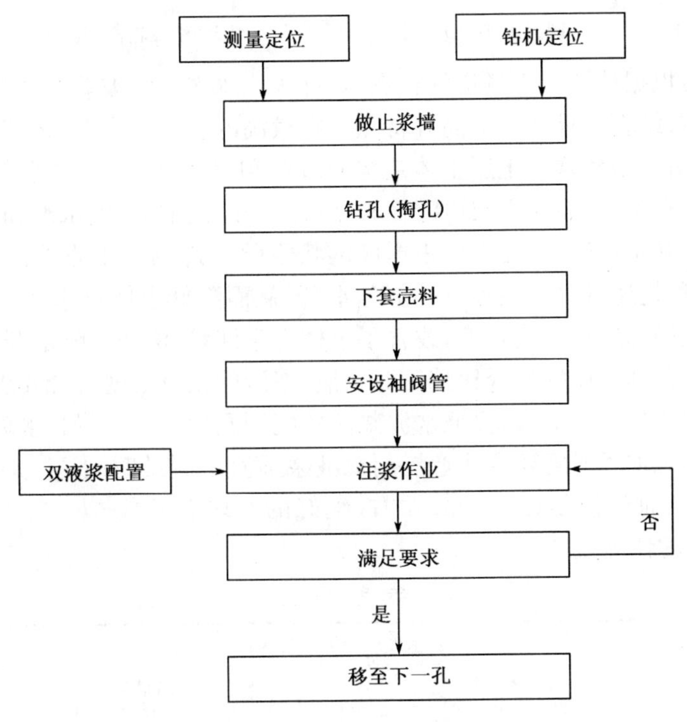

图 4　袖阀管施工工艺流程

由于袖阀管最大的特点是采取分段式注浆(由外向内)，每段注浆长度为注浆步距。由于本工程加固范围为 3m，斜向上 75°时管长约 3.1m，因此注浆步距选取 1m，即将单管 3m 长度分 3 段注浆，这样可以有效地减少地层不均一性对注浆效果的影响。具体工序为：

(1)做止浆墙：为防止注浆时孔口受到的压力过大发生崩塌，需事先对注浆掌子面做止浆墙，挂钢筋网喷射 15cm 厚 C25 混凝土。

(2)钻孔：采用地质钻机钻孔，为起到超前加固的作用，钻孔角度为倾斜向上 75°。现场实际施工中，因土质为湿陷性黄土，并且土体含水率较大，致使地质钻机无法有效钻进成孔，现场成孔采用钻机配合人工用洛阳铲掏挖的方式成孔。

(3)下袖阀管：下袖阀管包括下套壳料、下袖阀管并连接、钻孔封口等工作。套壳料参考配比为水泥：膨润土：水＝1：1.5：1.8，保证把孔内泥浆置换完方能下袖阀管；袖阀管为分节连接，见图 5，封口按设计进行封口料的制作。

(4)下芯管：在套壳料达到强度准备注浆时插入芯管，芯管由连接器、阀门、止浆塞和注浆管组成，见图6，止浆塞前端的注浆管长约1m。袖阀管分3段注浆，第一次让止浆塞位于2m深处，第二次位于1m深处，最后一次位于孔口0.5m处(由于从掌子面向开挖线外打设，孔口0.5m不用注浆加固)。

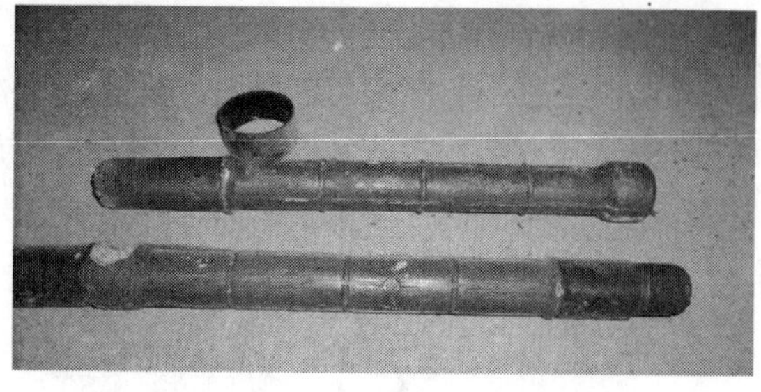

图5 袖阀管(PVC特制，端头有出浆孔)

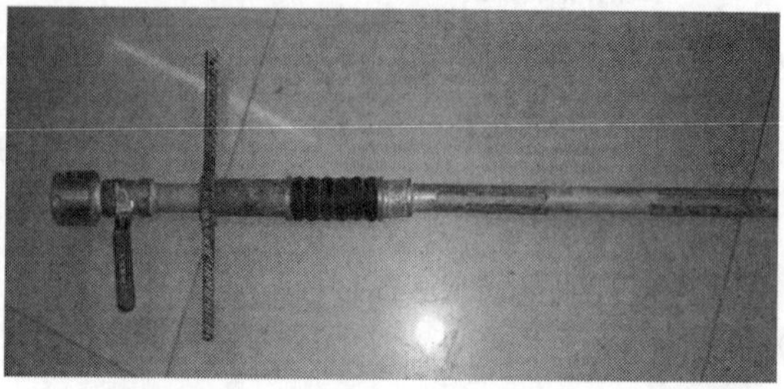

图6 注浆芯管(黑色橡胶圈调节注浆深度)

(5)注浆浆液：根据地铁黄土隧道的特点，设计采用水泥—水玻璃双液浆，这种浆液具有速凝且凝结时间可控、结石体早期强度高等特点。在较高的注浆压力下，浆液能克服地层的初始应力和抗拉强度，引起饱和软黄土层土体结构的破坏和扰动，使土体中原有孔隙或裂隙扩张，或形成新的裂隙和孔隙，进而使土层可灌性和浆液扩散距离增大，使水泥和水玻璃两种浆液在孔隙或裂隙中混合并迅速凝结，在土体中形成网状浆脉。其中一种是通过浆液强制性地挤出一部分水分，另一种是通过水化热吸收一部分水分，从而降低土体含水率。同时，土体形成的网状复合体提高了饱和软黄土的强度，改善了土体力学性状，保证了隧道开挖安全。

按现场试验工程师提供的配合比拌制好浆液，浆液的相对密度符合要求，外加剂的用量按试验人员确定的掺量进行添加，以保证水泥浆液的配制质量。水泥浆和水玻璃浆液分别配置，浆液配置时除了考虑加固强度还要注意控制双液浆适宜的凝结时间适宜，以防止堵管。对于饱和软黄土层，凝结时间控制在20min左右，配好的水玻璃模数$M=2.8\sim3.0$，浓度为35°Be′，现场试配参考配比见表2。

参考配比 表2

水泥-水玻璃双液浆参考配比					
材料名称	水泥浆		水玻璃浆		缓凝剂 Na_2HPO_4
	水泥	水	水玻璃	水	
性能指标	P.O425	饮用水	40Be′	饮用水	—
$1m^3$ 双液浆用量(kg)	273	410	595	60	13

(6)注浆：在一切工作都做好后，方可开注浆机进行注浆。注浆机采用KBY—50/5/7.5双液注浆泵，其相关参数见表3，分3次注浆。注浆压力与黄土层的密度、强度和初始应力、钻孔深度、位置及注浆次序等诸多因素有关，袖阀管劈裂注浆的极限压力P_u可按下式计算：

$$P_u \leqslant \gamma h \tan^2\left(45^\circ+\frac{\varphi}{2}\right)+2c_1\tan^2\left(45^\circ+\frac{\varphi}{2}\right) \tag{1}$$

式中：γ——土的天然重度，kN/m^3；

h——注浆孔埋深，m；

φ——土的内摩擦角，(°)；

c_1——土体的黏聚力，kPa。

经过计算结合现场的反复试验，注浆压力控制在 1.2～2.0MPa，终孔压力稳定在 1.8MPa，压力采用分级提升。

KBY—50/5/7.5 型液压注浆泵有关参数 表 3

工作压力	5MPa	公称流量	50L/min
驱动功率	7.5kW	重量	320kg
产地	河北-柏乡(煤炭科学院北京建井所监制)		

(7)双液混合：根据注浆要求和作用的不同，通过调整浆液的配比和水泥液的浓度比重，来调整浆液的凝固时间。两种浆液在靠近掌子面处的混合器中混合，通过袖阀管扩散到土体内，理论上浆液体积比是 1∶1，但有时由于注浆机的一些原因，会造成比例相差较大，所以现场要经常做试验，必要时从混合器处取浆液来做试验，以保证合理的浆液凝固时间。

(8)芯管外拔：注浆过程中，每段注浆完成后，回缩一个步距的芯管长度。循环上述步骤，直至完成注浆。注浆压力 1.6～2.5MPa(根据不同的地层情况而异)，自外向内压力逐渐减小。注浆芯管的每次外拔一般是在每段恒压稳定、注浆量明显减缓或停滞时进行，拔至下一段注浆，以此类推直至单管注浆完成。注下一根时需进行隔管注浆。

(9)注浆量：注浆量取决于土体孔隙率、浆液扩散半径及注浆压力等因素，单管注浆量可参考下式计算：

$$Q = \pi R^2 Ln\alpha\beta \tag{2}$$

式中：Q——注浆量，m^3；

R——浆液扩散半径，m，根据本工程注浆压力下的注浆试验，扩散半径取 0.3m；

L——注浆管长度，m；

n——地层孔隙率；

α——地层填充系数，一般取 0.8；

β——浆液消耗系数，一般取 1.1～1.3。

2.3 小导管

小导管工艺比较简单，简单来说有钻孔、布管、封孔、注浆 4 道主要工序。

(1)钻孔、布管：小导管一般采用引孔打入、风镐顶入等方法，但对饱和软黄土地层，采取风镐顶进时小导管溢浆孔容易堵塞，钻机钻孔需置换泥浆污染开挖面，因此简单易行的方法是采用人工洛阳铲成孔。掏孔前由测量人员放出布管位置，逐孔掏进，成孔后及时安放小导管，小导管尾部应长出掌子面 10cm 左右，小导管上倾角 10°～15°，环向 150°范围间距 0.25m 布置。小导管顶部成尖锥状，管上按梅花形布置小孔，间隔 10～20cm，孔眼直径 6～8mm，尾部置于格栅钢架上，并与格栅钢架焊接，见图 7。

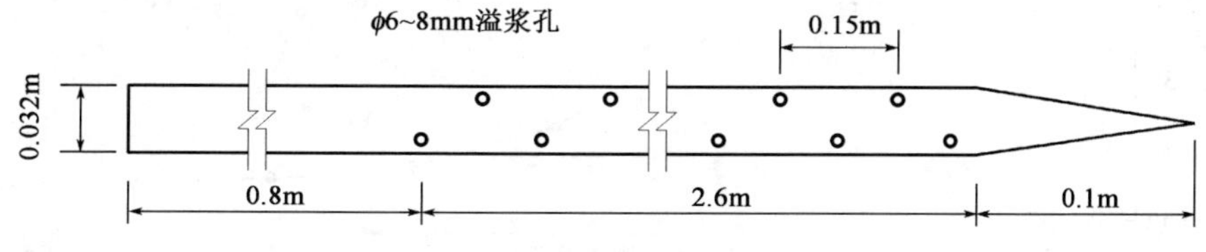

图 7 小导管加工示意图

(2)封孔、注浆：小导管安放好后用水泥砂浆封住管壁与土体间的空隙，注浆浆液同袖阀管浆液(水泥一水玻璃双液浆)，注浆机采用 KBY—50/5/7.5 双液注浆泵，注浆压力为 0.8～

1.2MPa，也采取分级加压。

3 监控量测

该大断面隧道开挖时，监控量测的必测项目见表4。

监 测 项 目 表4

序号	监控量测项目	测量仪器(型号)	精度	监 测 频 率		
				距开挖面<2*B*	距开挖面<5*B*	距开挖面>5*B*
1	拱顶下沉	(DSZ2+FS1)水准仪，钢挂尺	±0.5mm	2次/d	1次/2d	1次/周
2	净空变化	TEL30A数显收敛计	±0.1mm	2次/d	1次/2d	2次/周
3	地表沉降、建筑物沉降	(DSZ2+FS1)水准仪，铟钢尺	±0.5mm	1次/d	1次/2d	1次/周
4	初期支护与二衬间接触压力	土压力计，XB-180读数仪	±0.05Hz	2次/d	1次/2d	1次/周
5	钢架内力	钢架计，XB-180读数仪	±0.05Hz	2次/d	1次/2d	1次/周
6	拱顶土体分层沉降	XBHV-10分层沉降仪，沉降管	1.0mm	1次/d	1次/2d	1次/周
7	土体位移	XS558-A型滑动式测斜仪	0.0004°	1次/d	1次/2d	1次/周

4 复合注浆加固效果分析

3种超前加固措施的同时运用，取得了显著效果。从整个开挖过程来看，土体中存在脉状浆液，呈网状分布，拱部土体十分稳定，顺利通过建筑物与荷载集中区，路面、建筑物沉降均小于允许值。

通过施工过程中对采用复合加固措施的ZDK19+850处的地表沉降点1-4和未采用复合注浆加固措施(取消袖阀管注浆)的YDK19+880处的地表沉降点2-5的沉降数据分析，绘制时态曲线，变化对比见图8和图9。

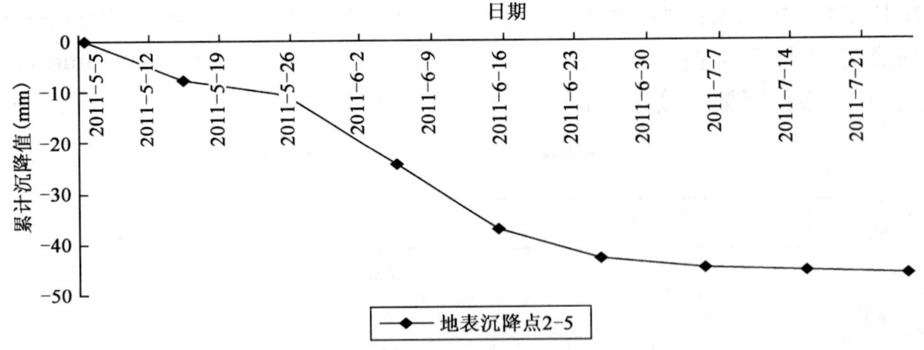

图8 未采用复合加固措施的典型地表沉降点沉降时态曲线图

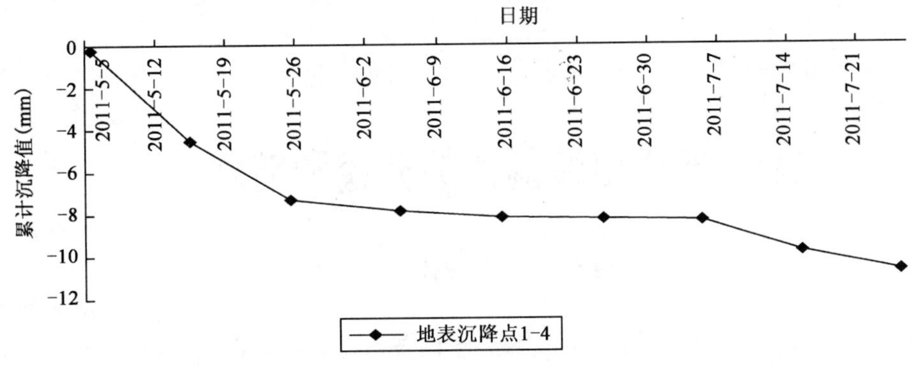

图9　采用复合加固措施的典型地表沉降点沉降时态曲线图

5　结语

隧道内采用大管棚、袖阀管和小导管加固措施的一种或两种的工程实例比较常见，只有在施工难度较大、沉降指标控制较严格的隧道工程中才采用三种措施联合使用的复合加固措施。该复合加固措施的采用，虽然能够保证隧道施工安全，各项风险控制不超标，但工程造价相对较高。复合加固措施在该地铁工程中的成功运用，为类似工程的施工提供了可供借鉴的依据，也为同等条件下的工程施工提供了一种新思路。

参考文献

[1]　刘昌用，蒋中庸，王梦恕．试论城市地下工程浅埋暗挖技术．现代隧道技术，2002(增刊)．

[2]　王梦恕，等．中国隧道及地下工程修建技术．北京：人民交通出版社，2010．

[3]　杨晓华，俞永华．水泥—水玻璃双液注浆在黄土隧道施工中的应用．中国公路学报，2004，4(2)．

连拱山岭隧道的开挖和防水

董长明　巫志农　刘　镜

（中铁隆工程有限公司）

摘　要　本文介绍连拱隧道的施工方法，重点叙述为防止连拱隧道渗漏而采取的各种防、排水措施。

关键词　连拱隧道　中墙顶部防水　顶部空洞回填　透水盲管

大跨地下隧道为减少结构受力，常将几个单拱隧道连在一起形成双连拱或多连拱。连拱隧道的施工工序多，力的转化复杂，而且施工的进度慢，但有时受地形和环境的限制不得不修连拱隧道。连拱隧道中以双连拱隧道最为多见，而且和多连拱隧道的施工方法基本相同，因此这里只介绍双连拱隧道的施工方法。双连拱隧道又分等跨双连拱隧道和不等跨双连拱隧道。根据中墙的设计不同，又有整体式中墙和复合式中墙。现分别介绍其不同组合的施工方法。

1　等跨双连拱隧道

其设计特点是中墙是左、右洞初期支护和二次衬砌的支撑点。

中洞法施工

(1)施工顺序和方法(见图1)

常规的施工顺序如图1所示，先开挖中洞，完成中墙后再开挖左、右洞。中洞施工由于开挖宽度小，仍采用单工序作业，施工方法与分部衬砌的双侧壁导坑法的侧洞施工相同。后开挖的右洞在左洞初期支护成环后滞后1.0～1.5倍左洞开挖洞径，且不得小于10～15m。左、右洞最好能同时衬砌。

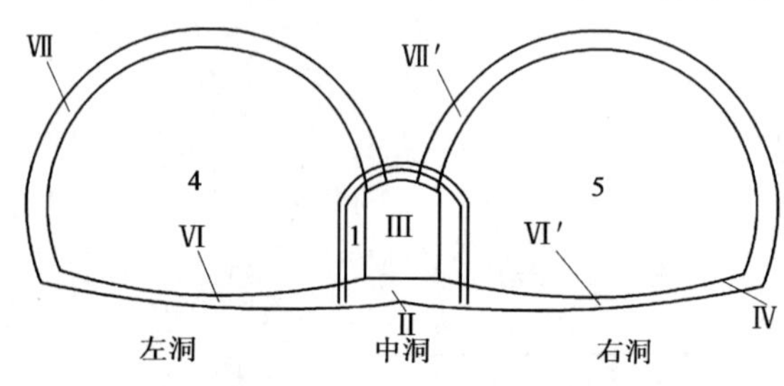

图1　中洞法施工顺序

1-中洞台阶开挖(包括支护，以下同)；Ⅱ-中洞范围内中墙基础；Ⅲ-中墙衬砌；4、5-左、右洞台阶开挖；Ⅵ、Ⅵ′-左、右洞仰拱衬砌；Ⅶ、Ⅶ′-左、右洞墙拱衬砌

(2)中墙顶部防水

中墙顶是左、右洞初期支护拱脚形成的V形槽，是防水的薄弱环节，根据左、右洞初期支护支承在中墙的方式不同而防水的方法也不同。

方案一：左、右洞拱脚支承在中洞的初期支护上的防水

在中墙衬砌时其防水铺设如图2。这是北京地铁天西站的处理方案。

先在V形槽铺设1mm的钢板和1.5mm厚的石棉板，宽600mm，其作用是防止在破除中洞支护时对防水板的损伤及用电焊切割钢筋时高温对防水板的损坏。在防水板下的盲沟是在V形槽下有渗水时能将水排出。

在左、右洞铺设防水板前将V形槽下的中洞支护1破除，将钢板、石棉板5贴在V形槽的

下面，再将中洞范围内的防水板 6 和左、右洞的防水板焊在一起，将盲沟贴在 V 形槽的下面，最后形成的防排水见图 3。

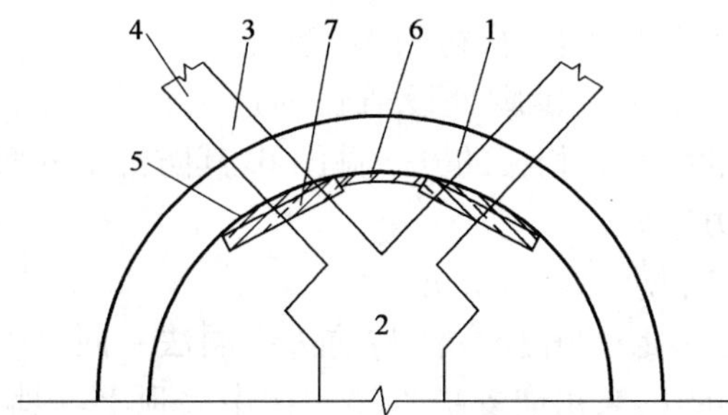

图 2　中墙衬砌前防水板铺设

1-中洞支护；2-中墙衬砌；3-在中洞支护上预留的连接板；4-左、右洞初期支护；5-保护防水板的钢板和石棉板；6-1.2mm 厚 ECB 防水板；7-纵向盲沟

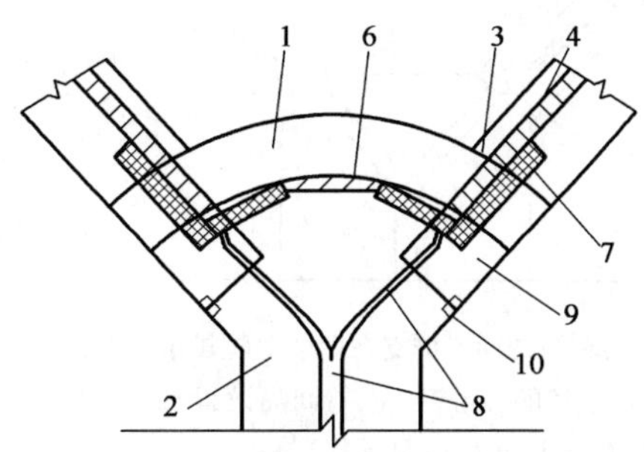

图 3　中洞防排水系统图

1-中洞支护；2-中墙衬砌；3-连接板；4-左、右洞初期支护；5-钢板和石棉板；6-1.2mm 厚 ECB 防水板；7-纵向盲沟；8-ϕ80 钢管，间距 6～8m；9-左、右洞拱部二次衬砌；10-止水条

盲沟构造图见图 4。

方案二：左、右洞初期支护支在中墙上的防水

根据铁路隧道施工规范，为便于施工，中洞顶应高出中墙顶 1.0m。为加强中墙抗侧压力，在左、右洞开挖前中墙顶应用混凝土回填。

基本参照公路设计规范条文说明中的中墙顶部防水方案，见图 5。

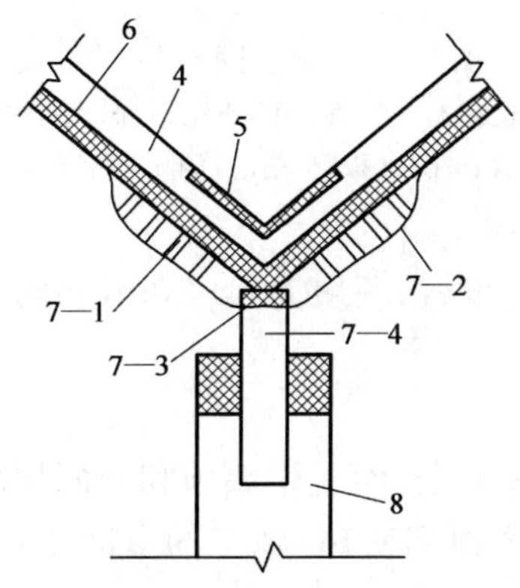

图 4　盲沟构造图

4、5、6、8-同图 3；7—1-纵向塑料条；7—2-ECB防水板；7—3-垫圈；7—4-塑料管

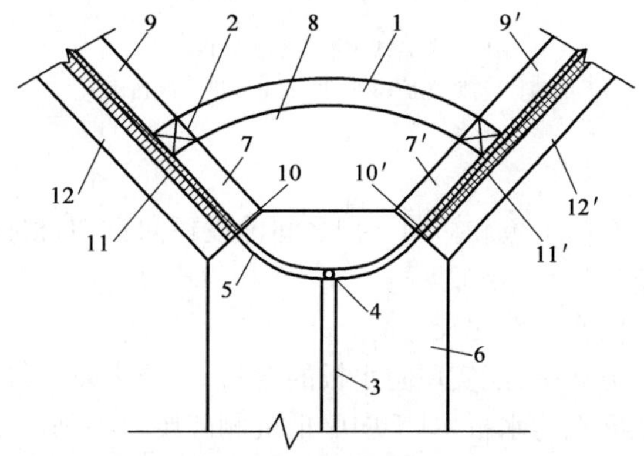

图 5　左、右洞初期支护支在中墙上防排水方案一

1-中洞支护；2-预埋连接板；3、4、5-预埋的排水管；6-中洞衬砌；7-中洞范围内的左、右洞初期支护；8-中洞顶空洞回填；9-拱部初期支护；10-透水盲管；10′-有滤料的排水孔；11-防水板；12-拱部衬砌

施工的顺序是：

①在施工中洞的支护 1 时，在左、右洞拱部初期支护位置预埋连接板。

②在灌注中墙 6 以前，预埋竖向排水管(ϕ50PVC 管)3，纵向排水管(ϕ100PVC 管)4 和横向排水管(ϕ50PVC 管)5。

③施工中洞范围内的左、右洞拱部初期支护 7、7′，并用混凝土回填中洞顶部空洞 8，也可以主模灌注混凝土一次施工 7、7′、8。

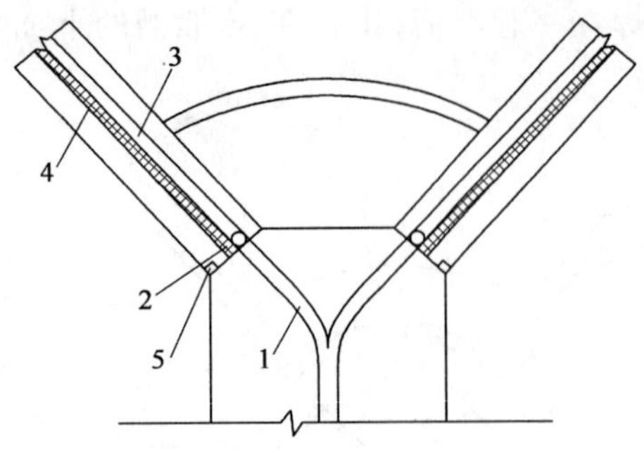

图 6　左、右洞初期支护支在中墙上防排水方案二
1-左、右洞预埋的排水管(左、右间隔设置);2-盲管;3-透水盲管;4-防水板;5-止水条

④施工左、右洞拱部初期支护 9、9′。

⑤破除中洞支护,施工透水管(ϕ50 软管)10、10′和防水板 11、11′。

⑥施工左、右洞二次衬砌 12、12′。

在初期支护的拱脚处设通长的透水盲管,并和中墙预埋的排水管相接的方案见图 6,其防排水的效果比前一方案好。

方案三:复合式中墙的防水

复合式中墙的开挖方法与前边中洞法不同之处是:左右洞的拱部初期支护直接支在中墙顶上,边墙二次衬砌是在中隔墙的外面,这样使连拱隧道的防水板铺设如同两个独立的单洞一样,可使墙拱的防水板封闭,见图 7。

中墙顶的防排水见图 8。

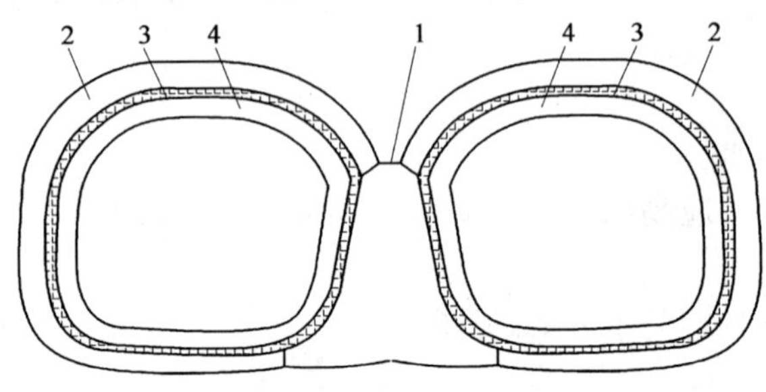

图 7　复合式中墙防水板铺设
1-中墙;2-初期支护;3-防水板;4-墙拱二次衬砌

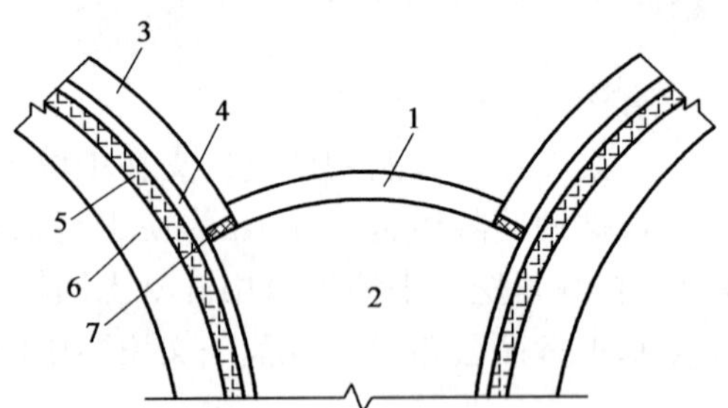

图 8　中墙顶防排水细部
1-中洞拱部支护;2-中墙衬砌;3-左、右洞拱部初期支护;4-盲管;5-防水板;6-左、右洞二次衬砌;7-带滤料的泄水孔

在防水板和初期支护之间铺设环向盲沟,根据地下水情况设置,一般为 5～10m,环向盲管接隧底排水系统。

防水方案比较:

方案一:能实现防水板的全封闭,防水效果好,但施工工艺复杂,而且中墙顶和中洞顶部支护之间有防水板,对于中墙抵抗侧向压力不利。中墙顶和中洞顶部密贴,施工的空间小,不便施工,而且顶部容易出现空洞。

方案二:左右洞的初期支护直接支在中墙上,中墙顶和中洞初期支护间无防水板,中洞的受力条件好;中洞顶上有空隙,施工方便,容易保证中墙的混凝土灌注质量,但回填数量也大,且防水板不能封闭成环,防水效果不如第一方案。

方案三的施工工艺相对简单,防水板封闭成环,防水效果可靠,但中墙的厚度要适当加大。公路隧道设计规范条文中建议双连拱在有条件时尽量采用复合式中墙设计。

(3)防止中墙承受施工侧向力(见图 9)

在左右洞的开挖和衬砌时,由于不是共同施工,中墙均可能受到侧向推力。考虑空间效应,实际的侧向力均比计算的小,一般根据施工的不同阶段对中墙进行临时支顶。

在左洞开挖前先对中墙基础边两侧空洞 1 进行土石回填。墙的空洞 2 用混凝土回填,并在中墙右侧的上方设临时支撑 3。由于侧向力对中墙的下部影响很小,加上边墙基础和初期支护间的粘结力较大，不会影响其稳定性，因此在墙的下部不必设撑，墙的中部由于没有外力，也不必设撑。开挖右洞前设 4 号撑。

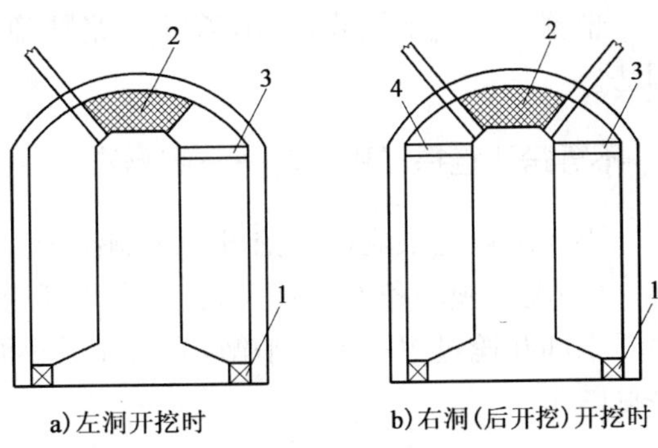

图 9 中墙在左、右洞开挖的临时支撑

1-基础支顶；2-顶部空洞回填；3-右侧支顶；4-左侧支顶

如果仔细分析，在后开挖右洞的中墙常规临时支撑也存在一定问题。在先开挖的左洞，中洞左侧支护已经是没有土体支撑的薄壁，并造成一定程度的损坏，支撑 3 也可能在爆破时松动，因此不能完全承受右洞爆破传来的震动力，使中墙处于不利的受力状况，而且增大了爆破时的震动波速。建议在右洞放炮前将中洞右侧的支撑 3 向前拆除一段距离，根据施工经验、受力的空间效应和量测结果，一般可拆除 5～6m，并在中墙左侧前后 5m 设 4 号支撑。4 号撑可随爆破开挖向前倒换，并可减少支撑数量，见图 10。

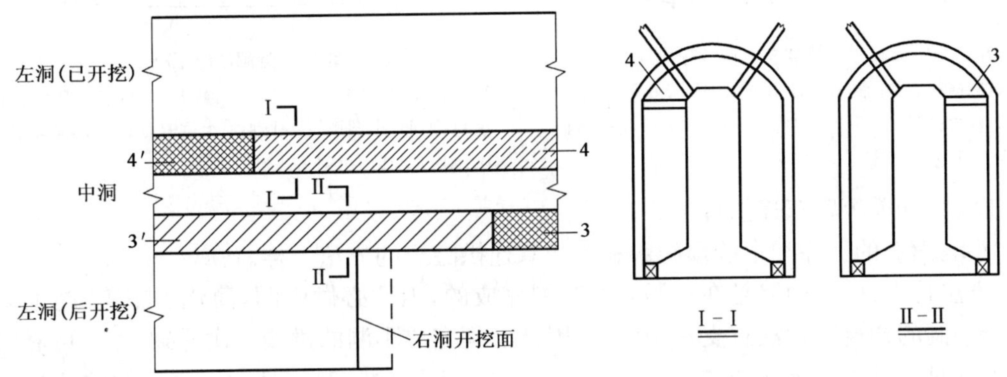

图 10 右洞开挖(后开挖)时中墙临时支撑布置

3-开挖左洞时中墙临时支撑；3′-开挖右洞前拆除的临时支撑 3；4-开挖右洞时中墙临时支撑；4′-右洞开挖通过后拆除的临时支撑 4

也可以将常规在左洞开挖成环后再开挖右洞的施工顺序改为如图 11 所示的开挖和墙临时支撑顺序。

上述施工顺序的特点是先开挖左、右洞的上台阶使中墙对称受力，由于中下台阶尚未开挖，中墙上的临时支撑①、③能较好地起到支撑传力的作用。在开挖左洞的中下台阶 5、6 时①撑仍能发挥支撑作用。实际上在开挖中、下台阶时中墙已对称受力，支撑①、③完全可以拆除。

(4)减少中墙基础沉陷

中墙基础在左、右洞初期支护成环和仰拱施工二次衬砌前，实际上是条形基础，在中洞施作的基础宽度应满足左、右洞拱部初期支护传来的垂直力，否则会造成中墙基础较大的下沉和中墙的开裂。某两座隧道其下沉量达 10～15cm，中墙开裂在初期支护成环后裂缝停止发展。

(5)中洞支护的拆除

在完成左、右洞上台阶开挖的初期支护后，中洞侧壁的支护仅受到很小的侧向力作用，随左、右洞的向下开挖而减少为 0。实际上中洞左右侧壁的主要作用是防止爆破飞石砸伤中墙，因此在左右洞的开挖完成后即可拆除侧壁。

(6)建议使用范围

根据实际施工经验，二车道的公路隧道Ⅳ～Ⅴ围岩和三车道的Ⅳ级围岩场可以采用中洞法。

2 不等跨双连拱隧道开挖——侧洞法

不等跨双连拱隧道开挖可用中洞法施工，也可以用侧洞法施工。

(1)施工顺序和方法：侧洞法施工先开挖小洞，并将中墙包在小洞的开挖范围内。根据防水要求和开挖过程中力的平衡，先后完成小洞范围内的中墙和拱墙衬砌后再开挖大洞，施工顺序见图12。

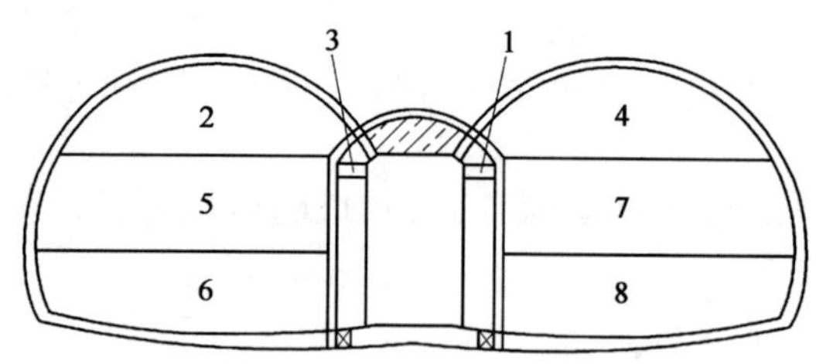

图11 中墙临时支撑和左右洞开挖顺序

1-中墙右侧横撑；2-左洞上台阶开挖；3-中墙左侧横撑；4-右洞上台阶开挖；5、6-左洞中、下台阶开挖；7、8-右洞中、下台阶开挖

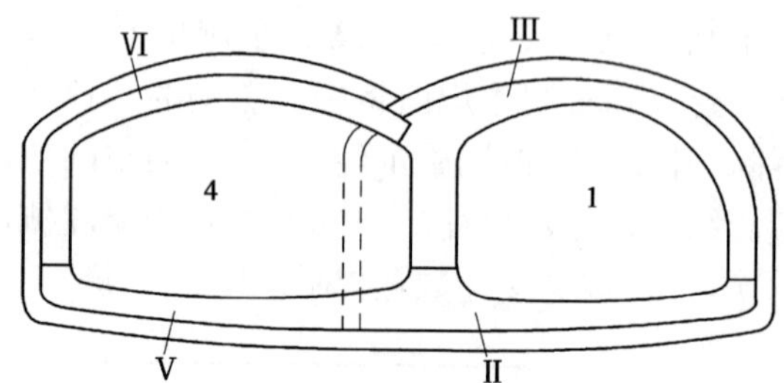

图12 侧洞法施工顺序

1-小洞开挖(开挖支护，以下同)；Ⅱ-小洞中墙基础及仰拱衬砌；Ⅲ-小洞墙、拱衬砌；4-大洞开挖；Ⅴ-大洞仰拱衬砌；Ⅵ-大洞墙、拱衬砌

施工方法同前等跨双连拱隧道。

(2)小洞内壁的拆除和中墙顶防水和前述双连拱隧道的方法一样。

(3)方法特点：由于中墙是在小洞开挖范围完成的，因不必做中洞，简化了施工，施工速度快。由于小洞的初期支护没有支在中墙顶，因此必须完成小洞的拱墙二次衬砌，才能可靠的抵抗开挖大洞时由其拱脚传来的侧压力，同时也省去了中墙的临时支撑。由于小洞的开挖断面要大于小洞拱部衬砌的外墙轮廓线，增加了混凝土工程量。

(4)使用范围：一般要求大小洞的断面能适合侧洞法的设计，同时小洞加大的开挖断面不致增加混凝土量太多；或为加快施工进度而采用侧洞法设计。

如果等跨双连拱隧道的左右洞开挖宽度和中墙的厚度不大，也可以考虑用侧洞法施工。

3 三导洞法开挖

其设计特点是除中洞外，另在左右大洞内各设一个小洞。

(1)开挖顺序和方法

根据拱墙衬砌的方法不同，和双侧壁导坑法施工一样，可分为以下两种不同的施工方法：

①全断面一次衬砌的三洞法

施工顺序见图13。中洞1和左洞3、左洞3和右洞4开挖间距大于1.5倍中洞和小洞的开挖宽度，同时不小于10～15m。

左洞5的开挖在中墙混凝土强度达到设计要求后进行，左、右大洞的开挖间距同于上述3和4洞的开挖间距。

以上各部的开挖方法等参见中壁法和全断面衬砌的双侧壁导坑法的有关部分。

②分部衬砌的三洞法

施工顺序见图14。实际上在左、右小洞和左、右大洞范围内的施工方法基本和分部衬砌的双侧壁导坑法相同。以上各部的开挖方法参见中壁法和分部衬砌的双侧壁导坑法的有关部分。

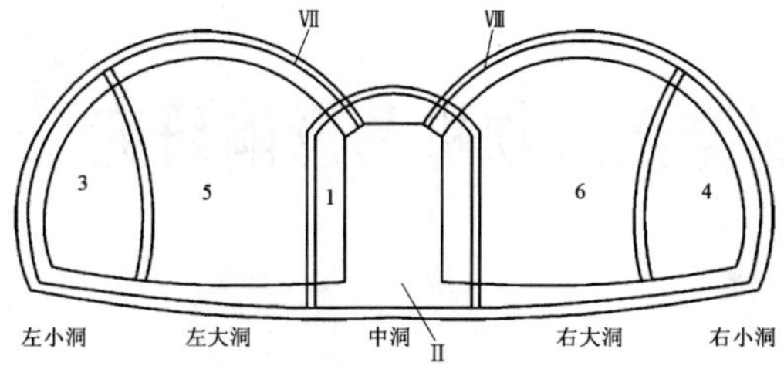

图 13　全断面衬砌三洞法施工顺序

1-台阶法中洞开挖；Ⅱ-中墙衬砌；3、4-台阶法左、右小洞开挖；5、6-台阶法左、右大洞开挖；Ⅶ、Ⅷ-左、右洞衬砌

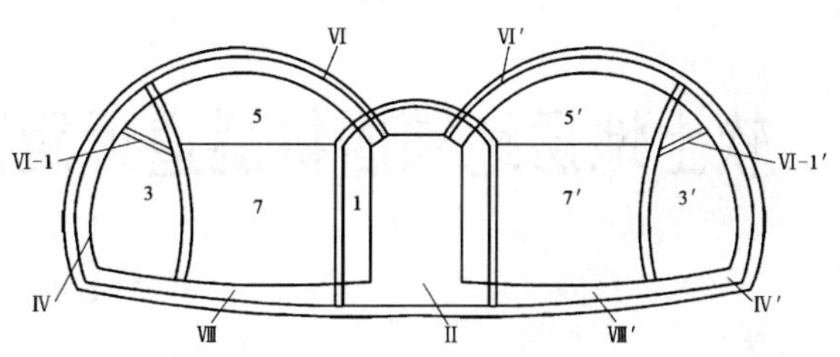

图 14　分部衬砌的三洞法施工顺序

1-台阶法中洞开挖；Ⅱ-中墙衬砌；3、3′-左、右小洞台阶法开挖；Ⅳ、Ⅳ′-左、右小洞范围内衬砌；5、5′-左、右大洞上台阶开挖；Ⅴ-1、Ⅴ-1′-左、右小洞内壁换撑；Ⅵ、Ⅵ′-左、右洞剩余拱部衬砌；7、7′-左、右大洞下台阶开挖；Ⅷ、Ⅷ′-左、右大洞剩余仰拱衬砌

(2)中洞和左、右小洞内壁支护的拆除

见中壁法中爆破对支护的影响和双侧壁导坑法有关部分。

(3)方法特点

见双侧壁导坑法全断面一次衬砌和分部衬砌有关部分。

(4)参考使用范围

鉴于施工工艺的复杂和施工速度慢，只有Ⅴ级围岩在左、右大洞的开挖宽度超过 14m 以上时才考虑使用。

全断面一次衬砌的三洞法防水和衬砌质量好，但在左右大洞爆破时实际上已对左右小洞的内壁造成较大的损坏，大洞的开挖距离过长对结构和施工均不安全。如果左右大洞的开挖宽度不大，并加强初期支护，大洞开挖后小洞的内壁支护能长距离拆除则可采用，否则还是应该采用分部衬砌的三洞法。

软土地层地铁盾构隧道近距离侧穿建筑物桩基影响研究

陈飞成　卢致强

（中铁隆工程有限公司）

摘　要　本文以某地铁盾构区间隧道近距离侧穿建筑物桩基为背景，将桩基、盾构衬砌、桩周土层看作一个有机的整体，按照隧道一土体一桩基共同作用建立有限元模型进行模拟，选取隧道与桩基净间距较小一侧进行计算，分析盾构推进对桩基、桩周土及地表变形的影响。文中结论可供盾构隧道工程技术人员参考。

关键词　盾构隧道　侧穿　桩基

盾构法以其高效、地层适应性强及对周围地层影响小的优点，在城市地铁工程中得到了广泛应用。由于城市的高层建筑、高架桥梁等密布云集，其建筑结构一般都设有桩基础，故盾构隧道施工往往需要近距离穿越桩基。盾构施工产生软土地层土体损失，从而导致隧道附近土体应力场发生重分布，邻近桩基周边法向应力将有不同程度的释放，使得桩基的承载能力折减。同时，隧道施工引起隧道周围地层移动，其产生的自由土体位移场使得工作状态的桩基产生附加的弯矩和变形，使桩基础的使用安全产生风险。

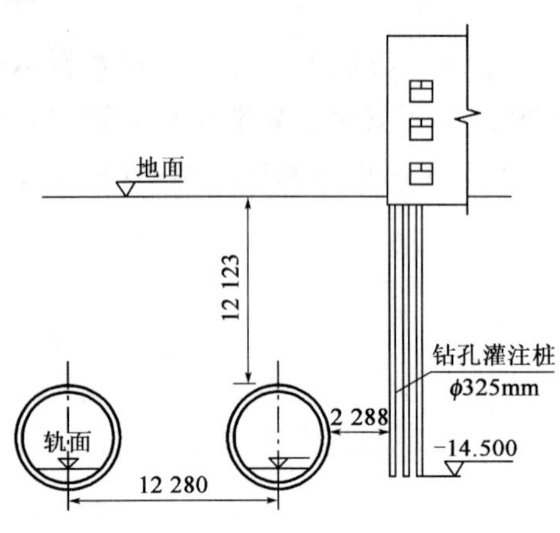

图 1　隧道与建筑物桩基位置关系（尺寸单位：mm）

1　工程背景

宁波地铁某盾构区间隧道近距离侧穿一建筑物，该建筑物上部为 3 层钢筋混凝土结构，基础为 ϕ325mm 钻孔灌注桩，桩长 17m，桩底标高－14.5m，桩基与隧道结构平面最小距离为 2.28m。盾构隧道穿越的土层主要为$①_1$ 填土，$②_1$ 黏土，$②_3$ 淤泥质粉质夹粉黏土，$③_1$ 粉土粉砂夹粉黏土，$③_2$ 粉质黏土，$④_2$ 黏土，地下水位在地面以下 2m 处。隧道与建筑物桩基相互位置关系见图 1。

2　风险分析

本例中，盾构隧道近距离侧穿建筑物桩基的主要风险如下：

（1）邻近建筑物结构简单，结构稳定性差，对沉降影响较为敏感。

（2）地勘报告显示，穿越地段为软弱地层，且该段隧顶埋深为 8～12m，浅埋盾构在软弱土层中施工极易引起地表或邻近建筑物沉降。

（3）盾构从建筑物桩基侧面 2.28m 处近距离穿越，穿越区正上方土体沉降较为敏感，易引起建筑物的局部不均匀沉降，对建筑物整体受力不利。

所以,盾构穿越过程中如控制不当,很可能引起建筑物的不均匀沉降,导致建筑结构产生裂缝并发展,危及建筑物结构安全,甚至对周围居民和施工人员的生命、财产安全造成危害。

3 数值计算

3.1 计算对象选取

针对本例中隧道走向与建筑物走向基本一致且纵向长度较长的特点,将三维问题简化为平面应变问题,假设地层为水平均匀分布,选取隧道与建筑物间距最小的最不利断面为计算剖面。同时,为考虑盾构掘进对邻近建筑物的最不利影响,本文仅取单个隧道和相距最近的桩基础进行计算分析。隧道与桩基的净间距取 2.28m,隧道埋深为 12.12m,周围土体按地勘报告分层,由此建立相应的有限元计算模型。

3.2 模型建立

采用 Plaxis 有限元软件,建立数值计算模型。为尽可能减小边界效应带来的影响,选取的模型范围为:上部至地面,下部取至隧道底部以下 8m,水平方向左侧取隧道外侧 10m,右侧考虑到建筑物的存在取隧道外侧 15m。模型的地面为自由面,左右两个侧面施加水平约束,底部施加固定约束。

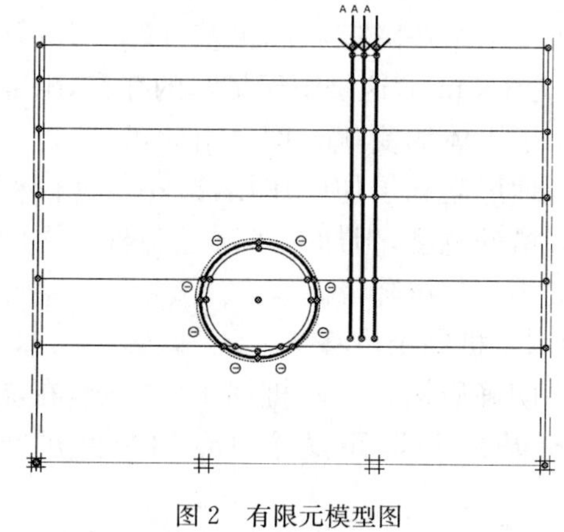

图 2 有限元模型图

土体采用基于莫尔—库仑屈服原则的弹塑性模型,且不考虑土体的后期固结变形。桩基和盾构管片为混凝土结构,按弹性材料考虑,用板单元模拟。上部建筑用等效荷载替代的方法施加于桩基,单桩承载力根据经验参数法由桩周土的极限侧阻力和桩基的极限端阻力相加来计算,并考虑安全系数。板单元和土体单元之间自由度的协调性通过程序提供的自由度间的耦合功能实现。数值模拟图见图 2。

3.3 计算参数选择

计算参数选用该工点的实际地层参数,盾构管片采用 C50,弹性模量取 34.5GPa,重度25.0kN/m³,泊松比 0.20。结构及土层的参数分别见表 1、表 2。

结构物参数 表 1

名　　称	抗压刚度 EA(kN)	抗弯刚度 EI(kN.m²)	厚度或直径(m)	泊松比
管片	1.4×10^7	1.43×10^5	0.35	0.2
桩基	1.6×10^7	8.53×10^5	0.325	0.2

土层参数 表 2

土层名称	天然重度(kN/m³)	饱和重度(kN/m³)	水平渗透系数(m/d)	竖向渗透系数(m/d)	弹性模量(MPa)	泊松比	黏聚力(kPa)	内摩擦角(°)	界面折减因子
①$_1$ 填土	20	21	10^{-4}	10^{-4}	30	0.35	21.9	9.8	1
②$_1$ 黏土	18.4	19.4	10^{-5}	10^{-5}	16	0.32	13.8	15.6	1
②$_3$ 淤泥质粉质黏土	17.7	18.7	10^{-4}	10^{-4}	14.5	0.35	12.8	10	1

续上表

土层名称	天然重度 (kN/m³)	饱和重度 (kN/m³)	水平渗透系数 (m/d)	竖向渗透系数 (m/d)	弹性模量 (MPa)	泊松比	黏聚力 (kPa)	内摩擦角 (°)	界面折减因子
③$_1$ 粉土粉砂夹粉黏土	19.3	20	10^{-4}	10^{-4}	25	0.33	18.9	12	0.8
③$_2$ 粉质黏土	18.7	19.7	10^{-4}	10^{-4}	21.5	0.35	14.8	17.5	0.8
④$_2$ 黏土	20	21	10^{-4}	10^{-4}	30	0.35	21.9	9.8	1

4 计算结果及分析

4.1 地面变形

由图 3 可以看出，隧顶正上方地面沉降最大，为 12.6mm，两侧沉降量逐渐减少，形成一个横向沉降槽。在隧道右侧桩基处，地面沉降很小，为 1.5mm，这是由于桩基的存在，阻隔和减小了土体的受扰程度。由此可见，桩基对周围地层起到了加固作用，减小了地面横向沉降槽的宽度，但加大了隧道与桩基之间土体的不均匀沉降量。

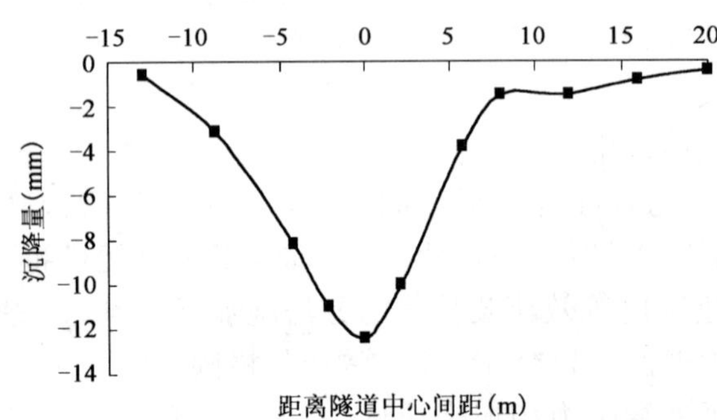

图 3 盾构推进引起的地表沉降

4.2 桩周土位移

为明确盾构施工对桩周土的影响，在隧道与桩基之间取距隧道 1m 的断面进行分析。

由图 4 可以看出，桩周土发生远离隧道方向的水平位移，在平行于隧道处位移最大，为 12mm，隧顶以上及隧道底部以下范围内，位移逐渐减小。

4.3 桩身位移及内力

根据计算模型，选取最靠近隧道一侧的桩基为分析对象。盾构推进引起的桩身侧向位移、竖向沉降、弯矩、轴力沿桩深度变化的计算结果见图 5～图 8。

由以上桩身位移、内力图可知：①桩基发生远离隧道方向的侧向位移，最大值为 10.2mm，出现在隧道轴线位置附近，即距地面 15m 处；②桩的竖向沉降量沿桩长几乎不变，为 1.6mm 左右，说明桩的轴向刚度较大，受水平扰动的影响较小；③桩身弯矩沿桩身分布，有正弯矩区和负弯矩区，最大正弯矩为 14.6kN · m，出现在隧道轴线位置，最大负弯矩为－7.8kN · m，出现在地面以下 10m 处；④桩身轴力沿桩长逐渐增大，至隧道轴线位置时达最大值，为 281kN，然后几乎呈不变趋势。

5 结语

(1)盾构推进将造成地面沉降，形成一个以隧顶正上方地表为中心的横向沉降槽。由于隧道一侧桩基的存在，加固了周围地层，减小了横向沉降槽的宽度，但加大了隧道桩基之间土体的不均匀沉降量。

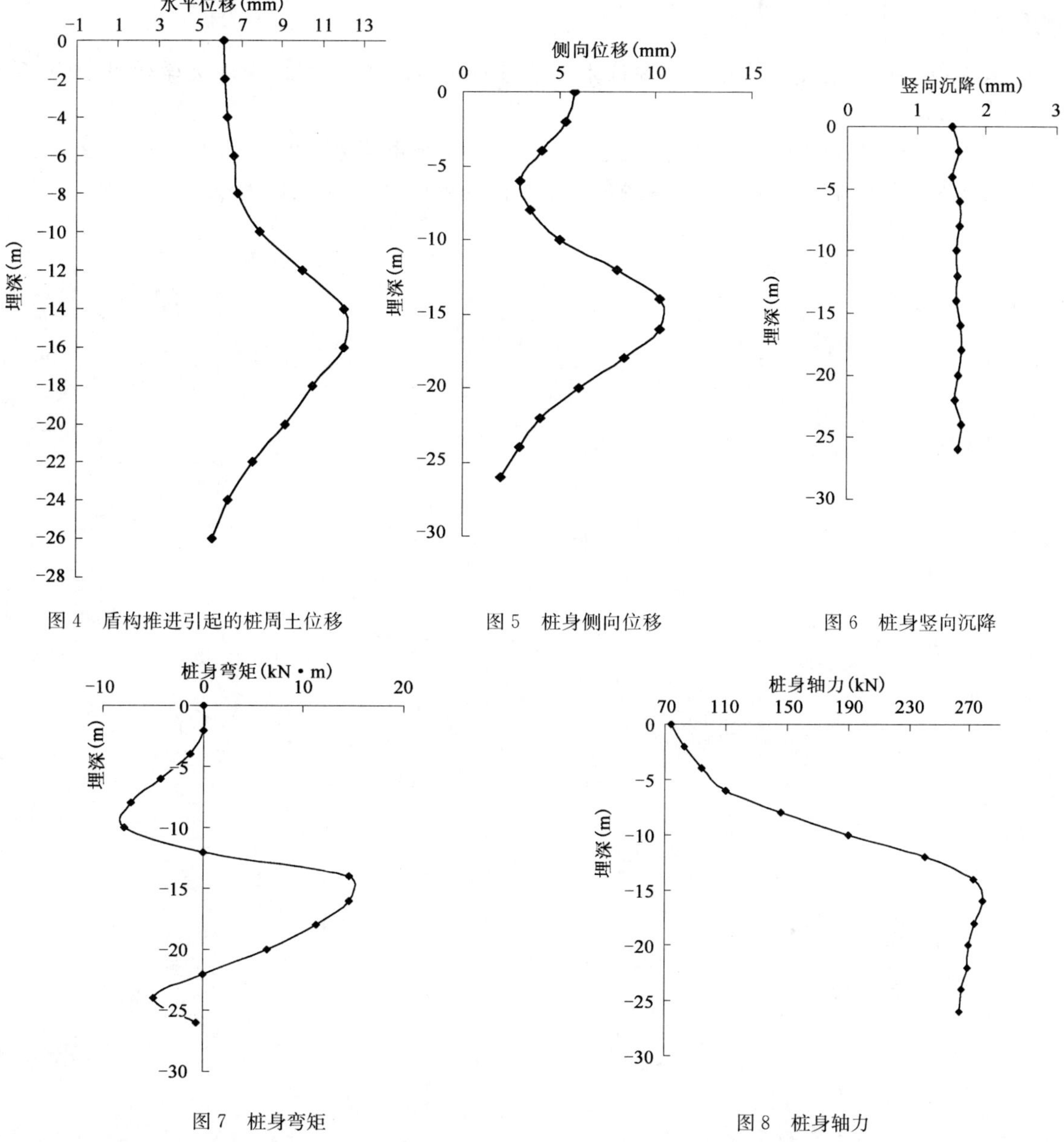

图4 盾构推进引起的桩周土位移

图5 桩身侧向位移

图6 桩身竖向沉降

图7 桩身弯矩

图8 桩身轴力

(2)隧道与桩基之间的土体受到的水平扰动最大,发生远离隧道方向的水平位移,在平行于隧道轴线处达最大值,隧顶以上及隧道底部以下范围内,位移逐渐减小。

(3)盾构侧穿桩基时,桩基发生远离隧道方向的水平位移和竖向沉降,水平位移在隧道中心处达最大,而竖向沉降则沿桩长几乎不变,说明桩的轴向刚度较大,受水平扰动较小。

(4)盾构推进时,桩身弯矩有正弯矩区和负弯矩区,最大正弯矩出现在隧道中心位置,最大负弯矩出现在隧顶约2m处;桩身轴力沿桩长逐渐增大,至隧道中心位置时达最大,然后几乎保持不变。

(5)经分析,桩基和桩周土体在隧道中心位置处受盾构施工的影响较大,应视具体情况对该部分土体进行加固处理。

参考文献

[1] 李永盛,黄海鹰.盾构推进对相邻桩体力学影响的实用计算方法.同济大学学报:自然科学版,1997.

[2] 韩煊,李宁.Peck 公式在我国隧道施工地面变形预测中的适用性分析.岩土力学,2007.

[3] 朱忠隆,张庆贺,易宏传.软土隧道纵向地表沉降的随机预测方法.岩土力学,2001.

管棚预支护技术在浅埋暗挖过街通道中的应用研究

章玉伟[1]　徐双龙[2]

（1.中铁隆工程有限公司　2.广州市市政工程设计研究院）

摘　要　结合某人行地道工程，介绍了在浅埋暗挖隧道施工中采用的管棚预支护技术的作用机理，评述其使用效果。通过计算分析说明预支护措施在该工程中的必要性和有效性，对今后类似工程设计施工可提供借鉴。

关键词　浅埋暗挖　管棚　预支护

1　前言

在城市软土隧道施工中，由于隧道开挖卸荷会导致围岩变形、沉降，处理不当会严重地威胁地面设施、地表建筑物和地下构筑物的安全使用。为控制这种不利影响，必须采取相应的措施。这些措施一般可分为三个方面：①加大设计结构刚度，增强结构对地表变形的耐受力；②优化施工方法，包括开挖方法的选择，开挖顺序的调整等，以将施工对围岩的扰动减至最小；③对围岩进行预处理，即预加固、预支护。

在浅埋暗挖法中，预加固和预支护措施对于隧道施工的成败起着举足轻重的作用。由于新奥法设计中初期支护是采用喷射混凝土的柔性支护，喷射混凝土达到强度需要一定时间，而研究表明，地表沉降量的30％～40％，地下土层沉降量的40％～50％是在隧道初期支护产生作用之前发生的。所以，对隧道工作面前方的土层进行预加固和预支护，以便在隧道开挖之前最大程度地限制土体的变位，是控制沉降的关键环节。工程实践和理论研究表明，超前预支护对于地表沉降的约束作用始于工作面前方一定距离处，一般为1～2倍洞径，其对地表沉降的控制可达30％～35％，对洞顶沉降的控制高达40％。

隧道施工中，超前加固方法主要包括工作面深孔注浆、小导管超前预注浆等。预支护手段主要有工作面超前锚杆、水平旋喷桩和管棚等。其中，管棚在土质隧道施工中由于施工工艺较为完善、可靠性高，对土体沉降控制效果好和能够承受大荷载而在城市隧道、山岭隧道洞口段和穿越工程，如隧道穿越房屋、重要管线、公路、铁路、隧道等得到广泛应用。

2　管棚作用机理

(1)阻断沉降作用。在浅埋隧道施工中，一般情况下，拱顶沉降要大于地表沉降，北京地铁复八线的经验值是1：2。采用管棚进行预支护在大幅度减小地表和拱顶沉降量的同时，也改变了二者的比例，使得拱顶沉降远远小于地表沉降量。

(2)均匀沉降，由于管棚的承托作用，使得沉降槽沉降集中的程度大幅减小，沉降总量在减小的同时有向两端均匀分布的趋势。

(3)提高土层物理参数，增大地层自稳能力。在实际施工中为增大管棚的刚度和管棚与围岩的黏结力，常常在管棚内注入水泥土浆，使管棚与其周围的土体成为一个整体，从而极大地增强了土层的自稳能力。

3 工程实例

3.1 工程概况

某人行过街设施工程位于城市交通繁忙主干道与辅导交叉口，鉴于主干道交通繁忙，故地道穿越部分必须采用浅埋暗挖法施工。地道主通道设计为复合式衬砌结构，圆拱直墙断面；净空尺寸：宽×高=4.8×2.8m，主通道开挖宽度 6.5m，横断面布置见图 1。

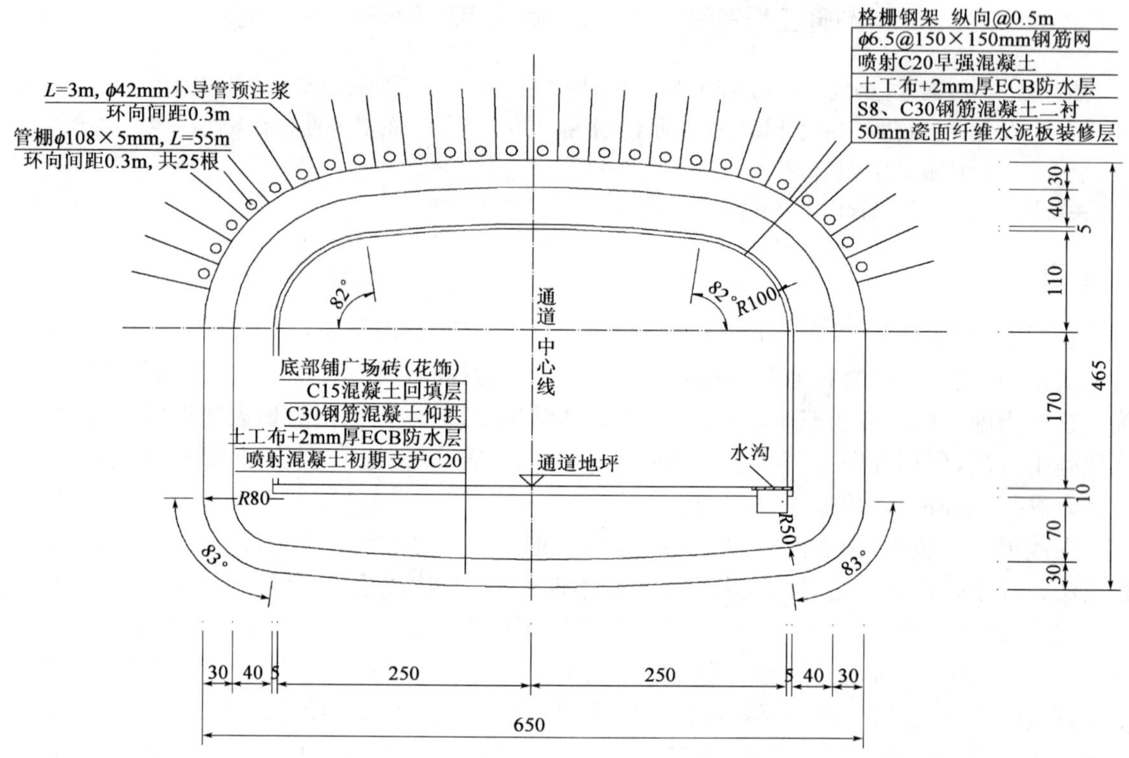

图 1 主通道横断面布置(尺寸单位:cm)

据区域地质资料显示，场区主要出露第四系人工堆积层(Q^{ml})、冲积层(Q^{al})(2-1 淤泥、2-2 粉质黏土、2-3 粉细砂层)、残积层(Q^{el})(粉质黏土)及下白垩统白鹤洞组广钢段岩层(K_1b_2)(4-1 强风化、4-2 中风化)。钻探揭露场区人工堆积层结构松散，含上层滞水，水位动态变化与大气降水有关；冲积淤泥层为饱和状态；冲积粉质黏土及残积粉质黏土层为相对隔水层；呈薄层状出露的冲积砂层含孔隙型潜水，略具有承压性，水量一般。而场区出露的碎屑岩主要以泥钙质胶结，故该基岩为相对隔水层。地下水稳定水位埋深 0.30～2.25m，场区水在强透水层中对混凝土结构具中等腐蚀性，而在弱透水层中对混凝土结构具弱腐蚀性。

地道顶覆土厚度在 3.30～3.71m 之间，开挖覆跨比约为 0.5，属于浅埋隧道。由于本工程场区处于软弱地层中，在采用暗挖法施工时，土体自承能力差，初期支护结构承受压力大，变形快，如果控制不当，地层很快松弛，所以施工中必须选用适当的辅助措施对隧道周围地层进行预支护，将掌子面前方因土层开挖释放的能量传至后部稳定地层中，以实现对地层沉降的有效控制，防止坍塌。根据现场地质情况，设计采用了长管棚方案，即在隧道拱部打设长管棚和小导管注浆，对拱部进行加固和超前支护，并对隧道掌子面的地层进行注浆改良，然后在管棚和加固拱圈的保护下进行浅埋隧道施工，以有效地控制地面沉降。

3.2 管棚设计原则

管棚设计应遵循的原则：

（1）系统性原则：管棚的设计要考虑多方面因素，如场区土层条件、水文地质条件、地面荷载条件，隧道埋深以及隧道结构断面各项参数、施工方法等，都对管棚的工作状态有着或多或少的影响，所以，应按场区内最不利区段的最不利工作状态设计管棚，以保证安全施工。

（2）安全性原则：凡使用管棚作为预支护手段的隧道工程，均对沉降有非常严格的要求，所以，必须在确保地表结构安全使用的同时，保证施工的安全。

（3）工艺可行原则：隧道施工中对管棚的长度、管棚施工的精度等有很高的要求，在设计管棚时必须考虑工艺的可行性，以满足施工要求，保证工程进度。

（4）挠度控制原则：在预支护结构设计时大都以结构容许强度作为设计的上限，但在长管棚穿越施工中，大多对沉降有着严格的要求，而且，由于管棚的作用在于将开挖面影响区段内的荷载转移到其前后土层和结构中去，材料使用应力较低，管棚强度绝大部分得不到发挥，基于以上两点，应以挠度作为管棚设计的控制指标。

3.3 本工程的管棚设计与施工

该人行过街地下道工程中使用了ϕ108 钢管作为管棚材料，钢管之间环向间距 30cm，初期支护拱部外侧沿线布置。钢管内设钢筋笼，并填充注浆以提高管棚本身刚度及加固其周边土体。

管棚采用套管跟进法施工：在隧道的设计周边上，采用套管跟进冲击回转钻进，套管跟钻杆同时跟进，避免内钻杆在提出孔后产生塌孔，起供临时护孔作用，从而方便管棚插入，管棚插入后，将套管取出。钻孔中采取有效措施防止钻头下沉，在头部加设了导向装置。管的就位在钻孔后立即进行，以避免塌孔发生。首先要控制砂浆的配比，并控制注浆压力，使压力值要达到 0.5～1.0MPa，在 4h 左右以后进行二次补浆。管棚施工效果检验见图 2。

3.4 计算及结论

采用地层结构法进行浅埋暗挖隧道的概念性设计，管棚的作用以拱壳模拟并提高管棚区土体物理力学参数体现管棚注浆效果。计算采用 Plaxis 3D 软件，计算隧道施工中的地层响应及结构变形弯矩，见图 3～图 6。

图 2 管棚注浆效果开挖检验

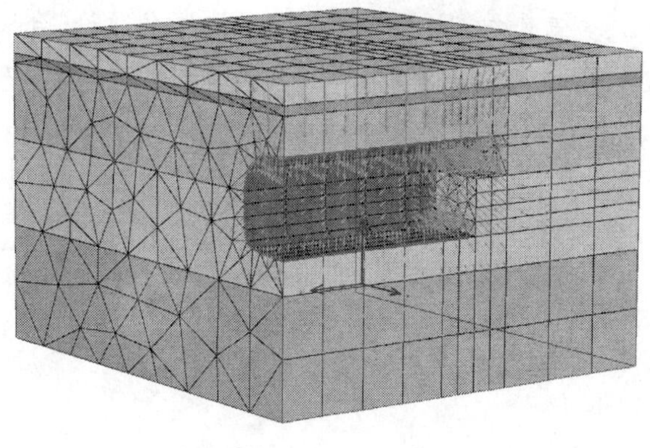
图 3 地层响应矢量图

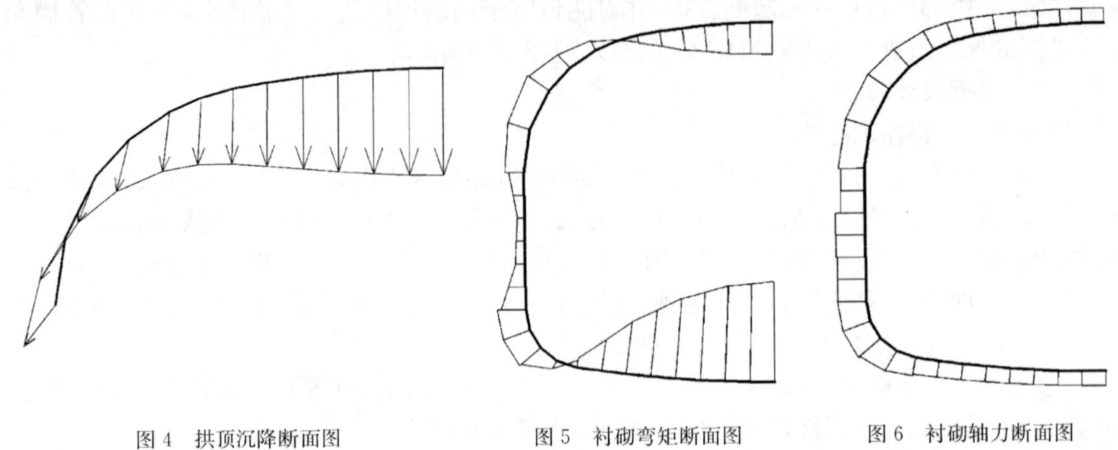

图 4　拱顶沉降断面图　　图 5　衬砌弯矩断面图　　图 6　衬砌轴力断面图

4　结语

(1)地表沉降槽宽度约为 26m,沉降曲线符合 Peck 曲线的大致趋势。

(2)地表沉降最大值 11.48mm,小于城市地下工程地表沉降控制值的规定(一般地段 30mm,特殊地段 15mm)。

(3)拱顶下沉最大值 17.55mm,小于地下工程浅埋暗挖施工常规控制值 50mm。

(4)结构轴力较大,弯矩相对较小,说明结构断面型式设计基本合理;结构受力较大的部位有仰拱(内侧受拉)和拱腰(外侧受拉),仰拱拱度或可优化。

(5)本工法能实现在不影响行车的前提下安全穿越广州大道,地表沉降及衬砌变形值符合规定,衬砌断面拟定合理。

(6)设计方案经充分论证采用梯道明挖、主通道暗挖相结合的方式,确保了工程的安全高效完成,取得了较高的社会、经济效益。本工程是软弱地层中浅埋暗挖人行通道典型案例,可为今后类似工程的设计施工提供借鉴。

参考文献

[1]　王梦恕.浅埋暗挖法设计、施工问题新探//隧道与地下工程技术及其发展.北京:北京交通大学出版社,2004.

[2]　王梦恕.地下工程浅埋暗挖技术通论.合肥:安徽教育出版社,2004.

[3]　孔恒.城市地铁隧道浅埋暗挖法地层预加固机理及其应用研究.北京交通大学博士学位论文.2003.

[4]　常艄东.管棚法超前预支护作用机理的研究.西南交通大学博士学位论文.1999.

水平旋喷新技术在不同地层中成桩机理分析

肖盛能

(北京中铁瑞威基础工程有限公司)

摘　要　施作水平旋喷桩产生的不成桩、断桩、缩桩和葫芦桩等现象是业内至今尚未解决的难题,也是该工法一直未能在国内推广应用的主要原因。现今正在施工的兰渝铁路桃树坪隧道出口施工引进国外先进技术,依靠特殊专业作业机械,解决了水平旋喷成桩质量无保障这一难题。本文以桃树坪隧道出口工程为实例,介绍了水平旋喷超前预加固新技术方案、新工艺,以及在不同地层构造中水平旋喷成桩机理,旨在为今后采用类似工法施工积累实践经验。

关键词　水平旋喷　成桩机理　关键技术

1　引言

随着我国交通基础设施的飞跃发展,地下工程施工面临越来越多的复杂地质构造问题,如何顺利穿越地下溶洞、高压富水断层、砂质黄土、泥石流、大塌方段及富水未成岩粉细砂层等地段一直是困扰着施工界的难题。

桃树坪隧道出口由于前期隧道作业施工引起多次坍塌,同时伴有大量出水,掌子面套拱出现开裂,喷混凝土剥落,前方围岩失稳、坍塌,造成已施工衬砌段多处开裂、变形和拱脚下沉。

经过专家多次论证,决定采用岩土变形控制分析方法进行施工,随后引进意大利土力公司的 PST-60 摇臂钻机和 SM-14 钻机及配套设备进行水平旋喷预加固和掌子面玻璃纤维锚杆施工,目前在国内尚属首次。

2　工程概况与水文地质情况

桃树坪隧道位于新建兰州—重庆铁路 LYS-7 标段内,隧道起止里程为 DK3+435～DK6+655,全长 3 220m,设计为双线单洞隧道。隧道断面 140 余平方米,隧道进口段 DK3+435～DK3+873、出口段 DK5+509～DK6+655 位于 R=4 500m 的曲线上,其余段落均位于直线上,隧道内线路分别为 0.3%、1.28%的单面上坡。隧道穿行于黄河高阶地下部,地势上隧道进口低、出口高,地形起伏大,相对高差达 200m 以上,最小埋深处仅 12m,地表上沟谷发育,下切较深,隧道下穿多个垃圾回填的浅埋沟谷、青兰高速、312 国道、厂矿企业、密集的居民区[1]。

开挖揭示,出口地层主要为未成岩遇水粉细砂层,其中夹杂有不连续卵砾石土地层,地下水位在拱顶 2m 以上。前期施工到 DK6+447 时,突发涌水突泥,随后发生多次大的塌方,伴随有大量涌水,掌子面稳定后日出水量保持在 600～800m^3/d。塌方影响带达到 50m 以上,已施工完成的二衬段变形严重。

3　水平旋喷加固方案及施工要点

3.1　预加固设计方案

设计每循环加固长度为 18m，开挖 15m。掌子面上共设计泄压孔 4 个，周边旋喷桩 108 根，桩径 600mm，桩间距 0.4m，沿隧道开挖轮廓线环向布置。玻璃纤维锚杆 68 根，长度 18m。环向泄水孔 12 个，长度为 20m 的真空深孔降水孔。大口井 4 口，深度为 15m。水平旋喷加固方案见图 1 和图 2。

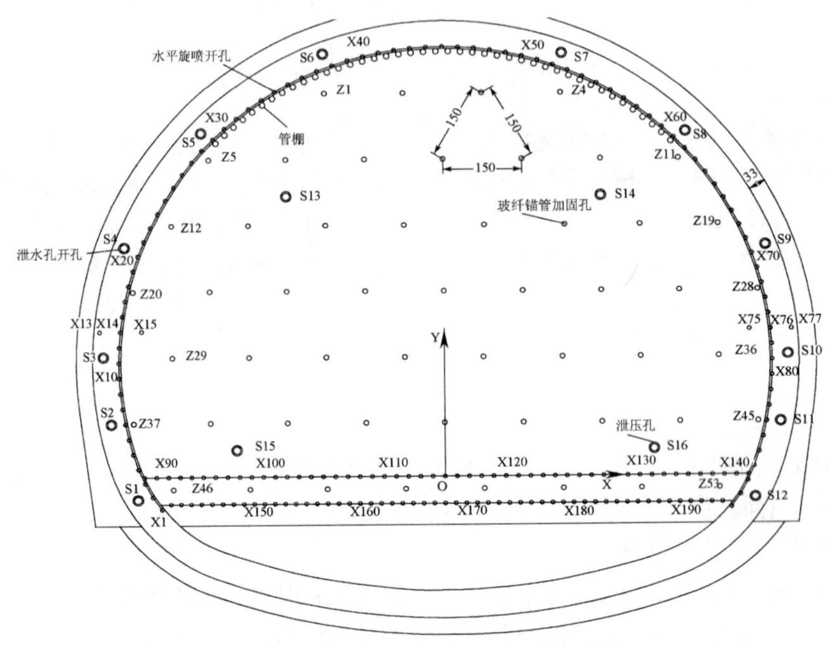

图 1　水平旋喷桩加固设计图

3.2　水平旋喷施工要点

(1)首先做好施工前的准备工作，包括：封闭掌子面和施工场地硬化，修建污水沉淀池、清水二级沉淀储水池、洞外机加工车间及混凝土搅拌站，组装主要机械设备，安装洞内高压浆液输送管道，铺设高压电线缆、风管、水管、排污管道和救生管道等。

(2)根据设计要求选择符合各项设计指标的原材料，水泥选用国家大型水泥厂生产的新鲜无结块的 P. O42.5 普通硅酸盐水泥。旋喷浆液水灰比为 1∶1。

(3)采用全站仪进行精确测量放线，测量技术人员预先在掌子面上画出中心线，再按设计数据画出泄水孔、玻璃纤维锚杆加固桩孔位以及周边水平旋喷桩施作孔位，孔位处用红油漆以点标注。

(4)钻机就位后，按照旋喷开孔设计参数、测量放线布置要求进行钻孔。

(5)按设计要求调整浆液输出压力、流量，泵送到工作面，待压力达到设计参数后通知工作面开始旋喷。

(6)每次旋喷施工前和施作后都要对浆液搅拌机、中间水泥浆过滤网、高压泵活塞缸、出浆阀和高压输送管路等进行彻底清洗，防止残留水泥浆结块堵塞阀件、输送管道和旋喷孔，影响旋喷施工安全和质量。

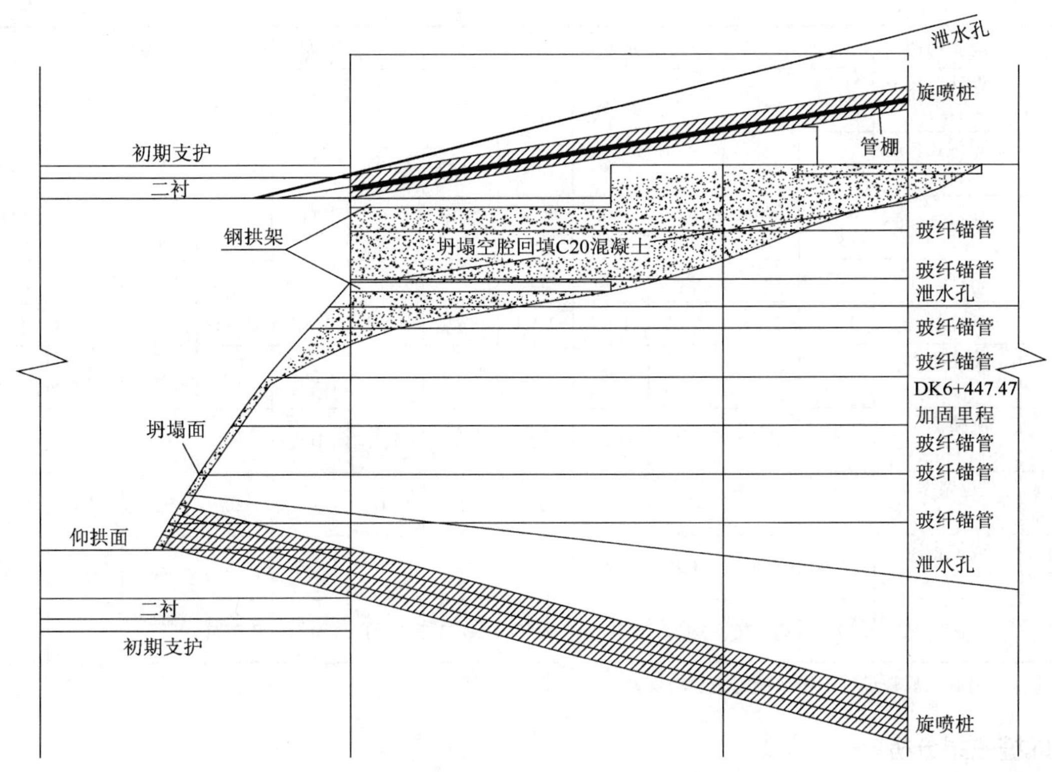

图 2 水平旋喷桩加固纵断面图

4 水平旋喷成桩机理分析

4.1 水平旋喷成桩机理

采用 PST-60 多功能地质钻机按照设计角度纵向水平钻孔，钻进到设计深度 18m 后，根据勘察到的不同地质情况，调整高压泵的压力和流量。然后，将按照设计参数配制好的浆液高压泵送至钻进顶端，钻杆按设计的转速和后退速度边退边喷射高压浆液，高压水泥浆液切割周边的岩土，与之完全搅拌混合，待浆液凝固后，即形成纵向圆柱形水泥沙石混合胶结桩。

4.2 不同地质条件下的成桩研究水平

不同地质条件下旋喷施工参数及成桩效果见表 1。

不同地质条件下的旋喷桩施工参数　　表 1

序号	地质构造	未成岩粉细砂						砂卵石			卵石	黄土	
1	旋喷机械名称	PST-60	PST-60	PST-60	PST-60	PST-60	PST-60	PST-60	PST-60	PST-60	PST-60	PST-60	PST-60
2	高压泵名称	7T-505	7T-505	7T-505	7T-505	7T-505	7T-505	7T-505	7T-505	7T-505	7T-505	7T-505	7T-505
3	钻杆规格（mm）	89	89	50	89	89	89	89	50	89	50	89	50
4	钻头规格（mm）	101	101	70	101	101	125	101	90	101	70	101	70
5	旋喷嘴直径（mm）	2.5	2.5	3	2.5	2.5	2.5	2.5	3	2.5	3	2.5	3
6	设计孔号	J13	J10	J23	J36	J27	J21	J7	J6	J1	J2	J13	J17

续上表

序号	地质构造	未成岩粉细砂						砂卵石			卵石	黄土	
7	设计孔长（m）	18	18	18	18	18	18	18	18	18	18	18	18
8	实际钻孔长度（m）	18	18	18	18	18	18	18	18	18	18	18	18
9	旋喷提升速度	5cm/8s	5cm/8s	10cm/5s	5cm/8s	5cm/8s	5cm/8s	5cm/8s	10cm/5s	5cm/8s	10cm/5s	5cm/8s	10cm/5s
10	钻杆钻速	25	25	25	25	25	25	25	25	25	25	25	25
11	浆液配合比	1∶1	1∶1	1∶1	1∶1	1∶1	1∶1	1∶1	1∶1	1∶1	1∶1	1∶1	1∶1
12	旋喷压力（MPa）	40	40	30	45	55	40	40	30	40	30	40	30
13	旋喷流量（L/min）	182	182	160	180	180	182	182	160	180	160	180	160
14	返浆率（%）	20	20	15	20	20	20	20	15	20	15	20	15
15	成桩直径（mm）	600	520	420	760	1100	430	520	430	220	130	560	480
16	成桩情况	均匀	葫芦桩	均匀	均匀	均匀	缩桩	均匀	均匀	葫芦桩	缩桩断桩	均匀	均匀

注：J10 号孔在旋喷过程中出现喷头堵塞的现象，停顿 22min 后复喷。

5 成桩效果分析

5.1 不同地质条件下的成桩效果分析

通过多对数据对比分析发现，压力越大，旋喷速度越慢，钻头尺寸选择越合理，成桩就越大，桩体连贯性也较好；反之，就会出现缩桩、断桩、葫芦桩，影响成桩质量。

结合成桩分析，水平旋喷并非单纯的置换，因此与常用注浆工艺在地层内的劈裂、渗透有着本质的区别，正是因为浆液与周围地层充分搅拌结合成桩后，才表现出不同的状态和强度。在卵石层或砂卵石层中，桩径普遍比黄土和粉细沙层中桩径要小，但强度相对较高。从图 3～图 5 中可以看出桩体起始端的形态，桩头直径为 48cm，桩身直径为 57cm，略成椎体，越靠近掌子面，不同地层内成桩情况也不尽相同。由于水平旋喷原理是通过高压喷浆与围岩充分搅拌，因此越靠前桩径越大，主要原因是每次成孔后、水平旋喷前都要采用高压水、高压风反复洗孔，洗孔过程对桩身周围围岩扰动较大，使土体相对桩头端变得松散，导致成桩直径要略大一些。由此可以总结出，在相同旋喷条件下，地层的扰动程度和松散系数对成桩的直径有着较大的影响。不同旋喷压力、流量、后退速度、浆液流量、浆液配比、钻杆转速、钻头直径、旋喷喷嘴直径以及地层情况等因素均会影响成桩质量，应根据现场实际情况调整各种参数及指标，以达到最佳成桩效果[2]。

水平旋喷加固是一种超前预支护施工技术，属于隐蔽工程，因此只有通过开挖才能真正揭示出桩体的状态和成桩情况。成桩控制要点主要有以下几个方面：桩径是否与设计相符、临桩间咬合情况是否良好、桩体是否侵线、是否出现断桩、桩体是否缩径、桩体强度是否满足要求等因素是判断水平旋喷施工效果的重要指标[3,4]。

不同地质揭示成桩效果见图 3～图 5。

5.2 返浆率和成分分析

返浆率是水平旋喷中非常重要的一项参考依据，当溢浆量超过浆量的 20%时，应调整注浆压力或后退旋喷速度，防止缩径和断桩。当不冒浆时，应通过减缓后退速度或加大泵送浆液流量进行处理。溢出浆成分分析见表 2。

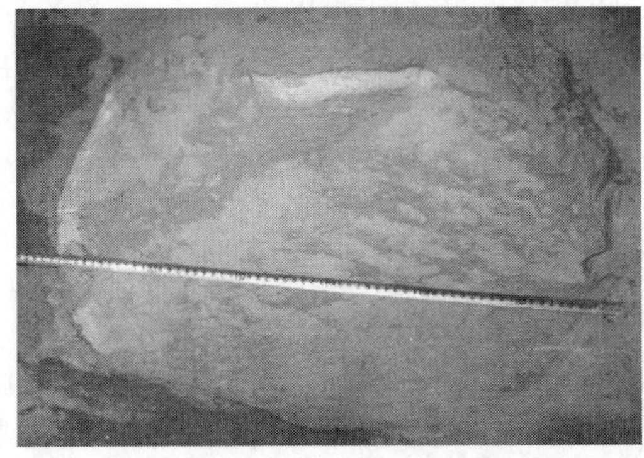

图 3　粉细砂中成桩情况

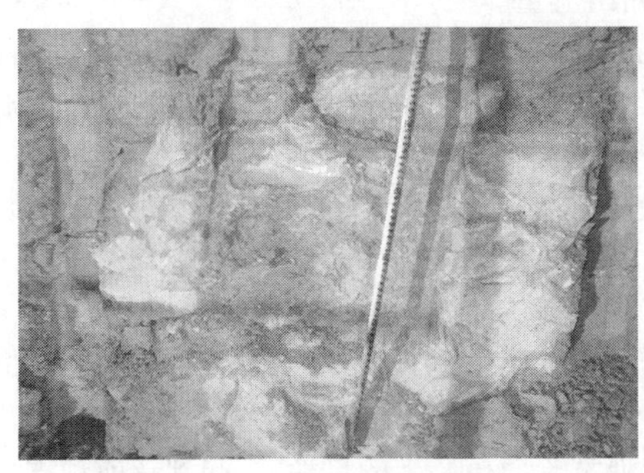

图 4　黄土中成桩情况

图 5　砂卵石中成桩情况

试验室送样分析得出的溢出浆液的各种成分数据　　表 2

总质量 W(g)	砂质量 W_s (g)	水泥＋土质量 W_{ce}(g)	土质量 W_e(g)	水泥质量 W_c(g)	水质量 W_w(g)	水灰比
400.00	185.50	85.90	32.65	53.25	161.25	0.33
400.00	187.00	87.80	32.91	54.89	158.11	0.35

计算过程：总质量 W 通过直接取样称量所得，总质量为砂、水泥、土和水质量之和，即 $W=W_s+W_{ce}+W_w$；

纯砂质量 W_s 可通过分离试验提取获得；

水泥和土的混合质量 W_{ce}（$W_{ce}=W_c+W_e$）可通过分离试验提取获得；

根据设计原状土中土含量为 15%计算，可换算得到土质量：$W_e=0.176W_s$；

水泥和土的混合质量减去土含量可得水泥含量：$W_c=W_{ce}-W_e$；

计算水含量：$W_w=W-W_{ce}-W_s$；

计算水灰比：$W_w:W_c=1:W_w/W_c$。

6　水平旋喷成桩关键技术

（1）配备熟练专业机械操作技术人员。

（2）选用全站仪精确定位，现场专业技术人员复测开孔位置、角度，旋喷过程中及时发现，并及时纠偏。

(3)旋喷前清洗管路阀件、钻杆和喷头。检查配浆仪器工作是否正常,是否按要求输入配合比。选用合适的钻具,检查钻杆接口是否牢固,防止漏浆,避免中途停机。

(4)旋喷所用的水必须是符合施工要求的清洁水,水泥的各项性能指标符合国家标准且无结块。

(5)浆液应进行严格过滤,防止喷射作业时将高压旋喷嘴堵塞。因故停喷后重新恢复施工前,应将喷头前移30cm,采取重叠搭接喷射处理后,方可继续后退进行旋喷作业,并应记录中断位置和时间。

(6)因故停机超过2h时,应对泵体阀件,输浆管道进行彻底清洗。

(7)防止退钻速度过快,造成退钻后在桩体中心钻杆位置形成空心;或中间停留时间过长,浆液压力,流量偏小,旋喷浆液填充不及时等,均可能造成桩体非圆形或成葫芦状。因此要对工艺过程进行严格控制,及时调整各项施工参数。实行技术人员24h现场值班制度。泵站司机适时告知旋喷机手该孔旋喷压力和水泥浆液输出流量。

(8)每次旋喷施工完成后都要对浆液搅拌机、中间水泥浆过滤网、高压泵活塞缸、出浆阀和高压输送管路等进行彻底清洗,防止残留水泥浆结块堵塞阀件、输送管道和旋喷孔,影响旋喷安全和质量。

(9)在旋喷施工中,操作机手应尽量采用远程遥控自动旋喷设置,现场工作人员距离喷孔30m以上。

(10)加强机械维修保养,提升机械使用完好率保证旋喷施工的连续性。

7 结语

施作水平旋喷桩可以改善前方围岩结构,增强掌子面核心土的自稳力,起到超前预支护的作用,考虑到施工安全,成桩效果就显得尤为重要。

施工过程中,充分了解和分析地质情况,而后根据地质特点,明确施工目的,有针对性地进行方案优选和优化。水平旋喷超前预加固技术的关键在于过程控制,因此必须做到管理规范化,施工设备专业化,施工过程精细化[5]。从方案设计到过程控制充分发挥专业化水平,是实现安全、质量、进度的有力保障。施工过程从孔位标识、开孔钻进、浆液选择、退钻旋喷、施工顺序、异常处理、效果评定等方面必须细致认真,才能确保成桩质量。

本文在不同复杂地质条件下所进行的水平旋喷成桩试验及成桩机理研究,为相关的课题研究和现场同类施工提供了科学数据,将促进隧道软岩施工技术迈上一个新的台阶。

参考文献

[1] 李国良.桃树坪隧道试验段设计方案.兰州:2010.

[2] 张江全.水平旋喷施工工法技术分析.硅谷:2008(23):94-95.

[3] 杨宏射.水平旋喷技术在兴旺峁隧道砂层加固施工中的应用.隧道建设,2010,30(1):100-105.

[4] 白聚敏.软流塑地层暗挖隧道的水平旋喷注浆.隧道建设,2008,28(4):489-500.

[5] 梁云生.城市地铁旋喷桩施工技术.隧道建设,2007,27(3):84-87.

大跨城市隧道近距穿越既有建筑物安全控制技术研究

牛晓凯[1,3]　束毅力[2]　苏　洁[3]

（1. 北京市市政工程研究院　2. 中国路桥工程有限责任公司　3. 北京交通大学）

摘　要　城市隧道建设过程中，一方面需要保证自身建设及结构安全，更重要的是要保证隧道周边环境，特别是既有建(构)筑物的安全。本文以大连新建的双向六车道大跨隧道近距离穿越既有5层住宅楼为例，介绍了施工过程中采取的电子雷管爆破减振及变形控制措施。监测结果表明，该控制措施的实施既保证了施工及环境安全，又提高了施工进度，其成功经验可为类似工程实施提供借鉴及参考。

关键词　大跨度　隧道　穿越　电子雷管　爆破减振

1　工程概况

大连南山隧道位于城市中心区，为新建分离式双向六车道隧道。隧道北线长1380m，南线长1395m，毛洞宽15.48～16.22m，高9.44～11.87m。隧道穿越地层以Ⅳ级、Ⅴ级围岩为主，局部为Ⅵ级围岩。岩层为中风化板岩夹石英岩，薄～中厚层状构造，层理清晰节理裂隙发育。施工过程中隧道需近距穿越大量住宅楼(该段隧道与建筑物净距约14～22m)、防空洞(平均净距7～9m，局部不足5m)等既有建(构)筑物。

由于隧道为大跨度隧道，地质条件较差，自身施工风险相对较大，且需穿越的既有建(构)筑物多以20世纪七八十年代的5～6层砖混结构为主。工前检测结果表明既有建(构)筑物存有多处开裂、破损现象，现状普遍较差，对变形及振动要求较高。因此工程施工安全风险极大，一方面要保证在不良地质环境中大跨隧道自身开挖的安全性，另一方面更要保证穿越过程中，既有建筑物的变形及振动影响在安全控制范围内。

本处选取隧道在里程K2+399～K2+439约40m范围内，穿越观象街3号楼为例，对工程穿越建筑物安全控制进行阐述。该处隧道埋深24.7m，与建筑物净距约22m。地质资料显示该段为Ⅳ级围岩，主要为中风化板岩夹石英岩，岩体较完整～较破碎，岩体呈中、薄层状结构，节理较发育。通过掌子面揭示情况，局部还存在土夹岩，达到Ⅴ级围岩。综合分析后，认为本处穿越工程需进行“爆破振动”及“建筑物沉降变形”两方面控制。

2　爆破振动控制措施

2.1　爆破控制标准

爆破振动控制标准：根据楼房工前检测结果及《爆破安全规程》(GB 6722—2003)要求，穿越过程中建筑物爆破振动控制标准应按表1进行控制。

爆破振动安全允许标准　　表1

保护对象类别	安全允许振速(cm/s)		
	<10Hz	10～50Hz	50～100Hz
一般砖房、非抗震的大型砌块建筑物	2.0～2.5	2.3～2.8	2.7～3.0

2.2 最大一段药量的确定

经前期现场试验测试，若采用常规的非电导爆雷管进行隧道爆破开挖，即使隧道进尺控制在 0.5m，爆破振动仍达到 5～6cm/s，远无法满足振动控制要求。因此参考国内外相关工程经验，本工程采用了电子雷管进行爆破，以尽可能的降低爆破震动影响。

电子雷管的延期采用电子定时，电子雷管由于其延时时间可以根据隧道围岩和环境情况任意设置，并且延时时间长和精确，最长延时时间可达 16s，延时误差 0.1%。利用电子雷管的这一特性，可将炮眼内炸药能量均匀释放，实现隧道单孔连续爆破。

隧道采用台阶法开挖，穿越前基于萨道夫斯基公式，经现场试验确定：上台阶采用电子雷管实现单孔起爆，单孔药量控制在 1.5kg；下台阶由于上部及前面具有临空面，爆破夹制作用明显减小，可以把最大一段药量控制在 5kg 以下。同时根据爆破振动测试结果对爆破参数进行了优化完善，最终得到实施的爆破设计。

2.3 上台阶爆破设计

电子雷管爆破主要是对炮眼"分段"及延期时间分配，这是与普通雷管爆破的最大区别。炮眼"分段"及延期时间分配分别见图 1 及图 2。

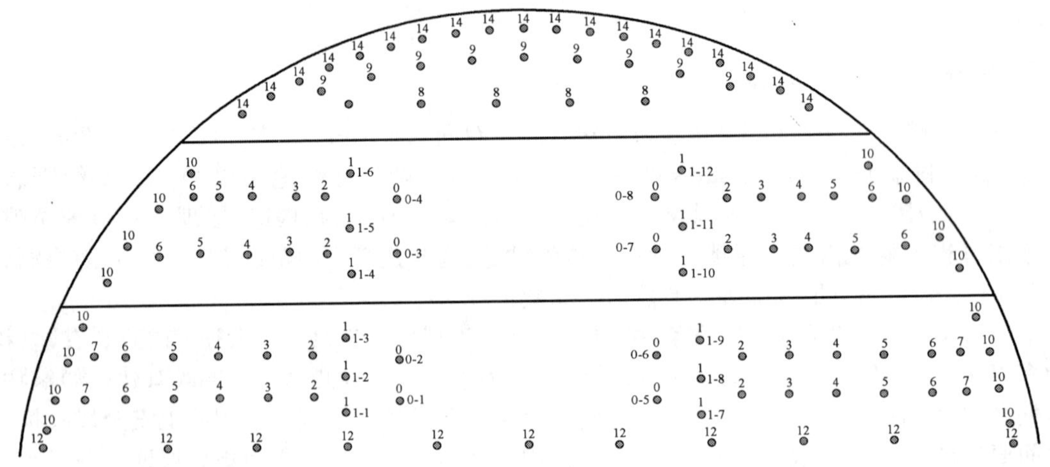

图 1　上台阶炮眼"分段"示意图

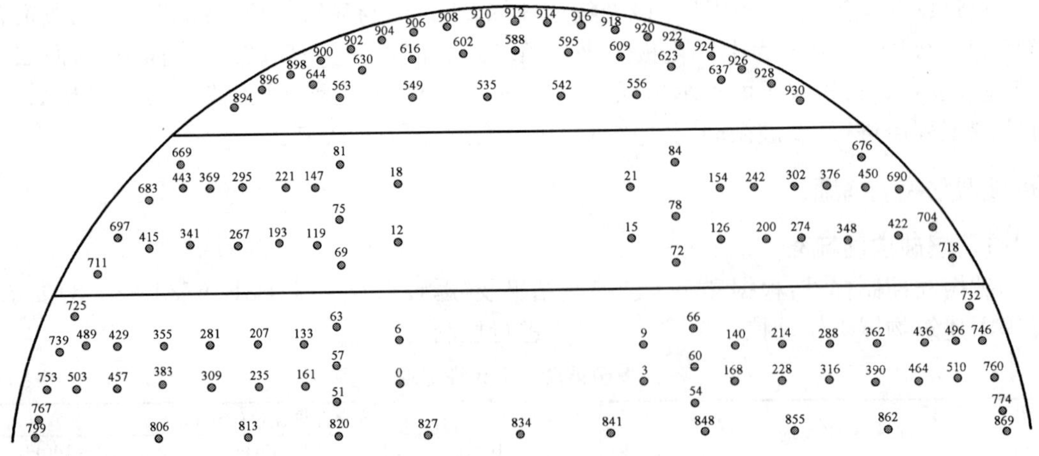

图 2　上台阶炮眼延期时间示意图

炸药单耗为 0.5～0.6kg/m^3。掏槽采用楔形掏槽形式，最大开口不大于 3m，炮眼上下间距 40～50cm，左右 50～60cm，周边眼间距 45cm，光爆层厚度 50～60cm。其他炮眼间距在 70～80cm。上台阶各孔爆破参数见表 2。

2.4 下台阶爆破设计

为了便于施工出渣，下台阶采用左右两半进行开挖，并且由于增加了自由面，还可以降低爆破振动。其中，半幅的炮眼布置见图 3。下台阶各孔爆破参数见表 2。

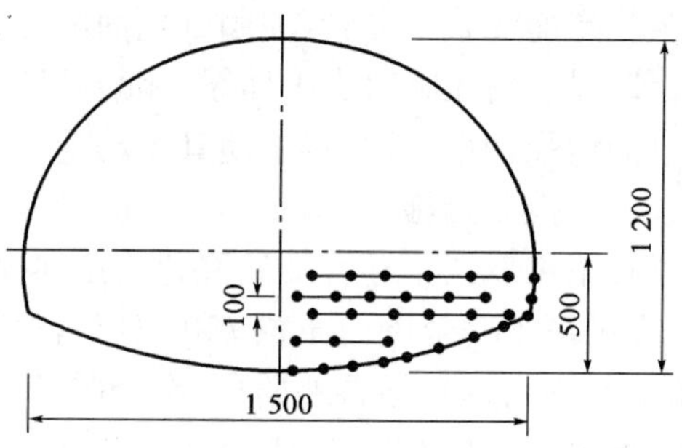

图 3 下台阶半幅炮眼布置图(尺寸单位:cm)

爆破参数设计 表 2

上台阶爆破参数					
炮眼类型	炮眼数量	眼深(m)	单眼药量(kg)	段位	每段药量(kg)
掏槽眼	4	1.5	1	0	6
扩槽眼 1	12	1.5	1	1	12
扩槽眼 2	8	1.5	1	2	8
崩落眼 1	8	1.2	0.6	3	4.8
崩落眼 2	8	1.2	0.6	4	4.8
崩落眼 3	8	1.2	0.6	5	4.8
崩落眼 4	8	1.2	0.6	6	4.8
崩落眼 5	4	1.2	0.6	7	3.2
压落眼 1	5	1.2	0.5	8	2.5
压落眼 2	9	1.2	0.5	9	4.5
底板眼	11	1.2	1	12	11
周边眼	20	1.2	0.3	14	6
边墙眼	16	1.2	0.4	10	6.4
下台阶爆破参数					
炮眼类型	炮眼数量	眼深(m)	单眼药量(kg)	段位	每段药量(kg)
崩落眼 1	6	2	1	1,2,3	2
崩落眼 2	6	2	1	4,5,6	2
崩落眼 3	6	2	1	7,8,9	2
崩落眼 4	3	2	1	10	3
底板眼	8	2	1	11,12,13,14	2
边墙眼	3	2	0.4	15	1.2

3 隧道施工中对建筑物沉降的控制措施

3.1 基本原则

施工时严格按照“新奥法”原理，遵循“管超前、弱爆破、短进尺、少扰动、强支护、早封闭、勤量测、紧衬砌”的原则制订施工方案，具体包括三方面：

(1)超前注浆小导管,加固开挖面前方土体。

(2)尽快封闭临时支护体系,缩短开挖自由面暴露时间,减小围岩变形。

(3)增强初期支护参数,使其主动受力,减小围岩变形量。

3.2 控制措施

(1)采用双层小导管及注浆超前预加固掌子面前方土体。

在拱顶140°范围内布置ϕ50双层(长短)注浆小导管,壁厚4mm无缝钢管,外层长导管外插角45°,内层即短导管外插角5°~80°,每根长度均为6m,环向间距0.4m,每环106根,纵向每4.0m一环,循环搭接长度不少于1.5m。注浆采用水泥—水玻璃双液浆。

(2)尽快封闭支护体系,缩短开挖自由面暴露时间。

开挖平行作业时,各部开挖后及时封闭掌子面,网喷、锚杆、型钢钢架联合支护作业,以减少围岩暴露时间,抑制围岩变形。同时为了防止围岩在短期内松弛剥落,仰拱施工实行短开挖、早支护,及时施做仰拱混凝土,闭合成环,二次衬砌紧跟。

(3)增强初期支护参数,使其主动受力。

采用全环I22b型钢钢架支护,预留变形量按照15cm考虑,钢架纵向间距0.5m;喷射C25混凝土,厚度为30cm;每榀钢架增设ϕ76钢管桩8根,每根长6m,锁脚锚杆则将尾部做成直弯钩后与型钢焊接牢固,锁脚锚管采用L或U形钢筋焊接连接。为加强钢架纵向连接,连接筋环向间距加密至0.5m,双层钢筋网间距为15cm×15cm,衬砌配筋采用ϕ28主筋,间距为15cm×15cm。

3.3 其他技术措施

(1)拱架底部采用受力面积大于连接钢板的预制混凝土块进行支垫,保证落底硬实。当土体较松时,应进行夯实处理后再支垫预制块,以控制下沉量。在钢架落底处,两榀钢架之间焊接纵向连接工字钢,采用喷射混凝土封闭,以增加其整体受力,防止拱架整体下沉。

(2)为改善初期支护的结构受力,在拱脚和墙角处80cm范围内设置扩大拱脚,宽度为50cm,加大的开挖尺寸采用喷射混凝土回填,以增大拱脚受力面积,提高承载力。

4 监控量测

4.1 监测项目

为保证安全控制目标的实现,隧道穿越过程中除常规的洞内监测外,还重点实施了“建筑物沉降”和“爆破震动”两项监测。其中建筑物沉降监测频率为1次/d,爆破振动监测频率随爆破进行,实现“每炮必测”,确保及时通过监测数据为施工参数优化调整提供依据。

4.2 监测结果

通过实施前述各项控制措施,穿越完成后,3号楼沉降最大值约为5mm左右。差异沉降值3mm左右。穿越过程中爆破产生的质点振动竖向速度最大值均小于2cm/s。建筑物沉降变形历时曲线如图4所示,典型爆破震动测试结果如图5所示。

监测结果表明,采取的各项安全控制措施起到了良好的控制效果,达到了预期控制目标。

5 结语

根据环境安全、工程进度、地质条件等多方面综合要求,大连南山隧道在穿越既有建筑物过程中采用电子雷管单孔起爆的方式有效实现了爆破震动控制,采用双层小导管预加固地层等隧道施工辅助措施可靠地保证了地层及建筑物沉降变形控制,及工程及环境安全,同时还实现了大跨城市隧道台阶法单次进尺 2m 的快速掘进，在安全、经济双方面均取得了较为理想的结果。该工程的成功实践可为类似工程提供有益的借鉴和指导作用。

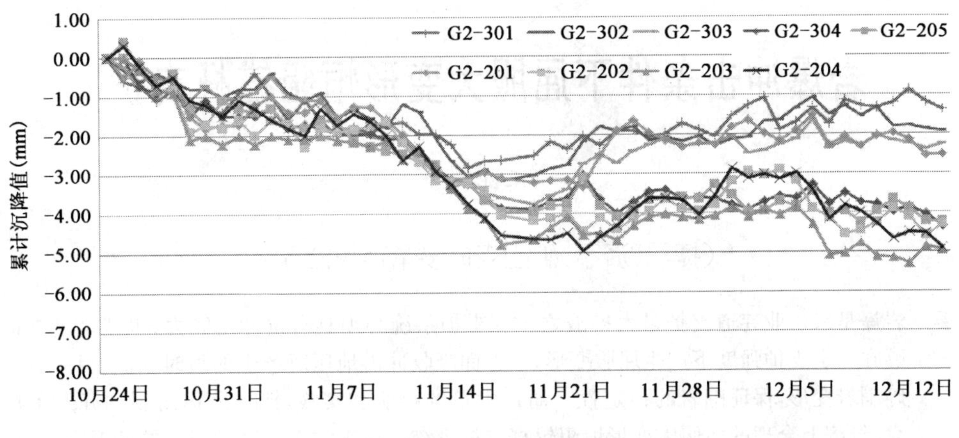

图 4　观象街 3 号楼建筑物沉降历时曲线

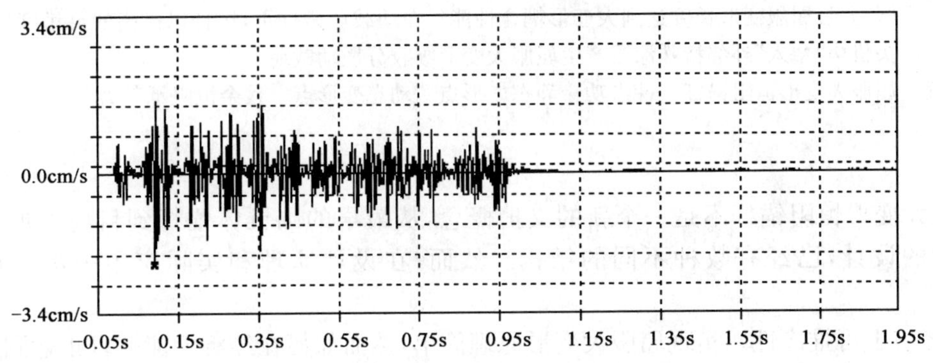

图 5　典型建筑物处质点竖向振动波形图(测试里程 K2+410)

参考文献

[1]　傅洪贤，沈周，赵勇，等. 隧道电子雷管爆破降振技术试验研究. 岩石力学与工程学报，2012，31(3)：597-603.

[2]　汪旭光. 爆破手册. 北京：冶金工业出版社，2010.

岩爆冲击条件下屈服大变形恒阻锚杆支护

王亚杰

（捷马（济宁）矿山支护设备有限公司）

摘　要　岩爆是采矿业巷道支护最大挑战之一。支护系统必须具有抗冲击能力，也就是说支护系统能够在一定支护强度下产生屈服变形，一方面吸收冲击地压所产生的瞬时动能，另一方面控制破碎围岩变形，保证围岩的稳定性。通过大量的科研和实践，捷马公司研制和开发了技术上可靠、经济上合理的屈服大变形恒阻锚杆支护系统。在正常无岩爆动载荷的情况下，锚杆工作性能在屈服前和正常锚杆一样对围岩提供高安装载荷刚性支护，达到屈服极限后，锚杆正常屈服，并且屈服变形长度达到大变形耦合性能。在动载荷条件下，锚杆以极高的灵敏度通过锚杆头机构"犁入"外部特殊涂层产生屈服大变形吸收分散动载荷。

关键词　屈服大变形恒阻锚杆　冲击功　静态变形点　动态变形点　残余恒阻承载力

1　引言

屈服大变形恒阻锚杆不是一个新的支护概念，从最早的圆锥体锚杆到目前形形色色的各种不同的设计，已经有数种不同的结构。然而，在设计原理和实际应用中都存在许多问题。

(1)经济上可推广性。实现屈服大变形原理简单，然而如何在经济上能够真正达到可推广性是问题之一。

(2)技术可靠性。传统屈服大变形恒阻锚杆在实际应用中参数不稳定，如静态屈服点、动态屈服点、动态变形灵敏度、屈服变形长度等。

由于上述问题，实际应用中经常出现静态支护系统支护强度比实际支护强度低很多，起不到有效的支护作用。动态灵敏度不够造成锚杆破断。为此，捷马公司开发并制造了新一代经济上可推广性强、技术和实践上可靠的屈服大变形恒阻锚杆支护系统。系统参数设计应用的基本原则和参数要求包括：

(1)静态让压变形点。为了保证屈服大变形恒阻锚杆在静载荷条件下高阻让压耦合从而有效支护围岩，其静态让压变形点不能低于锚杆杆体的屈服极限，但要小于杆体的最大抗拉极限。

(2)静态让压长度。为了保证锚杆和静态大变形围岩耦合，必须保证锚杆在静载荷条件下的高阻大变形性能。

(3)静态支护刚度。静态支护刚度必须和普通锚杆基本相同

(4)静态参数的稳定性。为了保证每根锚杆充分发挥支护效率，达到耦合，上述的静态参数必须保证基本稳定。忽大忽小地变化对支护效率影响很大，这也是许多锚杆支护的共同问题。

(5)冲击变形点。为了保证屈服大变形恒阻锚杆在冲击载荷条件下能够通过屈服变形吸

收冲击功,保证锚杆在冲击压力下不破坏,冲击变形点不能超过锚杆杆体的屈服强度。

(6)残余载荷:锚杆系统受冲击载荷产生屈服变形,其残余承载力应该越高越好。

(7)屈服变形长度。根据不同地质采矿条件,屈服变形长度应该不同且可控。

(8)动态参数的稳定性。为了保证每根锚杆充分发挥支护效率,动态参数必须保证基本稳定。忽大忽小地变化对支护效率影响很大。

根据上述要求,为了解决岩爆和冲击条件下巷道支护问题,捷马公司开发并制造了屈服大变形恒阻锚杆,见图1。屈服大变形恒阻锚杆杆体由直径为18mm的500号圆钢和端部屈服机构组成。圆钢的屈服和抗拉载荷分别为140kN、190kN。杆体头部设计成一定形状和尺寸,然后用专用塑料材料注塑而成,从而达到在设计载荷下静载荷屈服大变形和动载荷屈服大变形,从而吸收岩爆过程中的冲击动能,保证围岩的稳定性。和普通锚杆一样,锚杆在安装时通过扭矩施加高安装应力从而达到及时支护的目的。在正常无岩爆动载荷的情况下。锚杆工作性能在屈服前和正常锚杆一样对围岩提供高安装载荷刚性支护,达到屈服极限后,锚杆正常屈服并且屈服变形长度达到大变形耦合性能。在动载荷条件下,锚杆以极高的灵敏度通过锚杆头机构“犁入”外部特殊涂层产生屈服大变形吸收分散动载荷。

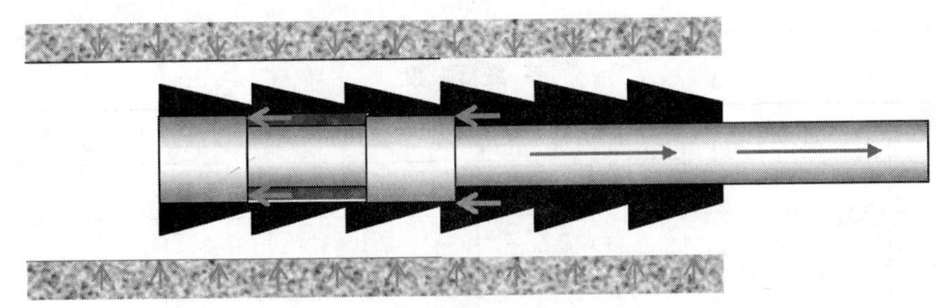

图1 屈服大变形恒阻锚杆

2 正常条件下(无岩爆冲击)屈服大变形恒阻锚杆的性能试验

锚杆在大部分时间都是在静态下工作,屈服大变形恒阻锚杆首先必须保证无岩爆冲击条件下的支护性能和效率。锚杆系统首先对围岩提供刚性支护,当锚杆受力超过静态让压变形点时,锚杆系统开始产生塑性恒阻变形。为了保证锚杆性能和有效性,现场进行了拉拔试验。图2是一系列拉拔试验的结果。试验用钻孔直径为35mm,锚杆为树脂全长锚固。锚杆均匀一致地在圆钢的屈服强度140kN左右屈服。然后保持恒阻(140kN~160kN)变形。试验中恒阻变形量受拉拔设备的限制只记录到50mm。最大恒阻变形量根据设计要求不一样可以达到锚杆长度的2/3。

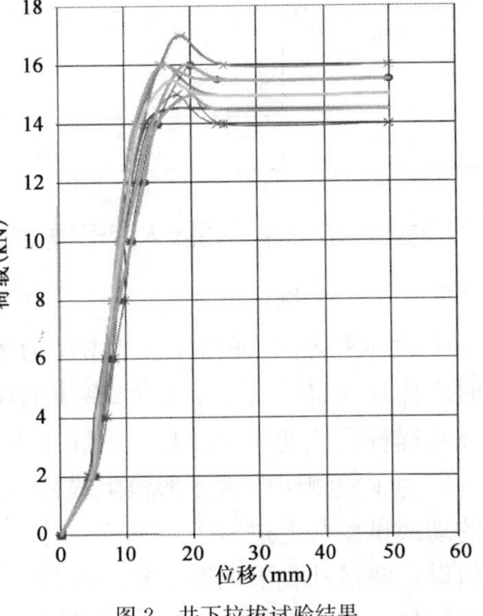

图2 井下拉拔试验结果

在进行端锚和全锚的拉拔试验时,锚固剂本身的强度和承载力是决定锚杆性能的基本参数之一。单位长度锚固剂承载能力越大,所需锚固端长度越小,安装载荷影响和作用的范围越大,支护效果也越好。锚杆锚固力的大小取决于锚固剂强度和长度。一般情况下，端锚完全能够保证足够的锚固力。通过短锚固试验可以确定单位长度锚固剂所提供的的锚固力，从而确定所需锚固剂的长度。对屈服大变形恒阻锚杆来说，锚固段只是在屈服机构段，屈服机构以外的杆体做了相应的无黏结处理，所以对锚杆的拉拔力影响很小。此试验锚杆的屈服机构段为750mm，锚固端的长度也是750mm。

通过短锚固剂试验，单位长度拉拔力和屈服大变形恒阻锚杆的系统刚度如表1和表2所示。

单位长度拉拔力 表1

拉拔力(kN)	锚固长度(mm)	单位长度拉拔力(kN/mm)
142	750	0.19
147	750	0.20
152	750	0.20
157	750	0.21
162	750	0.22
167	750	0.22

系 统 刚 度 表2

锚杆编号	起始载荷(kN)	结束载荷(kN)	位移差(mm)	载荷差(kN)	系统刚度(kN/mm)
Bolt 1	20	137	9.2	117	12.7
Bolt 2	20	137	7.9	117	14.8
Bolt 3	20	137	8.1	117	14.4
Bolt 4	20	137	9.6	117	12.2
Bolt 5	20	137	9.9	117	11.8
Bolt 6	20	137	7.4	117	15.8
Bolt 7	20	137	7.1	117	16.5
Bolt 8	20	137	9.6	117	12.2
Bolt 9	20	137	7.5	117	15.6
Bolt 10	20	137	10.0	117	11.7

3 岩爆冲击条件下屈服大变形恒阻锚杆系统工作性能试验

当发生岩爆或冲击时，为了保证屈服大变形恒阻锚杆在冲击载荷条件下能够通过屈服变形吸收冲击功，保证锚杆在冲击压力下不破坏，冲击变形点不能超过锚杆杆体的屈服强度。同时应保证一定的残余承载力，系统的残余承载力不小于系统屈服承载力的60%。屈服变形距离和锚杆设计动压强度相关。屈服大变形恒阻锚杆的动态参数应保持稳定一致。

为了检测屈服大变形恒阻锚杆的工作性能，捷马公司在加拿大渥太华CANMET实验室的动载试验台上进行了一系列冲击动载试验。动载试验台是根据ASTMD7401－08标准专门设计测试动载下屈服支护系统的。它可以模拟岩爆条件下的冲击强度和速度。锚杆钻孔是由内径35mm、壁厚12mm的钢管制成。钢管内部做了粗糙化处理以增加摩擦力。

和一般锚杆安装类似，首先把树脂插入钢管中，然后把 1.8m 长的锚杆慢慢旋转推入钢管，推入速度要稳定一致。推到底后，锚杆机全速旋转搅拌树脂 5s。

根据 ASTM 标准，进行了三种不同的系列重块下落试验，见图 3。

试验一（ASTM 标准试验）：重块质量：1 115kg

下落高度：1500mm

冲击速度：5.4m/s

冲击功：16.4kJ

试验二：重块质量：2 000kg

下落高度：1 500mm

冲击速度：5.4m/s

冲击功：29.5kJ

试验三：重块质量：3 000kg

下落高度：1500mm

冲击速度：5.4m/s

冲击功：42.6kJ

ASTM 标准试验（试验一）结果综述：如图 4 所示，在标准试验条件下，输入的冲击功为 16.4kJ。屈服大变形恒阻锚杆冲击变形点在 140kN 左右（接近杆体屈服点），屈服变形平均达到 195mm。屈服变形后的残余恒阻承载能力为 80～100kN（大于杆体屈服承载力的 60%）。大部分（96%）冲击功被锚杆屈服机构吸收，很小一部分（3%～4%）被杆体本身弹性变形吸收，而且每根试验锚杆所测参数均匀一致。

图 3　冲击功试验台

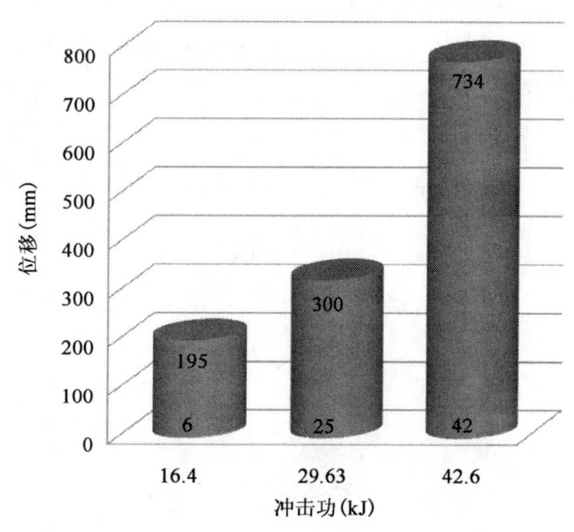

图 4　试验结果

4　现场应用

屈服大变形恒阻锚杆目前在有岩爆倾向性的矿山得到广泛应用并取得良好效果。主要矿区包括 Barrick Gold，Vale，Xstrata，Perilya and lightening Nickel 等矿区。图 5 是现场应用图片。

图 5 现场应用图片

参考文献

[1] ASTM D7401-08 (2008) Standard Test Methods for Laboratory Determination Of Rock Anchor Capacities By Pull And Drop Tests.

[2] WIPO (2011) World Intellectual Property Organization, Patent Publication No. WO201102879 on Yielding Bolt and Assembly, viewed 24 November 2011, http://www.wipo.int/patentscope/search/en/WO2011028790.

[3] Wu Y. and Oldsen J. (2010) Development of a new yielding rock support-Yield-Lok bolt, 44th U. S. Rock Mechanics Symposium, June 27-30, 2010, Salt Lake City, Utah.

矿用单束锚索的应用与发展

闫莫明

（煤炭科学研究总院）

摘　要　本文简要介绍了矿用单束锚索的结构特点及最新发展。单束锚索结构形式的多样化和1×19钢绞线的推广应用，提高了单束锚索的最大承载力，更加适应煤矿复杂条件的实际需要。文中还对一些重要技术问题进行了探讨，详细叙述了矿用单束锚索的主要参数的确定原则并相应提出了合理建议。

关键词　矿用锚索　主要参数　安全系数

1　引言

矿用单束锚索，结构形式比较简单，通常是采用单根钢绞线和配套锚具组合而成的一种小型预应力锚索，并且使用树脂锚固剂进行锚固。目前在煤矿煤层巷道中与锚杆联合使用，已成为煤巷支护不可或缺的重要技术手段之一。2011 年中国煤炭总量达到 35 亿 t，锚索(锚杆)支护起到至关重要的作用。据估计全年用量 1 500 万束。锚索支护技术的成功应用，有效地解决了煤矿巷道的支护难题，对矿井的高产高效和安全生产起到了积极的作用。这一实用技术市场需求旺盛，因而也带动了行业内科研工作的活跃，因而新的成果、新的产品不断出现。虽然矿用锚索技术，行业特点比较突出，但仍然属于预应力技术范围，重要问题还要与岩土锚固技术相统一。

2　矿用单束锚索的最新发展

2.1　推广应用 1×19 大直径钢绞线

矿用单束锚索的特点就是由单根钢绞线组成，因此要改善、提高单束锚索的最大承载力，最便捷的办法就是采用大直径高强钢绞线。

(1)1×19 结构钢绞线外形

1×19 结构钢绞线中，截面尺寸为 28.6mm 的钢绞线为西鲁式或瓦林顿式结构。其他截面尺寸的钢绞线均为西鲁式结构。钢绞线外形横截面见图 1 所示。

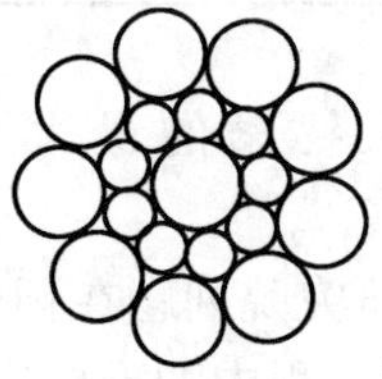

1×19S（1+9+9）

a) 西鲁式

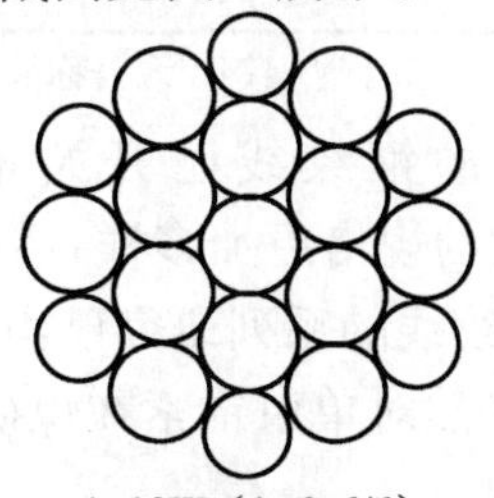

1×19W（1+6+6/6）

b) 瓦林顿式

图 1　1×19 绞线横截面示意

(2)1×19 结构钢绞线尺寸及允许偏差

1×19 结构钢绞线尺寸及允许偏差见表 1。

1×19 结构钢绞线尺寸及允许偏差、每米参考质量 表 1

钢绞线结构	公称直径 D_n(mm)	直径允许偏差 (mm)	钢绞线公称截面积 (mm^2)	每米钢绞线参考质量 (g/m)
1×19S(1+9+9)	17.80	+0.40 −0.20	208	1 652
	19.3		244	1 931
	20.3		271	2 149
	21.8		313	2 482
	28.6		532	4 229
1×19W(1+6+6/6)	28.6		532	4 229

注:1. 计算钢绞线每米参考质量时钢的密度取 7.85g/cm^3。

2. 1×19 钢绞线的公称直径即是绞线外接圆的直径。

(3)1×19 结构钢绞线力学性能

1×19 结构钢绞线力学性能见表 2。

1×19 结构钢绞线力学性能 表 2

钢绞线结构	钢绞线公称直径 D_n(mm)	抗拉强度 R_n(MPa)	整根钢绞线的最大力 F_n(kN)	规定非比例延伸力 $F_{P0.2}$(kN)不小于	最大力下总伸长率 (L_0≥600mm) A_{gt}(%)不小于	应力松弛性能	
						初始负荷相当于公称最大力的百分数/(%)	1 000h 后应力松弛率 r(%)不大于
1×19S (1+9+9)	17.80	1 860	387	349	3.5	70	2.5
		1 960	408	368			
	19.30	1 860	454	409			
		1 960	479	432			
	20.30	1 810	491	442			
		1 860	504	454			
	21.80	1 770	554	499			
		1 810	567	511			
		1 860	583	524			
	28.60	1 720	915	825			
		1 770	942	848			
1×19W (1+6+6/6)	28.60	1 720	915	824			
		1 770	942	848			

注:规定非比例延伸力 $F_{P0.2}$不小于整根钢绞线公称最大力的 90%。

目前,这种大直径的钢绞线已开始推广应用,单束锚索的最大承载力可以达到 500~800kN。矿用锚索的规格更加多样,系列产品更加丰富。

关于 1×19 结构钢绞线的系列研究已由中国建筑科学研究院列题在预应力混凝土结构中开始试验,其研究成果必然对单束锚索在煤矿以及岩土锚固工程中的推广应用,产生重要的指导作用。

2.2 矿用单束锚索的结构形式多样化

矿用单束锚索的结构形式由单一的普通型向多样化发展,如“鸟窝”形锚索见图 2。

这种结构形式的单束锚索，在锚固段将钢绞线绽开，形成中空“鸟窝”状，从而在与树脂锚固剂搅拌过程中，不仅能充分搅拌，而且还增加了与树脂粘结的表面积，使锚固力提高。

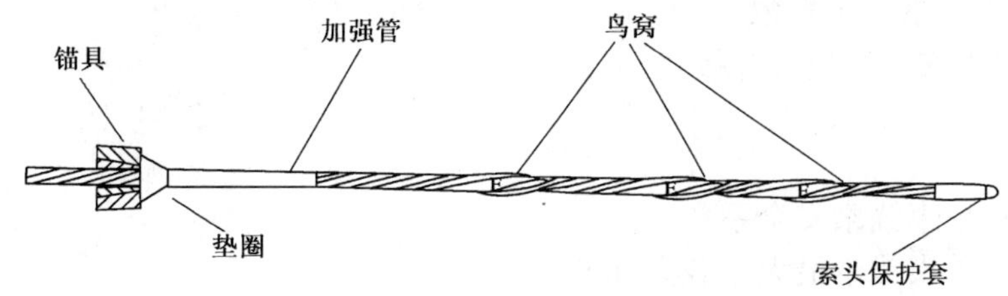

图 2 “鸟窝”形单束锚索

此外，还有单束锚索的“让压”锚索、屈服大变形锚索投入使用，为煤矿复杂条件的巷道支护，提供了多样化的选择。

2.3 树脂锚固剂的新发展

树脂锚固剂在煤矿支护中广泛应用，特点是固化快、强度增长快、锚固可靠。树脂锚固剂的新发展有两项成果。

(1)抗水树脂锚固剂研究成功。这种锚固剂在锚索孔淌水的情况下，能瞬间“吸水”，从而使锚固剂快速固化，完成锚索或锚杆的安装。抗水树脂锚固剂为树脂锚固剂的扩大推广创造了条件。

(2)树脂锚固剂自动化(半自动化)生产线研究成功。由于树脂锚固剂用量很大，每年约 2 亿支，但生产装备比较落后，不能适应实际需要。这套生产线的研制成功，对保证锚固剂产品质量和实现标准化生产，创造了条件。

2.4 机械化施工水平的提高

锚索、锚杆支护技术的应用，也为机械化施工创造了条件。目前有两种作业线模式：

(1)煤巷掘进用掘进机，锚索安装用单体锚杆钻机；

(2)煤巷掘进用连采机，锚索安装用机载锚杆钻机或四臂式锚杆钻车。机械化水平大大提高，双巷掘进月进尺可以达到 1 500～2 500m。现代化矿井的煤巷掘进和锚索、锚杆施工，已发展到一个新水平。

3 矿用单束锚索参数确定原则

3.1 锚索产品主要参数

(1)矿用单束锚索最大承载力

矿用单束锚索最大承载力计算按式(1)：

$$R_u \leqslant \eta_a \cdot F_m \tag{1}$$

式中：R_u——矿用单束锚索最大承载力，kN；

η_a——锚具效率系数，取 0.95；

F_m——整根钢绞线的最大力，kN。

(2)矿用单束锚索设计承载力

矿用单束锚索设计承载力计算按式(2)：

$$N_t \leqslant m \cdot F_m \tag{2}$$

式中：N_t——矿用单束锚索设计承载力，kN；

m——锚索张拉应力控制系数，取 0.60；

F_m——整根钢绞的最大力，kN。

(3)矿用单束锚索安全系数

矿用单束锚索安全系数计算按式(3)：

$$K=\frac{R_u}{N_t} \tag{3}$$

式中：K——矿用单束锚索安全系数；

R_u——矿用单束锚索最大承载力，kN；

N_t——矿用单束锚索设计承载力，kN。

代入式(2)和(4)，即得出 $K=\frac{\eta_a}{m}$，因此，锚索的安全系数与锚具效率系数 η_a 和张拉应力控制系数 m 有关。

3.2 锚索安装参数确定

目前在煤矿多采用树脂锚固剂端头锚固，因此，安装参数主要是确定锚固段长度，以此计算锚固剂用量。

(1)树脂锚固剂与钢绞线黏结长度

树脂锚固剂与钢绞线黏结长度计算按式(4)：

$$L_a \geqslant \frac{R_u}{\pi \cdot d \cdot \tau_a} \tag{4}$$

式中：L_a——树脂锚固剂与钢绞粘结长度，mm；

R_u——矿用单束锚索最大承载力，kN；

d——钢绞线公称直径，mm；

τ_a——树脂锚固剂与钢绞线黏结强度，MPa，τ_a 按表 3 取值。

(2)树脂锚固剂与锚索孔岩壁黏结长度

树脂锚固剂与锚索孔岩壁粘结度黏结长度计算按式(5)：

$$L_b \geqslant \frac{R_u}{\pi \cdot D \cdot \tau_b} \tag{5}$$

式中：L_b——树脂锚固剂与锚索孔岩壁黏结长度，mm；

R_u——矿用单束锚索最大承载力，kN；

D——锚索孔直径，mm；

τ_b——树脂锚固剂与孔壁岩石黏结强度，MPa；

τ_b 按表 3 取值。

根据 L_a、L_b 计算结果，取其中最大值。锚固段长度也可以按拉拔试验或根据经验确定。

树脂锚固剂与岩石和钢绞线黏强度参考值见表 3。

树脂锚固剂与岩石和钢绞线黏结强度参考值 表 3

煤、页岩、泥灰石、粉砂岩(MPa)	1.6～3.0	钢筋(MPa)	10.0～12.0
砂岩、石灰岩(MPa)	3.0～5.0	钢绞线(MPa)	12.0～16.0
花岗岩、各种火成岩(MPa)	5.0～7.0		

4 结语

(1)矿用单束锚索最大承载力是主参数，其他辅助参数应围绕主参数来选取。如锚固段计算，保证锚固力略大于锚索最大承载力即可。

(2)矿用单束锚索最大承载力不能用所采用的钢绞线的最大力来表示。因为锚索是钢绞线和锚具等附件的组合件，锚具的影响因素是明确的。锚索作为一种产品，只有保证锚具与钢绞线的合理匹配，才能提高锚索的最大承载力。

(3)矿用单束锚索的设计承载力是在保证一定安全度的情况下设定的，从材料安全的角度来看，取 0.60 的系数是可行的。目前煤炭行业采用预紧力这个指标指导施工，实际上这是个施工参数，说法不重要，但建议尽量接近设计承载力，固为锚索的优势是"预应力"。

(4)矿用单束锚索作为一种产品，它的一些参数指标是固有的、明确的。在工程应用上，可以提出要求，但不能以工程的重要程度来简单确定锚索产品的参数指标。尤其是工程的安全系数和锚索的安全系数，不能混用。

参考文献

[1] 中华人民共和国行业标准. MT/T 942—2005 矿用锚索. 北京：煤炭工业出版社，2005.

[2] 蒋树屏，王福敏，唐树名，等. 岩土锚固技术研究与工程应用. 北京：人民交通出版社，2010.

七、施工机具与工程材料

高强度锚固钻杆的研发及应用

高申友　蔡纪雄　赵虎泽　陈胜甫

（无锡钻探工具厂）

摘　要　锚固钻杆在锚孔中要承受冲击、压缩、扭曲等复杂的交变应力。随着锚孔深度的加深，对钻杆的强度提出了更高的要求。本文通过提升钻杆的加工工艺，提高钻杆的强度，从而满足深孔的施工要求，增加钻杆的使用寿命，减少事故。

关键词　锚固钻杆　整体加厚　整体热处理

锚固钻杆是钻孔工具中主要组成部分，用以传递动力和输送风压，钻杆能否正常、安全地工作，是钻孔能否正常进行的关键之一，具有至关重要的地位。正常钻进时，钻杆在孔中要承受冲击、扭曲、压缩等复杂交变应力，工作条件极为恶劣。随着工作频率的增大，使用时间过长，容易产生疲劳裂纹，从而造成钻杆的断裂。因此，提高钻杆的强度对深孔施工、提高钻杆使用频率、减少事故发生，提高施工整体经济效益具有积极的意义。

1　锚固钻杆主要的失效形式和部位

目前国内锚固施工中所用的钻杆几乎都是利用焊接技术将接头和杆体焊接成一体，钻杆的质量取决于钻杆管体、接头及焊接。在施工中，钻杆的失效形式主要是疲劳断裂、超载、接头螺纹处粘扣；失效的主要部位在钻杆杆体、钻杆接头螺纹和焊缝区。因此，要提高钻杆的强度也应从这 3 个部位着手研究和改进生产工艺技术。

2　对焊缝问题的分析及改进

对摩擦焊缝区失效的研究结果表明，灰斑是钻杆摩擦焊接接头结合面上的主要缺陷，是在焊缝中间的一层氧化膜，是焊接材料在高温高压下被氧化的产物。无论是热态还是室温条件下，灰斑与两侧母材的结合力都很差，阻碍焊接面金属的真正接触，不能形成牢固的焊接接头。而灰斑在焊接时又很难避免，因为接头和杆体相对旋转摩擦时存在振动，焊接面势必会渗透进空气，由于该区高温高压的特点，特别有利于金属氧化，氧化了的金属有部分以飞边形式被挤出，部分留在焊接面内部，被高压和旋转碾碎，最终以氧化膜形式夹在焊接中间。

为了避免摩擦焊接过程造成的缺陷，我们采用了对钻杆进行整体加厚的工艺。（图 1 为焊接钻杆示意图，图 2 为整体加厚钻杆示意图。）

2.1　整体加厚设备

（1）感应加热炉型号：XZ-2/300kW。

（2）钻杆管端镦粗机型号：DYX 315/630。

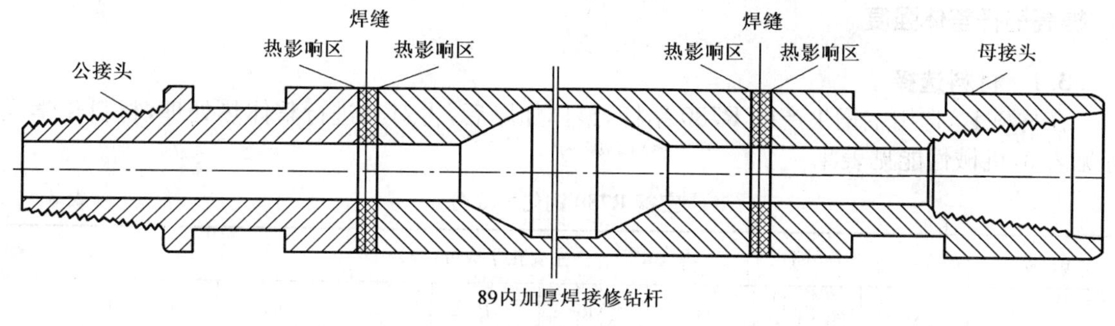

图 1　焊接钻杆示意图

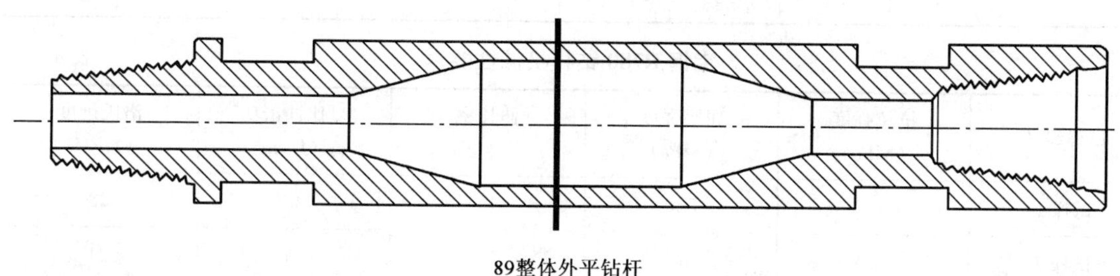

图 2　整体加厚钻杆示意图

2.2　整体加厚工艺参数设计

钻杆加厚时，过渡带内锥面在镦粗过程中容易出现褶皱、微裂纹等表面缺陷。钻杆在使用过程中，加厚过渡带容易形成应力集中，表面容易形成疲劳裂纹源，导致断裂事故发生。因此在设计钻杆镦粗模具的结构尺寸时，尽量增大内锥面长度和加大内锥面消失处圆角半径，减少应力集中，提高疲劳寿命。

经过多次试验对比，采取表 1 和表 2 所列整体加厚工艺参数(以 ϕ89X10 钻杆为例)，可以很好的达到设计要求。

89 钻杆公扣加厚工艺参数　　表 1

顺　　序	预热温度(℃)	加热温度(℃)	外径尺寸(mm)	内径尺寸(mm)	压缩量(mm)
第一次加厚	850	1 130	94	67	190
第二次加厚	850	1 130	94	49	100
第三次加厚	850	1 130	94	45	50
第四次加厚	850	1 130	94	33	30

89 钻杆母扣加厚工艺参数　　表 2

顺　　序	预热温度(℃)	加热温度(℃)	外径尺寸(mm)	内径尺寸(mm)	压缩量(mm)
第一次加厚	850	1 130	94	67	190
第二次加厚	850	1 130	94	49	70
第三次加厚	850	1 130	94	45	50

3 提高钻杆整体强度

3.1 材料选择

在材料上，选用宝钢生产的 R780 钻杆，整体加厚后，再对其进行整体热处理，材料化学成分见表 3，机械性能见表 4。

宝钢 R780 钢化学成分 表 3

钢 号	主要化学成分(%)								
	C	Si	Mn	Mo	P	S	Cu	Cr	Ni
R780	0.38～0.45	0.15～0.35	1.55～1.85	0.15～0.25	≤0.025	≤0.020	≤0.2	≤0.3	≤0.3

宝钢 R780 钻杆机械性能 表 4

试样编号	抗拉强度(MPa)	屈服强度(MPa)	伸长率(%)	夏比冲击功 a_{kv}(J/cm^2)	洛氏硬度(HRC)
试样 1	820	560	16	42	23
试样 2	830	570	15	41	24

3.2 热处理工艺

(1)对钻杆加厚部分进行两次正火处理

对钻杆镦粗部位取样进行金相观察，发现其组织十分粗大，并有严重的魏氏组织存在，而魏氏组织以及经常与之伴随产生的粗大晶粒会使钢的力学性能显著降低。因此，在对镦粗部位调质处理之前进行两次正火处理，可以完全消除魏氏组织及伴随的粗晶，消除钻杆在使用中发生早起断裂的现象，使其使用寿命明显延长，满足用户的需求。

(2)对钻杆进行整体调质处理

对钻杆加厚部分两次正火后，再进行调质处理。调质处理工艺为 880℃×1.5h 油冷＋570℃×6h 空冷。处理后的钻杆逐个进行表面硬度检测，并根据炉号抽样进行破坏试验，机械性能参数见表 5。

R780 调质后的机械性能 表 5

试样编号	抗拉强度(MPa)	屈服强度(MPa)	伸长率(%)	夏比冲击功 akv(J/cm^2)	洛氏硬度(HRC)
试样 1	930	806	15	52	30
试样 2	920	807	14	50	30

根据表 4 和表 5 的参数对比，调质后钻杆的抗拉强度提高了 12%(100MPa)，屈服强度提高了 28%(241.5MPa)。因此，钻杆经过调质处理后，钻杆的机械性能得到了显著的提高，满足了越来越高的施工要求。

为了进一步检测钻杆整体性能，得到整体钻杆的实际性能，我们到中国船舶工业金属结构试验检测中心对钻杆进行了测试。以 ϕ73X8 整体钻杆为例，钻杆杆体在 32.76kN·m 扭矩负荷下，钻杆出现弯曲；在负荷 1 640kN 拉力时，杆体断裂。

4　提高钻杆接头的强度

4.1　接头螺纹的加工

(1)为保证螺纹精度和互换性，采用高精度数控机床和专门的成型刀具加工螺纹，尽量提高螺纹表面的光洁度。

(2)严格控制接头螺纹的紧密距在合理的范围之内，公母螺纹之间最大正紧密距0.254mm，最大负紧密距0.254mm，保证螺纹啮合良好。

4.2　接头表面进行镀镍磷处理

对钻杆接头的螺纹进行化学镀镍磷处理，具有以下优点：

(1)镀层均匀性好，不受工件几何形状的限制；

(2)镀层经过400℃热处理后硬度可达HV800～1 000，而在温度300℃以上时，发生晶形转变，生成微晶机构，提高了耐磨性。硬度和耐磨性的提高，可以更好地提高螺纹防粘扣性能。

(3)镀层属于非晶态，具有较高的耐腐蚀性。

4.3　无损检测

加工后对接头全部进行荧光磁粉探伤检测。

4.4　接头性能的检测

以ϕ73X8整体钻杆为例，钻杆接头在37.86kN·m扭矩负荷下，接头无损坏(试验钻杆的杆体弯曲变形，无法继续测试)。钻杆接头在1 900kN拉力负荷下，接头螺纹处断裂。

5　生产及应用情况

钻杆研发成功后，已经先后投产2 000多米。四川准达岩土工程有限公司在康定县姑咱黄金坪电站的施工现场，施工工艺为先跟ϕ219套管30m，再用ϕ150钻头进行钻孔，钻孔至110m。普通钻杆在施工中，钻孔至60m处，钻杆焊接处多次发生断裂，螺纹粘扣等现象，无法完成钻孔任务。同样的情况，ϕ89高强整体钻杆在施工中，没有发生任何断裂、漏气和粘扣现象，顺利的完成了110m的钻孔任务，取得良好的使用效果。

参考文献

[1]　冯少波，等.钻杆加厚过渡带几何机构应力集中的影响.石油钻采工艺，2006，28(1).

[2]　刘宗茂，等.提高20CrMo钢钻杆使用寿命的研究.热加工工艺，2005(8).

[3]　刘勇，周勇.大口径钻杆管加厚生产中的常见缺陷及解决方法.金属材料与冶金工程，2007，35(6).

[4]　王慧玲，满国祥.一种新型高强度钻杆的研.地质装备，2012(1).

浅议焊管杆件在昆明地区基坑支护杆件中的分类问题

顾　翔

（西南有色昆明勘测设计（院）股份有限公司）

摘　要　本文就如何定义昆明地区的焊管支护杆件属性并有利于指导基坑支护的设计、施工方面的一些问题进行了探讨。

关键词　土层锚杆　土钉　破裂面　锚固段

1　土层锚杆及土钉的基本特性

关于土层锚杆、土钉的定义及区分在支护界一直存在较大争议，昆明地区基坑支护工程中使用的焊管支护杆件亦然，因此，在设计、施工、监理甚至预、结算中往往产生许多分歧。鉴于此，笔者查阅了有关规程、规范、资料，并结合昆明地区的情况进行了一些分析。

1.1　土层锚杆

（1）分自由段及锚固段，锚固段位于破裂面以外稳定土层，注浆体多位于锚固段。《锚杆喷射混凝土支护技术规程》认为也有全长黏结型锚杆（全段长注浆）。

（2）可施加预应力。

（3）施工方法以成孔、注浆、置入杆体三个工序为主，各工序也可合并完成。

（4）杆体材料为钢筋、钢绞线（《岩土锚固·土钉·喷射混凝土——原理、设计与应用》认为杆长15m以内可用钢筋、钢管、钢绞线）。

（5）水平距离不小于1.5m，竖向距离不小于2.0～2.5m。

1.2　土钉

（1）不区分自由段及锚固段，长度宜为支护深度的0.5～1.2倍，除射入置入法外，全段长注浆。

（2）多未明确是否可施加预应力（《建筑基坑工程技术规范》明确可适当施加预应力）。

（3）施工方法有钻孔置入法、打入法、射入置入法。

（4）杆体材料以钢筋为主（《岩土锚固·土钉·喷射混凝土——原理、设计与应用》认为细长的金属构件即可，外形可以是杆状或管状）。

（5）间距0.8～2.0m。

2　土层锚杆及土钉的对比分析

对比发现：土钉间距较锚杆分布密（锚杆具群锚效应）；锚杆可施加预应力，土钉一般不施加预应力；土钉施工方法较多；二者多采用注浆形成黏结体；杆件材料均为金属构件。

如何区分锚杆与土钉，笔者认为：（1）施工工艺是支护工程施工满足设计要求的工法，不应成为区分土层锚杆与土钉主要依据；（2）支护杆件材料在其强度等性能满足设计要求时，其杆件类型也不应成为区分土层锚杆与土钉的依据，因此，土层锚杆与土钉应该从支护原理上进行区分。

土层锚杆的定义可为：具有一定强度，杆长深入破裂面以外稳定土层适当长度，并相应具有锚固段，杆头间通过喷锚面层、梁、桩等连接，可施加预应力的支护杆件。

土钉的定义可为：具有一定强度，杆长以处于破裂面以内为主，杆头间通过喷锚面层、梁等连接，一般不施加预应力的支护杆件。

昆明地区属软土分布区，在多年的支护工程中，支护杆件除钢筋、钢绞线外，还大量采用焊管系列杆件（其外径多以48mm及60mm为主），管前制成密闭锥形或楔形，管前6m按一定间距设灌浆孔眼并设扩径倒刺，杆长一般不大于18m，间距1.0～2.0m。采用击入法施工，通过管孔进行注浆，可适当施加预应力。其特点与土钉、土层锚杆均有类似，但亦不完全一致。

现以一案例分别按土钉、土层锚杆进行验算对比。某基坑侧壁安全等级为二级，拟开挖支护深度为自然地坪下6m，采用垂直开挖，坡顶无附加荷载，地下水位为自然地坪下1m，降水深度为自然地坪下6.5m，其土层参数见下表1。

土层参数情况表 表1

序号	土类型	状态	土层厚(m)	重度(kN/m³)	黏聚力(kPa)	内摩擦角(°)	钉土摩阻力(kPa)	锚杆土摩阻力(kPa)
1	素填土	松散	1.0	17.0	10	5	20	20
2	黏性土	可塑	1.0	18.0	18	8	50	50
3	淤泥质土	软塑	3.0	16.0	7	3	18	18
4	黏性土	可塑	4.0	17.5	15	6	45	45

支护杆件采用48mm(外径)焊管，孔径按70mm(近似)考虑，设4排支护杆件(梅花形布设)，各排杆长自上而下分别为15m、12m、9m、6m，自坡顶下1.5m设第一排杆，排距1.4m，杆距1.5m，杆头均通过喷锚面层连接。土钉验算简图见图1，土层铺杆验算简图见图2，验算结果对比见表2。

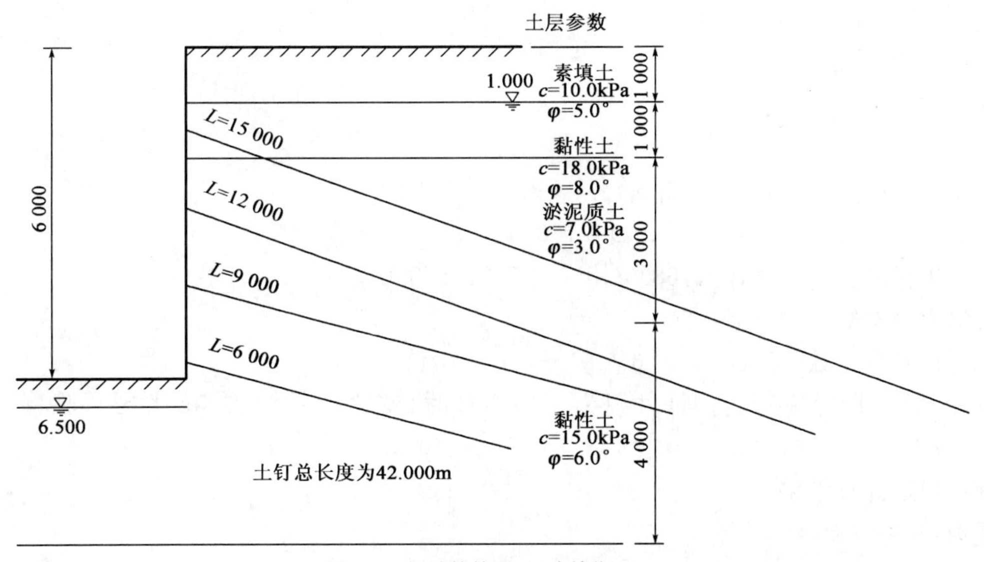

图1 土钉验算简图(尺寸单位：mm)

将48mm(外径)焊管支护杆件视为土钉时(土钉墙宽度按12m计)，验算结果见表2。

内部稳定验算结果 表2

工况号	安全系数	圆心坐标 x(m)	圆心坐标 y(m)	半径(m)
1	2.146	−2.828	7.469	4.100
2	0.975	−2.293	6.821	4.371
3	0.744	−4.590	9.980	9.467
4	0.563	−2.714	4.986	4.822
5	0.737	−10.560	13.883	17.443

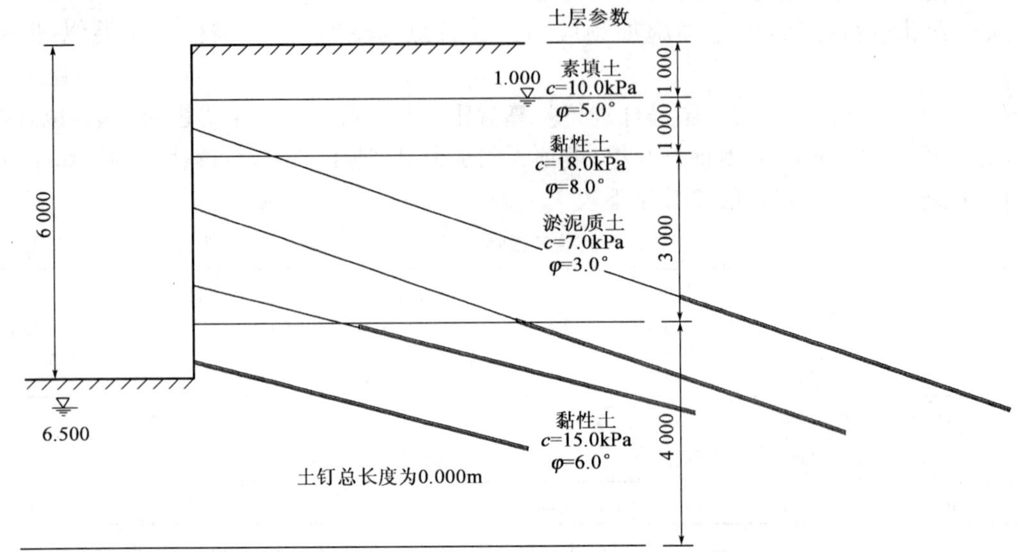

图2 土层锚杆验算简图(尺寸单位:mm)

外部稳定计算结果:

重力:684.0(kN)

重心坐标:(6.000,3.395)

超载:0.0(kN)

超载作用点 x 坐标:0.000(m)

土压力:27.1(kPa)

土压力作用点 y 坐标:2.040(m)

基底平均压力设计值:57.0(kPa)<160.0

基底边缘最大压力设计值:68.0(kPa)<1.2×160.0

抗滑安全系数:1.349>1.300

抗倾覆安全系数:15.582>1.600

将48mm(外径)焊管支护杆件视为土层锚杆时(锚固段长均按6m考虑),验算结果见表3。

外部稳定计算结果:

重力:684.0(kN)

重心坐标:(6.000,3.395)

超载:0.0(kN)

内部稳定验算结果 表3

工 况 号	安 全 系 数	圆心坐标 x(m)	圆心坐标 y(m)	半径(m)
1	3.678	−2.828	7.469	4.100
2	1.811	−2.293	6.821	4.371
3	1.115	−4.590	9.980	9.467
4	0.738	−2.714	4.986	4.822
5	0.797	−10.560	13.883	17.443

超载作用点 x 坐标：0.000(m)

土压力：27.1(kPa)

土压力作用点 y 坐标：2.040(m)

基底平均压力设计值：57.4(kPa)<160.0

基底边缘最大压力设计值：67.0(kPa)<1.2×160.0

抗滑安全系数：1.495>1.300

抗倾覆安全系数：15.818>1.600

对比发现(表4)，土层锚杆比土钉各工况安全系数较大，其差异随开挖深度变化而逐渐变小；比较抗滑安全系数及抗倾覆安全系数，土层锚杆较土钉略大。由于工况5深度为0.3m，整个支护壁面以工况1～4为主，结合以焊管为杆件的支护施工经验，笔者认为：土钉模式工况计算结果明显偏小，土层锚杆模式计算结果相对有利于指导施工。

土钉与土层锚杆验算结果对比表 表4

结果 \ 模式	土钉	土层锚杆	差异＝土钉结果－土层锚杆结果
工况1安全系数	2.146	3.678	−1.532
工况2安全系数	0.975	1.811	−0.836
工况3安全系数	0.744	1.115	−0.371
工况4安全系数	0.563	0.738	−0.175
工况5安全系数	0.737	0.797	−0.006
抗滑安全系数	1.349	1.495	−0.146
抗倾覆安全系数	15.582	15.818	−0.236

由于土钉与土层锚杆分别是两种支护理论下的支护杆件，哪一种设计计算结果更准确，与各地区地质条件、施工工艺、区域经验的不同有较大关系，特别是焊管杆件在施工中基本采用全孔注浆，较难有效区分自由段及锚固段。因此，昆明地区焊管杆件在基坑支护杆件中如何分类，其实质是在昆明地区的单体项目支护设计中，我们该如何选择、使用支护理论并结合地区经验进行设计，使设计结果相对安全、经济、有效。

3 结语

根据以上分析，笔者提出：昆明地区在支护设计计算时，建议对焊管系列杆件可以按以下几点考虑：

(1)焊管系列杆件的使用以作为临时性支护杆件为主。

(2)当杆长大于1倍支护深度(软土厚大时应适当加大),并深入破裂面以外稳定土层不小于6m时,可将焊管系列杆件视为“土层锚杆”,锚固段长可按6m考虑;如支护深度范围土层无软土时,可按全长黏结型锚杆考虑,可适当施加预应力(不大于50kN为宜),但排间距小于1.5m时,应考虑隔排施加预应力。

(3)当杆长小于1倍支护深度(软土厚大时应适当加大),或深入破裂面以外稳定土层小于6m时,应将焊管系列杆件视为“土钉”,不宜施加预应力。

参考文献

[1] 中华人民共和国行业标准. JGJ 120—99 建筑基坑支护技术规程. 北京:中国建筑工业出版社,1999.

[2] 中华人民共和国行业标准. YB 9258—97 建筑基坑工程技术规范. 北京:冶金工业出版社,1997.

[3] 中华人民共和国国家标准. GB 50086—2001 锚杆喷射混凝土支护技术规程. 北京:中国计划出版社,2001.

[4] 《工程地质手册》编委会. 工程地质手册(4版). 北京:中国建筑工业出版社,2007.

[5] 程良奎. 岩土锚固·土钉·喷射混凝土——原理、设计与应用. 北京:中国建筑工业出版社,2008.

抗水树脂锚固剂在石槽村煤矿的应用

张燕军　耿会英　刘　刚

（邢台市荟森支护用品有限公司）

摘　要　介绍抗水树脂锚固剂在神华宁煤集团石槽村煤矿巷道支护应用的情况和效果。

关键词　抗水树脂锚固剂　涌水　锚索　支护

1　前言

根据《石槽村井田勘探报告》，112 202 工作面区域主要水患为砂岩含水层。该砂岩含水层位于二煤上部，属于孔隙裂隙层间承压水，愈接近工作面中部，砂岩含水层愈薄，但富水性愈强，含水层平均厚 48.5m。二煤直接顶上含水层平均厚度 12m，岩性以细、中、粗粒砂岩为主。根据计算，冒落带最大高度 14.4m，是回采初期主要涌水水源。随着顶板冒落，导水裂隙带最大高度可达 55.8m，与砂岩含水层上段产生一定的水力联系，是采空区的后续补给水源。在回采 100m 前，采空垮落导通上部含水层和隔水层。根据《石槽村煤矿矿井水文类型划分报告》，正常涌水量 340m3/h，112 202 工作面最大涌水量 877m^3/h。工作面揭露情况显示，富含水层一般在距巷道顶板 3～5 米的岩层。设计支护形式为锚杆＋锚索＋锚网联合支护。施工过程中当锚索孔打到 4m 左右深度时，在孔内 3～5m 处开始出现涌水，涌水量不断加大，最大至 25L/min，此时普通树脂锚固剂已经完全失去了作用，锚索支护无法完成。在此之前，为使矿井继续生产，该矿不得不在巷道中间打单体液压支柱用做临时支护。但此方法有很大缺陷：(1)单体液压支柱属于被动支护，没有从根本上改变安全环境。(2)由于巷道中间有一排液压支柱，为后续采煤设备和物资的运输造成很大困难，尤其是综采支架、采煤机之类设备。若想使设备安装到工作面，则必须拆除单体液压支柱，但是这样做会面临冒顶风险，使安全和生产能力受到很大影响。

抗水树脂锚固剂的使用，使得该矿所面临的这一严重问题迎刃而解。抗水树脂锚固剂在有水的条件下，固化过程不受水分子干扰，能起到良好的黏结和锚固作用，在支护过程中可及时有效地承受载荷，对有淋水、涌水的巷道和硐室的加固支护能够起到关键作用。

2　工程地质概况

鸳鸯湖背斜为矿区的主要含煤构造，背斜轴走向北西 15°，为 11 和 13 采区的分界线，背斜沿走向横穿 112 202 工作面，对回采影响不大。

DF5 正断层走向北东 53°，倾向南东，倾角 72°，井田内 2-2 煤延展 3 000m，断层北盘升、南盘降，最大落差 25m。2-2 煤属可靠断层，DF5 正断层在工作面倾向上贯穿 112 202 工作面运输顺槽，可能贯穿 112 202 工作面回风顺槽。

DF16 正断层位于井田中西部 S302 与 S402 钻孔之间，走向南西 85°。断面倾向北西，倾角 42°，2-2 煤最大落差 12m。2-2 煤属控制程度较差断层，可能延伸至 112 202 工作面。

杨家窑北正断层位于井田西南部 SD7 线（S4 勘探线）以南，断层弯曲变化，总体为走向北东 59°，断面倾向南东，倾角 77°，井田内 2-2 煤延展 1 600m，断层北盘升、南盘降，2-2 煤最大落差 35m，属可靠断层，为 112 202 工作面南界。

3 支护设计

根据 112 201 工作面掘进期间揭露的实际情况，通过相关数值计算和研究，确定了巷道支护参数。

工作面揭露情况显示，丰富含水层一般在距巷道顶板 3～5m 的岩层，因此采用高强锚索＋抗水树脂锚固剂支护设计。

3.1 锚索

锚索长度根据巷道顶板岩层情况确定，将锚索锚固到稳定的岩层中。当稳定岩层与巷道顶板距离过大时，锚索长度应达自然平衡拱 2m 以上，并满足锚固段长度不小于 1m、自由段长度不小于 3m 及预留张拉段的要求。通过相关数值计算和研究，确定采用直径 ϕ21.8 高强锚索，长度 7.3m。

3.2 锚固剂

由于顶板水量大，普通树脂锚固剂在搅拌期间就已随着涌水流走，根本起不到任何作用，因此采用邢台市荟森支护用品有限公司生产的抗水树脂锚固剂。锚固剂规格为 MSCK2550K 和 MSZ2550K。

抗水树脂锚固剂优点：能够在有水条件下迅速固化，固化过程不受水分子干扰，能够起到优异的粘结和锚固作用。在支护过程中能及时有效地承受载荷，极大地提高工作面安全系数。

3.3 承载力

ϕ21.8mm 高强锚索极限承载力为 400kN。张拉预应力为其承载力的 50％～60％，设计张拉预应力 100kN。

4 施工机具

钻孔机具是 MQT 系列风动锚杆钻机，扭矩大、重量轻、操作方便。直径 32mm 的普通合金钢钻头，钻杆为 B19 六棱可接长钻杆。张拉机具是风动油泵与张拉千斤顶，操作方便。

5 支护工艺

112 202 工作面支护形式：锚网＋钢筋梯＋锚索联合支护，矩形布置，全断面挂网。

112 202 工作面 3 条顺槽均采用净宽 5m、净高 3.7m 半圆拱断面。

112 202 工作面巷道顶部使用左旋无纵筋螺纹钢锚杆规格为 ϕ20×2 500mm，托盘规格 150mm×150mm×10mm，间排距为 800mm×1 000mm，6 根/m，顶部边锚杆临近帮部 300mm。顶部铺设网孔为 100mm×100mm 的 ϕ6.5mm 钢筋网，消耗量 5.06m^2/m；顶部铺钢筋梯由 ϕ14mm 钢筋焊接而成，宽度 100mm，锚索规格为 ϕ21.8×7 300mm，托盘规格 300mm×300mm×16mm，间排距 2 000mm×1 000mm，2 根/m 锚固剂采用 MSCK2 550K、MSZ2 550K

抗水树脂锚固剂混合使用，锚杆 1 卷/眼，锚索 4 卷/孔，先超快速后中速，锚索锚固端长为2 500mm。

距掘进工作面 10m 范围内，先支护皮带输送机一侧的一套锚索，保证每米至少打一套锚索，锚索支护距掘进工作面不大于 2.4m；

当遇顶板破碎或其他特殊情况时，缩小掘进循环进度，同时缩小支护步距。采用前探梁和超前锚杆作为临时支护，循环进度为 0.2～0.4m，最大空顶距为 0.2～0.4m。

6 施工顺序和方法

锚索支护施工工序和工艺过程为：定眼位→钻锚索孔→锚索组装→装填树脂锚固剂→安装锚索→张拉。

(1)钻锚索孔：顶部锚杆眼施工采用 MYT-120C 型风动锚杆钻机，钻杆采用 B19 中空六角钢组合钻杆，钻头采用 D32mm 钻头。帮部采用 MZ-1.2 煤电钻打眼。钻眼前按激光给定的中心和锚杆布置图定眼位，并按锚深要求在钻杆上作好标记，然后用锚杆钻机垂直顶底板钻进，煤电钻垂直帮部打眼，钻进达到设计深度后退出钻杆。施工时由外向里逐排钻眼安装锚索。

(2)装填抗水树脂锚固剂：将树脂药卷装入锚索孔中，然后用锚索上端头送入锚索孔中，再将锚索尾端套在锚杆钻机上顶至孔底。

(3)安装锚索：树脂药卷顶入孔底后，开启锚杆机捅破锚固剂卷变搅拌 10～15s 停机，等待 30～40min 开始张拉，张拉力应不低于 100kN。

7 支护效果分析

经过在 112 202 工作面的实际应用，抗水树脂锚固剂的优良特性得到充分验证。

石槽村煤矿正常涌水量 340m^3/h，112 202 工作面最大涌水量 877m^3/h，单个锚孔一般涌水量达到了 25L/min，而且该岩层强度低，抗水浸能力较差，易软化，抗压及抗变能力差，岩石坚固性差，为不稳定岩体，属易冒落的一类顶板。在使用抗水树脂锚固剂之前，由于锚孔内有水涌出，普通树脂锚固剂根本起不到锚固作用，而被迫在锚网支护巷道中间打一排单体液压支柱作临时支护，有的巷道采用架棚支护形式。但棚式支护属于被动支护，不但施工难度大、劳动强度高，而且由于顶板岩层离层冒落，支架损坏严重，顶板、两帮位移严重，整修困难，对安全生产造成极大威胁。

抗水树脂锚固剂与普通树脂锚固剂相比有着本质区别，抗水树脂锚固剂通过改变树脂分子中官能团的活性及官能度，同时加快树脂聚和过程中的缩聚反应和加聚反应。再利用助剂使树脂分子本身具有一定的亲水性，使其在水环境下发生聚合反应时，不但不受水分子的破坏性干扰，而且还能使其分子在遇水情况下与水中的游离态官能粒子产生反应以生成更多的官能团，使树脂分子发生更迅速更剧烈的聚合反应。

经现场测算，在石槽村煤矿 112 202 工作面，单个锚孔一般涌水量达到 25L/min。装填好抗水树脂锚固剂，开始锚索的安装及搅拌。抗水树脂锚固剂两种组分在大水流情况下，发生迅速剧烈的聚合反应，瞬间填充岩层裂隙、渗入毛细孔，阻断水流，使锚索与岩层在抗水树脂锚固剂作用下迅速黏结、锚固成为一体。锚索与岩层预紧力迅速提高，及时达到支护效果。通过对安装完毕的锚索进行的接拔力测试，接拔力全部达到设计要求。试验结果见表 1。

拉拔力对比试验结果 表1

序号	名称	规格	涌水量(L/min)	使用锚固剂卷	孔径(mm)	设计拉力(kN)	实际拉力(kN)	备注
1	顶锚杆	ϕ20×2 500mm 螺纹钢锚杆	0.8	普通树脂锚固剂 MSCK2 370 型 3 支	28	50	40	位移 不合格
		ϕ20×2 500mm 螺纹钢锚杆	0.8	抗水树脂锚固剂 MSCK2 550K 型 2 支	28	50	60	无位移 合格
2	顶锚杆	ϕ20×2 500mm 螺纹钢锚杆	0.6	普通树脂锚固剂 MSCK2 370 型 3 支	28	50	43	位移 不合格
		ϕ20×2 500mm 螺纹钢锚杆	0.6	抗水树脂锚固剂 MSCK2 550K 型 2 支	28	50	60	无位移 合格
3	锚索	ϕ21.8×7 300mm 低松弛预应力钢绞线	13	普通树脂锚固剂 MSCK2 708 型 3 支	32	100	锚不住	不合格
4	锚索	ϕ21.8×7 300mm 低松弛预应力钢绞线	15	抗水树脂锚固剂 MSCK2 550K 型 2 支	32	100	100	无位移 合格
5	锚索	ϕ21.8×7 300mm 低松弛预应力钢绞线	23	抗水树脂锚固剂 MSCK2 550K 型 2 支	32	100	100	无位移 合格
6	锚索	ϕ21.8×7 300mm 低松弛预应力钢绞线	18	抗水树脂锚固剂 MSCK2 550K 型 2 支	32	100	100	无位移 合格

8 结语

抗水树脂锚固剂的使用彻底解决了神华宁煤集团公司石槽村煤矿在锚杆支护方面遇到的难题,提高了工作效率,更是为工人兄弟提供了安全的工作环境。

抗水树脂锚固剂在石槽村煤矿的应用,证明在大水量环境下具有优异特性和良好锚固效果,也为其他有涌水现象的单位提供了可供参考的经验。

参考文献

[1] 孙恒,等.锚固技术及其理论研究现状和方向.中国煤炭,2011(11).

[2] 康红普,等.煤巷锚杆支护理论与成套技术.煤炭工业,2007.

[3] 苏自约,等.岩土锚固技术与工程应用.北京:人民交通出版社,2004.